东大哲学典藏·萧焜焘文丛

科学认识史论

萧焜焘　等著

U0275311

创于1897　The Commercial Press

2018年·北京

图书在版编目（CIP）数据

科学认识史论 / 萧焜焘等著. — 北京：商务印书馆，2018

（萧焜焘文丛）

ISBN 978-7-100-16585-3

Ⅰ. ①科… Ⅱ. ①萧… Ⅲ. ①科学哲学－认识论 Ⅳ. ①N02

中国版本图书馆CIP数据核字（2018）第203922号

（萧焜焘文丛）

科学认识史论

萧焜焘 等著

商 务 印 书 馆 出 版
（北京王府井大街36号　邮政编码 100710）
商 务 印 书 馆 发 行
三河市尚艺印装有限公司印刷
ISBN 978-7-100-16585-3

2018年10月第1版　　开本 640×960 1/16
2018年10月第1次印刷　印张 54 1/2 插页 2

定价：218.00元

未敢忘却的记忆

　　萧焜焘先生离开我们已经二十年了。也许，"萧焜焘"对当今不少年轻学者甚至哲学界部分学者来说是一个有点陌生的背影；然而，对任何一个熟悉当代中国学术史尤其是哲学发展史的学者来说，这却是一个不能不令人献上心灵鞠躬的名字。在学术的集体记忆中，有的人被记忆，或是因为他们曾经有过的活跃，或是因为他们曾经占据的那个学术制高点，当然更有可能是因为他们提出的某些思想和命题曾经激起的涟漪。岁月无痕，过往学者大多如时光映射的五色彩，伴着物转星移不久便成为"曾经"，然而每个时代总有那么一些人，他们沉着而不光鲜，沉潜而不夺目，从不图谋占领人们的记忆，但却如一坛老酒，深锁岁月冷宫愈久，愈发清冽醉人。萧焜焘先生的道德文章便是如此。

　　中国文化中诞生的"记忆"一词，已经隐含着世界的伦理真谛，也向世人提出了一个伦理问题。无论学人还是学术，有些可能被"记"，但却难以被"忆"，或者经不住"忆"。被"记"只需要对神经系统产生足够的生物冲击，被"忆"却需要对主体有足够的价值，因为"记"是一种时光烙印，"忆"却是一种伦理反刍。以色列哲学家阿维夏伊·玛格利特提出了一个严肃的问题："记忆的伦理"。它对记忆提出伦理追问：在被称为"灵魂蜡烛"的记忆共同体中，我们是否有义务记忆某些历史，同时也有义务忘却某些历史？这个命题提醒我们：记忆不只是一个生理事件，也是一个伦理事件；某些事件之所以被存储于记忆的海马区，本质上是因为它们的伦理意义。记忆，是一种伦理情怀或伦理义务；被记忆，是因其伦理贡献和伦理意义。面对由智慧和心血结晶而成的学术史，我们不仅有记忆的伦理义务，而且也有唤醒集体学术记忆的伦理义务。

我对萧先生的"记"是因着本科和研究生两茬的师生关系，而对先生那挥之不去的"忆"却是超越师生关系的那种出于学术良知的伦理回味。四十年的师生关系，被 1999 年元宵节先生的猝然去世横隔为前后两个二十年。前二十年汲取先生的学术智慧，领略先生的人生风采；后二十年在"忆"中复活先生的精神，承续先生未竟的事业。值此先生书稿再版之际，深感自己没有资格和能力说什么。但经过一年的彷徨，又感到有义务说点什么，否则便缺了点什么。犹豫纠结之中，写下这些文字，姑且作为赘语吧。

萧先生对于学术史的贡献留待时间去写就。当下不少学者太急于将自己和对自己"有意义的他人"写进历史，这不仅是一种不智慧，也是一种不自信。我记住了一位历史学家的告诫：历史从来不是当代人写的。学术史尤其如此。我们今天说"孔孟之道"，其实孟子是在死后一千多年才被韩愈发现的，由此才进入人类学术史的集体记忆；要不是被尘封的时间太久，也不至于今日世人竟不知这位"亚圣"的老师是谁——这个问题如此重要，以至于引起了"不知孟子从哪里来"的现代性的困惑。朱熹、王阳明同样如此，甚至更具悲剧色彩，因为他们的思想生前都被视为"伪学"，百年之后方得昭雪，步入学术史的族谱。我不敢妄断先生在未来学术记忆中的位置，因为学术史上的集体记忆最终并不以任何人的个体记忆为转移，它既考量学者对学术的伦理贡献，也考量学术记忆的伦理，这篇前言性的文章只是想对先生的学术人生或道德文章做一个精神现象学的还原：萧焜焘是一个"赤子"，他所有的学术秉持和学术成就，他所有的人生成功和人生挫折，都在于一个"真"字；不仅在于人生的真、学术的真，而且在于学术和人生完全合而为一的真。然而正如金岳霖先生所说，"真际"并非"实际"，学术和人生毕竟是两个世界，是存在深刻差异的两个世界，否则便不会有"学术人生"这一知识分子的觉悟了。先生年轻时追随现代新儒学大师牟宗三学习数理逻辑，后来专攻马克思主义哲学，又浸润于德国古典哲学尤其是黑格尔哲学，是国内研究黑格尔哲学的几位重要的代表性前辈之一。先生治学，真实而特立，当年毛泽东论断对立统一规律是唯物辩证法的核心，先生却坚持否定之否定规律是辩证法的核心，这就注定了他在"文革"中的命运。但是1978年我们进校师从先生学哲学时，他在课堂上还是大讲"否定之否定"的"第一规律"。当年，《中国社会科学》杂志复刊，约他写稿，先生挥笔写就了他的扛鼎之作《关于辩证法科学形态的探索》，此时先生依然初心不改，坚持当初的观点。萧先生是最早创立自然辩证法（即今天的科技哲学）学科的先驱者之一，但他首先攻克的却是"自然哲学"，建立起自然哲学的形上体系。直至今日，捧着这本当代中国学术史上最早的《自然哲学》，我们依然不能不对他的抱负和贡献满怀敬意。他试图建立"自然哲学—精神哲学—科学认识史"的庞大哲学体系，并且在生前完成了前后两部。遗憾的是，"精神哲学"虽然已经形成写作大纲，并且组建了研究团队，甚至已经分配好了学术任务，先生却突然去世，终使"精神哲学"成为当代中国学术史上的"维纳斯之臂"。

萧先生对东南大学百年文脉延传的贡献可谓有"继绝中兴"之功，这一点所有东大人不敢也不该忘记。自郭秉文创建东南大学起，

"文"或"秉文"便成为东大的脉统。然而 1952 年院系调整，南京大学从原校址迁出，当年的中国第一大学便只留下一座名为"南京工学院"的"工科帝国"。1977 年恢复高考，萧先生便在南京工学院恢复文科招生，第一届规模较小，第二届招了哲学、政治经济学、中共党史、自然辩证法四个专业。我是七八级的。我们那一年高考之后，招生的批文还没有下发，萧先生竟然做通工作，将我们 46 位高分考生的档案预留，结果在其他新生已经入校一个多月后，我们的录取通知才姗姗来迟，真是让我们经受"烤验"啊。然而，正是这一执着，才使东大的百年文脉得以薪火相传。此后，一个个文科系所、文科学位点相继诞生。可以毫不夸张地说，萧先生是改革开放以后东大百年文脉延传中最为关键的人物，如果没有先生当年的执着，很难想象有今日东大文科的景象。此后，先生亲自给我们讲西方哲学，讲黑格尔哲学，讲自然辩证法，创造了一个个令学界从心底敬重的成果和贡献。

　　1988 年以后，我先后担任先生创立的哲学与科学系的副系主任、主任；先生去世后，担任人文学院院长。在随后的学术成长和继续创业的历程中，我愈益感受到先生精神和学术的崇高。2011 年，我们在人文学院临湖的大院竖立了先生的铜像，这是 3700 多亩东大新校区中的第一尊铜像。坦率地说，冒着有违校纪的危险竖立这尊铜像，并不只是出于我们的师生之情。那时，东大已经有六大文科学院，而且其中四个学院是我做院长期间孵化出来的。东大长大了，东大文科长大了，我强烈地感到，我们还有该做的事情没有做，我们还有伦理上的债务没有还，趁着自己还处于有记忆能力的年龄，我们有义务去唤起一种集体记忆。这是一种伦理上的绝对义务，也是一种伦理上的绝对命令，虽然它对我们可能意味着某些困难甚至风险。在东大哲学学科发展的过程中，我们曾陆续再版过先生的几本著作，包括《自然哲学》，但完整的整理和再版工作还没有做过。由于先生的去世有点突然，许多事情并没有来得及开展。先生生前曾经在中国人民大学宋希仁教授的建议和帮助下准备出版文集，但后来出版商几经更换，最后居然将先生的手稿和文稿丢失殆尽，造成无可挽回的损失。这不仅是先生的损失、东大的损失，也是中国学术的损失。最近，在推进东大哲学发展、延续东大百年文脉的进程中，我们再次启动完整再版先生著作的计划。坦率地说，所谓"完整"也只是一个愿景，因为有些书稿手稿，譬如先生的"西方哲学史讲演录"，我们未能找到，因而这个对我们的哲学成长起过最为重要的滋养作用的稿子还不能与学界分享。

　　这次出版的先生著作共六本。其中，《自然哲学》、《科学认识史论》是先生组织大团队完成的，也是先生承担的全国哲学社会科学重大项目的成果。《精神世界掠影 —— 黑格尔〈精神现象学〉的体系与方法》（原名《精神世界掠影 —— 纪念〈精神现象学〉出版180周年》）、《从黑格尔、费尔巴哈到马克思》是先生在给我们讲课的讲稿的基础上完成的。《辩证法史话》在相当程度上是先生讲授的历时两学期共120课时的西方哲学史课程的精华，其内容都是先生逐字推敲的精品。《自然辩证法概论新编》是先生组织学术团队完成的一本早期的教材，其中很多作者都与先生一样早已回归"自然"。依现在的标准，它可能存在不少浅显之处，但在当时，它已经是一种探索甚至是某种开拓了。在这六本先生的著作之外，还有一本怀念先生的文集《碧海苍穹 —— 哲人萧焜焘》，选自一套纪念当代江苏学术名家的回忆体和纪念体丛书。现在，我们将它们一并呈献出来，列入"东大哲学典藏"，这样做不只是为了完成一次伦理记忆之旅，也不只是向萧先生献上一掬心灵的鞠躬致意，而且也是为了延传东大的百年文脉。想当年，我们听先生讲一学期黑格尔，如腾云

驾雾，如今我居然给学生讲授两学期 120 课时的《精神现象学》与
《法哲学原理》，并且一讲就是十五年；想当年，先生任东大哲学系
主任兼江苏省社会科学院副院长，如今我也鬼使神差般在江苏社会
科学院以"双栖"身份担任副院长，并且分管的主要工作也与先生
当年相同。坦率地说，在自我意识中完全没有着意东施效颦的念头，
这也许是命运使然，也许是使命驱动，最可能的还是源自所谓"绝
对精神"的魅力。

　　"文脉"之"脉"，其精髓并不在于一脉相承，它是文化，是学
术存续的生命形态。今天已经和昨天不一样，明天和今天必定更不
一样，世界日新又新，唯一不变、唯一永恒、唯一奔腾不息的是那
个"脉"。"脉"就是生命，就是那个作为生命实体的、只能被精神
地把握的"伦"，就是"绝对精神"。"脉"在，"伦"在，生命在，
学术、思想和精神在，直至永远……

樊　浩

2018 年 7 月 4 日于东大舌在谷

序　言

　　这本著作旨在论述哲学与科学的历史发展同源而分流，而又复归于综合的辩证过程。而且，它客观地昭示哲学的确立必须以科学为前提；科学的前进必然以哲学为归宿。这个哲学与科学交叉发展、滚动推移的当代辩证综合的结果是：以工程技术为前提的马克思哲学唯物主义的现代形态的诞生。它就是这个系列著作的前两部：《自然哲学》与《精神哲学》。这是一个严格遵循马克思哲学原则，依托当代自然科学、技术科学、社会科学、人文科学的高度综合化、整体化，上升到哲学层次的"工程技术"而结晶的"现代哲学唯物论"体系。它排除了教条主义与西方科学主义的干扰，力图重振马克思学说的雄风。

作为概念系统的哲学与科学的同源性

　　公元前 6 世纪前后，以古希腊为代表的西欧开始克服神话的直观想象，以理智的态度审视我们生存于其中的这个客观世界，出现了一批自然哲学家。理智地，也就是知性地关于宇宙自然的阐述，使用的思维工具是"概念"。概念是理智运行的凭借，在理智思维过程中，感性直观素材的外在性、表面性被扬弃，内在的本质被知性的解剖作用分析出来，进一步被理性的综合作用所把握。这个综合分为两个层次：浅层次形成"知性概念"（conception）；深层次形成"辩证概念（Begriff）"。

哲学与科学都是概念系统，它们与政法伦理这类意志行为现象、诗歌文艺这类情感宣泄现象不同。哲学与科学都是理性（广义的）的产物，目的都是认识世界的本质，因此，它们是同质同源的。

知识，是人类理性地认知世界的成果。所以，古希腊时代把他们认知的智慧的结晶统称为"哲学"，于是哲学便成为知识的总称，此时没有具有个性的哲学，也没有分门别类的科学。这种知识的笼统性在当时知识尚未充分发达之际，应该讲是极其自然的。

不要以为知识仅属于纯粹为理性所把握的东西，意志行为与情感宣泄这类主体的非理性的精神现象，如将它们客观地加以辨析，并议论短长，它们也可以成为一门科学，例如，政治学、美学之类。但是，一项政治行动、一件艺术品的创作，就不是科学作业了。它们有其不同于概念思维的独特性。我们批评的艺术作品的概念化、模式化，正是因为一种僵化的固定的形式，窒息了艺术的生命。

正因为哲学与科学同质同源，它们的分化，只是为了进一步更深入地结合，而不是永远分道扬镳，各不相涉。但是长期以来，哲学与科学各自独立发展，自成格局，不但觉得彼此之间隔行如隔山，甚至互相攻讦，试欲一比高低。我们认为这是很不正常的。由于各奔前程，哲学弄得幽冥莫测，科学搞得趣味全无。于是，哲学变成思辨的臆测，科学变成片面的偏执，从而脱离了向真理目标前进的轨道。

我们从认识的历史源头探索哲学与科学的辩证进展概况，以期动态地阐明它们的分合关系，从而促进哲学的更新与科学的进步。

哲学与科学研究对象与方法的歧异性

固然哲学与科学同质同源，但不能认为它们完全同一。公元前3世纪前后，数学、天文、地理诸学科，逐渐从知识的总体中分化出来，实证科学的雏形业已具备。亚里士多德这位古代的百科全书式的伟大的智慧之星，除孕育了一系列以后的实证科学的胚胎外，开始确立了以"实体"（substance）为核心的富有哲学个性的体系——"形而上学"（metaphysics）。研究宇宙人生的总体的学问初步形成，它是对源于宇宙人生而又高于宇宙人生的根本哲学原则的揭示。从此，哲学与科学同源而分流，各自有了自己的专精的领域，这是人类知识发展的一个巨大的进步。

哲学与科学分流，表现在歧异性与日俱增。首先是研究对象的问题。哲学追求宇宙自然的生成与演化的终极原因，即意图抓住宇宙万物构成的普遍本质和演化的规律性。而科学则分别划定专门领域，从事该领域的特殊对象的分析研究，试图穷尽该对象的本质与结构的内在机制与外部表征，予以定性与定量的描述。力求精确无误、界限分明，予人以切实而有效的认识。

于是，哲学向整体性的探索发展，它力求揭示宇宙的存在及演化的实体，逐步掌握宇宙本体的存在形态与过程形态的有机统一。对客体的思辨分析，使人反思思辨自身的实质及可靠性。于是，从思维的对象转而思维"思维自身"，哲学便从本体的追求进而对认识进行探索。认识对象的过程性、认识能力的层次性、认识客体与认识主体的辩证相关性、认识与实践的情理与行动的相融性……这一系列耐人寻味的问题大大开拓了哲学思辨与情意融通的领悟把握的领域。至于对社会人生、精神世界的体验与感受，使人升腾到一个至善至美的哲学意境。凡此种种，是科学难以涉及也难以理解的。因此，哲学的"玄虚"是科学不可企及的领域，是它在知识领域中独具个性以后所显现的主要的歧异性。科学家切勿斥之为空洞无聊的呓语，而应如实地看到这是科学家单纯的知性头脑所难以接受的。

至于科学，它从哲学总体之中分化出来以后，就在实证科学的道路上迈步前进。宇宙人生万事万物都置于它的显微镜之下、望远镜之内。实验分析的解剖刀，把这个整体相关的宇宙人生分解为无数碎片。科学家分门别类地进行专门研究，于是整个客观世界，根据科学家既有的一定客观标准，又有主观方面的考虑，编绘出一幅宇宙人生的静态的示意图。其中每一个组成部分基本上形成一门科学。一般讲，专业的科学家只对本门学科负责，于是形成"一门精到周全、其他孤陋寡闻"的局面。随着科学的前进，那些边缘交叉的领域，也形成了边缘交叉学科以填补其空白，但静态的孤立的拼凑的状况仍难以改变。它很难达到对宇宙人生的整体性把握；很难显示宇宙自然的勃勃生气、社会人生的绚丽色彩、意识精神的哲理玄机。实证科学在客体的重压之下，在主体的僵直的框架之中，真是步履蹒跚，寸步难行了。不过，哲学家切勿嘲笑他们见木不见林，或谓这类具体操作缺乏思想性，而应如实地看到这种科学家的业绩，既实在又实用，为人生所必需。而且哲学家如没有科学家这一系列的具体研究，就决不能构造出有价值的哲学体系。

哲学与科学在研究方法上，虽有相通之处，但也有歧异之点。哲学重直观领悟、整体概观、辩证综合、内在运动、思辨玄想；科学重观察经验、分解检测、实验取证、外在推移、逻辑推理。当然，这是一般的划分，实际上，二者是相互渗透的。哲学研究方法的主要精神在于主体智慧的能动性、穿透性、涵盖性的高度发扬：它包揽乾坤、气贯寰宇、物我交融、心随物转。以神意境，决非语辞之虚夸，实为哲学智慧的涌动开发出来的客观底蕴。至于科学研究方法的主要精神在知性分析以及细微之处见功夫的本领。它透悉客观事物的机制，求实求精，容不得半点马虎。它仿佛是客观事物的臣仆，马首是瞻，毫无我见，其实一旦真理在握，它捍卫真理，义无反顾。它察微而知著，见表而知里，是哲学沉思洞察整全的必要前提。因此，两种研究方法的歧异，并不形成根本敌对，倒是相反相成，相互补充。这种方法的互补性，最终促成哲学与科学相互依存，复归于融合。

哲学与科学发展的相互依存性

哲学的分化与科学的兴起，是人类认识的飞跃。科学的蓬勃发展的高峰期是文艺复兴以后，到了18世纪，严格意义的实证科学才开始形成，19—20世纪获得全面深入的发展。发展的特点是：18—19世纪学科愈分愈细，19—20世纪分化与综合相结合进行。从近代到现代，仿佛是"科学的世纪"，哲学似乎变得可有可无了。科学能单科独进吗？哲学真能完全由科学取代吗？当然不能。

任何一门科学都有其基础理论部分，否则就不成其为科学。这个基础理论便是该学科的哲学原则，它既是该学科的高度理论概括，又是该学科的哲学指导原则。从这个意义上讲，哲学与科学是相互依存的。

实证科学以自然科学为骨干，而自然科学中对其他学科广泛渗透的是"物理学"（physics）。physics由古希腊的physis演变而来。physis的本义为"关于自然界的知识"，因此，它乃自然界诸种知识的总称。由此可见，古代的物理学涉及全部自然现象。近代物理虽有其特定的专业范围，但由于其历史渊源，很自然地较便于同其他学科挂钩。物理学作为诸自然科学的核心是十分适宜的。因而，物理学的基本理论部分，或曰"理论物理学"——从西方传统而言——就是哲学。metaphysics——物理学后编，虽说是书籍编排的一种技术性的措施，但这一部分正是物理知识的理论升华。理论物理学即是形而上学，亦即哲学。可见哲学与自然科学特别是物理学是相互依存、难以分割的。研究西方哲学传统，不通数理是很难深入的。

　　从一门科学的深入而言，从哲学与科学历史的发展而言，都说明了二者是相互依存的。但是，这还只是一种表面的议论，更为重要的是概念系统的历史辩证圆圈运动。当前科学技术高度综合化整体化的趋势，就说明科学与哲学相互依存、凝为一体的必然性。它们彼此相分只是一个否定性的中介环节，并不是它们的必然归宿。它们相互依存、不可分割，有其历史的根据与逻辑的理由。

　　我们以现实的历史进程为依据，找出其内在的逻辑线索，从而阐发哲学与科学"合、分、合"的辩证运动。它以史带论，而以"论"为其灵魂，因此，严格讲，它不属于史书，而是史论。故将此书命名为《科学认识史论》是适宜的。

目　录

导论　哲学与科学分合的历史观

第一篇　认识能力的辩证发展

导语　论"智力、能力、神力"的辩证圆圈运动 ... 31

第一章　宇宙自然认识的神话构想与理智分析 ... 34

　　第一节　初民解释宇宙自然的尝试 ... 34

　　第二节　自然哲学家的科学发现与哲学构思 ... 45

　　第三节　观察与论证方法的萌芽与知识客观性的确立 ... 64

第二章　数量与质量概念的形成与辩证思维的萌芽 ... 71

　　第一节　宗教迷惘中的理智光芒 ... 71

　　　　一、毕达哥拉斯学派的宗教意识 ... 72

　　　　二、毕达哥拉斯学派的科学研究 ... 75

　　　　三、哲学本体论：作为世界万物本原的"数" ... 77

　　　　四、对立与和谐的辩证关系 ... 79

第二节　逻辑推导与知性抽象 ... 84

一、巴门尼德对"存在"范围特征的逻辑论证 ... 84

二、芝诺反对"多"与"运动"的论证 ... 89

三、麦里梭对巴门尼德"存在"学说的修正和补充 ... 92

第三节　原子论与恒变观 ... 94

一、从存在论到留基伯的原子论 ... 95

二、德谟克利特的原子论与认识论 ... 97

三、赫拉克利特的"永恒的活火"与"逻各斯" ... 106

第三章　知识体系的形成与知识的分化 ... 115

第一节　人文知识的突出说明知识的深化 ... 115

一、认识你自己 ... 116

二、美德即知识 ... 120

三、诘难法 ... 125

第二节　数学几何式的宇宙论与辩证法的系统化 ... 128

一、数学几何式的宇宙论 ... 129

二、辩证法的系统化 ... 141

第三节　亚里士多德：知识的分类与哲学的个性 ... 148

一、哲学的个性化——实体论 ... 149

二、认识论 ... 154

三、政治学的独立 ... 157

四、伦理学经验的科学化 ... 163

五、文艺理论系统化 ... 168

六、自然科学 ... 173

七、逻辑学的创建 ... 182

第四章　爱智精神的式微与务实精神的兴起 ... 189

第一节　社会人生从理想的追求到典章制度的确立 ... 190

一、法律制度 ... 190

二、军事制度 ... 195

第二节　意志能力的培养与国家政治经济建设的辉煌成就 ... 200

一、罗马的政治建设 ... 201

二、罗马的经济建设 ... 208

第三节　务实精神的发掘与应用科学、工程技术的发达 ... 212

一、罗马建筑学 ... 213

二、罗马农学 ... 217

三、罗马医学 ... 220

第五章　上帝的阴影与科学技术的闪光 ... 223

第一节　哲学的沉沦与神学的泛滥 ... 224

一、希腊科学和哲学的否定 ... 224

二、西欧封建社会的形成和基督教统治地位的确立 ... 228

三、神学的泛滥与科学认识的曲折 ... 231

第二节　阿拉伯文明的渗透与古希腊精神的复苏 ... 236

一、阿拉伯文化及其西渐 ... 237

二、希腊精神的复苏 ... 239

第三节　宗教神学统治的理性支柱与工艺技术根基 ... 247

一、从信仰到理性的转折 ... 247

二、技术上的巨大进展 ... 252

第六章　古代哲学与科学技术的成就 ... 258

　　第一节　奠定了各门学科的基础 ... 258

　　　　一、宇宙论和天文学 ... 260

　　　　二、机械力学和运动力学 ... 263

　　　　三、光学 ... 269

　　　　四、地质学和化学 ... 271

　　　　五、生物学 ... 273

　　第二节　健康理智与观察实验的统一 ... 275

　　第三节　西欧科学认识论传统的形成 ... 281

第二篇　实证科学的兴起

导语　论知识的"原始综合、科学分化、辩证综合"的辩证圆圈

　　运动 ... 291

第七章　文艺复兴的曙光 ... 294

　　第一节　封建神权的旁落与人性的觉醒 ... 294

　　第二节　开创了观察经验与实验数据的新风 ... 309

　　第三节　以达·芬奇为代表的一代哲学、科学、技术宗师 ... 316

第八章　实证科学的奠基人 ... 326

　　第一节　哥白尼学说对宗教禁区的探索 ... 326

　　　　一、受人文主义思想培育的哥白尼 ... 327

　　　　二、哥白尼日心体系对托勒密地心体系的发难 ... 328

　　　　三、哥白尼体系的局限与完善 ... 332

　　第二节　第谷·布拉赫与开普勒发展与证实了哥白尼学说 ... 333

　　　　一、开普勒的早期思想 ... 334

二、第谷的精确观测和开普勒的理论成就 ... 337

三、开普勒的宇宙和谐思想 ... 344

第三节 伽利略对物理学的全面发展 ... 346

一、伽利略对哥白尼日心体系的观察和理论论证 ... 347

二、伽利略在物理学上的成就 ... 354

三、伽利略的科学思想和科学方法 ... 357

第九章 唯物的经验论与理性论是实证科学的哲学原则 ... 360

第一节 知识就是力量的呼声 ... 361

一、现代科学唯物主义的萌芽 ... 362

二、自然科学的改造 ... 365

三、归纳法 ... 376

第二节 突出思维规定对概念系统的重要意义 ... 380

一、科学的实践 ... 382

二、科学的理论体系 —— 自然哲学 ... 384

三、我思故我在（Cogito, ergo sum）... 389

第三节 物质结构的内在活动性、自己运动原则 ... 393

一、唯物论的进步与自因学说 ... 394

二、单子论中的自己运动的原则 ... 404

三、逻辑的改造与知性思维的跃进 ... 412

第十章 力学独领风骚 200 年 ... 424

第一节 科学研究的相对自由与牛顿的科学综合 ... 424

一、17 世纪英国的科学环境 ... 425

二、牛顿在光学上的成就 ... 428

三、牛顿在力学上的成就 ... 433

第二节　万有引力理论的权威和力学的领先地位 ... 439

一、万有引力定律的确立和几个值得讨论的问题 ... 440

二、天体力学的建立和发展 ... 446

三、力学的领先地位和物理学其他分支学科以及化学和生
物学的兴起 ... 450

第三节　力的概念普适化与机械唯物主义的形成 ... 458

一、世界观与世界图景的形成是哲学的根本要求 ... 458

二、机械唯物论的局限及其变种 ... 464

第十一章　生物科学的突飞猛进 ... 468

第一节　以生命为代价取得的杰出科学成就 ... 469

第二节　有机体发育原则的发现 ... 480

第三节　宇宙自然发展的导向性研究 ... 488

第十二章　辩证法的重新崛起 ... 509

第一节　哲学发展的时代转折 ... 509

一、伟大的时代孕育了一场新的哲学革命 ... 509

二、知性思维的绝对化 ... 511

三、德国 —— 哲学革命的旗手 ... 512

第二节　科学成果特别是进化论对哲学的滋润 ... 513

第三节　从康德到黑格尔完备的唯心辩证哲学体系的
建立 ... 516

一、康德哲学叩开了辩证法的大门 ... 516

二、辩证法沿着一元论道路的前进与深化 ... 529

三、黑格尔对辩证法的划时代贡献 —— 辩证法的思辨
形态 ... 540

第三篇 科学的哲学归宿与哲学的科学前提

导语 论"哲学、科学、哲学"的辩证圆圈运动 ... 559

第十三章 近代物理学开拓了科学发展的新领域 ... 562

第一节 狭义相对论与广义相对论的科学与哲学意义 ... 562

一、"迈克尔逊—莫雷"实验的困惑 ... 563

二、爱因斯坦与狭义相对论 ... 571

三、广义相对论及其宇宙观 ... 580

第二节 量子力学及其哲学阐释 ... 587

一、传统连续观念的突破 ... 587

二、旧量子力学的诞生 ... 594

三、量子力学及其哲学解释 ... 596

第三节 原子结构模型与基本粒子学说 ... 607

一、微观结构的新发现 ... 607

二、原子结构模型及其精细化 ... 612

三、基本粒子学说及其哲学化 ... 617

第十四章 现代宇宙学向哲学的回归 ... 627

第一节 从位置天文学到天体力学 ... 627

第二节 从天体力学到天体物理学 ... 638

一、天体物理学的技术基础 ... 638

二、天体物理学的发展 ... 645

三、赫罗图和现代天体演化观 ... 654

第三节 现代宇宙学与哲学宇宙论 ... 664

第十五章　当代科学技术综合理论的哲学品格 ... 680

第一节　当代科学技术整体化的发展趋势 ... 680

一、自然科学的综合发展 ... 680

二、自然科学与社会科学的汇流 ... 683

三、科学技术的一体化 ... 689

第二节　以系统论为中心的从控制论到协同学的发展 ... 692

一、控制论和信息论 ... 692

二、系统论 ... 698

三、耗散结构论、超循环论和协同学 ... 701

第三节　综合理论的哲学品格在于其整体化趋势 ... 711

一、系统存在的整体性 ... 711

二、系统演化的层次性 ... 715

三、系统过程的目的性 ... 718

第十六章　对当代实证科学的片面哲学概括 ... 726

第一节　狭隘经验主义与实证主义 ... 726

一、孔德、穆勒、斯宾塞的实证主义 ... 727

二、马赫的"要素一元论"和阿芬那留斯的"经验
批判论" ... 732

三、逻辑实证主义的产生和发展 ... 735

四、实用主义与逻辑实用主义 ... 749

第二节　语言哲学与解释学 ... 757

一、语言哲学的兴起 ... 757

二、理想语言哲学与自然语言哲学 ... 759

三、哲学解释学：语言哲学的一种发展 ... 765

第三节　科学哲学与科学唯物主义 ... 769

一、从逻辑实证主义到波普的批判理性主义 ... 770

二、科学哲学的历史主义学派 ... 773

三、邦格的"科学的唯物主义" ... 778

第十七章　非理性主义对实证科学的冲击 ... 782

第一节　非理性主义的历史轨迹 ... 783

一、如何正确评价非理性主义 ... 783

二、历史的反思：认识轨迹的探寻 ... 784

三、非理性主义的功能与作用 ... 786

第二节　非理性主义主要流派 ... 788

一、神秘的直觉主义 ... 788

二、存在主义情感学说的评述 ... 791

三、尼采唯意志主义的评述 ... 793

第三节　意志、情感与理性的辩证关系 ... 795

第十八章　工程技术与现代哲学唯物论 ... 798

第一节　工程技术概念的普适化 ... 799

一、工程技术历史发展的回顾 ... 799

二、当代工程技术的社会整体性 ... 812

第二节　工程技术将理性、意志、情感融为一体 ... 820

一、工程技术的构思与设计 ... 823

二、工程技术的运行与管理 ... 825

三、工程技术人员的素质与培养 ... 828

第三节　工程技术的哲学灵魂——现代哲学唯物论 ... 835

一、现代哲学唯物论的发轫 ... 835

二、教条主义的独断产生的理论曲折 ... 837

三、现代哲学唯物论重振马克思学说的雄风 ... 838

结束语 ... 843

第一版后记 ... 845

导论

哲学与科学分合的历史观

人类能从动物界中摆脱出来，就在于他能适应自然、认识自然、变革自然，创造自己生存与发展的条件。对自然的适应属于无意识的本能状态；对自然的认识属于有意识的思维状态；对自然的变革属于主观见之于客观的能动状态。"本能的—思维的—能动的"，这就是人类对客观世界的反映、认识与实践的过程。这个过程的成果构成了人类的知识体系。人类的知识体系是人类的智慧与行动的结晶，它不但使人深入宇宙自然的堂奥，而且在客观世界的基础上创造了美好的人类世界。

这个知识体系是人类的宝贵的精神财富，自西欧而言，古希腊文明初创阶段，把它统称为哲学。所以，古哲学的含义，除爱智之说外，就其包摄的内容而言，它实乃人类知识之总汇。而科学当时并无独立的意义，可以说，与哲学是同义的。拉丁文 scientia（scire，学或知）就是学问或知识的意思。

随着时间的推移，知识的分化，逐步形成诸多相对独立的学科，于是，知识分领域，术业有专精，哲学这个庞大的知识体系，被肢解为多种专门知识领域，后来这些领域便叫作科学。这个分化过程还在继续着，但随着科学发展的整体化趋势，分割的学科复归于综合，科学与哲学的统一又势在必然了。

我们想以西欧两三千年来的哲学与科学的历史作为一个范例，来说明二者的分合关系。

一

适应自然的本能活动，愚昧野蛮时期远古的人群就具备了，但是真正的人类的智慧的萌芽，自古希腊而言，大约在公元前 6 世纪前后。"智慧"是人类的理性活动，它的充分而完全的表现就是辩证思维，它的一般而经常的表现就是知性思维，或谓人的健康理智。健康的理智既是日常的思维方式，也是辩证思维的基础。古希腊以亚里士多德为代表经常流露出辩证法的天才萌芽，恩格斯便指出过："古希腊的哲学家都是天生的自发的辩证论者，他们中最博学的人物亚里士多德就已经研究了辩证思维的最主要的形式。"[1] 但是，更加普遍地获得高度发展的，是健康的理智活动，即知性思维。因为一般知识的形成，知性思维是决定性的环节。

然而，人类的理性活动并不是一开始就十分完备的。初民智力低下，他们认识世界多半从感性直观、想象比喻出发，因此有鲜明的形象性、特殊性、常识性。当然其中仍然潜藏着某些理性或知性的因素。这种认识方式是一种具有永久魅力的神话。

神话从两个方面发展：一是神话涵蕴的理性或知性因素，突破了直观想象的迷雾，透露出智慧的光芒，产生了哲学与科学知识的

① 《马克思恩格斯全集》第 20 卷，人民出版社 1971 年版，第 22 页。

萌芽；二是神话直观的顿悟、想象的升华与原始的图腾崇拜、东方的宗教祭祀以及社会普遍流传的巫术相结合，从而将一些非物质性的人类精神活动，拟想为"神灵"，于是形成了原始的宗教。宗教的出现绝非子虚乌有的捏造，它有其深刻的社会根源与人类的心理根据。

神话、哲学、科学是一体共生的，在古希腊时代，它们之间的界限就是很难严格划分的。直到亚里士多德时代，才有了较为明确的知识分类。当多种经验性的知识逐步区分开来以后，哲学又剩下了什么呢？例如，各门知识的一些共有的问题：神形、时空、动静、一多等；还有宇宙自然的整体性、实体性、联系性，宇宙自然的结构与演化等问题。于是，哲学不能不涉及经验性知识的本质与规律的概括与论述，而且也要涉及神话与宗教中的一些超自然超经验的精神性问题。哲学的职能，要在使经验性知识摆脱个体性、表面性，使其获得知性的精确性与理性的普遍性；要在使精神性的知识摆脱神话宗教的迷惘性、虚幻性，使其获得知性的客观性与理性的整体性。

宇宙自然认识的启蒙

人类的生存与发展不能不仰赖于客观自然世界，于是生活实践中自发形成了若干生产技艺，它既显示了人类的特异才干，又表现了人类智慧的萌芽。由于生活有多种多样的需要，技艺就具有多样性，它成了各门专业知识的基础。当然这些知识并非希腊人所独创，东方文明，特别是巴比伦、埃及、印度的古文化，对希腊人有极其深刻的影响。

各门专业知识，例如天文、气象、地理、几何、数学、力学等，它们虽不具备严格的现代科学形态，但应说业已具备现代有关学科的胚胎形式。

这类知识的形成，首先是对自然界观察经验的结果，人们往往把"经验"局限于感性范围，其实感官所对只是无内在相关的个别的感官材料（sense data），它们被综合成形，而显示出某种底蕴，还得靠人类的理智判断，即感官所给予的必须理智地予以把握才能"成象有义"，形成人类的经验性知识。因此，"经验"以感性为先导、以知性为核心。泰勒斯观察天象预言日蚀，便是首先积累大量感官材料，然后经过知性分析、归纳类比、进行推算才做出准确判断的。这种涵蕴于观察经验之中的精确的知性分析，对古希腊的自然哲学家而言，他们都是这方面的行家。以后通过芝诺到亚里士多德，就总结出演绎法与归纳法这类典型的知性思维方法，其基本原则直到现在仍然是正确的。

这些具有专门知识的古希腊哲人，不是鼠目寸光、耽于鼻子下面的琐碎事务而无法自拔的人。他们的主要意趣还在于对宇宙自然的构造与演化进行整体性的思考。当然，那些结论多半是微不足道的，甚至是荒唐无稽的。但是，重要的是他们在西欧首次摆脱神话的想象，提出了世界的"本原"（arche）问题。他们虽说大都未能摆脱感性的羁绊，但已能理智地、抽象地将宇宙自然作为一个整体进行哲学思考了。这是人类知识发展的一大飞跃，它对促进个别的具体知识的前进，对人类智慧的进一步开拓，都产生了无可估量的影响。

古希腊专门知识的成就，当然远远没有达到当代的科学技术水平，它们只能算是常识范围内的一种科学萌芽形态或胚胎形式。但以此非难它们或蔑视它们却是不对的。他们不但在科学的基本理论上有所贡献，而且在工程技术上有所发明。例如，阿基米德（Archimedes，前287—前212）关于浮力和相对密度原理；欧几里德（Euclid，前330—前260）的《几何学原理》；还有哥白尼的日心说的先驱、萨摩斯的亚里士达克（Aristarchus of Samos，前310—前230）认为一切行星包括地球在内都以圆形环绕太阳旋转，并且地球绕轴自转一周为24小时。他们在机械力学方面有不少发明，医学、解剖学方面更以盖伦（Galen，129—199）而闻名后世了。"萌芽"、"胚胎"说明尚未成熟、未能成形，但它意味着一种发展的必然趋势业已奠定，以后的前进只意味着它的进一步引申与开拓。就这一点讲，古希腊学术应该说是现代科学之父。

当然，古希腊人对宇宙自然的认识尚属启蒙阶段，但他们的认识活动，向外开拓，面对客观，重视观察，突出知性，讲求应用。这样一种科学精神，影响深远，历久不衰。

宗教神秘观念的淡化

东方文明传入古希腊，有其哲学与科学的合理因素与可用材料，但宗教祭祀的神秘传统也同时渗入，特别是在意大利南部希腊城邦流行。这些与原始部落的图腾崇拜、民间巫术以及优雅神话纠合在一起，形成了希腊独特的神话宗教概况。东方的神高高在上、无上尊荣，而希腊的神灵却世俗化了，他们和人一样有其优点与缺点，有其悲欢离合的身世。奥林匹斯与其说是神灵世界，不如说是希腊社会的幻影。

高举起这面宗教神秘旗帜的是毕达哥拉斯学派，他们实际上结成了一个宗教政治团体。他们迷信埃及祭祀的宗教传统，奉行菲里赛底斯的巫术，这种神迷倾向显然与古希腊人的理智活动是格格不入的。然而，该学派的领头人毕达哥拉斯，竟是爱智的首创者。他们的理智活动的成就达到了高峰，不但在数学上有惊人的创造，而且数学推理作为知性思维的典型表现，使他们认识到世界的秩序、宇宙的和谐、事物的量的规定性，这一切实际上就将古希腊经验性的知识提到了一定的理论高度，而且为日后自然科学发展的精确性奠定了基础。

如果说宇宙自然物质系统的"量的规定性"的揭示是毕达哥拉斯学派的功劳，那么，关于它的"质的规定性"的提出，就是埃利亚学派的贡献了。特别是在探求宇宙的"本原"问题上，以巴门尼德为代表，已完全克服了自然哲学家们以感官事象代替抽象本质的矛盾，他提出"存在"这样一个形而上学的范畴，从而奠定了"哲学"有别于各种专门知识的自己独特的内容。关于存在的学说，即所谓"本体论"就是哲学作为一门独立科学的研究对象。而"存在"乃是世界上万事万物的高度概括。至于把这个存在说成是唯一的、不动的，最后变成论证最高存在——上帝的根据，那是宗教唯心论的曲解。存在，应该合理地视为宇宙自然物质系统的质的规定性。这一质的规定性的提出，初步回答了世界整体性问题。它显示了哲学智慧的光芒。

如果说，毕达哥拉斯尚沉沦于宗教巫术之中，他所发出的理智的光辉，显得十分朦胧而黯淡，那么，巴门尼德的"存在"则纯然是靠逻辑论证得到的。他的弟子芝诺的那"飞矢不动"等四个论证，便是典型的逻辑作业。因此，它是纯理智活动的产物。至于把这个存在作为上帝的本质，只意味着将一个信仰膜拜的不可究诘的对象，变成了人类自己的理智创造物的外化，实际上宗教屈从于理智，宗教神秘观念淡化了。

然而，唯一的、不动的，终归没有现实的根据，它势将与宗教唯心论合流，这也是理智活动的悲剧，到中世纪哲学变成了宗教的奴婢，这时哲学就潜伏地存在了。

宇宙自然是一个物质存在与演化的系统，因此，它是一个变化运动的过程。赫拉克利特从来就反对祭神仪式、偶像崇拜。他认为如果有所谓"神"，这个神便是"逻各斯"（logos）。逻各斯便是宇宙发展变化的总规律。他说："逻各斯永恒地存在着"，"万物根据这个逻各斯而产生"。他进而将逻各斯表述为三个相互联系的基本命题：第一，和谐总是由对立产生，所以自然界的基本事实是斗争；第二，任何事物均处于不断的运动与变化之中；第三，宇宙乃生动的永恒的火。因此，逻各斯这样的"神"实际上就是宇宙自然运动变化过程本身。"神"实际上被取消了，理智活动上升到辩证思维的高度，人类第一次初步较确切地从整体上认识了客观自然。

哲学科学知识的形成

赫拉克利特这种深邃明快的思想的影响并不是一帆风顺的，他对自然界整体发展的研究未能充分展开，而为社会人生问题所取代；他的精辟的辩证思维却在唯心的形式下得到系统地探索，直到亚里士多德才开创了一个哲学科学全面发展的新局面。

苏格拉底是西欧哲学史上举足轻重的人物，但他对自然没有任何兴趣，而重视社会人生伦理道德问题。他在这方面不但有惊人的才智，而且有高尚的德行与为捍卫真理而献身的精神。虽然他轻视自然研究，但从不嫌弃理智活动。他惯用的反诘法，就是一种典型的逻辑推理方法，在这方面他与自然哲学家的思维方式是没有什么差别的。因此，诘难法乃是一种归纳论证与普遍定义的方法。对社会人生伦理道德诸问题进行知性的解剖，这就使日后社会人文科学走上实证科学的道路有了可能。

柏拉图克服了苏格拉底的偏颇，全面地研究宇宙人生，应该讲是一个进步。他认为哲学要能站得住脚成为一个具有普遍性的学说，就必须研究宇宙自然。他不同意苏格拉底的"天文学浪费时间"的观点，相反，天文学的研究可以使他的政治、神学系统更具有说服力。不过柏拉图特别迷恋数学的自明性，希望将天文学弄成一个类似几何学的演绎体系。不去观测天象想构造一个天文体系是绝不可能的。因此柏拉图的宇宙观是数学式的，宇宙无非是一些四方形、三角形、圆形的拼凑。这些当然算不了什么科学，无非是理智的游戏。他关于两个世界，即理型世界与感觉世界的区分，虽然有客观唯心的倾向，但实质上提出了本质与现象的关系问题，并且表明他并不完全排斥现实世界。至于辩证法方面，由于其唯心立场之故，似乎比赫拉克利特后退了一步，但是，却将辩证法体系化了，直到亚里士多德、黑格尔仍然从中汲取了某些有益的观点。

亚里士多德是举世公认的集古希腊哲学与科学大成的人物，后世编辑的亚里士多德全集，堪称古代的百科全书。自米利都学派开展的关于宇宙自然的本原的研究，由于他的"实体"（substance）范畴的提出，从而使哲学本身具有了实质性的理论内容。他全面研究了自然、社会、人文诸学科，特别是生物学和逻辑学。这表明他既非常重视科学实践，又注意知性思维。而且在生物学研究的基础上，深刻地具体地发展了辩证思维方式，将赫拉克利特与柏拉图开创的辩证法提到了一个新的高度。辩证法的客观性与科学性日益明显了。

亚里士多德关于天文学的结论当然是不正确的，但他虽然深受柏拉图及其门徒欧多克斯（前409—前356）的影响，即认为天体以匀速在以地球为中心的圆周上运动。不过他明确指出：运行的天体乃是物质实体，从而摆脱了柏拉图式的关于天体的数学几何的构思，这应该讲是使天文学成为科学的一个大步跨越。亚里士多德关于物理学的论述，也不能认为是完全的废话或陈旧的常识，他对空间、时间、运动与物质的分析，其中有不少精辟的见解。

应该特别突出的是他关于生物学的研究。他将 540 种动物进行了分类，对其中 50 种进行了解剖，以便于确切了解其生理构造。相传他有关生物学的著述多达 50 部。至于他在社会人文方面，例如，修辞学、诗学、心理学、经济学、政治学等学科的论述都具有开创的意义。总之，亚里士多德完备地构造了人类知识的概念体系。正因为如此，他才能成为多少世纪以来举世公认的思维教养的主要负荷者之一。

至于亚里士多德以后，古希腊与古罗马不过继承其遗绪罢了。有人认为罗马犹如斯巴达，在希腊许多城邦中是最没有知识的。古希腊精神是"爱智精神"，而古罗马人的志趣却不在于此，他们看重意志行为，因此，古罗马精神可以叫作"务实精神"。他们热衷于市政建设及法制体系，而在哲学与科学上少有建树。即使涉及理智活动，也偏于应用，例如，医学、农业以及工程技术等。古罗马人这种非凡的实干能力，使他们得以征服欧亚非广大领域，建立庞大的罗马帝国。而在学术研究方面只能跟随于古希腊哲学与科学思想之后作一些注释与复述而已。

中世纪号称千年黑暗时期。这一时期，理性、理智屈从于信仰；哲学、科学屈从于宗教。柏拉图、亚里士多德哲学变成论证宗教合理性的工具。历史上做出了有名的断言，哲学变成了宗教的婢女。从此，人类的健康理智受到严重的压抑，哲学科学思想得不到创造性的发展。但是，古罗马治国平天下的业绩，实用工程技术的巨大成就，对于宗教统治是有益无害的。在一片"阿门"声中，工匠们默默地使工艺技术与应用科学扎扎实实地前进。这种罗马遗风虽然缺乏思辨的深沉与智力的创造，但对现实社会生活的稳定与发展却具有举足轻重的作用。因此，不能将它过分加以贬抑。中世纪工艺技术方面的成就为近世实证科学的兴起奠定了基础。他们对他们的工艺技术活动也不是一点没有理论概括的。罗吉尔·培根（Roger Bacon）是从黑暗时代到文艺复兴的前驱，他哲学上的唯物倾向与崇尚实验方法以及对数学训练的倡导，都意味着近代实证科学的萌芽。中世纪虽然神的阴影笼罩一切，但理性精神在神体中膨胀，科学的种子已开始突破坚硬的圣土成长。

　　从古希腊、古罗马到中世纪是一个从智力、能力到神力的转化过程，但不能认为以后的世纪，智力完全被抛弃了。能力在社会实践方面磨炼了智力，因而增强了智力的现实性；神力的权威性由于其权威有待理性与理智论证之故，从而暴露盲目信仰的虚弱性，并证明了智力的至上性。因此，在古罗马与中世纪饱受冷落与无情压制的哲学与科学，在逆境中仍然悄悄前进，终于迎来了文艺复兴，从而产生了近代意义的实证科学，并在科学发展的基础上建立了各种有根据的哲学体系。

二

　　上帝的威严与传统在社会上形成一股绝对势力，大凡不恪遵圣经与教规的，无不受到轻重不同的处罚。布鲁诺因宣传哥白尼学说被视为异端处以类似商纣的炮烙之刑，被活活烧死，什么上帝慈悲，一点影子也没有了。就是各国王室也不能免，英王触犯了教皇被处以破门律。人类的生存与学术的自由没有保障。一些本来可以获得更大成就的科学家也不得不小心从事，缄默不语。罗吉尔·培根的遭遇便是一个明显例子，他受到教会的迫害，禁止他写作并宣传他的观点。

　　然而真理之光、理性之火是扑灭不了的。宗教的重压反而激励了有识之士的思考。他们从古希腊及阿拉伯国家吸取科学营养，这股淳朴清新、自由开朗之风，促进了真正的人类世纪的到来。人类终于赢来了伟大的文艺复兴。

文艺复兴的曙光

　　中世纪继承了某些古罗马的社会风尚，相对来讲，这一时期工农业技术等比较发达，生产的粮食在养活庄园人口外有了多余，于是有余力建筑豪华的教堂，创办教会大学，并进行开拓国土的远征。当时人们的物质生活大大超过古希腊时代。中世纪这份遗产是文艺复兴的土壤，那受到宗教压制的思维精神，迥然不同于希腊精神，它是一种以罗吉尔·培根为代表的"观察实验"之风，对近世实证科学的发展起了决定性的影响。

当古希腊学术思想衰落，军事征伐与宗教钳制达到顶峰的时候，在以君士坦丁堡为中心的诸阿拉伯国家中，却保存了不少古希腊的学术典籍。一些人翻译了希腊著作，特别是柏拉图、亚里士多德的著作，并结合自身文化传统与印度文化，从而促进了阿拉伯学术的繁荣。他们之间最著名的代表便是阿维森纳（Avicenna，980—1037），有人指出他的《医典》（Canon）可视为古代和伊斯兰全部知识的总汇，代表阿拉伯国家的最高成就。

糅合着古希腊文化的阿拉伯文化渐渐传入欧洲，中世纪的欧洲人才重启理性之门。特别是亚里士多德的全集被发现，并翻译过来。在英国，亚里士多德学说之中的唯物因素，孕育了唯名论思潮及重视经验的传统，这对近世科学的诞生有着深远的影响。

总之，欧洲人从古希腊著作中获益匪浅，所谓"文艺复兴"从某一方面讲，也可以说是古希腊文化的复活。

欧洲人之所以需要古希腊文化，主要是他们精神空虚，智力活动受到压抑，未能也不敢意识自己的独立存在。因此，物质生活虽远远超过古代水平，而精神生活却完全交付上帝与神父支配了。他们迫切要求人格独立、思想自由、自我创造的这种古典的希腊精神，就形成了一股人文主义思潮。"人文主义"是文艺复兴的灵魂，它是希腊精神的近代表现。它意味着人类要求脱离上帝创造世界的束缚，决心自己创造自己的历史。至此，人们终于体会了古希腊德尔菲庙镌刻的格言："认识你自己。"

文艺复兴时代，天才涌现，出现一批时代的巨人。列奥那多·达·芬奇便是他们之中最杰出的代表。他是一位全才，是画家、雕塑家、工程师、建筑师、物理学家、生物学家、哲学家，而且每个方面都达到了很高的水平。例如，他那幅轰动古今的名画《蒙娜丽莎》是稀世珍品，因此，他更多地以画家闻名于世。殊不知他在科学技术与哲学思维方面更加出色，愈到晚年，对科学、哲学的探索愈超过对于艺术的爱好。他特别强调观察与实验在科学研究中的作用，使得他在自然科学与技术各个领域都做出了划时代的贡献。还有绘画，他又为此而研究了光学、眼睛构造、人体解剖等。他在哲学上虽然完全摆脱了神学成见，但慑于教会的无上权威，他与教会基本上保持了一致的态度。这一点是可以理解的。

　　文艺复兴是欧洲历史发展的转折点，它虽吮吸了古希腊文化的乳汁，但也精炼了从古罗马到中世纪的长期社会实践中、从事工艺技术的劳动人民中孕育起来的"务实精神"。这一来，实证科学的兴起就是一个必然趋势了。至于哲学，在神学的压抑下呻吟，它作为科学的整体概括的权威丧失殆尽了。科学分化，独立发展，又将哲学弃之若敝屣。直到科学分化达到孤立进行，形而上学化了，人类才意识到学科间的普遍联系，而想到哲学综合的必要了。这时，哲学才重新振作起来。

实证科学的兴起

　　当哲学自身无所作为而且变得面目可憎的时候，那些纷纷从哲学的总体中分化出来的各门具体知识，自成门户，独立发展。它们在古希腊孕育的胚胎形式的基础上，又吸收了阿拉伯、古罗马、中世纪某些物质营养，开始茁壮成长起来。中世纪哲学家们十分看重毕达哥拉斯的数的精确性，把它作为考核自己成果的一项指标，于是数据的精确测定，是使知识"科学化"的重要条件。古希腊自然哲学家一般观测的传统，由于古罗马以来的"务实精神"，得到了大大的开拓与发扬，形成了观察、归纳、经验、实验一整套的先进的科学研究方法。这样一来，有别于一般知识的近世科学就逐步完善起来。"科学"一词前已介绍是"学问"与"知识"的意思。近世"科学"从它的英文 science 字义讲，严格指"自然科学"；而德文 Wissenschaft 则仍泛指一般知识也包含自然科学知识。直到目前科技界讲到科学技术时，仍然是专指自然科学的。近世自然科学的最大特点，概括起来讲，就是它的"实证性"，因此，一般把它称为"实证科学"，以别于那些思辨性的、记述性的、抒情性的知识。当然，现在的科学概念在扩大，而我们于此只就严格的实证科学而言。

实证科学的奠基人是哥白尼，他通过毕生努力，对天象进行了长期的反复的观察，并仔细地精确地计算群星的运行轨道与方位，从而科学地论证了他的"日心说"。他的学说具有客观真理性，但触犯了教会的权威，曾作为异端邪说遭到禁止，但最后为世所公认。他的《天体运行论》是实证的位置天文学的不朽的开创著作。

哥白尼的工作得到第谷·布拉赫（Tycho Brahe，1546—1601）与开普勒（Johannes Kepler，1571—1630）的详细的行星运动的观测记录与认真的归纳分析，从而总结出有名的行星运动三大规律。从此哥白尼学说的科学真理性更加令人信服了。

实证科学者先在古老的天文学领域取得了突破性的进展，而一般认为当时自然科学发展的核心是物理学。物理学几乎全面涉及各种自然现象，它的进一步分化与推广，便产生更多更专精的学科，并使许多一般性的知识科学化。伽利略（Galileo Galilei，1564—1642）堪称近世科学的物理学的鼻祖。他服膺哥白尼的观点，并利用望远镜观测天象。他观测了太阳系诸行星、卫星以及银河系的概况，并且发现了太阳黑子。他还对动力学、落体定律、摆的振动、抛射体、静力学、声、光、磁等物理现象做出了开创性的贡献。特别是他建立了一套完整的物理研究的科学方法，即把实验方法、归纳方法、演绎方法、数学方法有机地结合起来，从而使他的研究成果累累。应该讲，伽利略是当之无愧的近代实证科学的全面的开拓者，是牛顿力学体系的先驱。

天文学是当时研究兴趣的中心，也是一个宗教敏感问题，从哥白尼到伽利略都是暗地里或曲意逢迎教廷的旨意从事与圣经根本对立的、然而是合乎客观的天文学研究，但仍不免被视为异端，如伽利略被勒令写悔过书并处以监禁。牛顿所处的时代便好得多了，这种反科学的外在压力已非常微小了，科学研究领域有相当的自由，而他们在日常生活领域里仍表现为一个相当虔诚的教徒。因此，科学与宗教似乎处于"和平共处"的阶段。

牛顿的幸运的际遇，以及从哥白尼开始到伽利略的一系列的科学的天才创造，特别是伽利略关于动力学、静力学、抛射原理、摆动原理等方面的精湛研究，给牛顿的事业以很大的帮助。

从前的天文学主要是对星座进行位置的观测以及运行轨道的描述。伽利略开始考虑了诸星运动的力的问题，这样，对宇宙的静态的数学的几何图像的刻画，进一步达到关于它们之间的力的交互作用的分析了。天体力学的形成，使天文学研究大大跃进了。

牛顿从天上到地下，全面研究了力学问题，得出一系列与实际观测相符合的数据。"万有引力"的提出，使牛顿名声大振。1687年7月，牛顿的《自然哲学的数学原理》用拉丁文出版。这是一部近世实证科学的经典作品，它总结综合了自哥白尼以来的科学成就，突出了力学在物理学以及其他学科中的领先带头地位。真可以说"力学独领风骚200年"！牛顿力学体系的绝对权威延续达两个世纪，它不但是天文学和宇宙学的思想基础，而且支配其他学科，乃至心理、经济、社会诸人文学科也深受其影响。有人说，爱因斯坦的出现是牛顿时代的终结，这个论断是不全面的，只能说爱因斯坦学说补充完善了牛顿的体系。

当物理学的研究得到全面发展的时候，特别是机械力学风靡一时，"力"的概念就越出了它自身特定的范围，为各门学科所采用，例如张力、亲和力、想象力，不一而足。在力学盛行的200年期间，生物学科相对来讲比较落后，直到18、19世纪它才初露头角，血液循环、细胞学说等相继发展。观察、实验之风也渗入该学科之中。特别是有机自然界、动植物生命现象以及人类本身，由于对象的繁复性、易变性，它们的本质特征与变化规律是难于把握的。但是，另一面它们较之无机自然界，流变转化、相互联系的特征更加明显。因此，生物学科的综合探讨，便产生了以达尔文为代表的科学的"进化论"。1859年11月24日，他的《物种起源》发表了，这是一本可以与牛顿著作媲美的作品。进化论的研究开创了科学发展的新道路。达尔文通过广泛的调查研究、实地考察，又进行了反复的对比分析解剖，认定没有永恒不变的物种，物种的变异与生存的环境有关，得出自然选择、适者生存的结论。达尔文思想不仅在科学界广为传播，在世俗社会的各个领域，人们根据自己的理解及需要也大讲其进化论了。

进化论的出现既弥补了机械力学的不足，又纠正了它的单纯孤立静止看问题的片面性，为辩证思维提供了客观科学基础。

文艺复兴以后，实证科学蓬勃发展，这既是人类智力活动的复苏，又是工艺技术、社会生产活动的理论总结。它将人类带入一个崭新的世界，为社会变革、产业革命奠定了基础。

哲学体系的发展

哲学，这位可怜的羸弱的上帝的侍婢，既没有昔日知识总管的尊荣，它那一点点研究宇宙自然的存在与演化的专长，也由于其空疏性为实证科学的物质结构研究所取代。实证科学似乎可以完全抛弃哲学，独自顺利前进。

然而，有远见的科学家认为科学体系不能没有理论基础，例如，体系的出发点、体系赖以建立的基本概念与命题等，都是有待做出说明的，这就是说，有待哲学给科学认识做出理论阐述。

从哲学本身而言，由于古希腊精神的复活，古希腊那些伟大的哲人的著作变成了欧洲人特别是学术界的精神食粮。他们结合着当代的状况，以及实证科学深刻的广泛的浸润，另辟蹊径从事哲学的探讨，使哲学重新焕发了青春。这就是关于科学认识论的研究。

如果说古代以亚里士多德为代表的哲学，主要研究对象是关于存在的学说，以及宇宙演化与灵魂问题，那么，近代哲学从培根、笛卡尔开始重点是研究科学认识论问题。从本体论到认识论，标志着哲学发展从古代到近代的转折。

关于科学认识的研究，从认识对象的探讨到认识功能的分析，经验在认识中的地位、理性在认识中的作用，以及实证性的意义等，到康德更进一步对"认识能力"进行考察。康德有感于实证科学的蓬勃兴起，不胜感慨地说，其他一切科学都在不停发展，而偏偏自命为智慧的化身、人人都来求教的这门学问却老是原地踏步不前，这似乎有些不近情理。康德虽然终身未曾离开过他的故乡，但他的苏格兰的血统以及英法革命后的兴旺景象，使他服膺以休谟为代表的经验主义，而大陆特别是德国理性主义传统也给予他很深的烙印。于是，他从经验到理性进行了全面深入的分析，终于先后写出了"三批判"，特别是《纯粹理性批判》。它无论是对科学或哲学的发展都产生了深远的或明或暗的影响。

另一方面科学家们也自发地进行了哲学概括。鉴于牛顿力学的绝对权威性，机械力学的广泛渗透性，于是"力"就上升为一个普遍的哲学范畴。而"力"首先指的是"机械力"。于是力的原则不但作为无机自然界的根本，有机生命界也照样通行。以至笛卡尔断言："动物是机器。"拉·美特利则以"人是机器"为题写了一本书。科学家们以机械力学作为根据，倡导了机械唯物主义。

哲学的唯物与唯心的区分古已有之，但大都是从直观思辨出发的。因此，只能算一种倾向，而且其学说从来不是十分严格的，即唯心倾向中有唯物因素，唯物倾向中有唯心成分。直到近世，由于在科学发展的基础上产生的哲学概括，才有严格意义的"唯物主义"和"唯心主义"。别以为，一提"唯物主义"便是合乎科学的、正确的，其实有些唯物主义是有片面性的，有的甚至是错误的，例如庸俗唯物主义。也不要以为，一提"唯心主义"便是胡说八道，其实有些唯心主义包含有合理的因素。黑格尔的客观唯心主义体系，列宁认为，它的形式唯心到什么程度，内容就现实到什么程度。因此，关于唯物与唯心的对立，不能绝对化。

17、18世纪机械唯物主义独领乾坤，连人类也不过是"机器人"，但有机生命的现象极端复杂，远非机械力学原理所能解释清楚。它的片面性、形而上学性是十分明显的。

由于19世纪前后生物学、生理学、人类学的长足进步，使人类对有机生命界包括自己，有了较深刻的认识，而且也能从唯物的立场，做出客观的说明。在这一科学发展的基础上，以费尔巴哈为代表高举起了人本主义唯物主义旗帜，从而克服了机械唯物主义的片面性，把人类自身连同他的外部自然环境作为他的唯物主义对象。这是对机械唯物主义的第一步跨越。

另一面，在进化论观点盛行的年代，进一步突出了机械唯物主义孤立、割裂、静止地观察问题的形而上学倾向。古希腊思想的精华——辩证法——经过了中世纪长期的淹没，在进化论实证的确切的客观证据的鼓舞下，又崭露头角了。以黑格尔为代表，在思辨唯心的形式下，建立了从古迄今的唯一的完备的辩证法体系。它纠正了机械唯物主义的形而上学倾向，实际上指出了宇宙自然的辩证发展进程，而且把运动变化的动力，归结为内在否定性、自己运动。黑格尔虽然经常讲到上帝，但这个观点，有如一把利刃砍断了上帝的指头。

实证科学家憎恨黑格尔，黑格尔则鄙夷实证科学家，认为他们只具有有限智慧。其实黑格尔在指出知性思维的局限的同时，也认为这是从事科学研究的伟大而不可缺少的思维方法。只是知性分析有待于发展到辩证理性，才能有效地真实地从整体上把握这个世界。

这种实证科学与哲学体系的分离以致敌对的状况，影响是相当深刻的。哲学的王国被实证科学的突飞猛进分割殆尽了。哲学真的是浮悬在上空，似乎变得可有可无了。

但是，这一对人类智慧所孕育的孪生兄弟，在各立门户得到巨大发展后，其进一步趋势是它们发觉彼此相依的密不可分的关系。复归于综合，就是 20 世纪以来，哲学与科学由分到合的结局。

三

19 世纪末，自然科学在新的形势下获得全面发展。最古老的天文学已不满足于单纯观测，它不但对其运动从事力的交互作用进行了探讨，而且进一步探索天体演化的物理化学机制，从而考虑到宇宙整体性研究问题。牛顿力学为爱因斯坦的"相对论"，玻尔等人的"量子力学"并从而发展起来的"基本粒子学说"，还有当代的"控制论"等科学技术综合理论所补充。此外，化学、生物学也突飞猛进，大有成为当代带头学科之势。

哲学通过经验主义、理性主义、实证主义，在康德前后产生了广泛的社会影响。另一面具有现实性的黑格尔辩证法体系，尽管遭到实证科学家的非难与冷落，但产生了世界性的深远影响，特别是通过费尔巴哈，马克思、恩格斯开创了实践唯物主义、唯物的否定性辩证法以及唯物史观一套完整的现代哲学唯物论体系。它不但吸收了实证科学的精华，而且给予科学研究以方法论与方向性的启示。更主要的是它科学地论证了人类社会未来的社会主义前途与共产主义理想，并规划了促其实现的现实的可行的道路。

科学技术的相互渗透与交叉发展

进入 20 世纪以后，科学技术的发展，其分工愈来愈细。一个老学科区分为若干子学科，以物理学为例：力学、声学、光学、磁学、信息物理学等，这些子学科还可再加以区分。这种分化是科学进步的表现，是科学日益精确化的表现，是科学日益专门化的表现。这种分化有增无减，以致专家们穷毕生之力专精一个极其狭隘的领域，其他方面在他的视野之内模糊了甚至消失了。

然而，客观世界是普遍联系的，所谓牵一发而动全身。各种客体、各种事态以及与主体交互作用等方面，其相互影响是不可忽视的。因此，某一项狭窄的专门研究，往往因其忽略了各种联系，而导致片面失真的结果。于是，分化愈盛，综合联系的要求愈迫。这样，就在分化的同时，出现学科间的交叉发展与相互渗透现象。例如天体物理学是研究宇观、宏观范围内的问题的，而基本粒子学说是研究微观范围之内的问题的，但彼此相互渗透。宇宙模型的构想与原子结构的设计颇多类似之处。宇宙之形成演化无异于一个大的物理化学实验室。核裂变或聚变等现象都在天地之中自发进行，以致现代宇宙学与基本粒子学说的探讨，密不可分了。

由于科学技术的分化，各有其独立门户，真是隔行如隔山。但是，不少边缘地区，也就是两个或几个不同学科的结合部，就往往各科都难于全力照应。因此，学科交叉发展，有利于打破学科的孤立性，有利于新学科的形成，有利于悬而未决的问题的解决。

特别是科学与技术，一个主要倾向于"认知"，一个倾向于"操作"。它们之间虽有其血肉联系，但却犹如中世纪"灵肉分离"的观点一样。科学家鄙薄技术专家有点匠人之气，技术专家则认为科学家不过纸上谈兵。由于实验在科学研究中的地位日益重要，科学理论的构造与确立，不能单靠"思辨"（speculation），更为重要的是"实验"（experimentation）。实验就涉及技术问题。李政道、杨振宁提出的在弱相互作用中宇称不守恒的新概念，这无疑是理论物理学研究的一个突破，但它的确立却有待吴健雄用实验方法进行检验。这里实验技术起了决定作用。逻辑思辨的推导，只证明了"理论"的可能性；实践技术的应用，才证实了"理论"的真理性。由此可见，当今的科学技术逐渐融为一体。科学的攻关项目无不需要庞大而精密的技术设备，例如核科学研究中的加速器的制造便是一个巨大的技术工程。至于技术早已不是简单的手工操作或简易机器运转的操纵了。技术设备高度的自动化、系统化、智能化，使其成为诸科学综合结晶的实体。技术成了科学外化、能动化的途径。因此，科学技术化、技术科学化、科学技术一体化，是当代发展的必然趋势。

科学技术整体化趋势

根据上述科学技术的相互渗透、交叉发展以及科学技术一体化的情况，总的说明了科学技术整体化的趋势。

现代宇宙学也绝非原来意义上的位置天文学了，它通过天体力学、天体物理学等对天体的实证性的研究，掌握了大量天体的构成、运动、演化以及相互关系的丰富资料与确凿数据，从而开始对宇宙自然进行整体性的研究。因此，现代宇宙学是关于宇宙自然的科学研究的当代最新成就。它使用了最先进的仪器设备，如射电望远镜、火箭运载系统等，使人类接收来自天体的信息超出了可见波长的限度。人类对宇宙的了解的精微程度，不但间接地扩大了观测范围，而且对天体构成、运行机制等有更加切实的把握。现代宇宙学正是在这样严格意义的实证科学研究的基础上，对宇宙进行整体考察。"整体研究"意味着科学的哲学化。因为哲学从来是从整体上研究世界的，由于没有确切的客观科学根据，虽说也有不少天才的猜测，但往往流于思辨与臆造。现代宇宙学给哲学宇宙论提供了科学基础，而其本身涉及整体范围，就意味着它既依赖于实验又必须超出实验，进行思辨的创造，获得一些有根据的科学假说。这样，不以科学家意志为转移，他必然要踏入哲学领域。现代宇宙学的哲学化，表明科学与哲学融合的趋势。

我们再从微观方面来看科学研究的趋势。古代原子论是德谟克利特的思辨的创造。然而他提出的宇宙自然的创生与变化乃无数原子分合的结果。这一观点有其永恒的意义。可以将这一观点视为科学地研究物质结构的先驱。道尔顿的原子论则扬弃了德谟克利特的思辨性，在近代化学实践与理论的基础上建立起来。现代基本粒子学说所依据的哲学原则，与德谟克利特、道尔顿相比，并无本质上的不同。他们都承认宇宙万事万物的构成是物质的，但不是单一的，而是众多的物质元素。粒子说的优异之处，就是利用当代的高技术，不断发现微粒子的深层结构与反常性能。这些绝不是单纯知性思维所能说得清楚的。粒子特定层次的有限性与层次递进的无限性是统一的。粒子的瞬间存在，说明了它的个体性与存在的确实性，但是，当这一"瞬间"趋于零时，粒子处于旋起旋灭、即有即无的状态，即所谓"共振态"时，就使得非此即彼的知性思维为难。科学证实了辩证运动的客观存在。基本粒子学说的辩证化，表明了现代自然科学自发地接近了辩证法，从而更深刻地体现了科学与哲学交融的趋势。

当代科学技术的综合研究是20世纪科学技术研究的巨大跃进。20世纪40年代维纳提出了控制论，它不单以自然科学例如数学、物理学作基础，而且涉及语言、心理诸人文学科。它的影响迅速而深远，已渗透到各个科技部分。还有信息论、系统论、耗散结构论、超循环论、协同学等，形成了科学技术高度综合整体化趋势。

这一整体化的趋势表明：文艺复兴以后，科学技术不断分化而产生的专精一点不及全面的弊病的克服。一门学科不与其他学科建立各式各样的联系，就难以前进取得更大成果。但是整体化并不意味导致科学技术变成清一色的一整块，而是多样性的统一，它并不排斥继续分化产生新学科，相反，新学科的纷呈正是"整体化"的生机的体现。

这一整体化的趋势还表明哲学理论的辩证综合的能力对诸实证科学的渗透。科学的发展，特别是达到它的基础理论的性质与结构的探索时，那些划时代的科学大师，如爱因斯坦、玻尔、玻恩等无不自觉地深入研究有关哲学问题。因为这是他们的科学体系赖以建立的理论基础。就是那些无视或鄙视哲学的科学家们，在他们的科学实践中，实际上总是受一种哲学观点的支配。

因此，科学技术的整体化乃是科学技术与哲学理论同步发展、相互渗透、融合为一的过程。

工程技术与现代哲学唯物论

科学技术的整体化，从基础理论方面而言，就是当代科学技术综合理论的迅速发展；从社会实践方面而言，就是"工程技术"概念的普适化。工程技术现已不局限于工业体系领域，例如，土木工程、电机工程、机械工程等，它风靡一时，什么电子工程、信息工程、系统工程还不算，过去可以说与工程毫不沾边的行业，也堂而皇之地称之为"工程"，如法治工程、教育工程，连人类智能、知识的研究，也被称为知识工程。世俗界也竞相效尤。20 世纪的"工程技术"有点类似 17、18 世纪的"力"。工程技术的普适化有其时代的理由，庸俗化有其社会风尚浅薄的缘故。

所谓工程技术是实现人的意志目的的合乎规律的手段与行为。它旨在变革世界以服从人的既定目的。因此，它不是纯客观的，而是使主观见之于客观的一种合理而有效的手段。它不但有科学的理论的意义，而且有行动的意义。工程技术的实质是人类的理智与意志在认识与改造世界的目的之上的统一。这个内在实质便透露了工程技术蕴含的"哲学灵魂"。

主观能动性、行为目的性被公认为是主体性的活动，我们可以把二者统称为"主观目的性"。主观目的性深深介入科学研究、技术钻研、社会实践之中。它并不因其是主观的而有什么缺失。正由于是主观的，才显示其能动性，才有明确的认识与行动的目标。只有如此，人才不同于禽兽而具有创造性的社会生活。基础科学理论的研究，人们往往认为是纯客观自然的，人与社会不介入其中，这其实是一种误解。人类自身的文化素养、社会生产的客观需求、当时科技的发展水平等，直接或间接决定研究的方向以及可能达到的目标。当然，这类研究有时往往没有近期目标，而且一时看不出应用价值。例如爱因斯坦的光电效应原理，60 年以后才在激光研究中显示巨大的应用价值。

工程技术则是在社会实践的范围内科学技术的综合发展，它的优异之处是将科学技术置于明确的社会目的之下，既进行理论的探讨，又规划实行的方案。它统率了希腊的爱智精神与罗马的务实精神；它消融了科技与哲学的界限；它统一了主观目的性与客观规律性。因此，"工程技术"在现实生活中体现了"整体化"现象。

我们从哲学上来看"工程技术"，它就是"革命实践"。因此，它正是以实践为特征的现代哲学唯物论，即马克思哲学的客观科学基础。因此，马克思哲学不但没有过时，而且在当代得到了强有力的工程技术力量的支持，从而焕发出青春的活力。

马克思哲学标志着科学技术与哲学理论的辩证综合。

哲学与科学在其漫长的历史行程中，经历了"原始综合—知性分化—辩证综合"的圆圈形运动。它们的逻辑结构与历史演变是完全一致的。这也就证明了人类科学认识的历史是服从辩证规律的。

第一篇

认识能力的辩证发展

导语　论"智力、能力、神力"的辩证圆圈运动

关于人类认识能力的专门研究是近代哲学的事情，古代把这个问题视为"当然"。这就是说，远古人把自己看到的、想到的，视为自然的结果。他们对自己的看与想等主观认识能力是从不怀疑的，也没有考虑对自己的认识能力加以探讨一番。这是由当时的认知水平决定的，人类尚无能力"反观自照"、认识"认识自身"。

初民从蒙昧野蛮、半人半兽的状态下摆脱出来，在感性直观的基础上，知性思维活动获得长足的进步，远远超过一般高等动物的水平。到公元前 6 世纪前后，有了辩证思维的萌芽。严格讲，这时才真正进入人类的世纪。

人类得以超越动物界，成为万物之灵，主要在于"智力"获得高度发展。动物浑浑噩噩，自同于自然。它既不能认识自然，更不能认识自己。而人却能向外驰骛，描述与理解自然；还能反观自照，解剖与揭示自身。

智力的形成与发展有其客观的历史进程。由于世世代代的人类学家、生物学家、心理学家的精深透彻的研究，我们已逐渐揭开了智力之谜。这个历史进程的哲学表述，可以看作是一个"感性直观—知性分析—理性综合"的辩证圆圈运动。这一智力发展的逻辑结构是与它的历史递嬗相一致的。

智力活动一般讲止于认识世界，人类必须在此基础上继续前进。他必须改造世界以适应自己的生存与发展。通过变革世界的"实践"，大大发扬了人类具备的主观能动性、行为目的性，从而获得了一种"能力"。如果说，智力乃是认识的核心部分，那么，能力就是认识的能动因素。能力展开的程序可以概括为"可行性—操作性—实践性"的深化过程。它以认识的成果为指导，试探使主观见之于客观的可能性；然后制定操作规程，在反复操作中日臻完善，以保证达到既定目的；这种客观上变革现状促进主观目的的实现过程中，有许多经验教训，我们加以总结提升，达到"革命实践"的高度，将其作为进一步认识世界的起点。关于"能力"在认识过程中的作用，古人自发地做出了贡献，但是，直到现在，从黑格尔到马克思，才自觉地意识到这一点，并使它摆脱狭隘经验、就事论事的务实状态，上升到思辨的理论的哲学领域。

在认识过程中提出"神力"问题，正如我们过去在物质结构探讨中提出"单子"一样，是令人纳闷的。在那个理性屈从于信仰、哲学屈从于宗教、科学屈从于迷信的时代，上帝君临世界，它具有无上权威，绝对意旨，然而它又是虚幻不实的。"权威—绝对—虚幻"，这就是以上帝为代表的"神力"的内容。难道这也能作为认知之力吗？

世界上没有百分之百的谬误。神灵宗教现象是经不起科学的检验与唯物论的判别的，然而，它延续几千年没有根绝，实乃其有社会的原因与心理的根据。而且，它以歪曲的形式折光地反映了某些社会人生的真情与实境，因此，也能投合人们的需求与企盼。由是我们也可以在"权威—绝对—虚幻"的神灵的光圈中，切实地感到：在世事纷争中权威的必要性，在人生追求中绝对的真理性，在认识进程中虚幻的超前性。

　　这样看来，"神力"就成了提高我们认识意境的一个必要台阶，拓深我们精神世界的一股巨大动力。

　　神力的提出虽说借助于神灵宗教现象的启发，但扬弃了它的主观神秘性，从宗教信仰领域飞跃到科学认识与哲学思辨领域，揭示了认识的某些基本原则。因为认识的超前性，使科学预见成为可能，哲学概观有了基础；认识的绝对性，使真理的追求不致成为泡影，假设的确立不致成为幻觉；认识的权威性，使科学的评价标准得以建立，行为的规范才有无可置疑的准绳。这些都是建立当代"科学—哲学认识论"不能缺少的。

　　认识的"智力—能力—神力"的辩证圆圈运动体现了当代"科学—哲学认识论"的动态结构，它不是凭空产生的，乃是人类的认识几千年的历史发展所形成的。我们且看它在漫长的历史行程中复杂多样、扑朔迷离的现象形态，以及它如何穿透现象，把握其内在主流蜿蜒前进的。

第一章　宇宙自然认识的神话构想与理智分析

人类进入文明社会以前，处于蒙昧野蛮时代，即原始公社、氏族社会时代，主要的认识方式是：直观想象。随着生产经济的发展，社会的进步，知性思维日臻成熟，而且有了辩证思维的萌芽。这时，才真正进入人类的世纪。

因此，作为初民直观想象的结晶——神话的创造，便揭开了人类认识史的序幕。

第一节　初民解释宇宙自然的尝试

人类认识能力发展的历史，在世界各地，特别在四大古代文明发祥地是大体相当的。认识能力的发展是与他们的生产经济状况相适应的。马克思与恩格斯都反复强调生产经济状况对上层建筑、意识形态、思维精神的决定作用。"它构成一条贯穿于全部发展进程并唯一能使我们理解这个发展进程的红线"，当"我们所研究的领域愈是远离经济领域，愈是接近于纯粹抽象的思想领域，我们在它的发展中看到的偶然性就愈多，它的曲线就愈是曲折。如果您划出曲线的中轴线，您就会发觉，研究的时间愈长，研究的范围愈广，这个轴线就愈接近经济发展的轴线，就愈是跟后者平行而进"。① 因此，我们研究人类的认识与思维发展的历史，必须从其生产经济的发展中找根据。但是，我们并不打算对此作一详细的对比研究，只是作为我们探索人类认识发展史的一个指导方针。

希腊人也经历了他的童年时代，即蒙昧野蛮时代。他们采摘坚果、根茎为食，有了分节语。语言的萌芽，表明他们从兽到人的过渡。火的应用，工具的创造，植物的种植，动物的驯养，陶冶技术的发明……使他们进入到野蛮时代的高级阶段。恩格斯指出："野蛮时代高级阶段的全盛时期，我们在荷马的诗中，特别是在'伊利亚特'中可以看到。"② 恩格斯列举了希腊人在物质文明进展中的种种贡献之后，特别突出地提到他们在精神文明方面的成就，那就是荷马史诗以及全部神话，并且认为"这就是希腊人由野蛮时代带入文明时代的主要遗产"③。

以直观想象罗织的神话是古希腊人认识宇宙自然与社会人生的初步尝试。这种认识的主观构造是与蒙昧野蛮时代的生产经济条件相适应的。

氏族制度的产生，意味着由原始公社制向奴隶制的过渡，也就是由蒙昧野蛮时代向文明时代的过渡。氏族社会的特征是：生产极不发达、人口非常稀少、受外部大自然所支配。外在的自然力支配氏族社会，对个人而言，它是神圣不可侵犯的，个人在感情、思想、行动上都必须无条件服从。正由于人们对自然的无能为力，他只有祈求自然的恩赐。于是，自然成了初民膜拜的对象，从而产生了最初的神灵观念。神话、巫术、原始宗教便产生了。

原始形态的氏族处于血缘亲属关系之中，"系谱"在血缘社会有

---

① 《马克思恩格斯全集》第 39 卷，人民出版社 1975 年版，第 199、200 页。
② 《马克思恩格斯全集》第 21 卷，人民出版社 1965 年版，第 37 页。
③ 《马克思恩格斯全集》第 21 卷，人民出版社 1965 年版，第 37 页。

非常独特的作用。作为个体家庭的系谱而言，在几个世代之内，还是比较清楚的。如若经过几千年发展，这个系谱的线索便湮没了。至于一个氏族，若想纳入一个系谱之中，就很难有确切的根据了。所以氏族系谱的构造，往往反映在神话的幻想之中。恩格斯指出："从古代雅利安人的传统的对自然的崇拜而来的全部希腊神话，其发展本身，实质上也是由氏族及胞族所制约并在它们内部进行的。"① 我们可以将希腊神话中所描绘的神仙世界看作是古希腊氏族社会的虚幻的反映。

一般讲，古代雅利安人指史前时期居住在伊朗和印度北部的一个民族。可见希腊神话渊源于东方文明古国。还有古埃及是一个神权政治的帝国，他们尊重太阳神（Ra），后来埃及的法老，便把自己视为太阳神在人间的化身。这些东方的神灵，有无比的尊严，它们高高在上，是人们依托崇拜的对象。

希腊人大量吸收了东方文明，包括宗教、神话。但是，他们不是原版照搬这些东方素材，而是结合自己的特点，加工改造，赋予这些材料以独特的个性，从而创造了辉煌灿烂的希腊文化，进一步孕育了西欧文明。黑格尔指出："他们当然多多少少从亚细亚、叙里亚、埃及取得了他们宗教、文化、社会组织的实质来源，但是他们把这个来源的外来成分大大地消融了，大大地改变了，加工改造了，转化了，造成了另外一个东西"，黑格尔从而断言，这些东西，"本质上正是他们自己的东西"②。

因此，东方的原始宗教以及对神的崇拜，传到希腊却人性化了，他们和人一样，有其优点与缺点，有其悲欢离合的身世。那些优美

---

① 《马克思恩格斯全集》第 21 卷，人民出版社 1965 年版，第 119 页。
② 黑格尔：《哲学史讲演录》第 1 卷，商务印书馆 1979 年版，第 158 页。

动人、寓意深远、充满人情的希腊神话，差不多都与奥林匹斯相关。相传奥林匹斯便是众神的住所。"希腊神话"是古希腊人对我们这个世界直观的幻想的反映。别看它有点荒诞不经，其中却包含了日后客观地、辩证地认识这个世界的萌芽。

神话（mythology）的创造，反映了原始人类认识世界的水平。马克思说："一切神话都是在想像中和通过想像以征服自然力，支配自然力，把自然力形象化；因此，随着自然力在实际上被支配，神话也就消失了。"① 这就是说，初民根本没有能力征服与支配自然力，而是借助于想象、拟人化、形象化，来解释自然现象从而支配自然。当人类智力逐步开发，掌握了自然界的规律性，并能有效地控制自然力时，神话也就没有存在的根据了。

这还只是问题的一面，还有一面。希腊神话不但是希腊艺术的土壤，而且是以艺术的形式对自然与社会的说明与解释。它相对于它的时代而言，又是不能消失的，因而具有永恒的意义。这个意义可以从两个方面予以阐明。第一，希腊神话作为特定历史时期的艺术形式，具有不可复返性、高不可及性，因而显示出不朽的魅力；第二，希腊神话作为初民认识世界的成果，有其不可替代性、历史渊源性，因而成了人类认识的起点。作为人类认识的最高形态的哲学正是在宗教神话之中形成的。马克思曾经讲过："哲学最初在意识的宗教形式中形成，从而一方面它消灭宗教本身，另一方面从它的积极内容说来，它自己还只在这个理想化的、化为思想的宗教领域内活动。"② 这里应该说明的是，我们认为马克思于此讲的"宗教"不是以后充分发展了的宗教，而是与神话纠葛在一起的原始宗教。而

---

① 《马克思恩格斯全集》第 12 卷，人民出版社 1962 年版，第 761 页。
② 《马克思恩格斯全集》第 26 卷（Ⅰ），人民出版社 1972 年版，第 26 页。

原始宗教主要倾向是自然崇拜，基本上还没有变成统治阶级愚弄人民的工具，因此尊崇理性的哲学才有可能作为宗教的否定因素，在宗教自身中形成，从而使宗教信仰活动跃迁为一种思想理智活动。

　　古希腊人根据其自身的生活，借助于东方的文明，进行了点点滴滴的关于神话的创造，后来逐渐趋向于系统化。这一趋向，在古希腊史学家赫西阿德的叙述神统的史诗中，达到了最高点。这部史诗人们称为《原神》或《神谱》（*Theogony*）。这部史诗将天、地、海洋等自然现象，通过拟人化的办法赋予人形与人性，也通过婚姻妊娠关系，结成了父母、夫妻、兄弟、姐妹各种姻亲。因此，这个奥林匹斯的神仙世界，实际上是希腊社会人生的写照。正如马克思借用黑格尔的话断指出的，不是对自然与社会的随便一种不自觉的艺术加工，也绝不是埃及神话的翻版，"本质上正是他们自己的东西"。

　　我们且看古希腊人是如何创造他们的众神的。希腊人创造众多的神灵之中，我们认为最重要的有五位。那就是：帕卡斯或狄俄尼修斯（Bacchus or Dionysus），他就是"酒神"；阿芙洛蒂（Aphrodite），她就是"爱神"；该亚（Gaia），她就是"地母"；还有普罗米修斯（Prometheus），他乃是"正义"的化身；此外就是那位众神之王的宙斯（Zeus）。他们象征地表达了以"情"为主的希腊的社会人生，说明那时的希腊人的理智活动是相当薄弱的。他们为情所役使，凭本能冲动行事，靠直观想象估量一切。另一方面，从中也可以看到氏族社会的过渡特征。部落酋长逐渐转化为统治者，他代表神圣不可侵犯的自然力，在人间统治万民，从而获得了绝对的权威。于是出现了他与万民之间压迫与反压迫的矛盾，从而有了阶级斗争的萌芽。宙斯就成了自然与社会所加给人类的压力的象征。

　　与其他动物一样，"情欲"是人类的本能。所不同的是，一般动物无意识地为情欲所驱使；而人类则能自觉地意识其情欲，并逐渐赋予其生理本能以外的其他意义。

情欲的主要内涵就是"生存"与"生殖"的欲望。人要活下去，死了还要有后人接下去。这里没有什么价值论的色彩，只是一种本能状态，与一般动物相比，并无二致。但是，人类的进化，自我意识到情欲之可贵，以及情欲得到满足而产生的特殊快感，因而讴歌食色刺激所引起的"激情状态"（enthusiasm）。所谓激情状态，追索其字源意义，乃是指神进入崇拜者的体内，使他相信自己与神合而为一。这种"激情"或"热情"被客观化成为讴歌崇拜的对象，便是"酒神"。其实，酒神并非希腊人所创，相传是色雷斯人的发明。色雷斯人远比希腊人野蛮，因此，帕卡斯也就遗留有相当多的野蛮剽悍的成分。帕卡斯的信徒们成群结伙进入荒山野泽之中，撕裂野兽、茹毛饮血、纵酒狂欢、彻夜达旦。他们的肉体进入不省人事的沉醉状态，精神进入避世绝俗的梦幻状态。他们似乎得到"解脱"了，其实仍为情欲所驱使，未必比一般动物高出多少。

帕卡斯固然代表酗酒与狂欢，但也含有庆丰收的意义。因此，他又是丰产与植物的自然神。这与古希腊行将进入农业社会有关。

帕卡斯也是父母所生。最为流行的传说是，他乃神圣的宙斯与凡人塞墨勒所生。当宙斯显露真容时，塞墨勒为其威力所震慑并为雷霆击毙，而他们的儿子被缝入宙斯的大腿里面，才幸免于难。当然，这些都是不足信的。只说明希腊神话的世俗性，神人之间的相容性。这也正是希腊神话有别于埃及等东方神话之处。

从激情出发，讴歌性爱，崇拜生殖性能，构成原始宗教神话的共同特点。对酒神的奉祀仪式中，男性生殖器占突出的地位。这一特点可以说是世界性的，所以恩格斯指出："性爱"成了诗歌的永恒的主题，而费尔巴哈竟然把性爱作为新宗教的膜拜对象。

对性爱的崇拜，便产生了"爱神"。于是塞浦路斯爱情女神阿芙洛蒂便到奥林匹斯安了家，成了人们最为迷恋的一位女神。阿芙洛蒂出生的故事是十分动人的。相传宙斯的父亲克洛诺斯将他自己的父亲乌拉诺斯的肢体投入茫茫的沧海，激起了层层推向远方的海浪，海浪的中心浮起白莲式的泡沫，它冉冉腾空，白莲花蕊中诞生了美丽的阿芙洛蒂。这真是奇迹出现。黑格尔说："奇迹只是精神的预感，奇迹是自然律的中断，只有精神才是逆着自然过程的奇迹。"[1] 黑格尔这段话还是颇有道理的。所谓奇迹不过是精神违反自然过程、抛弃自然规律的一种主观想象。奇迹当然缺乏客观真实性，但是，有时这类荒唐故事却正是人们在特定情境中的主观需要。黑格尔又说："神话是想像的产物，但不是任性（Willkür）的产物，虽说在这里任性也有其一定的地位。"[2] "想象"基本上不是任性的，它根据主观情感的需要，凭借感性的表象方式，罗织出合乎理想的图景，于是神灵便被想象为人的形状，并被置于他所希望的特定情景之中。我们试设想一下，当你伫立在一望无际的碧海之滨，波涛汹涌、白浪翻腾、水光粼粼、涟漪阵阵，在这万分肃穆而又生意盎然的仙境之中，你看到那个金发垂肩、轻纱飘逸的绝代佳人从浪中升起，飞向那白云深处的山峰，这不正是人间的爱与美的体现吗？把这个情景作为爱情之神诞生的特定环境，是恰如其分的。它有情感的依据，因而具有艺术的真实性。

当然，作为哲学研究，我们不满足于这种艺术的真实性，因为那是艺术家的事情。如黑格尔所指出的："神话的主要内容是想象化的理性的作品"，哲学所关注的是"那潜伏在神话里面的实质内容、

---

[1]　黑格尔：《哲学史讲演录》第 1 卷，商务印书馆 1979 年版，第 72 页。
[2]　黑格尔：《哲学史讲演录》第 1 卷，商务印书馆 1979 年版，第 81 页。

思想、哲学原则"①。黑格尔寻求到的就是那希腊人的"美的个性"与
"自由灵魂"。我们不一定完全赞同黑格尔的发现,但古希腊文明确
实代表着人类的天真烂漫的童年。马克思曾经说过,古代民族有许
多不是属于粗野的儿童,就是属于早熟的儿童,而希腊人是正常儿
童。那纯真的天性,无羁的品格,不正是美与自由的体现,使人感
到愉快吗?因此,老黑格尔对希腊人的本质的发现,还是有一定道
理的。

除了阿芙洛蒂外,希腊还有一尊爱神,他叫爱洛斯(Eros)。关
于爱洛斯,熟悉宗教画的人,都知道他在人们想象中的形象是长着
翅膀、手持弓箭飞翔着的一个十分可爱的男孩子。传说他的箭镞射
中了你的心窝,你便将堕入情网。爱洛斯是爱的化身,象征着生殖
的力量。为了有别于阿芙洛蒂,常把他叫作小爱神。

照亚里士多德看来,赫希阿德可能是第一个寻找"爱或欲"
(love or desire)作为万物的原理的人。他的史诗中写了这样一段:

> 她设计的众神之中的第一位便是"爱"。
> 混沌一片乃万物的始初状态,
> 然后是具有广阔胸怀的大地……
> 而爱在众神之中最为优异。②

这种神话的"宇宙创生论"(cosmogony),诚如亚里士多德所言,是
不必认真对待的。但赫希阿德突出了人类的世代交替,在世代交替
中,"爱"的伟大的生命力量,这是十分有见地的。赫希阿德还认

---

① 黑格尔:《哲学史讲演录》第 1 卷,商务印书馆 1979 年版,第 81 页。

② Aristotle, *Metaphysica*, 984^b 25.

为，混沌初开，产生了天公与地母（Ouranos and Gaia），然后万物滋生。在这里，他特别提出了地母"该亚"，并称赞她具有广阔胸怀。她是孕育万物的母亲。把大地看作是芸芸众生的母亲，这是来自远古的公共信念，于是大地成为了广泛流传的狂热崇拜的对象。地母无私地仁慈地抚养着人类的子子孙孙，怎不可爱可敬？

爱神的撮合、地母的抚养，人类得以繁衍滋生。但是人类想过美好幸福的生活，就不能没有物质保证。"火"是人类生活进入文明世界的决定性的物质手段。希腊人怀着崇敬感激的心情，塑造了一尊窃取天火、造福人类的伟大的神灵。他就是著名的普罗米修斯。普罗米修斯是人间正义的化身。他大概是天公乌拉诺斯与地母该亚的孙子，对众神之王宙斯的专横极为不满。宙斯其实是人间暴力的幻影。他拒绝加泽于人类，严禁给予人类导致文明的火种。普罗米修斯是宙斯所放逐的神祇的后裔，而且正是他，得到智慧女神的帮助，创造了人类，给予了他们生命与智慧，并且谆谆教导他们如何组织生产、安排生活。人类，这个新的创造物被宙斯发觉，他召集众神集会研究人类的权利与义务。普罗米修斯力图保护人类，希望减免人类过重的负担，由此使得宙斯勃然大怒，严禁给人类以火种。普罗米修斯不顾宙斯的禁令，摘取木本茴香一枝，走到太阳车那里，当它从天上驰过，他点燃树枝，手持火种降到地上，在丛林中升起了熊熊火柱。火柱升空，刺痛了宙斯的灵魂。宙斯大怒，伺机报复，便命众神合力塑造一个姿色迷人的美女潘多拉，她携带一个密封的匣子下凡，突然掀开盖子，飞出了一大堆灾害，顷刻布满人间。从此，人间瘟疫流行，灾难叠起，人类痛苦地挣扎在死亡线上不得安生。

之后，宙斯又来惩办普罗米修斯。他命令他的儿子"火神"赫淮斯托斯（Hephaestus）带了两个仆人，一个叫"强力"克拉托斯

（Cratos），一个叫"暴力"比亚（Bia），将普罗米修斯拖到斯库提亚的荒原，将他用铁链锁在高加索山的悬岩绝壁上。赫淮斯托斯是勉强执行他父亲的命令的，内心却同情普罗米修斯。他满怀深情地对普罗米修斯说，你将发出多少控诉与悲叹，但一切都没有用，因为宙斯的命令是不会动摇的。凡新从别人那里夺得权力而据为己有的人都是最狠心的（其时宙斯刚刚放逐他的父亲克洛诺斯夺取了权力）。

这个故事寓意是深刻的：宙斯正是"人间暴力"的幻影，凶残、独断、荒淫、无耻的化身；而普罗米修斯则闪耀着正义的光辉，是一位造福人类、自我牺牲的英雄。这个完美的典型始终激励人类不断向上、舍己为人。

这些富有魅力的神话人物与情节的创造，是初民力图解释宇宙自然的尝试，因而具有认识论的意义。

初民认识世界的能力，远远没有达到以智力为主的水平。他们主要凭借一种想象与幻想的能力，往后的浪漫主义诗人则十分热衷于想象与幻想，因此，初民可谓以诗一样的情调来描绘这个世界。严格讲，他们还未能达到确切地认识世界的程度，而是接触到客观世界的一些感性形象之后，借助于联想，幻想创造出一个新的主观形象。或者说，他们只具有一种将感觉、梦幻和思想等对立因素融合为一个统一整体的能力。

这样看来，初民"认识"的成果，只是加工过的客观材料所构成的主观形象。它的客观真实性是异常稀薄的，所以它较少有认识的意义，而只是一种主观的诗情的宣泄。这也就是神话史诗为什么具有永久的魅力的缘故。

然则，希腊神话主要在感情宣泄、审美鉴赏方面予人以启迪，认识方面就付阙如了。不然，主观情感的宣泄，内心幻觉的塑造，实际上客观地烘托出了初民的主体形象，以及他们对其外在环境的认识水平。它成了人类认识的前史，人类客观认识宇宙人生的起点。

因此，希腊神话塑造的主观形象与情节之中是包含有客观的理智的内容的。我们只要撤掉那层感情与幻觉的泡沫，便可以发现某些关于认识的真知灼见的。比如，对原始公社的血缘性质的确认、对人类社会产生与发展的基本因素的剖析、对阶级社会萌芽的朦胧的揭示、对自然现象的漫画式的描述，等等。

直观想象固然是神话、宗教、诗歌、文艺的灵魂，然而它也内在地蕴含了否定其自身的因素，即思想、理性、认知等科学因素与哲学原则。

希腊神话也包含了初民变革宇宙人生的幻想式的描述，如有别于禽兽的真正人类的品格与能力的塑造，人类关于能源的开发与利用，等等。这就意味着认识世界的目的在于改造世界，以利于自己的生存与发展。希腊神话中刻画的初民与自然的暴虐、命运的坎坷进行的抗争，体现了那不屈不挠的生之意志，力图变革现状的那股顽强的力量。这正是能动的认识观的要义之所在。

我们所看重的是，神话中蕴涵的认识与改造世界的合理因素是一种否定因素。它的萌生与发展，便扬弃了神话的幻觉与神秘性质，产生了科学技术与哲学智慧。同时它又成了人类在无法克服异己力量时，即无法克服自然的压力与命运的摆布时的一种感情上的慰藉。法力无边的神，是脆弱的人类的依靠与希望。神话变成了日后宗教信仰的素材，固然产生遏制科学、阉割智慧的恶果，但也有一定的抚慰灵魂、振奋感情、增强自信的积极倾向。神力成了人类征服自然的一种补充，成了人类向往未来的一种力量。

希腊神话是人类美好童年的天真无邪的遐想，它随着人类科学机巧与哲学智慧的发展，必然要被扬弃。

知性思维的发达，哲学智慧的萌生，揭开了人类真正认识世界的历史。

第二节　自然哲学家的科学发现与哲学构思

神话是古希腊人的理智与智慧的胎儿期的母体营养。理智与智慧既有赖于神话而滋生，又必然要挣脱神话的羁绊而独立成长。

大约公元前 6 世纪，古希腊由氏族社会进入奴隶社会，由野蛮时代进入文明时代。理智，亦即知性思维得到了充分的发展；智慧，亦即辩证思维也开始萌芽。

通过感性直观积累了大量素材，人们不是凭借想象，而是借助严格的知性分析，有时还能做出某些片断的初步的辩证阐明，从而获得了关于宇宙自然与社会人生的比较客观而确切的"知识"。

知识在各个领域遍地开花。各门知识的总汇，人们统称为"哲学"，认为知识乃人类智慧的结晶。古希腊在总结人类知识方面的成就是辉煌的，当今诸多实证科学，差不多都可以在希腊找到它们的胚胎形式；西欧哲学也在古希腊奠定了它的基础，而且起了西欧哲学发展的导向作用。

希腊哲学史家古希利（W. K. C. Guthrie）在其近著中说过这样一段话，大意是：哲学家向往着自然界，以其人类的才智拨开笼罩在这个世界上的神秘的迷雾。人类世界的物质文明以及世俗精神，均为理智的产物。在这些哲学家的研究方法中，神灵的背景消失了，他们对世界的起源与性质的说明，与其说是拟人的神灵的杰作，不如恰当地视为在人类事业中一种天才远见的意念。[1]古希利强调了作为知识总汇的哲学的兴起，是由于人们以理智的态度观察与分析这

---

① Guthrie, *A History of Greek Philosophy*, I, Cambridge, 1962, p. 30.

个世界，从而扬弃了前此的神话式的回答。这个看法是不错的。特别是他提出"意念"（notion），它正是理智表达的方式。以后则更多地使用 idea、conception 来规定这种理智的产物。

科学与哲学的兴起，并不意味宗教与神话完全被抛弃。黑格尔曾经指出毕达哥拉斯相信灵魂轮回说，他曾断言他前生的轮回状况，经过四次投胎，这样他的灵魂就经过了 207 年的轮回。[①] 这当然是不可信的，只是一种神话谬说。但古希腊哲人将天体运动与灵魂纠葛在一起，从毕达哥拉斯到亚里士多德都有这类说法。例如，毕达哥拉斯派就认为灵魂就是太阳的尘埃，列宁指出，这是对物质结构的暗示。因此，列宁加以评述道："注意：科学思维的萌芽同宗教神话之类的幻想的一种联系。而今天！同样，还是有那种联系，只是科学和神话的比例不同了。"[②] 这就是说，宗教神话之中有科学的萌芽，而今天呢！科学假设之中，难道不是包含不少想象与幻想的成分吗？只是所占的比例不同罢了。大致可以说，古希腊时代，神话多于科学；今天，科学多于神话。

宗教神话是想象幻觉的产物，我们只能信以为真；而科学的理智实践的产物，我们可确证其为真；至于哲学的智慧与思辨的结晶，则是人类的真理性认识的成果。由是观之，宗教神话所产生的这种"信仰"的精神状态，并不能完全根绝，对于哲学与科学的发展，仍然有其一定地位。可以说，信仰仍然是人类精神世界一个核心因素，仍然是科学思维及其全部胜利与全部局限的基础。

智慧是科学与哲学的灵魂，信仰是宗教与神话的支柱。但它们又不是截然对立的，智慧与信仰同源而分流，它们都源于人类的本

---

① 参见黑格尔：《哲学史讲演录》第 1 卷，商务印书馆 1979 年版，第 245 页。
② 列宁：《哲学笔记》，中共中央党校出版社 1990 年版，第 277 页。

能，情欲的冲动。基本的情欲的满足，人类才得以生存与延续。这是一个现实问题，由此提出了认识与改造世界以求得自己的生存与发展的问题。在这一求生存的实践中，磨炼出了人类的智慧。"智慧"（σοφία）一词出自伊雄语，广义而言，可有层次递进的三种含义：（1）一般聪明与谨慎；（2）敏于技艺；（3）学问与智慧。大致讲来，在日常生活中，耳聪目明、头脑敏捷、办事周到、应对自如，属于第一种；在生产劳动中，心灵手巧、勤于探索、勇于变革、巧夺天工，属于第二种；在宇宙人生的领悟中，才思横溢、颖悟天成、沉思入里、学冠群伦，属于第三种。简言之，"聪明"属常识的感性范围；"机巧"属科学的知性范围；"智慧"属哲学的理性范围。

至于"信仰"的产生，基于求生欲望的执着，所谓好死不如赖活。人类祈求能活下去、活得好，并奢望长生不死。于是，就产生一种企求而又难以实现的愿望，并希望有一种超常的力量帮助他实现这一愿望，而且在梦幻中实现了。这就是最初的"原始信仰"。这个超常力量的拟人化就是"神"、"上帝"，至此"原始信仰"就变成"宗教信仰"。宗教信仰是一种"虔信"（faith），宗教徒对上帝膜拜、感恩；对上帝的爱、神恩，内心抱有一种确实感；对上帝无限信赖。这里很少有什么理智成分，信徒对宗教中一切反常的怪异的言行，均深信不疑。因此，这种虔信便流于迷信。在理智的阳光的照耀下，宗教家也强调信仰中的理智成分，例如基督教神学家托马斯·阿奎那便强调这一点。于是，就产生一种"合理信仰"。这种"信仰"（belief）是一种智力判断或有别于怀疑的一种特殊感觉。它是对"信赖"的可靠性的一种判断；它是对犹豫怀疑的扬弃，对诸多可能性做出的肯定性的抉择。但是，这种判断与抉择是几率性的。也就是说，一般情况下，它只表示：在无充分的理智认识足以保证一个命题为真实的情况下，就对它予以接受或同意的一种心理状态。因此，信仰最好的结果只能达成一种推测、意见、信念；信仰只有完全为理智与实践所证实时才算"真知"。由是看来，信仰的历史辩证进程是"原始信仰—宗教信仰—合理信仰"。合理信仰是智慧的补充，在认识与改造世界过程中也是不可缺少的。它可以成为科学与哲学探索的动力，成为捍卫真理不可动摇的决心。

人类的智慧终于从原始宗教、神话之中脱颖而出了。古希腊第一个哲人是泰勒斯（Thales），他生卒年月不详。传说他预言过一次日食，根据推算很可能是公元前 585 年 5 月 28 日那一次，人们便把这时算做他的鼎盛年（这时他大约 40 岁）。泰勒斯被视为希腊七贤之一，与梭伦共享盛名。梭伦以政治闻名，而泰勒斯则以学术传世，对后世影响更加深远。他也曾介入商界与政界，但主要经历还是从事科学活动。古希腊对待经商与我国传统不同。我国，特别在知识界，在孔丘影响下认为"经商学稼"乃小人之所为，不屑一顾。古希腊则不同，他们把经商视为主要的活动，这与希腊不宜农牧，主要依靠航海经商谋生有关。古代正常的经商活动也是社会的必要劳动，应该受到尊重，与后世主要从事中间剥削，进而投机倒把，操纵国计民生的卑劣行径不同。古希腊从政与中国传统当官也有区别，他们多少有一点竞争公职为社会公仆的想法，我们则是效忠君王，甘当鹰犬，求得一官半职，鱼肉乡民。因此，泰勒斯从事了一点商业活动并涉足政坛进行一点咨询活动未可厚非。

泰勒斯时代，既没有今天的严格意义的哲学，也没有 15 世纪以后兴起的严格意义的实证的自然科学。那个时候，由于农牧、手工业、航海等需要，以及在这些社会生产领域中的实践活动，人们积累了不少经验素材，逐渐形成较为系统的知识。这些知识基本上是认识与变革自然的成果。人们一般称它为 physis。这个词日后演化为 physics，就是"物理学"。但是，physis 并不完全等同于物理学，它与"自然"是同义的，不过也不是近代的"自然科学"（natural sciences），只能叫作"自然学"，即关于自然的一般知识。泰勒斯拥有这方面的渊博知识，在当时可以说是首屈一指的。

至于哲学，除作为全部知识的总称外，它的独特含义尚不明显。一般讲，在研究自然界所获得的知识的基础上，试图从整体发展的角度，探讨宇宙的构成及其演化，并进一步涉猎人类灵魂问题，这便构成哲学的专门领域。这方面的知识，当时总是从属于 physis 的，直到编辑亚里士多德全集时，才把这部分材料编排到 *physike akroasis* 篇的后面，给了一个标题叫作 *ta meta ta physika*，可以译为"物理学后编"、"自然学后编"，我国意译为"形而上学"。因此，属于哲学总体的这一部分专门知识，即严格意义的哲学，就是形而上学。泰勒斯是第一个客观地探讨宇宙本原的人，这一开创性的探索，不在于其具体结论，而在于第一次提出了真正的哲学问题，显示了人类的智慧与才华，这一点是令人崇敬的。

泰勒斯的科学知识的成就，并不是自发地完全从生产实践中摸索出来的。他曾经漫游埃及、巴比伦这些古代文明的发祥地，汲取了许多关于数学、几何、天文方面的有用的知识，再经过本人的观察、实践、思索，有所发现。譬如，埃及人由于尼罗河经常泛滥，田亩有待丈量，于是有了"量地法"，由此，就有了几何学的萌芽。泰勒斯在此基础上发现了不少命题。下述五个"定理"（theorems）的发现，当时就特别受到称赞。

（1）一个圆为其直径所等分；

（2）等腰三角形的底角相等；

（3）如果两条直线相交，其对顶角相等；

（4）内接于半圆中之角为直角；

（5）如果一个三角形的底以及与底相关的角为已知，则这个三角形便被规定了。

这五条几何定理，现在已成为常识了，但那时能总结抽象出来是了不起的。特别是第四条，当时人们认为是一个伟大的贡献，还为此宰牛献祭，以示庆贺。不过这一条的发现是有争议的，潘菲拉（Pamphila）认为是泰勒斯的发现，也有人认为是毕达哥拉斯的发现。其余四条似乎没有异议，认为乃泰勒斯的成果，其中第五条的实践性更为明显，它的发现，与测量海中船只的位置的实际操作密切相关。相传这些记述是普罗克拉斯（Proclus）根据亚里士多德的学生攸德谟斯（Eudemus）的研究做出的。总之，据此可以断言，泰勒斯已有很高的抽象的知性思维能力，这正是实证科学发达的主观条件。

根据攸德谟斯关于天文学的著作的记载，泰勒斯这方面的成果也是不少的。他关于天文方面的知识，主要来自巴比伦。巴比伦是西欧文明的重要哺乳者之一，早在公元前 3000 年左右，他们就从萨马利亚人（Sumerians）那里学得了大量的科学实用知识，这些实用知识和巫术观念紧密交织在一起，向西传布，对古希腊及日后西欧产生了深刻影响。如毕达哥拉斯的"神符"观念、数目的神秘性质，就是明证。巴比伦的天文观测也可以追溯到公元前 2000 多年以前。巴比伦的僧侣们仰观天象，做出了金星出没的准确记录，探索出天文现象的周期性。这种关于天文知识的积累，也如其他知识一样，与巫术纠缠在一起了，这就是所谓占星术的建立。讲到巫术，就不免使我们想到那些装神弄鬼的巫婆神汉，认为这是十足的迷信、荒唐的骗术。其实古代巫术的产生，竟与科学的产生颇多相似之处。弗雷泽经过翔实的调查、收集了丰富的资料后，指出，巫术也"认定：在自然界一个事件总是必然地和不可避免地接着另一事件发生"，"它确信自然现象严整有序和前后一致"，缺点仅"在于它对控制这种程序的特殊规律的性质的完全错误的认识"，于是，"巫术就这样成了科学的近亲"①。这样看来，巫术和科学一样，也相信"客观必然性"、"自然有序性"，问题仅在于，巫术对这种必然性与有序性的解释是主观的、任意的、神秘的。即使是这样，这样的错误解释中也不无某些有益的启迪。因此，占星术可以视为天文学的萌芽形态，如同炼金术成为化学的萌芽形态一样。这种包含在占星术之中的天文知识，对航海经商的米利都人特别需要，泰勒斯关于天文学的成就肯定受益于巴比伦占星术的熏陶。

但是，泰勒斯更加卓越之处是业已逐渐摆脱了巫术的神秘荒诞因素，基本上通过实地观察天象，总结出某些天体运行的规律。柏拉图赞誉泰勒斯并非一般凡夫俗子，他忘情去欲，上究玄穹，下极黄泉，仰窥天象，俯测地形，遍究一切物性，而求其真全。他由于专心致志地观察天象，全然没有注意身旁有口井，竟失足坠井。一个侍婢嘲笑他："专注迢迢河汉之间，而忘却近在脚旁之物。"②泰勒斯正是以这种客观专注的精神，奠定了天文知识的科学基础。有人认为他是希腊第一个天文学家（astronomy）。

（1）泰勒斯是第一个天文学家，他曾预测"蚀与至"（eclipses and solstices）；

（2）泰勒斯第一个发现日蚀，并指出这一时期的至点（the solstices）并不总是恒定的；

（3）他预言了一次日蚀，刚好发生在美迪人（Medes）与吕底亚人（Lydians）交战的时候。③传说日蚀这一天是公元前585年5月28日，是日狂风大作，天昏地暗，吕底亚人预先从泰勒斯得知这个

---

① 弗雷泽：《金枝》上，中国民间文艺出版社1987年版，第75—77页。

② 柏拉图：《泰阿泰德·智术之师》，商务印书馆1963年版，第65—66页。

③ 参见 Guthrie, *A History of Greek Philosophy*, I, Cambridge, 1962, p. 49.

消息，因此临战不惊，而美迪人以为天怒神怨，惊恐失措，大败而归。这种传说，便有巫术成分掺杂其间。

泰勒斯关于几何、天文等方面的知识是在前人实践的基础上，以及当时的知识范围之内取得的，基本上是属于经验性质的。诚如罗素所评价的："预言一次日蚀并不能证明他有什么特殊的天才。"[①]因此，单凭这些科学成果并不足以证明他在人类认识的历史上必然占据一个重要位置。泰勒斯之所以名垂千古，主要因为他是一位开创性的伟大哲人，他第一个试图从整体上把握自然，给自然以哲学阐明。

亚里士多德说："早期哲人们，极大多数认为万物的唯一原则是物质性的原则。那个原则表明万物由从其开始如何生成，以及最后如何消解所构成（实体常驻，属性万变）。他们把这个叫作事物的原素，而事物的原则即原素。所以他们认为无物有成毁，因为这一类东西总是被保存下来了的……"[②]亚里士多德看到了古代哲人的"原则发现"，即万物瞬变，实体长存，这个实体便是原素。

泰勒斯这些古代哲人，没有留下什么系统的著作，现在对他们的论述多半是亚里士多德等人的转述，未必确切。如亚里士多德转述时，不可避免地要使用自己的语言与概念。其实泰勒斯他们即令有那样的意向，也尚未达到亚里士多德时代那样的清晰的语言与准确的概念。例如，上述的"原则"（principles）、"物质性"（nature of matter）、"实体"（substance）、"属性"（attributions or modifications）等，在泰勒斯时代是没有的，乃是经过长时期的发展，通过论辩术、归纳与演绎论证，特别是柏拉图的《对话录》，以及亚里士多

---

① 罗素：《西方哲学史》上卷，商务印书馆1963年版，第50页。

② Aristotle, *Metaphysica*, 983[b] 5-20.

德一系列的专门术语的构造与详尽阐述，经过了长期的思考琢磨与艰苦的逻辑分析才能达到的。但是，我们不要以为亚里士多德有意拔高了泰勒斯，只要我们历史地看待亚里士多德的论述，也可以从这些论述中，窥知泰勒斯思想的概况以及可能达到的程度。怀悌海（Whitehead）便说过：某人尚未觉察之前，便论及一物之重要性。这就是说，他已心知其意，只是尚未能明确地用恰当的词句与概念表述出来。

泰勒斯显然没有达到把握"实体"、抓住"原素"（element）的水平，但他却有了探索宇宙自然的"本原"的意向，就是说，意图寻求万物的统一的根源。这就是一种"哲学的追求"。是泰勒斯第一个寻找宇宙自然的哲学解答，正是这一点使他名垂千古。

亚里士多德不愧为古希腊最博学多才的伟大哲学家，他采用了荷马（Homer）就使用过的"ἀρχή"（arche）来描述古代哲人提出的最初的实在。这个词，且不管亚里士多德给予它什么含义，我们从当时一般用法来加以领会：（1）表示起点或开始；（2）表示始因。在亚里士多德的论述中，它通常用来表述"第一原则"。据说，泰勒斯自己未曾使用过这个词，他的后继者才正式使用。但是，不管如何，"arche"是一个十分方便的概念，它在希腊流传已久，可以有多种含义，因此，存在使用者发挥引申的可能性。在米利都学派中，它意味着一个"双重概念"（twofold conception），这就是说，第一，它意味着一个已经发展了的杂多世界之外的一个始初状态（original state）；第二，它意味着这个世界存在的永恒根据，或者，如亚里士多德所宣称的，它乃"托载体"（substratum）[①]。"托载体"这一专门术语，亚里士多德曾经解释过，说这个托载体称谓一切其他事物，

[①]　Guthrie, *A History of Greek Philosophy*, I, Cambridge, 1962, pp. 54-58.

而它自己却不被称谓。它为其他事物所依托，使它们可因此而得名。因此，托载体与原则、原素意义相近。根据上述分析，"arche"过去把它译为"始基"，现在通译为"本原"。

泰勒斯探索宇宙自然的本原得出的结论是"水乃万物之本原"。亚里士多德解释说："这派哲学的创始者泰勒斯说，水是原则（他的理由是，大地是安置在水上的），这个意念的获得，大概是看到万物滋长靠湿润，而且热本身的产生也靠湿润，并靠它保持活力（由于万物的生成来自湿润，因此乃成其为万物的原则）。他抓住这个意念是由于这样一个事实，即万物的种子均有湿润性，而水乃湿润性诸物之源。"[①] 这不过是亚里士多德根据表面观察做出的一种猜测。

其实，泰勒斯说水为万物之源，是有其历史根源的。相传柏拉图认为距他们时代久远的一些古代学者，当他们编撰神话系统时，也有类似的自然观。他们认为海洋之神阿西安纳斯（Oceanus）与海洋女神苔希丝（Tethys）乃创世之父母。荷马在《伊利亚特》（Iliad）中，曾说阿西安纳斯乃众神之始祖，而苔希丝则是他们的母亲。总之，在希腊神话中关于宇宙起源的研究，海洋神的地位高于一般神祇。这里就寓意有"水为万物之源"的意思。

还有，远古有指水为誓（oath）的习俗，他们把这个"水"叫作"斯泰克斯"（styx），这一词在希腊神话中，有"地狱之河"的意思。从该词希腊文原意看来，乃由"恨"一词衍生的，可以意译为：恨水或黄泉。这样，"水"就有很大的神秘性与权威性了。而且以"水"指誓，象征水乃受尊敬之物。相传有一种古老的关于自然的见解，为人指誓过的事物是最受尊敬的事物。

希腊神话关于水的种种说法，更远的渊源可能与埃及、巴比伦

---

① Aristotle, *Metaphysica*, 893ᵇ 20-27.

有关。埃及与巴比伦文明是大河流域的文明。尼罗河与美索不达米亚两河流域，是水孕育了它们的辉煌灿烂的文明。泰勒斯、荷马都曾漫游过这些地域，无疑地，对大河文明有颇深的感受，从而萌生水乃万物之原则的遐想。

埃及、巴比伦人相信宇宙初生如同一片"湿润的混沌"（one of natery chaos）。混沌由三种原素混合所构成：其一为"阿普苏"（Apsu），代表一种甜水；其二为"蒂安玛特"（Ti'amat），代表大海；其三为"姆姆"（Mummu），它无确定形态，不过可以代表云雾层。这三种水混合为一巨大的不定形的团块。其时既尤大浮于其上，也无地凝于其下；一切皆水；沼泽泥潭尚未形成，岛屿也少见；神灵也没有。[1] 可见宇宙自然创生过程中，水是首现的，一切均由它演化而成。希腊神话似由此脱胎而来。这些神话传说当然予泰勒斯以很深的印象。

泰勒斯却没有固守神话的想象描述，也没有停留在湿润性、地浮于水等表面的说明，他理智地从形而上学高度断言：水为万物之第一因（first cause）。把"水"作为起因、作为原质，现在看来是十分幼稚的，但他提出的问题却是深刻的、根本性的。因为他可以说是第一个从哲学的高度，用客观分析的方法，观察总结对自然的认识，亦即从自然界本身去探讨它的起因与根据。这一亘古长新的问题的提出，表明人类的哲学智慧已开始拨开神话的迷雾，透露了理性思维之光。

黑格尔指出，直到巴门尼德提出"存在"的概念，真正的哲学才出现。有人认为这是黑格尔的偏见，应该说，泰勒斯是真正哲学的起点。我们认为，泰勒斯代表作为知识总汇的"哲学"的形成，

---

[1]　参见 Guthrie, *A History of Greek Philosophy*, I, Cambridge, 1962, p. 59。

其时，作为专门的真正哲学，只能说在酝酿之中。因为泰勒斯时代，哲学思辨的能力，辩证思维的方法，都是比较浅薄的，只能说，知性思维相对来讲较为发达，因此，其成果主要是倾向实证的科学知识，而不是哲学，虽说他已朦胧地思索了有关哲学问题。

毕达哥拉斯与巴门尼德，实际上概括出了客观事物的量的规定性与质的规定性，将科学知识向理论发展，逼近了哲学的边沿，但仍然没有形成决定哲学本质的基本范畴。无论是"数目"或"存在"，都没有达到哲学范畴的高度，数目只能推向科学体系的建立，而存在只是形式逻辑抽象的成果，是一个空疏的知性概念。总之，他们虽然跨越了经验的科学知识向理论进军，但仍然停留在知性范围。因此，说巴门尼德的"存在"，意味着真正哲学的开始也是不确切的。只有到亚里士多德提出了"实体"（substance）范畴，哲学本体论才得以确立，而"本体论"（ontology）的确立，才是真正哲学形成的决定性环节。

不过，泰勒斯对"原则"、"本原"的追求，表明了一种"哲学倾向"的萌芽。但由于知性思维的局限性，使他得不出真正的哲学结论。"水是原则"、"水是本原"这句话，既无丰富的理论意义，也无深远的哲学意蕴。恩格斯认为这完全是一种原始的自发的唯物倾向，"它在自己的萌芽时期就十分自然地把自然现象的无限多样性的统一看作不言而喻的，并且在某种具有固定形体的东西中，在某种特殊的东西中去寻找这个统一，比如泰勒斯就在水里去寻找。"[1] 这种原始自发性，主要表现在两个方面：（1）关于世界统一性的要求只是一种接近本能的愿望，并无自觉探索的意识；（2）尚没有能力做出普遍的概括，只能用某一特殊的固定物作象征性的"普遍"表

----

① 《马克思恩格斯全集》第 20 卷，人民出版社 1971 年版，第 525 页。

述。显然，这种结论是没有什么哲学思辨意趣的。而且，这种见解陷入普通的形式逻辑的矛盾之中，即陷入思维与表达思维的方式之间的矛盾：思维想要表达的是万物的"统一"、是宇宙的一体；而表达的方式是万物之中某一具体物，例如水。黑格尔指出："承认各种特殊事物中有一种普遍性；但是水也同样是一种特殊事物。这是一个缺点；作为真实原则的东西，决不能有片面的、特殊的形式，而它的特点必须本身是有普遍性的。"[①] 于是，泰勒斯便陷入以感性代替理性、以特殊代替普遍的矛盾之中，其实，在那时也是不可避免的。这正是人类思维开始上升到抽象的过程中，又述不能摆脱感性实体的过渡状态的必然表现。

我们不能从水的感性外观，而应从它的本质属性象征地来理解泰勒斯的用意。否则，正如罗素所言，未免使初学者感到泄气。那么，水的本质属性是什么呢？从哲学本体论的意义来分析：水的本质是无定形的、流动的。唯其不定形，因而适应任何形式；又由于其流动不居，因而可以体现事物的变化的特点。这样的分析，也许泰勒斯本人尚未明确意识到，但作为本原看待的"水"，不是一般的具体的水，应如是分析才是恰当的。我们从他的后继者的观点看，便可见得这种分析不是我们强加于泰勒斯的。

阿拉克西曼德（Anaximander，前 610—前 547）是米利都本地人，是泰勒斯的学生、朋友和继承人。如果说，泰勒斯没有著作传世，那么，阿拉克西曼德则堪称希腊第一个有传世作品的人。据说，他曾著有：《论自然》（*On nature*）、《地球概述》（*Description of Earth*）、《恒星》（*The Fixed Star*）、《行星》（*Sphere*）。可能还有一些。可见他在泰勒斯天文知识成就的基础上，对太阳系诸天体进了

---

① 黑格尔：《哲学史讲演录》第 1 卷，商务印书馆 1979 年版，第 188 页。

系统的研究。他还制作了日晷，并测定太阳轨道和昼夜平分点。相传他还是第一个绘制地图的人。由于他具有丰富的系统的天文地理知识，使他有可能进行宇宙构成的设想。

他对各种自然现象，力图找出它们之间的联系与过渡，虽说其中不无臆想与虚构，但也有不少合理因素。他认为地球悬在空中，没有支撑，而能保持其不变位置，是因为它处于一切东西的中心。这里多少透露了一点相互吸引与排斥的想法。他还将地球看成一个圆柱，圆柱有两个相反的表面，其中一面为我们所居住。星辰则形成一道火圈，火圈又为气层所包围。为什么会下雨呢？是地上的水，被太阳蒸发，形成水蒸气而来。雷电均由风所造成，而风乃空气流动的结果。还应该特别一提的是：他认为生物初生于水中，人是从鱼变来的，最初人很像鱼。这个想法可以看作是日后生物进化论的滥觞。

阿拉克西曼德的科学事业，从宇宙到人生诸问题，有了比较系统的论述，虽说肤浅、表面、不大确切，但他能从万物的联系与转化来观察自然现象，构成一个宇宙万物联成一体的大致图景，这是难能可贵的，而且其中不少观点是有科学的指导意义的。

阿拉克西曼德有比较厚实的科学基础知识，知识的抽象思维能力也比较细密，这就有可能更自觉地在此基础上探索宇宙自然的"本原"问题。相传"本原"（ἀρχή）一词由他正式使用，而在本原的探讨上，他力图克服水为本原的逻辑矛盾。

米利都学派的哲人之所以被后世称为"自然哲学家"，在于他们意欲探索宇宙的本质、本性。这个本质、本性就是"自然"（physis）。关于自然有多种解释，一般说来，最好的表达是：某物，对于世界而言，是最基本的内在的与固有的东西，这就是它的生长与现有机能的原则。所谓"生长"，用更标准的哲学语言来表达，可以视为事物的内在运动原则。因此，自然乃事物内在固有的机能与自己运动的原则。这也就是客观物质构造的动态描述。亚里士多德据此指出早期多数哲人认为万物唯一的原则为物质性原则。泰勒斯认为万物本原为水，以后的阿拉克西曼尼斯认为万物本原为气，这些属于物质性的，是没有问题的。而阿拉克西曼德却认为万物的本原为"不定形"（ἄπειρον / apeiron）。这个不定形是物质性的本体吗？它好像不是物质性的，也不大像本体而像本体的属性。关于这个问题，在哲学史上众说纷纭，莫衷一是。

ἄπειρον 一词，英文一般译为 boundless，infinite，the unlimited，德文译为 des Unbegrenzte，die Unbestiment。这些词似乎都不太吻合"ἄπειρον"原意，因此，近人索性译音为"阿匹乌隆"（apeiron）。用中文表达为"未规定"，而且主要是"外部形态无规定"较为吻合原意，因此可中译为"无定形"。但是，这也只表达了其空间性方面的特征。而其时间性方面的特征，即流逝变迁的性质，尚未能表达出来。

空间的无定形、时间的流动性，这是物质性的吗？柏拉图便认为不是，而是精神性的。ἄπειρον 是一种属性吗？那么，是什么东西的属性呢？亚里士多德并没有说，ἄπειρον 是精神性的，但指出"除了所谓的元素而外，并没有这样的感性物体"，它作为超元素"该在这个世界上，在气、火、土、水以外存在着了，但从未见到过这样的东西"。亚里士多德还说，阿拉克西曼德主张：ἄπειρον "以混沌状态存在于我们的世界以外，并包裹着我们的世界"，而且"现存万物所由产生的那个东西，万物灭亡时复归于它"。它之所以必要，是因为水、气、火、土诸元素，有气冷、火热、水湿、土干诸互相反对的特征，如果一方不加限制，另一方便将消失。因而使用了"无限制"（ἄπειρον/the unlimited）一词，借以防止某物因其对方的无限制而趋于瓦解。[①] 阿拉克西曼德曾经讲过：根据时间的律令，由于它们的偏颇，恰好使它们互相补偿。可见他注意到了每一个元素的自然趋势是吞没其对立面，所谓火来水灭、水来土填，他直觉地抓住了事物间这种矛盾对立的情况，意欲使之平衡，各得其所，于是便想出了 ἄπειρον 这一概念。由此可见，它虽非感性物体，但属于处理感性原素之间矛盾关系的一种物质性原则。

ἄπειρον 既然不是感性物体又从未有人见过，可见它是高度抽象概括的结果。有人认为，他不过是对泰勒斯的"水为万物之本原"进一步做出的哲学说明，因为不定形与流动性正是作为本原的"水"的形而上学特征。如果这样，ἄπειρον 就是本体的一种属性。

但是，黑格尔的意见更值得考虑，他说："把原则（按：本原）规定为'无限'（按：黑格尔对 ἄπειρον 的译法），所造成的进步，在于绝对本质不再是一个单纯的东西，而是一个否定的东西、普遍性，一种对有限者的否定。""从物质方面看来，阿拉克西曼德取消了水这一原素的个别性"，"显然他所指的不是别的，就是一般的物质，普遍的物质"[②]。这就是把 ἄπειρον 作为本原。本原不能局限于一个感性物体，例如水，而应该是有限物的否定，它就是"无限"（ἄπειρον）；如亚里士多德所指出的：它是"超元素"、包裹宇宙的"混沌"。也就是黑格尔说的：普遍的物质。我们还不能确定阿拉克西曼德有明确的"物质概念"，但超于感性元素而概括感性元素的抽象物——ἄπειρον，可视为以后"物质"的胚胎形态。

阿拉克西曼德在"本原"问题上的跃进，主要是思维的跃进，即辩证思维有所增长：

---

① 亚里士多德：《物理学》，商务印书馆 1982 年版，第 81 页。

② 黑格尔：《哲学史讲演录》第 1 卷，商务印书馆 1979 年版，第 195 页。

第一，在于他克服了泰勒斯一方面洞察到事物的本质，一方面在表述上又局限于感性物体范围的矛盾。

第二，在于他认为事物的本质规定，必须是对事物的有限的现象形态的否定，即对事物个别性的扬弃，才能过渡到本质的普遍性。

第三，在于他看到了时间的流逝性，以及在时间的流逝中，事物因对立而转化的特征。关于事物辩证转化问题，阿拉克西曼德当然不如我们表述的那样清楚。当时认为感性物体彼此之间的矛盾，例如水火不相容，有对方消失、变化中断之虞。因此，为了确认变化的永恒性，就必须要求感性物体的无限性。亚里士多德深谙有限与无限的辩证统一关系，他指出："为使产生现象得以不断地延续下去，'感性物体在现实上无限'并不是必然的前提。因为，虽然事物的总数有限，但可以一事物灭亡而另一事物产生。"[1] 这就是说，有限存在不妨碍无限变化，无限寓于有限之中。由此可见，阿拉克西曼德的辩证意识还是极肤浅的。

虽说阿拉克西曼德的辩证意识比较稀薄，但知性思维的能力则相当锐利，可以把他看作是日后"科学抽象"的先驱，正如罗素所说的："凡是在他有创见的地方，他总是科学的和理性主义的。"[2]

米利都人阿拉克西曼尼斯（Anaximenes）生卒年月不详，他的鼎盛年大约在公元前 494 年。他是欧里斯特拉托斯（Eurystratos）的儿子、阿拉克西曼德的朋友。他同意阿拉克西曼德的主张，认为事物的基本性质是唯一的与无限的（ἄπειρον）。但是却不赞成它是没有规定的，而认为是有规定的，他把这个基质叫作"气"（ἀήρ/air）。亚里士多德也曾指出："阿拉克西曼尼斯与狄欧根尼斯（Diogenes）认

---

① 亚里士多德：《物理学》，商务印书馆 1982 年版，第 90 页。

② 罗素：《西方哲学史》上卷，商务印书馆 1963 年版，第 53 页。

为气在水先，是一切单纯物体的基质。"[1] 他提出气为本原，似乎又回到了一个感性物体上来了，似乎是一个倒退。其实不然，他说的这个气，不是实质性的空气，而是抽象的"不定形"的具体形态。因为以"不定形"作为元质，有点捉摸不定，而"气"则有这样的优点，它既飘忽不定、难以感知，但又是可以捉摸、可以感触的。

阿拉克西曼尼斯认为：气，千变万化，无影无形，弥漫乾坤，无孔不入。它通过稀释和凝聚而导致变化：气稀释而为火，凝聚而成风；进一步云生、水溢、土覆、石成，于是万物化生、永恒运动、变化无穷。

那么，聚散的动因是什么呢？阿拉克西曼尼斯说："使物质密集和凝聚的是冷，使它稀薄和松弛（χαλαρόν）的则是热。"[2] 由此看来，稀释和凝聚的变化乃冷热交替所产生，于是冷热就变成了永恒运动的原因。

阿拉克西曼尼斯还与生命现象联系起来论述"气"的无限性与能动性。他认为万物生于气又复归于气，它是有灵魂的东西。古代说有灵魂意即有生命，别无其他神秘性。那个"气"就是灵魂与我们结合在一起，嘘气、气息、呼吸（πνεῦμα）就意味着生命的搏动。灵魂就是生命的诗意的说法，生命活动主要表现在气息不断，"断气"就意味着生命的终结。阿拉克西曼尼斯由人的气息体现生命，推而及于整个世界也因有气而长存。此种类推未必恰当，但是，他力图使这个僵死的宇宙由于有"气"而活动起来，即使宇宙有生气，这种想法仍然是十分美好的。因此，我们对阿拉克西曼尼斯所宣称的：气即灵魂，气息就是灵魂、生命，不能简单地加以否认。

---

[1]　Aristotle, *Metaphysica*, 984ᵃ.

[2]　Guthrie, *A History of Greek Philosophy*, I, Cambridge, 1962, p. 124.

由泰勒斯的"水"、阿拉克西曼德的"不定形"到阿拉克西曼尼斯的"气"，是"具体—抽象—具体"的辩证圆圈运动。黑格尔说，阿拉克西曼尼斯说："物质必须要有一种感性的存在，而同时空气却有一个优点，就是更加不具形式；它比水更加不具形体；我们看不见它，只有在它的运动中我们才感觉到它。"[①] 气，既普遍又具体地表现了物质的无定形、自身运动的诸本质特征。因此，他扬弃了阿拉克西曼德的"无定形"的不可捉摸的抽象性，使抽象寓于具体之中，从而达到了抽象与具体的统一。赛利·培里（Cyril Bailey）在其《希腊原子论者与伊壁鸠鲁》一书中指出："乍看起来，这似乎是一个倒退。通过对阿拉克西曼德的简单考察之后，看来阿拉克西曼尼斯回到了这样一个观点上，即以从经验感知的万物之一作为基质（primary substance）。他挑选的就是'气'（air）。但是，从检验阿拉克西曼尼斯的理论表明，他真正超越了泰勒斯，甚至阿拉克西曼德本人。"培里的分析是对的，我们已简单地描述了这一超越过程。

关于米利都学派，有人概括其有三大特征：即理性的（rational）、进化的（evolutionary）、物活论的（hylozoist）[②]。这种讲法似乎是不明确的。相对于神话的宇宙观而言，他们是理性的，但更多地是对自然的直接的表面的观察；对他们的概括，与其说是理性的，不如说是直观的。在他们的思想中，很少理性分析与逻辑论证。其次，所谓进化的，如果从神话中结婚生育状况演化而来，那也没有什么科学与哲学的意义。阿拉克西曼德曾设想过：人是鱼变的，有一点生物进化的味道，但这不过是偶然的想象，距"进化观"甚远。至于哲学上，他们有某些简单的"联系与转化"的观点，向往整体

---

① 黑格尔：《哲学史讲演录》第1卷，商务印书馆1979年版，第198页。

② 参见 Guthrie, *A History of Greek Philosophy*, I, Cambridge, 1962, p.140。

性、统一性，但实际上，辩证思维是十分薄弱的，也谈不上与科学的进化观相应的哲学的辩证观。最后，所谓物活论的观点，主要是由于对"灵魂"的现代解释所引起。因为古希腊人对事物内在运动的原则，还不能恰当地表达出来，因而使用了"灵魂"一词。在那个完全没有文法学、语意学、逻辑学的时代，借用一个不恰当的词来表达一个新思想，日后必将产生误解，"物活论"就是一种误解的表现。

我们认为，米利都学派是古希腊最早的唯物学派，他们试图从自然界自身之中寻求它的普遍原则。他们首先从"水"这样一个具体事物里，看到了它的不定形、流动性的特征，象征地将其作为宇宙的本原。为了摆脱水的个别性，而设想一种具有无定形的原质，即超乎具体原素、未规定的"超原素"，实质上，接近了"物质概念"，可视为"物质"的胚胎形式。但这个"无定形"又太抽象，然后，进一步提出既抽象又可感的"气"，象征地概括万事万物。

关于水、无定形、气是米利都学派三哲的连续作业，旨在使对"本原"的表述更臻于完善。他们的表述的推移变化，经历了一个"具体—抽象—具体"，亦即"肯定—否定—否定之否定复归于肯定"的辩证圆圈运动。而贯穿全程的一根红线则是"物质性原则"，它的辩证进展，意味着原则的深化。

他们的科学与哲学活动，奠定了希腊文明的基础，而且深远地影响着日后西欧科学、哲学、文化的发展。

第三节　观察与论证方法的萌芽与知识客观性的确立

米利都学派的科学与哲学的建树，现在看来都是微不足道的。但是，他们从感性直观出发进行的知性分析，以及客观求实的科学态度，几千年来，一直哺育着西欧人的头脑。不管在现实生活中，那千姿百态的现象形态；也不管在历史进程中，那扑朔迷离的偶然事件；这种米利都精神始终贯穿其中，而且日益发扬光大。

米利都学派的物质性原则，得到毕达哥拉斯学派数量分析的补充和埃利亚学派逻辑论证的熏陶，使得他们的传人阿拉克萨戈拉斯（Anaxagoras）充分发挥与丰富了他们的原则，从而形成了"希腊精神"的启蒙。

当希腊海外殖民地米利都经济繁荣、文化精进的时候，希腊本土雅典还相当贫困闭塞。这时，阿拉克萨戈拉斯来到了雅典，相传是民主政治家伯里克利将他引进的，而且一住就是30年。伯里克利为了抗衡贵族寡头的旧传统，需要自然科学知识和精确无误的知性思维，这正是阿拉克萨戈拉斯所擅长的。

阿拉克萨戈拉斯具备科学家的气质，即令涉及哲学问题，仍然按科学家深情执着的知性思维方式行事。他的科学思维与科学知识，不但有力地批判了贵族寡头的旧传统，也为伯里克利的民主政治增添了光彩。他是米利都学派的唯物传统与科学精神的忠实继承人，而且使这一卓越传统传播到雅典，成了希腊人共同的财富。他不但消融了不同学派的精华，而且开启了德谟克利特到亚里士多德之希腊科学与哲学系统的建构的道路。

贵族寡头当然不能容忍阿拉克萨戈拉斯所传播的这种清新的科学思想，他们利用宗教迷信，颁布法规，扬言要审讯宣传天文气象等科学知识的人，因为他们不信神。于是，阿拉克萨戈拉斯首当其冲，主要罪状是：他断言太阳不过是一块灼热的石头。后经伯里克利营救，才幸免一死，逃回伊奥尼亚以授徒为主。

阿拉克萨戈拉斯关于本原的探讨，似乎是研究一个哲学问题，其实却落脚到实证科学领域，成为尔后"物质结构理论"的创始人。

阿拉克西曼德的"apeiron"是对宇宙本原的普遍而抽象的刻画，阿拉克萨戈拉斯沿用了这个概念，但赋予它以新的含义，即用以表明他提出的万物的本原——"种子"的特性。在阐明这种特性之先，要看看他关于种子的构思是如何的。

阿拉克萨戈拉斯既没有拘泥于米利都学派感性直观的朴素观点，也没有完全否定埃利亚学派的抽象说教。他坚持了知识的客观性，把感官报导作为他思考的出发点；他也看重存在这一概念，但摒弃其唯一性与抽象性，提出众多的具体存在的设想，并且认为巴门尼德的非存在不能产生存在的论点是可取的。

那么，众多的客观存在是什么呢？他说是"种子"。亚里士多德说：阿拉克萨戈拉斯主张本原为数无限，似乎是由于他接受了自然哲学家共同的见解"没有任何事物是由不存在产生的"。正是因为这个理由，他们才说道："万物原都是一起存在的"，而产生无非是把他们加以排列而引起的性质变化而已；另一些人说，产生是原初物体的合与分。亚里士多德还指出：他们主张每一个东西都已被混合在每一个别的事物里，因为他们看到每一个事物都从每一个事物里产生出来。事物根据混成物的无数成分中哪一个成分占优势而显得彼此不同并得到不同名称。……正是每一个事物所具有的优势成分被认为是事物的本性[①]。

由此看来，作为本原的"种子"，是既根据先哲的论断，采取知性推理；又根据客观观察，进行概括总结而形成的。这里用的正是观察与论证的方法。他认为，一切以一切作为其组成因素，其所以不相同，在于诸成分的数量比例与配置结构不同。日后的化学结构与元素比例的分析，可以追溯到阿拉克萨戈拉斯的种子学说。因此，

---

① 亚里士多德：《物理学》，商务印书馆 1982 年版，第 25—26 页。

种子学说与其说它是一种哲学本体论，不如说是一种物质结构学说的雏形。

作为众多存在的种子，是德谟克利特的"原子"的先驱。它们扬弃了将可感事物作为本原的局限性、表面性与偏执性，又克服了将抽象存在作为本原的空泛性、孤立性与静止性。米利都学派的优胜与合理之处，在于从客观物质世界出发，以一感性具体物象征地描述宇宙的本原。他们的困难在于"具体"的个别性与"本原"的普遍性的矛盾。埃利亚学派的存在学说，克服了这种矛盾，道出了万事万物的普遍属性，实际上达到了对宇宙万物的"普遍的质"的揭示。但是这种揭示是形式逻辑的抽象推理的成果，而不是基于感官的报导，因而远离了物质性原则。虽说这也显示了人类认识的飞跃，但陷入了脱离客观现实世界的片面性。阿拉克萨戈拉斯坚持了物质性原则，又汲取了存在学说的合理因素，使物质性原则趋于完善。因此，物质性原则创始于米利都三杰，完成于阿拉克萨戈拉斯。从毕达哥拉斯学派到埃利亚学派就成了米利都学派由产生到完成过程中的一个否定性的中介环节。

物质性原则是永恒的。它开创了人类认识的科学基础，建立了知识客观性的前提。西欧文化的"科学与认识论"传统，以及日后实证科学的蓬勃发展，都根源于此。

知识客观性的确立是一件了不起的大事，当代科学技术的惊人成就，实际上是这一指导原则充分展开的结果。阿拉克萨戈拉斯超越了泰勒斯等人感性的表面性、思辨的朦胧性、认知的局限性，清晰地勾勒出了科学前进的蓝图，我们可以把他视为实证科学的远祖。

阿拉克萨戈拉斯比他的先辈更为深刻之处，在于他明确指出了在客观物质基础上产生的思维精神活动。他把这个精神实体叫作"努斯"（nous）。亚里士多德曾经指出：可能是受到赫谟提姆斯

（Hermotimus）的影响，阿拉克萨戈拉斯认为：在动物与自然界中，努斯乃其秩序与所有安排的原因[1]。"努斯"相当于"心"（mind）或"理性、理智"（reason），其实主要指的是当时颇为发达的知性思维活动。阿拉克萨戈拉斯精于知性思维，甚至崇拜知性思维，于是把它抬高到独立于物质、驾临于物质之上的精神实体。无怪乎在这一点上备受黑格尔的赞扬。阿拉克萨戈拉斯这种失误有其历史与时代的原因。因为当时人们都把物质世界万事万物看成是静止不动的，运动是外力推动的结果。直到牛顿都是如此看法，因此我们不要苛求古人。

阿拉克萨戈拉斯发现"努斯"的能动性，因而把它作为万物运动变化以及配置有序的根源。亚里士多德指出：万物产生、变化、运动的根源，"就是阿拉克萨戈拉斯称之为'努斯'的那个东西"[2]。虽说他把努斯看成是一个致动的精神实体，但也明确指出，只有具有灵魂的人之中的少数才有努斯。这也就是说，少数有慧根的人，才有超常的理智。这一点是更为重要的，他相信一个科学头脑是认知世界并能揭示世界的规律性的根源，以至把这样一个头脑外化为"精神实体"。其实，努斯不过是人类的理智（reason）。

阿拉克萨戈拉斯将理智，亦即知性思维作为事物的动因，进一步突出了它的认知功能，这样就规定了认识活动的走向，即强调知性分析是客观认识世界的核心环节。正由于他是崇奉物质性原则的，他并不孤立突出知性作用，仍然坚持感觉是认识的出发点。他具有某种反映论的观点，主张感官与对象相互作用。他把视觉成像比之为镜中映像，而且认识到光线对视觉功能的决定作用。他对人类诸

---

[1] Aristotle, *Metaphysica*, 984^b 15-17.

[2] 亚里士多德：《物理学》，商务印书馆 1982 年版，第 77 页。

感觉都进行过研究，特别是视觉。但是感觉只能提供初步的笼统的映象，却不能判断真理，只有努斯才能认知真理。而感觉却是通向理智的必由之路。他甚至没有将努斯看成一种天赋认知能力，认为人类比动物聪明，富有理智，是因为人有了双手。这种想法当然是唯物的。

阿拉克萨戈拉斯关于努斯的学说，虽然充满了矛盾，但只要我们抓住主线，仍可以看出他的认识论的科学性。它是实证科学研究中的基本方法，即观察与论证法的萌芽形态。

米利都精神与其归结为自然哲学精神，不如归结为自然科学精神。他们面向自然界探讨其本质及其发展的规律性；他们的科学业绩实际上为当时的经济与政治服务；他们重视感性直观，尊重知识的客观性；他们长于知性思维，锐意追求分析的精确性；诸如此类，便构成了自然科学精神的内涵。泰勒斯时代，在希腊还没有出现"科学"这个词，但实质上他们已奠定了科学发展的道路。

其次，他们并没有将自己的主要精力纠缠在社会人事的纷争之中，而是充分发挥观察与知性的认识功能，追求宇宙自然的客观真理。因此，认识世界、积累知识，便成了他们思考与行动的主导方向。

米利都学派首先揭示的这种科学精神，便构成了希腊精神的核心，通过不同学派在不同时期从各个侧面予以弘扬，或从对立的方向予以补充，到亚里士多德集大成，便形成了完整的"希腊精神"。

希腊精神，简言之，可以归结为："面向客观、热爱自然；尊重理性、热爱智慧。"于是，向外探索，穷究自然界的底蕴；内省灵魂，高扬理智精神，就成了古希腊文化的特色。细而言之：（1）希腊人关于本原与存在的研究，奠定了日后科学研究中物质结构探讨的基础；（2）希腊人关于数量与图形的研究，奠定了日后科学研究中定量分析的基础；（3）希腊人对理智与智慧的追求，奠定了日后认识论与方法论的基础，亦即开拓了逻辑与辩证法的研究领域。这一些就是希腊精神的主要内容。

欧洲人从中世纪宗教神权、封建特权中解放出来，在回到希腊去的号召下，古希腊文化的胚胎，发展为欧洲资本主义文化形态。这样就形成了科学与认识论的文化传统，资产阶级民主的政治传统。科学与民主精神是资产阶级继承古希腊文化而形成的，是资产阶级文化的精华。对它，不是全盘否定，而是可以借鉴。正如恩格斯指出的，资本主义刚刚兴起时的"时代巨人"，他们的思想与行动，超越了时代与阶级的局限性，对于人类有普遍的真理的意义。"科学"与"民主"正是先进的资产阶级代表人物奉献给人类的精神财富，是我们应该认真汲取并予以提高的。

科学与民主，特别是"科学精神"，是希腊精神的结晶。它使西欧迅速崛起，超越其他世界文明古国；使物质财富的增长，有如泉涌，使精神意境的升华，如日中天。

希腊精神已不单是西欧人的命根，也是全人类的财富。特别是它的高度发展的最高成果——马克思学说的诞生，就使它成了时代精神的精华，指引人们改天换地，彻底解放，安生乐死，实现共产主义理想。

米利都学派的唯物传统与科学精神是弥足珍贵的。但是，那些侧重主体的思维、精神研究的学派，我们决不能因其有某种宗教唯心的迷惘而加以摒弃。其实他们对思维、精神等方面的探索，比唯物学派更加全面精深。他们并不与唯物学派根本对立，相反，正好是它的必要的补充。关键是我们如何发掘其中所包含的现实的合理内容。

第二章　数量与质量概念的形成
与辩证思维的萌芽

米利都学派所揭示的原始的自然科学精神，其哲学倾向是唯物的。然而这种完全正确的倾向性，却也有其不足之处。那就是对主体的精神因素，对客体的本质属性等缺乏充分的分析。

毕达哥拉斯学派正好弥补了这一缺憾。他们对主体的精神因素——思维、理智——进行了深入的分析，而且有某些辩证思维的萌芽。另一方面对客体的本质属性，特别是量的规定性进行了全面的研究。

由于毕达哥拉斯学派是一个宗教政治团体，宗教神秘主义的迷雾，包裹了他们的智慧理智的光芒。

第一节　宗教迷惘中的理智光芒

宗教意识是人类最早就具有的一种意识形态。在古代希腊，原始的宗教与哲学、科学是浑然一体的。毕达哥拉斯学派关于"数"的分析，便是宗教与哲学、科学思想的一种奇特的结合。在宗教迷惘中，理智的光芒，被神秘的油彩所涂抹，散射出五色斑斓的光点。

一、毕达哥拉斯学派的宗教意识

毕达哥拉斯（约前570—前500）生于伊奥尼亚的萨摩斯岛，青少年时代在米利都师从泰勒斯学习数学和哲学。后来，泰勒斯感到自己年事已高，就把他介绍给自己的学生阿拉克西曼德，并鼓励他去埃及游学。毕达哥拉斯到过埃及、巴比伦等地，并且在国外住了相当长的时间。他学习并通晓埃及文字，进过埃及神庙当僧侣，因而熟悉埃及的宗教思想和制度。在巴比伦等地居留时，又和当地僧侣们有过交往，接受了一系列带宗教和图腾意义的禁忌。在外游学15年后，毕达哥拉斯重返故乡萨摩斯岛。不久，他又离开该岛，移居到南意大利的克罗顿，在那里建立了一个融科学、哲学与宗教于一体的学派盟会组织。

毕达哥拉斯创立的学派团体具有神秘主义的宗教色彩，他深受埃及、巴比伦祭司的影响，竟然相信菲里赛底斯所奉行的巫术。毕达哥拉斯本人被他的教派捧为一个有创造奇迹本领和无边神力的传奇式人物。毕达哥拉斯学派主要关心人生和灵魂的命运，从非感觉的东西中寻求本原，即重视人类的思维理智作用，从而走上了一条抽象化的哲学道路。这一点正是米利都学派的薄弱环节。正如列宁在评价毕达哥拉斯学派时所指出：它是"科学思维的萌芽同宗教、神话之类的幻想的一种联系"[①]。这就是说，这个教派在宗教狂热中，并未丧失他们的正常的健康的理智，相反，理智，即知性思维发展到相当高的水平，因而对知性思维的结晶——数学，做出了精深的系统的研究，为西欧科学认识论传统铺下了第一块基石。

毕达哥拉斯学派的宗教意识，突出表现在灵魂不朽学说上。这个学说，首先表现为灵魂轮回说。在毕达哥拉斯看来，一切生命都

---

① 列宁：《哲学笔记》，中共中央党校出版社1990年版，第277页。

是血脉相通的，灵魂灌注于肉体之中则生，灵肉分离则亡。肉体因灵魂出窍而分解消亡，灵魂则游离而出另找寄主。它在生物之中周而复始、循环轮回。据说有一次毕达哥拉斯看到一个人打他的小狗，就上前加以制止，说他的亡友的灵魂依附在小狗的身上。这种学说当然是荒谬的，但在历史上长期支配人们的心灵。而且说也奇怪，竟也起着一定的抑恶扬善的作用，使人们害怕今生为恶，来世变为禽兽。

毕达哥拉斯学派宗教意识中的灵魂观，稍有意义的是灵魂净化说。在毕达哥拉斯看来，灵魂不朽的意义在于净化，即要上升为纯洁的灵魂。净化的灵魂，可以理解为一种高尚的精神状态。它可以摆脱肉体轮回、达到永恒的神的境界。这种想法，与我们追求的精神不死、永垂不朽是相通的。

毕达哥拉斯学派所崇拜的神是阿波罗。在古希腊神话中，阿波罗的形象是具有庄重典雅气派的青年英雄。他手弹七弦竖琴，是希腊文化的保护神，掌管着音乐、诗歌、医药、预言，是光明之神。毕达哥拉斯到克罗顿后，以他的思想与博学很快就得到人们的尊敬，甚至被克罗顿人神化为阿波罗的降生。因为，在克罗顿等南意大利地区是宗教思想和迷信活动比较盛行的地方，当地原先占优势的是奥尔菲教。奥尔菲教崇拜的神灵是酒神与欢乐之神狄俄尼修斯（又称为帕卡斯），形象为一裸体的男青年。酒神表现了对原始生命力的崇拜，具有浓厚的朴素粗犷的气息，而优雅的阿波罗则代表着一种新兴的文明和文化。与奥尔菲派那种令人神魂颠倒的狂热舞蹈仪式不同，毕达哥拉斯派的宗教神秘性是以沉默的思考、道德的戒律和专心致志的科学研究的方式实现的。毕达哥拉斯派受阿波罗神意的启示，主张用医药来进行身体的净化，用音乐来进行灵魂的净化；在对灵魂净化的理解和实现灵魂净化的方式上，它确实给克罗顿人带来了一种新鲜的气息。因此，这种神灵崇拜已超越了原始的情欲崇拜，而具有沉思、德行、科学认识的性质了。这正是宗教迷惘中的理智光芒。

从净化灵魂这一目的出发，毕达哥拉斯学派团体中有一系列宗教色彩很浓的清规戒律。例如，不许吃动物的心和植物的豆子，不许用刀拨火，不要使天平倾斜，不要让燕子在屋顶下做窝，不要被压制不住的欢乐所摆布，要随时把行李卷好，起床后要平整好睡过的地方，等等。这些清规戒律大多具有道德修养的意义，有的是相当原始的图腾意义的禁忌。如，不要用刀拨火，是教导人不要用刺耳的话伤人；不要使天平倾斜，是教导人要维护正义与公平；燕子叽叽喳喳，不要让燕子在屋顶下做窝，是教导人不要多说话；不要被压制不住的欢乐所摆布，是教导人们保持沉默和思考；而禁吃心脏和豆子，是因为心脏和豆子被看作动植物生命力的源泉和象征；不要在床上留下身体的印记等，则是受古老图腾观念的影响。这些宗教式的神秘戒律，有的是从埃及宗教中移植过来的，有的是接受了巴比伦的图腾意义的禁忌，有的是毕达哥拉斯的创造。总之，从这些道德戒律和图腾禁忌中可以看出，毕达哥拉斯派为实现净化灵魂的神圣目的而在日常生活实践中所做的种种努力，体现了对人生的一种思考。由此也可以见到，他们总是把他们所想到的见诸行动，因而有一定的生活实践意义。

毕达哥拉斯学派把哲学即"爱智慧"本身理解为一种新的生活态度，把从事科学与哲学研究看作是在追求一种最好的生活方式。毕达哥拉斯派的生活方式深深地打上了作为预言家、音乐家、医神阿波罗的思想烙印。他们从研究音乐与数学之间的联系出发，把音乐的谐音看作是清洗灵魂所受肉体污染的手段。

把灵魂同肉体分离独立出来的哲学观念，虽然具有宗教神秘性，但却表现了人的自我意识的一种最初觉醒。在现实的社会生活中，人们追求自身肉体解放的愿望无法实现，只得诉诸自己灵魂的解放。毕达哥拉斯派的灵魂净化说，给一切关心人生命运的人们，提供了一条不同于世俗追逐名利的、"爱智慧"的、新的生活道路。毕达哥拉斯学派的宗教意识，把米利都派从神话中分离出来的自然哲学，重新与宗教结合了起来，形成了一个"宗教—哲学—宗教"的辩证圆圈运动。这个向宗教的复归，并不是一个倒退，而是体现了自然与精神的统一。它表明了古希腊人在驰骛于客观自然界的基础上，开始反观自照，深入探索主观精神世界的秘密了。

二、毕达哥拉斯学派的科学研究

毕达哥拉斯学派一方面具有强烈的宗教意识，另一方面又进行了卓有成效的科学研究，二者达到了有机的统一。就科学研究而言，毕达哥拉斯学派的研究领域主要涉及数学、天文学、谐音学等，并把这些科学领域的研究看作是净化灵魂、陶冶情操、追求真理的重要途径。

毕达哥拉斯学派最大的科学成就是在数学方面。亚里士多德的学生、著名数学家欧德穆在其数学史的著作中指出："毕达哥拉斯使几何学成为一门人文学科，用一种纯粹抽象的方式来对待它的原理，从精神的和理智的观点探讨它的定理。"[①] 这就是说，毕达哥拉斯学派用抽象的方法来研究几何学的原理，推进了演绎几何学的发展。巴比伦人和埃及人早先在测量土地时发现直角三角形各边的关系为3、4、5。毕达哥拉斯学派进一步加以抽象，发现直角三角形斜边的平方等于其他两边的平方和，这就是著名的毕达哥拉斯定理，即勾股

---

① 转引自《西方著名哲学家评传》第 1 卷，山东人民出版社 1984 年版，第 60 页。

定理。据记载，当时为庆贺这一发现，曾举行了一次百牛大祭。此外，据说毕达哥拉斯学派还发现了一些关于三角形、平行线、多边形、圆、球和正多面体的一些定理，研究了面积应用等一类数学问题。

在数论的研究上，恩格斯指出："数是我们所知道的最纯粹的量的规定。但是它充满了质的差异。"[①] 毕达哥拉斯学派最先从质的差异方面研究了数论，把整数分为奇数、偶数、质数、合数、三角数、平方数等等。从勾股定理出发，毕达哥拉斯学派还发现了 $\sqrt{2}$，即当直角三角形的两腰各为 1 时，斜边为 $\sqrt{2}$。$\sqrt{2}$ 不能表示为两个整数比，意味着直角三角形的斜边与腰没有公约数。无理数的发现，是人类对数的认识的深化。由于毕达哥拉斯学派在数学上的成就，使古代希腊科学的发展开始建立在数学的基础之上。这一点是特别重要的，它成了尔后实证科学全面深入发展的决定性的因素。可以说，没有数学，便没有实证科学。

在天文学的研究方面，毕达哥拉斯学派提出了一幅宇宙图景。早先的古希腊人以为天圆地平，圆的天顶盖在平地上。毕达哥拉斯学派认为，球形是一切几何立体中最完善的，地球、天体和整个宇宙都是一个圆球，宇宙中的各种物体都作均匀的圆周运动。他们提出，宇宙的中心是"中心火"，地球是沿轨道环绕这个中心火运行的一颗星。尽管这火不是太阳，但"这毕竟是关于地球运行的第一个推测"[②]。太阳、月球、五大行星、银河（恒星）和地球一样，都围绕中心火作圆周运动。因他们认为 10 是最圆满的数，为了凑足 10 个天体的数目，设想了在中心火和地球之间，即在地球轨道的对面还

---

① 恩格斯：《自然辩证法》，人民出版社 1984 年版，第 236 页。
② 恩格斯：《自然辩证法》，人民出版社 1984 年版，第 166 页。

有一个"对地"的星球，其运行的速度和地球一样快。据说毕达哥拉斯学派还发现了月球是从太阳取得自己的光，晓星和昏星是同一颗星。当然，这种宇宙学说是漏洞百出的，人为臆造的。但是其中仍然包含了某些真理的颗粒。例如，球体、绕行运动方式、个别星体位置的测定等，在当时仍然可以视为卓越的发现。

在"和谐"问题的研究方面，是毕达哥拉斯派的重大成就。古希利说："harmonia 一词是毕达哥拉斯派的一个关键用语，它的原初含义是事物之间彼此连结或配合之意。"[①]harmonia 就是和谐，它用于音乐上的意义，早在公元前 5 世纪就流行了。弦管奏鸣，张弛高低有别，形成各种不同音调，组成一个音阶（a musical scale）。这种和谐，有一定的数的比例与它相应。据记载，毕达哥拉斯游历埃及时，有一次经过一个铁匠铺，从锤子打铁时发出的谐音中得到启发，辨别出有"八音度"、"五音度"、"四音度"几种谐音，并测定了各种音调的数学关系分别为 1 ∶ 2、2 ∶ 3、3 ∶ 4。毕达哥拉斯学派在声学方面的这个重大发现，在物理学发展史上是第一次用数学公式来表示物理定律。

三、哲学本体论：作为世界万物本原的"数"

毕达哥拉斯学派哲学本体论的核心，认为"数"是世界万物的本原。以"数"作为万物之源，比米利都学派优胜之处在于：克服了以感性具体物表述抽象普遍的本质的矛盾。"数"乃客观事物普遍具有的一种本质，凡物莫不有数，数乃万事万物必然具备的量的规定性。这是第一次对客观世界真正的哲学概括，虽说尚不够全面。有人对应米利都学派在本原问题上的感性具体性，而认为毕达哥拉

---

① Guthrie, *A History of Greek Philosophy*, I, Cambridge, 1962, p. 220.

斯派的数为万物之原是一个唯心论的命题，这种批评是不恰当的。

首先，毕达哥拉斯派认为数是事物的本质。不仅可感事物以数作为其本质，诸如正义、理性、灵魂之类抽象的精神因素也可以用数加以表示。当然这种表示是有点勉强的。因此，数的特征内在于音阶，内在于天体，内在于正义、理性、灵魂，内在于一切事物。照他们看来，所有事物实际上是由数构成的。

其次，毕达哥拉斯派这个作为世界万物本原的"数"根据亚里士多德的分析："既是事物的质料原则，又是形成事物的变化与不变状态的原则。"① 亚里士多德想用他的四因说解释本原问题，于是把毕达哥拉斯的数理解为既是质料因，又是形式因。作为形式因是比较好理解的，数是事物的普遍的"量的规定性"。这个量的规定性为什么又是质料的呢？哲学史家有种种烦琐的解释，不但没有讲清楚，反而使亚里士多德的说明陷入唯心的与神秘的宗教巫术的泥坑。我们认为，这大概是由于数目的直观可感性质，例如5个指头，10支铅笔，不是纯粹抽象的思辨的，而是可以直观予以把握的。因此，数既是直观的又是抽象的，这样，就使自己成为从米利都学派感性直观的本体论过渡到埃利亚学派抽象存在的本体论的中介。

最后，毕达哥拉斯学派还具体说明了"数"产生万物的过程：数的元素产生"数"；数产生几何图形；几何图形产生物体。毕达哥拉斯学派认为"数"本身是由奇和偶这两种终极的元素构成的，奇数是有限的，偶数是无限的，奇偶这两个元素合成"一"。"一"既是奇数又是偶数，是偶一奇数，或者说，"一"是单位、形式，而不是"数"，数是从"二"开始的，二是质料。二是第一个偶数，三是第一个奇数。"一"这个单位加上一个偶数就成为奇数，加上一个

---

① Aristotle, *Metaphysica*, 986ᵃ 16-18.

奇数就成为偶数。偶和奇是数的元素和本原。从数的元素产生出
"数"；从数产生出点；从点产生出线；从线产生出平面图形；从平
面图形产生出立体图形；从立体产生出感觉所及的一切物体，产生
出四种元素：水、火、土、气。在他们看来，4 面体产生火，5 面体
产生土，8 面体产生气，20 面体产生水。这四种元素以各种不同的
方式相互转化，创造出有生命的、精神的、球形的世界。"数"构成
一切事物，决定着各种事物的特征，支配着宇宙的秩序与和谐。用
数字可以标志万物的特征、特性，如"2"代表女人；"3"代表男
人；"4"代表正义；"5"代表结婚；"10"代表"完美无缺"，因为
10 是十进制的运算基础，10 第一次包含了单位、单一（"1"）、第一
个偶数（"2"）、第一个奇数（"3"）和第一个正方（"4"），即 10 =
1 + 2 + 3 + 4。"10"是使一切事物实现完美的数，是生命力的保证，
既是天上的又是人间的原则。

　　毕达哥拉斯这种数化生万物的观点，由于其具体指证的特点，
充分暴露了它的主观随意性、表面附会性、论断虚构性的毛病，远
远低于李耳的"一生二，二生三，三生万物"的辩证玄思的水平，因
为它过于落实了，竟为常识所不容。如果撇开这些画蛇添足的具体
妄谈，他们关于奇偶的分析，几何图形的解剖，正多面体数目的确
定，都是有十足的科学价值的。

四、对立与和谐的辩证关系

　　毕达哥拉斯学派的哲学研究，一个有重要意义的"创造"就是
列举了 10 个对子。当今找对子，已成为所谓辩证法研究的一种时
髦。始作俑者，就是亚里士多德。这些对子是：（1）有限（有规定
者）与无限（无规定者）；（2）奇与偶；（3）一与多；（4）右与左；
（5）雄与雌；（6）静与动；（7）直与曲；（8）明与暗；（9）善与恶；

（10）正方与长方。

第一组对子是最抽象、最一般的哲学规定。毕达哥拉斯学派认为，世界万物是有规定性的，"数"就是这种普遍的规定性。万物的本原是有规定性的数，是针对着米利都学派的阿那克西曼德提出的，那个没有任何规定性的物质性元素"apeiron"。因此，毕达哥拉斯学派是把有限、有规定性看成比无限、无规定性更根本的东西。显然这种有限与无限的对举，并没有见得它们之间的内在的辩证联系。

第二、三组对子是揭示数的性质与要素的规定。毕达哥拉斯学派认为，奇和偶是一切数的基本性质，一和多是数的单位和量的规定。在古希腊人的眼中，奇数为善，是有规定者；偶数为恶，是无规定者；奇数表示幸运，比偶数好。"一"是"数"的单位、单元，是各种数的本原，但如果只有"一"而没有"多"，就不会有数。因此，"一"与"多"也就是事物的形式与质料的关系。把奇偶、一多之类的关系，附会到善恶等伦理道德范畴之中，除了增加理解的混浊度，是没有任何意义的。

第四、十组对子是关于数的空间状态与形状的规定。"右"与"左"是表示数的空间状态，"正方"与"长方"是表示数的空间形状。与第一、二组对子相联系，正方形是由奇数产生的，是有规定的，如 $1+3 = 4 = 2^2$、$1+3+5 = 9 = 3^2$……；长方形是由偶数产生的，是无规定的，如 $2+4 = 6 = 2×3$、$2+4+6 = 12 = 3×4$……这就是说，奇数的和所形成的永远是正方形，其长和宽总是相等的；而偶数的和所形成的永远是不同比例的长方形，其长和宽的比例总是在改变着：$2：3$、$3：4$、$4：5$……这种关于奇偶的知性分析，对理解数的特性是有一定帮助的，但对其辩证相关则没有提供什么启迪。

第五、六、七、八组对子是关于事物的性质与状态的规定。

"雄"与"雌"表示事物的性质。当时，在古希腊人中流行的见解是，将有限的形式和无限的质料之间的作用，比之于父母亲在孕育子女时的作用。这正像人用一个桌子的形式可以造出许多张桌子来，一个雄性可以使许多雌性怀孕。因此，雄性包含形式的本原，是主动的；雌性包含质料的本原，是被动的。"静"与"动"、"直"与"曲"表示事物的状态。静止和"直线"与有规定、单一、形状不变（如"正方"）等属于同类性质，运动和"曲线"则与无规定、不确定、多样性、形状变动（如"长方"）等相联系。"明"与"暗"也表示事物的性质。在光明中，才能区分事物；在黑暗中，什么东西都分辨不出来。因此，暗相当于无限的质料；明相当于给质料以限制的形式。

第九组对子"善"与"恶"具有伦理价值观念的意义。在毕达哥拉斯学派所列的十大对立中，由于"善"与"恶"这一对子的介入，使其他无所谓好坏之别的对子，都染上了伦理意义的色彩，这与毕达哥拉斯学派所具有的神秘主义的宗教意识有关。在毕达哥拉斯学派看来，"无限"没有数的规定性，可大可小具有任意性是"恶"的，因为在这种情况下，事物处于流动之中，没有任何确定的事物存在，也就没有任何事物可以被认知；只有当"一"的单位、"有限"的形式即"数"的规定性对无限的质料加以限制，事物才能处于静止的存在状态而被认识，这才是"善"的。在 10 组对子中，具有"善"的性质的对子一方的价值要高于具有"恶"的性质的另一方。

毕达哥拉斯列举的这 10 组对子，他统统把它们叫作"对立"，其实是牵强附会。他将不同层次、不同范围、不同性质的东西杂凑在一起，不但很少辩证意味，连知性思维的规则也没有遵守。黑格尔曾经指出，这只是一些混杂的解答、简单的列举，这个批评是正确的。

　　在形式逻辑中，什么叫"对立"？有十分明确的规定。所谓"对立"，即通常我们所说的矛盾，即一个东西被规定与另一个东西完全相反，如公正与不公正、动与静等。而差异或殊异，只是说两个东西彼此相异，差异未必都是矛盾，如动物与植物，土与气、水与火等。对立一定是差异，而差异未必都是矛盾。还有所谓关系（πρὸς τί），乃是对象被规定独立于对方，同时又与对方发生关系，如左右、上下。关系与对立的区别在于：在对立中，其一发生，另一则消灭，反之亦然，静止消失，运动产生；疾病消失，健康产生……在关系中则不同，双方同时生灭，没有右，就没有左。其次，在对立中，没有中间状态，如动静之间没有第三者。在关系中则有一个中间状态，如大小之间便有相等。因此，不能认为凡是可以成对子的，都具有对立性。而且从哲学上而言，对立的揭示关系到对事物的本质的认识。

　　毕达哥拉斯派的辩证法思想的萌芽，不在那 10 个对子，而在他们对"数目"的哲学分析，例如对"一、二、三"的分析，其中便包含相当深刻的辩证法思想。什么叫作"一"呢？一是个体的统称。个体是"这个一"，而"一"便表示"这个一"的集体的存在。从其抽象概括，便可得到"普遍的一"。毕达哥拉斯派认为有了普遍的一，才有这个一，这当然是一个颠倒，反过来便对了。这样我们就有了"一体"、"整体"的概念。有了"一"才有"二"。一的分裂便是二，从而显示分别、特殊，出现了"对立"。而"三"有"全"的意思，象征圆满。三元形成体积，三环形成过程。因此，三，静态地表示一个物，动态地表示一个过程。后来被黑格尔发展为一个三环节的辩证圆圈运动。当然，毕达哥拉斯学派这些关于"数"的辩证法思想，在人类认识史上尚属刚刚萌芽的阶段，还是比较简单粗糙的。在这里，黑格尔指出："普遍的范畴只是以完全独断的方式得到和固定下来的；所以都是枯燥的，没有过程的，不辩证的，静止的范畴。"①列宁在《黑格尔〈哲学史讲演录〉一书摘要》中也肯定了黑格尔的这个判断，认为这是"辩证法的反面的规定"②。因此，毕达哥拉斯学派的"对立"思想，其实质是处于知性思维阶段。毕达哥拉斯学派素以数学研究见长，而严格的数学训练使人的思维具有确定性和规定性，知性思维正是进入辩证思维的一个必经的阶梯和坚实的基础。

毕达哥拉斯学派有一条根本的哲学原则，即他们研究数，特别是在音乐的研究中，发现一定的数的比例构成和谐。他们将"和谐"的思想运用于绘画、雕塑、建筑，使之成为一条重要的美的规律；运用于天文学的研究，认为各个天体之间的距离也有一定的数学比例，因而整个天体就是一个大的和谐。

对立面的和谐，是毕达哥拉斯派哲学的最高概念，也是其美学和伦理价值观念中的一条重要原理。这同他们哲学所追求的目标是一致的。毕达哥拉斯学派认为，哲学"爱智慧"的目的是追求一种最理想的生活方式，是促进人的灵魂摆脱肉体羁绊的"净化"，而"净化"的实质就是要达到一种尽善尽美的和谐境界。

对立面的和谐，作为一种人生理想，主要来自对于现实的社会生活的思考。当然，毕达哥拉斯学派强调对立面和谐的辩证法思想，主要还是从数学、美学、音乐、天文学等领域的研究中得出的启示，尚没有明确达到对立的统一的思想。"和谐"只意味着抑扬顿挫、浓淡明暗等对立因素配置恰当，分寸得宜，比例协调，如此等等。因

---

① 黑格尔:《哲学史讲演录》第 1 卷，商务印书馆 1979 年版，第 223 页。
② 列宁:《哲学笔记》，中共中央党校出版社 1990 年版，第 274 页。

此，"和谐"没有达到"否定之否定"高度，没有进入辩证理性的更深层次，它尚属于感性直观范围，只是其中有某种辩证胎音的躁动。

第二节　逻辑推导与知性抽象

毕达哥拉斯在宗教神秘的气氛中，深入系统地发展了知性思维的方法，即一种主观上推动科学研究的能力。这一点规定了古希腊人以至后来的西欧人思维方式的走向。埃利亚学派继承与拓深了这一传统，对逻辑推导与知性抽象进行了精确严格的探索，为日后亚里士多德的"形式逻辑"打下了基础。他们也是从本体论的探讨，进入知性思维领域的。

一、巴门尼德对"存在"范围特征的逻辑论证

埃利亚学派因诞生并活动于南意大利的城市埃利亚而得名，与以克罗顿为中心的毕达哥拉斯学派合称为南意大利派。南意大利学派与东方的伊奥尼亚学派，不但在地理位置上，而且在思想倾向上都是遥遥相对的。

巴门尼德是埃利亚人，其思想的主要来源是毕达哥拉斯学派和塞诺芬尼。

毕达哥拉斯学派对巴门尼德有很大影响，这是可以理解的。因为，在当时的南意大利，毕达哥拉斯学派的影响最大。在早期的各派哲学中，毕达哥拉斯学派最重视哲学的抽象作用，他们从事的数学研究同逻辑思维也有很大关系。巴门尼德出身于豪门富家，到克罗顿求学是有可能的。据记载，巴门尼德还结识过毕达哥拉斯学派的阿美尼亚，因而对毕达哥拉斯学派的学说颇有研究。

塞诺芬尼生于小亚细亚西岸的科罗封，他的思想是在伊奥尼亚

产生的，但和米利都学派的思想有明显的不同。塞诺芬尼在对传统的宗教神话进行批判的过程中，提出了一种新的哲学思潮。一方面，他否认神的观念本身的拟人化，即反对人们按照自己的形象来幻想和塑造神，这只是一些不真实的"意见"；另一方面，他重视抽象思想的作用，并以此来确立了一个唯一的、不动的神的观念。这一思想显然对巴门尼德的哲学有着比较直接的影响和启发。塞诺芬尼在哲学上是从原来感性直观意义上的本原论发展到巴门尼德抽象思维意义上的存在学说的思想先驱。

巴门尼德的哲学思考，集中在"真理"和"意见"问题上。在巴门尼德看来，以前的哲学家从米利都学派到赫拉克利特，思考哲学问题的出发点是把世界万物的本原归结为某种具体的感性物质，探讨万物是如何由此而生成和变动的；毕达哥拉斯学派虽然把万物的本原视为抽象的"数"，说明数是如何生成万物的，但只抓住了事物的量的规定性，未能揭示出物之所以为物的"质的规定性"。因此，巴门尼德认为，这些都只是"凡人"的"意见"。意见属于此一是非、彼一是非的浮谈，根本见不到"真理"。巴门尼德是要超越这些杂乱无章、是非不定的"意见之上"，去寻求那唯一的、永恒不变的真理。他把以前哲学家的种种观点贬为凡人的意见，认为哲学的任务就是要追求更高一级的真理。

巴门尼德在把哲学分为真理的和意见的两部分之后，提出了研究真理的途径，即把逻辑思维与感性直观区分和对立起来。巴门尼德认为，感性的东西不仅不需要，而且只会妨碍人们寻求真理，因而是应当完全加以排除的。以前的哲学家正是由于停留在感性的水平上，才摆脱不了"凡夫俗子的意见"。感性是本质和现象浑然不分的直观，它不脱离感性世界，而以对感性事物的经验为依据。于是，巴门尼德给自己的哲学确定了一个原则：以理性为准绳，宣称感觉是不可靠的。所谓以理性为准绳，就是把逻辑的思维形式和规律作为衡量思想本身以及思想是否具有真理性的准绳。这就突出了逻辑思维在区分本质与现象中的作用。感觉所认识的一切现象和事物都是"假相"，感觉只能构成意见，只有理性即逻辑思维才可能获得可靠的真理。

逻辑思维，这里主要指的是：知性逻辑思维，是一种以确定的抽象的概念为基础，按逻辑思维的规律进行判断、推理与论证的思维方式。巴门尼德以逻辑思维的方式讨论哲学本体论主题时，撇开了感觉经验而唯一诉诸逻辑论证，在西方哲学史上第一次提出"存在"这个哲学概念，并认为"存在"与"不存在"是两个绝不可以等同的概念，只有把二者对立起来，才能在思想上明确"存在"概念的内涵。

如何按照逻辑思维的规律进行推导，才能揭示"存在"概念的内涵呢？巴门尼德设想了两条研究途径。第一条是：存在者存在，它不可能不存在。这是一条遵循真理的途径。另一条是：存在者不存在，并且必定不存在。走这条路，什么都学不到，因为说存在的东西不存在，这是无法证明的。在巴门尼德看来，第一条途径符合逻辑思维的规律，这里实际上已揭示了同一律 A = A 的内容；第二条途径完全违背了逻辑，这里实际上已揭示了矛盾律 A 不能是非 A 的内容。这些看法直到亚里士多德才得到明确的规律性的表述。

巴门尼德沿着第一条研究途径，对"存在"概念进行了逻辑的推论和进一步的规定，在西方哲学史上建立起第一个用纯概念表示的本体论体系。这一点是十分重要的，是哲学本体论较为完善的论述的起点，也是从米利都学派、毕达哥拉斯学派到埃利亚学派，这标志着希腊的哲学事业的初步完成。米利都学派提出了追求宇宙本原的要求，但仍为感性素材所羁绊；毕达哥拉斯徘徊于具体与抽象之间，终于抓住了宇宙自然第一个普遍本质，量的规定性，数量接近了概念，但尚未能成为一个完整的"质"的概念。巴门尼德对万事万物的最普遍的"质"的揭示即万物均为存在，这样就真正触及了宇宙自然的根本。黑格尔说，真正的哲学从巴门尼德开始，不无道理。

巴门尼德的"存在论"揭示了"存在"范畴具有以下几个相互联系的特征：

第一，存在既不生成也不消灭，是永恒的。巴门尼德对这个特征的论证采用的是反证法，即如果认为存在有生灭，其来源只能有两个：或者从存在产生，或者从非存在产生。如果说从存在产生，这样就会有另一个存在者预先存在了；而如果说从非存在产生，更是不可思议，"无"不可能生"有"。巴门尼德规定和论证的存在无生无灭的特征，实际上是取消了以往自然哲学中所讨论的本原问题，即如何从本原产生万物的生成原理，从而把感性直观层次上的本原论上升到逻辑思维层次上的本体论。

第二，存在是连续的、不可分的"一"。按照巴门尼德的推导，存在如是可分的，非连续的，就会发生存在的各个部分的聚合和分离的现象，这样就会有生灭了。存在已被证明是无生无灭的，因而存在是个连续的一，不可分为部分。这就既否定了毕达哥拉斯学派关于数必然是可分的观点，也否定了当时自然哲学以聚合和分离说明宇宙生成的观点。作为存在，它不但没有性质上的差异也没有数量和程度上的不同，而是完全一样的。

第三，存在是不动的。巴门尼德的存在，时间上无生灭，空间中也没有运动。这是由前两个特征推导出来的必然结论。根据第一个特征，存在不生不灭，已经得到证明；但巴门尼德在这里显然又把生灭与运动两个概念区分开来，不生不灭不等于没有位移之类的机械运动。第三个特征所说的"不动","永远在同一个地方",是指存在是静止的，连简单的位置移动也不会发生。因为根据第二个特征，存在是连续的、不可分的、绝对同一的东西，其内部就不可能有任何运动的动力；而其外部没有任何和存在不同的虚空，这就否定了可以进行运动的场所即空间，来自外部的运动也被排除了。

第四，存在是有限的，形如球体，从中心到每一个方向距离都相等。巴门尼德作了三点论证：一是存在不可能在某一方向大一点或小一点；二是没有一个非存在能阻碍存在达到各个方向相等；三是每一方向距离相等的点，与边界的距离也相等。巴门尼德在这里的论证，显然是吸取了毕达哥拉斯学派关于圆是最完美的几何图形的数学哲学思想，并把圆形的性质放到存在上去，以此来论证存在是均衡而圆满的。

第五，只有存在才是可以被思想、被表述的。巴门尼德认为，非存在既不能被认识，也不能被表述；唯有存在可以认识，可以用言词表述；所谓思想就是关于存在的思想。在这里，巴门尼德首次提出关于对象的认识和语言表述的问题，词与物的关系问题。

巴门尼德关于存在的几个特征的逻辑论证，其实就是对存在概念内涵的揭示，是存在的主要规定性。值得注意的是，巴门尼德关于存在的逻辑推导，其实质是建立在形式逻辑的同一律、矛盾律和排中律的基础之上，尽管他是不自觉地运用了形式逻辑的这些思维规律。巴门尼德的问题在将人类初期的思维活动规律，即知性思维规律，看成是宇宙自然的客观规律。存在概念，知性抽象的存在概念，不过是对客观存在的万事万物的点状的静态的空洞的概括。它虽抓住了事物的普遍的质，但却是僵死的，它的外延的无限性，使其内涵等于零。而且由于他将存在归结为思想的产物，因而是从唯心的角度提出了思想的存在的同一性问题。不过他的精确严格的逻辑推理与论证，在哲学上虽然捉襟见肘、寸步难行，但却开辟了实证科学蓬勃发展的道路。因为它在日常活动范围内是绝对的，而且是有效的。

二、芝诺反对"多"与"运动"的论证

巴门尼德的逻辑思维在人类认识史上属于萌芽时期，但其思想理论的抽象性，不仅已超出了一般人的常识所能接受的程度，而且和米利都学派、毕达哥拉斯学派、赫拉克利特等人的哲学理论迥然不同。因此，巴门尼德关于存在是不生、不灭、不变、不动的"一"的理论，在当时受到普遍的反对。一种新的特别是有偏执的学说在开始时遭到人们的反对是不奇怪的，但这也说明巴门尼德的哲学既需要辩护，更需要发展。芝诺和麦里梭的哲学就起了这样的历史作用，并从而形成了一个以逻辑推导与知性抽象而在古希腊哲学史上颇具影响的埃利亚学派。

芝诺是埃利亚本地人，是巴门尼德的忠实学生和亲密朋友。芝诺哲学的特点不是正面发挥巴门尼德的观点，而是通过把对立观点中的矛盾揭露出来的方法，达到驳斥对方、维护巴门尼德的目的。芝诺的论证集中到两点：一是反对"多"的论证，以维护存在是"一"的观点；二是反对运动的论证，以维护存在是不动的观点。

芝诺反对"多"的论证，主要是针对毕达哥拉斯学派的。毕达哥拉斯学派认为，事物是由数即许多点所组成的线、面、体而形成的；作为数的单位是不可分割的"一"；作为构成几何形状和具体事物的"点"则是有空间大小的，甚至还带有感性的特征。毕达哥拉斯学派关于数的这些看法，有其客观性，因为数不同于那些纯粹抽象的概念，它不是纯然思辨把握的东西，而是可以通过感觉直观而领悟的。所以黑格尔认为数目是最无思想性的东西是正确的，芝诺

是从纯粹逻辑的抽象观点反对毕达哥拉斯的。

芝诺对此提出的问题是：这许"多"的点（每一个"存在者"），是否有大小？如果没有大小，即空间不占有体积，那么再"多"也没用，因为本身没有大小的"点"合起来还是没有大小，连一条线也组不成；如果有大小，那么"多"的点就会组成无限大的存在物，而按照巴门尼德所开创的埃利亚学派的看法，存在是有限的、有边界的球体，无限的存在物是不可思议的。总之，在芝诺看来，只要肯定存在为"多"，就会产生"多"中的每一个是否有大小的问题，而无论有没有大小都必然会导致荒谬的结论。

芝诺反对"运动"的论证有四个，即二分法、阿基里斯、飞矢不动、运动场。这些论证都是要说明：运动是矛盾的，因而是不可能的。

芝诺关于运动不存在的第一个论证是说，运动着的物体在到达目的地之前，必须要预先走完行程的一半。芝诺以空间的无限可分为前提，认为任何有限的一段距离都可以无限地分割下去，物体不可能在有限的时间里越过无限的点而到达终点。亚里士多德在《物理学》中反驳芝诺时，区分了时间和空间的两种含义的"无限"：一是可以无限地延伸；一是可以无限地分割。芝诺正是由于混淆了这两个"无限"的概念，以致不承认在有限的时间内越过有限距离的无限的点是可能的。

第二个论证即所谓的阿基里斯，是全希腊跑得最快的人。芝诺说阿基里斯追不上乌龟，指的是在赛跑中最快的永远赶不上最慢的。因为追赶者必须首先跑到被追赶者起跑的出发点，所以最慢的必然永远领先。亚里士多德认为，这一论证和"二分法"一样，都是从空间的某种分割得出不能到达的目的的结论。区别在于前一个论证用的是"二分法"，后一个论证是按一定的比例无限地缩小，永远不可能相等。亚里士多德认为，在第二个论证中，芝诺实际上是预先设定了一个前提，即不允许最快的越过规定的有限距离。只要准许他越过界限，他是会追上龟的。

第三个论证"飞矢不动"，即从时间是由瞬间的总和这个假设中得出的一个结论。芝诺所说的运动都是指位置移动，位移离不开空间。如果某物处于和它自己的量度相等的空间里，它就是静止的；如果说它不在某一点，那又是不可设想的，因为人们无法设想一个位移的物体没有一个场所却能运动；而运动着的物体在每一瞬间总是占据着这样一个和它自身相等的空间，因此，飞着的箭就是不动的了。亚里士多德认为，时间和空间都是连续的，运动的物体总是在一定的、连续的时间里运动。如果承认时间是连续的，那就不能说飞矢在此一瞬间静止于这一点上，彼一瞬间又静止于那一点上。

第四个论证"运动场"，是假设运动场上有两排大小相等、数目相同的物体，各以相同速度按相反方向通过跑道，其中一排从终点开始排到中间，另一排从中间排到起点。芝诺认为，这里就包含了一个矛盾的结论：一半时间等于一倍时间，因而运动是不真实的。亚里士多德认为，芝诺这个论证的错误在于：用作比较的两排物体，一排是静止的，另一排是按着相反方向作同速运动的，所以时间是不一样的。

芝诺对运动的四种反驳，在科学认识史上具有重要的意义。黑格尔在《哲学史讲演录》中指出，芝诺从没有想到要否认作为"感性可靠性"的运动，问题仅仅在于运动的真实性。这就是说，芝诺的运动悖论启示我们：不能满足于感官对运动现象的确认，问题在于我们能不能在思维中理解和把握运动，即如何在概念的逻辑中表达运动。芝诺的论证思路是，如果我们在逻辑思维中发现运动是矛盾的，而且又不能解决这一矛盾，那么我们就不应在思想上肯定运动的真实性，只能把运动看作是感性思维中的假相。芝诺从逻辑思维上揭示了运动本身是矛盾的，与从感性思维上认为运动是自然合理的相比，显然更深刻些。正因为如此，芝诺在当时被人们公认为最有智慧的人。

芝诺做出的这样的论证，多达 40 个，这表明，他已具有相当高的抽象思维能力。黑格尔称芝诺的出色之点是"辩证法"，这里的辩证法，不是日后我们所理解的辩证思维，实际上是论辩技巧，知性思维方法。他使埃利亚学派的纯思维成为概念自身的逻辑推导与知性抽象，成为科学的灵魂。芝诺的错误和巴门尼德一样，即没有把思维逻辑与客观逻辑区分开来；没有把逻辑矛盾与真实矛盾区分开来。巴门尼德和芝诺都要求逻辑思维中概念的确定性，要求思想在规定存在时必须符合逻辑规律。但他们没有认识到，反映和表现对象的本质自身中的矛盾的思维并不违反逻辑。他们只是抓住了矛盾的一个方面，并使它孤立化和绝对化，而未能把对立面统一起来。

三、麦里梭对巴门尼德"存在"学说的修正和补充

埃利亚学派的另一位代表人物是麦里梭。麦里梭是萨摩斯人，是巴门尼德的学生。他生活在和恩培多克勒、阿拉克萨戈拉斯、留基伯同时，巴门尼德的存在学说不仅遇到旧的学派的反对，也受到新的学派的挑战。在这种情况下，麦里梭不可能再去维护巴门尼德学说中有明显破绽的地方，而是对其学说进行了修正和补充，并提出了新的论证。麦里梭关于"存在"的基本思想及其论证的逻辑主要有以下几点：

第一，存在是永恒的，因为它不可能从无中产生。巴门尼德的"存在"原来是没有时间性的，存在不是过去存在，也不是将来

存在，而是现在这样的存在。麦里梭把"存在"看作是有时间性的，提出了"永恒"的新概念，认为存在的永恒性表现为既没有开始，也没有终结，即从时间上说过去、现在、将来永远存在。

第二，存在是无限的，因而也是无形体的。这是麦里梭对巴门尼德存在学说的一个重要修正。按照希腊的传统观念和毕达哥拉斯学派的观点，圆形和球体是最圆满的，圆满的东西是有限的，而无限的东西具有不确定性，是有缺陷的。巴门尼德受这种思想的影响，认为存在具有球的形体，是有限的。存在是有限的球体，这一观点在巴门尼德的存在学说中具有逻辑上的不彻底性，因为如果存在是有限的球体，那它就有体积，就得承认在它的界限以外还有他物；如果存在是有体积大小的，也就有部分，那存在就是"多"而不是"一"了。麦里梭用无限的无形体的存在代替巴门尼德的有限的球体的存在，并从三方面论证存在是无限的。

一是从存在的永恒性出发，认为存在既然是无始无终的，因而是无限的。麦里梭把存在置于时间之中，首先从时间的角度论证有限和无限的问题。

二是把存在的无限性视为论证"存在是一"的充分必要条件，否则存在就是"多"而互相限制。巴门尼德论证存在是一而不是多，是以存在是连续的、不可分的观点为依据的。麦里梭从空间的有限和无限的角度论证存在是一，对巴门尼德"存在是一"的论证是一个重要的补充。麦里梭认为，如果存在是无限的，它就是一；因为如果它是二，这二就不能是无限的，而会互相限制。唯一的存在只能是无限的。麦里梭和巴门尼德一样，否认虚空的存在，但他不仅仅以存在的充实性为依据，还认为只有承认存在在空间上是无限的而不是球体，才能彻底否定虚空，从而堵塞了使存在成为"多"和产生运动的可能性。

三是认为只有无限的存在才是圆满的，完善的，没有缺陷的。

第三，麦里梭将存在人格化，认为存在既然是圆满的、完善的、充实的、无限的，那么存在就是无痛苦、无悲伤、健康的东西。巴门尼德从有限的、圆形的传统观念出发，论证存在是圆满的、完善的，但他没有把存在人格化。麦里梭为了论证存在是拥有力量的，没有任何东西比真正的存在更强有力，存在的力量是伟大的、无限的，就将一些人性的，甚至神性的内容加到存在上去，使巴门尼德的存在染上了人格化的感情色彩，以致神化了。麦里梭对巴门尼德存在学说的修正和补充——存在的永恒性和无限性，正是体现了一种神的特性和色彩。

为一种谬误的观点作辩护，只能陷入更深的谬误的泥淖之中。麦里梭对巴门尼德的存在学说的辩护，也许缓解了某些论证上的逻辑矛盾，从而略能自圆其说。但是，却将其引向论证上帝存在的道路，完全偏离了科学与哲学的知性分析与辩证综合的轨道。因此，这种修正补充，实质上是一种倒退。

以巴门尼德为代表的埃利亚学派，揭示了宇宙自然的质的规定性，较为系统深入地发展了知性思维的方法，因此，无论在哲学方面或科学方面都有十分深远的影响。

第三节　原子论与恒变观

巴门尼德那个唯一的不动的存在，将他们引向了宗教唯心的道路。而德谟克利特主张众多的存在，从而开拓了探讨物质结构的道路。原子论的提出是划时代的，其基本观点迄今仍然是站得住脚的。

巴门尼德的静止观为赫拉克利特的恒变观所否定。变易原则的确立，为辩证法的发展奠定了基础。

原子论与恒变观的提出，是古希腊科学与哲学思想趋向成熟的表现。

一、从存在论到留基伯的原子论

关于留基伯的出生地有几种传说，他在埃利亚生活过，听过芝诺讲学，是芝诺的学生，这基本上是没有疑问的。因此，留基伯同埃利亚学派的关系较为密切，其思想曾受过埃利亚学派的影响。留基伯所开创的原子论哲学的基本倾向，是力图从唯物主义立场来改造埃利亚学派的哲学思维成果。

从巴门尼德存在论的终结到留基伯原子论的产生，把握这一过程的发展逻辑，必须综合考察这一时期哲学思潮的演变和科学认识的进展。

埃利亚学派的存在论，揭示了哲学的智慧是要在现象的背后认识其本质。巴门尼德以后，哲学面临着的一个重要问题就是如何"拯救"被存在论"颠覆"了的现象世界。在重新研究和解释现象世界的过程中，恩培多克勒和阿拉克萨戈拉斯提出的物质始基的多元论学说，实际上是在较高层次上重振米利都学派的雄风，克服埃利亚学派的偏离，而为原子论的诞生铺平了道路。

恩培多克勒是古希腊一位著名的医生和自然科学家。他在观察天文、地理、生物、生理等自然现象方面，要比伊奥尼亚的自然哲学家们精细、准确得多。因而在他的学说中，哲学思想和自然知识浑然一体是毫不奇怪的。恩培多克勒处在早期希腊哲学发展的一个转折点上。在世界本原问题上，他面对着伊奥尼亚自然哲学和埃利亚学派存在哲学两种截然不同的"一元论"的僵硬对立。伊奥尼亚哲学以水、火、气等某一种具体物质为本原，难以说明"一"与"多"的统一；埃利亚学派用抽象的、静止的"存在"，摒弃了丰富多彩、流变不息的感性现象世界，即用"一"否定了"多"。恩培多克勒作为一位经验科学家，提出一种关于世界本原的多元论，即探索物质构造元素的"四根"说。"四根"是指水、火、气、土四种物质性的元素。恩培多克勒所说的"根"，包含着物质结构的基本元素的思想，是指作为物质内在构成的本原。而他建立"四根"说的基本前提，正是综合改造伊奥尼亚哲学和埃利亚学派哲学的结果。

恩培多克勒提出四根或四元素，并不只是扩大了物质本原的种类数目，也不只是将早先哲学家已涉及的水、火、气、土这四种物质简单地拼凑在一起，而是已经具有粒子化、孔道结构和数量比例的规定，这在自然科学史上，可以说是化学元素概念的最初萌芽。从哲学意义上说，他用不生不灭的四种物质元素，改造了巴门尼德的抽象思辨的"存在"；用四元素的结合和分离来说明自然万物的生灭变易，肯定了被巴门尼德贬斥的"意见世界"的真实性。这就是说，巴门尼德只是肯定了抽象的、没有感性的质的存在；伊奥尼亚哲学虽抓住了感性的质，但其物质本原没有量的规定和确定的形式结构，是"无定形"的。恩培多克勒在"四根"的物质本原中贯彻了巴门尼德的本体论逻辑，认为感性世界不只是现象，感性世界中存在着客观物质结构，这些结构的构成因素，就是元素。基本元素有四种，即他所谓的"四根"。作为四根的水、火、气、土，拿现代的眼光看，并不成其为元素，而是元素的复合而组成的物质。但这点讹误并不重要，而重要的是提出了众多的客观物质粒子存在的思想。亚里士多德便非常倾向于四根说。

沿着恩培多克勒哲学方向前进的是阿拉克萨戈拉斯。阿拉克萨戈拉斯作为米利都学派的传人，到希腊本土系统传播米利都的自然哲学达 30 年之久。这一点上面已做了详细的论述了。他和恩培多克勒的哲学倾向基本上是一致的，都以多元论的立场来论证现象界的可靠性和实在性。他们是留基伯—德谟克利特的原子学说的先驱。

留基伯是古代原子论哲学的创始人。原子论哲学是对早期希腊各派自然哲学的一个综合。在留基伯看来，原子是无数永恒运动着的元素。原子是存在，虚空是非存在，有了虚空，原子才能运动。存在并不比非存在多点什么，非存在也不比存在少点什么。由此可见，留基伯创立的原子论，有着埃利亚学派的思想痕迹，但走的是不同的理论道路。留基伯提出原子和虚空的意义不仅在于肯定了感性世界运动、变化的合理性，为自然科学的发展重新提供了一个哲学上的基础，而且还在于把"一"与"多"、本质与现象统一起来。原子作为现象的物质本体，众多的原子在虚空中运动而离合，就形成无数事物生灭变易的现象。

留基伯还提出了原子运动的宇宙生成说，即以原子论为基础说明了一些天体现象。当然，这种思想与伊奥尼亚学派、恩培多克勒、阿拉克萨戈拉斯的自然哲学思想是一致的，但也有一些创新。他首先提出"必然性"的概念，认为宇宙天体的生灭运动有着一定的必然性，这种"必然性"指出没有任何东西是任意的，一切都有其存在与演化的理由，这就隐含着对客观规律性、必然性的肯定。

二、德谟克利特的原子论与认识论

留基伯已经提出了原子论的基本框架，但原子论的系统理论是留基伯的学生德谟克利特完成的。

马克思和恩格斯曾赞扬德谟克利特是"经验的自然科学家和希腊人中第一个百科全书式的学者"[①]。丰富的经验和自然科学知识是他

---

① 《马克思恩格斯全集》第 3 卷，人民出版社 1960 年版，第 146 页。

建立原子论的一个重要基础。

德谟克利特一生写了大量的著作，可惜原著基本上没有保存下来。从现在仅存的一个目录来看，德谟克利特的著作分伦理学、物理学、数学、文学和音乐、技术五大类，内容涉及哲学、物理、数学、天文、地理、逻辑、心理、动植物、医学、伦理、政治、历史、诗歌、音乐、绘画、语言、农业、军事等方面的问题。因此，德谟克利特既是古希腊多才多智的经验自然科学家，又具有丰富的人文科学知识，这使他有别于早期希腊的其他自然哲学家。

原子论的基本概念是"原子"。"原子"的本来含义是指"不可分割"的东西。德谟克利特说的原子是指最微小的、不可再分割的物质元素。留基伯和德谟克利特用"原子"一词来表示他们学说的基本概念不是偶然的。这与为要解决埃利亚学派的芝诺所揭露的、恩培多克勒和阿拉克萨戈拉斯所未能解决的矛盾，即无限分割和不可分割的矛盾有关。在芝诺的逻辑思维面前，古代唯物主义的感性直观遇到一个很大的难题：无限分割的结果等于零。原子论既要坚持古代唯物主义的传统，又要解决这一难题，就明确了有"不可分的物体"存在，这个物体就叫"原子"。

"原子"为什么是"不可分者"？留基伯认为原子因"太小"而不可分，德谟克利特则提出了最富哲学意义的原因是"原子没有部分"。就原子论体系来说，物体之所以可分，是因为有部分，有空隙；如果没有部分和空隙，当然是不可分的。

在可分不可分的问题上，原子与虚空有着内在的联系。既然原子没有部分而不可分，那么它就是"充实"的，中间没有空隙，这样，原子的"充实"就与"虚空"对立起来。因此，原子就是"充实"。从这一前提出发，原子不是组合物，而是单一物。

原子既然不是复合物，没有部分，不可再分，那么每个原子的内部就是不变的、不动的，因为所谓变化无非就是部分之间的分解与组合；所谓运动，最简单的形式无非就是位置移动，原子内部没有空隙，就没有可以进行位移的空间。从这种意义上说，"原子"与巴门尼德的永恒不变的"一"有着类似之处，只不过原子不是唯一的"一"，而是无限的"一"。

但是，原子论坚持唯物主义的哲学路线。"原子"即使作为单一的"个体"，也不是抽象的、形式的、主观精神性的，而是具体的、客观物质性的。"原子"具有物质的基本属性，即它有大小、形状和重量，只是这些大小、形状是固定不变的。在德谟克利特看来，原子有大小之别，然而即使是大原子，我们的感官也不能感知。原子之所以不可感，并不因为它是"理念"，而是因为原子太小，我们感觉不到。这些不可感的原子却可以组合成一切可感的物体。这种思想符合当时科学发展的水平。所以，马克思和恩格斯指出，德谟克利特"所谓的原子仅仅是物理假设，用以解释事实的辅助工具"①。因此，德谟克利特虽然强调原子的客观物质性，其实他并不是通过经验实证而确定的，而是推导、思辨的产物。

作为"个体"的原子，其内部不变不动，是一种物质性的、本质的存在。原子作为整体则是能动的，在"虚空"中朝各个方向任意移动。原子通过在"虚空"中的运动而滋生万物，由本质转化为现象。如果没有"虚空"，原子论虽然承认原子有无限之"多"，但实质上也还是巴门尼德的"一"，或者就要像恩培多克勒和阿拉克萨戈拉斯那样找出一个"爱"与"恨"或"努斯"类似精神性的东西作为这些原子相互冲击、碰撞、联结的动力，以说明变动不居的世界。

---

① 《马克思恩格斯全集》第3卷，人民出版社1960年版，第146页。

　　这样看起来，同不可分的"原子"相比，"虚空"也许是原子论中更有新意的概念。在德谟克利特之前，几乎各派哲学都否认"虚空"的存在。埃利亚学派和米利都学派在许多哲学问题上相对立，但在不承认有"虚空"上却是一致的。埃利亚学派认为虚空是"无"，是不可思议的。毕达哥拉斯学派提到"虚空"一词，只是指"空气"。恩培多克勒说物体内部有元素结构的"孔道"，但否认自然中有虚空。德谟克利特说虚空是"非存在"，但并不是"无"，只是指它稀薄、不充实，也是一种现实的客观存在，而且是构成世界的一种基本要素。德谟克利特把"虚空"和原子并列，一起提到宇宙的本原的高度，是一个大胆而新颖的思想。

　　作为一个具有唯物倾向的古希腊哲人，德谟克利特有极高的知性分析与思辨颖悟的能力。原子与虚空并举，并进而论证它们的不可分割的联系，从其本质看，比牛顿的空间学说似乎还高明一点。

　　德谟克利特提出"虚空"，并强调"虚空"在原子论体系中的重要意义，可能是受到埃利亚学派，特别是麦里梭的反面启发。麦里梭认为，"存在"是充实的，因为它没有"虚空"，所以不能运动；既然没有虚空，也就没有可以运动的空间。德谟克利特则提出了相反的论证，认为"虚空"就其作为运动发生的场所的意义而言，乃是运动的条件，是类似"空间"的东西。原子论者引入"虚空"概念，一方面将空间和物质区分开来；另一方面，又在一定的程度上揭示了空间同物质运动的必然联系。在这里就显示了他们一点关于"辩证"的悟性。他们没有将类似空间的"虚空"完全看成是一个外在于原子的框架，几乎接近了将"虚空"视为原子自身的一种不可分离的否定因素。这一点是为后世完全为知性思维所束缚的实证科学家所望尘莫及的。

　　"虚空"是原子运动的条件，这是容易理解的；但"虚空"是否就是原子运动的原因？这是一个需要研究的问题。原子既然是物质化、多元化的巴门尼德的"一"，其本身是不动的，那么原子从不动到动，似乎有个动力问题。但留基伯和德谟克利特并不像恩培多克勒和阿拉克萨戈拉斯那样，需要设想一种力量去推动原子开始运动。因为在他们看来，原子事实上是与虚空结合在一起的，它们是存在与非存在的统一，亦即肯定与否定的统一，否定性的虚空，作为原子的内在的致动因素，使原子处于永恒的自动状态，因此，并不需要外力推动。但是，不要以为德谟克利特已经达到了"辩证的自己运动"的观点了。只能说有了那样一点点萌芽，外在的机械运动的观点并未得到克服。虽然他认为就原子整体而言，运动来自原子与虚空的结合体本身，是"自动的"；但就个别原子而言，运动又是"被动的"，来自别的原子。原子在虚空中才能运动，原子之间互相推动，形成一种"漩涡"运动。

显然，对于原子如何从不动到动的这种解释是不能令人满意的。德谟克利特只是肯定了原子在虚空中运动的必然性，但虚空只是原子运动的外部必要条件，并不能说明运动本身。如果原子自身没有内在的运动源泉，在虚空中的原子既可以是运动也可以是静止的状态。因此，必须进一步摆脱原子与虚空的外在结合，进入到肯定与否定的内在相关，才能找到内在的动因，从而真正满足他的"不到物质之外找动因"的夙愿。尽管如此，德谟克利特的原子论仍然闪耀着辩证法的思想光辉。在他看来，运动是原子的本性，这是不言而喻的。原子与虚空构成全部自然，也必然地处于永恒的运动变化之中。这里接近了物质与运动统一的观点，内在恒变的观点，在当时而言，已大大超过了毕达哥拉斯派的辩证思想的水平。

德谟克利特引入"必然性"范畴，说明原子运动和自然万物的生灭变化，都有规律性。他所说的"必然性"，从狭义上说是指原子在虚空中运动生成宇宙万物的法则，特别是原子漩涡运动法则；从广义上说是指一切事物都有因果关系，探求因果关系是科学研究的目标。因此，他的一系列自然科学著作，都题名为关于某类自然现象的"原因"。他说，我发现一个新的因果联系比我获得波斯国的王位还更喜欢！这句名言表达了他的人生追求。探求因果必然性，贯穿于他用原子论对自然界的全部说明中，从而增强了他的自然哲学体系的科学意义。

德谟克利特用原子运动的必然性观点，说明了人类所处的世界的生成变化和宇宙演化的总貌。他认为，各种形状的无数个体的自由原子在广阔无垠的虚空中运动，起初向不同方向凌乱地碰撞、聚集、分离，在原子之间的相互作用下形成一种漩涡运动。在漩涡运动中，有两条具有必然性的物理规律起着支配作用：一是同类相聚，这是自然界的普遍法则。他举例说，动物中鸽和鸽、鹤和鹤在一起；在筛子的旋转中，豆和豆、麦和麦在一起；在波浪的运动中，卵石和卵石、圆石和圆石在一起；在它们中间似乎有一种吸引力。原子运动也是这样。由于漩涡运动的分离和聚集作用，形状大小相同的原子就结合起来，形成火、土、水、气等元素，元素进而结合成万物。二是在漩涡运动中，造成轻重有别的运动方向。小而轻的原子及结合物运动速度较快，飞向漩涡的外层边缘；大而重的原子及结合物运动速度较慢，落向漩涡的中心。德谟克利特运用这种漩涡运动法则，以丰富的科学想象力，描绘了人类所处的整个天体系统是物质原子自身运动的必然产物，无须神的第一推动力。德谟克利特关于漩涡运动的宇宙演化学说，虽然还只是一种素朴的假说，但比早先的希腊自然哲学中的宇宙形成论，增强了不少科学内容。现在不少关于宇宙天体的形成与演化的学说，在德谟克利特那里可以找到它们的胚胎形式。

原子论者说原子是万物的本原，这个万物包括灵魂在内。在早期希腊哲学中，灵魂有双重含义：既指生命力，又指认识功能。伊奥尼亚学派把灵魂理解为像"气"那样贯穿一切的东西。毕达哥拉斯学派主张灵魂不灭和轮回转世。恩培多克勒的灵魂有二重性，在他的宗教思想中，灵魂是不朽的精神本体。阿拉克萨戈拉斯把"努斯"即心灵与灵魂区别开来，认为"努斯"是理性的精神实体，"努斯"支配一切有灵魂（即有生命）的事物。德谟克利特则在原子论的基础上，把灵魂与肉体、灵魂与"努斯"统一起来。

德谟克利特认为，人的肉体和灵魂的本原是同一的，即都是原子的结合物，只不过灵魂是由一种类似火的元素，即光滑、圆形的原子聚合而成的。原子论受毕达哥拉斯学派的影响，也认为圆形在一切形状中是最完满的、最能动的图形。所以，德谟克利特说火的原子是圆形的，灵魂的原子也是圆形的，"努斯"的原子也是这样，灵魂和"努斯"是同一个东西。这样，德谟克利特虽然克服了阿拉克萨戈拉斯的二元论倾向，回到以原子为唯一物质本原的一元论上来，但是，却模糊了物质原子与灵魂的根本区别。如果灵魂所指的是精神因素，它的产生有其物质基础，但它只是物质所派生的一种非物质的因素，切不可把它完全等同于物质。

德谟克利特进一步指出，灵魂的原子必须和肉体相结合，才具有生命力。人体生命是身体的原子和灵魂原子的特殊组合体，而灵魂的原子是整个身体运动的原因。

德谟克利特认为，遍布全身的灵魂原子具有感觉的功能，能感知外界事物；灵魂中有一部分是"努斯"（心灵），是高级的精神活动即理智和理性，这个思想的器官位于脑中。德谟克利特根据自己所掌握的生理学和医学知识，认为感觉和理智都有承担它们的生理基础。

在这种灵魂说的基础上，德谟克利特建立了原子论的素朴反映论。他认为，一切认识都发源于外界事物对身体的作用，从而刺激了身体中的灵魂原子的运动，由此产生各种感觉。

德谟克利特对感觉这种认识形式进行了比较具体的研究。他认为，各种感觉都产生于外部对象同身体感官的接触。这种"接触"是外界事物的原子以不同的方式对感官作用，使人得以认识物体的外部形象。这就是他在改造和发展恩培多克勒"流射"说的基础上所提出的著名的"影像"说。

德谟克利特是在论述视觉时提出"影像"这一概念的。他认为，视觉不是物体原子直接流射到瞳孔中产生的，而是眼睛和对象表面都发出原子射流，并相互作用，从而产生了视觉影像。空气是眼睛和对象之间的中介物，视觉影像是以空气为媒介形成和传递的。听觉是声音以密集的空气产生一种运动，气流中大量原子进入耳朵，以很强的力量扩散到全身而形成的。味觉和触觉是各种不同性质和形状的物质原子刺激舌头和身体的结果。总之，各种感官都能感知物体，各种感觉到的印象，都叫"影像"。

影像说不仅把影像看作是主体感官和客观物体的原子射流相互作用的结果，而且开始重视研究认识中的主体因素，强调感觉的相对性和复杂性。德谟克利特认为，某些感觉的内容并不是客观物体本身所固有的属性，如视觉中的颜色是约定俗成的；冷热、甜苦等感觉因主观条件而变易，正常的人感觉甜或热，病人却可能感觉苦或冷，因人而异。

德谟克利特指出的这种感觉的相对性，在西方哲学史上最早涉及了物体的第一性质和第二性质的问题。物体是原子和虚空组成的，原子有各种不同的形状、大小，这是物体固有的性质；而色、香、味等可感性质并不是主体感官任意自生的，也都有着客观的物质基础，即归根结底仍由物体原子的形状大小所决定，是它们作用于感官而形成的派生性质。德谟克利特所指出的物体的固有性质和派生性质，与近代哲学家洛克关于第一性质和第二性质的学说相类似。

德谟克利特对五官作用的生理机制的分析，虽然相去科学的说明甚远，只是一些缺乏根据的臆想，但他强调感觉的客观性，感觉主体与客体的相互作用，以及感觉在认识过程中的相对性，都包含了唯物的合理因素。

德谟克利特还初步研究了理智这种认识形式，指出了感觉与理智既相区别又相联系的关系。他说有两种认识，即"暧昧认识"和"真理认识"，前者指感觉，后者指理智。感觉的认识是暧昧的，因为它停留于事物的现象，并受认识主体因素的影响。当"暧昧认识"在最微小的领域内，不能再产生一点视、听、嗅、味、触的感觉，而知识的探求又要求精确时，"真理认识"就参加进来了。因为理智是以"概念"这样更为精确、概括、抽象的形式来参与认识过程的。所以，理智能深入认识事物内部不可感的微观领域，把握事物的本原。这是理智优越于感觉之处。但是，感觉与理智也不是截然割裂的。感觉给理智提供"影像"材料，理智能纠正错误的感觉，透过现象，洞悉真理。当然，关于感觉怎样向理智过渡和飞跃，德谟克利特当时还不可能提出和解决这样的认识论问题。

德谟克利特的原子论，集早期希腊自然哲学之大成，在当时虽只是一个天才的假说，缺乏实验科学的验证，但却直接激发和影响了近代自然科学和唯物论哲学的建立。罗素指出："原子论者的理论比古代所曾提出过的任何其他理论，都更接近于近代科学理论。"[①] 马克思在青年时代写的博士论文，研究过德谟克利特和伊壁鸠鲁两人

---

① 罗素：《西方哲学史》上卷，商务印书馆 1963 年版，第 99 页。

自然哲学的差别。马克思撇开了从苏格拉底到亚里士多德，希腊哲学发展的顶峰，钟情于那些最简单的自然哲学学派，即德谟克利特的物理学，认为那些较早的体系在希腊哲学的内容方面是较有意义、较有兴趣的。由此看来，马克思一反公认的评价，认为亚里士多德以后，希腊哲学衰亡了。他力图扭转这一暗淡的结局，强调德谟克利特的哲学，并指出在伊壁鸠鲁那里再度得到弘扬。以后的哲学，特别是科学的发展，证明了青年马克思的论断的正确性。

三、赫拉克利特的"永恒的活火"与"逻各斯"

如果说德谟克利特的原子论引发了日后物质结构的卓有成效的探索，那么，赫拉克利特的恒变观则开启了辩证思维的先河。那些格言式的警句，充满了深沉的睿智。赫拉克利特是伊奥尼亚地区的爱非斯人，其哲学活动时期大约是在毕达哥拉斯之后，巴门尼德之前。列宁在《哲学笔记》中思考哲学上的"圆圈"时，曾提出"是否一定要以人物的年代先后为顺序呢"，他自己做了否定的回答，并指出"古代：从德谟克利特到柏拉图以及赫拉克利特的辩证法"。[①]因此，我们不必死板地按人物的年代先后，而是从一个较长的历史时期，根据思维逻辑的发展，有机地辩证地来阐述这一历史的内在的逻辑结构的脉络。据此，将赫拉克利特摆在巴门尼德、德谟克利特以后来论述是合乎历史的逻辑的。

赫拉克利特所处的时代，希腊哲学家们还热衷于从各种具体的物质存在形态中去寻找世界万物的本原。赫拉克利特的思想是沿着米利都学派的哲学路线前进的。在他看来，万物的本原是火，世界是一团永恒的活火。"火"为万物之源。火，形象地体现了万物流

---

① 列宁：《哲学笔记》，中共中央党校出版社 1990 年版，第 403 页。

转，无物常住，永恒变化的观点。这个"火"好像是构成事物的精细的微粒，它不但具有明显的可感的物质性，而且细微到使你几乎无法觉察出粒子的存在；火，也生动地体现了变，试看那一团熊熊烈火，顷刻之间将草木化为乌有，那矫健的火舌，袅绕的青烟，似有形而又无定形，似有质感而又难捕捉。用"火"这样一种物质形态象征地表示运动变化原则，是一种天才的比喻。

在本原问题上，赫拉克利特超出米利都学派之处，是他所说的"火"具有更为丰富的哲学内涵。赫拉克利特把"火"与灵魂、理性联系起来，即"火"在物质性的基础上也包含精神性的现象，从而更深刻地解释了世界的统一性问题。亚里士多德在《论灵魂》中曾经分析过赫拉克利特"火"的含义，"火"是最精细的元素，并且最接近于无形体性。在最基本的意义上，"火"自身处于运动中并把运动传递给其他事物。

赫拉克利特讲的"灵魂"是一种物质性的东西，这与当时在希腊人中流行的关于"以太"的信仰有关。古希腊人把"以太"看成是充斥于天上的流动的和纯净的气体状态的实体。"以太"与遍布地球表面的空气不同，它弥漫于地球的大气之上。圣洁的天体，如太阳、月亮和星星，都是由它构成的。"以太"这种纯净的实体也就是太阳所燃烧的火，它是温暖、干燥的蒸气。"以太"构成的事物在灭亡时会重新组成同样的东西，所以它是不朽的。人的灵魂是由"以太"的无拘束的火花所组成的，所以灵魂也是不朽的。在赫拉克利特看来，"灵魂"从表现形态上说类似于人的最无形体性的和永远流动的"呼气"，灵魂的本性是干的和热的"火气"。这些关于灵魂、精神现象的论述是无稽的、臆造的，既无科学价值，也无哲学意义。唯一可以肯定的是：他试图探讨灵魂这一类精神现象的物质基础。这个问题迄今在科学上也没有得到圆满的解答。

赫拉克利特的"火"高于米利都学派的感性实体的本原，在于他赋予"火"的理性、智慧的含义。他认为人是"火"所构成的，甚至"神"也是由"火"构成的；不过，二者比较起来，构成人的"火"掺有不少不纯净的成分，因此，神比人更有智慧。"人的心没有智慧，神的心则有智慧。""在神看来人是幼稚的，就像在成年人看来儿童是幼稚的一样。"当然，人作为万物之灵，和其他动物比较起来是最有智慧的。"最智慧的人和神比起来，无论在智慧、美丽和其他方面，都像一只猴子。""而最美丽的猴子与人类比较起来也是丑陋的。"[①] 这是因为人的灵魂中毕竟含有宇宙中的纯粹的"火"或"以太"，人也由此而获得了理性的能力。这种关于神、人、猴的具备理性能力的程度的对比是常识性的，人当然比猴子聪明，而神作为一种理想的人格，是一种圆满无缺的典型，普通凡人自然不能和他想比。

撇开那些以太、干湿、火气之类的无稽之谈，赫拉克利特提出的"逻各斯"（logos）学说，便有一定的哲理性了。他把人的理性能力，或由这种理性能力把握的事物运动变化的规律性，叫作"逻各斯"。在赫拉克利特看来，"逻各斯"是人人共有的东西，但只有认识它并按照它行动的人才是清醒的。多数人对他们所遇到的事物不加思考，对他们经验到的也不认识，只相信他们自己的意见，就像睡梦中的人一样。因此，问题就在于如何引导人们去认识和把握这个"逻各斯"。赫拉克利特认为，要做到这一点并不容易，因为自然喜欢隐藏起来，它是难以追寻和探究的。而一个人如果单凭感觉知识和多闻博见还不足以认识"逻各斯"，因为从经验中看到、听到和学到的东西，受着个人情绪的支配；如果人们的灵魂粗鄙，眼

---

① 转引自《西方著名哲学家评传》第 1 卷，山东人民出版社 1984 年版，第 139 页。

睛和耳朵对他们来说更是不好的见证。基于这样的认识，赫拉克利特指出：爱智慧的人必须真正认真地探究许多事物，而智慧就是懂得那驾驭一切事物的洞见。要达到智慧，认识"逻各斯"，虽然需要知道许多事情，但主要是靠思想。"好好思考"是最大的美德和智慧：照真理行事和说话，照事物的本性去认识它们。

既然万物都由"火"变换而成，既然人人都具有"逻各斯"式的理性能力，那么又为什么会有纯与不纯、智愚贤拙之别呢？赫拉克利特又把问题岔到灵魂干湿之类的说法上，这些毋庸复述。重要的是他反对肉体的快感，认为肉欲妨碍清明的理性的发挥。这种说法多少有一点道理，沉溺于犬马声色的人，是缺乏理性与智慧的。那些人是没有灵魂的行尸走肉。赫拉克利特对"肉体的快感"表现出一种类似禁欲主义的鄙视，而对智慧的追求，灵魂的净化，即对"逻各斯"的把握，置于崇高的地位上。这里，赫拉克利特开始从认识论问题转向伦理道德问题。

从这种道德观念出发，赫拉克利特把人分为一般的人和最优秀的人。他说："一个人如果是最优秀的人（ἄριστος/aristocrat），在我看来就抵得上一万人。"[1]这也是赫拉克利特的自况，他蔑视群氓，自命优秀。"优秀"与"贵族"，希腊文是同一个字。可见赫拉克利特的贵族偏见是相当顽固的。这种最优秀的人标志有两个：一是有智慧；二是敢战斗，神和人都崇敬在战斗中倒下的人。因此，在思想上最有智慧，在行动上最勇敢，是最受人尊敬的人。赫拉克利特特别推崇这样的英雄，而对那些胡乱地举行宗教仪式，用祷告之类向神灵乞求的人，遭到他的无情嘲笑，斥责他们根本不知道什么是神灵和英雄。赫拉克利特崇拜智勇双全的英雄，抽象地讲，是无

---

[1] 《古希腊罗马哲学》，生活·读书·新知三联书店 1957 年版，第 23 页。

可厚非的。问题在于：贵族是这样的英雄吗？

在赫拉克利特的著作残篇中，往往将"逻各斯"与神、命运、必然性等混用。在古代，概念的使用不如以后确切，这点是可以理解的。他说："神就是永恒的流转着的火，命运就是那循着相反的途程创生万物的'逻各斯'（λόγος）。""命运就是必然性"，"命运的本质就是那贯穿宇宙实体的'逻各斯'"。"神是日又是夜，是冬又是夏，是战又是和，是不多又是多余。"[①] 由此看来，他认为逻各斯之所以为神，乃逻各斯作为宇宙自然发展变化的总的辩证规律，有其神出鬼没的妙用。它支配宇宙、人生，对宇宙而言乃是一种必然性；对人生而言就是命运。

赫拉克利特关于逻各斯的学说，表现了他的哲学思维的深邃性：（1）他已不停留于米利都、毕达哥拉斯、埃利亚诸学派那里，简单地描述宇宙本原的模式，而是更多地去探求宇宙发展变化的总规律；（2）他开始接触到发展变化的根源是对立面的斗争与转化；（3）他看到了自然发展与人的发展的统一性。

赫拉克利特的逻各斯学说，可以解析为三个相互联系的基本命题：（1）和谐总是由对立产生，所以自然界的基本事实是斗争；（2）任何事物均处于不断的运动与变化之中；（3）宇宙乃生动的永恒的火。[②] 赫拉克利特这三个命题说明了同一个真理，那就是"辩证法"。他认为和谐产生于对立，而对立源于斗争。斗争推动着事物不断地运动与变化，那生动的永恒的火，便体现了宇宙的变化过程。这一卓越的辩证法思想，哺育了柏拉图，尔后又为黑格尔所发扬，直到马克思、恩格斯的改造，而具有现代科学形态。

---

① 《古希腊罗马哲学》，生活·读书·新知三联书店 1957 年版，第 17、25 页。

② 参见 Guthrie, *A History of Greek Philosophy*, I, Cambridge, 1962, p.435。

这一卓越的辩证法思想，赫拉克利特有许多具体的阐述。他说："万物皆流，无物常住。"他把存在物比作河水的流逝，说人不能两次踏入同一条河流，踏进同一条河的人不断遇到新的水流；太阳不仅每天都是新的，而且每时每刻、永远是新的。自然界如此，人的生活也是如此：生与死、醒与睡、年少与年老，一切都在流动转变。赫拉克利特揭示的世界秩序的统一性，具有鲜明的流动性，这是宇宙人生的普遍规律。

本来，"一切皆变"的朴素辩证法思想在古代已很流行，并不是独创的新思想，赫拉克利特的贡献在于把这种思想提升到对立面的斗争和统一的哲学理论高度。"我们踏进又不踏进同一条河流，我们存在又不存在。"这一命题就是对"人不能两次踏进同一条河流"的深化。在赫拉克利特看来，万物都是运动变化的，这种运动变化按照"逻各斯"的尺度进行，而最高的即统一万物的逻各斯就是对立的斗争。

对立双方共处于一个统一体中，相互斗争、相反相成是宇宙的普遍现象。赫拉克利特举出大量的事例来说明这一问题，如日夜、明暗、善恶、饥饱、曲直、疾病与健康等等。他说："自然也追求对立的东西，它是从对立的东西产生和谐。例如自然便将雌和雄对立起来，而不是将雌配雌，将雄配雄。自然是由联合对立物造成最初的和谐，而不是由同类的东西。""疾病使健康舒服，坏使好舒服，饿使饱舒服，疲劳使休息舒服。"[①]"同样，作为自然的模仿的艺术，也是这样形成的。绘画用白、黑、灰、红等颜色的混合以完成与自然原本之和谐，音乐则由高低、长短的不同声音加以混合形成和谐，写作法由元音、辅音在写作上的混合而成，由元音、辅音的结合形

---

① 《古希腊罗马哲学》，生活·读书·新知三联书店 1957 年版，第 19、29 页。

成整个这种技术。这就是晦涩的哲学家所说的意思。结合既是全体又不是全体，既和谐又不和谐，既协调又不协调，由万物生一，又由一生万物。"① 赫拉克利特从自然到艺术，系统地论证了辩证法的客观性与普遍性，具体地充分地阐发了他的逻各斯学说。

值得进一步指出的是，赫拉克利特非常重视"斗争"，不大提到统一。和谐就是统一，这是毕达哥拉斯以来特别强调的，他们赞赏圆满，虽说讲到了对立，但未突出斗争。而赫拉克利特认为自然界的基本事实是斗争。他说："应当知道，战争是普遍的，正义就是斗争，一切都是通过斗争和必然性而产生的。"因此，"战争是万物之父，也是万物之王"②。这算是抓住了辩证法最根本的问题。和谐、统一是为对立面的斗争所规定的，没有斗争，也就没有和谐与统一。而斗争的哲学实质，就是否定。但是，切不可将"斗争"绝对化，须知斗争的结局是和谐、统一，而否定必然再被否定复归于肯定。近半个多世纪以来，片面强调斗争，发展成斗争哲学，这在理论上是反辩证法的，在行动上是有害的。

从上述可知，赫拉克利特在辩证思维方面提出了一些很深刻的思想。当然，这种辩证思维还没有达到纯概念的高度，仍然沉浸在感性直观之中，即主要是从对客观世界和日常生活的感性观察中领悟出来的智慧。那些片言只语是他当下捕捉的辩证的灵感。

但是，赫拉克利特的这种以寓意深远的箴言式的文体所揭示的辩证法的世界观，正像古希腊的神话和艺术一样，具有永恒的魅力。黑格尔在《哲学史讲演录》中说："没有一个赫拉克利特的命题，我没有纳入我的逻辑学中。"③ 马克思 1857 年致拉萨尔的信中提到赫拉

---

① 转引自叶秀山：《前苏格拉底哲学研究》，生活·读书·新知三联书店 1982 年版，第 115 页。
② 《古希腊罗马哲学》，生活·读书·新知三联书店 1957 年版，第 26、23 页。
③ 黑格尔：《哲学史讲演录》第 1 卷，商务印书馆 1959 年版，第 295 页。

克利特，说"我对这位哲学家一向很感兴趣，在古代哲学家中，我认为他仅次于亚里士多德。"①恩格斯在《反杜林论》中对赫拉克利特的辩证法作了高度的评价："当我们深思熟虑地考察自然界或人类历史或我们自己的精神活动的时候，首先呈现在我们眼前的，是一幅由种种联系和相互作用无穷无尽地交织起来的画面，其中没有任何东西是不动的和不变的，而是一切都在运动、变化、产生和消失。这个原始的、素朴的但实质上正确的世界观是古希腊哲学的世界观，而且是由赫拉克利特第一次明白地表述出来的：一切都存在，同时又不存在，因为一切都在流动，都在不断地变化，不断地产生和消失。"②列宁在《哲学笔记》中专门写有《拉萨尔〈爱非斯的晦涩哲人赫拉克利特的哲学〉一书摘要》，认为"如果恰如其分地阐述赫拉克利特，把他作为辩证法的奠基人之一，那是非常有益的"③。列宁还把世界是一团永恒的活火的论述，看作是"对辩证唯物主义的绝妙的说明"④。从马克思、恩格斯到列宁，如此高度重视赫拉克利特，实由于他对辩证法的天才的颖悟能力。

赫拉克利特的恒变观，虽说出自直观领悟，但却是从宇宙人生整体上动态地把握了客观世界的发展进程。他是古希腊自觉开拓辩证思维领域的第一人，往后经过柏拉图用精确的数学方法，系统地予以阐发，初步形成了辩证法的框架，然而唯心的翳障，模糊了辩证法的光辉。直到亚里士多德从数学的抽象思维转到生物学的实践，从生长原则出发，使辩证法重新建立在客观唯物的基础上，而且不

---

① 《马克思恩格斯全集》第 29 卷，人民出版社 1972 年版，第 527 页。
② 《马克思恩格斯选集》第 3 卷，人民出版社 1971 年版，第 60 页。
③ 列宁：《哲学笔记》，中共中央党校出版社 1990 年版，第 385 页。
④ 列宁：《哲学笔记》，中共中央党校出版社 1990 年版，第 390 页。

是直观领悟地乃是科学实践地，这样就使辩证法初步具有了某种科学性质。于是古希腊辩证法自身的辩证圆圈运动："赫拉克利特—柏拉图—亚里士多德"，使辩证法初步成型。赫拉克利特作为过程的起点，把他作为辩证法的奠基人是恰如其分的。

第三章　知识体系的形成与知识的分化

从苏格拉底到亚里士多德，是希腊文化、哲学、科学趋于成熟的时期，甚至于就以此历史阶段代表古希腊。知识要超出常识、随想范围，进入定型化、系统化，才有确定的科学认识价值；知识要深化，首先要分化。分化虽说破坏了整体图像，但专门化促进了精确化、具体化，不但有利于社会的发展，而且作为中介，更利于向更高层次复归于整体概观，辩证综合，从苏格拉底到亚里士多德时代，形成了人类科学认识发展的第一个高峰。

第一节　人文知识的突出说明知识的深化

作为知识总体的古希腊哲学发展到公元前 5 世纪后半叶，已经到了一个转折的关头。这个伟大的转折是由苏格拉底来实现的。他把人类知识的主要方向由研究自然转向人类自身，由客观世界转向主观世界，即转向研究人的精神。这一转折，意味着人类认识的深化。研究客观自然界，认识的主体——人并未得到客观解剖与主观反思。人究为何物？人的认识、思维、精神是什么性质？人对自然界的认识是否真实？人生有何意义？……一系列问题并未得到严肃的解答，而处于"想当然"的状态。苏格拉底决心穷究底蕴，就不能不从自然深入到人生。

一、认识你自己

　　与过去时代的一切知识分子一样，苏格拉底年轻时也学习自然哲学。他曾师从阿拉克萨戈拉斯的弟子阿克劳斯，著名喜剧家阿里斯托芬在其作品《云》里也证明他学习过自然哲学。但事实上他并没有教授过自然哲学。因为他对自然哲学未能揭示宇宙人生的真理而感到失望了。自然哲学从米利都学派到阿拉克萨戈拉斯和阿克劳斯已经达于极盛，但是关于"本原"的研究已经进入困境。关于本原是什么的问题，答案几乎没有两个人是相同的。他们不仅关于本原的答案不同，而且还有思想方法上的不同。伊奥尼亚的自然哲学家是以观察为主要方法的。他们静观万物之变，通过分析研究，寻求变化的初因（本原），以解释万物的生成。而南意大利学派则使用了逻辑推理的方法，他们用数学的推演或逻辑的推理论证他们的哲学思想。诚然，观察和逻辑都是科学思维的基本方法，但当时它们的发展水平还是很低的。观察还没有后来的实验手段，逻辑还没有后来的理论体系。自然哲学家们的观察常常在很大程度上带有想象甚至幻想的成分，他们的某些学说很容易地就被怀疑而推翻了，甚至与一些普通人的常识相悖。而他们推理所使用的主要手段——数学，虽说已有了相当的发展，但还远远不足以承担复杂的计算任务。对于自然哲学的这种众说纷纭、一筹莫展的状况，寻求真知的苏格拉底感到失望了。在柏拉图的《斐多》篇中有一段苏格拉底的自白很好地表达了这位哲人对自然哲学的失望情绪的产生过程。他说，他年轻的时候曾迫切地想知道自然事物的因果联系，但随着学习的深入，却发现，原以为认识了的东西却原来一无所知。后来读了阿拉克萨戈拉斯的著作，他眼睛一亮："心"为宇宙秩序的原因，很好。但是最后他的期待又落空了；阿拉克萨戈拉斯并没有把"心"的原则贯彻到底，在解释具体自然现象时仍然是把气、以太、水以及其他"奇奇怪怪的"东西当作万物的原因[①]。到此，苏格拉底深深感到，照这样下去，研究自然因果关系的工作是不会有结果的。所以他只好感叹自己与研究自然无缘，并且告诫人们放弃对自然的研究，说自然界是神的安排，研究自然是干涉神的事情，会引起神怒的。他教人转而"照顾自己的心灵"，"认识你自己"。

在这里有两层意思是我们应当注意到的。一是苏格拉底反对研究自然并不是完全否定自然哲学家们的成果和他们所做出的贡献，也不是主张怀疑论，认为自然是完全不可知的。他的意思只是说，在当时的认识水平的条件下要对各种分歧意见的真假做出判断是不大可能的。二是苏格拉底认为自然是认识的客体，从客体到客体寻求本原，是不会有结果的。认识还有一个主体的问题，即人自身，人的心灵。必须把研究的重点从自然界转向人自身，转向人的心灵。

这一转向意义十分重大。在哲学史上被认为是一次伟大的革命，在科学认识史上则标志着一个新的学科——人生哲学的诞生。

苏格拉底主张哲学为人生。他说"研究人类学问的人，希望能够通过他的研究有所收获，为他自己和别人谋福利"[②]。他之所以反对研究自然是因为当时被自然本原问题缠住对于人类无益；他主张转向研究人，因为当时最迫切需要解决的问题是，人应当如何生活，如何行动，怎样辨别美和丑，怎样分清正义与不正义等等。古罗马哲学家西塞罗告诉我们，"苏格拉底第一个把哲学从天上拉了回来，引入城邦甚至家庭之中，使之考虑生活和道德、善和恶的问题"[③]。

---

① 参见柏拉图：《斐多篇》，96ᵃ 以下。
② 转引自梯利：《西方哲学史》上册，商务印书馆 1975 年版，第 68 页。
③ 西塞罗：《阿卡德米卡》1.4.15。

苏格拉底被认为是自觉地不参与政治的。他说从小就有一个灵异（δαίμων）来到他心中，阻止他成为一个政治人物。[1] 他以研究哲学为己任。这种态度的实质我们不能视之为不关心国家大事，躲进象牙之塔，不吃人间烟火食，事实上毋宁说正好相反，他积极参与过许多重大的事件，公元前 406 年他抵制过关于八将军的死刑判决。在三十僭主专政时期他拒不执行逮捕一个名叫莱昂的无罪公民的命令。在政治上他既反对滥用民主，以感性代替法律，也反对寡头的暴政。他热爱祖国，热爱青年，时刻关心国家的前途，关心改善人民的政治素质。他自比是神赐给雅典的"牛虻"，到处成天叮着人们，鼓励他们，说服他们，责备他们。他的所谓不参与政治是说不卷入党派之争，不为私利而争夺权位，主张君子群而不党；他只认真理，不计人事关系，永远为维护真理而斗争。他献身于哲学也正是为了寻求真理，端正政治方向，实现人生理想。因此，一个真正的哲学家必须有救世济人的热忱，他必须密切关注社会政治动向，但不介入政客们争权夺利的肮脏交易之中。哲学真理绝不是空洞的玄谈，而是宇宙人生准则的揭示。

苏格拉底把哲学研究的方向转向人，转向自我，转向心灵，其意义不在于提倡一般伦理学，提倡研究道德问题，而是推动自然哲学的革新。自然哲学家们研究自然的因果系列，就自然界寻求自然的本原，而不得要领。在苏格拉底看来，自然界的本原不在自然界本身，而在人，在自我心灵中。自然界作为一种认知的对象，是人通过观察、分析、综合，从而获得表象与概念的客观根据。"概念"便是自然界的"本原"。如果说人的思维能把握本原，而本身不是本原，那么这种讲法是合理的；如果认为人心就是本原，便滑入唯

---

[1] 柏拉图：《申辩篇》，31 以下。

心主义泥坑了。阿拉克萨戈拉斯用"努斯"（心）规整万物，曾使苏格拉底受到启发，但前者没有把这个原则贯彻到底。他在解释具体的自然现象时还是把气、以太等物质性的东西作为自然物生灭变化的原因。现在苏格拉底把阿拉克萨戈拉斯的这个"努斯"原则接过来，并贯彻到底，使之成为自然界的第一原则，宇宙秩序的终极原因，以为这样一切问题都迎刃而解了。显然问题并未迎刃而解，而是把问题搞颠倒了。苏格拉底不赞成自然哲学家用感性实物表示本原，这是对的。具有普遍性的本原，只是为思维所把握，但不能把代表思维活动的人生，视为自然界的第一原则。

照苏格拉底看来，人们既然从自然界不能得到真知，就反过来考察知识的主体，考察知识本身的真假，即知识的可靠性。苏格拉底教导他的同胞，"认识你自己"的第一步，就是承认自己无知。他用一则德尔斐的阿波罗神谕故事说明这个问题。他说有一个名叫凯勒丰的朋友到德尔斐去请求神谕，问世界上有没有比苏格拉底更智慧的人，神谕回答没有。苏格拉底心想自己并没有智慧，但是神又是不会说假话的，那么这个谜如何解开呢？于是他就开始寻找一个比他聪明的人，以证明神谕有误。首先他找了一个政治人物，是一个自以为聪明，别人也认为他聪明的人。但是苏格拉底和他交谈的结果，实在不得不认为他并不聪明。他考察了几个政治人物之后，又去考察诗人，发现他们对自己的作品都不知道是什么意思。他又去考察能工巧匠，发现他们跟前两种人情况差不多。因此，最后苏格拉底懂得了神谕的含义：神所以说他苏格拉底最智慧，是因为他"自知一无所知"，而别的人，都是没有知识却又自以为有知识。苏格拉底在这里虽说假托神谕，但说出了一个极为重要的为人处世的真理，即"人贵有自知之明"。人要如实地承认自己无知是不容易的。自认无知才可能有确知；认识自己，才是有真智慧。

二、美德即知识

人的思想天然地倾向于追求确定的可靠的知识，追求真理。既然这种知识在自然中找不到，苏格拉底便把注意力转向思想的主体，转向自我，在自我中寻求这种知识。于是人生哲学成为苏格拉底哲学的核心。苏格拉底的人生哲学不是普遍意义上的伦理学。伦理学，属于通俗科学之类的东西，它研究人的行为规范，研究人如何适应环境以谋取幸福，而苏格拉底的人生哲学是一种道德哲学，从总的方面研究人的伦理本质，即人的德性。他立足于道德哲学，追求人生确定的永恒的真知识，从而提出"美德即知识"这一著名的命题。

那么，首先，什么是真知识呢？早期自然哲学家寻求本原，就是想在纷繁复杂、变动不居的自然世界中寻求真知，把握真理，他们认为他们对本原的理解就是真知，就是真理。但是从质到量，从一到多，从具体到抽象，他们怎么也无法使自己的本原得到公认。到苏格拉底时代，阿拉克萨戈拉斯和普罗塔哥拉斯不约而同地把注意力转向人，转向人的心灵，转向知识的主体。前者想到以心（努斯）规整万物，但没能把这个原则贯彻到底。后者提出"人为万物尺度"，但这个"人"还是自然的人，感觉左右一切，否定客观真理的存在。苏格拉底批判地吸收了前者的努斯原则，把它贯彻到底，改造了后者的"人"，使自然的人感觉的人成为社会的人理性的人，使"人"、"心灵"从自然界完全分离出来，形成独立的精神实体。"理性"思维"理性"，既是主体又是客体，"认识自己"形成独立的知识体系。对自我的知识的确是人类认识的一大进步，它使知识大大地深化了。苏格拉底这一"改进"的根本缺陷在于将精神实体从自然界完全分离出来，在于将它变成独立自在的。但对主体、对自己进行反思，不但深化了认识论，而且意味思维水平的提高。

从这个立场出发，苏格拉底认为真知识乃是概念的逻辑定义。

亚里士多德指出："苏格拉底是第一个讨论定义性知识的人。"[1] 人为了把握世界创造了概念、范畴、语言，它们是主体所做的抽象、概括，也就是亚里士多德归功于苏格拉底的归纳和定义。定义讨论概念、语词的意义，回答"是什么"的问题，诸如"什么是勇敢"、"什么是智慧"等等。苏格拉底认为这种"意义"乃是事物的本质；事物可以千变万化，意义则是永恒不变的；把握了这个"意义"就把握了真理，得到了知识。

由于逻辑的概念不仅包括伦理的概念，如"勇敢"、"智慧"，也包括物理的概念，如"房屋"、"鞋子"、"奇数"、"偶数"等等，所以这里得到的知识是涵盖一切的哲学的知识，是普遍的真理。

定义回答"是什么"的问题，是在寻求事物相对稳定的质，而这种质也原本是从大量的具体事例中抽象概括出来的。归纳法的使用虽然表明苏格拉底并未完全否认感觉经验在定义形成过程中的事例作用，但他总的说来贬低了这一作用，夸大了理性的功能，从而颠倒了事物和定义、感性世界和理性世界的关系：不是感觉世界作为理知世界的基础，而是相反，理知世界作为感觉世界的基础；不是定义由事例归纳概括出来，相反，是事例因分有概念而成其为该事物。我们把某个人称之为"人"，是因为他分有"人"的概念，符合"人"的定义。这就成了以后柏拉图的客观唯心的"理型论"的依据。

这样一来，逻辑体系、概念体系成为现实的世界；本质重于存在，先于存在，而且是真正的存在了。于是真理成了概念的知识，而与感觉无关；逻辑规则、推理规则所带有的必然性也与感觉经验无关，完全是理性制定的一套规则，是万古不变的了。于是知识的可靠性、确定性不是来源于世界的规律性，相反，世界的规律性倒

---

[1]　亚里士多德：《形而上学》，987^{a-b}。

是来自知识的逻辑性了。

苏格拉底理性的主体性原则，一方面反对智者派主观的感受原则，肯定了真理的存在。但另一方面，他又夸大了理性的独立性，离开了客观自然界，因而也就离开了真理。

苏格拉底是在人生领域里求真知的，其核心命题是"美德即知识"。"知识"的含义已如上述，那么"美德"的含义又是什么呢？它是在什么意义上和知识同一呢？

"美德"古希腊文为 ἀρετή，是指人的优秀品质，例如智慧、勇敢、克制、正直、友爱、正义等等，它们都是"好的"，但我们首先应注意到，苏格拉底的"美德"不是指其中任何一个别特殊的好的品质，而是指人的好的品质的全体，即人的本质。美德是对所有这些品质的概括和抽象，是一般和典型。其次，美德是普遍的道德规范和公共福利，不仅是个别人应当追求的，也是所有人应当追求和共同遵守的。因而它本质上属于社会的人、理性的人，而非属于个别特殊的人、感觉的人。

美德虽然主要是关于人的，但事物也有美德，即事物应有的一切优良品质。只是事物的美德与人的思考有关，与人的实践目的有关，人从目的方面把握事物，遂得到事物的美德。因此事物的美德也属于人的，属于理性主体的。

事物的美德就是目的。事物的因果系列是无穷尽的，没有起始，没有终结。但是，如果理性的主体在思考这个系列时引入了目的因，情况就不同了。事物的过程作为无尽系列中的一个环节，就变得确定了，就有了起始也有了终结。这个过程的起始和终结就是目的。一般认为，苏格拉底是第一个把目的引入哲学体系的。过程达到目的，例如一棵松树的长成或一所房屋的建成，它就具备了一棵松树或一所房屋的全部应有的品质，它的功能，它的价值，达到了它的善，具备了它的美德。事物的美德和伦理的美德是相通的。因此，苏格拉底的"美德"是一个不只是属于人的伦理范畴，而且是一个属于一切事物（包括人在内）的哲学的范畴。苏格拉底是从人伦关系的美德引导到哲学的美德，他把关于人伦关系的通俗的研究，提到哲学的高度，使"美德"普适化，成为目的性概念，使观察宇宙人生从"是什么"到"应是什么"，从而显现了宇宙人生的价值。

到此，"美德即知识"命题的根据我们可以清楚了，它在"本质"这个意义上同一。美德根本上是人的理性自我的本质，但也是一切事物的本质，而前面我们说到，苏格拉底认为知识是概念的定义，而定义最重要的就是道出本质。

万物的美德统一于人的美德，科学的知识统一于伦理的知识，美德等同于知识，都决定于理性主体原则的确立。这表明西方古代唯心主义哲学到苏格拉底已臻于成熟。

美德既然和知识等同，"美德即知识"的反命题"知识即美德"也是能成立的。此外，苏格拉底的人生哲学还包括一系列的推论，其中最引人注意的一条就是"无人自愿为恶"或"无人故意为恶"。这个命题全面表述一下，即为：既然知识即美德，那么，"知识为善，无知为恶"，"人之为恶，皆因无知，有知识者不会故意为恶"。世上没有故意作恶的人，这句话似乎违反普通人的常识和经验。有知识而故意为恶者多矣，何谓无人？这个命题历史上也曾遭到亚里士多德、黑格尔等从学理上的批评。[①] 不过，如果我们把这个命题放到苏格拉底自己的哲学体系中去考察，就会发现它并不是那么背理的了。

---

① 参见亚里士多德：《尼各马可伦理学》，1145^b，1147^b；《大伦理学》，1182^a。黑格尔：《哲学史讲演录》第 2 卷，商务印书馆 1960 年版，第 69 页。

　　苏格拉底的哲学是理性主体的实践的哲学。美德、善是实践的概念，它本身包含发挥作用的要求。一个"政治家"不仅要有法律的知识，能够制定治国方案，而且要把这些书面的东西付诸实施，使国家达到繁荣昌盛的目标。只有这样，他才真正起到了政治家的作用，体现了政治家的本质，才能算是一个真正的政治家。在苏格拉底的思想里，知和行是合一的，不存在矛盾。有善的知识的人只能是为善的，不可能为恶。

　　知和行是既统一又矛盾的。苏格拉底只强调统一的一面，把从知到行的关系看作是必然的，显然是一种片面性。就事实而论，拥有善的知识的人既有为善者也有为恶者，并非必然为善的。不过我们也应该看到，在当时雅典的社会环境下，苏格拉底强调知行合一的理论也有其积极的一面，即提醒善良的人们要提高识别能力，不要被冒牌的善者、智者、政治家们所蒙骗。真的假的，其分野就在于看他做的和说的是否一致。

　　苏格拉底关于性善性恶的学说，是理想主义的。诚然，有知识、通事理、达人情，理应为善，但是，事实上，一个人的德性修养与其所拥有的知识并不是完全一致的。历史上，特别是在剥削阶级中，不少人貌似高贵、满腹经纶，实际上是一些凶残的伪君子。而看来是无知鲁钝的劳动人民，却秉性纯良质朴，具有为善的美德。当然，也不能绝对化。那些划时代的英雄豪杰、时代巨人，大都是德才兼备的，"美德即知识"在他们身上达到了完全的统一。而"无知"往往使人背天理、丧人伦，尚不自知其为恶，及至沉溺过深，沦为社会蟊贼，古今中外，比比皆是。其实，美德与知识是不能完全画等号的。美德的现实性与生活实践关系密切，而与知识的多寡并无必然联系。因此，黑格尔引用了亚里士多德的批评：苏格拉底"把美德当成一种知识（έπιστήμη）。这是不可能的"[①]。

三、诘难法

智者派学者认为，人们的观点彼此不同，相互对立，无分好坏是非。他们否认有一般的真理。苏格拉底认为这是错误的。人们观点不同这是事实，但同时一般的真理也是存在的。哲学家的任务就是寻求一般的真理或普遍性的定义。亚里士多德证实："有两件事应归于苏格拉底名下：归纳的论证和普遍的定义，这两者都关系着知识的根本……"[②] 这里我们应当知道，苏格拉底的归纳，既不是由一些个别特殊判断的真实性推出一般判断真实性的狭义的归纳推理，也不是确定自然现象因果联系的归纳方法，但仍是一种归纳：通过分析个别的伦理行为的事例来确定一般的伦理概念。他的归纳是为伦理概念找定义的方法。

苏格拉底这种通过归纳寻求普遍定义的方法是通过谈话的形式进行的。苏格拉底作为交谈一方反复诘难，揭露对方观点中的自相矛盾，使对方认识到自己原以为知道了的事情却原来一无所知，从而产生寻求真知识的愿望。这种谈话方式被称为诘难法。说完全点，它包括四个部分，即讽刺、助产、归纳、定义。谈话开始，苏格拉底往往自装糊涂，通过故意的挪揄和奉承，向对方提出问题要求回答，诱使对方表述伦理概念的定义，然后引进一些事例，使对方知道自己的定义与这些事例不合，从而抛弃原有的定义，另立新的定义，再遭否定，再立新的定义，这样一步步深入，直至最后取得一个满意的能够揭示本质的定义为止。这就是"讽刺"和"助产"。他曾对一个

---

① 黑格尔：《哲学史讲演录》第 2 卷，商务印书馆 1960 年版，第 68 页。
② 亚里士多德：《形而上学》，1078ᵇ。

朋友说，他的母亲是接生的，他向母亲学了接生术，不同的是，母亲是肉体的接生者，他自己则是智慧的接生者。"归纳"和"定义"是一个和"讽刺"、"助产"并行的过程，通过对个别善行进行分析比较，找出共性，达到一般美德，亦即为美德寻求定义。

下面试以柏拉图《美诺》篇中的一段对话为例。苏格拉底和美诺讨论什么是美德。

美：你能告诉我吗，苏格拉底，美德究竟是由教诲获得还是由实践获得的；或者……

苏：我很惭愧地承认，我对于美德简直什么也不知道；在我不知道它的"是什么"时，如何能知道它的"如何"呢？

美：要回答你的问题，苏格拉底，是没有困难的。一个男人的美德是知道如何治理国家，如何损敌利友，一个女人的美德在于管理家务，服从丈夫。无论老少男女、自由人或奴隶，各有其美德，并且都可有各自的定义。

苏：美德不论有多少种，如何各不相同，它们都有一种使它们成为美德的共同本性；而要回答"什么是美德"最好着眼于这种共同本性。你明白了吗？

美：我开始有点明白了。

苏：不论家务或国务，若不以节制和正义，能管理得好吗？

美：当然不能。

苏：现在一切美德的相同性已经被证明了。试回想一下，你说美德是什么？

美：如果你要一个对于一切美德的定义，那么，我说美德是支配人类的力量。

苏：这一对于美德的定义包括一切美德吗？美德在一个小孩或一个奴隶也是这样吗？小孩能支配他的父亲，奴隶能支配他的主人吗？

美：我想不。

苏：确实不，这是没有什么理由的。可是再试一下，好朋友。照你说，美德是"支配的力量"，而你不加上"正义地和不是不正义地"的限定语吗？

美：噢，苏格拉底，我同意这点，因为正义是美德。

苏：你是要说"美德"还是"一种美德"呢，美诺？

美：对，正义之外还有别的许多美德。勇敢、节制、智慧和豪爽都是美德；别的还有许多。

苏：是的，我们找到了多数的美德；但我们并没有能够找到贯串于一切美德之中的共同的美德。

美：是呀，苏格拉底，甚至现在我也还不能照你的意思来发现一个对于美德的共同概念，像发现对别的东西的共同概念一样。

苏：别慌，我将设法来接近这种概念。因为你知道一切事物都有一个共同概念。（苏格拉底给了一个关于"图形"的定义，作为比喻，启发美诺继续深入地思考下去。）现在轮到你，美诺，请你告诉我，普遍说来美德是什么，要一个完整的"美德"，不要它的碎片，即不要某一种的善行善事。

…………

在接下来的对话中美诺又提出了几个关于美德的定义，苏格拉底一一加以分析，指出它们都只是"碎片"，而不是"整个"的美德。美诺只得放弃这些定义，直到最后得到"美德整个地或部分地是智慧"("知识"——作者注)这一定义为止。[①]

诘难法，这种通过谈话讨论问题的形式，苏格拉底自己把它叫作辩证法。但是，苏格拉底的辩证法不同于今日我们所理解的那个和形而上学有着对立特征的辩证法，但两者又是有联系的，因为它们都包含否定，都承认并揭露矛盾。

柏拉图《克拉底鲁篇》表明，诘难法是当时辩证法的一种普遍的形式。但是苏格拉底的诘难法运用起来有很大的局限性。其一，它只适用于人们已经知道的东西，即通过启发把对方已有的知识诱导出来。它不适用于人们未知的东西；如果为了发现新的事实，那么这个方法是无济于事的。其二，讨论进行过程中双方要遵守一定的规则：回答问题的人必须简洁干脆，回答所问，不能提出别的问题，不能反对对方的问法；二人可以互相轮换，起先甲问乙答，然后乙问甲答，但须经双方同意。讨论如果离开了规定的轨道，就无法达到定义的目标。

归纳论证与普遍定义的方法，实质上是一种知性逻辑思维的萌芽，它主要表现为一种谈话与辩论的技巧，那敏锐的观察与非凡的机智，往往使人叹为观止。但是仍然属于浅层思维，它还缺乏知性分析的精确性，辩证综合的整合性。而且辩论的话题全然属于人生伦理范围，因而也就丧失了它的普遍意义。

第二节   数学几何式的宇宙论与辩证法的系统化

苏格拉底的后继者柏拉图克服了苏格拉底偏向人生、轻视自然

---

① 柏拉图：《美诺篇》，70ᵃ 以下。据《古希腊罗马哲学》，生活·读书·新知三联书店 1957 年版，第 151—166 页，译文删编。

界深入研究的片面性，在自然哲学家开拓的道路上，又继承了毕达哥拉斯的数学传统，进行了对于宇宙自然的数学几何方式的研究。更重要的是在毕达哥拉斯、赫拉克利特、苏格拉底等人对辩证法的初步揭示上，将辩证法系统化了，从而为亚里士多德以及日后的黑格尔对辩证法的深入探索奠定了基础。

一、数学几何式的宇宙论

苏格拉底只对社会人生伦理道德问题进行哲学的思考，不研究自然哲学。柏拉图克服了这种偏颇，全面地研究了宇宙和人生。他认为，哲学要能成为一门具有最大普遍性的学问，就必须研究宇宙自然。不过，柏拉图深受毕达哥拉斯学派影响，特别迷恋数学的自明性，因此他的宇宙观是数学式的。他以数的比例关系、数的和谐，以及三角形、圆、正多面体、球体等几何图形解释宇宙。最后物质消失了，只剩下了数字和几何图形。柏拉图成了列宁所批判的那种物理学唯心主义的先驱。

柏拉图自然哲学的代表性著作是他的著名对话《蒂迈欧篇》。他在这篇对话中借一个毕达哥拉斯派的天文学家蒂迈欧之口表述了自己的数学几何的宇宙观。《蒂迈欧篇》是亚里士多德引用最多的柏拉图作品，曾被西塞罗译成拉丁文。这是中世纪惟一为人所知的柏拉图对话。《蒂迈欧篇》在欧洲流传很久，影响很大。但是正如法国学者马丁（T. H. Martin）所说，它是柏拉图对话中"引用得最多，理解得最差的"一篇。人们对它有着不同的评价，争议很多。著名哲学史家罗素，科学史家丹皮尔和萨尔顿等对它的科学价值都采取了全盘否定的态度。但是，随着现代物理学的发展，物理学和数学的日益结合，微观的波粒二象性理论、结晶学、同位素理论、立体化学等的发展，科学家、哲学家中出现了重新评价柏拉图和《蒂迈欧篇》的见解。当代著名的哲学史家、科学家 A. L. 怀特海、K. 波普尔、W. 海森堡、P. 弗里德兰德、W. K. C. 古希利等都在柏拉图的这篇对话里看到了和现代物理学、天文学一脉相通的思想。他们推崇柏拉图的自然哲学理论，甚至把柏拉图视为量子论的先驱。这当然不免过于夸大了。

柏拉图在《蒂迈欧篇》中提出的数学几何的宇宙论可概括地表述如下。作为动力因的创造主（加上"必然性"或"迷误的原因"）以理型 ①（ἰδέα/idea）使混沌无序的物质和空间结合起来，组成四种（或五种）具有几何结构的元素粒子，在时间里创生出日、月、地球、恒星、行星等天体，又在地球上创造了生物和人。

这个宇宙论或宇宙生成论以元素的几何结构学说为特征，涉及物质的宇宙、理型、创造主，以及时间、空间诸范畴。

（一）创造者和必然性

创造者，希腊文音译德米乌尔各斯或德谟革，意为制造者或能工巧匠，有时柏拉图称之为父亲，有时又称之为神。但这个"神"既不是希腊神话中人格化的神，也不是犹太教基督教的上帝。他是我们生活于其中的这个世界（其中包括人格化的诸神）的创造者，是这个宇宙系统的动力因。但他创造这个世界时不是无中生有的，而是以永恒的客观存在的物质为原材料；物质原本是处于杂乱无章的运动中的一团混沌，创造者只是发现了它，把它加以组织、安排得有了秩序。他是善的，没有妒忌之心，希望他的创造物像他自己一样，只有善没有恶。他看到有秩序比无秩序好，故在创造宇宙时，便把秩序带给了它；他看到有理性比无理性好，又把理性放在了宇

---

① 柏拉图的 "idea"，有译为意式、理型、理念的。近人陈康译为 "相"，尚未广泛采用。汪子嵩等编写的《希腊哲学史》第 2 卷，放弃了 "理念" 的译法，对比诸家的争论后，决定自这本书的第 2 卷起采用陈康的 "相" 的译法。我们认为郭斌和等译为 "理型" 最为贴切。

宙的灵魂里，把灵魂放在了宇宙的躯体里，使宇宙变成了一个有灵魂有理性的生命体。因此，创造主就是宇宙秩序的原因，善的原因，理性的原因。

作为宇宙创生的动力因，与创造主并列的，还有一个"必然性"的原因。宇宙实际上是必然性对创造主工作的又阻挠又合作的共同产物。创造主按自己的意志竭力把宇宙创造得完美，但实际情况是宇宙和人类存在着生灭、消长、疾病、衰老等等许多缺点，这是必然性的作用。必然性对理性的创造力起限制的作用，使后者的意志目的不能完全实现。所以必然性又称"迷误的原因"。但是必然性在宇宙创生中毕竟是第二位的原因，只偶然起作用。因为二者的关系是：理性统治必然性，说服它让大部分事物向好的方向变化；必然性是客观的原因，通过原始质料的状况、空间的条件等因素表现出来。承认必然性是柏拉图的唯心主义和智者派不同之处。

（二）理型论

根据理型论，柏拉图在《蒂迈欧篇》中提出，创造者在创造我们这个世界时是以理型世界为原型创造的。这是两个不同的世界。理型世界是自身同一的，不生不灭；既不接受别的东西进到它里面来，也不进入别的东西里面去；感觉认识不了它，只有理性能够把握它。事物世界则是产生出来的，永远变化的，能进入某处或从某处消失，是感受的对象。事物只是和理型同名，和理型相似，是它的影像。

《蒂迈欧篇》是柏拉图的晚年著作，他在这篇对话中一方面基本上坚持了早年的这种理型论，即认为理型世界和物质世界是两个对立的世界，但另一方面，他对理型论的看法又已有修正或正在修正。他论证说，创造者所创造的这个世界或宇宙系统既然是一个有理性有灵魂的生物，它所模仿的原型也必然是一个有理性的有生命的东西；既然宇宙是一个有生命的整体，并包含有生命的部分，那么与此对应，宇宙的原型也应该是一个有理性的有生命的整体，包含其他一切理性的生物作为自己的部分。这就是说，理型也应该是有生命的，能变动的。这和前期的理型论是不同的；根据后者，理型世界是没有生灭变化的。

关于宇宙原型的性质，柏拉图在《蒂迈欧篇》中虽有上述的修改，但在叙述自己的宇宙理论时依据的主要还是早期那个理型论：宇宙的原型是至善无缺的。凡物莫不有理，善有善理、人有人理、物有物理……众理之理（the idea of ideas）便是"善本身"（good-in-it-self），或曰"至善"（highest good），至善便是上帝（god）。因此，柏拉图指出："这个给予认识的对象以真理并给予认识的主体以认识能力的东西，就是善的理型。"[①] 于是这个 the idea of ideas 便是一个客观的精神实体，它作为原型创生万物。这个最早的客观唯心论成了上帝创造万物的最好的理论说明。

（三）宇宙或物质世界

柏拉图想象，物质原本是永恒地运动着的一团混沌，没有产生没有灭亡，没有秩序没有尺度。但它是宇宙产生的基础。创造主（或动力）发现了它，按照理型把它加以整理，使它变得有了秩序，就这样创造了一个和谐统一的宇宙，创造了感觉世界的万物。鉴于感觉世界应该是看得见摸得着的，于是创造主首先用原始混沌的物质创造了容易看得见的火和容易摸得着的土。但是这两种元素彼此无法联系；为了使它们能够发生联系结合起来，就需要某种中介。如果世界是一个平面，只要一个中介就够了，但我们这个世界是立体的，需要两个中介。因此创造主同时又用原始混沌的物质创造了

---

① 《古希腊罗马哲学》，生活·读书·新知三联书店 1957 年版，第 181 页。

气和水。气和水作为中介与火和土成同一比例的结合。因为理性的创造主在创造这个世界时按相同的比例使用了火、气、水、土，即，火对气的比例等于气对水和水对土的比例，倒过来也一样。这是一种连续的自然的几何比例，是最完美的比例。这样联结起来的统一体——宇宙整体内部是和谐的，没有任何东西分解或破坏它。由于宇宙是四元素这样按最完美的比例构成的，又由于创造者在创造宇宙时已经把这四种元素全数囊括在这个世界里了，再没有留下一点在外边来影响这个世界的完整和美满，不能再有另一个世界，再有任何冷或热的力量从外边来袭击它，所以这个世界被创造出来后便是唯一的，不病不老，能永恒地存在下去。不过，宇宙的永恒只是一个摹本。它的永恒和创造主、理型的永恒不同；创造主、理型是超时间的，而宇宙是创造出来的，它有开始，它的永恒只表现为没有终结。

此外，柏拉图说这个世界或宇宙系统形状像一个球，其中心到球面上各点的距离相等（球是希腊人认为的最完美的几何图形）。它是一个生物的躯体，但它没有五官，因为它不需要听、看、饮食、呼吸；它没有四肢，因为它不需要作改变空间的位移运动，它是在同一地点作同一的运动——圆的运动（圆也是最完美的几何图形）。它的生命就表现为这样一个内部自足的运动。这是理性创造的最完美的运动，周而复始，永无止境。

柏拉图对物质世界的认识并没有停留在元素的阶段，他继续向更深的层次发掘，向微观的方向发展，就像现代自然科学探求基本粒子一样。自然物质的元素——或气或水或火，是希腊人熟知的，伊奥尼亚的自然哲学早提出过，恩培多克勒提出水、气、火、土为自然四元素。柏拉图在德谟克里特原子论启发下，认为四元素还不是自然界最小的物质单位。柏拉图深受毕达哥拉斯学说影响，提出自然物质的最小单位是两种三角形。第一种是正方形之半，即等腰三角形，第二种是等边三角形之半。它们是两种完善的三角形。四元素是有形的物体，是立体的，由面组成。土元素是 6 面的正立方体，以第一种直角三角形为"原子"；火元素是 4 面体，气元素是 8 面体，水元素是 20 面体，它们都以第二种直角三角形为"原子"。还有一种 12 面体，不是由上述两种三角形组成的，柏拉图没有把它和四元素联系起来，说它是创造主用以装饰宇宙的。组成元素的多面体和三角形都是非常微小的，只有聚集到一定的数量构成可感物体时才能为肉眼所看见。

柏拉图的元素几何结构理论是依靠当时数学的最新成果建立起来的。阿卡德莫学园中有一批对数学造诣很深的青年学者。泰阿泰德据称是立体几何的创始人，他是 8 面体和 20 面体的发现者；他证明正多面体只有这五种，不能更多。柏拉图利用当时希腊人在几何学上的这一最新成果说明四元素的生成：创造主以火、气、水、土的理型为原型，把混沌的原初物质和空间结合起来，创造出这四种元素。

接着柏拉图以这同一几何结构理论说明四元素的相互转化。他说，四元素中土元素是唯一以正方形之半，即等腰直角三角形组成的，与其他三种元素没有共通之处，所以最不活泼，不能互相转化。除此而外，火、气、水这三种元素由于都是由等边三角形之半的那种直角三角形组成的，所以都可以互相转化；这种三角形组成的多面体的分解和重新组合，一种元素遂转化为另一种元素。20 面体的水分解，可以组合为一个 4 面体的火和两个 8 面体的气，两个 4 面体的火可以分解组成一个 8 面体的气，两个半 8 面体的气可以分解再组合成一个 20 面体的水。元素之间的这种相互转化，他说是由于元素之间存在着大小和形状的不同而造成的。而这种不同又是永远存在的，所以元素间的分解组合互相转化也是永远存在的。这是必然性的工作。

如上所述，创造主用不断转化的四元素创造了宇宙整体，一个永恒运动着的生命体，一个原地旋转的球。这之后，创造主又按数的原则划分宇宙，创造天体及其轨道。他先把宇宙划分为两大圈，一个是运动方式相同的圈，一个是运动方式各异的圈，两个圈交叉着，同的圈统治异的圈，和谐地联系着。同的圈包括地球和恒星。异的圈再分成七个不等的圈，分别形成太阳、月亮、五大行星及其运行轨道。行星和恒星都是完美的球形，地球是最先创造出来的。行星围绕地球作圆周运转，最靠近地球的圈是月亮及其轨道，月亮外边的圈是太阳及其轨道，再外边依次是金星的和水星的；金星、水星的运动速度和太阳的相等，但力量相反，所以它们能有规则地相互制约。月亮、火星、木星、土星运动速度彼此不同，也和前三者不同，但都是成比例的。

柏拉图说，创造主先创造了灵魂，后创造躯体，把理性放在灵魂里，把灵魂放在躯体里。于是宇宙成为一个有理性的活的东西，有灵魂有身体。创造主把灵魂放在宇宙的中心，使它贯透并包围整个宇宙。于是灵魂充斥全宇宙，无所不在，它就是整个宇宙自我推动作圆的转动的原因。

柏拉图说，灵魂是创造主用不可分的不变的东西和可分的可变的东西合成的第三种存在形式。不可分者为同，变化可分者为异。创造主把同和异结合为一个整体——宇宙灵魂，又把它按数的比例划分为部分，个别的部分是个别的灵魂，它们都既包含同也包含异，各自推动自己的躯体在自己的圈里作圆的运动，彼此和谐。这是理性作用的体现。理性就是灵魂中的同和异、数（比例）、秩序、和谐等等。

　　柏拉图所描绘的这一宇宙自然的图景是主观臆造的，不但不能正确解释宇宙的生成与演化，而且是矛盾百出的。我们能从中得出一些什么教益呢？第一，是关于宇宙的秩序的提出，认为宇宙并非混沌一片，它们有其内在的秩序。秩序可以解释为"规律性"。这正是哲学与科学所追求的，后世的哲学家与科学家的答案也未必是完全正确的。第二，关于物质元素的结构的分析，几何图形的组合，当然没有什么现实的根据。但物质结构的提出是有开拓作用的，现代化学的分子结构式，便有几何图形的味道。第三，宇宙动因的思索，灵魂的提法虽然有神秘的色彩，但柏拉图似乎考虑到宇宙的动因，包含在宇宙之中，而不是在宇宙之外，指挥宇宙运行，宇宙自我推动作圆周运动。第四，宇宙各个部分，虽有同有异，但按比例组合，从而构成一个和谐统一体，这里初步提出了宇宙整体性的设想。这些方面，都有某些合理因素。

　　（四）时间

　　古代希腊的哲学家们早就意识到时间和空间的存在，但是没有人对它们做出说明。关于时间、空间范畴的提出，对哲学与科学的理论体系的建立是特别重要的。迄今无论是在哲学界或科学界都没有关于时空问题的圆满的说明。柏拉图在《蒂迈欧篇》里第一次试图说明时间是什么，空间是什么。尽管说得还不够正确，但基本的思路还是有可取之处。

　　柏拉图关于时间的理论是和宇宙的产生紧紧联系在一起的。两者有着特殊的关系。创造主、理型、原初物质、空间是永恒的，超时间的。而时间像宇宙一样都是产生出来的，是创造主的创造物。创造主同时创造了宇宙和时间两者，它们是一对孪生子。柏拉图认为：

　　（1）时间是宇宙永恒运动的尺度。他说，创造主创造了宇宙，创造了太阳、月亮、地球和金、木、水、火、土五个行星。他是以理型为原型创造它们的，他要使自己的这个创造物尽量像原型那样完美。但是理型是永恒的，超时间的，而被创造出来的东西是有开始的，是不能像理型那样永恒的，虽然可以没有终结。因此，为了让自己创造的宇宙，作为摹本，具有一个永恒运动的影像，创造主在创造宇宙的同时也创造了时间。如果撇开创造主之类神话，宇宙与时间同时产生，可以理解为宇宙的永恒运动即时间，那么，也有其合理之处。但自柏拉图而言，现实宇宙是理型世界的摹本，宇宙时间的永恒，只能是相对的永恒，只能说像是永恒，不同于原型的绝对永恒。这种讲法，当然是没有什么客观根据的。

（2）时间以天体的运动为度量。柏拉图说，创造主在创造宇宙的同时创造了时间。他又说，创造主为了时间的产生，创造了地球、太阳、月亮和五大行星。它们的运行都有周而复始现象，这种周期性的圆运动是最容易计算的。天体在时间中运动，两相对照，于是时间也有了数。天球（或恒星、天）和地球都绕轴作圆的旋转，旋转一周，完成一个白天黑夜的交替，这是一天。月球绕地球运行，一个周期是一个月。太阳绕地球运行一个周期是一年。以地球自转一周为"一"，月亮和太阳的一周期是它的一定倍数。时间也如此，以一日为单元，月和年是一日的倍数。日、月、年是时间的部分，它们之间存在数的关系与和谐，体现理性。关于其他行星的周期，柏拉图说，由于情况复杂，数的关系不容易说得清楚，但他肯定地说，它们也是时间，也都符合数的关系，分有理性。时间是抽象的看不见的，天体的运行是看得见的，从具体的东西认识抽象的东西，符合人类的认识规律。柏拉图这些说法是合乎常识的。他提出日月星辰的运转有一定的数量关系，这是对的。所谓体现理性，可理解为宇宙天球有其自身运转的规律性。

时间是运动的尺度，运动又是时间的尺度。柏拉图把时间和运动不可分地联系在一起，无疑是正确的。但他把时间等同于特定的运动形态，即天体的位置移动，则是不确切的。因为时间可以视为运动的抽象的表达，是一种普遍的运动形式。而特定运动形态只能是时间的特殊形态。时间是物质存在的形式——柏拉图的思路是贴近这个结论的。我们知道，现有的天体是宇宙演化到一定阶段的产物，因此说特定的这个宇宙是产生出来的，是合理的（当然，应该也有它的灭亡）。但物质的运动是永恒的，在现存的宇宙秩序产生之前，原始混沌的物质也有运动，也是在时间里的。这就是柏拉图和科学的结论之间尚存在的一段距离。后来亚里士多德在《物理学》里就主张：和运动一样，时间也是永恒的，一向存在，将来也永远存在。亚里士多德比柏拉图前进了一步。

（五）空间

柏拉图在《蒂迈欧篇》里同样努力地探讨了空间是什么的问题。像对其他诸多自然哲学问题一样，他表示对自己的话不是很有把握，希望听者不要深究。事实上他的答案在不同的场合说法是不完全吻合的，前后也不是一贯的。确实，时空问题是难于究诘的。科学家的时空观点多半是一些方便的说法，让时空观念去符合他的体系的构思。哲学家的时空观多半是思辨的，常常与现实不相洽。

（1）照柏拉图看来，空间和时间不同，时间是和宇宙同时被创造主创造出来的，而空间是从来就有的，超时间的。它和理型、创造主、原始物质一样，是永恒的，不生不灭的。在宇宙创生之前，物质处于原始混沌状态，在空间中作着似乎无休止的无序的涡动；其动力来源是空间的必然的震动；空间处于主动地位，物质处于被动地位。但在创造主的理性尚未干预之前，空间的震动带给物质的是丑陋状态。这种运动的最高成果不超过出现元素的依稀可辨的痕迹。

在这个阶段，只有空间和物质的关系，它们两者是并立的，虽然这个在那个之中，但它们是可以分开的两个东西。这种空间与物质分离的观点，空间装载物质的观点，到牛顿也没有改变。这种想当然的看法，多少世纪后仍然禁锢着人们的头脑。

（2）理性的创造主觉察到了元素的痕迹，在他以理型为原型创造这个宇宙时，空间为之提供了场所，接受了这个产物。在这个场合，柏拉图把创造主或理型比喻作父亲，把空间比喻作母亲。空间像一个蜡块，原本没有形状没有痕迹，创造主把理念印在空间上，使之有了形状。这就是具有几何图形的元素和由它们组成的具有几何图形的宇宙。

在这个阶段，空间不仅和物质有关系，成为接受一切的容器，也和理性、理型有了关系，共同合作创造了这个世界。不过，在创造活动中空间是一个被动的因素，听命于理性。

元素产生了，宇宙产生了。它们都出现于空间之中。柏拉图说，存在的东西都存在于天上或地上，不在天上不在地上的东西便是无。凡存在的东西都存在于空间之中。关于宇宙产生之后，空间和物质的关系，在柏拉图心目中，显然是和宇宙产生之前不同的。简言之，有下列几层意思：

①空间和物质是不可分的。柏拉图认为，世界的产生不外是无定的物质和空间的结合，结果出现了四种（或五种）具有不同几何结构的元素，并由此构成可见世界的万物。土是正6面体，火是正4面体，气是正8面体，水是正20面体。离开这种几何结构便没有元素，或者说，随着不同的空间几何结构出现不同的物质。

②空间比元素更实在。柏拉图说，四种元素的名称其实叫它们什么都可以，因为它们是不断地互相转化的，没有一个是常住不变

的。水凝聚起来便是土，稀散开来便是气，气凝聚起来成为云雾，又变为水，气燃烧起来便是火，等等。因此，水、土、火、气都不过是性质或状态，而空间则是比它们更为基本的东西，它们在空间中生成，从其中消失，而空间自己却是固定地存在着的，是变中的不变者。不仅如此，柏拉图还认为空间有部分，说空间的某个部分燃烧时便是火，潮湿时便是水。因此，空间似乎具有个体性。此外，空间和理型的关系有似质料和形式的关系。他说，空间接受了火的理型便成为火，接受了水的理型便成为水。

空间虽如上述具有物质性个体性，但柏拉图并没有说它是可见的。相反，他说空间为一种冒牌的理性所把握，也就是说，无论如何空间还是一种抽象的东西，是感觉世界中的非感觉因素。

③可见的宇宙万物是火、气、水、土等元素构成的，元素是正多面体结构，正多面体又是由两种最完美的三角形组成的。深究到最后，物质不见了，只剩下了空间的几何图形。

亚里士多德理解柏拉图是把空间等同于物质[1]。这个理解是符合柏拉图的主要倾向的。柏拉图对空间进一步的说明，思想是异常混乱的，确实不必认真对待。但是，他修正了空间与物质相分离的观点，认为二者不可分割，因而接近了空间是物质存在的形式的观点，这点是可取的。

柏拉图的数学几何式的宇宙论，虽说缺乏足够的客观根据，虚构幻想的成分多于现实合理的因素，但是，他力图从总体联系的角度把握宇宙自然全景，某些天才的设想也猜出了某些宇宙的奥秘，给后人以极有价值的启示，这些对人类科学认识的发展都是十分有益的。

---

[1]　亚里士多德：《物理学》，209ᵇ 12-14。

二、辩证法的系统化

柏拉图偏爱数学几何，以致将整个宇宙建筑在几何图形的拼凑上。他虽然认为几何这类科学在某种程度上能认识到实在，但它仍然和科学技术一类实用学科一样，"它们也只是梦似地看见实在，只要它们还在原封不动地使用它们所用的假设而不能给予任何说明，它们就还不能清醒地看见实在"①。从这种没有任何说明的假设出发的认识，不可能取得真知确识，因而也就不能算作是真正的科学。

柏拉图认为我们的认识有四个层次不同的部分，与它们相应的有四种灵魂状态："相当于最高一部分的是理性，相当于第二部分的是理智，相当于第三部分的是信念，相当于最后一部分的是想像。"②柏拉图认为一门门实用学科，包括几何、技术之类的东西，严格讲，并非真正的知识，因为只有理性才能给予我们真知识，而这些实用学科，应该给予一个另外的名称，"表明它比意见明确些又比知识模糊些的名称"③。于是他考虑"理智"一词概括这些学科。柏拉图所宣称的理智，到康德黑格尔时代称之为"知性"而与理性相区别。"知性"（Vorstellung/understanding）在德国古典哲学中是比理性低一级的认识能力，这种见解完全是承袭了柏拉图的。知性分析是在实证科学中行之有效的不可或缺的思维与研究方法，但绝不是智慧领悟所从出的方法。

确定的真正的知识，惟有哲学的智慧与领悟才能把握。它集中表现为"辩证法"。柏拉图认为"辩证法是惟一的这种研究方法，能够不用假设而一直上升为第一原理本身，以便在那里找到可靠根据的"④。柏拉图把信念与想象概括为"意见"，它面对感觉世界的生

① 柏拉图：《理想国》，商务印书馆 1986 年版，第 299—300 页。
② 柏拉图：《理想国》，商务印书馆 1986 年版，第 271 页。
③ 柏拉图：《理想国》，商务印书馆 1986 年版，第 300 页。
④ 柏拉图：《理想国》，商务印书馆 1986 年版，第 300 页。

成与变化，因而不能达到确定的真理；而那些属于实用科技、包括几何一类学科，则是理智的产物，它们从没有任何说明的假设出发，也不能得出确定的结论；只有理性，这种最高层次的灵魂状态，它本身自足、无须外求，以它为灵魂的辩证法所得出的结论，才是可靠的、真实的、圆满的。它的要义在于，无须假设，而能自身确证其为第一原理。这个第一原理是辩证法的灵魂、本质，它彻底摆脱了知性思维无穷地向外追索，因而找不到根据的可悲的处境，从自身的生存与演化的内在矛盾中，找到了确证其身的根据。这样就结束了恶的无限性的困扰，达到了变化与运动的永恒的本体论性质的结论。柏拉图当然没有表述得如此明白，但这是他的思路的必然的展开。以后，斯宾诺莎提出自因说，莱布尼茨和黑格尔提出的自己运动的观点，以及马克思哲学坚持的事物内部搏动的否定性，莫不以此为理论渊源。柏拉图在专门分析各种运动形态时，强调"我们必须说能够推动自己的运动要比其他的运动高出万倍"，"这样看来，我们就得说自己运动的东西乃是一切运动的源泉，乃是一切静止和运动的东西中间最初出现的东西，因而，乃是一切变化的最先的和最有力的原则了"。[①] 柏拉图把这样一种以自己运动作为一切变化的源泉，即以事物的内在否定性作为辩证运动的核心的"辩证法"，摆在一切科学之上，作为一切科学的基石与顶峰，不是没有道理的。柏拉图的上述看法，目的在否定外部世界的不确定性，强调理型世界的永恒性、自足性、圆满性。如果我们从唯物的立场出发，认为必须从事物自身的发展、运动来找原因，那么，这个看法就是非常深刻的。

这个自身确证的自己运动又是如何进行的呢？这就是柏拉图所

① 《古希腊罗马哲学》，生活·读书·新知三联书店 1957 年版，第 212 页。

要回答的问题。他考察了从芝诺到普罗泰哥拉斯的所谓"辩证法"，指出那些东西只是一种形式的哲学思维，只能使辩证法变成使表象、概念混乱，并表明其为虚无的艺术，严格讲，处于形式的抽象推理阶段，其结论是假言的，内容是空洞的，形式是外在的，因而其结果是消极的虚无的。因此，这些人只是初步展现了知性逻辑的巧思，辩证思维是异常稀薄的。柏拉图并未完全沉沦于其中。

柏拉图认真地汲取了赫拉克利特的辩证法的天才远见，结合了毕达哥拉斯的数学论证的精巧构思，追踪苏格拉底规定概念的正确定义的方法，从事辩证分析，追求那普遍性的东西、真实的东西，即所谓"共相"。他认为，凡个别的东西、多数的东西，都不是真实的东西，我们必须从个别的东西，即殊相之中去考察共相；必须从杂多之中找唯一。因为殊相、杂多从属于感觉对象，而感觉对象混杂、虚无、多变，因而是不真的。因此，只有扬弃感觉对象的虚幻性，才能把握普遍共相的真实性。黑格尔说："柏拉图辩证法的目的在于扰乱并消解人们的有限的表象，以便在人们意识中引起对认识真实存在的科学要求。"[①] 由此看来，柏拉图首先抓住的矛盾是感觉世界与理型世界的对立，亦即虚幻与真实的对立。从自己运动的辩证原理的确立，到矛盾对立的揭示，这个系统化了的辩证法便略具雏形了。我们可以简述其要点于下：

（1）柏拉图进行辩证分析的第一步在于："揭示特殊的东西的有限性及其中所包含的否定性，并指出特殊的东西事实上并不是它本身那样，而必然要过渡到它的反面，它是有局限性的，有一个否定它的东西，而这东西对于它是本质的。"[②] 这是黑格尔对柏拉图辩证思

---

① 黑格尔：《哲学史讲演录》第 2 卷，商务印书馆 1960 年版，第 202 页。

② 黑格尔：《哲学史讲演录》第 2 卷，商务印书馆 1960 年版，第 202 页。

想加工过了的复述，显然柏拉图自己没有达到这样明晰的地步。这就是说，感觉事物的特殊有限性，它的肯定性的存在必然要转化消逝，因而它内在地包含了否定其自身的因素。对特殊事物的虚幻性的扬弃，便转化到它的反面，即真实的它的理型的出现。简言之，柏拉图是要否定感觉世界，确立理型世界的真实性。看来，柏拉图首先注意到的是矛盾、对立，这里讲的便是真与假的对立，此外他还分析了：有与无、一与多、有限与无限等对立倾向。当然，这只是进入辩证法王国的第一步，如止于这一步，与知性思维论者并无原则区别，这也是他们可以办得到的。如若以此为终极，不断地否定、不断地区分、不断地震荡，其结果是陷入无休止的无穷尽的没有结果的虚无之中。这不是辩证法，而是知性思维的消极性的表现。

（2）辩证法必须继续前进。这就是说，事物的发展过程，不能停留在否定方面，而必须承认相互否定的方面的联系、结合、统一。柏拉图指出：是否承认联系"是有无辩证法天赋的最主要的试金石。因为能在联系中看事物的就是一个辩证法者，不然就不是一个辩证法者"[①]。因此，柏拉图反对将对立讲成是外在对峙，认为"在辩论上，总是这样喜欢兜正与反的圈子；这不是真正的辩驳，显然是初次接触'存在'问题的小孩子"，于是，他归结道：想把一切分开，另一方面也是不合理的，其实是最不学无术、最违反爱智的精神。可见柏拉图不赞成"正"与"反"无穷地反复，并认为是缺乏哲学意识的无知的表现。他认为，正反双方必须联系结合，一切事物彼此相通。因此，专找矛盾是幼稚无效的，最不合哲学精神的，莫过于否定各类型间所有的相通之处。柏拉图已具有辩证过程性的萌芽：正反的联系、相通、结合就是正反对立复归于统一的过程。承认辩

---

① 柏拉图：《理想国》，商务印书馆 1986 年版，第 305 页。

证过程性，才不是空疏的而是实在的，才是哲学智慧的闪光点。辩证精神指示我们，不能停留在"否定"之中，而应复归于"肯定"；不能止于"分"而要求趋于"合"；不能消解为"虚无"而必须达到"真实"。

（3）联系、相通、结合、统一，才是辩证发展过程的归宿。它们意味着矛盾的消解、对立的扬弃。居然有人指责，这是所谓"矛盾融合论"、"阶级调和论"，这是十足的无知妄谈。其实，矛盾的消解、对立的扬弃，意味着转化，即旧事物消亡、新事物产生。这个新事物一旦产生，同时产生其自身的否定性因素，酝酿着新的对立与矛盾，它们相互斗争，趋向新的转化。因此，结合、统一，既是旧事物的完成与终结，又是新事物、新矛盾的起点，在一个更高层次上，开始其辩证前进运动。这些精彩的辩证思维活动，在柏拉图那里只具有胚胎形式，但成熟的完备的辩证法是它次第展开的必然后果。于是，黑格尔指出，"柏拉图的辩证法从任何观点看来都还不能认作完备的"，但仍然透露了这样一种卓越的观点："世界的本质在本质上就是这种自身回复者回复到自身的运动。"[①] 这种辩证圆圈运动的深刻思想，其实到黑格尔时代才充分展开而臻于完善。

柏拉图从自己运动出发，从事物的内在因素找发展的动因，并把握了矛盾、对立的要素，归结到结合、统一以揭示真实性的观点，一般讲，是合理的，而且使辩证法得到了较深入的系统理解，其理论的深度大大超过了赫拉克利特。但由于其理型论的唯心倾向，往往掩盖了他的辩证法的光辉。譬如，他由上述辩证法的观点推论，提出知识无须外求，学习即回忆。这种讲法，不但没有理论根据，而且也是悖于常识的。

---

① 黑格尔：《哲学史讲演录》第 2 卷，商务印书馆 1960 年版，第 222、221 页。

柏拉图在《美诺篇》（Meno）中，讨论了知识即回忆问题。他认为，我们表面上是在学习，其实只是回忆。"一般讲来，没有东西可以真正说是从学习得来的，学习宁可说只是对于我们已知的、已具有的知识的一种回忆；——这种回忆只是当我们的意识处于困惑状况时才被刺激起来的（以意识的困惑为原因）。"①一般情况认为所谓学习是指外界对象，通过感觉反映到思维意识之中，抓住其本质特征，形成关于该事物的观念，因而对外物有所了解、有所认识。正如以后洛克的朴素的说法，人心有如一块白板，接受外界的各种刺激。柏拉图却认为，在学习过程中，没有任何异己的东西增加进去，而只是它自己的本质得到实现。至于外界对象，柏拉图如何看待呢，只是一些捉摸不定、生灭交替、纷繁杂沓的"假相"，它并不能给人以真知，只起一种刺激作用。人们对假相感到困惑，从而激发了自己的意识，在自身之中挖掘到了真知。这种虚妄不实的理论竟然长期影响着哲人的思考，康德的观点有某些柏拉图的影子，虽然他对物自体的肯定，表明了他有某种唯物倾向。

黑格尔是赞赏柏拉图的回忆说的，只是还嫌他唯心得不够彻底。他批评说："回忆是一个笨拙的名词。这里面包含有在别的时间内已经获得的观念重新提出的意见。"②诚然，回忆一般讲是属于心理学的范畴，有很大的外在经验性，而少有哲学思辨的味道，因此，不对黑格尔的口味。于是，他从德文 Erinnerung（回忆），引申出一种关于回忆更深刻的说法。德文"回忆"一词有向内反省之意。黑格尔指出：回忆有内在化、深入自身的意义。因而它具有深刻的思想性。于是他发表了一通议论："对共相的认识不是别的，只是一种回

---

① 转引自黑格尔：《哲学史讲演录》第 2 卷，商务印书馆 1960 年版，第 182 页。
② 黑格尔：《哲学史讲演录》第 2 卷，商务印书馆 1960 年版，第 183、184 页。

忆、一种深入自身，那在外在方式下最初呈现给我们的东西，一定是杂多的，我们把这些杂多的材料加以内在化，因而形成普遍概念，这样我们就深入自身，把潜伏在我们内部的东西提到意识前面。"[①] 黑格尔认为柏拉图论回忆属于经验范围，没有哲学思辨情趣。黑格尔的发挥显然不是柏拉图的原意。柏拉图的理型与黑格尔的共相，从客观唯心论看，都是一种"精神实体"，在这方面，他们是一致的。但单从认识论的角度而言，柏拉图既然认为相应于最高层次的"理性的灵魂"本身自足、无须外求，于是在认识上又向主观唯心过渡，即万物皆备于我，有关万物的真知皆备于我。我们只要把这些潜藏于吾心的真实的东西显示出来而已。而黑格尔讲的"深入自身"，提出了外在的杂多材料经过内在心灵的分析，获得普遍概念。这种讲法有符合科学认识的合理之处。但是，他又认为，所谓"普遍概念"乃是将潜伏在我们内部的东西提出化为意识形态的东西。这又暴露了天赋观念、先天范畴的唯心糟粕。黑格尔比柏拉图深刻之处，并不在于以哲学思辨的语言代替朴素自然的语言，而在于在唯心的框架之中隐含了某种现实合理的内容。

　　古希腊辩证法，由毕达哥拉斯开始启动，赫拉克利特则抓住核心做出了要言不烦的阐发，到柏拉图在理智分析的前提下做出了系统的论证，奠定了辩证法的基础。"毕达哥拉斯—赫拉克利特—柏拉图"历史地表明了辩证法自身的辩证发展。但古希腊的辩证法尚未最终完成。它想成为科学认识的灵魂，就不能停留在直观、顿悟、理智、思辨的领域，而必须在科学领域内扎根。亚里士多德初步完成了古希腊辩证法的飞跃，把它植根于科学、特别是生物科学的基础之上，他用生长发育的观点来论述辩证法，不但扫清了笼罩在辩

---

① 黑格尔：《哲学史讲演录》第2卷，商务印书馆1960年版，第183、184页。

证法上的知性僵化的樊篱、直观顿悟的神秘气氛，而且以现实明快的风格，从宇宙人生的客观发展中，展示事物自身固有的辩证规律性，这样，主体的辩证思维就有了牢靠的科学、物质根基了。当然，亚里士多德的辩证法只是一种原始的科学形态，在历史的继续前进中，它必然为思辨的辩证法所扬弃。思辨辩证法作为中介，必然向现代辩证法的科学形态前进。这个形态，马克思与恩格斯肇其端，奠定了基础，提出了框架，这一伟大的创举有待当代人来完成。我们的系列研究，便是这一巨大理论工程的铺垫性的准备工作。我们这一代人应该无愧于先哲们的种种教诲与启迪。

第三节　亚里士多德：知识的分类与哲学的个性

古希腊的哲学发展到柏拉图已蔚为壮观，然而另一方面，哲学仍处于一种浑然一体、未加区别的不发达状态。科学与哲学，一而二，二而一，彼此不分。"爱智之学"还停留在对知识作总体思考的阶段。只有到亚里士多德，哲学才由作为所有知识的总称，变成有自己个性的独立学科而与其他学科相区别。其他混杂的知识也分科发展，形成了政治学、伦理学、物理学、天文学、动物学、逻辑学、修辞学、美学，等等。亚里士多德在科学认识史上是一位划时代的人物。经过他的努力，上述学科都已具备了作为一门独立学科所必须具备的条件，即在内容上已有了相当的规模，在形式上已形成了与科学适合的朴实缜密的语言，更重要的是，具备了一门独立学科所必要的理论内容和准确的概念体系。到亚里士多德时代，古希腊的哲学与科学已经可以教导近代欧洲了。所以，黑格尔称亚里士多德是人类知识的导师。

一、哲学的个性化——实体论

亚里士多德把经验科学从哲学分离出来。自然界让天文学、动物学等学科去研究，城邦生活让政治学去研究，如此等等。哲学只研究最根本的问题，研究世界的本质。他提出"实体"（substance）的范畴，主张哲学只研究实体，即"存在本身"或"作为存在的存在"。从前巴门尼德提出"存在"概念，黑格尔便认为真正的哲学便从巴门尼德开始了。这种看法未必确切。因为巴门尼德的存在是知性的抽象，其实是一个没有任何内容的空洞的名称。"实体"的提出，表明人类的哲学思维真正的洞见。因此，哲学作为一门高层次的学科，到亚里士多德才完成。往后的哲学，无非是对实体做出各种不同的分析与概括。

亚里士多德最主要的哲学著作是《形而上学》。"形而上学"西方文字的标准拼写法是 metaphysica。physica 是亚里士多德的另一著作《物理学》的书名，meta 是一个希腊文的介词，意思是"在……之后"，因此 metaphysica 意思是"物理学之后"。而 physica 一词在古希腊时代泛指有关自然的知识，与以后的物理学有别，因此，译为"自然学"较妥。于是，metaphysica 也可译为"自然学后编"。据说公元前 1 世纪逍遥学派的安德罗尼库斯在整理编辑亚里士多德遗著时把一批纯属研讨最抽象问题的手稿编在一起，放在"物理学"著作之后，因一时想不出一个恰当的名称来标明它，便顺手用希腊文写了个"物理学之后"作为一个暂时的标题。这个标题本没有什么具体意思，没有想到后来竟流传了下来，成为纯哲学的代名词。中国学者根据《易经·系辞》中的一句话："形而上者谓之道，形而下者谓之器"，将这个词译成了"形而上学"，即玄学之意。

一提起形而上学往往使人想起它和辩证法的对立。其实这是很迟以后的事情。亚里士多德的"形而上学"虽然也有孤立地凝固地观察问题的一面，但另一方面也是充满辩证法的。恩格斯曾称赞亚里士多德是黑格尔以前最伟大的辩证法家，黑格尔和列宁也在《形而上学》一书中看到了许多的辩证法。在现代非马克思主义的西方哲学家笔下，"形而上学"也仍然是研究纯哲学问题的本体论的代名词。

亚里士多德的专门哲学著作除了《形而上学》，还有《范畴篇》、《物理学》和《论灵魂》。

亚里士多德提出了"实体"的范畴，使哲学有了自己独有的实质性的理论内容。他在上述著作中阐明了自己的实体论的纯哲学思想。他的哲学思想是丰富的，也是复杂的，矛盾的，但基本倾向是唯物的。

（一）实体是个体

亚里士多德认为哲学的基本问题是关于实体是什么的问题。他在《形而上学》第七卷到第九卷中详细地讨论了实体的各种意义，在著名的《范畴篇》中也着重讨论这个问题。他特别强调了实体的"基础"特征。他从逻辑学上指出：实体是既不可以用来表述一个主体，又不存在于一个主体之中的东西，它只能作主体被别的东西表述。我们知道这样的东西只能是个别的特殊的东西，例如苏格拉底这个具体的人，这匹具体的马等等。亚里士多德认为这种个别特殊的"个体"是存在的中心或基础；别的东西，如性质、数量、"种"和"类"等等都不能离开它而存在，而它却可以独立自存成为它们的载体。这显然是对世界的唯物的理解。亚里士多德把这种个体叫作第一实体，而把一般的"种"和"类"叫作第二实体，也体现了同样的理解：个别特殊的东西是最主要的决定性的，是最为实在的。

正是根据对实体的这一唯物的理解，他批判了柏拉图的理型论。他指出理型论的根本错误在于把实体看成不是个别特殊的事物，而是某种在它们之外独立存在的一般性的东西——理型。这是把一般和个别割裂的结果。亚里士多德正确地认为，只有个别具体的这所房屋和那所房屋，而不能有一个一般性房屋，一般只能存在于个别之中。亚里士多德认为，柏拉图在个别特殊的事物之外又搬出一个理型来，作为凌驾于万物之上的原型，从而颠倒了个别与一般的关系，陷入唯心的泥淖。其次，柏拉图把"理型"说成是永恒不变的形式。亚里士多德指出：不变的形式如何能说明事物的运动变化呢？因为"形式既不能在可感觉的东西里面引起运动，又不能引起任何变化"[①]。亚里士多德对柏拉图理型论的这些批判深刻地揭露了理型论的唯心实质。这一批判在思想史上具有重要的意义，列宁说，"亚里士多德对柏拉图的'理念'的批判，是对唯心主义，即一般唯心主义的批判"[②]。

（二）实体是形式

亚里士多德既然认为实体是个别特殊的事物，而个别特殊的事物是有生灭变化的，为了深入地研究实体必须对个别特殊的事物进行分析，了解其生灭变化的原因。亚里士多德于是提出了四个原因的学说。四种原因一是事物所由构成者，例如塑像的铜、银杯的银，总之是组成事物的物质材料，是谓质料因。二是形式，如铜像、银杯等的形状，人的教养等等，是谓形式因。三是如艺术家玻吕克利特是雕像的原因，建筑师是房屋的原因，等等，总之是制造者，这是动力因。四是运动变化所达到的那个东西，例如健康是散步的原因，亦即是目的。四个原因是在过程中相互关联的一个有机的整体。运动变化过程就是推动者（动力因）推动质料按一定的目的取得形

---

① 《古希腊罗马哲学》，生活·读书·新知三联书店 1957 年版，第 286 页。
② 列宁：《哲学笔记》，中共中央党校出版社 1990 年版，第 315 页。

式。许多学者都曾指出过，亚里士多德的哲学是生物学的，他的四因说一般讲来是含有经验常识的，因而有素朴的唯物倾向。当他讨论运动时他心里想的常常是动植物个体的产生，如种子生长发育最后达到目的获得动植物个体的形式。取得形式之后事物是由形式和质料两个因素构成的。而这两个因素中形式是实体。因为事物只有在取得了它的形式时才能被说成是这个事物。亚里士多德所谓的"形式"，并非空洞的框架，它意指事物成形，具有定型，才成其为该事物，这是合理的。

四因说中最重要的问题是形式和质料的关系问题。亚里士多德把形式和质料看成是组成个体的两个因素。他在《物理学》中说，它们顶多也只能在人的思考中分开。这是唯物的看法。形式是一般，质料是特殊，一般不能离开特殊而独立存在。但是在《形而上学》中他既认为两者不可分离，又认为可以分离。他说黏土是砖瓦（作为形式）的质料，砖瓦又是房屋（作为形式）的质料……这种事物系列向两边延伸，到一定的时候便达到尽头。一端是没有形式的纯质料，一端是没有质料的纯形式。形式和质料在具体事物中不可分，在思想上又可分，这是说得很辩证的。但是在万有总体上纯质料和纯形式的出现，这是一种知性推理的不可遏制的无穷进展的结果。这只能是设想的，而非现实的。

（三）神是实体

四因说中第二个重要问题是目的、动力和形式的合一。亚里士多德在《形而上学》中把动力、目的和形式说成同一。但由于在万有总体上形式和质料分离了，三个原因同一，就意味着形式以目的身份起推动者作用，质料是消极的被动的，形式是主动的积极的。亚里士多德似乎回到老师的理型论上去了。

古希腊哲学家，甚至一些有唯物倾向的哲学家，都谈到过神，但亚里士多德是第一个把神放在自己的哲学体系中的人。在他的体系中，那个没有质料的单纯的形式，纯粹的实现就是神。因为它既是纯粹的实现，不是潜能，就不是有时存在有时不存在的，而是永恒的，而具有永恒的生命正是神的本质的特性。在亚里士多德的体系中目的和形式合一，形式就是事物的善，纯粹的形式自然就是绝对的善，就是至善，就是人们敬仰的追求的目标。在他的体系中动力和形式合一，那么形式就是运动变化的推动者，绝对形式也就是宇宙的第一推动力。照《物理学》的说法，它是推动宇宙最外层——恒星天体运动的推动者，也就是整个宇宙的根本动力，它没有量、自身不动、唯一、永恒、神圣。亚里士多德在《形而上学》中明确说，这就是神。当然，这样的神不是神话中人格化的神，更不是宗教迷信的神，而是哲学家的神，即纯粹理性。亚里士多德的这一"神学"理论后来既曾成为卢克莱修反对宗教迷信的武器，也曾被中世纪经院哲学所利用，成为上帝存在的理论依据，而亚里士多德也就被奉为仅次于上帝的权威了。

　　亚里士多德的关于神是实体的理论，由于其思路曲折复杂，阐述晦涩模糊，到后世引起种种议论是很自然的，为宗教所利用也是可以料到的，被断定在唯物与唯心之间动摇也是可以理解的。但是，我们应考虑到：如何确切地论述"思维、精神自身"是极不容易的。亚里士多德作为一个推崇自然、重视实践、酷爱生物、精通逻辑的伟大的哲人，应该讲他的基本倾向是唯物的，而且高于以后的"机械唯物主义"。他是从有机生命、生长发育观点出发来建立他的哲学体系的。他不能不深刻地感到人类精神的最高形态——纯粹理性的认识的威力。纯粹理性，其神也钦！"神"是"绝"的意思。中国谚语：神乎技矣，拍案叫绝！这里没有任何神秘气氛，更没有宗教情绪的流露，而纯属对于自然的最高成就，理性思维的赞美。把这看成是神学理论、唯心主义、对唯物倾向的动摇，完全与亚里士多德不相干。可以说，他在本体论上是一个唯物论者；在认识论上是一个理性主义者。

二、认识论

亚里士多德也建立了与实体论一致的认识论理论。这方面的主要著作是《论灵魂》。《形而上学》和《物理学》等著作中也有一些关于认识论原理的论述。他的认识论理论已成系统，包括下列要点。

（一）关于认识对象

亚里士多德认为，认识的对象首先是个别特殊的事物。在这个问题上他反对了柏拉图的理型论。他指出，以理型为认识的对象，只徒然使问题增加了一倍，困难增加了一倍，是徒劳无益的。因为每个事物除自身外还有一个理型要认识。在作为对象的物质世界和意识的关系问题上，他批判了普罗塔哥拉的观点。他指出，认为离开了感觉，引起感觉的事物不可能存在的想法是不对的，因为感觉不是对于感觉的感觉，感觉意味着另有某种事物在感觉之外存在着，而且这种东西必然是先于感觉的[1]。在这个重要问题上亚里士多德继承了伊奥尼亚自然哲学家朴素的唯物主义，并把它发扬光大了。列宁十分重视亚里士多德在这里提出的物质世界第一性的原则，指出："这里的关键是'外在'——在人之外，不以人为转移。这就是唯物主义。"[2]

亚里士多德在论述意识和认识对象的关系时，使用了一个著名的蜡块比喻，他说认识就像戒指在蜡块上压出一个印迹一样。当他

---

① 亚里士多德：《形而上学》，1010^{b}35。
② 列宁：《哲学笔记》，中共中央党校出版社 1990 年版，第 322 页。

把认识的对象理解为一个形式和质料的统一体时，这个比喻很好地体现了唯物主义的反映论原理。

（二）关于感觉

亚里士多德详细地研究了认识的过程，他无疑非常重视感觉在认识中的作用。他认为，认识起于客观事物作用于感官而产生感觉。所以感觉是知识的起始，没有感觉就不可能有关于事物的哪怕是最起码的知识。他也看到了感觉对高一级的理性思维的重要意义。他曾经说，离开感觉就没有人能够理解任何东西，离开感觉人们就无法进行思想。他要人们相信感觉是确实可靠的，不容怀疑的，人们应该把它视为关于事物知识的依据。

亚里士多德虽然在一般地讨论灵魂问题时是把灵魂作为意识看待的，但是在大部分场合，他讨论灵魂问题实际上是在讨论意识的感觉部分或感觉的灵魂，讨论感性认识。关于感觉的灵魂，他的重要论点之一是：感觉和身体不可分。他说，灵魂虽然不是身体，但和身体是有关系的，灵魂不能没有身体。"毋庸置疑，灵魂和它的身体是不可分的，或者无论如何，灵魂的某些部分是如此。"① 这个"某些部分"就是指感觉部分。灵魂的感觉部分有感觉的机能，不同的感觉机能通过不同的器官实现，视觉通过眼睛，听觉通过耳朵，眼睛、耳朵都是身体。他还认为：感觉依赖外部世界。他说感觉不能没有引起感觉的东西，因为视觉不能没有引起视觉的形体，听觉不能没有声音。这些观点既是合乎常识的，也是唯物认识论的基本原理。

（三）关于理性思维

亚里士多德虽然非常重视感觉，但他知道，认识不是到此为止。

————————

① 亚里士多德：《论灵魂》，413ª4-6。

他认为，虽然认识一般必须以个别为出发点，认识的目标是要达到一般和必然。不达到对客观事物的规律性的认识，便不能算作知识。因此要达到规律性知识还必须有另一种能力，就是理性或思维。由它把感觉所得到的材料加以抽象，扬弃现象的偶然性，抓住本质特征，才能形成概念，获得知识。

他在《论灵魂》一书中分析论证了灵魂和心智的关系，把心智从灵魂中区分了出来。他说心智植根于灵魂之中，是灵魂的一个部分，它具有思维的机能，是灵魂用以进行认识和思维的那个部分。亚里士多德这里所说的"一个部分"当然不是一个能占有空间的有形的部分，心智是无形的，是精神。亚里士多德解释道：心智"在它尚未思维的时候，实际上并不是任何现实的东西"[1]。这就是说，心智作为一种思维机能，当其尚未作用于对象进行活动时，只是潜在的，而不是现实的，只有作为认识主体的心智与作为客体的外部世界结合时，才是现实的。这种看法，无疑是合理的。

亚里士多德关于心智，即关于理性思维的想法，是复杂的。他一方面指出，思维和感觉一样，是一个过程，在这个过程中心智受到思维对象的作用。和感觉一样，在这里认识的产生取决于认识对象的存在。另一方面，他又指出，思维有着与感觉不同的许多特点。首先他认为，感觉的机能是依赖身体的，而心智的思维是和身体分开的。这一来他便在事实上又切断了思维和感觉的联系，思维失去了感觉的基础。其次他认为，心智所思维的东西必须在心智之中。他说感觉活动是针对个别事物的，对象是外在的，而思维则是针对一般的，其对象是存留在记忆中的印象，以及由此形成的经验，而一般的东西在某种意义上存在于心智自身中。因此每个人只要愿

———————

[1] 《古希腊罗马哲学》，生活·读书·新知三联书店 1957 年版，第 281 页。

意，他自己就能思想。这一方面反映了思维有相对自由性这一事物，但同时我们在这里看到了思维和个别特殊的事物开始脱钩了。不仅如此，他还进一步认为，"心智本身是可思维的，正完全像它的对象一样"①，或者说"心智也能思维它自己"②，因为"在不牵涉到质料的东西方面，思维者和被思维者是同一的"③。当亚里士多德论述到思维活动以"一般"为对象时，往往产生困惑，似乎觉得"一般"脱离了感性直觉，成了思维的对象，因而思维好像脱离了感性个体。在这方面，他往往难以确切表达他的意思。实际是，思维把握"一般"乃是对个体的特殊性的扬弃，而不是与个体完全脱钩；进一步他达到了思维"思维自身"，这种意识的反思层次不是滑向唯心论，而是认识深入自身的表现，应该讲，这是非常卓越的。

三、政治学的独立

柏拉图的政治理论虽然内容十分丰富，但还是他那无所不包的"爱智学"的一个组成部分。亚里士多德第一个把政治理论从哲学中分离出来，使它成为一门独立的科学。

亚里士多德的政治学包括两套著作。一是《政治学》，二是《政制集编》。后者是一套各城邦宪法的汇编。遗憾的是《集编》只留传下《雅典政制》一种，其余早已亡佚不存。而《雅典政制》也还是在 1880 年以后才逐渐被发现的。

《政制集编》是一套一共 158 份的关于城邦政治制度的研究报告。如前所述亚里士多德离开柏拉图学园到小亚细亚去时就曾经对那里的一些希腊城邦进行过社会政治调查，最后在吕克昂办学时，

① 《古希腊罗马哲学》，生活·读书·新知三联书店 1957 年版，第 283 页。
② 《古希腊罗马哲学》，生活·读书·新知三联书店 1957 年版，第 282 页。
③ 《古希腊罗马哲学》，生活·读书·新知三联书店 1957 年版，第 284 页。

他又有组织地领导他的助手和学生对希腊各城邦的制度开展了普遍的调查研究，做了大量的工作，最后整理成一份份的研究报告。这些报告汇在一起总称《政制集编》。就我们现在所能看到的《雅典政制》推想，各城邦的《政制》大概都包括两个内容。一是各城邦在公元前 403 年以前实行过的政治制度，二是写作的当时所实行的政治制度。所以报告既包括了对现实的研究，也包括了对历史的研究。亚里士多德这种通过实际的社会调查研究政治问题的做法，为后世社会科学工作者树立了一个良好的榜样。

《政治学》是一本全面系统地论述国家和法的著作，是一本理论著作。它是亚里士多德在对《政制集编》中搜集的大量事实材料进行研究，进行分析、比较、综合而写成的。《集编》是《政治学》的基础，是对问题的初级研究，《政治学》则是在这个基础上建立起来的完整的理论体系。《政治学》先一般地讨论国家的性质，即国家是什么？国家是为了什么而建立的？然后，根据国家的性质和目的详细评述各个城邦实行过的政治制度，找出他理解中的统治形式来。最后具体设计理想城邦的各种要素：城邦应有多大的疆域，多少人口，城市应建在何处，公民应接受什么样的教育，等等。亚里士多德的《政治学》的价值不在于他的政治结论，而在于他提出的问题的经典意义，这就是说它是以后政治学体系的胚胎形式。

《政治学》首先一般地讨论"什么是国家"的问题，即国体问题。亚里士多德不可能用阶级分析方法研究国体问题。他把国家理解为一种社会团体，而且是社会团体的最高形式，是政治社团[①]。

亚里士多德指出，人类生活的自然需要，由男人和女人、主人和奴隶结成家庭。为进一步满足生活的需要，又由家庭结成村落，

[①] 在古希腊文里"政治"（policy）一词源出"城市"（polis）。

由村落结成城邦①。但城邦不是家庭和村落的简单总和，二者已经有了质的不同。家庭和村落是比较初级的形式，城邦是社会团体发展的最后完成，是社会团体达于至善的境地。因为，在城邦里不但有男人和女人、主人和奴隶的结合，人们的物质要求可以得到充分的自给自足，而且为了共同的需要而有了统治者和被统治者的结合，人们能够过一种快乐而光荣的美德生活。人是离不开城邦的，因而，亚里士多德断言"人是政治的动物"，而人的这种社会本性只有在城邦之中才能得到充分的体现。一个人离开了城邦，就不成其为人，只能或是一只野兽或是一个神。

根据亚里士多德的国家学说，城邦是为人们的幸福而存在的，但它并不是为所有的人，而只是为奴隶主而存在的。家庭里有夫妻关系、父子关系和主奴关系。在家庭关系方面亚里士多德主要地讨论了主人和奴隶的关系。亚里士多德认为奴隶制度是自然合理的制度。他说，人生来有天赋（自然）的不同，自由人具有理性，则事思考决断，能进行管理。奴隶生来低劣，他们没有理性，不能管理自己。但他们有体力，能劳动。亚里士多德认为主人和奴隶的关系很像灵魂和身体的关系。他主张只拥有体力的人和拥有理性的人的结合对双方都是需要的，因而对双方都是有益的。像灵魂支配肉体一样，主人统治奴隶、奴隶服从主人是天然合理的，合乎正义的。因此，奴隶天然地不属于自己而属于主人。他们只是主人的"有生命的财产"，是主人的"会说话的工具"。像牲畜一样替主人生产物质财富，让主人"有闲暇"可以参加政治谋取福利，乃是奴隶的天赋使命。因此奴隶是被排除在政治生活之外的。对于奴隶还谈不上人身依附，他们根本不算"人"，而是牲畜、工具。

---

① 古希腊国家为城邦，由一中心城市结合周围不大的一片农村而成。

　　综上可见，在亚里士多德看来，对奴隶的压迫和剥削只是家务管理，不属于国家范围之内，因此，国家也就不是阶级压迫的工具了。城邦的职能似乎主要是调整自由民之间的关系而已。这种观点有明显的时代与阶级的局限性，在那个时代，奴隶占有制远比原始公社进步，这种观点是与其时代相适应的。

　　《政治学》接着讨论什么是最好的政体。虽然奴隶社会的基本矛盾是奴隶和奴隶主之间的矛盾，但是这种矛盾，由于奴隶不能参与，无须任何理由，他们的反抗就被奴隶主随心所欲地绝对地予以镇压了。因此，国家的严重矛盾在奴隶主与自由民之间爆发。国家的重任是调和这种矛盾，政体应是适应这种状况的最好形式。亚里士多德的时代，自由民贫富之间矛盾非常突出。由于战争和奴隶制基础上的商品经济的发展，自由民财富分化十分剧烈，大量小农民和小手工作坊主破产成为贫民，少数大奴隶主变成富豪。自由民内部这种贫富的对立和冲突引起政局的长期动荡不安。政权的不断更替，政体的不断变革，构成那个时代政治生活的主要内容。为了调整自由民关系，稳定政治局势必须寻找一种理想的统治形式。《政治学》在《政制集编》的基础上以大部分篇幅研究了各种政制的得失历史，得出中等阶级统治最好的结论。

　　古希腊的历史上曾经出现过多种政治体制。亚里士多德认为这些政治体制之间的区别不仅有统治者人数的多寡的问题，而且更重要的有能为多少人谋幸福的问题。他依据这两个方面的因素把历史上的政治体制分为两类六型。他说，如果统治是为整个城邦利益的，这种政体就是正派的政体。反之，如果执政者只顾个人或一些人的私利，这种政体就是不正派的政体。三种正派的政体是：君主政体、贵族政体和共和政体。君主政体以圣君个人为最高统治者，贵族政体是少数贤者的统治，共和政体是多数人（有贵族有平民）的统治。

这三种政体的统治都比较能照顾全体公民的公益。和这三种政体对应的也有三种不正派的政体即僭主政体、寡头政体和平民政体。僭主政体一人统治，只顾个人的私利；寡头政体只顾少数富豪统治者的私利；平民政体也只顾穷人一个方面的利益而不能顾及其他阶层的利益。这六种政体中亚里士多德喜爱正派的政体，是无疑的。但是亚里士多德不能不看到他的那个时代这些政体已经过时。当时，尤其是雅典的现实主要只是寡头政体和平民政体的对立和彼此不断更替。亚里士多德认为这种情况之所以发生，其根源在于双方在财富状况的基础上对政治权利的不同要求和采取的相应行为引起的。平民认为，既然都是自由人，出身平等，便应在一切权利方面都平等。平民领袖往往指责或诬控富人，甚至鼓动民众攻击整个的富有阶级，迫使富人联合起来要求变革，即推翻平民政权。寡头派也从自己的正义观念出发，认为，既然人们的财富不相等，政治权利方面便应不平等；他们在财产方面占绝对优势，便应在一切权利方面也超过别人。寡头政治往往压制平民群众，放逐平民领袖，迫使平民起来革命，推翻他们的统治。无论平民派还是寡头派，他们的要求和行动在亚里士多德看来都是狭隘自私的和有害的。他根据国家的目的在于谋求人民幸福生活的宗旨，认为政治权利的多少，只有根据公民对这一宗旨贡献的大小而定，才是正确的。

亚里士多德在对历史和现实的研究中得出"中等阶级统治最好"的结论。他说，"在任何国家中，总有三种成分：一个阶级十分富有，另一个十分贫穷，第三个则居于中间"①。他认为这三个阶层中只有中等阶层最能体现城邦的宗旨，以中等阶层为基础建立起来的政体最为稳定。因为中等阶级拥有适量的财产，他们既不太穷也不

---

① 《古希腊罗马哲学》，生活·读书·新知三联书店 1957 年版，第 329 页。

太富。"他们不像穷人那样觊觎邻人的东西，别人也不觊觎他们的东西，像穷人觊觎富人的东西那样；而既然他们不谋害别人，本身又不遭别人的谋害，所以他们很安全地过活。"[①] 他们的财富地位决定了他们是"中庸"美德的拥护者。他们不会逃避管理国家的辛劳，也最不会对权力存有野心，他们天然地反对过激的行动。中等阶级彼此间最为平等和相同，内部最少猜忌、分裂，最多友谊和团结。他们人数众多，举足轻重。贫富两个阶级发生竞争时他们加入任何一方，就能使另一方失去优势。所以中等阶层掌权的地方，党派之争最少可能得逞。亚里士多德特别重视中间阶级的政治作用很可能受到梭伦改革的启发，他在《雅典政制》中特别着重总结了梭伦改革的经验，大概不是偶然的。梭伦出身中等奴隶主阶层，他曾说自己的改革是"拿着一面大盾保护着（穷人和富人）两面"。

亚里士多德最后在《政治学》第七卷和第八卷设计了一个理想城邦应具有的要素。（1）人口不能太少也不能太多，太少了难以做到生活物资的自给自足，太多了则难以维持秩序。在一个良好的政治体制中，上下之间要相互了解。只有这样，执政者才能恰当地实行指挥和监督，才能正确地判断诉讼，也只有这样，一般公民才能恰当地选举各种公职人员。（2）土地面积不能太小也不能太大，土壤质量要能种植一切庄稼，保证公民能过上宽裕而有节制的自给自足的生活，但是要在"观察所能遍及"的范围内。作为城邦中心的城市应选择自己容易出击、敌人难以攻入的好地方，能有海陆交通之便更好，既利于军事也便于运输，发展商业。（3）要有六种经济的和政治的业务：农业、工艺、田产管理、防卫、议事和审判、祭祀。工农业生产劳动由奴隶和非公民的农民、工匠负担。青壮年公

---

① 《古希腊罗马哲学》，生活·读书·新知三联书店 1957 年版，第 330 页。

民充任战士、中年公民担任议事和审判，老年人主持祭祀较好。至于田产管理则应为全体公民的分内之事，毋庸赘述。（4）全体公民应受同样的教育，学习读、写、书、算、绘画、音乐、体操，目的在于培养公民的美德、知识和实务能力。

古希腊人进入文明社会以后在他们的土地上最先建立起来的是几百个城邦制的国家。这种国家的特点是小国寡民，地不过百里，人不过数万。虽然那个时候亚历山大已经建立了一个地跨欧亚非的庞大帝国，亚里士多德理想中的国家仍然是这种城邦的模式。因为在他看来，只有这种国家模式最符合他的立国宗旨——可以实行直接民主，保证全体公民过幸福的生活。

如果说，亚里士多德构思的有关政治的理论框架与研究范围对后世可能有一定的示范作用，那么，他规划的国家体制的蓝图，论述得越具体，就越少现实性。这种理想化了的城邦制国家只是他的中庸思想的世俗的漫画。随着马其顿帝国的崛起，往后罗马帝国的诞生，那种以血缘为纽带的有着朦胧诗情的城邦的没落是必然的结局。

政治，在特定的历史时期，对于人类而言，是不可回避的。它绝没有亚里士多德所构想的：有那样多的亲情与诗意、那样多的友谊与团结、那样多的中庸与互敬。相反，政治是极其冷酷无情的，权位之争是当仁不让的，"卧榻之侧，岂容他人鼾睡！"政治所需要的是：冷酷的心，与锐利的剑！因此，马克思主义者立志消灭阶级，消灭国家、取消政治，那时亚里士多德的梦想才可能成为现实。

四、伦理学经验的科学化

苏格拉底面向人生追求真理，伸张正义，是在哲学思辨层次进行，意蕴深远，理想高尚，因此，其成果属于宏观的人生哲学。亚里士多德将这些关于人生的经验科学化，确立了伦理学这门学科。它成了研究人的行为规范的科学。此后伦理学作为一门通俗科学获得了长足的发展。

挂在亚里士多德名下的伦理学著作一共有三种：《尼各马可伦理学》、《大伦理学》和《欧德谟伦理学》。后两种现在一般都认为是他学生的作品，《尼各马可伦理学》被认为是亚里士多德本人写的（有人说其中第五卷到第七卷也是学生的作品）。这部书是在他死后由他的儿子尼各马可整理而公布于世的，故书名《尼各马可伦理学》，也简称《伦理学》。它代表亚里士多德的伦理思想。

亚里士多德研究人的行为首先注意到人的本质在于有理性。人的灵魂分为理性部分和非理性部分。理性部分支配非理性部分，人的行为就能合乎道德规范。

（一）美德是好的对待方式

亚里士多德讨论伦理问题像讨论其他领域的问题一样，有自己特有的讨论方式和用语。他首先指出道德善恶的属类。他分析灵魂，说人的灵魂里有三种东西：激情、官能和性格状况。人的美德存在于人的精神活动中，必定是这三者之一。"所谓激情，我的意思是指食欲、愤怒、恐惧、信心、妒忌、快乐、友善的心情、憎恨、渴望、好胜心、怜悯，以及一般地说来那些伴有愉快和痛苦的许多种感觉；所谓官能，是指那些我们借以感觉上述这些东西（例如生气、痛苦或怜悯）的东西；所谓性格状况，是指那些我们借以很好地或很坏地来对待这些激情的东西。例如，如果我们对愤怒的感觉太强烈或太微弱……那都是很坏地对待了愤怒这个激情；对于其他各种激情也都如此。"[1] 他说，美德是性格状况，不是激情或官能。

---

[1] 《古希腊罗马哲学》，生活·读书·新知三联书店 1957 年版，第 318 页。

亚里士多德解释说，美德和它的反面——恶行都不是激情。人们根据我们的美德或恶行说我们好或坏，但不会根据激情，例如由于我们愤怒而说我们好或坏。如果我们愤怒时人家说我们坏，那一定是因为愤怒的方式不恰当。"其次，我们感觉生气或恐惧，是不容选择的，但是美德却是选择的方式，或者牵涉到选择。"亚里士多德在区别美德（恶行）和激情时，强调了美德是对待方式，是选择，因而人是主动的，自由的，不是受命运支配的，人应当对自己的言行负责。

美德和恶行也不是官能，人们不会出于我们有感觉激情的能力而说我们好或坏。我们有这些官能是出于自然，但是我们是好是坏不是出于自然。因而人不能把自己的恶行推诿于客观，说成是天然的。

由此，他说道德是灵魂的性格状况。美德是好的性格状况，是对待激情的好的方式，好的选择。

亚里士多德的伦理学又是实践的，受实际检验的。什么是"好的"性格状况呢？亚里士多德说"任何一种东西的美好德性都是既使这个东西处于良好的状态中，又使这个东西的工作做得很好"。例如眼睛的美好德性既使眼睛本身好，又使眼睛很好地看东西。因此"人的美德也将是既使一个人本身好，又使他把自己的工作做好的那种性格状况"。人是社会的动物，美德应使人不仅本身好，还要很好地完成自己的社会使命。

（二）美德是中道

怎样才是好的对待方式或好的选择呢？亚里士多德在这里提出了著名的中庸之道的美德观。他指出，一个人如果遇事都逃避害怕、畏缩不前就是懦怯，而不顾一切明摆着的危险盲目乱闯则是鲁莽，勇敢的美德应在懦怯和鲁莽之间。对待快乐一概来者不拒而且无所不求其极是纵欲，反之绝对拒绝一切快乐是谓麻木不仁，节制的美德在纵欲和麻木之间。把自己的能力估计过高是谓自大，反之，把自己的能力看得太低则是自卑，自尊的美德在自大和自卑之间。不考虑别人只为自己着想是谓自私，反之，对自己毫不考虑则是自我否定，友爱的美德在自私和自我否定之间。如此等等。

因此，他说美德就是"中间"，既不太多也不太少。太多（过度）和太少（不足）都是恶。

亚里士多德的中庸美德论使用了"美德是中间"的命题。人们常常将这个命题误解成折衷主义。其实亚里士多德所提倡的"中间"，是说的"适度"。他反对过度和不足，就像我们常常说"过犹不及"的意思一样。《伦理学》在提出"美德是中间"后曾经对"中间"的含义做了进一步的解释。他说，道德上的美德由于是和激情与行动有关的，而这些东西如上所述有着过多、不足和中间之别，过多和不足都是"不好"，中间是适度，是"最好"，是理性干预的"成功"。中间就是既不少于应该做的，也不超过正当的范围，因此就其为"最好"和"应当"而言，"中间"乃是一个"极端"。

而且，并不是每种激情都容许有一个"中间"的。罗素曾经说过一个故事：一位市长在离任时，曾采用亚里士多德的伦理原则，说自己曾经力图在偏袒和无私之间的那条狭窄的路线上前进。他的话就属于这种误解。当然，人们也可以说，偏袒和无私之间是有中间状况的。但那个中间状况对无私而言还是不足，够不上无私就还是偏袒，只是偏袒的程度有深浅不同而已。因为归根到底，作为美德的"中间"必须是某种意义上的一个极端。

那么，亚里士多德为什么一定要用"中间"这个说法呢？这大概和当时雅典的政治风气有一定的关系。雅典在伯罗奔尼撒战争期间及战后，党争激烈，平民派和寡头派在政治措施上各走极端，互相报复起来也无所不用其极。亚氏目睹心惊，痛感"极端"为害，正如政治上提倡中等阶级掌权的温和民主制一样，在伦理学上提倡中庸美德是很自然的。

（三）道德上的美德是习惯的结果

亚里士多德接着探讨了如何获得美德的问题。他在区别了心智方面的美德（由教育而来）和道德方面的美德之后，指出，"道德方面的美德乃是习惯的结果"[①]。因此人们要能掌握中庸的原则，使自己的行为符合美德的标准，必须通过后天的长期实践。正如必须通过建筑的实践活动成为建筑师，通过弹琴成为琴师一样，一个人也是通过实际的勇敢行为而养成勇敢美德，通过实际的公正行为而养成公正美德，通过有节制的行为养成节制美德的。反之，人成为懦弱者或纵欲无度者，也是通过相应的长期实际行为养成的。所以人们必须从小就注意长期坚持符合美德的实践而不做相反的事。

（四）最高的美德是理性沉思

在古希腊长期的历史发展中形成了勇敢、智慧、公正、节制，还有友爱这些美德的概念。这些具体的美德属于道德方面的美德，亚里士多德认为它们都是理性指导非理性部分的实践活动。诚然，它们都是幸福的，但是这种幸福只是次一级的幸福。心智方面的美德，没有非理性部分参与的理性的自我沉思活动，才是最完满的最高的幸福。他说，"幸福总带有快乐之感，而哲学智慧的活动恰是被公认为所有美德活动中最快乐的"[②]，"有知识的人比那些正在研究的人会生活得更快乐"[③]。所以亚里士多德认为，所有的人中间只有拥有智慧拥有知识从事理性沉思的哲学家才是最幸福的。因为它们的活

---

① 《古希腊罗马哲学》，生活·读书·新知三联书店 1957 年版，第 322 页。
② 《古希腊罗马哲学》，生活·读书·新知三联书店 1957 年版，第 326 页。
③ 《古希腊罗马哲学》，生活·读书·新知三联书店 1957 年版，第 326 页。

动是近乎于神的，他们的生活分享着神的生活。"哲学沉思"是幸福的最高意境，姑不论其立论的背景与立场倾向，一般而言，这才抓住了幸福的本质。物欲的满足，个别目的达到，满足与达到之时，幸福感也就消失了，使人处于一种惘然若失的虚幻之中，那淡淡的忧伤油然而生。而哲学沉思，使你处于"万物静观皆自得"的意境，善的充盈、美的流溢，使你沉浸在永恒的幸福中，真正达到遍历人生与神同在。

亚里士多德的伦理学是奴隶社会的公民伦理学，是从属于政治学的，是政治学的必要补充。亚里士多德说，《政治学》讨论人群的善，《伦理学》讨论个人的善。城邦有良好的立法，个人才能有良好的德行。同时，亚里士多德的伦理学也是为政治服务的。公民是城邦的一分子，公民个人的行为达到了善，城邦的政治生活才能走上善的轨道。公民个人幸福了，整个城邦才能达到普遍的幸福。其实亚里士多德的个人幸福、普遍幸福云云，只表示奴隶主与自由民的矛盾得到协调，各安其生，非人的奴隶是无任何幸福可言的。社会的协调旨在能有效地压服奴隶的反抗。而且勇敢、智慧、节制、公正等也只是一种对于整体而言难于实现的理想。

五、文艺理论系统化

古希腊的文学创作从《荷马史诗》起经过几度发展，到悲剧和喜剧的产生已达极盛。丰富的内容、卓越的成绩，到公元前 4 世纪时亚里士多德已经有可能对之做出总结，从中找出规律，建立起系统的美学理论来了。亚里士多德系统的美学著作是《诗学》。

《诗学》类似现在的文艺学概论或美学概论。它一开头先泛论一般的艺术，指出各种艺术形式的异同。他指出艺术的共同点是"模仿"，又因模仿的对象不同（行动中的人有好有坏）、媒介不同（颜色、声音、节奏、语言或音调）和方式不同（有用叙述方式有用表演方式）而彼此有别。但书中主要内容是讨论悲剧和史诗。由于古希腊悲剧是用韵文写作的，故书名"论诗"或"诗学"。它在一般地讨论文学创作问题时的结论不仅适用于诗歌，也适用于其他的文学形式，乃至于绘画、音乐等其他的艺术形式。

《诗学》关于文艺理论着重论述了下列几个问题。

（一）关于文艺的真实性

艺术的创作过程是模仿，这一点亚里士多德和柏拉图的认识是一致的。这是当时流行的说法，得到大家公认的。但是亚里士多德和柏拉图从不同的哲学世界观出发，对模仿从而对艺术的性质和作用的估计却截然相反。

柏拉图认为理型世界是唯一真实的存在，物质世界只是理型世界的摹本，是它的模糊的影子。例如木匠造的一个床，只是床的理型的一个模糊的影子，是不真实的。艺术创作模仿物质世界的东西，如画一个床，"制造"的就更是一个影子的影子，更模糊，离真实更远了。既然艺术引诱人远离真理，教人说假话，因此是有害的，应当遭到斥逐。

亚里士多德则认为物质世界的东西，一个个具体特殊的事物，譬如木匠制造的床，是最真实的，一般或普遍（柏拉图的理型）则是第二位的，是不能离开特殊而独立存的。艺术作品模仿物质世界，因此也是真实的。亚里士多德在这个基础上还进一步指出，艺术的模仿不是单纯的反映，不是抄袭，而是创造。艺术家、诗人再现现实生活的时候，选取情节是根据必然律或可然律工作的，提供的不必是真人真事，而是一定的人在一定的场合会说什么话会做什么事。因此文艺反映现实中的本质的、普遍的东西，揭示事物内在的本质和规律。文艺的模仿是一般和个别统一，在个别中体现一般。

因此，艺术反映现实又高于现实，艺术可使事物比原来的更美。因此艺术可以帮助认识事物，不仅认识事物的表象，而且认识事物的内在本质。所以亚里士多德说，诗比历史严肃，更近于哲学。

（二）关于文艺的社会功能

亚里士多德肯定艺术对社会对人生是有用的。它的社会功能表现为教育作用，可以服务于伦理学和政治学的目的。

他在谈论悲剧的教育作用时提出著名的"净化"说。他指出，悲剧的教育作用在于，在引起怜悯与恐惧时使这种激情得到净化。

亚里士多德在伦理学的研究中像柏拉图一样，把人的灵魂分为理性部分和非理性部分。激情属于非理性部分。文艺的教育作用表现为对激情施加影响。在这一点上亚里士多德和柏拉图的估价是不同的。柏拉图认为激情是灵魂的非理性部分，是卑劣的部分。悲剧诗人迎合它，养肥了它，同时相对地也就压抑了理性的部分，使理性部分失去能控制的优势，人们灵魂中的非理性的激情泛滥成灾。柏拉图得出结论，认为诗对人生是有害的，因而要求把诗人逐出城邦。这种把人类精神的理性因素与非理性因素绝对对峙的观点，使柏拉图脱离了辩证的真理轨道。

亚里士多德对文艺的教育作用作了相反的估计，足见他的辩证颖悟的才能。人是理性的动物，而激情是在理性的指导下行动起来的。因此文艺能对人生产生有益的影响。他把悲剧的这种影响叫作净化，即在引起怜悯和恐惧时使它们得到净化。

什么是净化呢？亚里士多德的伦理学说指出，人的激情有过强、过弱和适度之分，恐惧、勇敢、愤怒、怜悯以及快乐、痛苦等等都可能有太强和太弱，太强或太弱都不好，中庸适度才是最好。他提倡中庸美德。至于如何获得美德，亚里士多德断言，道德上的中庸美德不是天生的，而是由习惯养成的。因此必须不断实践美德行为。

他认为，一次一次的戏剧演出可以帮助人们养成良好的习惯——一次一次地使自己的恐惧和怜悯之情发生得适度。人们在剧场上看到好人受苦，产生同情，同时他们也会想到好人受苦的原因或多或少地是由于无知而犯了错误。理性的思考，会帮助观众得到教益，想到许多不幸也不是不可避免的，这时他们的怜悯与恐惧之情就会是适度的。这样多次反复，就可以养成很好地对待自己激情的习惯，而达到美德。这就是净化的含义。

"净化"的提出是有深刻哲学意义的。激情的情欲特征，激情的盲目状况，激情的主观色彩，使得激情的爆发是任性的、毁灭性的、丧失分寸感的，理性对激情的节制作用，是使激情得乎"其中"，有分寸感，即"适度"。但激情也不是完全处于被动地位的，它使冰冷的理性升温，使客观冷静的理性思维得到激情的推动，化成合理的行动，从而从认识宇宙人生，到进而改造宇宙人生。因此，净化不止于审美，而具有认识与实践的意义。

（三）关于悲剧

《诗学》的主要内容是论悲剧。该书第6—22章都是讨论悲剧的，先给悲剧下定义，然后分析悲剧的成分："形象"、"性格"、"情节"、"言词"、"歌曲"、"思想"，着重讨论了情节和性格。最后讨论悲剧的写作，特别讨论词汇和风格。第26章是比较史诗和悲剧的高低。

亚里士多德论悲剧，下列几点是特别重要的。

（1）在比较了悲剧与史诗之后，亚里士多德特别推崇悲剧。因为悲剧能在较短的时间内产生艺术的效果，达到模仿的目的。

（2）亚里士多德在《诗学》第6章里把悲剧定义为"对于一个严肃、完整、有一定长度的行动的模仿"。这个定义表明，亚里士多德认为悲剧的特征不在悲而在于严肃。严肃的气氛适合重大的主题。"严肃"在于抓住一个有限的主题，揭示宇宙人生的无限的高尚情操中所蕴含的真理。

这个定义表明亚里士多德认为，悲剧的六个成分中最重要的是情节，情节是悲剧的基础。他指出，如果没有情节，即使能把表现性格、思想的巧妙言词串联起来，也不能产生悲剧的效果。反之，只要有了情节的安排，即使不善于使用其他的成分，也能产生悲剧效果。

亚里士多德重视情节的哲学意义在于：现实生活是理论、真理之源。艺术不同于科学与哲学，它不用概念来表达自己的识见，而是抓住现实生活中的典型，予以感性直观地把握，从而在感情奔腾中达到主客交融。无疑地，这是另一种领会宇宙人生的方式，甚至可以说，是一种更加贴切的沁人心脾的绝妙方式。因此，不少人是通过严肃的艺术作品，大彻大悟，得到解脱，达到永恒真理的颖悟。

对于情节的要求，他指出，一要结构整一，二要长度适中。

所谓结构整一，他的意思是要求一出悲剧限于只模仿一个对象，而且情节必须是一个完整的故事，有头有身有尾；不是随意的结合，而是按照事理自然地安排成一个整体，自然地起、承、转、合。其中的任何一个部分都是整体不可或缺的一个有机构成要素。一旦删除就会使整体松动脱节。

所谓长度适中，他的意思是要求一出悲剧必须有一定的长度，但又不能太长。他说，一个美的东西是不能太大也不能太小的，太小了模糊不清，太大了不能一览无余，看不出它的整一性。情节须有一定长度，正如一个活的身体须有一定长度一样。

"结构整一"与"长度适中"似乎仅属于悲剧写作的原则，少有理论价值，其实这正是亚里士多德追求圆满性与中庸之道的具体运用。这两条原则作为戏剧写作的范式有普遍指导的意义。亚里士多德关于情节的这两点要求构成了后来所谓三一律中的"情节整一律"。

（四）关于三一律

17世纪欧洲产生了古典主义文学潮流，古典主义的作家们创作戏剧都遵守三一律，就是情节整一、时间整一、地点整一。他们都以为三一律是亚里士多德《诗学》的规定，是经典原则，是不可违犯的金科玉律。其实，三一律中只有情节的整一是亚里士多德的原意。其余两条乃是16世纪意大利学者制定的。时间整一和地点整一不反映文艺创作的普遍规律。古典主义时期作家们奉为金科玉律，曾经束缚了自己的创作，也束缚了当时文学的进一步发展。但这与亚里士多德无关。亚里士多德提出的情节整一的要求是符合创作规律的，事实证明是富有生命力的。

六、自然科学

古希腊人告别了虚幻的神话认识世界的阶段，以泰勒斯为代表的自然哲学家开始走上科学认识世界的道路。但在亚里士多德之前，关于自然的知识还是零散的，不得不主要地依赖哲学的思辨。经过约300年的时间，由于生产力的不断提高，科学知识的不断积累和丰富，到亚里士多德已经有可能摆脱对哲学思辨的依赖，建立起独立的自然科学。

古希腊自然科学的传统是把宇宙自然视为一个整体。亚里士多德想象整个宇宙是一个球形的实体。他把它分成两大区域，又各再分成若干层次。他分别研究或互相涉及地研究宇宙的各个层次，从而建立起若干自然科学部门。其中主要的是天文学和生物学，尤以动物学成就最高。这些科学知识的具体结论，从现代科学的标准看大都已不值一顾，但它们在历史上确曾有过很大的影响，对发展科学的研究方法和提高科学的认识水平起过重要的作用。

下面分别就他的《物理学》、《论天》、《动物志》等方面来介绍他关于自然科学方面的主要理论。

（一）《物理学》

亚里士多德自然论的主要著作是《物理学》。他的这个"物理学"不是现在研究力学、声学、电学等等的物理学，而是一部对自然做一般理论研究的著作。"物理学"西方文字的标准拼法是 physica，这个词来源于 physis（自然）。但在这里"自然"一词并不正好等于我们现在对它的理解。在亚里士多德想象中"自然"的含义和动植物的生长有关，和四种元素——土、水、气、火在宇宙结构中的专有位置有关。自然不是灵魂却又类似灵魂，自然事物因它而开始或停止运动和变化。它是一种内在于事物的动力，推动诸如一颗松子生长发育长成一棵松树。因此它又是事物的形式，是运动变化的目的——规定着事物发展过程的善。"由于自然而存在的事物"亚里士多德列出：动物及其各部分、植物，还有简单物体——土、水、气、火。他说，这些事物和那些不是自然构成的事物有着明显的区别，即一切自然事物都明显地在自身内有一个运动和静止的根源。

《物理学》的后四卷论运动。在亚里士多德看来，自然物是运动变化的；整个自然界处于不停的运动变化之中；没有任何一段时间里没有运动。他比喻，运动好像是自然界的生命似的，不停不灭。当然，他所说的运动是广义的。他依据范畴第一次给运动分类，把运动分为：（1）实体的变化：产生和灭亡；（2）非实体的变化：①性质的变化；②数量上的变化——增和减；③空间上的变化。不过，他着重指出：空间方面的变化，即位置的变动，是运动的基本形式，因为，每一种变化之中都离不开位置的变动。

　　亚里士多德用质料、形式、目的和动力四个原因（本原）说明运动。他说，自然物都是形式和质料的结合。一株长成的松树由松树的形式和它的直接质料组成。但它是由一粒松子（作为质料）发芽，生根，长叶，在生长中吸收各种养分长成的，但它不是吸收随便什么养分，而是按形式的要求有目的地吸收一切必要的养分长成。松树的形式潜在于松子之中，推动后者生长，因此，形式也就同时是目的和动力。质料形式化，事物也就从没有自然到有了自然。《物理学》最后讲到第一推动力。"月亮以下的"自然物，它们是有时运动有时静止的，它们受天体运动的推动；"月亮以上的"天体的运动是永恒的，它们直接地或比较直接地受第一推动力的推动。第一推动力在第一层天的球面上，是唯一的，没有量的，永恒的，神圣的。

　　作为四因说的补充，亚里士多德又用潜能和现实一对范畴丰富了运动学说。他给运动下了个出色的定义，他说，"运动乃是潜能的事物作为潜能者的实现"。事物既不是完全潜在着（已离开起点），也不是已经完全实现了（达到终点），而是在实现过程中。

　　时间和空间是两个和运动密切相关的概念。除了原子论者的虚空（他们是把它当作没有内容物的空间的）而外，古代学者还很少有人认真地讨论过这两个问题。简单地说，亚里士多德理解，空间不是事物，但是和事物同在；空间不是容器，但是包围事物。它是事物的直接限面。空间与运动关联，是运动的形式之一。空间有上下前后左右之别。整个宇宙球形是万有的普遍空间，因此空间在广延上是有限的。他批判了原子论者的"虚空"说，指出，没有内容物的空间是不存在的。和空间一样，亚里士多德指出，时间和运动相关联。但时间不是运动，它是"运动的禁止"。他说时间是"关于前后的运动的数"。因此这里有一点要注意的：时间要有数数的人，和人的主观关联着；要感觉到了有先后两个不同的"现在"，人们才能意识到中间有一段时间过去了。因此，时间是思想的创造。

亚里士多德指出时间、空间和运动的不可分割性。运动是时间空间的本质，运动在时间空间中进行；运动是永恒的，时间是无始无终的；时间和空间都有连续性，因而是无限可分的，虽然他不承认空间在延伸上无限。亚里士多德的时空观在 2000 多年里是先进的。牛顿的绝对时间和绝对空间是从亚里士多德的倒退。爱因斯坦相对论比亚里士多德前进了，它揭示，对于不同的参照系，空间的度量和时间的节奏是不同的。

此外，《物理学》还讨论了必然和偶然、有限和无限等问题，丰富了关于运动的学说。

亚里士多德的《物理学》实际上是他的自然哲学，主要论述了自然、时空与运动问题。他对自然的探讨起点是很高的，即从哲学层次提出问题，他说："在对自然的研究中，首要的课题也必须是试确定其本原。"① 从而他提出了"实体"范畴，使哲学具有了自己的个性。接着，他抓住了自然的运动变化的本质，认为这是了解自然的关键，他说："如果不了解运动，也就必然无法了解自然。"② 而"如果没有空间、虚空和时间，运动也不能存在"③。因此，时空是运动的前提。这一基本看法一直指导着西欧科学与哲学的前进。特别是他关于时间与空间的哲学描述是绝妙的，以后黑格尔关于时空的精彩篇章，只是亚里士多德的时空观的进一步展开而已。亚里士多德关于事物之间的限面或界面的说法，既坚持了事物发展的连续性，又在连续性之中安置了间断性。"至于时间，虽说它是可分的，但它的一些部分已不存在，另一些部分尚未存在，就是没有一个部分正存在

---

① 亚里士多德：《物理学》，184ᵃ15。
② 亚里士多德：《物理学》，200ᵇ12-15。
③ 亚里士多德：《物理学》，200ᵇ20-25。

着。"① 这些论述是极其现实而辩证的。

（二）《论天》等

亚里士多德的宇宙学说的主要著作是《论天》和《气象学》。宇宙即万有，囊括一切。亚里士多德称它为"天"。它受第一推动力推动。它是独一无二的，因为第一推动力是独一无二的；它是无始无终的，因为第一推动力是永恒的；既然没有任何东西在它之外，所以它是完满的，因此是有限的。亚里士多德把这个囊括一切的宇宙以月亮为界划分为两大范围，"月亮以上的"和"月亮以下的"。"月亮以上的"世界是恒星和行星的世界。这里分好多球形的层，每一层或称一重天。最外的一层，也是最上的一层，是恒星所在的天，它受第一推动者的推动，带着恒星做永恒的循环运动。它是第一个被动的推动者，再推动行星诸天的运动。行星和恒星一样，自身是不动的，附着在各自所在的球形上做永恒的循环运动。行星和恒星不同：所有的恒星附在唯一的一个球层上，而行星则各有自己的一个甚至几个不同的球层。我们观察到它有几个轨道，它就有几个球层。亚里士多德确定地说，行星天有 55 个或 47 个。月亮以上的世界由第五种元素以太构成，是永恒的，神圣的，愈到上层愈神圣。诸星因运动速度大而发热发光。

"月亮以下的"世界小得多。地球是一个很小的球体，却位于宇宙的中心。干冷的土由于绝对地重而在最下面，干热的火由于绝对地轻而在最上面，土上面是相对重的湿冷的水层，火下面是相对轻的湿热的气层。月亮以下的一切事物都由土水气火这四种元素构成，它们是有生灭变化的。在这个范围内，由第一推动者发出的形式的能，愈来愈弱，作用于质料的准确性愈来愈小。所以在这里大部分

---

① 亚里士多德：《物理学》，218ᵃ5-16。

都是无生命的东西。有生命的东西也常常缺乏"善"的趋向，因而出现疾病和畸形等现象。在这个范围内，运动是不连续的直线运动，不像天体的完善的连续的循环运动。

《气象学》研究的范围应是发生在水和气中的现象，包括风、雨、雷、电等等。但是亚里士多德把属于天文学的研究对象，如流星、彗星、银河等也包括在内；属于地质学的地震也是。因而，气象学不但包括水、气，也包括火、土。他认为月下的世界是混合物的世界，四种元素彼此混合、相互转化、生成万物。空中的混合物是一些某一元素暂时占优势一经形成又趋毁灭的东西，地上的混合物是一些较为稳定的无机物和有机物。有机物提供的物质条件生成植物和动物。

亚里士多德提供的这一幅宇宙演化的图景是根据表面观察加上主观臆造编织出来的，不但没有科学价值，而且有些地方是悖乎常识的。其可取之处在于，他试图客观地考察宇宙自然，也多少觉察到了天地之间的某种区别，对地球上物性的区别也有初步理解。这在当时还是难能可贵的。

（三）关于生物的研究

如果说亚里士多德的宇宙学说，是表面观察与主观臆造的产物，那么他的生物研究，尤其是动物学说，则已经完全是经验的科学了。其中虽然有前人和同时代许多别人的经验在内，但许多详细精确的描述显然是他本人亲自观察甚至对实物进行解剖而得的直接知识。在历史上他是第一个走到大自然中去对动植物进行调查研究的人。他离开柏拉图学园后曾花了 12 年时间在小亚细亚沿海及岛屿考察和搜集动植物资料。他又是历史上第一个有组织地进行大规模的科学研究工作的人。公元前 335 年创办吕克昂学院后，他的不少学生同时也就是他的得力助手。其中如提奥弗拉斯特后来成了希腊化时期著名的植物学家。吕克昂学院里师生一起共同努力搜集标本，解剖、绘图、分析、比较、分类。马其顿的亚历山大大帝也曾给予他大力的支持，给他提供大笔的经费，嘱咐部下军人以及各地的猎人、渔民等看到特别的动植物品种要送给亚里士多德。因此他的生物科学所依据的不仅都是事实材料，而且是十分丰富的材料。据说他的《动物志》描述的动物有 540 多种。他又是第一个运用解剖作为一种有效的手段研究动物的人。据说他亲自解剖过 50 多种动物，观察它们的脏器组织。这种就近直接观察认识事物的方法使他的生物学知识成为当时条件下最精确的科学知识。

亚里士多德无疑研究过植物，这方面的著作已经失传。现在亚里士多德全集中所收的《论植物》一书，据信是一本伪作。现在大量流传下来的是动物学著作。其中最主要的是《动物志》、《论动物的产生》、《论动物的部分》和《论灵魂》。他的成就涉及动物学的各个主要的分支：生态学、胚胎学和生理学。他对动物的记述是很精确的。他把软骨鱼和有骨鱼区别开来。他认识到鲸和鳖是胎生的哺乳类动物，是生活在水中的兽类。他记载软骨鱼类中的小狗鲨（光滑鲨）是特别的卵胎生动物。2000 多年里动物学界对此说一直持怀疑态度，可是 19 世纪上半叶德国著名生物学家约翰尼斯·穆勒终于证明这是事实。他观察鸡蛋的孵化，描写了鸡胚的发育过程，特别是心脏的形成，也研究了人类胎儿的发育。他打破了以前的一种偏见，认为父亲是唯一真正的亲体，母亲只是供给胎儿一个营养和发育的场所。他指出母亲也是重要的，认为它供给了活跃的男性因素形成所必需的物质。

亚里士多德的科学成就最重要的或许还在分类上，他是动物分类学的创始人。他把所搜集到的 540 多种动物，依它们在构造、繁殖发育和生态上的特点，把它们分成若干类（γένος），而在同一类里又根据种种差异分成若干种（εἶδος）。作为自然与类的基本单位的"种"的定义，就始于他的分类学著作《动物志》。近代生物分类学的大师林奈（Linnaeus Carlus，1707—1778）的两名法正是承袭了《动物志》的分类体系。亚里士多德把动物的品种整理成一个系统，这个事实本身就是科学认识史上的一个很大的进步。不过话说回来，我们在这方面也不可估价太高。亚里士多德诚然认识到动物的分类应当依据主要的特性，而这些主要的特性又应当比较地来判断，以便排列成高下等级。但他在这样做的时候缺乏严格性和一贯性。在若干真正基本的概括性的特性（如有血无血或生殖方式）之外，他也常在一些很表面的特性中去寻找种差和定等级高下的标准。例如，他据以区别淡水生物的标准，却是看它们生活在河里、池塘里还是在沼泽里。决定人在胎生动物中作为一个突出的类的，是他的身躯的直立和分辨左右的能力。他也不知道蝙蝠、鳄鱼应归入哪一类里。

生物学的视野包括动物和植物，它的课题是研究动植物共有的生命现象，涉及更多的理论问题。在生物分类学说里有两个理论问题比较突出。

（1）分类和进化论。他根据生物机能的繁简排列高低，把生物划分成三大类[①]：植物属于最低级别，只有营养的和生殖的机能。它们的器官没有多大的分化，生命力仅表现为向上的生长和产生种子，他认为植物生殖没有两性的区别，甚至可以自发产生。高一级的是动物，它们不仅有营养的和生殖的机能，还有感觉的和运动的机能；它能用感觉识别事物的性质，做出反应，产生运动。生物的最高级别是人类，它除了具有植物和动物的机能外，还拥有仅为人类独有的机能，即推理的机能。在亚里士多德的分类理论里，物种是永恒

---

① 《动物志》并没有把人类从动物类分出来，独立为一类。

的。亚里士多德是目的论者，事物是应形式的要求产生的，物种是先定的。但是，正如在哲学中一样，在自然科学中，亚里士多德也是充满探索精神的，他的理论不是固执的。这里从植物到动物到人类，由低级到高级，被称为"自然梯级"。他还认为有介于动物和植物之间的物种，也给人以物种转变的证据。不少人在这里看到亚里士多德有进化论思想，瑞士学者布克哈特（J. L. Buckhaid）甚至称亚里士多德是生物学史上的第一位进化论者。达尔文认为亚里士多德在进化论方面的贡献比林奈和居维叶伟大得多。

（2）分类和生命的概念。现代自然科学给生命所下的定义是：自我摄食、新陈代谢。亚里士多德把具有营养机能和生殖机能作为最低等级的生物——植物的机能，也就是把这个最基本的机能视为所有生物共有的机能。我们在这里看到了有生命者和无生命者的界限。亚里士多德动物体构成的理论宣称，地球上的元素混合成"同种的部分"或同素体，即体素和体液，再由同种的部分组成"不同种的部分"，即动植物器官，最后组成生物个体。这个最后的生成者便是一个有生命的东西，或为一个植物或为一个动物或是一个人，都是一个能够自我营养的个体。——这表明亚里士多德对生命的理解已离现代科学的理解不远了。亚里士多德关于生命的概念还有一点是值得注意的。即他认为生命的物质基础是热力。生物的原初是四种元素的混合，不同的生物四种元素的比例是不同的。火是热的元素，土是冷的元素；火（也称还有气）的成分愈多，土（或许还有水）的成分愈少，热力便愈大，生物所表现出来的生命力也就愈强。这似乎是生物分类理论在逻辑考虑以外的唯一真正的实质性依据：从人类到动物到植物以及它们的各类各种由高到低，热愈减少生命力愈弱，植物以至于只能用许多的脚固着在土地上了。热力论的表述虽然着笔不多，但代表着真正科学的观点，不是用灵魂的级别解释人类所可比拟的。

七、逻辑学的创建

逻辑学是一门以思维为对象的科学。理性思维把感性思维所觉所得的东西加以分析，去除偶然的东西，留下本质的东西，形成科学知识。人类要达到知识的彼岸，还必须找到一只渡船，这只渡船就是逻辑学。所以人们习惯地把逻辑学叫作知识的工具。

在亚里士多德以前，古希腊的哲学家们虽已在论辩诘难之中，运用了某些逻辑论证的方法，或在不同程度上研究了某些概念和判断的问题，但他们都还只是附带地稍稍涉足这个领域而已，逻辑学还远不是一门独立的科学。亚里士多德是科学认识史上第一个自觉地对思维进行研究的学者，被誉为西方"逻辑学之父"。他对逻辑学所做的贡献是特别巨大的。他结合语法修辞系统地研究了概念、判断和推理的形式，发现了正确思维必须遵循的规律，形成了一个以三段论为中心的演绎推理体系。难怪有人说，单是逻辑学上的贡献就可以使亚里士多德千古不朽。

亚里士多德的逻辑学并非系统专著，而是由若干独立的短篇专论组成的。其中主要是：（1）《范畴篇》；（2）《解释篇》（一译《命题篇》）；（3）《前分析篇》；（4）《后分析篇》；（5）《论辩常识篇》（一译《正位篇》）；（6）《辨谬篇》。（这六篇，公元前1世纪中期由罗得斯的安德罗尼可斯辑成一书，后来拜占庭逻辑学家称之为《工具篇》，意思是知识的工具）此外，还有《形而上学》中讨论矛盾律和排中律的篇章（当初可能也是独立成篇的），以及《物理学》、《论灵魂》、《修辞学》中的若干内容。

亚里士多德逻辑学的内容极其宏富，而以"三段论"作为其核心。三段论式由大、中、小词，大前提、小前提，结论三判断组成。

这当今已成为中学生的常识，但当时形成定式，却是杰出的。

现将这个推理体系略作分析如下。

（一）关于概念（名词）

亚里士多德论述了概念问题。但在亚里士多德的著作中是找不到一个和"概念"相当的术语的。在他的著作中概念被称为"本质的言辞"、"定义"和"命题的名词"等等，概念是被作为定义的谓词来讨论的。

他指出，概念为某一种或类的一切对象所固有，它表达事物的本质，回答某物是什么的问题。他给概念分了类，还考察了概念之间的关系：同一关系、从属关系、并列从属关系、反对关系、矛盾关系，等等。他列出了 10 种外延最广的概念——范畴。它们是实体（本体）、数量、性质、关系、地点、时间、姿态、状况、行为、遭受。在他看来，一切命题或判断都离不开这些范畴，他们是命题或判断的最普遍的谓词。逻辑范畴的提出，包含了宇宙本体追求的知性构思于其中，不过他列举的 10 个范畴，并没有什么客观必然性，也看不出有什么足够的逻辑根据。

（二）关于判断

亚里士多德深入地研究了判断问题。在他的著作中判断是被作为三段论的组成部分——前提来讨论的，在这种场合"前提"就是判断。他还常常把判断叫作"命题"或"命题的言词"。

语言是思维的物质外壳。亚里士多德经常结合语句讨论判断问题。他说判断是一个包含陈述的语句，是对某一对象有所肯定或否定的言词。他在这里指出了判断的基本特征是肯定和否定。并不是任何语句都是一个判断，只有有所肯定或否定的语句才是判断。例如一个祈祷是一个句子，但不是一个判断，因为其中没有肯定或否定。他对判断进行了分类。他首先把判断按质分为肯定的和否定的。他只按量把判断分为全称的、特称的和单称的。他还按质和量的结合把判断分为全称肯定、特称肯定、全称否定和特称否定。他也根据判断的质和量结合形式的不同指出了判断与判断之间具有反对关系和矛盾关系。虽然还没有正式谈到差等关系，但已大体上具备了后来逻辑方阵的要素。

亚里士多德是在反对诡辩中研究逻辑的，他始终注意判断的真假（正确和错误）。他指出，概念作为独立的语词没有真假，但是它们所构成的判断有真假，不论它是肯定的还是否定的。而真和假的标准则依其是否符合客观实在而定。这是亚里士多德逻辑学唯物特征所在。

亚里士多德判断学说研究的是简单判断，是直言判断，是实然判断。

（三）关于基本规律

亚里士多德发现并准确地描述了传统逻辑的基本规律。他认为不矛盾律是思维的基本原则。关于这个原则他表述为："同一属性在同一关系下不能同时既属于又不属于同一主体。"例如："这个人是白的"和"这个人不是白的"这两个互相矛盾的判断不能同时都是真的。亚里士多德并没有说，同一个人在不同的时间不可以既是白的又是不白的。关于思维的第二个基本规律排中律，亚里士多德表述为："如果对于一事物必须或者肯定它或者否定它，那么，肯定和否定不能同时都是假的。"两个互相矛盾的判断中只有一个是假的。同一个人不能同时既不是白的又不是不白的。这里不能有第三者。不矛盾律强调不能同真，是反对人们主张自相矛盾，排中律强调不能同假，是不容许人们回避必要的抉择而采取骑墙态度。当然，如果两个判断不是必须二者择一的矛盾关系，排中律是不适用的。

关于同一律亚里士多德谈得很少，没有把它作为一个基本规律正式提出来讨论。但他在自己的著作中随处注意给概念下定义，可以视为是在满足同一律的要求。那时，他还没有提出充足理由律。

亚里士多德提出的思维规律，纯属知性范围，在日常生活范围，在语言与写作范围内，是绝对的必要的，没有它，语言不能沟通；没有它，根本无法写作。

（四）关于三段论

研究推理理论发现了三段论法，是亚里士多德在逻辑学上的历史性贡献。在完全没有前人经验可供借鉴的条件下建立起一个推理体系，这种开创精神是亚里士多德对科学的极可宝贵的贡献。

什么是三段论？亚里士多德自己定义说，三段论就是一个论说，其中若干事物被陈述，被陈述的事物以外的某些事物必然因而产生。这是由两个判断自然地推论出第三个判断的推理方法，属于演绎推理。

三段论由两个前提一个结论、三个名词组成。他特别强调中词的媒介作用。他指出，没有中词联系，大小前提是得不出结论的。不过这里要说明的是：亚里士多德的三段论表述方法和现在有两点很不相同：（1）在句子中他总是把谓词放在前，主词放在后，如 A 被断定为全体 B 的属性，B 被断定为全体 C 的属性，等等。（2）我们现在总是先列出大前提后列出小前提，顺序是固定的。而亚里士多德的三段论中大小前提顺序是不固定的，两个前提可以交换。这个不同，并非实质性的，只表明以后完全定型化了。

亚里士多德发现了三段论法的一般规律：一个正确的三段论法中，应当是三个名词而不能更多；在任何一个三段论法中，一个前提应是全称的，一个应是肯定的。如果两个前提都是否定的或者两个前提都是特称的，则从中不能得出结论。关于三段论的推理规则，以后有更为精确完全的表述，不过基础已由亚里士多德所奠定。

　　亚里士多德研究逻辑学的主要目的在于为获得科学知识探寻有效的工具。因此他不惜花费巨大的精力研究三段论一直深入到仔细研究它的格和式。他列出了三个格十四个式，以后进一步发展到四格十九式，这是按三命题排列组合的全部格式，再根据推理规则筛选出来的。三段论的格和式的研究对科学发展的贡献是无可估量的。

　　亚里士多德把三段论分为完善的三段论和不完善的三段论。他认为第一格各式，尤其是第一格的前两个式，是完善的三段论，因为它们所表现的事物的联系是不证自明的，这种不须证明的真理叫作公理。所有第二、第三格各个有效式都可划归为第一格相应的各个式；反之，以第一格前两个式为基础，就可以推导出各个格的其余有效式。亚里士多德三段论体系这种明显地表现出来的公理化倾向，只要看一看一个事实便可以明白它的意义了。即在不久之后便出现了欧几里德几何学这样一部不朽的科学著作（它是数学上的第一个公理系统），它正是在亚里士多德公理化思想指引下发展起来的。

　　（五）逻辑学其他方面的贡献

　　亚里士多德的三段论研究的是以直言判断（或定言判断）为前提的推理。他没有专门论述假言推理，但他还是涉及了这方面的问题，并且提出了一些假言推理的规则。他在这方面的初步工作成为斯多噶学派和后来逻辑学家们建立假言命题和假言推理学说的基础。

　　上述以实然判断为前提的三段论虽然十分精密有效，但它毕竟是一个狭小的系统，不能适用于一切目的。"有这件事"不同于"必然有这事"或"可能有这件事"，事物的关系是复杂的。因此亚里士多德又详细地研究了模态逻辑。在他的著作中构成模态体系的一切要素已大体具备。模态命题是含有模态词——"可能"、"不可能"、"偶然"、"必然"——的命题。模态命题也有矛盾关系，例如

"可能有这件事"、"必然有这件事"和"不可能有这件事"、"并非必然有这件事"是相互矛盾的。亚氏还在模态命题的基础上进行了模态三段论推理的研究。

亚里士多德的实然三段论几乎是没有错误的，模态三段论则疏漏之处较多。亚里士多德之后模态逻辑曾长期停滞不前，直到20世纪初数理逻辑兴起，它才重新受到注意，得到研究和发展。

亚里士多德的三段论主要是演绎推理，关于归纳推理他研究得比较少。但他不是不知道它的重要性。演绎三段论从大前提出发，但大前提有时未知，就得通过归纳法来建立大前提。其次，他也认为归纳是一种重要的认识方法。演绎法从一般到特殊，归纳法从特殊到一般。人们要认识一般，若不通过归纳是不可能的。他对归纳法研究得比较少可能和当时科学发展状况有关。但他对归纳推理的重要性、归纳推理是演绎推理的根据等等是非常重视的。

亚里士多德也是形式逻辑的鼻祖。他第一个在判断和推理中引入字母符号。例如：

如果 A 被断定为全体 B 的属性，

并且 B 被断定为全体 C 的属性，

那么 A 就必然地被断定为全体 C 的属性。

这里可以看到出现了两个部分。一个是自然语言部分，"被断定为全体……的属性"等等，它不变地可用于一切内容的推理判断中，被称为逻辑常项。另一部分是 A、B、C 字母符号，它可以代入任何具体内容，被称为逻辑变项。字母符号的引入，常项和变项的区分，初看起来很简单，事实上却是一次科学史上有重大意义的突破，意味着形式逻辑的诞生。它使判断和推理可以暂时抛开具体内容而只研究其形式结构。这有利于逻辑科学的进一步发展。

亚里士多德的逻辑学是建立在朴素唯物主义基础上的。其中不时地显露出辩证法的萌芽。他认为思维形式是客观事物存在形式的反映，逻辑规律是存在规律的反映。判断的真假必须联系客观实在来确定。他研究和确定三段论的有效的格式是以客观存在为依据的。他的逻辑学在一定程度上体现了实体论和认识论的统一。他提出的这个体系的稳定性、普适性、有效性是经过了长期的历史的考验的。

亚里士多德的勤奋与天才，确立了哲学的学术领导地位，奠定了各类知识的科学体系，它在科学认识上的历史地位，任何人都无法和他比拟的。因此，以后的历史时期，古罗马、中世纪与亚里士多德时代相比，就不是前进，好像是后退了。其实以后千余年的潜沉，实际上是在消化古希腊提供的智慧营养，给文艺复兴以后人类认识的发展以更大的推动。

第四章　爱智精神的式微与务实精神的兴起

　　古希腊人酷爱智慧、追求知识，从认识自己生活的自然环境到深究人生的真谛，无不表现出强烈的好奇心。他们的科学家、哲学家都有一股为探索无穷无尽的知识而献身的神圣激情。希腊人的这种爱智精神在古代曾经为人类创造了无与伦比的精神文明。特别是哲学原则的确立与各门科学体系的胚胎形式的构思，为西方哲学、科学、文明提供了真理性的准则。这种永恒的影响从未根绝。但是，到公元前 3 世纪，这一文明似乎逐渐走向衰落。与此同时，另一文明中心——罗马，接着在地中海西部兴起。这是一个与希腊完全不同的文明。罗马人在哲学思想和科学理论方面是贫乏的，成就微乎其微。他们全神贯注于行政、军事，不断钻研法律，无暇探求大自然的奥秘。但我们不能说罗马人是一个没有知识的民族：他们制定了古代世界最完备的法律，创造了独具特色的建筑艺术，并初步建立了建筑的科学理论。他们在这两个领域对世界的贡献也是其他任何民族无法比拟的。他们和希腊人相比确乎有点缺乏灵气，因为他们太重实际了，他们的理智活动也偏于应用，例如农艺、医学以及工程技术等方面。他们看重意志行为，看重有形的物质成果，在国家的政治、军事和市政建设方面取得巨大的成就。他们非凡的实干能力，使他们得以征服全世界，建立并治理庞大的罗马帝国，他们的成功是务实精神的胜利。古罗马的务实精神似乎与古希腊的爱智精神是相对立的。其实恰好是相辅相成，互为补充。西方文明没有古罗马的务实精神，也是不能形成的，特别是到了现代西方物质文明的飞速发展便奠基于务实的基础上。在哲学原则方面，古希腊流传下来的理性主义传统，消融包孕了务实精神，以黑格尔为代表提出"行动理性"、"实践理性"，从而使停留于操作性的务实活动，具有了更为深刻的含义，通过马克思的改造而具有了世界的意义。

第一节　社会人生从理想的追求到典章制度的确立

从苏格拉底到亚里士多德，希腊人都在追求理想，到罗马人，则一变而为追求秩序，建立各种典章制度，以使公私活动都有章可循。罗马的两个重要制度是法律制度和军事制度。

一、法律制度

（一）法律制度的确立

罗马法律制度从图里乌斯改革和十二铜表法的制订到查士丁尼法典的编纂，历经 1000 多年的演进过程。这个过程是和罗马的军事、政治、经济的历史过程紧密相联系的。罗马法律制度的演进可分如下几个阶段。

（1）公元前约 578 年到前 534 年——塞尔维乌斯·图里乌斯改革。改革内容包括三点：①居民不论贵族平民，按财产分为五个等级，按等级规定兵役义务；②废除原有的血缘部落，建立地域部落，居民在部落就地登记户口和财产，确定权利和义务；③设立百人队大会，这是个以财产和地域为原则的国家权力机构。这次改革意味着国家和法的产生。这明显地优胜于古希腊的以血缘为主的小城邦的建制。

（2）公元前449年到前3世纪——成文法的制定。公元前449年颁布十二铜表法，这是罗马第一部成文法。此后，在平民反对贵族的斗争中通过了一系列有利于平民的法案，其中最重要的有：公元前367年李锡尼·塞克斯都法案、公元前326年波提利乌斯法案、公元前287年霍腾西乌斯法案。这些法案的通过使平民取得了在政治和法律上与贵族平等的地位。

（3）公元前3世纪至前27年——制定了市民法和万民法。市民法又称公民法，是罗马国家早期的法律，包括公民大会和元老院通过的决议和法令以及一些习惯法法规，只适用于罗马公民。内容主要是关于罗马共和国的国家机关活动、行政管理以及诉讼程序方面的若干规定，涉及私人财产关系的不多。共和国中期开始，公民内部财产关系迅速复杂化，市民法不够了，便通过最高审判官布告的形式颁布新的法律以补充之，这便是最高审判官法。内容大都关于财产关系。

公元前3世纪，随着军事征服地区的扩大和商业的发展，为解决罗马公民和非罗马公民之间以及非罗马公民相互间的权利义务纠纷，产生了万民法。内容绝大部分有关财产关系，特别是所有权和债权的问题。

（4）公元前27年至公元3世纪——法学家活动时期。帝国时期社会关系经济生活进一步复杂化，要求在财产关系方面确切地规定权利和义务，但国家法律尚不完备，不得不借助于法学家的研究和实践。奥古斯都赋予他们以公开解释法律的特权。意见相同的有法律效力，意见不能一致的供审判官参考。1世纪前半叶法学兴盛，法学家人才辈出，是法学的"古典时期"。法学家们逐渐形成普罗库路斯学派和萨比努斯学派，法学家的争鸣推动了法学研究和私法的发展。2 世纪 3 世纪之交，法学进一步繁荣，法学家中最有权威的有五大法学家，他们是盖乌斯、伯比尼安、保罗、乌尔比安、莫迪斯蒂努斯。他们死后，皇帝颁布"引证法"，以立法形式肯定五大法学家学说有法律效力。

（5）公元 3 世纪到 6 世纪——法典编纂时期。3 世纪开始，帝国经济、政治全面危机，为维护帝国统治，兴起了法典编纂活动。起初由个别法学家编纂皇帝敕令，3 世纪末"格里高利法典"、"格尔摩尼法典"便是。5 世纪前期"狄奥多西法典"是公布的第一次官方编纂的皇帝敕令。西罗马帝国灭亡后，东罗马皇帝查士丁尼进行了大规模的系统的法典编纂工作，编成了《国法大全》或《民法大全》。这便是流传到现在的"罗马法"。

《国法大全》包括四部分：①"查士丁尼法典"，共 12 卷，是历代皇帝敕令的摘要，删除了业已失效的和与当时法规抵触的内容；②《查士丁尼法学总论》，共 4 卷，以盖乌斯《法学阶梯》为蓝本，参照其他法学家著作改编而成，是罗马法学原理的简要课本，具有法律效力；③《查士丁尼学说汇编》，共 50 卷，是历代法学家著作摘录，收入著作 50 多种，经过增、删、改作，已非原来面目；④《查士丁尼新律》，共 168 条，是上述《法典》编完后到公元 565 年之间陆续颁布的新敕令的汇编，内容主要是行政法规，也有关于遗产继承方面的规范。以上四个部分后世合称《查士丁尼民法大全》或《国法大全》、《罗马法大全》。这部汇编虽完成于 6 世纪中叶，但由于经过全体法学专家整理加工，因而能够反映出全盛时期罗马法的全貌。

罗马奴隶主阶级在 1000 多年里用武力建立了一个地跨欧亚非囊括地中海的大帝国，用法律治理着不同种族、不同语言、不同风俗习惯的 2000 多万人口。这套法律制度以"民法大全"的编成为标志，已经形成古代奴隶社会最发达最完备的法律体系。

（二）罗马法律的体系

法学家和《查士丁尼法学总论》都把罗马法分为公法和私法两大部类。公法是有关国家机关活动和官方宗教祭祀的规范，私法是有关个人利益，包括财产、债务、家庭婚姻和继承等方面的法律规范。罗马私法特别发达，内容也特别丰富。私法分人法、物法和诉讼法。

所谓人法是关于民事权利义务主体的法律规定。人作为法律上的权利义务主体首先必须是自由人（奴隶不能算人，但人可以是无生命的［法人］）。自由人享有权利义务主体的资格称人格，罗马法上的人格由三种身份权——自由权、市民权、家属权构成。自由权是自由人享有的权利，最为重要，无自由权就谈不上市民权和家属权，即无人格权；市民权是仅为罗马公民拥有的特权，指选举权和被选举权。还有荣誉权以及婚姻权、财产权、遗嘱权、诉讼权。其重要性次于自由权先于家属权，享有市民权才能享有家属权。家属权指家长主宰全家的权利，包括父权、夫权和买主权。三种身份权有一个消失，称人格变更。法人是指得到法律承认的权利义务主体，包括社团法人和财团法人。法人只有权利能力而无行为能力，其法律行为由其机构和代表人代行。其权利能力也只有在完成其目的事业的范围内才能真正享有。法人享有财产权、诉讼权、遗产继承权，法人应对其职责范围内的侵权行为负法律责任。

物法是关于权利客体的法律规定。罗马法关于物的概念范围极广，泛指除自由人外，存在于自然界的一切东西，有时也指对人们有用而能满足人们需要的一切东西。这里我们应注意的是：首先，作为奴隶制国家的法律，罗马法把奴隶算作物，作为主人的财产；

其次，物不仅包括有体物，也包括无体物，法律上的权利，如债权、继承权、用益权等皆算作物。物权是指权利人对其权利标的物直接行使的权利。物权受到严格保护，任何人不得侵犯。物权分为所有权、役权、地上权、永佃权、债权和抵押权六种，其中所有权为自物权，其余为他物权。此外，债也是物法的一个重要组成部分。债的发生或因私犯或因契约，前者是侵权行为引起，后者因签订契约而发生。物法除了物权和债而外，还包括继承法。罗马法保护私有财产，关于财产继承有详细的规定。

诉讼法是有关诉讼程序的一系列规定，内容涉及法庭的组成及其活动的一般原则、案件管辖、诉讼种类和时效等。

（三）罗马法律的影响

罗马法经过 1000 多年的发展，形成它是"我们所知道的以私有制为基础的法律的最完备形式"①。它反映了简单商品生产社会中的一切重要关系，如买卖、借贷、契约、债、遗产继承等，其中包括有后来资本主义时期的大多数法权关系；它提出了私人权利平等的原则；首创无限私有和契约自由原则；公法、私法划分清楚，私法内容尤其详尽，确定概念和原则时，措辞确切、严格、简明，结论明确。因此罗马法是"纯粹私有制占统治的社会的生活条件和冲突的十分经典性的法律表现。以致一切后来的法律都不能对它做任何实质性的修改"②。罗马法对后世影响很大，尤其是文艺复兴以后，在资产阶级取得政权之后，差不多都以罗马法为基础制定自己的法律，有的甚至略加修改就作为现行法使用。从文艺复兴时期意大利开始，1804 年典型的资产阶级法律《法国民法典》（1807 年改称《拿破仑

---

① 《马克思恩格斯选集》第 3 卷，人民出版社 1972 年版，第 143 页。
② 《马克思恩格斯全集》第 21 卷，人民出版社 1969 年版，第 454 页。

法典》）、1900 年的《德国民法典》，以及欧洲大陆西班牙、葡萄牙等国的法律都是如此。它们一起形成所谓的大陆法系。后来其影响又走出欧洲，遍及法、德、意、西、葡等国在亚非拉的殖民地，以及明治维新后的日本和旧中国，即便是英美法系，虽与大陆法系有很大区别，但也深受罗马法影响，它们在发展本国法律时都吸收借鉴了罗马法的基本思想和原则，罗马法是古罗马人对人类文化的伟大贡献之一。

罗马法虽说是极端务实的，但其处理各种事务的差别性、精确性、严格性、恒定性、明晰性等特点，说明他们知性思维的能力并不低于古希腊人。只是他们仅仅娴熟地运用知性思维于法学实践中，未遑研究知性思维本身而已。当今政法公安部门特别重视形式逻辑的基本训练是非常有道理的。因此，法学研究从思维这个角度讲是逻辑训练的一种最好的实践形式。逻辑对法学理论框架结构的建立，如同它在自然科学体系中一样，是绝对必要的。

二、军事制度

在长期的军事行动中，罗马形成了一整套关于征兵、兵种、装备、军队组织和指挥系统、安营扎寨、行军作战、纪律和奖惩等的规定做法。

罗马全体成年自由民都是军人，一年征兵一次。具体做法是这样的：一年一任的两名执政官选出之后，就由他们先选出军团指挥官（tribuni militum），在服役期满 10 年的军人中选出 10 名，在服役期满 5 年的军人中选出 14 名，共 24 名。服役期不同的两类指挥官互相搭配分成四个组，即每组 6 名指挥官。由他们负责挑选壮丁，组成四个军团。每个军团步兵一般为 4200 名到 5000 名，有时多达6000 名。由于在挑选壮丁时四个军团有相同的优先机会，因此各军团士兵素质标准是大体相同的。骑兵由户籍官根据财产标准选出，每个军团各分配 300 名。征兵完成后新兵要举行宣誓，誓言包括表示他们愿意服从官长，并尽其所能地完成长官的命令。罗马军队对入伍宣誓是很重视的，士兵在整个服役期间必须严格遵守誓言。重新服役必须重新宣誓。

军队以步兵军团为主力。新兵宣誓后，军团指挥官给每个军团指定一个集合的日期和地点。到时划分兵种：年龄最轻的和最穷的作为轻装兵（velites）；年龄大些的财产多些的作为重装兵（hastati）；正在壮年的为骁兵（prineipes）；年龄最大的为殿兵（triarii）。这是一个军团中按年龄和装备分成的四个兵种。计殿兵 600 名，这个数目是不变的；骁兵 1200 名，重装兵 1200 名，其余为轻装兵，后三个兵种人数可按比例增加。

轻装兵的装备是一口剑、几支轻矛，一只圆盾，一平顶头盔（上覆一张狼皮之类）；重装步兵要有一套完整的武装，包括一只结实的长盾，一口双刃剑，两支长矛，一顶铜盔和一双护膝，有的还有护心铜甲；骁兵和殿兵装备同此，只是殿兵不用这种矛而用长矛。在马略改革以前装备都是自备的。

上述兵种，除轻装兵外，分两次各选出 10 名百夫长。第一次选出的 10 名百夫长有资格列席军务会议。百夫长们再指定同样数目的副官。然后把轻装兵以外的各兵种都分成 10 组，各指派两名百夫长两名副官，轻装兵则平均分配在每一组中。这样组成一"列"或一"连"，是军团的基本单位。最后从每连的行伍中指派两名最优秀最勇敢者担任旗手。当两名百夫长同在时，先选出的百夫长指挥右面一半，后选出的指挥左面一半；如若不是两人同在，则一人指挥全连。百夫长最重要的品格是在任何危急关头都保持沉着稳健，坚守阵地，坚守岗位。骑兵分 10 个联队，每个联队选出三个什长，各带领 10 名骑兵。第一个选出的什长指挥全联队，他不在时由第二个指挥全联队。他们的骑兵及所用武器起初有许多缺点，罗马人善于学习其他民族的长处，他们以希腊骑兵为榜样，很快改善了装备，提高了自己的战斗力。

罗马军队以上述方式组成四个军团，两名执政官各统率两个军团。此外还有同盟城市提供的辅助部队，盟军步兵人数和罗马步兵通常相等，骑兵则多三倍。他们统由罗马执政官指定的 12 名盟军总管（praefecti sociorum）管带。盟军分成三部分：盟军总管首先从盟军中选出 1/3 的骑兵和 1/5 的步兵作为"精兵"，将其余的再分作两部分，一部分称作"右翼"，一部分称作"左翼"。

军队这样组织好了，武装好了，各自回家。到期按约到指定地点集合。

集合起来后，军团指挥官带领士兵安营扎寨。无论是第一次结集还是以后的行军途中，罗马人的营寨都是一个式样的。方形的兵营四周围有栅栏（或壁垒）和壕堑。营寨地点选定下来后，首先确定帅帐位置，一般选在一个便于观察全营便于指挥的地方。在这里插下一面旗，在这面旗的四面都量出一条长 100 英尺的线来，使构成一块正方形的地方。沿着这四方形中的一条边 —— 取水和供应粮食最方便的那一面 —— 布置兵团。布置军团的第一步是布置军团指挥官的营帐（每个执政官统率两个军团，每个军团 6 名指挥官，共 12 名指挥官）。指挥官营帐和上述从四方形中选出的那条边平行，一字儿排开，离它约 50 英尺，背对帅帐，面向外方，彼此距离相等，展开的长度正好和军团营地全长相等。然后就是给士兵安营：在指挥官营帐前面向外量出去 100 英尺画一条平行级，线外给士兵安营。垂直于上述平行线，划出 5 条道路，道路两边面对面是士兵营帐。各步兵连和骑兵联队所占用的地面皆成一正方形。最中间的那条路两边是骑兵营帐；背对骑兵面向另一条路的是殿兵营帐；和殿兵隔路相对的是骁兵营帐；依次往两边推移，背对骁兵的是重装兵营帐；和重装兵隔路相对的是同盟军骑兵营帐；再外边是盟军步兵，背对骑兵面对壁垒。再说军团指挥官后面帅帐左右，这两面一面是广场，另一面是财务官办公和贮放给养的地方。广场和财务官仓库外边是精兵中的骑兵和侍奉执政官的志愿人员的营帐。这些骑兵照例不仅安营时靠着执政官，便在行军和别的场合也都经常跟着执政官和财务官。他们面对着帅帐和财务官营帐。和他们背对背，面向壁垒是精兵中的步兵，他们也和骑兵担任同一任务。这些之外，在广场、帅帐及财务官帐那一面，平行着军团指挥官们的营帐，同样隔着一条 100 英尺的空地，安扎了其余精兵中的骑兵，面向着广场、帅帐和财务官帐。跟那些骑兵背对背，面向壁垒及全座营寨的背部，布下其余精兵中的步兵。最后，营寨两边壁垒里面，左右两边还空着的地方，分配给外邦部队或偶然到来的盟军。罗马营地的这种固定的分配格局是很有利的。士兵一天行军之后，到了一个新的宿营地，只要一看地上画的线就立即知道自己的连队所在，迅速安顿下来。在这样分配营地之外，他们还在全营营帐四面和壁垒之间留出 200 英尺空地。这很重要。因为，如果夜间遭到攻击，他们可以有秩序地从各条道路出来，集合到这里守卫抵敌，避免了拥挤混乱，他们的营帐辎重也不会受到损失。

罗马军队在宿营生活中很注意几件事。一是每天黎明百夫长到军团指挥官处、军团指挥官到执政官处听令。二是每天日落时传达夜间口令。三是夜间值岗：执政官、财务官、军团指挥官、副将、参议的营帐，马队、壁垒和营门都有卫兵。四是夜间巡逻。这些都有极严格的手续交代，必须严格执行。如有违犯失误，要受到军事法庭审判，处以笞刑。军官失职受到同样的刑罚。

再说说行军作战。罗马战阵以军团重装的步兵（包括重装兵、骁兵和殿兵）为主力，放在中间；纵深里前面是重装兵，依次是骁兵和殿兵，骑兵在外围。战场形势不利时，可后退形成方阵据守。行军时他们通常把盟军中的精兵放在前头，后面是盟军右翼及他们的驮运牲口。后面依次是罗马第一军团及其辎重，第二军团及其辎重，盟军左翼的辎重，盟军左翼断后。骑兵有时插在所属部队后行进，有时走在驮运辎重的牲口两侧，不让它们走散并保护它们。如预料有后面来的攻击时，只把盟军精兵从前锋改为后卫，其余次序照常。两个军团和左右两翼按日交换一次。轮流担任前锋和后卫。如遇地方宽敞，还可有另一种行进次序，即重装兵、骁兵、殿兵形成三列平行纵队，辎重队插在部队中间，如遇危险，只要一个动作，步兵即可迅速照战斗队列排好，辎重牲口也可受到保护。

罗马军队强大的战斗力，除了上述科学的组织和指挥因素外，大概（也许更重要）就是它的赏罚制度和荣辱观念了。偷窃、伪证、自残都要受到笞刑。如果整个队列临阵脱逃，则处以什一抽杀。向长官谎报战功骗取荣誉的，在担任掩护任务时擅离岗位的，在两军接战时扔掉武器的，都被认为是耻辱，是要受到处分的。战斗中立功的受奖励。首先登上城头的，奖金冠一顶，救护战友的，奖市民荣冠。杀死或杀伤一名敌人可得规定奖品。除了实物奖品而外，有功者还受到将军在士兵大会上的赞扬，他们的光荣事迹一直流传到家乡，回到家乡时受到宗教游行的迎接。这样形成风气，罗马士兵都能坚守战斗岗位，勇敢作战，宁死不退，从而保证了指挥意图的胜利实现。

我们于此不厌其烦地介绍罗马的军事方面的典章制度，是考虑到罗马人能建立地跨欧亚非的大帝国，主要依靠其强大的军事力量。而其强大与它的军事建制有关。这种建制如上所述，似乎纯然是一些具体措施，但实际上包含了原始的系统工程的构思。它的局部的设计，定量的配合，在如何有利于指挥进退的前提下，达到机动灵活而又章法不乱的整体结构的形成。谁说罗马人一点辩证头脑都没有呢？军事制度的构思及其实践，便是他们的辩证思维的现实表现。

古罗马在科学认识史上的地位似乎是黯淡无光的，其实它面对复杂的人类社会制度的建立是煞费苦心的。古罗马人显示了人类非凡的才干，如何管理日益扩大的纠纷迭起的人类群体，他们提供了完备的政法军事的理论与制度，影响迄今，遍及全球。古罗马人在工程技术特别是建筑方面的成就也令人瞩目。能力是智力的实践，反过来又磨炼智力，因此，古罗马人在人类认识能力的发展上的贡献，绝不亚于古希腊人。

第二节　意志能力的培养与国家政治经济建设的辉煌成就

罗马精神表现为实干，注重人的意志能力。许多历史上有过轰轰烈烈功业的政治家、军事家都是些意志坚强、明于判断、善于组织人力争取胜利的文武全才。恺撒 16 岁就开始积极参与社会生活，进入政界。公元前 49 年跨过卢比孔河，公元前 48 年法萨卢决战，恺撒树立了罗马精神的光辉榜样。奥古斯都·屋大维也是这方面的一个突出典型。他在一场重病之后，只带少数几个伴当，通过敌人控制区，步行到西班牙，参加那里恺撒领导的对庞培势力的战争。恺撒盛赞这种精神，把它看得比军人在战场上的勇敢更重要。很可能他正是在这时已决定把屋大维定为自己的继承人了。普通的罗马士兵也注意培养这种坚强的意志，法萨卢战役，恺撒军中严重缺粮。事后人们看到恺撒堡垒中剩下的食品，无法想象士兵吃这种东西怎能下咽的。战争锤炼了人们的意志，意志能力帮助人们取得了战争的胜利，也帮助人们取得了政治建设和经济建设的成功。政治建设表现为共和制度运作的成功，经济建设表现为罗马市政建设的宏伟壮观。奥古斯都自诩把一个泥砖的罗马变成了一个大理石的罗马。

一、罗马的政治建设

罗马人像许多其他民族一样，在自己的文明之初曾经经历过一个军事民主制的王政时期。王政的管理机构有三：（1）库里亚大会，即人民大会。它有权通过或否决一切法律，选举高级公职人员，决定战争和审判重大案件。（2）元老院，即长老议事会，由 300 个氏族长组成。是库里亚大会的预决机构和王的顾问。它拥有收税、征兵、媾和等权力。（3）勒克斯，即国王，是军事统帅，最高祭司和某些案件的审判长。

公元前 6 世纪中期，第六王塞维·图里乌斯在位时实行了一次改革，改革包括如下内容：（1）罗马居民不分贵族平民，按财产划分为五个等级。每个等级在战时自备武装组成若干个百人队。（2）罗马城市公社原来按血缘形成的三个部落改为按地区划分的四个部落。其居民不论贵族平民就所在地部落登记户口和财产，确定其权利和义务。（3）设立森杜里亚大会，即百人队会议。这个以地域和财产为基础的、以军事编制为形式的新机构代替了原来以血缘关系为基础的库里亚大会。历史上认为这次改革标志着罗马由氏族制过渡到国家。

公元前 509 年罗马人民赶走了最后一个国王，选举了一年一任的两名执政官，罗马的历史进入了一个共和国的新时期。这个时期绵延 5 个世纪，是罗马历史上最重要的一个时期，外部战争不断，内部阶级斗争时紧时松，错综复杂。罗马共和国在战争中诞生，在战争中得到发展，最后在战争中赢得一个帝国。共和国不仅在军事上取得前所未有的成功，它的政治制度也在这个历史过程中受到考验，不断趋向成熟，以致"共和国"这个名称成为一个光荣名词在历史上被不同时期不同阶级基础的国家竞相采用。罗马共和时期著名的历史学家波里比乌和著名的理论家西塞罗，当代人论当代事，都高度赞扬罗马的共和制度。认为共和制度最能体现人们在权利的普遍性和共同利益基础上的联合这一国家本质；它的内部机制既包含互相配合互相支持，又包含互相抵制互相约束，最能保证政治的稳定和社会的安宁。

罗马共和制的权力机构由三部分组成：（1）执政官；（2）元老院；（3）森杜里亚大会、特里布斯民会、库里亚大会。它们分别代表军政长官、议事会和人民这三种权力，构成三权鼎立、互相配合、互相制约的制衡结构。但我们应看到，这和资产阶级国家"行政、立法、司法三权分立是不同的"。在行政、立法、司法权上这三个机构虽有所侧重，但不是截然分开的。它们的权力分配也不是一成不变的，而是在战争的环境中，随着国内平民和贵族的阶级斗争形势的变化而不断调整，逐渐完善的。

下面分别论述执政官、元老院和人民三个部分的权力分配及其相互联系。

执政官。执政官一年一选，每次选两名，权力相等。他们的主要职能是率领军队指挥作战。根据情况他们可以同时带兵作战，也可以一人在外带兵作战一人留在罗马主持内政。如果同时出战，则各带两个军团。战时他们的权力几乎没有限制：有权选定军团指挥官，指派后者办理征召士兵、组建军团的工作；服役期间，他们有权惩罚或奖励部下任何人员；他们有权动用国库基金，决定支用数额，并各有一名财务官跟随着，忠实地执行他们的命令；他们也有权向同盟城邦提出要求，要求他们提供辅助部队，指明提供士兵的人数，指定盟军总管。和平时期，他们在罗马行使管理国家一切事务的权力。民政官员中他们地位最高；除了保民官以外，其他一切官员原则上都得服从他们。他们负责介绍外国使节到元老院。他们可以召集元老院会议，担任主席，提出讨论事项，并把元老院决议逐条付诸实施。他们也有权召集并主持人民大会，提出法案要求讨论，并亲自主持实行人民会议的决议。他们也领导官员的选举，照顾国内安全，主持某些节日活动等。

元老院。王政时期即已设立的机构，初由 300 名氏族长组成。它由共和时期沿袭下来，人数不断增加，权势益重，成为贵族的堡垒，传统的维护者。元老院的职能范围非常广泛，从内政到外交，从军事到财政，从立法到司法，几乎无所不包。历史学家波里比乌认为它最重要的职能是控制国库；编制预算，规定税收的性质和数量，监督包税，铸造货币；除执政官的军费外，别的任何支出都需元老院决议通过，否则财务官是无权支付任何公款的。即使每五年一次的例行拨款，交给户籍官用来修缮公共工程的，也由元老院控制。军事上元老院是总参谋部和军事委员会。它决定征兵的时间和数量，包括盟邦提供辅助部队的数量，也有权宣布解散军队。它监督两名执政官的军团分配和战线分派，监督执政官决定和执行战略，决定是否给予得胜将军以凯旋式的荣誉。外交权力集中在元老院中。由它接待外国使节，决定给予何种接待和什么答复；由它派出使节去国外，执行包括宣战、受降或提出强烈要求等等使命。内政上有宣布非常状态、任命独裁官的权力；当执政官不在国内时，有权指定元老领导下任执政官的选举事宜。还有规定节日和献祭的权力，以及在非常情况下解释神兆的权利。立法方面，公元前 339 年以前它有权批准人民大会决定，公元前 339 年以后保有预审权。它也是国家常设的司法机关，有权审理诸如叛国、谋反、下毒、暗杀等等重大罪行。

人民。随着森杜里亚大会和特里布斯民会的出现，库里亚会议已经没有实际作用。森杜里亚大会意为"百人队"大会，是图里乌斯改革创立的一种军事和政治合一的机构。居民按财产和地域划分为若干单位，战时每个单位出一个百人队，平时在公民大会上有一票表决权。百人队会议有宣战和媾和的最后表决权，有选举包括执政官、大法官、监察官等高级长官的权力。公元前287年之前有通过宪法的权力。特里布斯民会意为"部落"大会，是不分等级不限财产资格的平民大会，后来贵族也参加进来，便成了全体人民的大会。公元前287年以后它成了主要的立法机构，宪法以及一切法律都由它讨论通过。其决议可无须元老院同意而对全体人民有约束力。它有审理和判处罚金案件，并且是唯一审理死罪的法庭。它有权选举财务官、高级营造官、部分军团指挥官（另一部分由执政官任命）和各种低级长官，在仅有平民参加的特里布斯民会上选举代表平民利益的平民保民官和其他平民官员。

共和国的三个组成部分的权力分配既如上述，看来似乎执政官在处理民政或统率军队进行战争时，在要做的一切事情上拥有绝对的大权，但是事实上他必须有人民和元老院的支持。没有他们的支持和配合，他将一筹莫展。军团需要经常的给养。如果元老院不同意，军粮、饲料、衣服、装备、饷银便无法筹措。只要元老院从中作梗或故意怠慢，执政官的一切计划便成泡影。执政官一年任期届满时，元老院有权撤换他，也有权让他再次当选。如果到时他的计划和意图还未及完全实现，那么事情的或成功或半途而废就完全取决于元老院的态度了。再说，一个执政官指挥一场战争取得了胜利，是否举行一次凯旋式，展示一下将军的丰功伟业，也需要元老院的支持。如果元老院故意抹杀或装作视而不见或者不同意提供所需资金，凯旋式便无法组织无法举行。至于对人民，执政官不论身在罗马之外多远的地方，都要设法争取他们的好感。因为和约和任何协议的批准与否都取决于人民。最重要的是，在任满卸职时，执政官必须向人民述职，把自己的所作所为向人民作一番交代，到时是否能取得人民的认可，就取决于他和人民是否保持有良好的关系了。总之，执政官在任职期间必须时时注意尊重元老院和人民的权限，争取他们的好感，否则就会到处碰壁。

再说元老院，它虽然握有那样大的权力，但在处理国家重大政务或做出重大决定时，也必须充分考虑人民的愿望。遇到该判死刑的重大案件，它也不敢擅自审理，必须把它移交人民审判。甚至如果有人提出一项法律，意在剥夺元老院的某些传统权力，或要废除元老们的某些特权或优待，甚至要剥夺他们的私产，该交给人民大会决定的，元老院也不能擅自处理。最重要的是平民保民官的权力。他们经常密切关注人民的意愿，对侵害平民权益的决议事项他们可以行使否决权。保民官中只要有一人表示反对，元老院的任何决议就会归于无效，甚至连开会议事都不许可。因此，元老院是害怕民众的，它不敢忽视人民的意志。

同时，人民也一定得重视元老院，不论公私场合都尊重它的成员。罗马法律禁止元老经商，因此工商业活动统属人民利益。国家的公共工程的建筑和修缮分给人民承包，他们是承包商；国家的港口、船坞、航道、矿坑、土地、果园，包给人民征税，他们是包税人；还有和这些承包人合伙的，为这些人担保的，几乎可以说每一个人都和这个那个的契约有着种种的利害关系。而在这些契约的执行上元老院有最高的抉择权。如果发生了什么意外，它可以把期限延长，可以减免承包人向国库缴纳的承包金，它可以使他们得益也可以使他们亏损。更重要的是元老院握有司法审判权。一遇到诉讼，不论是刑事还是民事，案情重大的都由元老院派它的成员担任法官。法庭的判决人民是无法阻挠和抗拒的。同样，人民也不敢轻易反对执政官的计划，因为一到战场上，所有的人无例外地都处在他的绝对权力之下。

就这样，罗马政权的三个成分各拥有自己的权限，同时也都必须尊重别的部分的权限。他们团结起来互相支持，足可应付一切非常事变。一旦遇到共同危险，他们就能群策群力，共渡难关。看到共同利益之所在，他们就能通力合作，以不可抗拒的力量实现所追求的目标。相反，如果哪一个部分居功自傲、专横跋扈而腐败起来，这种制度也包含有补救的办法。即三者之中，如果有哪一个部分想凌驾于其他两部分之上，专权谋私，就会遇到后者的抗拒和抵制。遇到这种情况，他们通常以妥协告终，三权之间又恢复了平衡。

罗马的共和政治制度是罗马人的创造，是罗马人的骄傲。在五个世纪的漫长历史过程中，政权的三种成分既互相配合相互支持，又相互抵制相互约束，保证了内部的团结稳定和对外战争的胜利。和此前历史上（像在希腊和古代东方）出现过的单纯的君主制度、贵族制度和民主制度相比，罗马共和制在一定程度上确实具有如上优点，但我们还是不可以把共和制度予以理想化。首先，共和制的三权鼎立实质上是两权对立，以元老院为代表的贵族权力和以森杜里亚大会与特里布斯民会为代表的平民权力的对立。执政官大都从元老中选出，卸任后又都进入元老院，在历史上是很少看到他们和元老院不一致的。再说，元老院和民会两者相比，显然元老院具有明显的优势：民众大会不常召开，保民官也相互掣肘，而元老院则是一个常设的机构，其成员是长期固定的，且拥有传统的崇高威望，影响力很大。所以元老院是事实上的共和国权力中心。罗马元老院是富有统治经验的，他们善于妥协。他们用对平民的让步换取后者对战争的支持，给外省上层人物以罗马公民权，团结他们共同镇压奴隶和被征服地区下层人民的反抗。西塞罗把妥协视为三权鼎立的结果，称赞妥协是共和国的唯一救星，其实是平民反抗和两极力量较量的结果。另一方面也应该看到的是元老院政治上明智老练的表现。元老院的妥协政治被后来的历代统治者视为罗马共和制突出的政治经验，不少国家都曾设立元老院（上议院、参议院）作为自己权力的支柱，并且认为政治就是妥协的艺术。

公元前 30 年，屋大维灭亡埃及，罗马已由局促于第伯边的一个小小城邦一跃而为囊括地中海周围广大地区的一个庞大帝国。原先建立在城邦制经济基础上的共和制政体已经不能适应整个帝国奴隶制经济广泛发展的需要，不能适应阶级关系的变化和阶级斗争激化的新形势了，需要建立一个能代表整个帝国范围内奴隶主阶级利益的新的政治形式。这就是个人独裁的君主专制制度。罗马皇帝先称"元首"，后改称"君主"。元首制是假共和之名行君主之实。共和国的一切政治机构——执政官、元老院、公民大会虽仍存在，但已形同虚设，元首集各种最高官职于一身，揽全部大权于己手。屋大维既是终身执政官，又是终身保民官。在元老院他是首席元老，在公民大会他是第一公民。既得到了"奥古斯都"（至大至尊）的称号又拥有"祖国之父"最高荣誉。凭借这些职衔他可以批准或否决元老院和公民大会的决议，推荐各种高级官职人选，并可越次表决。这时他开始创立听命于他个人的中央集权的官僚制机构。元首下设"20 人委员会"，由忠于元首的 15 名元老、两名执政官和元首的亲属组成，起重要的咨询决策作用。初无固定形式，到哈得良帝统治时期（117—138）正式建成"元首顾问会"，其成员有元老、骑士、法学家。奥古斯都又设立皇家办事机构，任命自己的亲信掌管皇家的地产、仓库、税收等。到克劳狄帝时期（41—54）这个办事机构发展为三个中央权力机关。（1）秘书处，掌内政、外交和军政；（2）财务处，掌财政；（3）司法处，掌法律事务。官员多由皇帝亲信的释放奴充任，他们听命于皇帝个人。

经受3世纪危机的打击，罗马帝国走向衰落。为了镇压人民的反抗，戴克里先（284—305年在位）加强君主专制，把元首称号改为"君主"，彻底抛弃了共和制形式。他头戴冕旒，身着皇袍，要求臣民行跪拜礼，政治制度也和东方国家没有多少分别了。

古罗马的政治制度，无论是所谓共和民主制也好、君主专制制也好，其实质都是奴隶主专政。奴隶是说话的工具，无任何政治权利可言。他们的"政治"旨在协调奴隶主贵族与自由民之间的政治经济关系。社会事务、城市建设、工商贸易，乃至文化艺术种种活动都有赖自由民参与其事，他们潜在的社会力量是不可忽视的。因此，初期贵族们不能不考虑到他们的利益，寻求妥协，以例巩固统治，共同镇压奴隶。及至小小城邦扩展为庞大帝国，政权牢固了，实力强大了，贵族之中的铁腕人物即那些攻城略地、敛财劫奴的贵族头目，自以为是凌驾于万人之上的特选人物，理所当然地要由他来实行君主独裁了。奴隶主强大时，要绝对顺利地满足其贪欲，他们需要独裁；衰落了，更需要独裁，借以苟延残喘。因此，古罗马提供的种种政治形式，都为后世统治阶级所钟爱。

二、罗马的经济建设

罗马人在征服战争中掠夺大量的财富和奴隶，作为资金和劳动力在罗马和许多殖民城市大兴土木，进行市政建设，为野蛮的奴隶主和城市的无业游民的腐朽生活服务，为帝国的统治者歌功颂德。他们建造了许多广场、凯旋门、神庙、宫殿、剧场、公共浴场、赛车场、角斗场。其中尤以罗马的广场、万神庙、科罗赛姆大角斗场、卡拉卡拉浴场、戴克里先浴场最为有名。

　　罗马的广场除了作为共和时期公众政治经济活动中心的罗曼努姆广场以外，从恺撒掌权时起又陆续兴建了几个规模宏大的广场。公元前 54 年到前 46 年建造的恺撒广场，面积 160 米×75 米，其后半部是围廊式维纳斯神庙。神庙前廊有八根柱子，进深三跨。广场中间立着镀金的恺撒骑马青铜像。公元前 42 年到公元 2 年，在恺撒广场旁边又建造了一个奥古斯都广场，总面积 120 米×83 米，大理石围廊式战神庙，面阔 35 米，8 根柱子，柱高 17.7 米，底径 1.75 米，立在 3.55 米的台基上，显得高峻。柱头、山墙、檐部等处布满精美的雕刻。神庙两侧各造了一个供演说家使用的讲演堂，广场围墙全用大块花岗石砌筑，厚 1.8 米，高达 36 米，全长 450 米，把广场和外面隔开。

　　广场在共和时期本是开放的公众活动场所，是民主的象征。从恺撒起，广场开始成为个人崇拜的象征。这种倾向到图拉真广场可以看出达到了把皇帝神化的程度。图拉真广场建于 109—113 年，是罗马最宏大的广场。像东方君主国家的建筑那样，不仅轴线对称，而且作多层纵深布局。在约 300 米的深度里布置了几进建筑物。广场正门是三跨的凯旋门，进门是 120 米×90 米的广场，两侧敞廊在中央各有一个直径 45 米的半圆厅，形成广场的横轴线。在纵横线交叉点上，立着图拉真的镀金青铜骑马雕像。在这个广场的底部横建着古罗马最大的大会堂之一的乌尔比亚巴西利卡。这个会堂有四列 10.65 米高的柱子，当中两列是灰色花岗石柱身白色大理石柱头。屋顶覆盖着镀金的铜瓦。大会堂后面的小院子里耸立着著名的图拉真纪功柱。柱高 35.27 米，底径 3.70 米，由白色大理石砌成，有 23 匝共长 200 多米的浮雕带，刻着两次远征达西亚的史迹。柱头上立着图拉真的全身像。穿过小院又是一个大院子，中央是崇拜图拉真本人的庙宇，也是围廊式，正面 8 根柱子规模宏大，雕饰豪华。这一切都是为了确立贵族首领的绝对统治，在民众中树立崇高伟大神圣不可侵犯的形象。

罗马城里有神庙 420 座，最有名的是公元 120—124 年重建的万神庙。主体为一庞大的圆形结构，上覆穹顶，其直径 43.3 米，顶高也是 43.3 米，象征天宇。穹顶中央开一直径 8.9 米圆洞，象征神界和人世的联系。从圆洞进来的阳光照亮内部，空阔柔和，有一种宗教的守静肃穆感。庙门采用希腊式柱廊，面阔 33 米。正面 8 根科林斯式柱子，高 14.18 米。柱身用独块埃及花岗石，深红色，磨光，柱头、柱础、额坊、檐部都是白色大理石的。檐部、山墙上的雕像，大门、瓦、廊里的天花，都是铜的，包着金箔。穹顶的外表面也覆盖着包金的铜板。整座建筑物显得华丽浮艳，是典型的罗马式建筑。

罗马城里剧场和角斗场也很多。剧场大的有 9 个，小的有 5 个。角斗场有两个，以一个名叫科罗赛姆的大角斗场最为著名。它是弗拉维王朝的皇帝韦伯芗和第度斯为纪念他们镇压犹太起义而建的，建于公元 75—80 年。大角斗场平面构图是长圆形，长轴 188 米，短轴 156 米。中央表演区长轴 86 米，短轴 54 米，周长 524 米。观众席大约有 60 排座位，可容 8 万人。从外面看，大角斗场立面高 48.5 米，分为四层，下三层为券柱式拱洞，每层 80 个，下层是通道；二、三层拱洞作照明窗口，每个券形窗口都立有一尊白色大理石雕像。第四层是实墙。立面上不分主次，浑然一体，无始无终，建造者用它象征罗马帝国的永恒。整个建筑物结构复杂而井井有条，功能齐全，形式美观，被后世视为体育场馆的标准型制，一直沿用至今。

公共浴场是一种多功能的建筑物。除了作为主要构成部分的浴场而外还有运动场商店、图书馆、音乐厅、讲演厅、交谊室等，实为一种大型的俱乐部。耽于逸乐的奴隶主和游手好闲之辈，每天大部分时间都是在这里度过的。帝国的皇帝为了讨好他们，把公共浴场愈造愈高大豪华。3世纪时卡拉卡拉浴场和戴克里先浴场，堪称当时罗马建筑的最高水平。卡拉卡拉浴场占地575米×363米，戴克里先的大体相仿。浴场的主体建筑，在中央前后排列着冷水浴厅、温水浴厅和热水浴厅。三个大厅的两侧是更衣室、洗濯室、按摩室、蒸汽室。浴场有采暖措施，地板、墙壁、屋顶都通上管道，输送热水热气。三大浴厅内部空间都很高大宽敞。温水浴大厅用横向三间十字拱；卡拉卡拉的面积55.8米×24.1米；戴克里先的面积61米×24.4米，高27.5米。热水浴大厅用穹顶，卡拉卡拉的穹顶直径35米，在罗马也不多见。浴场内部装饰十分华丽，墙壁和地面贴着大理石板，镶着摩赛克，绘着壁画。壁龛里和靠墙的装饰性柱子的柱头上以及内部小柱廊的檐头都饰有雕像。三个大浴厅周围，卡拉卡拉浴场前面部分都是商店。其两侧，店面后面是演讲厅和图书馆。后面是运动场。运动场看台后面是水库，储水能力33000立方。看台左右还有讲演厅。戴克里先浴场前面没有商店，后面是半个圆剧场。

公共浴场主体建筑成为近代大型公共建筑物在处理内部空间方面的范本。

除了上述大型公共建筑而外，罗马人还建设了一些有益于公众的大型公用设施，例如敷设了长距离的输水渠道，把清洁的泉水引入城市，改善了城市的卫生条件，建造了四通八达的大道和桥梁、港口，加强了各地区之间的联系，除了有利于加强帝国的军事和政治控制而外，也有益于民间的经济文化的交流，促进了社会的发展，排干沼泽增加良田。这些设施有的工程浩大，有的技术复杂，在当时条件下应该说是不容易的。以克劳狄名字命名的水渠，在跨过阿尼奥河谷时，建造了高高的石拱架，水是从拱架上流过去的。人们在建设奥斯提亚新港时，在左右两侧修筑了弧形防波堤。入口处前面的深水段的防波堤特别难筑。他们不得不把从埃及运来大方尖碑的那只船，连碑一起沉入海底，两边再用木桩加固，然后在上面建造灯塔。为了排干富基努斯湖沼泽，有的工程地段要劈开山体，有的地段要打通隧道，3万民工连续施工11年。

古罗马彻底摆脱了狭小城邦的局限性，缔造了西方第一个真正的国家，不但建立了有效的统治国家的政法军事制席，更为重要的是辉煌的市政建设，各式各类的配套设施，各种不同风格的宗教、政治、文化、体育、娱乐场所，还有有利于农田水利、港口贸易的建筑，如此等等，均为日后国家城市建设树立了楷模，这一切业绩是令人赞赏不已的。

第三节　务实精神的发掘与应用科学、工程技术的发达

罗马人擅长治理国家，也善于建设国家。他们在罗马建筑了许多巨大的公共建筑物，也在较小的规模上建设了行省的城市。在这种大规模的建设活动中应用科学和工程技术得到长足的进步。这是人类务实精神的发掘。人们利用已达到的科学理论成果，使之产生物质效益。但是，作为这个时代之特征的务实精神的另一面——实用主义，其结果则是消极的。只用其流不开其源，不发展科学的理论，不多久，技术也就和纯科学一起衰落了。

罗马人应用科学和工程技术的成就主要在建筑学方面，其次是农学和医学。对理论科学的兴趣，他们只表现在对当时的知识作百科全书式的综合记载，或给希腊的权威们做注释，显得异常地缺乏批判的才智。

一、罗马建筑学

罗马人对建筑学的贡献在于创造了光辉的券拱艺术。圆券形的拱门、圆券形的窗户、拱顶、穹顶、十字拱、券柱，这些特征与众不同，一望而知，被后世称作罗马式建筑。罗马式建筑，形式美观、气势恢宏、结构牢固、内部空间宽敞，是古代世界其他地区，包括希腊化各国所不及的。公元1—3世纪是罗马建筑最繁荣的时期，重大的建筑活动遍及帝国各地，最重要的集中在罗马本城，其中主要是公共设施的修建，也有富豪家族的住宅。古罗马建筑物样式、型制十分丰富，结构水平高，而且初少建立了建筑的科学理论，所以对后世，尤其是西方建筑，影响很大。

古罗马建筑的发达，特别是券拱结构的发展是和新材料、新技术的采用分不开的。人们使用天然混凝土代替石材作为建筑材料。天然混凝土的主要成分是一种火山灰，它与石灰、碎石加水拌和之后，凝结力很强，形成的构件坚固，不透水。它起初被用作砖石之间的填料，公元前2世纪开始成为独立的建筑材料，到公元前1世纪中叶，在券拱结构中几乎完全排斥了石块，从墙脚到拱顶可以做成混凝土的整体，侧推力小，结构稳定。公元2—3世纪，混凝土浇灌技术进行了革新，即在浇灌筒形拱时，每隔60厘米左右用砖砌券，砖券之间每隔一个距离用砖带连接，这就把拱顶分成了许多小格，混凝土浇进小格里，同砖券凝结成一个整体。这样做混凝土在浇灌过程中不致在拱的两侧向下流动，收缩也均匀，不致产生裂缝；还可以分段浇筑，比较方便。这项新技术使券拱结构发展到更新的水平，可以浇筑跨度更大的拱顶和穹顶了。罗马巴拉丁皇宫里一座大殿，面积29.3米×35.4米，只用一个筒形拱即可覆盖。罗马万神庙的穹顶直径达43.3米。

新材料新技术的采用促进了拱顶和穹顶跨度的加大。但是巨大的筒形拱和穹顶很沉重，而且是整体的、连续的，需要连续的承重墙来负荷它们，这就大大束缚了建筑物的内部空间。建筑者们于是想方设法摆脱承重墙，解放内部空间。公元1世纪中叶终于有了一个很好的办法，这就是使用十字拱。十字拱的发明是券拱技术有重大意义的突破。十字拱覆盖在方形的空间上，四角用四根柱子支撑，这样就不需要连续的承重墙了。十字拱又便于开侧窗，有利于大型建筑物的内部采光。

十字拱架在四个支柱上，它所产生的巨大侧推力需要设法加以平衡。公元2—3世纪时也开始有了解决的办法，就是用一列十字拱互相平衡纵向的侧推力，而横向的侧推力则在两侧用几个筒形拱抵住，筒形拱的纵轴同这一列十字拱的纵轴相垂直。这又是一个重大的创造，促进了建筑技术的发展。3世纪罗马浴场的设计成功标志着建筑技术的发展，也标志着十字拱和券拱平衡体系的成熟。这种建筑物内部空间宽敞高大，各个部分三间流转贯通，主次分明、整然有序。而大小、高矮、形状上又富有变化。4世纪以后，券拱结构又有新的进展，其主要目标在减轻结构。办法是：建造拱顶时，在一系列的发券之间架设石板。这是早期的肋架拱。其基本原理是把拱顶区分成承重部分和围护部分，从而大大减轻拱顶，并把荷载集中到券上以摆脱承重墙。这项新创造在建筑史上也是很有意义的。但由于罗马经济衰退，未能推广和改进，直到后世才有机会得到发扬。

罗马建筑的成就除券拱技术的不断进步外，便是柱式的发展。公元前2世纪随着希腊文化影响的大大加强，柱式也广泛流行起来。以后，罗马的匠师们在把柱式和罗马建筑结合中发展了柱式。在柱式和券拱的结合中人们创造了券柱式构图，即在支撑券拱的墙或墩子上贴上柱式，从柱础到檐口一一具备，把券洞套在柱式的开间里。

柱子突出于墙面大约 3/4 个柱径。这种构图是很成功的。方的墙墩
同圆柱对比着，方的开间同圆券对比着，富有变化。构图又是契合
的：圆券同梁柱相切，有尤门石和券脚线脚加强联系，加以一致的
装饰细节，所以又很统一。只是柱式成了单纯的装饰品。柱式和券
拱的另一结合方法是把券脚直接落在柱式的柱子上，中间垫一小段
檐部。这种办法称为连续券，只适用于很轻的结构，所以一直不很
流行。第二个创造是在柱式用于多层建筑物时把晚期希腊的叠柱式
向前推进一步，使用券柱式叠加；最下层用托斯干柱式或新的罗马
式多利亚柱式，二层用爱奥尼亚柱式，三层用科林斯柱式，如有第
四层，则用科林斯壁柱；上层柱子轴线略向后退，显得稳重。但在
罗马，几乎都是券柱式叠加，极少有纯柱式叠加。第三个创造是因
为罗马式建筑体积高大。而柱式又不能简单地等比例放大，只好在
柱式的细节上打主意，用一组线脚来代替一个线脚，用复合线脚来
代替简单线脚，并用雕饰来丰富它们。因此，科林斯柱式受到重用，
还流行一种新的复合柱式，就是在科林斯式柱头之上再加一对爱奥
尼亚式的涡卷。罗马的柱式往往装饰过分，失去了希腊柱式的典雅
和端庄。

　　罗马建筑者们就这样在实践中吸取了帝国各地建筑学的优良成
果，不断发现矛盾，解决矛盾，达到统一，融合各种因素形成一个
完整的艺术风貌——罗马式建筑。罗马式建筑也是古代罗马人对人
类文化的伟大贡献。

　　罗马建筑事业发达，积累了丰富的实践经验，在这个基础上产
生了科学的建筑理论。维特鲁威的《建筑十书》代表了罗马建筑科
学的最高成就。书分 10 卷，故名"十书"。

　　《建筑十书》奠定了欧洲建筑科学的基本体系。它所讨论的问
题包括：建筑构图的一般法则，柱式；庙宇、公共建筑物和住宅的

设计原理；建筑材料的性质、制备和使用；施工、操作方法、装修；水文和供水；施工机械和设备。它也包括了市政设施和城市规划原理；建筑师应有的知识准备，等等。由于这些问题都是建筑实践常遇到的基本问题，所以 2000 年来尽管科学进步了，建筑材料施工技术等具体内容有所不同了，但是《建筑十书》的体系还是有效的。

维特鲁威相当全面地建立了城市规划和建筑设计的基本原理。他广泛地研究了各种类型的建筑物，注意到了它们的不同用途，以此为出发点建立起各类建筑物的设计原理。他对住宅、剧场的设计研究得尤其深入周到。他几乎已经把设计原理变成了一门可以独立的科学。他指出，一切建筑物的设计都应当贯彻牢固、适用、形式美观的原则。建筑物的选址要考虑到建筑物自身的性质、它同城市的关系，以及地段的环境——地形、道路、阳光、风向、水质等因素。他还用经济的眼光研究了建筑物平面的组成与布局、结构方式、材料的选择、制备和运输等问题。

维特鲁威注意到了建筑学是一门艺术，建筑物的构图要美观。他继承古代希腊建筑学的传统，把理性原则和直觉的感受原则结合起来，把理想的美和现实生活的美结合起来，提出了一些基本的建筑美学原理。他特别强调建筑物各个部分之间以及各部分和整体之间要有一个恰当的比例关系。他认为美是由量度和秩序构成的。他花了很大的篇幅，详尽地研究了柱式，特别是晚期希腊和罗马共和时期的柱式，认为古代柱式美是因为它们符合毕达哥拉斯学派的数的和谐原则，符合人的身体各部分之间比例。他记载了一则关于古希腊人按照男子的身材确定多里亚柱式比例，按照女子身材确定伊奥尼亚柱式比例的故事。他要求建筑物必须按照人体各部分的式样制定严格的比例。他还认为美的原则是具体的，必须根据建筑物的各种不同的情况，例如建筑物的性质、位置、大小、环境等进行修正，还要考虑到经济、实用等原则。

《建筑十书》受当时奥古斯都皇帝复古政策的影响，贬低了新兴的券拱结构。券拱结构当时还比较粗糙也是事实，但它的力学性能、构图美已经显示出来。虽说《建筑十书》崇尚希腊，但作为欧洲最早建筑专著，由于体系完备、理论深刻、接触现实而为人们所重视。15 世纪以后，它成为欧洲培养建筑师的教科书，文艺复兴时期建筑著作多以它为范本。

二、罗马农学

罗马人以农立国。随着战争的胜利，在海外掠夺的大量财富也源源不断地投资到意大利农村，以购买土地发展农业。公元前 2 世纪中叶以后农业已发展成规模经营，维拉（villa，中等农庄）、萨尔图斯（saltus，带牧场的大地产）到拉蒂芬丁（latifundinm，大型农庄）相继出现，使用奴隶劳动，于是也出现了研究农业生产技术和经营管理的农学论著。从公元前 2 世纪中叶到公元 1 世纪，讨论农业的著作最著名的有：加图《农业志》、瓦罗《论农业》和科路美拉《农业论》。

加图，又名大加图或监察官加图，从小生长在农村，经常参加劳动，有丰富的务农经验。他是罗马历史上第一个把农业作为科学来研究的学者。他所根据的主要是本人的直接经验。研究的对象是早期的维拉式农庄，即可谓"加图式"农庄。这是一种中等规模的农庄，使用奴隶劳动，主人直接经营，甚至还参加部分劳动。经营者的指导思想不外加强剥削，节省开支，增加收益，扩大农庄规模。

加图《农业志》是罗马历史上第一部农学著作。它基本上规定了农学的研究课题——农业的生产技术和经营管理，但似乎把主要注意力放在后者，或者说把前者从属于后者。作者似乎是为了总结自己经营农庄的经验，把它传授给后人。他对不同规模不同性质的庄园应该使用多少奴隶，奴隶劳动力之间应如何分工等问题都做了非常具体而详细的规定。他对奴隶生活必需品的供应规定得十分刻薄。每月主要食品是25—30公斤小麦、半公斤橄榄油、一斤盐，饮料是冲得稀淡的酸葡萄汁。一年一件紧身衣，两年一件短斗篷。减少开支而外便是加强剥削。不论天气如何，奴隶每天都得劳动，没有节假日；除了必要的睡眠时间外，成天都得劳动。年老的生病的奴隶都要卖掉。他还用奴隶管奴隶，从奴隶中挑选庄头。书中具体规定了挑选庄头的标准以及庄头应负的责任。他力主庄园要多卖少买，增加收益，扩大地产。这时农业的商品生产性质已相当发达，他主张庄园应生产经济效益最好的产品。他依经济效益大小排列了农作物的次序。居于首位的是葡萄，次为蔬菜，粮食居于第六位。

加图对农业生产中的技术问题也提出了自己的意见：什么时候施肥，如何施肥；葡萄和橄榄如何进行田间管理，收获后如何处理；牲口如何饲养、繁殖；粮食如何收管；打谷场如何选址如何构筑；等等。

加图是罗马农业科学的奠基者，对后世有较大的影响。

瓦罗是共和末年的政治活动家和著名的学者，也有一定的务农经验，但不及加图和科路美拉经验丰富。他在萨宾、杜斯库鲁姆、库麦、卡泽、阿尔赛和阿普里亚等地有多处地产和畜群。他的农业知识有三个来源，一是自己的观察，二是加图和萨塞尔纳的农业著作，三是和他有密切交往的许多大庄园主的经验。他主张对别人的经验既不盲从也不妄加否定，而是根据具体条件吸收采用。

瓦罗《论农业》和加图《农业志》相隔一个多世纪。瓦罗时代，虽然中等规模的庄园仍是主要的，但已开始出现大地产。中等庄园的经营情况也已和加图时代大有不同。生产技术有了进步，土地深耕细作，注意合理施肥，使用农药；从埃及和亚洲等地引进粮食和牲畜新品种。庄园较前重视发展畜牧业和手工业，趋向于农、牧、林、副、渔、手工业多部门综合经营。管理机构更加完善，庄园收入显著增加。瓦罗《论农业》在讨论生产技术和经营管理的基本问题时反映了这些新的进展。

《论农业》讨论生产技术的部分其价值不及加图和后来的科路美拉的著作，但其视角较广，超出了庄园本身的界限，注意到了它的周围环境，要求在田庄选址和建设中除了注意地貌、土质、规模、田界而外，还要注意环境是否安宁，有无交易对象，有无道路河流等交通之便，毗邻的庄园对自己有什么利害关系等等。他也讨论了一些属于农业经济学的理论问题，诸如农业和畜牧业的目的、农业和畜牧业的关系、农业的经营原则等。

作为一个政治家，在斯巴达克斯起义之后，他也感到必须改进对奴隶的管理。为保持农庄安宁，免得激起变故，他反对一味鞭打奴隶，主张尽量使用说服的方法。他还主张让奴隶拥有少量的财产，与女奴同居，使奴隶与庄园建立某种感情的联系。

科路美拉，公元 1 世纪中期罗马农学家，生于西班牙，但长期住在意大利，在意大利和西班牙都拥有庄园。他研究农业、畜牧业，关心意大利的经济情况。他不仅在自己的庄园进行实验、观察，而且不辞辛苦旅行各地进行考察，在广泛接触实际基础上写成《农业论》12 卷。书中不仅论述了农业、畜牧业的生产技术和经营管理经验，提倡精耕细作，而且论及社会经济关系。他已经注意到农业使用奴隶劳动效率不高。他把奴隶劳动和自由佃农劳动作了比较，指出使用自由佃农比较有利。在对佃农的关系方面，他建议注意：在耕作上要严格要求，但缴租的期限要放宽，要求佃农负担的劳役义务不要太多太繁。债务契约一定要按条款严格执行。他建议承租的佃农最好挑选当地的农民，不要轻易更换，最好让他们世代相承，这样做，承租者和业主关系比较亲和。他警告千万不可租给城市无业居民，因为这样会招来无休无止的诉讼。他主张，土质、气候条件不好的，离得比较远、业主照管不到的地产，应租出去，条件较好，离得近的地产，自己经营比较有利可图。

科路美拉已经觉察到了奴隶制生产方式的危机征兆和意大利农业经济开始衰落的苗头。

古罗马人通过几代的农业实践，不仅在农业技术上将他们的农作经验条理化，而且在农业管理上能够根据世事变迁制定不同的有效的对策。他们还意识到奴隶制必然没落的命运，自发地向佃农制转化。无论什么时代，立国之本是农业，特别是农业人口众多的国家更为重要。因此，古罗马人的"农学"从技术措施、管理办法、经济手段、制度更迭各个方面，做出了系统的论述，应该说，时至今日也有可以借鉴之处。

三、罗马医学

罗马医学是希腊医学和希波克拉底传统的继续发展。公元前 2世纪中叶以后，不断地有许多希腊医生来到罗马，为罗马居民治病，在兴办的医校中培养医生，同时从事著述。奥古斯都和提比略统治时期最优秀的医生是塞尔苏斯（Celsus）。他用拉丁语写了一部包括内科和外科的医学著作。书中概括了亚历山大里亚时代医学和当时罗马医学的主要成果，描述了很多出色的外科手术。他在接受前人医学遗产方面采取了兼收并蓄的态度，无论是经验的记述还是理论的阐发，他都一样重视。文艺复兴时代医学深受他的影响。

公元 1 世纪中叶，一位军医第奥斯科理德（Dioscorides）写了一部药学著作，叙述了 600 多种植物及其药性。

公元 2 世纪罗马的亚历山大里亚以及帝国其他城市，希腊医学盛极一时，成立了更多的医校，有了更多的医生，医学水平也有了很大的提高。这个时期著名的医生有阿勒特奥斯（Aretaeus of Cappadocia）和盖伦（Galenus）。尤以盖伦成就最高，他是哈维以前西方最重要的医学家。

盖伦于公元 129 年生于小亚细亚的帕加马，在亚历山大里亚受过哲学和医学教育，在罗马等地行医一直到公元 200 年，高明的医术使他成为当代最著名的医生，他在医学研究上的贡献和理论上的建树则有着更持久的影响。他把希腊医学中一些分散的解剖知识和医学知识加以整理，使之系统化了，又把不同学派的有分歧的理论统一了起来。他解剖动物，也解剖人体，进行观察并由此在解剖学、生理学、病理学和临床医学方面有了许多新的发现。他还创造性地在活的动物身上进行了著名的实验，考察了心脏的作用，研究了脊髓。盖伦有一个重要的医学理论观点就是元气说。他认为，人体的各个部分都贯注着不同种类的所谓"元气"。这就是所谓的动物元气（animal spirit）；他的另一个重要的理论是神学目的说，这种理论主张，人体的构造也像别的一切事物一样，是神为了一个可理解的目的形成的。他从这些观点出发，用论证的方法十分微妙地推出一些教条，并且给予权威的阐释。在这里自由探讨的科学精神和有神论的观点纠缠在一起了。

盖伦的医学理论影响最大的莫过于关于血液活动的学说。根据这一理论，血液是食物在肝脏中变成的；然后和天然元气（natural spirits）混合，而富于营养。这种有营养的血液，其一部分由心脏通过静脉管道流入人体各部，再由同一管道流回心脏，像潮汐活动一样不断来往返复，而不是循环。其余部分，经过隔膜中不大见的细管，由心脏的右边流到左边，在这里和肺吸入的空气混合。靠心脏的热力，它带上了生命元气（vital spirits）；这种较高级的血液又通过动脉管道在心脏和身体各部分之间来往返复地流动，使各种器官能够发挥生活功能。在大脑中，这种活力血液生出动物元气。动物元气是纯粹的，不和血液混合，它能沿着神经流动，促成运动和人体各种高级功能的实现。

盖伦的这种生理学理论体系无疑是不科学的。然而他的这种理论是建立在以亚里士多德为代表的古代哲学家理论基础上的，有着精巧的构思和论证方法，而他关于自然的有神论和宗教神秘主义又能得到基督教和伊斯兰教的支持和保护。因此，他的许多著作在中世纪得到传播，被译成阿拉伯文、希伯来文和拉丁文，他的理论在15个世纪的漫长岁月里在西方一直被医学界奉为权威。文艺复兴之后他的这种权威地位阻碍了生理科学的发展。哈维在发现血液循环理论时不得不首先冲破盖伦关于血液直线往返运动的理论所造成的障碍。

古罗马人的主要贡献在应用科学和工程技术方面，其实，对于人类的价值并不差于古希腊人。这一切是一种如亚里士多德所言的"生活智慧"的结晶，这方面是古希腊人所不能望其项背的。没有对客观自然的深刻理解，没有对人体结构与环境的关系的把握，没有对主体艺术趣味与各种目的要求的透彻的领悟，没有实现心中目标的精湛的技巧，上述一切是无法实现的。

第五章 上帝的阴影与科学技术的闪光

　　欧洲奴隶制社会繁荣的典型是希腊和罗马。建筑在人上地所有制和奴隶"畜养"关系之上的奴隶社会，其发达程度远远超过了原始社会，在此基础上形成的希腊文化和罗马的政治社会结构，在各方面都取得了很高的成就，从而成为欧洲文明的发源地。科学认识的历史长河，就从这里源源不断地奔流向封建的中古时代。

　　西欧中世纪是一个特殊的历史年代，它从希腊罗马到近代经历了漫长的 1000 年。这个时代是西欧封建制确立、发展和衰亡的时期，也是西欧各个民族国家逐步形成的时代。在这漫长的中世纪，基督教的统治达到了极点，一切都被笼罩在上帝的光环中，宗教信仰与科学认识之间的二律背反，既扼杀了人类科学认识的正常进程，又在某种程度上激发了科学认识的内在潜力。在西欧侧翼，阿拉伯民族的崛起和阿拉伯科学文化的西渐，对欧洲的宗教信徒来说，无疑是一股扑面春风。阿拉伯的科学和哲学，既带来了古典文化的遗产，又富含自身民族的宝藏，对欧洲学术界产生了无与伦比的影响。随着欧洲民族国家的产生，基督教大一统文化和欧洲文明地域逐步形成，封建社会生产力不断发展，科学技术也不可遏制地成长起来，使得被包孕于封建神学之中的理性精神和人文倾向终于萌发出冲破旧文化的伟大力量，迎来了文艺复兴的曙光。

第一节　哲学的沉沦与神学的泛滥

按传统的理解，我们把中世纪规定为公元 5 世纪到 15 世纪这样一个特定的历史时期①。这是西欧封建制确立、发展和衰亡的历史阶段。封建制以新型的生产关系取代了腐朽的奴隶制，为生产力的发展开拓了道路，这是历史的进步。但是，西欧封建社会建立在分封制和诸侯割据的政治基础上，从罗马帝国遗留下来的基督教又成为当时意识形态的统治者。因此，无论是在政治、经济和思想文化上，中世纪均有其特定的矛盾状况。

西欧的科学和哲学发源于希腊，而希腊的科学和哲学又受到东方的影响，经过罗马时期，实用性的工程技术知识和军事技术得到系统发展，而希腊那种充满理性色彩的认知科学却大大衰微了。基督教在罗马的兴起及随之入主西欧，在很大程度上摧残了古代的科学和哲学，使中世纪科学认识史的进程产生了巨大的曲折。

一、希腊科学和哲学的否定

科学认识的进步，与生产力的提高、社会形态的发展息息相关。封建社会理应为科学认识的前进提供比奴隶社会更为宽广的发展道路。希腊人原始综合的自然哲学，实即关于自然界的一般的知识，从总体上勾勒了一幅大致上正确的宇宙图景，成为现代科学和哲学的发展源头。可是，这种包罗万象于其中的知识，是缺乏知性分析的直观感受加上天才颖悟的玄妙猜测的混合物，虽然其中不乏闪光

①　关于中世纪的上下限，史学界历来常有争议，我们这里取传统的说法。请参见 *Encyclopedia Britannica*, vol. 12，p. 138。

之处，但明显是古人尚不善于理性综合的表现。随着社会历史的不断发展，社会分工的出现与细密，这种笼统的、原始综合的认识必然要被打破，随之自然哲学也分化为各门精密的实证科学。实际上，在后古典时期，这种分化已经渐次出现。"首先是天文学——游牧民族和农业民族为了确定季节，就已经绝对需要它了。"① 随后，数学、力学也慢慢地从笼统的知识体系中分化出来，逐渐露出了自己的独立形式。在亚历山大里亚时期，对这些初具规模的学科的研究已经达到了相当的水平。

如果沿着这一坦途一直发展下去，那么，现代科学认识史的面貌或许就会完全改观。可是历史的发展有其意想不到的偶然事件的干扰与某种内在必然性的支配，中古社会政治的变动和意识形态的扭曲，直接影响到了科学认识的发展方向和前进道路。

罗马民族远不及希腊人之长于思辨，他们也不像早期希腊人那样穷究宇宙的底蕴，罗马人寄希望于哲学的最大意图，就在于能够找到某种为其所用的行为准则和治国策略。罗马帝国于公元前建立，征服了埃及托勒密王国，当时最为著名的亚历山大里亚图书馆也为罗马统帅恺撒所焚。务实的罗马人对自然科学的兴趣远不及希腊人。他们是一个崇尚实效的民族，只是在为了完成医学、农业、建筑和工程方面的实际工作时，才表现出对科学的关心，平时却不注意培植科学的源流。于是，古典世界的科学认识再也不为人们所重视，科学家们也一个个退隐不出，留下的只是如普林尼那样的"百科全书"式的汇编者，创造性的工作荡然无存。科学认识为技术操作及行政管理之类的社会实践活动所取代。罗马人不长于科学遐思，但为日后科学的蓬勃发展奠定了厚实的实践基础。

---

① 恩格斯：《自然辩证法》，人民出版社 1984 年版，第 162 页。

除了罗马帝国不尚科学这一政治社会因素外，科学认识的衰落还与基督教的兴起有着不可分割的联系。

基督教是在纪元前后产生于罗马帝国下层人民中间的一种宗教。它主要反映了下层平民与奴隶在罗马帝国统治和压迫下所遭受的苦难及渴望得到解脱的心情。因此，基督教"在其产生时也是被压迫者的运动，它最初是奴隶和被释放的奴隶、穷人和无权者、被罗马人征服或驱散的人们的宗教"[①]。但是，它一产生不久，就因教徒成分的改变而蜕化为劳动人民的麻醉剂和统治阶级的精神工具，不久即被尊为罗马人的国教。基督教的变质是必然的，在历史上宗教起着统治者羁縻老百姓的作用，因而也就决定了它要成为封建上层统治阶级必不可少的精神统治力量，也注定了它必然成为科学认识的大敌。宗教崇尚的是一个看不见、摸不着的冥冥之中的上帝，虔信可以使宗教徒们忘却尘寰，似乎得到了一点精神上的慰藉。宗教的本质就在于弃绝现实世界的芸芸众生，把希望寄托在来世，寄托在虚幻不实的、原是人们自身创造出来的，但却已经异化了的神灵之上。基督教关于罪恶的观念钳制了人们的行动与思想，它引导人们寄希望于天堂，并告诫人们如果不顺世随俗，敢于犯奸作恶，便将堕入地狱，万劫不复。而科学知识与哲学洞见，能启迪人们的智慧，提高人们的勇气，彻底揭穿宗教的骗局，从而暴露统治者的狰狞面目。无怪乎教会对一切世俗知识都不感兴趣。如圣安布罗斯（Saint Ambrose）说："讨论地球的性质与位置，并不能帮助我们实现对于来世所怀抱的希望。"[②] 持这样的宗教信仰，必然要排斥与驱逐一切古代学术知识，古典希腊文明的光辉至此暗淡无光，就一点也不奇怪了。

---

① 《马克思恩格斯全集》第 22 卷，人民出版社 1965 年版，第 525 页。

② 丹皮尔：《科学史》，商务印书馆 1975 年版，第 115 页。

首先，对希腊学术的摧残表现在精神上，教会极力否认世俗知识的重要性，认为不学无术是真正虔诚的母亲。因为按奥古斯丁的说法，我们所需要的一切知识，均已包含在《圣经》之中了，任何疑难，均可在《圣经》中求得答案。因此，学会解释《圣经》，这就是最大的学问。其他一切世俗知识，不管它有多少聪明智慧，一概斥之为异教知识，教会不允许人们接触。这样一来，希腊哲学文化和科学精神再也难以容身和传播了。

其次，就物质手段而言，恺撒进军亚历山大里亚，把当时世界上最大的亚历山大里亚图书馆中大量的希腊古典著作的手稿焚毁了，剩下的那些，不是被用来烧浴池，就是被教士们把羊皮纸上所写的著作刮去，以便在这些羊皮纸上抄写《圣经》或他们自己的编年史之类的东西。教徒们受宗教情绪支配，非常仇视研究世俗学问的人，想尽一切办法进行迫害，公元 415 年，亚历山大里亚最后一位数学家希帕西亚（Hypatia）被一批基督教暴徒采用极其残酷的手段杀害，其罪名就是研究异教知识。

本来，按历史的进程，希腊哲学科学的原始综合在亚里士多德手中达到了顶峰，接踵而来的必然是：从这种细节模糊而总体上正确的世界图景中走出来，面向知识的分化，从而产生各门实证科学，形成科学认识史从原始综合向知性分析的过渡。在亚历山大里亚时期已经初露这种分化的端倪。但是，由于社会政治的干扰，特别是意识形态的外部强制，使得这种分化未能及时完成。基督教不喜欢分门别类的自然知识，而只是想利用曲解得面目全非的希腊自然哲学来为自身服务。因此，知识的自身分化就在中世纪西欧封建社会中缓缓地孕育了 1000 年。

科学认识在中世纪早期的衰落，确实是认识史上的一个曲折。"中世纪是从粗野的原始状态发展而来的，它把古代文明、古代哲学、政治和法律一扫而光，以便一切都从头做起，它从没落了的古代世界承受下来的唯一事物就是基督教和一些残破不全而且失掉文明的城市。"[①] 由此展开了科学认识史上 1000 年的漫长曲折的过程。

二、西欧封建社会的形成和基督教统治地位的确立

罗马共和国时代，是一个贵族奴隶制的国家，但间或已有封建生产关系的萌芽。奴隶主对奴隶的残酷压榨和迫害不仅造成奴隶的大量死亡，而且引起奴隶们的逃亡和剧烈反抗。由于战争的结束，奴隶的来源已经枯竭，故罗马大贵族奴隶主不得不把大块土地分给缴纳一定租额的佃农（隶农）耕种。罗马帝国时期，这种经营方式也逐渐扩大到部分奴隶身上。这种产生于大土地经济的小农经济正是西欧封建社会的萌芽。但是，罗马奴隶主国家政权千方百计地维护奴隶制度，皇帝君士坦丁曾颁布法令，重新规定了隶农的奴隶地位，这无疑是历史的倒退。因此奴隶和隶农便联合起来，进行各种形式的反抗。公元 4 世纪中叶，奴隶和隶农的起义就已经席卷全国，到了 5 世纪中叶，居住在罗马帝国的莱茵河、多瑙河的维斯瓦河之间广大地区的日耳曼人大举入侵罗马帝国，起义的奴隶和隶农与日耳曼人联合起来，一举摧毁了罗马帝国的统治。北方异族日耳曼人成为西欧新的统治者。

日耳曼征服后的西欧，在奴隶制崩溃的基础上，由于当地生产力的影响，以及罗马帝国和日耳曼的各种因素的相互结合，逐渐形成了新的封建制度。这种封建制度在生产关系上则以农奴制为基础，沦为农奴的罗马农民，在主人的土地上作为非自由劳动者独立耕种，向主人纳租服役。而在国家政治制度方面，则形成了以分封制为基

---

① 《马克思恩格斯全集》第 7 卷，人民出版社 1959 年版，第 400 页。

础、各个封建国家相互割据的局面。

　　这样一种封建制度，必须要寻找一种与其相适应的意识形态。在罗马帝国灭亡之时，希腊学术已处奄奄一息的状况。古代哲学中只有斯多噶主义、怀疑主义等远非主流的较为浅薄的哲学思想为基督教教义所吸收。在日耳曼铁骑的蹂躏摧残下，古代文明知识荡然无存，只有基督教这一罗马国教，作为下层人民的一种信仰而维持着。日耳曼人建立起自己的封建国家，马上就发现基督教那种不求今世进取、只求来世得救的赎罪观念对巩固自己的统治特别有利。于是，在入侵罗马帝国后不久，法兰克王国便于公元496年首先宣布皈依基督教，511年在法兰克王克洛维的命令下，召开奥尔良宗教会议。会议制订的宗教法规同时也具有法律的性质。实际上，封建地主阶级已经与教会勾结在一起，形成了封建神权统治。以后，西欧各个封建君王几乎都把基督教尊为国教。这样，使得基督教成为封建社会中独占鳌头的思想意识形态。基督教粉墨登场，决定了各种知识体系，必将濒于灭绝或沦为奴仆。一切古典文化学术传统，对于基督教来说，都是多余的或绝对不需要的。

　　从社会历史的进程看，封建制度的确立比奴隶社会要进步得多，封建生产关系所能容纳的社会生产力要比奴隶社会广阔得多。所以，世界历史进入封建社会是一个很大的进步。西欧中世纪也是一样。但是，社会历史行程与思想文化的发展，绝非是平行一致的。生产力和生产关系作为经济基础固然决定着上层建筑，但意识形态有着自己的独立发展的规律，特别是在远离生产基础的宗教占着意识形态统治地位的情况下，这种发展就更显出自己独特的个性。西欧封建社会中的科学和哲学，正是在如此残酷无情的封建神学压抑下，仍然缓慢地、艰难地前进。

　　一般科学史家认为，自公元前2世纪到公元1世纪希腊科学渗入罗马帝国起至公元 5 世纪到 10 世纪这段时期内，欧洲科学已经下滑到了它的最低点。这个阶段，正是欧洲封建制建立但又不完备，同时又是基督教神权统治确立的时候。强大的中央集权统治下的西欧封建社会各个分裂的诸侯国，壁垒森严、以邻为壑，这对文化交流是极其不利的。再加上基督教的摧残，压力重重，使古典知识的夕阳余晖逐渐消失了。教父哲学的兴起，对《圣经》的阐释、学习和考证，成为学术界的唯一任务，而上帝的启示与教会的福音成为人们获得外界真知的唯一手段。到了公元 5 世纪左右，大部分略具才识的知识分子都被吸引到为教会服务上来，古代学术进一步衰落。

在早期教会里，即有人把世俗知识贬为不可与《圣经》知识相比拟的东西。比如像 Justine Martyr 和 Clemant of Alexandria 就已经把希腊科学和哲学视为神学的婢女了。他们认为："这些知识只能被用来更好地理解基督教，而不能为了自身的缘故进行研究。"[1] 这种观点成为中世纪的流行观点，既表现了教会对世俗知识、对理性的贬低，又反映了他们觉得要论证《圣经》和教义，还非利用世俗知识不可，信仰需要理性的论证，圣灵有待世俗的说明，这就表示宗教信仰的脆弱，理性与世俗知识潜在的力量，为中世纪学术的复兴埋下了伏笔。

早期教父这种进退维谷的矛盾之态，集中表现在圣·奥古斯丁（Saint Augustine）这位代表人物身上。他先属摩尼教，后成为新柏拉图派，最后改宗笃信基督教。他把古代哲学与基督教义相结合，形成了基督教的第一次大综合，因而成为基督教中最为杰出的人物之一。但在结合古典知识阐释教义时，他又深深感到世俗知识的不可排除性。公元 386 年，他强调了自古典希腊开始形成的自由七艺

---

[1]　E. Grant, *Physical Science in the Middle Ages*, New York, 1971, p. 36.

的重要性，他还试图编辑一本汇总这种七艺的百科全书。这部百科全书中途夭折，主要或许是奥古斯丁后来认为异教知识对基督教有较大的危害的缘故。不过，他所推动的百科全书编辑传统，不仅有其历史的源流，而且开创了整个黑暗时期唯一的学术传统。

三、神学的泛滥与科学认识的曲折

从奥古斯丁起，基督教出现了教父哲学，教父哲学是利用古代残存下来的一些哲学来建立基督教义的理论体系。教父们最喜欢的哲学就是新柏拉图主义，他们用这种哲学学说来解释《圣经》，建立了成为中世纪不可动摇的精神权威的教父哲学理论，最主要的有创世说、三位一体说、原罪说、天堂地狱说等。由于基督教对于统治阶级的作用，它被扶植起来，成为西欧封建中世纪占统治地位的意识形态。政治上、经济上基督教僧侣地主阶级都有极大的势力，而在思想文化上，则更是处在万流归宗的绝对统治地位上。恩格斯曾经指出，教会教条同时就是政治信条，圣经词句在各法庭中都有法律的效力。神学在知识活动的整个领域中的这种无上权威性，是宗教在当时封建制度里万流归宗的必然结果。神学泛滥，不可一世，几乎所有的世俗知识，都被神学包裹其中而发生畸变。

但是，宗教是人类思想扭曲的产物，其发展过程决不会永远天衣无缝，也不可能完全脱离它的时代和人民，因此，它总是要曲折地反映时代的特征和人类知识的结果。基督教在其自身的发展中不断出现裂缝和漏洞，不断产生否定自身的因素，这是一种必然的趋势。科学认识作为否定因素牢固地潜在于基督教内部，构成了日后人们从现实和心理两个方面超越宗教的重要因素。

西欧中世纪尖锐的阶级矛盾和经济压迫关系，表现为一种特殊的形式，这就是宗教压迫。宗教树立的神，君临于万物之上，漠视人性，压迫生灵："宗教把人的本质变成了幻想的现实性，因为人的本质没有真实的现实性。"[①] 中世纪基督教的上帝，以万能的拯救者的身份出现，在它超人的本性面前，天地万物包括人本身，均失去了存在的现实性，人只能战战兢兢地匍匐于上帝的脚下，把自己的一切都淹没在上帝的灵光圈中。上帝是超自然的，也必然是超理性的。人性失去了独立地位，自由的精神为宗教的权威所桎梏，中世纪基督教宣扬绝对的信仰与盲目的崇拜，坚决反对人们研究自然和社会生活，这当然阻碍了科学研究的主体的成长。

中世纪宗教神学统治下人性的湮灭、理性的受缚，是人类精神的自我异化和自我否定。人虽然意识到了理智、精神的作用，但却不清楚它们与自然的关系，于是将自然界的这一最高产物，认作是外在于人和自然的精神实体，创造出神、上帝这样的偶像，赋予它种种超自然的特性，转而对它进行崇拜。人受自己创造物的奴役，丧失了自己的现实性和自我意识。在宗教异化的压迫下，人们又如何进行哲学思考和科学探索呢？

是人创造了宗教，而不是宗教创造了人。宗教是非人的，是丧失了自己的人反映出来的自我意识。这种扭曲的自我意识又反过来摧残人性、扼杀理性。但是宗教的苦难只是现实苦难的表现，宗教压迫只是阶级压迫的化身。中世纪神学对于人性的贬抑只有从世俗基础出发才可获得解释。社会历史的发展，使得人们不可能永远处于弯曲的自我意识的状态中，即使是中世纪神学的严酷统治，也无法阻挡人们对自己现实性的追求。马克思深刻地指出："有人想在天国的幻想的现实性中寻找超人的存在物，而他找到的却只是自己本身的反映，于是他再也不想在他正在寻找和应当寻找自己现实性的

---

① 《马克思恩格斯全集》第 1 卷，人民出版社 1961 年版，第 452—453 页。

地方，只去寻找自身的假像、自身的非人了。"①人性在基督教内部蠕动！从神性回到人性，从天国回至地面，恢复人的现实地位，这是主体解放的起码要求，也是科学发展的重要条件。从神学内部产生的这一趋向，实际上是宗教批判和人文主义的先声。

基督教对神性的宣扬，表面是弃绝一切人性的，实际上却无法割断与世俗世界联系的脐带，在多少是人为构造出来的神学理论中，人们常可找到自己的影子。如早期基督教留下来的原始平等的教义，即原罪的平等、作为上帝选民的平等等等，就有着肯定普通人的意义。圣经"罗马书"中曾写道："圣灵与我们的心同证，我们是神的儿女。既是神的儿女，就是神的后嗣，和基督同作神的后嗣。如果我们和他一同受苦，也必和他一同得荣耀。"②这种神学说教无意中把人与神并列，把人与圣子耶稣并列，赋予同样的价值。这就给长期处于宗教压迫下的人们以意想不到的安慰。因为东方和西方的基督教至少在理论上把无穷的价值归到最低微的人身上。这就是神学理论对人的肯定。黑格尔曾经说过："只有在基督教的教义里，个人的人格和精神才第一次被认作是无限的绝对的价值。一切的人都能得救是上帝的意旨。基督教里有这样的教义：在上帝面前所有的人都是自由的，所有的人都是平等的。耶稣基督解救了世人，使他们得到了基督教的自由。"③虽然这些抽象的抚慰人心的宗教教义只是装饰在锁链上的虚幻不实的花朵，但是，在宗教的幌子下出现的对人的肯定则至少鼓舞了当时的人们去寻求自己的现实地位，也说明了中世纪的认识有一定的发展机会，虽然这种机会是曲折而艰难的。

13世纪的学者从《圣经》出发，结合观察到的一些现象，阐发

---

① 《马克思恩格斯选集》第1卷，人民出版社1972年版，第1页。

② 《新旧约全书》合和本，第201页。

③ 黑格尔：《哲学史讲演录》第1卷，商务印书馆1960年版，第51—52页。

了对人的认识：人在宇宙中的地位是很特殊的，他既是物质创造的目的，又是物质创造的最终产物，是全部创造物的中心。人处在物质创造物的顶端，又是精神创造物的基础。人是两个存在序列的中间物。在他以下是从动物一直到无机物的序列，而在他以上，是一直到上帝的神的序列。人的肉体是由生殖得到，而人的精神则是上帝赋予。人是有自由意志的也是有理性的，可以进行自由的思维活动。

当时对人的这种看法，虽然没有摆脱神学羁绊，但却是中世纪人的自我意识的重要进步。人不再是卑下的、无足称道的，他可以与圣子耶稣并列，也可以认识和统治在他以下的一切创造物。这一观点的意义首先在于确定了人的地位和作用。虽然上帝仍是主宰者，但人对自己有了自信心，对行动有了自主力。在神学外衣的庇护下，可以认识所谓上帝安排的世界的"秩序"——自然规律。这就赋予了科学认识一种神圣的合法性。其次，中世纪神学统治下对人的地位的确定和人的作用的评价，本身就是宗教神学的否定因素。在当时的历史状况下，人们试图恢复自己的尊严，重新获得自我意识的要求还不能像文艺复兴时期那样直截了当地呐喊出来，只能打着神学的旗号悄悄地出现，逐步加强力量。宗教既然是人性虚幻的反映，则一旦这种虚幻面消失，人们就不再愿意耽于神性的约束之中，而意欲冲破神学，回到人的现实性上来。这就是后来西欧思想解放运动的现实根源。因此我们不妨说，在中世纪基督教的严酷统治下，仍然存在着认识史前进的某种契机。

这种契机从另一个角度也可得到一定的说明。

教会是一切自然知识的大敌，这是公认的、毋庸置疑的结论。在中世纪初期，基督教彻底摧残了古典知识，扫荡了一切所谓的异教知识，使整个西欧文明社会跌入了阴谷，使西欧科学认识大大滞后了一段时间。在宗教统治万马齐喑的逆境下，任何人也不敢冒天下之大不韪而来钻研学术知识。唯有在教会的修道院里，还残存着一些古代知识。"因为有了修道院，古代科学才勉强被保存下来，所以修道院也就成了教育机关。"[①]切莫以为修道院乃是科学藏龙卧虎之地，实际上修道院中也只有一星半点的古代农业、医学、生物等知识，而且许多东西均已失去科学的意义。因此，教会对自然知识的保存，中世纪早期并未见到什么端倪。但由于修道院的这点微弱的学术火星，终于使得西欧科学认识没有断流，而且逐渐酿成了中世纪内部的认识之果。

经院哲学兴起以后，教会为了解释圣经，并力图使这种解释与人们的日常见识不发生矛盾，就有必要了解一些自然知识，这就需要一批神学家来钻研自然知识。我们应当看到，在中世纪这样的状况下，有教养、有文化的人，除了僧侣别无他人。一般平民，得不到受教育的机会，很难有能力来研究自然知识。正如科学史家 F. S. Taylor 所说："谴责基督教不关心科学是有欠公允的，关键是人们在当时的兴趣更多的是关心来世而不是着眼于现在的探求。实际上，几乎所有的科学人士（the man of science）都是教士。"[②]修道院讲授一点希腊的天文学和医学。特别是为了解释圣经、推算复活节等宗教节日，就必须使用到天文学、数学等知识。这迫使教会不可能全部废弃古代的知识，而必须在宗教的旗帜下允许保留尽管是贫乏的，但却是有生命力的古代知识，这是保存古代学术的不自觉的贡献，也使得 10 世纪起阿拉伯人传递来的大宗希腊文化的接受过程更为自然、更为顺利。

教会要让世俗知识为自己服务，它就必须培养一批为宗教服务的知识分子。这批知识分子接受了古代的真知灼见，虽然大部分人

---

① 大沼正则:《科学的历史》，求实出版社 1983 年版，第 33 页。

② F. S. Taylor, *Science, Past and Present*, London, 1964, p. 46.

仍按传统的基督教观念去阐释，但不可避免会有一些人在这些知识的启迪下，生长出对基督教的"反骨"。这批人身为教会知识分子，却在埋头研究自然知识，这就形成了中世纪科学和哲学的主力军。在当时的社会政治情形下，也只有这批人能够承担起复兴科学认识的重任，为文艺复兴的到来准备条件。正如丹皮尔所言："教会和经院哲学训练了他们，结果反而被他们摧毁。"[①]

基督教，通过和万物有灵论相对立，打开了理智地应用自然力的大门。基督教思想中潜在地保留着这种倾向于自然的观点，是自身否定的重要因素。不过，我们对此的评价也应恰如其分。费尔巴哈曾经说过："在中世纪，尽管个别人特别热心于研究自然，但一般说来，尽管所谓世俗的学识在修道院和学校中仍然能够站得住脚，并受到尊重，可是，科学毕竟依然是人类精神的一种从属的、次要的职业，只具有平凡的、有限的意义。"[②] 当时的状况，确是如此，但在历史的前进中，科学认识的比重越来越大，其意义不应低估。

在中世纪特定的历史状况下，对认识主体的自我认识是扭曲的，对自然知识的保留也是有其特定的宗教目的的。应该说，如果没有这一切曲折，科学认识之舟早已驶向近代的口岸。但历史总不会那么一帆风顺，在西欧的学者埋头于《圣经》的诠释时，从东面已经涌来了扑面的知识之潮。

第二节　阿拉伯文明的渗透与古希腊精神的复苏

中世纪的西欧不是完全封闭的，特别是公元 8 世纪之后，西欧

---

① 丹皮尔：《科学史》，商务印书馆 1975 年版，第 30 页。
② 《费尔巴哈哲学著作选》第 1 卷，商务印书馆 1984 年版，第 9 页。

与外部的经济与政治军事联系大大加强，基督教文化一统天下的局面始得打破。古典文明与阿拉伯文化西渐，终使西欧中世纪的知识界再也耐不住寂寞，人们纷纷把目光投向外部世界，探索之风渐盛，催动着西欧科学认识的前进。

一、阿拉伯文化及其西渐

在中世纪西欧严酷的神学气氛下，古典学术著作难以存身，而东方的拜占庭帝国，却保留了许多古代著作的稀世珍本。阿拉伯帝国在扩大自己疆域的战争中十分注意搜集这方面的典籍。在打败拜占庭帝国后，阿拉伯人与拜占庭帝国讲和，其中一个条件就是要把所有最著名的希腊书籍每种交给他们一本。阿拉伯人在巴格达建立了翻译和抄写的组织和场所，用阿拉伯文出版了许多希腊先哲如亚里士多德、柏拉图等人的著作。因此，阿拉伯人在保存古典学术著作方面是有很大贡献的。不唯如此，阿拉伯科学在许多方面都具有独创的地方。如天文学方面，他们建立了天文台进行详细的观察，他们求得的一些天文数据远较托勒密精确。他们所使用的星盘等仪器比前人大有改进。著名的阿拉伯炼金术对于后世的影响也很大，特别是炼金术以扭曲的形式揭示了一些化学元素的性质和化合物的形成过程，对后来欧洲化学的发展有一定贡献。他们在医学方面的成绩也是不可轻视的。阿尔·拉兹（AlRazi，865—925）共写了 100 多部书，最著名的是《医学集成》，其中搜集了当时所知道的古希腊、印度和中东的全部医药知识。另一个著名的医生和学者伊本·西那（Ibn Sina，即阿维森那，980—1072）写下了著名的百科全书式的著作《医典》。阿拉伯的物理学，特别是光学，在伊本—阿尔—黑森手里得到了很大的发展。他使用球面与抛物面反光镜，并研究了球面像差、透镜的放大率与大气的折射。他增进了有关眼球的视觉过程的知识，并用有力的数学方法解决了几何光学的问题。他的著作的拉丁语译本，通过罗吉尔·培根和开普勒等人传下来，对西方科学的发展有很大的影响。阿拉伯科学在其他方面也有一些火花闪现，但总的说来，与他们保存古典学术著作相比，他们自己进行的研究就逊色得多了。因为这是"非常重要的、但是零散的并且大部分已经无结果地消失了的发现"[①]。在传入西欧中世纪后，阿拉伯科学自身衰落了，消融了，而他们保存下来的古典学术却对西欧产生了巨大的作用，为希腊精神重放光芒及西欧文化、哲学、科学传统的确立，产生了不可磨灭的影响。

从 10 世纪起，由于十字军东征和东西方贸易的沟通，由阿拉伯人敛集起来的学术知识逐渐开始与西方世界接触。这首先必须归功于基督教国家与伊斯兰国家贸易关系的恢复。9 世纪时，如威尼斯、那不勒斯、巴里、阿马尔菲以及后来的比萨和热那亚、西西里等地开始与阿拉伯人进行贸易交往。在不断的贸易过程中，西方逐渐接触到了阿拉伯科学和古典希腊的学术著作。最早翻译阿拉伯书籍的是本笃会僧侣、蒙特卡西诺寺的康斯坦太因，他们把盖伦和希波克拉底的书译成拉丁文。这就是阿拉伯文化西渐的开始和大翻译运动的前驱。

主要的阿拉伯科学著作及希腊古典学术的翻译中心在西西里和西班牙。托莱多（Toledo）是西班牙最重要的一个翻译场所。这里，翻译家们云集在一块，人才济济，大量译介了阿拉伯文的古典著作，间或也有直接从希腊文翻译的。

亚里士多德的《工具论》的一部分，早在公元 7 世纪即由波埃修斯译成了拉丁文。约在 1128 年，威尼斯的詹姆斯（James of

---

① 恩格斯:《自然辩证法》，人民出版社 1984 年版，第 6 页。

Venice）翻译了剩下的《正位篇》（Topics），Gerad of Gremona 翻译了《分析前篇》和《分析后篇》。亚氏逻辑著作，对西方世界影响很大。在自然哲学方面，亚氏的《形而上学》、《物理学》、《论天和世界》、《论生灭》、《论灵魂》等先后被翻译成拉丁文出版，在西方引起了巨大的震动。其他古希腊著作也先后被介绍给了西方世界，特别是古希腊的一些自然哲学著作，如医学中的希波克拉底、盖伦的著作，数学和力学中欧几里德和阿基米德的著作，亚历山大里亚学派的希罗和阿波罗尼斯以及托勒密等人的著作。这些著作，是古典学术中的佼佼者，一旦带给了处于知识匮乏状态下的西欧基督教国家，无疑将引起极大的反响。古希腊的知性分析方法、辩证法的萌芽、初步的唯物的宇宙自然观和一些精辟的人生洞见，以及实用的科技知识，导致对基督教权威的猛烈冲击。

二、希腊精神的复苏

　　大批古典时代著作的涌入，为西欧思想界打开了一个新的思想世界。处于否定状态中的科学认识，获得了自身前进运动的契机。科学史家指出："没有 12—13 世纪这一批翻译家的艰辛劳动，不仅中世纪科学不会出现，而且 17 世纪的科学革命几乎是不可能的。"[①]属于世界的全人类的传世之作的译述是弥足珍贵的，决不可以将其贬低为复述他人之作，这种再创造的、加速广泛传播的艰辛劳动，对文化、哲学、科学的发展的影响是非常深刻的。中世纪以一种非常奇特的方式接受了来自阿拉伯人的科学和古代的学术知识，不管形式如何，却总是对科学认识史的发展有利而对基督教思想体系不利。

------

① E. Grant, *Physical Science in the Middle Ages*, New York, 1971, p. 81.

　　首先是亚里士多德的自然哲学著作对中世纪的神学自然观产生了极大的冲击。著名的经院哲学家圣·波那文吐拉（St. Bonawenture）说：我听说亚里士多德认为世界是永恒的，当我听到对此事引证的道理和论据时，我的心开始悸动，并且问自己：这怎么可能呢？在最初引入亚里士多德的著作时，因为他与教会的教条有忤逆之处，因此其自然著作是禁止在大学里讲授的。但由于亚氏著作的巨大威力，教会无法阻挡人们的学习研究，故到13世纪时禁令终于取消了。亚里士多德所留下的自然哲学问题，成为中世纪学者最激烈的争论课题，这些争论，逐步引来了中世纪西欧科学和哲学最早的学术成就。虽然后来亚里士多德被封为教会的思想权威，但却无碍于人们把他的思想当作启迪自己的最好精神食粮。在对亚里士多德思想的研究中，有头脑的学者，不仅是简单接受亚氏思想，而且通过自己的努力，对许多问题进行了有益的探索。如下列问题即是中世纪学者们反复思考的问题。

　　"世界是永恒的"，这就有效地否定了上帝的创造性行为；"一件事物或性质不可能离开物质实体而独立存在"，这明显与关于圣餐的教义相悖；"自然过程是有规则的，不可变更的"，这就取消了神迹；"灵魂不会在肉体死亡后存在"，这与基督教的灵魂不灭的说法明显不谐。亚氏提出的这些观点，虽然教会进行了歪曲，但终究还是有许多有识之士，寻觅到了先哲的思想火花，并在此基础上大胆进行了阐发，竟然提出了一些令教会束手无策的问题。这些问题在巴黎和牛津等地争论得非常热烈，后来教皇派特使一整理，竟有219条之多，由此可见当时的风气之盛。希腊精神逐渐渗入西欧人的心中，生根发芽。

　　以上问题的提出，大大触怒了教会当局，教皇立即派人进行调查并以开除教籍来惩处任何一个持有219条命题之一的人。这种威胁虽然表面上禁止人们公开谈论这些大逆不道的命题，却更加促使人们去积极地思考这些问题。特别是因为这些命题基本上是从亚里士多德的著作中引出来的，而教会对此横加指责，这说明亚氏思想的科学的、反宗教权威的性质。同时，在争论过程中，亚里士多德学说的不足之处，又促使人们面对客观，观察思考，做出合乎科学的补充。由此，进一步激发了中世纪的人们用经验主义的方法来探索自然，寻求真理。科学史家格兰特（E. Grant）说："到 15 世纪早期，中世纪经院科学达到了完全的发展，这是建立在亚里士多德世界观之上的，却又为在亚氏科学框架内建立的专门的反亚里士多德的批评所创造的东西所补充。"[1] 这正是对亚里士多德思想在中世纪产生的双重作用的绝好说明。

希腊精神的重新萌发，还集中表现在理性与神性的冲突上。对这个令中世纪学者感到棘手的问题，他们的处理也是别具一格的。

上帝是基督教的最高统治者，是这个世界的最高主宰，是全体教徒和人民敬畏的对象。一切无法追寻契机的自然和社会事件，只有在上帝那里才能找到答案。这是中世纪神学中的传统说法。但是，上帝是人们创造出来的，一切庄严、神秘的色彩，都是人们为这个冥冥之中不可捉摸的偶像涂抹上去的。人创造了上帝，但上帝反过来压迫着人、统治着人，这就是宗教的苦难。为了摆脱这种苦难，人们是多么需要更详细地了解上帝的形象啊！基督教的正统理论家们，在研究《圣经》或其他基督教经典时，根据自己的理解，给上帝加上了许多拟人的、可感的属性。不知不觉间，上帝除了其神圣的权威外，几乎与普通人没有区别了。这种上帝及其教义的世俗化，正如黑格尔所指出的："不仅把一切可能的理智的形式关系带

---

[1]　E. Grant, *Physical Science in the Middle Ages*, New York, 1971, p. 18.

进教会的教义，而且又把这种自身灵明的对象、理智的表象和宗教的观念（教条和幻想）表述为直接感性的和现实的东西，并把它们拉下到完全感性关系的外在性，而且按这种感性关系予以考察。"[①]虽然精神的东西在这里仍然是基础，但是由于首先从这种感性的外在化去了解，实际上就把精神性的东西变成了非精神性的东西。这样，一方面他们全面细致地研究了教义，另一方面，又通过极其不适当的外在关系把教义世俗化了。最后，基督教教义可能就变得毫无意义。

这种教义世俗化、神灵感性化的必然后果，就是泛神论的兴起，这是动摇基督教最有威胁的理论。因为泛神论在神的幌子下，实际上推崇唯物的自然观，9世纪爱尔兰僧侣爱留根纳（John Scous Eriougena）在其主要著作《论自然的分区》中明确指出："上帝就是包罗万象的存在"，"造物主和创造物是一样的东西，因而上帝是万物，万物皆是上帝"。这种言论显然与基督教的正统教义是不相容的。把上帝的神圣面目通俗化，解释为一种具体的感性存在物，这对基督教本身起了极大的瓦解作用。爱留根纳的著作在13世纪时被教皇霍诺留斯指斥为"危险的学说"，但是，这种泛神论的流行却有增无减。13世纪时狄南的大卫（David de Dinant）认为："一切存在的事物之间毫无差异，就是同一的东西，上帝和原初物质都一并存在，相互间也是毫无差异，所以他们绝对相同。但原初物质是和事物结成一体的，因此上帝也是这样。"[②]这种学说遭到了正统神学家如托马斯·阿奎那等人的猛烈抨击。还有，中世纪后期，在研究空间时，把上帝看成是一种三维的存在[③]。如Joseph Raphson认为只有上

---

① 黑格尔：《哲学史讲演录》第3卷，商务印书馆1959年版，第315页。

② 北京大学哲学系编：《西方哲学原著选读》，商务印书馆1981年版，第264页。

③ 参见 E. Grant, *Physical Science in the Middle Ages*, New York, 1971, p. 18.

帝真正展现于三维空间中，他才是无所不在的，否则就是子虚乌有。而经院哲学所信奉的上帝是一种超验的上帝，无法认识。这种观点，后来为牛顿等人所赞成。实际上这种泛神论在斯宾诺莎那里真正得到了发展，并对后来欧洲科学家的宇宙观发生了重大影响（如爱因斯坦的宇宙宗教哲学）。应当承认，中世纪的泛神论对摧毁基督教信仰无疑大有好处，是科学认识在神学统治中的真正闪光点。

伴随着神学的泛化，一向被禁锢的理性精神也开始活动起来。黑格尔说："中世纪神学比近代神学高明得多，天主教徒决没有野蛮到竟会说永恒的真理是不能认知的，是不应该加以哲学的理解的。"① 这里黑格尔显然美化了教会。在中世纪，基督教占有至高无上的地位，全心全意所赖以为最高主宰的上帝，是决不允许人们对它的存在有半点怀疑的。但是，在这一绝对前提下，在上帝的光环中，理性不但为信仰所吸收，而且信仰为理性所论证，以至教会把哲学认识论、真理论作为自己信仰的依据。因此，黑格尔不是完全无道理的。正是在这一观念指导下，从基督教的内部，就逐渐滋生出一些为他们自身所不愿意看到的能够瓦解宗教本身的因素，亦即理性在神学内部不知不觉地树起了自己的旗帜。

就教义本身而言，对欧洲思想界产生影响最大的，就是那种普遍的"秩序"观念。这一观念早在基督教教义建立之初就已经形成了。如有人说："新斯多噶主义者、基督教理论的先驱者塞涅卡认为神规定了一条毫不容情的命运法则，一切事物都有了规定，但神本身也服从着这条法则。"② 基督教把上帝规定为万能的主宰，世界上一切事物都由上帝来安排，万事万物之间存在着一种有条不紊的秩序。

---

① 黑格尔：《哲学史讲演录》第3卷，商务印书馆1959年版，第296页。
② 转引自怀特海：《科学与近代世界》，商务印书馆1959年版，第11页。

当然，这种秩序也是由上帝决定的。这一观念，给了当时的人们一种信念，而且这是一种本能的信念，即每一细微的事物都受着神的监督，并被置于一种秩序之中，一切事物都有自己的规定性，神也不例外。每一细微的事物都可以用完全确定的方式和它的前提联系起来，而且联系的方式也体现了一般原则。这样一种本能的信念，可以说是在神学面目下透露出来的理性之光，是基督教料所未及地自己去催发人们探求理性、了解自然。它鼓励了后来的科学家和哲学家对外部世界进行不懈的研究。在上帝的代名词下，掩盖着自然的真正含义；在神性安排的虚饰下，巧妙地暗藏着自然规律的机制。如果人们能够抹去这些外表的掩蔽物，则就可以抱定自然可为人认知的信念勇敢地进行探索。有人认为这是基督教带给后世的最重要的观念。如果从思想史中基督教留下的有益之处而言，未尝不可这样评定，但作为否定自身的宗教内部的因素，其意义就显得更大。从这个观念来解释中世纪后期的学术复兴和文艺复兴之后科学认识的大踏步前进，就不难理解为什么西欧会从中世纪的阴影里走出来，奔向科学认识的近代激流。

　　在上述这样一种信念的影响下，教会思想家们也不免流露出对于理性的承认与让步。如前所提到的爱留根纳说："真正的哲学和真正的宗教是一样的东西"，"认识的中心任务在于区分和结合，分别凡是我们能认识的事物的本性，并指出每一事物本身的地位"。他还大声疾呼："权威产生于真正的理性，而不是理性产生于权威，因为没有被真正的理性所确证的权威是软弱的。相反，真正的理性，因为它是可靠的、恒常的，以其自有威力为基础的，所以他不需要同某种权威妥协来确证自己。"[①] 这是唯理主义的初露，是对教会的一

_____

① 转引自特拉赫坦贝尔：《中世纪哲学史纲》，上海人民出版社 1960 年版，第 17 页。

大反动。连著名神学家、基督教正统的权威托马斯·阿奎那也不得不承认在某些场合理性是能起作用的，尽管他把理性一直贬在神性之下。他认为，超自然的真理，基督教的真理，是超理性的，但不是无理性的。在自然的真理与信仰的真理之间可以没有矛盾。因为两者都同归于上帝。在论证事物的方法问题上，阿奎那考虑的正是演绎和归纳的基本原则，而不是神灵的启示。他曾经在《神学大全》一书中说过这样一段富有味道的话：我们可以用两种方法来给某一事物加以解释：第一，那就是用一充分的方法证明一条确定的原则，在宇宙论中，我们就给出足够的理由来证明天体的运动是规则的；第二，我们并不提出任何足资证明原则的理由，而是预先确定这一原则，然后我们表明它的结果和事实相符。在天文学中，我们假定了本轮和偏心圆这样的设想，因为依赖这一假定，天体运动的感觉事实就可以获得维持，但这并不是足可加以说明的理由，因为事实本身亦可以为另一假设所支持。这实际上比较清楚地说明了后来科学方法论中的重要原理。在此，神学气息荡然无存。在中世纪，正统神学家能够出现这样的论断，对于后世的影响就非同小可了。

新的理性精神的逐步出现，还有一个附带的有利条件，这就是大学的兴起。大学为思想家们的合法存在、为理论的自由探讨提供了一个场所。有名的经院哲学家、自然哲学家都曾经在大学里工作过，许多著名的大学成为思想文化和哲学研究的中心。

大学是从教会办的师徒结合的行会性质的学校发展而来的，11世纪时，"大学"一词和"行会"一词同样被用来形容行业工会。到了13世纪时，"大学"一词就被用来专指一种学生团体，如巴黎（1160）、牛津（1167）、剑桥（1209）诸大学即是。第二种是公立大学，由学生选出来的校长总揽校务，如波伦亚（1162）、帕多瓦（1222）等大学。第三种是指国立大学，如那不勒斯（1224）、萨拉曼加（1227）大学等[①]。大学的最早兴起原是为了培养牧师，但是由于这里是学者荟萃之地，学术空气浓厚，受外界干扰相对较少，因此常常在学术方面展开研究与争论。在神学的名义下展开的哲学上唯名论和唯实论之争也发源于大学。而在中世纪进行的一些科学研究也通常是在大学中进行的。但这些研究多半局限于语言文法、法律、医学之类。因此，大学在中世纪科学认识的发展中有一定的地位。格兰特曾认为："确实，大学是一种机构性的手段，依据它，西欧可以组织、吸收和扩大新知识的巨大容量。通过这一工具，西欧可以为将要到来的时代形成和播种共同的知识财富。"[②]这一评论诚然是中肯的。

在生产力逐步发展、技术进步不断增多的物质条件下，教会在思想上的绝对权威又因阿拉伯科学和希腊学术的影响而有所松懈。中世纪对亚里士多德的研究启发人们去了解外部自然，对亚里士多德的批评构成了学术进步的重要内容，希腊精神在神学统治的严酷环境中悄悄地复苏，而中世纪的大学又为科学研究提供了场所。于是，即使在神学的高压下，科学的发展仍然露出了一线生机。确实，感性上接触不到的东西，并不意味着实质上的不存在，中世纪科学虽然并无明显的发展，但是，它却在艰难地、一步一步地前进着。正如黑格尔所说："事实上，精神从来也没有停止不动，他永远是在前进运动着……成长着的精神也是慢慢地静悄悄地向着它新的形态发展，一块块地拆除了它的旧有的世界结构。"[③]古代希腊所孕育的分化趋势，在经过了中世纪的延搁后，必然会逐渐地走向自己的目的地，而中世纪为这种分化也贡献了一点菲薄的力量。

---

① 参见贝尔纳：《历史上的科学》，科学出版社 1959 年版，第 179 页。
② E. Grant, *Physical Science in the Middle Ages*, New York, 1971, p. 106.
③ 黑格尔：《精神现象学》上卷，商务印书馆 1979 年版，第 7 页。

第三节　宗教神学统治的理性支柱与工艺技术根基

封建社会进入了历史的新阶段，它的物质成就为科学认识活动准备了外部条件，也使主体的生长具备了可能性。在人类理智日益发达成熟之际，宗教神学想单凭圣灵奇迹、太虚幻境之类的把戏已不足以取信于人了，因此，它不得不仰仗理性的精神因素为它进行论证。同时，在封建社会内部，由于社会生产力的发展，技术不断进步，人们对自然的认知更为清楚，于是，科学认识发展的历史道路就沿着这一途径向前走去。

一、从信仰到理性的转折

科学研究的主体，在中世纪一直受缚于宗教的桎梏，理性思维极难有自由驰骋的场所。但基督教的世俗基础决定了它不可能是铁板一块，它终究是一种"反宇宙的、否定的宗教，一种与自然界、人、生活以及整个世界脱离的宗教，一种不仅与世界的虚幻面而且与世界的积极面脱离的宗教"①。当西欧接受了东方传入的古代和阿拉伯文化后，希腊精神渐渐深入人心。教会感到再沿用教父哲学那套"正因为荒谬，所以我才相信"的奇谈怪论将无法抵御思想文化的新潮流。于是一种为宗教作论证的经院哲学便应运而生了。经院哲学是一种比较精致、系统且以哲学形式出现的神学。它的全部工作，就是对基督教的教义加以说明和论证，通过概念来表明灵明世界的合理性。

这是十分奇异的现象！宗教的灵明世界只有靠信仰才能自圆其

① 《费尔巴哈哲学史著作选》第1卷，商务印书馆1978年版，第7页。

说，而今却诉诸哲学的论证、概念的阐述与理性的力量。哲学为神学所役使，固然一方面说明哲学失去了自由的思维能力、失去了创造性的活动、失去了对自然界的亲身阅历，使自己几乎变成了一具僵尸。但另一方面，却又表现出神学的沉沦与思维精神在神学内部的复苏。理性对神学来说，是一颗苦果，可信仰又无可奈何地吞下了这颗苦果。神学创立经院哲学本是为自己作论证的，但却为否定自身留下了隐患。因为经院哲学毕竟是概念分析的方法，即使用它讨论神学问题，也仍是采用理性的分析而不是依赖直观的信仰。

费尔巴哈曾经对经院哲学恢复人的理性、潜在地否定宗教信仰的作用作过精辟的论述。他说："经院哲学是为教会服务的。因为它承认、论证与捍卫教会的原则。尽管如此，它却从科学的兴趣出发，鼓励和赞许自由的研究精神。它把信仰的对象变成思维的对象，把人从绝对信仰的领域引到怀疑、研究与认识的领域。它力图证明仅仅立足于权威之上的信仰的对象，从而证明了 —— 虽然大部分违背它自己的理解和意志 —— 理性的权威，给世界引入了一种与旧教会的原则不同的原则 —— 独立思考的精神的原则，理性的自我意识的原则，或者至少是为这一原则作了准备。"① 对于神学观念采用理论分析的论证方法而不是停留于直观顿悟，这固然能增加神学理论的精巧性与可信性。但是，哲学思维不管对象是什么，一律视作思维的对象而不是信仰的对象。神学观念袒露在人们面前，上帝的存在还需要论证，这就否定了上帝存在的当然性与绝对性，把人们从信仰的领域引到怀疑认识的领域，从而有可能破坏宗教信仰，突破教会的独断原则，促使理性的因素、思维的精神在神学大厦的内部逐渐生长。许多经院哲学家常常流露出对理性的追求和对信仰的怀疑。

---

① 《费尔巴哈哲学史著作选》第 1 卷，商务印书馆 1978 年版，第 12 页。

著名的经院哲学家阿伯拉尔说：的确，在学问上最好的解决问题的办法就是坚持经常的怀疑……由于怀疑，我们就验证，由于验证，我们就获得真理。这哪里像是一位宗教界人士的语言，完全是一个理性主义的哲学家的主张。连经院哲学之王托马斯·阿奎那都不得不承认人的理性与信仰并不相悖。理性乃是上帝赋予人检验神与自然的能力，只不过它统一于信仰的基础之上。这就是说，信仰必须是合理的，不然就是毫无根据的迷信。如果说，理性可以帮助我们认识真理，信仰便可支持我们捍卫真理，实现真理。只是我们不说理性统一于信仰的基础之上，而是肯定理性与信仰的辩证统一。

过去对经院哲学贬之过低。我们必须注意，在经院哲学的僵尸内，常常包含着哲学、科学具有生机的种子。经院哲学两大派别唯名论和唯实论之间关于一般和个别的争论，虽然纯属经院哲学内部不同派别的纷争，但马克思和恩格斯认为唯名论、特别是后期的唯名论，与自然观和认识论的唯物主义萌芽有着密切的联系，是"唯物主义的最初表现"。此外，在经院哲学的形式下，理性思维复活了，虽然它还被囚于宗教的牢笼中，没有自由活动的权利。但是理性的力量却在不断地生长着，它瓦解和侵蚀着神学的肌体，最终必将导致神学的否定。新时代是以恢复人的尊严，让一切都在人的理性法庭面前受审为最高理想。近代科学崇尚理性，反对信仰，要求人们用冷静的头脑去探索自然界的奥秘。这尽管只有在文艺复兴冲决了神学的罗网之后才可能实现，但中世纪经院哲学促成的从信仰到思维的转变，思维精神的潜在发展，却是后世成熟的精神意识的先导。

近代科学，除了实证性的特点外，还以分析方法见长。虽然古代希腊亚里士多德已经发展了形式逻辑，并采用了概念推演的方法，但希腊的主要认识倾向是一种笼统的直观的原始综合方法，从事物

的整体上去把握和描述事物。近代实证科学深入自然界内部，由定
性研究进入定量研究，采用逻辑分析和数学推导的方法来处理具体
的材料，从而获得精确的结论。从整体综合到细部分析，这无疑是
人类认识的进步，但也带来了僵死的、见木不见林的弊害。当它推
行到顶点时，就会走向反面，不但不能导致真理性的认识，而且会
将人们的认识引向偏执的歧途。尽管如此，仍然应当肯定，这是近
代哲学和科学中趋于主导地位的认识方法。而从古代的直观方法到
近代的分析方法，经院哲学无疑是一座桥梁。

　　经院哲学采用亚里士多德形式逻辑来做概念分析，虽然无法避
免神学内容的空洞和无聊，但是用这种方法论述神学问题本身就意
味着与宗教信仰相对立的分析精神的生长，这是新的科学的分析方
法的潜在阶段。

　　我们可以从下列几个方面对此略加论述。

　　关于一般和个别的关系，古希腊时曾有所涉及，但真正开始认
真加以探讨的是中世纪经院哲学。唯名论者和唯实论者在欧洲中
世纪长期进行的关于一般和个别何者为第一性的争论，首先具有
本体论的意义。唯名论者在宗教辩论的掩护下发挥了日后唯物论
的某些主张，这是摧毁宗教神学的开始。其次，这一争论接触到
了人类认识的基本矛盾，即概念与感性实体的关系。主体的思维
能够把握客体的性质吗？用以表达客体性质的概念，与客体的关
系如何？围绕着作为分析和概括之结果的概念的意义问题，经院
哲学家们进行了冗长而又烦琐的争论。关于一般与个别、共相与
殊相的争论，它的宗教目的是论证上帝是如何存在的。但是，这
一点已不为人所注意了，而且也无任何现实意义了，可这场争论
对后世哲学思维与科学研究产生了重大影响。丹皮尔说："要发掘
埋藏很深的文艺复兴后才萌芽的现代科学的种子，却不能不对这

场论战加以研究。"① 经院哲学关于共相性质的争论，是近代哲学重心从本体论转向认识论的理论渊源之一。 近代思想界从经院哲学的论战中注意到了认识过程之一般结果的重要性，因而，无论是哲学研究，还是科学认识；无论是由经验上升到理论，还是从天赋观念出发进行推演，人们追求的不再是具体事物的表象，而是揭露事物本质的共相，表述事物规律的概念。 这是近代科学认识的一般目的。 近代把经院哲学潜在的要求明朗化，但是要真正达到这一目的，就必须完全改变旧的思维方法和科学研究方法。 近代科学确立了从感性事实出发，经抽象分析，再上升到概念体系的方法，正是符合于上述认识目的的。 从某种意义上说，经院哲学所提出的认识论问题，启发了近代科学和哲学的研究方向。

经院哲学家已经初步摒弃了早期教父的神秘的直觉方法，采用了抽象的概念分析的方法。 以托马斯·阿奎那为例，他证明上帝的存在，不再诉诸规定上帝是完美的存在这样的观念，而是以亚里士多德论述事物存在的证明为范例，采用了精致的概念分析的方法。阿奎那从人们常见的感性事实出发，从事物的运动与变化、从原因与结果、从可能性与必然性、从事物中发现的真实性的等级、从世界的秩序与目的性等五个方面逐步加以推论，最后导出上帝的存在。虽然这种论证的根据仍然是神学的教义，但在方法上却是极其精巧的。 这里并无诡辩，也无硬性的规定，而是从常见的感性事物出发，分析客观事物及其根据，一步步上升为概念，最后导出结论。 虽然上帝的存在依然是一个无法验证的推论的存在，但阿奎那的方法，却给人形式上严密而机智的感觉。

中世纪早期宗教蒙昧主义的灌输，使人们沉浸在启示与顿悟的

———————————

① 丹皮尔：《科学史》，商务印书馆 1975 年版，第 132 页。

神学气氛中，抛弃了亚里士多德早已运用过的概念推论方法。后期经院哲学家的论述虽然以神学为依据，却继承了亚氏方法，并且有所发展，特别加强了抽象的分析论证。经院哲学内部生长的这种分析精神，是宗教信仰的对立物与否定物。宗教教义一经分析，必将暴露其虚幻的本质，从而不得不走向衰亡。同时，经院哲学的分析方法是古代希腊到近代思维方法过渡的桥梁与中介。丹皮尔说："文艺复兴时代的人，一旦摆脱了经院哲学权威的桎梏，就吸取了经院哲学的方法给他们的教训。"[①]这实际上就是说经院哲学诱发了后世的唯理倾向和方法源流，但后世的人们却是在否定性的基础上接受经院哲学留下的那点财富，并且大大地发展了这种方法，这才有近代科学和哲学的大踏步前进。

然而，直观顿悟也不是完全可以弃绝的，当这种知性分析的方法胜利进军，绝对地支配着科学界，影响着哲学界的时候，却暴露了它那干瘪的冰凉的缺乏灵气的灵魂。非理性的直观顿悟，在灵感想象的名义下，不但为一部分哲学家所宠爱，更为不少的科学家在僵直的知性分析中兜圈子，碰得焦头烂额时，所牢牢抓住的一根拐杖。

二、技术上的巨大进展

中世纪孕育近代科学认识的成就还特别表现在技术的发展上，关于中世纪的技术成就，许多科技史家都为之赞叹不绝。有位美国技术史家曾斩钉截铁地声称："无论中世纪东方的其他文明王国多么富饶，现代技术诞生于西方中世纪。"[②]这句话当然也有一点道理，但却是西方人的偏见。从奴隶社会到封建社会，西方落后于东方。中

---

①　丹皮尔:《科学史》，商务印书馆1975年版，第144页。
②　《科学与哲学》1982年第1期，第44页。

国古代是一个技术十分发达的国家，西方人不过是学习与照搬中国的东方技术，如农业、冶炼、陶瓷、机械等等，他们把这些说成是自己的独立创造，实在是太无自知之明了。当然，他们在学习、照搬的过程中，会有不少的改进与创造，其中最为显赫的是建筑艺术，这也是毋庸抹杀的。恩格斯也认为中世纪的技术有许多值得注意之处。确实，和罗马时期相比，中世纪下层劳动者的劳动兴趣大有提高，一般均热心于改进工具。封建主受军事征战和生活享受等因素的刺激，也努力加快了技术的进步。

在农业技术方面，马的挽具的改进是颇可称誉的。把项圈套上马肩来着力，以代替束紧气管的胸带，可得到的引力增加五倍，这对增加畜力，开发生产是一个极大的帮助。由此马可以代替牛来耕田、驮货、挽车等，大大提高了农业生产力和运输能力。新式犁取代老式犁，老式犁由于缺乏轮子，耕田时，犁需人花很大的力气才能将它提到一定的高度，而且犁出来的沟垄既不深又不直。对新式犁来说，有个轮子控制犁田的深度，这就使犁田人省力，减轻了劳动强度。三圃轮作制出现在 8 世纪后期，是地中海秋季播种和古代波罗的海地区秋季播种的混合物，与二圃制相比，有着许多的优越性，它增加了土地利用面积，春秋雨季减少了因旱涝而歉收的危险，并且一年四季都工作，劳动力可以得到充分利用。

在农业生产技术的基础上，中世纪还有许多其他技术进展，其中特别要提到的是中世纪在动力方面的杰出工作。正如有人指出的："中世纪在技术方面的发现实在比通常想象的要丰富得多，特别是中世纪成功地利用了比古代更大可能程度上的畜力、水力和风力，而古代则仅仅依赖于奴隶的肌力。"[1] 这种把自然力应用于生产的过程，

————————

① 　F. Klemm, *The History of Western Technology*, New York, 1959, p.79.

本质上是解放人的劳动力的过程。水磨、水力鼓风、水力驱动的杆锤等广泛获得使用。13世纪时，光伊泼累斯一地和附近就建立了120个风车，用风做动力，驱动工场手工业的机械。风力与水力一起，构成了中世纪自然动力的主要源泉。

在公共工程和建筑方面，大城市的兴起，哥特式建筑的明亮、轻巧替代了诺曼式建筑的阴暗、厚重。大宗机械产品及技术产品被造出来了，如眼镜、纺织机械、时钟等，这为力学提供了许多素材。而贯轴舵与航海罗盘的传入，使西方人掌握了远洋航海的技术，这为后来的地理大探险准备了条件。11—15世纪，中国的四大发明逐渐传入欧洲，对西欧文明的影响颇大。造纸和印刷使文化的交流和保存变得容易，火药对军事技术的改进产生了巨大影响。在对火药进行研究时，其物理性质和化学性质必得详细考察，贝尔纳认为这是引导人们去发现氧，走上现代化学的引路石之一。对燃烧力的研究，是蒸汽机的最早前驱，对弹道学的研究，则是动力学的新课题。中世纪战事频繁，故对武器的研究也使技术进展获益匪浅。从马镫、盔甲到刀枪的铸造，从弓箭、火药到大炮，这些工作均需技术上的进步方可进行。化学工艺的进展也随炼金术的进步而进步。眼镜与透镜的制造，为后来望远镜的制造作了准备，也使光学的发展有了可靠的基础。

稍稍总结一下，即可发现西欧从6世纪起抓住了农业技术的进步，8世纪起军事技术得到逐步完善，11世纪时又以工业生产为先导，这个三部曲正好反映了西欧封建社会的进程，也从大体上展示了中世纪技术的发展轮廓。为什么中世纪的技术能有如此的进展，且在基督教神学的统治之下居然不断地获得长足的进步？其原因确实值得我们深究。

社会需要是科学技术发展的根本动力，人类生存的第一要素就是必须能够生活。为了生活，就需要衣、食、住、行及其他东西，这些都是靠物质资料的生产来满足的。这一点决定了中世纪社会生产的技术水平不可能永远停留在一点上；科学技术没有阶级性，在时间上没有阻隔，在空间上没有民族和国界之分，因此，从外部接受科学技术对于中世纪来说是完全可能的；神学在利用科学技术为自己服务时，没有什么宗教的理由与禁忌的干扰，因此，客观上为科学技术的发展提供了一定的机会。西方技术史专家 F. Klemm 认为：一是古代遗留下来的传统；二是基督教对于手工技艺的重视和影响；三是阿拉伯人和东方的文化输入以及后期生产的振兴等因素，乃是中世纪技术得以顺利发展并推动科学技术前进的重要原因。实际上，生产的发展是技术发展的客观因素，而公元 8 世纪起欧洲文明地域逐步形成，城市的繁荣也是技术逐步为社会所需的激励机制。另外，在基督教中，出世的思想渐渐让位于入世的观念，注重社会生活的需求和价值的呼声越来越高。"用断定每一个人的无穷价值和责任的方法，基督教赋予关怀每一个不朽的灵魂进而是生理苦难的虔诚信仰以巨大价值，给劳动以尊严，给发明以动力，由此而导致的创造性产生了处理技术问题的实际技巧（skill）和心灵的柔性，而现代科学则不过是其继承而已。"[1] 这保证了技术发展所必需的主观因素。

技术在生产的刺激下，自发地成长起来，具体地反映了人类认识自然、改造自然的面貌，给科学认识的成长准备了许多条件。"这些事实不仅提供了大量可供观察的材料，而且本身也提供了和以往完全不同的实验手段，并使新的工具的制造成为可能。"[2] 技术的进

---

[1] A. C. Crombie, *From Augustine to Galileo: The History of Science A. D.400-1650*, London, 1957, p. 211.

[2] 恩格斯：《自然辩证法》，人民出版社 1984 年版，第 162 页。

步促成了中世纪后期科学的一度发展，也刺激了近代科学认识在封建社会内部的生长。贝尔纳对此曾肯定地说："就是这次经济革命（按：即封建社会后期生产的发展）里的技术方面将成为一种决定性的因素，来制造一种新的和进步的实验科学，用以代替中古时代的静止和唯理的科学。"① 这就是中世纪技术发展与近代科学认识发展之间的有机联系。

封建社会是人类历史中的必经环节，西欧封建社会虽然因政治、经济和上层建筑等各方面的原因而使科学认识处于一种消融于神学的否定的状态中。但是，它在社会形态和生产、技术方面的进步，构成了近代科学认识进一步发展的历史前提。中世纪一方面用现实的物质成果造就了资本主义社会，为近代科学的飞跃创造了条件；另一方面，则在自己内部不断孕育着科学认识的胚胎，使得科学认识的否定形态中所表现的理性力量越来越显示出强大的生命力。

在宗教的锁链下，中世纪的认识主体只能在有限的范围内活动，这使科学认识的发展受到很大的限制和阻碍。但是，即使是中世纪神学如此牢固的统治，也没法阻止人性在神学内部的蠕动。宗教理论因其世俗基础不得不利用哲学作为论证工具，这就给理性留下了地盘。经院哲学采用概念的、分析的方法无异于让自己接受理性的鞭挞。人性、理性与分析精神是中世纪神学内部三位一体的强大的否定因素，也是新世纪成熟的科学认识发展的三个必备的主体条件。在中世纪，这三个方面均难以避免神学的局限性，因此，还只是处在近代思维精神与科学认识的潜在阶段。人性的觉醒、理性的复苏、

---

① 贝尔纳：《历史上的科学》，科学出版社 1959 年版，第 187 页。

分析的兴起，意味着在更高层次上重振了古希腊精神，它们综合地构成了近代科学精神。中世纪默默地远非自觉地孕含了这种精神，它一旦从潜在的转化为现实的，便会将人类社会推向一个更加辉煌灿烂的伟大时代。

第六章　古代哲学与科学技术的成就

中世纪社会生产力从早期的停滞进入后期的大幅度发展，说明作为一种新兴的封建制度的进步性，为科学认识的前进准备了相对充分的客观基础。在社会历史中生活的主体，也从原先的休眠状态苏醒过来，随着理性思维的复苏、分析精神的生长，中世纪思想界已不再为一个绝对的前提——基督教的教义所约束。面向自然、探索宇宙和人生的奥秘成为许多思想家的心愿。客观条件与主观努力的结合，必将带来科学认识的前进。其中最为明显的内容就是从 13 世纪起，西欧科学本身开始了它的前进运动，为 17 世纪的科学革命作了准备。由此而形成的思想认识史上的大规模的思想解放运动和哲学理论的前进运动，则构成了整个欧洲现代文明的基础。

第一节　奠定了各门学科的基础

中世纪哲学一直处于神学奴婢的地位，而科学技术之类实用知识，上层人士不屑一顾，视为鄙俗的工匠的玩意儿。但科学技术却在工匠的实践操作中，暗暗地发展，他们的成果为僧侣及世俗地主阶级所享用。哲学的沦落、科学技术的缺乏理论指导，再加上封建制度本身的局限性，这就决定了它发展的狭隘性和曲折性。

中世纪早期，由于经济基础的薄弱与外部力量的干预，科学的发展曾经走过一段弯路，这一点是不容否认的。但就整个中世纪而言，科学决非如某些人认为的那样是"黑暗"或"中断"。科学自身的发展规律决定了只要社会生产的基础仍然存在，它内部的生命力就不会枯竭。

正如有人指出的："中世纪科学并非是革命性的，但它被认为在进步且确实在进步。"[①] 即使在中世纪早期万马齐喑、教会大肆扫荡古典学术之时，一部分古典科学在修道院里仍以蛰伏的形式残存下来。十字军东征之后，由于阿拉伯文明和古典学术传入，西欧科学开始露头。但由于它本身处于否定状态中，活动范围狭窄，理论上确实比较贫乏，因而其成果是不能和近代科学革命相提并论的，可也绝不是白纸一张。恩格斯在研究了古代科学的历史后总结出：在整个古代只有天文学、力学、数学才被精确地有系统地研究过，其他科学尚被包融于自然学（Physis）中，分化并不明显。中世纪社会经济基础有了改善，可是政治上的不稳定和意识形态的相互作用限制了科学的继续分化独立。不过这种不幸的状态终究要被打破，当"第一批希腊和阿拉伯著作译本传到欧洲后不久，对自然现象的理性探讨，并以自然原因而不以道德或神意的原因来解释的风气几乎立刻就显现出生命力"[②]。希腊时期各门学科的萌芽又在西欧复活了。尽管这些科学大多涂抹上了神学的色彩，但却无法阻止当时的学者对天文、地理、地质、生物、化学、物理、数学、医学诸方面进行有违神学意旨的自然和理性的研究。

---

① G. Beaujouan, "Motives and Opportunities for Science in the Medieval University", in *Science Changed*, ed. by A. C. Crombie, Oxford, 1961, p. 236.
② M. 克莱因：《古今数学思想》第 1 册，上海科学技术出版社 1979 年版，第 137 页。

一、宇宙论和天文学

天文学的发展从来就跟哲学宇宙论纠缠在一起的。哲学的整体思维拓宽了天文学的视野；天文学的精确的测算，提供了哲学宇宙论的客观论证。

中世纪的宇宙图景仍以亚里士多德学说为准。亚氏学说有两条基本的原理：（1）事物的行为可归结为质上决定了的"形式"或"自然"（性质）；（2）这些"自然"的总体被安置而形成一个等级森严的全体或宇宙。[①] 这就是后来著名的亚氏宇宙图景的理论基础。亚氏的图景结构是：以地球为中心的同心球层及其圆周运动。后起的托勒密天文学用均轮、本轮来解释天体运动，和亚氏理论基本一致但又有摩擦。因为托勒密把两种不同的运动置于同一天体身上，违背了亚氏关于矛盾属性不可能同时存在于同一实体的论断。这些古典宇宙图景传入中世纪后，由于可供基督教进行教义的解释，这使得基督教理论家们欣喜若狂，并把"地心说"封为正宗，然而也使人们不无怀疑。亚氏和托氏究竟孰是孰非，就有可能引发更加详尽的探讨。

如何判明真伪呢？中世纪的宇宙论学者确立了两点原则：（1）拯救现象（save appearance）；（2）简单性原理，如几何学说更简单、更清楚地解释观察到的现象，它就是更为正确的理论。这一方法论准则，意义非同小可，它整整影响了西欧的几代科学家。它的积极意义就在于既承认客观感性现象，又要求去芜存菁，扬弃现象的杂多性，抓住内在本质的单一性。它的缺点在于往往为了适应现象而为感性所迷惑，而知性所导致的普遍性往往带来了认识的空疏性。

天动还是地动？古希腊时曾经有过一些正确的理论苗头，但史

---

① A. C. Crombie, *From Augustine to Galileo: The History of Science A. D.400-1650*, London, 1957, p. 52.

籍中并无记载，倒是在托勒密的著作中作为反面论证提及过。虽然中世纪不可能真正冲破权威囚笼而接受这类观点，但在一些思想敏锐的科学家那里，它们却受到相当的重视，并留下了探索的足迹。

J.比里当首先认为，要解释天体位置的变化，无论天动或是地动均是个相对运动的问题，无法确定哪一个假设更正确。唯一的判断标准只能是非天文学的。他以亚里士多德带有价值标准的主观的哲学判断作为出发点，即静止是比运动更加高贵的状态，既然如此，为什么不让天、特别是外层最高贵的恒星天层处于静止而使最低贱的地球运动呢？何况，设定较小的地球运动总比设定那么多庞大的星体运动来得更加方便。比里当的这些论述，虽然不是严格的科学语言，但却机智地击中了亚氏体系的要害。在后来伽利略的《关于两大世界体系的对话》中，我们仍然见到了这些熟悉的诘难，并且后来的许多科学家如著名的哥白尼、开普勒等人都一再沿用不辍。

尽管比里当有着上述对地球运动更为有利的说明，但他最后还是选择了传统的地心说。因为在他看来，地动说最大的困难是无法解释为什么一支箭朝上垂直发射，仍然落回原处？这是托勒密提出的最为强烈的感觉证明。

O.奥里斯姆则走得更远些。他亦采用了相对运动的概念，并反驳托勒密关于如若地球自转，则必然东风袭面的说法。他认为地球运动与空气是一体的，好比一个人在密闭船舱中，并不感到舟行时有什么风吹来。这个证明后来为伽利略所用。同时，他还介绍了古希腊的半日心说，即太阳绕地球转，而行星绕太阳转。最后他认为，这个问题在科学上无法解决，唯有信仰才能解决，他自己是个主教，当然遵奉传统的观点。因此，某些科学探索的萌动，往往为神学传统所扼杀。

尽管以上两位学者最后均回到了原处，但他们的探讨却是不无益处的。关于相对运动的概念、关于地动的可能性以及用于判断假设的方法论准则，都对文艺复兴时代哥白尼的大胆突破产生了积极影响，这种影响在伽利略的"对话"中见得尤其清晰。

受阿拉伯人启发，同时也为推算宗教节日、确定历法，中世纪欧洲也开始建立天文观察点。1092年，Walcher of Malvern 在意大利观察一次月食，同时依靠他在东英格兰的一个朋友观察同一个月食在时间上的差别，他计算出两处的经度差，这是西欧最早的独立的天文观察[①]。不久，从东方传入的天文仪器以及西欧人自身制造的一些观察仪器被广泛使用，用此观察到了一些重要的天文数据。如罗吉尔·培根的一个仆人 Guillaume de St, Claud，是巴黎天文学派的创始人。他于1290年在巴黎测得的当时的黄赤交角为23度34分，由此确定巴黎的纬度为68度50分。根据现代计算，1290年的黄赤交角为23度32分，当时计算的精确性由此可见一斑[②]。R. 格罗斯代特描述了1228年哈雷彗星（当时尚未命名）的出现。Jean de Linleres 绘下了47颗恒星的位置表，这是第一次对公元2世纪托勒密星表的修正。虽说观测天象从泰勒斯时代就开始了，但使用较为精密的天文仪器进行观测取得更为精确的成果，却是这一时代的成就。

13—14世纪对天文学的兴趣，是与当时的宇宙论密切相关的。哲学宇宙论为神学所利用，他们借助于亚里士多德的天体图景论证宗教神学的"合理性"，即他们发现亚氏的等级圈层、不动的推动者，恰与神学中的等级教阶制、上帝等观念相符。因此，这个时期天文学上对此的怀疑与探讨，可以视作是对这种宇宙观怀疑的肇始。

[①] A. C. Crombie, *From Augustine to Galileo: The History of Science A. D.400-1650*, London, 1957, p. 63.

[②] A. C. Crombie, *From Augustine to Galileo: The History of Science A. D.400-1650*, London, 1957, pp. 67-70.

后来天文观察的进行和宇宙论的研究，实际上是为文艺复兴后天文学第一个从神学中分裂出来并彻底撼动神学世界图景准备了条件。

二、机械力学和运动力学

亚里士多德在其名著《物理学》中关于物体运动的主要观点是：接触说；媒介说（空气是运动的动力媒介又是阻媒）；虚空及其运动不存在说。这些观点主要建筑在他的"四元素说"的基础上，并引申出一系列有关物体运动的结论（如落体运动中重物快于轻物，速度与力成正比，与阻力成反比，没有动力无法运动，但没有阻媒运动也不存在等）。这些观点传入中世纪的欧洲后，关于亚里士多德《物理学》的研讨，关于动力学的研究一时吸引了众多的学者。

最正统的神学家托马斯·阿奎那接受了阿拉伯人阿维帕斯（Avempace，即 Ibn Bajja）的观点，在自己的著作《〈物理学〉评述》中指出："实际上，任何运动即使没有阻力，也可有一来自于动力与运动物的比例的速度，……从实例与推理上看这都是明显的。天体运动不为任何物体所阻，但却在一定时间里有一定的运动……因此把速度的比例与阻力的比例相联系是完全不必要的。"[1] 这里可以明显看出阿奎那对亚氏理论的批评，也可说明当时讨论运动力学的气氛已经形成。

既然在没有媒介的空间中物体仍可运动，阿奎那认为亚氏关于虚空（void）中不可能有运动乃至虚空根本不存在的观点必须抛弃。但亚氏进一步的论证是：如果虚空中有运动，那么一旦运动发生后，运动物怎样才能停下来？如果没有阻媒，不但任何物体都以相同速度运动，而且这种运动将会无限进行下去（这里，亚里士多德实际

---

[1] Isis, 1964, vols. 55, 3, No. 181, p. 268.

上以不确切的形式表述了惯性概念)。另外,每一运动物在没有差异的虚空中为什么朝这个方向而不是朝那个方向运动?为什么在此而不是在彼停下?就当时中世纪学者的理论能力和实验手段而言,要精确回答这些棘手的问题确实不可能,但中世纪学者对此的勤勉探讨却对近代力学的建立产生了重要影响。

"内阻"(internal resistance)概念的引入,是解决这些问题的初步尝试。当然这个概念并非全新的创造,而只是对亚里士多德旧观念的改造。大家熟知,亚氏认为自然界的物质都是由四种元素构成的混合物,每一物中总有一种元素占主要地位并且决定该物的自然运动,而阻力只来自于外部。这个观点在中世纪是被长期作为正统观点接受下来的,但逐渐有人认识到,光看哪一种元素占主要地位从而决定自然运动尚不够,还必须研究物体中各元素的混合比例。混合物中重元素占的比例大,向下运动无疑是自然的,但其中轻元素也要向上运动,由此就构成向下的自然运动的阻力。因此在同一物中既有动力也有阻力,这种阻力就是"内阻"。这种观点摆脱了亚里士多德关于运动必须有外部阻媒的限制。它可以推得,在任何空间中运动皆可进行,在同一媒介(如空气)中由于混合物中轻重元素比例不一,故各个物体运动有快慢之分。这种观点巧妙地解释了一些经验现象,并且由此可立即推出虚空及其运动存在的可能性,这是对亚氏理论的一大改进。另外,"内阻"概念假设存在着由纯一元素构成的物质,由于其没有内阻,故在虚空或同一媒介中,无论各个物体外形大小、重量多寡,均以相同的运动速度下落。这又朝正确的自由落体定律迈进了一步。

在"内阻"概念的基础上,人们关于虚空运动及落体运动的研究有了新的突破。托马斯·布莱德韦丁(Thomas Bradwardine,?—1349)和撒克逊的艾伯特(Albert of Saxony, 1316—1390)都得出结论：两个大小相同、形状迥异、重量悬殊的同构物体（homogeneous bodies，轻重元素比例相同）在虚空中会以相同速度下落。因为同构物体动力与阻力的比值相等，故物体之间虽有轻重之分，其虚空中的运动速度却不会有差别。布莱德韦丁还进一步阐述了不同内阻物体的运动规律，史称布氏定律。用现代数学形式表达为 $F_2/R_2 = (F_1/R_1)_{v2/v1}$，亦即两物体的速度比恰好为 F/R 值的方根比[①]。这个成果也是从内阻概念得到的，它对近代力学有重要意义。三个世纪后，伽利略在自己的著作《运动论》（$De\ Motu$）中，在驳斥亚里士多德对自由下落现象的解释时，由内阻概念得到启发，得出了物休的比重是决定运动力的根本原因的结论。很明显，同构物比重相等，因此伽利略认为无论在真空中或某一媒介中，同构物以相同的速度下落。这里伽利略尚缺乏质量概念，所谓比重决定运动无疑受中世纪的影响。直到 1638 年出版的《关于两门新科学的对话》中，伽利略才直截了当地宣布了现代自由落体定律的表达式[②]。

　　在落体问题上伽利略与中世纪先驱者的惊人相似，有些科学家认为"这可能是巧合吧？也许伽利略在学生时代就注意到了中世纪的讨论，但尚无坚实的证据证实这种可能性"[③]。其实正如所述，伽利略本人并没有直接运用内阻概念，而是在此启发下把物体的比重与下落速度相联系，进而大胆抛弃物体间的差异，表述了自由落体定律，这是伽利略的巨大贡献。但伽利略也间接承认曾吸收和利用了中世纪的成果[④]。这说明中世纪的理论探索蕴含着近代力学的萌芽。

---

① 更为详细的内容可参见 Isis, 1967, vols. 58, 1, No. 191。

② Galileo Galilie, *Diologues Concerning the Two New Science*, *Great Books of the World*, vols. 28, Chicago, 1980, p. 200.

③ E. Grant, *Physical Science in the Middle Ages*, New York, 1971, p. 47.

④ E. Grant, *Physical Science in the Middle Ages*, New York, 1971, p. 48.

与长期热烈讨论自然运动恰形成鲜明对照的，是对虚空（或真空 void）中强制运动或不自然运动研究的冷落。大家对此颇感棘手，因为真空中由于没有外部媒介，所以不可能有外部动力和阻力，作为自然运动之原因的轻重诸元素在此显得无能为力。局限于亚里士多德体系内是无法找到答案的，许多人因此知难而退。但是亦有一些有识之士不因亚里士多德的权威而却步，而是从自然入手进行了积极的探索。

对此问题有所创见的第一个中世纪学者是尼古劳·波尼多斯（Nicholas Bonetus）。他在解答强制运动如何可能时指出："在强制运动中，某些暂时的和瞬间的形式被预应（impressed）于运动体中，只要这种形式存在，则真空中这一运动就是可能的，一旦它消失，运动也就停止了。"[①] 这种用以解释真空中强制运动的"形式"，就是物理学史上有名的"冲力"（impetus）。冲力说于 14 世纪初在巴黎兴盛起来，形成了中世纪动力学研究的高潮。

巴黎冲力说的最大代表当推比里当。他给冲力下了个说明性的定义：冲力是"区别于抛射体位置运动的一种永久自然的东西。冲力可能是为推动一个物体而自然出现或预先安置于它要施应的物体之中的质（quality），恰如磁石预应于铁中先使铁移向磁石的那种质。随着运动，由推动者把它预应于运动体中，在运动时为阻力或相反的趋势松释、消耗、阻止"[②]。在此定义中，冲力作为推动者预应于物体中的一种力，它能够保持运动。比里当认为冲力是一种自然的东西、一种质，而这种质仍由外力赋予。自然的东西、质等概念都是套用了亚里士多德的术语，这说明比里当的冲力说仍未脱出亚

---

① Isis, 1964, vols. 55, 3, No. 181, p. 274.

② Isis, 1964, vols. 55, 3, No. 181, p. 275.

氏框架。但冲力说的真正成果在于在此基础上引出的一系列结论。

比里当为量度冲力，把物体的量和速度的乘积作为冲力大小的标准。他认为同样体积的铁与木头以相同速度运动时，铁应具有更大的冲力，因而能运动更长的距离，最后这个结论今天看来是错误的。如果说铁的冲力较大能够对应于牛顿的惯性质量概念，再把冲力的量度与动量概念 mv 相联系，则比里当已经走到近代力学的门槛了，可惜比里当并不懂得这一点。尽管如此，他的工作还是很富有价值的：一是把物体运动的原因从亚里士多德的外因移到了内部，且"冲力"比"内阻"概念更优越的是，"冲力"为一种自然性质，它并不决定于事物内部诸元素的比例；二是把运动的量度与速度相关联，不再如从前那样孤立地考虑事物的数量与组成。此外，冲力的表征是物体的量与速度的乘积，如果量对应于质量，则冲力大小为 mv，其改变值为 $m_2v_2 - m_1v_1$，再往前引申一步，就是牛顿第二定律 $F = ma$ 的另一种形式——动量原理。因此，可以说冲力说隐含着牛顿第二定律的思想。再有，冲力说指出："冲力是物体的一种自然性质，如果没有外部阻力，一旦物体获得冲力产生运动，就会无限进行下去。比里当还假设如果这种运动呈直线形，那么就会保持其匀速直线运动状态不变，没有什么理由设想它会在什么地方停下或改变运动方向。这是很类似于惯性定律的表述，再前进一步就接近了牛顿第一定律。令人遗憾的是在中世纪特定的思想桎梏下，比里当将这些想法当成纯属头脑中的设想，这样一种理想条件下的无限匀速直线运动不可能出现在亚里士多德式的有限世界内。更可悲的是比里当最后承认，只有上帝才能够超自然地产生出这样的运动。"[1] 这种结局一方面归咎于中世纪思想方法的束缚，另一方面归

---

[1] Isis, 1964, vols. 55, 3, No. 181, p.279.

咎于比里当师承亚里士多德，把运动和静止看作是两种对立的状态，而不是物体惯性的不同表现形式。这样，他就无论如何也得不出近代力学的惯性定律了。

比里当还试图用冲力说解释自由落体的加速运动。他认为物体的加速下落在于冲力的不断聚积，在物体下落过程中，物体的重量始发了运动，且使冲力产生连续的累加性积聚，这种积聚又使速度不断增加，从而形成连续的加速运动。用公式表示即是：在 Δt 时间内，重量 W 产生速度 v 并启始冲力 I，在第二个 Δt 内，I 将产生速度增量 Δv，所以 $W + I$ 产生 $v + \Delta v$，而且 W 又产生一个冲力 I，这样到第三个 Δt 内，$W + 2I$ 将产生 $v + 2\Delta v$，并再产生一个 I，以此类推，直到落地，速度达到最大。从这个论证看，有人认为比里当已成功地获得了"力是改变运动而不仅仅是维持运动"的观念[1]。也有人认为证据尚不足，因为比里当在把重力与运动加速联系起来之间，还有一个冲力作为媒介，因此这种联系是间接的[2]。

在比里当工作的影响下，中世纪动力学的研究越来越显示出近代力学产生的曙光。牛津大学默顿学院（Merton College）的学者导出了匀速和匀加速运动定义。匀速运动定义为"在任何相等时间间隔内通过相等的距离"。这里的"任何"一词与后来伽利略的用法完全一样，以区别于在某一相等时间间隔内通过相等距离但却是变速运动的情形。匀加速运动被定义为："在任何相等的时间间隔内获得相等的速度增量"。这两个定义与近代力学几乎一致。随之他们又推出了堪称中世纪动力学杰出贡献的平均速度定律，即 $s = 1/2v_f t$（s 为距离，t 为加速时间，v_f 为末速度）。加速运动的距离等于末速

---

[1]　A. C. Crombie, *From Augustine to Galileo: The History of Science A. D.400-1650*, London, 1957, p.251.

[2]　E. Grant, *Physical Science in the Middle Ages*, New York, 1971, p.53.

度的 1/2 乘上时间，如果是匀加速，则 $v_f = at$，所以 $s = 1/2at^2$，在有初速度 v_0 时，$s = [v_0 + (v_f - v_0)1/2]t = v_{0t} + 1/2at^2$。这个公式由巴黎的尼古拉·奥里斯姆（Nicole Oresme）用自己独创的经纬方法给予了直观的证明。这些成就得到了近代科学家的高度重视和赞赏。

有人认为冲力说"在三个世纪后对伽利略在动力学方面的著名工作起了特别重要的影响"[①]。这或许不是过誉之辞，因为冲力说隐含了近代力学的惯性概念，在运动量度方面又可直接通向牛顿第二定律，并且在假设的前提下获得了惯性定律的最早表述，以此为基础得出的匀速和匀加速运动的概念与公式均与近代相差无几。由此看来，中世纪的学者对机械力学现象，虽无完备的实验手段，而且处处受到神学的牵制，但是他们尊重客观、崇尚分析、巧于思辨，得出了内阻、冲力等一系列成果。这些成果必然会对近代力学的诞生做出巨大贡献。

三、光学

科学史家认为："13、14 世纪间见到的最令人称羡的成就当算光学。"[②] 光学的发展既有历史的渊源，又有现实的原因。阿拉伯物理学家伊本-阿尔-黑森在光学方面做过许多研究，特别是对光学的实验方法有很大改进，并把数学方法引入其中。同时，光学在中世纪特别受信奉奥古斯丁—柏拉图主义哲学之人的垂青。因为这些人认为，光是神的恩典和神圣真理下人类智慧闪现的类似物，它可以服从数学规律。在这种科学和神学相混杂观念的影响下，光学的发展

---

① 卡尔·B. 波耶：《微积分概念史》，上海人民出版社 1977 年版，第 79 页。

② A. C. Crombie, *From Augustine to Calileo: The History of Science A. D.400-1650*, London, 1957, p. 71.

几乎没有受到任何阻碍。

第一个在光学方面有杰出贡献的是曾任林肯郡主教和牛津大学校长的 R. 格罗斯代特。他相信光是物体的第一"物质形式"（corporeal form），不仅可解释具体物质在空间中的存在，而且是运动和起作用的因果联系的第一原理。格罗斯代特精心研究了虹的成因及透镜，对光线的折射和反射有较详尽的叙述，他认为可以利用光的折射而将视觉对象任意变大或缩小。在光学研究中，他提出了重要的科学方法论原理：对复杂现象进行分解，把它们解析成基本原理，从这些原理出发引出假设，再用现象重组法或演绎法推出某些结果，然后用观察或已为观察证明的理论加以证明。这一方法实际上是近代实证科学的最早端倪。

继承格氏工作的是他的学生、中世纪杰出的思想家罗吉尔·培根。培根在光学上的贡献主要是虹的形成理论和透镜原理以及由此而生的对人之视觉的研究。特别是培根的著作《透视学》一书，为中世纪欧洲专门光学著作之一。他从清晰地叙述眼睛的解剖学和视力生理学开始进而认为眼球中的水晶体具有重要的光学特征。视觉过程不是在眼球中完成，而是通过眼球接受光线，经神经传导至大脑形成视觉。在培根的著作中，他在确定反光镜的焦点、解释光的入射角和折射角、研究球面象差等问题上都获得了重要成果。更为重要的是，培根在自己的研究中，引入了实验原则和数学方法，并且在中世纪第一个把它们放到至高无上的地位，这是"黑暗年代"伟大的历史进步，而且后来成为了近代实证科学研究的两大基本原则。

培根之后，光学研究继续发展，波兰学者 Witelo（大约生于1230 年）用实验确定了光通过空气、水和玻璃发生折射的角度值，并用白光通过六方晶体产生了光谱颜色。此后最为著名的工作是由德国学者 Theodoic 或叫作 Dietrich of Freiberg（卒于 1311 年）进行的。他在光的折射及虹的成因方面用一系列精巧的实验证明了原先的假设：虹因光线在雨滴中的折射而形成。关于透视的几何学研究也是中世纪的一大重点，这对后世绘画技法有着直接的影响。中世纪学者还探讨了光的本性及光的传播速度等重要问题，其中虽多属无稽之谈，但至少人们触及了这些根本性的问题，对后世科学家们打开自己的思路相当有益。

四、地质学和化学

中世纪的地质学，大多是为《圣经》解释找寻理论根据，但在研究过程中，也发现了不少有益的东西，值得后世注意。中世纪探讨的地质问题大约从 13 世纪开始归结为三类：一是地球表面的运动；二是大陆、海洋、山脉和河流的起源；三是矿物与化石的产生。从亚里士多德理论出发，中世纪的学者认为地球的重心与体积中心不重合，因此，为使两个中心能够重合，地球表面的沧桑运动是不可避免的，陆地、高山和海洋不断形成或消失，动植物被掩埋于土中后就逐渐形成化石。这几乎是接近于现代的理论！此外，许多人还注意观察了地质学现象，如 12 世纪时观察到月球与潮汐之间的关系，还有一些人观察和研究了冰川、冰山、喷泉等。当然，对此的解释五花八门，基本上是从《圣经》中寻找根据或用上帝的力量来做解释，不过，观察到的一些地质自然现象却为后人留下了宝贵的资料。

恩格斯曾经指出，中世纪的化学与物理学一样，提供了不少可供观察的材料，并使用了一些新的实验手段。虽然化学与炼金术仍然形同一家，但在基本理论与化学工艺方面却有明显进步。

第一项进展是蒸馏技术的改进。由于早期玻璃质量不高，故蒸馏技术失之于简陋。公元 1100 年左右，玻璃质量得到重大改进，佛罗伦萨的医生 Thaddus Alderotti 设计出一套新的冷却技术，这就导致了无机酸的发现。13 世纪末硝酸和硫酸已为人们所描述。此后，无机酸成为普遍的化学用品，化学家们溶解化学物质和在溶液中进行化学反应的能力大大提高。人们对酒精及无机酸的需求促使早期化学工业不断发展，这是技术上的一大进步，"这一趋势相当重要，因为它在中世纪末叶推动了城市的兴旺和中间等级的壮大，从而加速了封建制度的衰亡"[①]。如硝酸的制造涉及硝石的获取，而硝石的另一个用途就是制造黑色火药。火药从中国经蒙古人西征传入欧洲后，即成为重要的军事工具。化学在中世纪的发展主要是在实际工艺方面。如关于蒸馏、煅烧、冷凝等一系列化学工艺都有清晰的了解和把握，化学器皿的制造也有长足进步，开始使用天平，注意到化学反应中的质量变化等等。但从总体上看中世纪的化学处于亚氏学说和炼金术的笼罩下，理论上的进展相当贫乏。像金属是怎么形成的，化学变化如何进行这类问题，中世纪学者简直束手无策。而且，书斋里的学者远远跟不上实用技术的进展，很少有人能够为实用技术的发展提供理论说明。虽然有些人察觉到这个缺陷，可又一筹莫展。但是，"公元 12 世纪和 13 世纪是化学上极其关键的时期，这一时期标志着化学在西欧开始取得长足的进步，这些进步起初多少带有一些摸索试探的性质"[②]。这种摸索过程，为文艺复兴之后化学理论与实际技艺相结合提供了必要的条件。

　　化学是关于世界万物变化的理论，一旦人们已经认识到物质的衍变也不过是受自然法则支配的现象，则一切宗教神秘的基础就将

---

① 亨利·M. 莱斯特：《化学的历史背景》，商务印书馆 1982 年版，第 84 页。
② 亨利·M. 莱斯特：《化学的历史背景》，商务印书馆 1982 年版，第 89 页。

荡然无存，这正是中世纪化学的革命意义。

五、生物学

中世纪严格讲还没有生物学，只是偶尔有这方面的探索，亦即对于自然界生物的观察及由此而生的结论。但是有关生物的研究，更多地受神学影响，常常借助于《圣经》，用神学目的论来说明生物现象，但另一方面又经常通过经验观察、搜集。

Hildegarde of Bingen（1098—1179）曾经用德文命名了1000种动植物。而西西里国王弗烈特二世（1194—1250）是喜欢狩猎和捕鸟的君主。他自己曾写过《猎鹰训练技巧》一书。书中开首即是鸟类动物习性及解剖方面的描述，并附有900幅鸟图。这位国王还对鸟蛋进行过人工孵化方面的实验。当时的欧洲，因娱乐之需，还建立了不少动物园，其中有不少珍稀动物，客观上增加了人们的动物学知识。

中世纪的修道院中种有许多药草，先是用于医学上，后来人们逐步对植物的根、茎、叶、花产生兴趣，经过长期观察，逐渐悟出植物之间的异同，于是有了最早的植物分类学系统。

大阿尔伯特（Albert Magnus，1193—1280）接受了古希腊关于物种可变的思想，并用野生植物与栽种植物的变化来说明，并提到了五种使植物变种的方法（如嫁接等），这一思想对后人影响极大。他还观察了许多亚里士多德不曾记载的动物，并对一些动物进行了解剖。

以上有关动物和植物方面的观察、分类、解释，虽然有不少失误之处，但却是古代生物学发展中的一个新起点。而且，当时的人们还有一件非常值得今世学者注意的动向，亦即在事实观察的基础之上，中世纪学者将观察到的东西与自然解释系统结合起来，逐步形成了后世所赖以为科学之生命的实证倾向。

另外还有一件值得称道的事就是人体解剖的出现。中世纪时盖伦学说占统治地位，外科医生几乎都要修动物解剖课。12世纪时，Copho of Salerno 所写的有关猪的解剖学说明可视为西方解剖学的发端。不久，尸体解剖也被引入医学教学中。波隆那大学教授 Mondino 亲自动手解剖了男女尸体，并著有《解剖学》一书，虽然他的观点仍无出于盖伦体系，但却比维萨留斯要早 200 余年。

从公元 10 世纪起，阿拉伯科学与古典知识传入西欧，中世纪自然研究始得复兴，并在 14 世纪时达到高潮。人们面对自然，探寻知识，认识规律，虽然一切活动仍然在神学的光环下开展，并且在许多方面仍未突破旧的亚里士多德体系或教会权威理论，但无可否认的是，通过这一时期的工作，全面复活了古典科学知识，并且在许多方面大大前进了。观察材料的积累、理论假设的形成，是中世纪沉闷天空的响雷。各门学科知识的不断涌现和生长，不管其成就如何，终究为文艺复兴后各门科学的加速发展做好了历史性的准备。中世纪学者不仅保留了古代知识，而且以各种形式（或弯曲或隐晦）表现出他们对自然的热爱、真理的追求。在许多问题的研究中尽力给出了自己的回答，有些结论直接间接地导致了文艺复兴后科学的蓬勃发展。因此可以说，近代各门学科发展的基础，在中世纪内部已经孕育生长，而且意义更为明显的是：中世纪科学发展的具体成果，与后世相比，虽然是微不足道的，但不管怎样，自然科学终因社会的发展和主体精神的潜在活动而为自己开辟了前进的道路，并在这条道路上迈出了第一步。表面上，中世纪科学被当作附庸，用来为神学服务，实际上，这种否定的科学形态在其自身的前进运动中，不可避免地要产生新科学的种子，这既是冲破神学的力量，也是旧科学本身的否定物。只有在旧科学内部产生出否定自己的力量，内在的否定才会发生，这正是科学认识辩证发展的规律。

第二节　健康理智与观察实验的统一

中世纪科学不仅以具体的成就在科学史中写下了独特的篇章，而且在科学方法论、认识论方面对后世也产生了重要影响。近代实证科学的基本方法，均可在中世纪找到它们的原型，如现象重组法、归纳—演绎模式等等。其中最为重要的是实验原则的提出、逻辑演绎和数学分析的运用，这是中世纪具有近代意义的主要方法论特征，也是科学认识论传统的确立。

从观察入手，掌握感性材料，对其加工整理后，进行归纳推演，上升到理论体系，再用实验检验之，这是近代科学的基本方法，也是它有别于古代科学的地方。虽然人们把弗朗西斯·培根认作是近代实验科学的始祖，但是另一个英国人罗吉尔·培根却是最早提出实验原则的人。针对中世纪学者脱离实际生活、迷信权威的风气，罗吉尔·培根尖锐地提出了批评。他认为，在权威、判断和实验三种认识方法中，权威肯定不能给予我们新的知识，而判断如果没有实验做检验，则不可能与诡辩区别开来。因此，"聪明人通过实验来认识理智和物的原因，没有实验，什么东西也不能令人满意地得到了解"。"这门科学犹如支配自己的奴仆似地支配着其他的科学。"[①] 虽然培根关于实验的定义不很清晰，但在西欧科学史上，他第一个明确提出了实验应作为科学的第一要素，这在科学认识史上是一大突破。特别是在中世纪这样的历史条件下，更具有独特的重要性。"培根高出同时代的哲学家的地方，事实上还高出于整个中世纪哲学家

---

① 转引自特拉赫坦贝尔：《西欧中世纪哲学史纲》，上海人民出版社 1960 年版，第 170 页。

的地方，就在于他清晰地了解只有实验方法才能给科学以确定性。这是心理态度上的一次革命性的改变，只有在详细研究了当代的其他著作之后才能领会到这种革命性的改变的意义。"[1]

在中世纪科学艰难的发展历程中，明确地提出实验原则，并把它当作是科学认识唯一可靠的方法，这是对神学奴役的公开反抗，是适应于历史发展而呈现的科学自身的进步趋向。中世纪接受了东方传递来的古代科学思想后，学者们深受亚里士多德的影响，往往沉醉于思辨之中，这使当时的思想界充满了虚幻不实的气氛。实验原则的提出，是对这种倾向的抗诉，是科学认识原则上的一大转折。运用实验，可以克服古代纯粹观察的局限性，加强人们获得感性经验和感性材料的主动性，更大地发挥科学研究中人的能动作用。通过实验，可以认识自然，揭示自然的奥秘，改造自然，满足人类的需要。因此，实验原则的理论和实践对中世纪科学的发展产生了重要的影响。当时的许多学者，已经开始逐步认识到在科学研究中进行实验的重要性，体会到接受所谓"天启真理"决不如亲自动手更能获得知识。如研究磁石的学者彼得（Peter Peregrine，活动于1269年左右）就十分强调一定要用实际操作才能了解磁石的性质。在某些学科中，实验方法已被广泛采纳。学者们从事实验虽然是很粗糙的，但这种富有生命力的实验方法帮助人们发现了许多自然现象的规律性[2]。

不仅如此，实验原则的提出，对近代科学也颇有意义，近代实证科学以实验作为自己的立身之本，实验沟通了理论和实践的联系，也沟通了科学和生产的联系。实验得到的材料，又进一步成为抽象

---

[1]　丹皮尔：《科学史》，商务印书馆1975年版，第145页。

[2]　参见约翰·洛西：《科学哲学历史导论》，华中工学院出版社1982年版，第35—37页；A. C. Crombie, *From Augustine to Galileo: The History of Science A. D.400-1650,* London, 1957, pp. 78-80.

分析和理论概括的根据，虽然中世纪提出的实验原则远不如近代那样清楚和精密，但在中世纪神学压抑下的畸形的科学中出现的对实验原则的追求，却是与后世科学一脉相承的，它是新科学潮流的最早征兆。

近代实证科学，以分析方法见长，这种方法的源头可以追溯至从古希腊一直到西欧中世纪的发展过程。虽然亚里士多德已经大大发展了形式逻辑，并采用了概念推演的方法，但古希腊的主要认识方法还是一种笼统直观的原始综合方法，从事物的整体上去把握和描述事物。近代实证科学深入自然界内部，由定性研究进入定量研究，采用逻辑和数学来处理具体材料以获得精确的结论。逻辑方法和数学推导，是知性思维的典型形式，同时也构成了各门自然科学的普遍性方法。在中世纪，基督教神学统治下的人们，其健康理智的发挥虽受一定制约，但在后期研究自然的过程中，倒也得到了充分发挥。结合着罗吉尔·培根等人提出的实验原则及广泛应用于各门科学中的观察实验，中世纪的科学方法论与认识论，在某种程度上直接构成了近代科学出现的先驱。

经院哲学家继承了亚里士多德的形式逻辑并把它烦琐化。烦琐化虽然导致日后思想僵化，但其中却蕴含了合理的因素，即高度精确化，以及推导根据和推导过程无可置疑的特点。亚氏权威的影响，使经院哲学家十分重视逻辑的学习和运用。教会学校中，逻辑课程是必修的。"七艺"中即有逻辑一科。学校在每个学期都要进行非常隆重的辩论活动，以训练学生的逻辑运用能力。欧洲从古希腊到现在，这种重视逻辑的学习与应用的风气一直能经久不衰，这对浇铸西欧人，特别是他们的知识分子的内在品格，起了十分积极的作用。中世纪的教育传统产生了不可磨灭的影响。确实，一方面，它把逻辑的传统带给了近代欧洲，使近代科学方法建立在稳固的逻辑基础上；另一方面，又训练了一大批熟谙思维规律的人，这批学者在研究问题时认为，任何看来十分荒诞的结论，其证明过程也不得违反逻辑规则，否则就不能算作是真正合理的结论。有了这样思想方法的知识分子，岂不正是宗教的掘墓人与新思想的开拓者吗？除了保持逻辑传统外，经院哲学家还在许多地方具体发展了逻辑学。最早的波埃修斯（Boethius，约480—524）把亚氏逻辑介绍到了欧洲，并且创立了选言和假言推理，大大发展了三段论。格罗斯代特发展了否证法，比里当等人专门深入讨论形式推演和实质推演的关系，这就涉及逻辑的客观基础问题。此外，中世纪还发展了某些归纳方法，其中有后世称为穆勒五法中的求同法、差异法等等。这些逻辑学的成就，不仅给后世留下了宝贵的思维工具，而且已有人把它们运用到科学研究中，逐步形成了某些近代科学方法，如现象重组法、简单性原理等，这些都为近代所继承。贝尔纳说过："中古时代的贡献确实比阿拉伯人的那些更精细，这些方法已建立了科学上的诸项原则。当这个时代一开始，罗伯特·格罗斯代特就讲过分解和组合或归纳和演绎这个双重方法，讲得和500年后牛顿所阐述的一样清楚。"[①] 中世纪逻辑方法的痕迹，无论是在哥白尼的《天体运行论》还是在牛顿的《自然哲学的数学原理》中，都是清晰可见的。弗朗西斯·培根的《新工具》也只是批判了经院哲学形式上的烦琐教条、逻辑上的僵化滥用，他所总结的近代科学方法论的原则，无疑包含了中世纪已经获得的成果。

从实际材料到科学理论，必须经过抽象分析的过程。除了采用一般的逻辑方法外，近代实证科学还用数学作为理论武器，对自然界的运动规律加以解剖研究，以获得精确的定量的科学结论。这是

---

① 贝尔纳：《历史上的科学》，科学出版社1959年版，第200页。

大大超越古代思辨的自然哲学的地方，是近代科学的又一鲜明特征。这一鲜明特征，在中世纪也有过最初的表现。

中世纪把数学指斥为黑术，再加上亚里士多德轻视数学的影响，数学本身进步甚微。但古希腊科学传入西欧后，欧几里德几何学和阿基米德的数学力学方法在中世纪产生了极大的影响。意大利学者费婆那齐（Fibonacci，约 1170—1250）引进了希腊、阿拉伯和印度的数学知识，系统陈述了怎样解一次、二次确定或不确定方程，并对无理数进行了创造性的研究。奥里斯姆（约 1323—1382）引入了分数指数的记法和算法，并用类似坐标变化的几何方法来研究运动的变化。这被后人誉为是中世纪杰出的贡献。13 世纪时学者较为普遍地认识到数学在自然研究中的作用。罗吉尔·培根曾经说过："数学具有（论证）包罗万象的经验的（方法）。……这些经验适用于所有的科学，……而任何一门（科学）要了解这些经验都离不开数学。"[1] 培根在自己的光学研究中大胆地使用了数学分析和推导，用数学公式表示光学的特性和规律，据此有人认为培根是现代数学物理的鼻祖，但亦有人不同意，认为在培根之前就有中世纪的学者对数学可应用于自然研究作过种种论述[2]。我们姑且不去评论这类争论，但从这里却可指出一点史实，中世纪数学方法已经开始在某些学科中得到运用。

由于中世纪符号代数尚不发达，故学者们常常学习阿基米德，对事物的变化采用几何分析的方法。这虽然不够精密与严密，但却是当时数学方法的一种创举。这类方法中，当首推奥里斯姆的经纬方法最为完善。他用两根互相垂直的线段分别表示两个变量，垂直

---

① 转引自特拉赫坦贝尔：《中世纪西欧哲学史纲》，上海人民出版社 1960 年版，第 175 页。

② D. C. Lindberg, "On the Applicability of Mathematics to Nature: Roger Bacon and His Predecesors", *The British Gournal for the History of Science*, 1981, vol. 13, part 1.

的称为纬度，水平的称为经度。他把事物的变化用坐标的变化来表示，根据坐标的变化得出事物变化的规律。对此方法，有的科学史家认为是笛卡尔解析几何的原形，亦有人并不同意这种看法①。但大家都承认奥里斯姆数学方法对研究变化率的贡献。特别是他把此方法应用于运动力学的研究，得出了加速度、平均加速度等从前科学史界一直归功于伽利略的新概念，并证明了中世纪力学最大的成就之一——平均速度定理。奥里斯姆的数学证明，伽利略在《论两门新科学》(*On Two New Sciences*) 一书中叙述这一定理时直接引证。

中世纪数学方法虽然浅显，却建立在大部分学者所共有的一个观念上：一切事物的差异均可归结到量的差异上加以解释，这正是数学方法的根据所在。从定性的分析进到定量的描述，既符合人类认识的历史进程，又符合自然科学的发展本性。笼统的整体直观已不敷社会历史的进步和主体成长的需要，必须从描述性的古代科学发展到抽象的精密化的科学，揭示自然界更多的细节，深化对自然界的认识。从中世纪科学中萌生，且在近代科学中充分发展的数学方法，正是现代科学与古代定性的自然哲学研究相区别的主要标志。

中世纪的实验原则和数学方法的成就和现代相比，当然水平十分低下，但是，在神学气氛十分浓烈的中世纪，这些科学思想上的开拓性创造，则更加具有历史的永恒价值。克隆比认为："正是由于13世纪和14世纪实验方法和数学方法的成长，才导致了17世纪变得如此惊人以至于被称为科学革命的运动。"② 这虽有所夸张，但却提醒我们必须注意中世纪实验原则和数学方法的历史贡献及其与近代科学之间的联系。丹皮尔认为："文艺复兴时代的人们，一旦摆脱了

---

① 参见卡尔·B.波耶：《微积分概念史》，上海人民出版社1977年版，第87页。

② A. C. Crombie, *From Augustine to Galileo: The History of Science A. D. 400-1650*, London, 1957, p. 273.

经院哲学权威的桎梏，就吸取了经院哲学的方法给予他们的教训。"①
这实际上是指后世的人从否定的方面继承了中世纪的方法论传统，
形成了近代科学方法论。在中世纪，健康理智亦即知性思维，在经
院哲学的卵翼下，得到了扎实的系统的发展，再结合着人们不断深
入自然界的内部进行观察实验，获得初步科学技术的成果，终于使
西欧科学认识摆脱宗教神学的神秘气氛，向近代奔去。

第三节 西欧科学认识论传统的形成

科学认识的健康发展，终归要廓清宗教神学的迷雾，以及偏执
片面主观的倾向，走向动态地观察分析事物的道路。因此，它必然
符合人类总体认识的进展，亦必符合辩证法的规律。认识的历史发
展是按否定之否定的圆圈运动的规律进行的。西欧封建社会的建立，
绝不是历史唯心论者断言的所谓历史的中断，而是历史的必然。虽
然封建专制和基督教神权的统治给中世纪蒙上了森严神秘的色彩，
但却无法抹去它在物质生产和社会形态方面取得的巨大成就。西
欧中世纪是资本主义和近代社会的母体，是社会历史行程中的必经
环节。

古代希腊人是令人称羡的民族，这个民族给世界留下了宝贵的
文明之源。现今的一切科学与哲学的智慧，均可在希腊人那里找到
源泉。希腊人对于自然天才的直觉的综合认识，体现在对外部实体，
即所谓本体的哲学沉思上，而各门科学还被包裹在整体性认识之中，
有待进一步分化。随着认识的发展，在社会历史的催动下，科学认
识必然要向着自身分化的方向前进，而且在后古典时期确实已经有

---

① 丹皮尔：《科学史》，商务印书馆1975年版，第144页。

了这样的分化萌芽。罗马帝国对希腊城邦的征服不仅在政治上扫荡了希腊民主制，而且在文化上暂时中止了科学认识的进一步分化。罗马人注重社会政治行为和实际能力的培养，缺乏思辨的素养，虽说社会形态的发展有明显进步，却忽略了思想文化的同步前进。在罗马帝国生长出来的基督教，以其特有的文化适应性成为占统治地位的意识形态。它对一切不利于己的古典文化进行了扫荡，从而人为地阻止了科学认识的发展。

但这不是中世纪的全部特点。中世纪科学认识处于一种否定性的地位。这种否定性绝不是对历史的一笔抹消。恩格斯说："在辩证法中，否定不是简单地说不，或宣布某一事物不存在，或用任何一种方法把它消灭。"[1] 中世纪的科学认识不是单纯的、徒然的、毫无结果的否定。在这漫长的 1000 年中，科学认识作为宗教神学的内在否定因素，它深化了古希腊的智力与古罗马的能力传统，使人类的智力活动更加精确化系统化，导致了近世实证科学的萌芽；还使人类的能力大大提高，在工程技术、城市建设等方面取得卓越的成就。平心而论，过去高扬古希腊，而一笔抹杀中世纪是有欠公允的。另外对神灵的膜拜也绝非完全消极的，领悟、直观、灵感、想象等非理性因素得到了培育，恰好成为了理性方法的补充。因此，"神力"的认识论的解释与发挥，对建立完整的科学认识是十分重要的。

中世纪早期对希腊学术的否定，使西欧的世俗知识受到了扼杀，这是一种粗暴的否定。但历史的考察表明，中世纪的科学认识史并未中断。在经历了一个下坡过程后，又沿着它特有的道路缓慢地上升。10 世纪起，欧洲接受了阿拉伯科学的影响和古典学术著作的熏陶，西方沉闷的世界终于打开了一扇窗户。人们第一次领悟到了知

---

[1] 《马克思恩格斯全集》第 20 卷，人民出版社 1971 年版，第 154—155 页。

识的力量、理性的伟大。虽然古典知识的涌入为基督教歪曲利用，但这次运动一是保存了古典学术，二是在此基础上，中世纪学者试图重新理解世界万物乃至神和上帝。理性在神学内部涌动，人性在宗教压迫下抬头，认知主体得以逐步成长。随着社会生产、工艺技术的发展，各门自然科学的萌芽出现，各种认识成果不断产生。在一种完全不可能产生哲学和科学、完全不可能形成近代认识论潮流的地方，出现了奇迹。正如丹皮尔所言："研究欧洲中世纪思想时最为有趣的一件事，是追溯不断变化的人类心理态度怎样从一种似乎最不可能产生科学的状态，转到另一种状态，以致使得科学自然而然地从哲学的环境里产生出来。"[1] 实际上，这就是科学认识在中世纪发展过程中的内在否定性的伟大力量。认识的外部社会环境、社会物质生产基础大踏步前进，认知主体、理性力量在神学内部不可能长久蛰伏，各种认知成果也绝不会永久甘于为外在的压迫力量所用。这一切，只不过都在等待着一个适当的时机。

"新时期是以返回到希腊人开始的 —— 否定的否定！"[2] 从 10 世纪起古典学术进入西欧，中世纪即开始了它的伟大转折，这种转折虽不是轰轰烈烈，但却是有声有色的。它既包含着对古代和阿拉伯科学的继承与自身的创造，又在科学方法论方面透露出新世纪的曙光。作为古代认识史向近代认识史过渡的特定阶段，中世纪的科学认识必将因自身的矛盾运动而获得前进。

中世纪是近代科学兴起的历史前提。它在物质生产方面的成就孕育了近代科学的胚胎，使得新时期的科学一开始就建立在牢固的客观基础之上。中世纪神学和经院哲学内部萌发的理性思维和分析

---

① 丹皮尔:《科学史》，商务印书馆 1975 年版，第 158 页。

② 恩格斯:《自然辩证法》，人民出版社 1984 年版，第 170 页。

精神，是近代科学认识发展的潜在阶段。近代科学研究的主体正是在经历了中世纪的磨难后才从中世纪固有的桎梏下解放出来，成为多才多艺的科学巨人。

从古希腊、罗马到中世纪是一个从智力、能力到神力的转化过程，但不能认为以后的世纪智力完全被抛弃了。能力在社会实践方面磨炼了智力，因而增强了智力的现实性；神力的权威性由于其权威有待理性与理智论证之故，从而暴露出盲目信仰的虚弱性，并证明了智力的至上性。尤有进者，神力所体现的权威性、绝对性、虚幻性，只要脱除其神灵的外衣，竟然可以成为科学认识的补充原则。即在中世纪纷争中权威的必要性；在人生的追求中，绝对的真理性；在认识进程中虚幻的超前性。因此，中世纪的神力，绝不是完全消极的。它在认识的圆圈运动中，与智力、能力相结合，成了现代哲学、科学认识论的前提（参阅本书"导论"和第一篇的"导语"）。

中世纪早期，人们的思想极大地受缚于基督教教义，他们虔信上帝，内心默祷、祈求幸福，从不敢对外部自然有非分之想，大翻译运动之后，新的学术思想冲击着基督教灵光圈下的西欧知识界，人们一旦进入对自然知识的了解，就立刻被自然界的清新、机巧、奥妙所吸引，如饥似渴，唯恐接受不及。人类心智的对象一下子由内向外，驰骛不驯。无论神学束缚多么厉害，宗教惩罚多么可怕，但人类在自然界的清新空气中，无论如何也不会继续病态的生存方式，总会逐步冲决旧的栅栏。于是，从世界本体开始，首先研究天体，接着研究运动、变化，最后达到对生物和人类的研究。于是，认知的对象又由外向内，进入对人类自我的认知。虽然中世纪这方面还不够成熟，取得的成果还不太显著，但毕竟展示出一种新的趋向：新世纪的科学认识在向人们招手。

把握各门科学的知识，掌握自然界生灭变化的规律，这是古人梦寐以求的，但一旦堕入感性材料的海洋中，反而会因感性之累而不能自拔。于是，中世纪有了那个"共相"为何物的争论。虽然这一争论本身孕育了英国唯物与唯心对立的源头，但实际上这是人们开始注意作为科学之一般结果的表现。人们不再停留在具体事物的表象上，而是试图到达揭露事物本质的"共相"，即表述事物规律的概念。这就要求认识不能局限于感性系统，而要由感性直观进入知性分析和理性综合，方才会形成看上去像是"先验"的理性结构。欲达此结果，必须借助于正确的认识方法，这就是逻辑、数学的知性分析和实验验证等近代认识方法登堂入室的极好时机。在中世纪，这些都露头了，发芽了，可谓是形成近代西欧认识论的重要契机。当然，在如何达到这种理性结构的途径上，则后世又分为"经验论"和"唯理论"两大派别。

在西欧中世纪，认知主体大都具有正统的神学观念。如最为激进的思想家罗吉尔·培根也曾承认科学的最终目的是为神学服务的，而且人们认为这样的观念并不妨碍探寻自然界的活动。比里当曾说过这么一段风趣的话来勾勒人们的这一心态："如果恰恰要决定某些信仰的神学问题，那么必须按信仰来作结论而否定一切反对它的论证。这就是为什么即使我希望对它提出异议，也必须说我相信的是按神学说的，否则就违背了我的神学誓言。我必须摆脱反对它的推理，即使我不提到也不等于否定这种推理。"[1] 这种矛盾集中于某些学者身上，使他们既想了解自然，最好又不违背神学信仰，这就构成了西欧认识史上的一种奇特景象。而且，这种景象不限于中世纪，文艺复兴之后经哥白尼、伽利略、牛顿一直到当代亦如此。这种景象就是：许多笃信宗教的学者在认知领域既做出过巨大贡献，同时

---

① A. C. Crombie, ed., *Science Changed*, Oxford, 1961, p. 225.

又是个不折不扣的虔诚宗教徒；两者似乎并不相悖，宗教信仰与科学认识和平共处，各司其事。这种源流来自中世纪，直到"宗教改革"以后，泛神论将上帝与宇宙规律统一了起来，这个矛盾实际上才得到解决，它表明唯物的自然法则取代了神性的创造原则。

关于科学认识论的基本方法和发展进程，中世纪基本上已经确立了它的原则：科学认识论的传统正是由健康理智与观察实验两大块构成的。理性法庭的建立，使一切权威的说教，神学的教条沦为被告。在这一传统进一步深入发展中，近代人们服膺的不再是固定不变的东西，而是批判的头脑和怀疑的精神，这是近代开始的象征。观察实验作为近代实证科学的立身之本，是科学真理确证的基本手段，也是科学为人类社会服务的中介。这一切，都使人们不得不叹服于人类认知的伟大成果，从而以更为炽热的感情投身于认知自然与社会的伟大实践。

中世纪已经基本形成了近代认识论的主要要素，为科学认识论向新世纪的进军奠定了基础。当然，关于认识自身的探讨和研究还很不充分，特别是对"主体认识能力"的考察这个艰难的课题，一直到德国古典哲学兴起方有眉目。近代经验论与唯理论两派都还外在于这个问题的表面，更何况中世纪的学者呢？从中世纪逐渐流出的认识之泉，经过文艺复兴和宗教改革的激荡，终于汩汩流向近代，形成西欧科学认识发展的又一次高潮。

人们可以看到，17 世纪的"科学革命"以及随之而兴起的西欧认识运动，经过了很长的准备时间，从许多方面来讲，它都可以看作是牢固扎根于以往世纪社会文化运动的结果。因为一方面，文艺复兴"深刻地保留着中世纪的许多特点"，另一方面，人们还从中世纪发现大量直接通向文艺复兴的思想观念和精神风貌。文艺复兴所摧毁的，是中世纪封建神学的精神统治，并没有全盘抛弃封建社会所取得的成就，它保留了中世纪文化和科学中积极的合理的因素，解放了中世纪神学压抑下潜在的思维力量。17 世纪的科学革命，则完全剥去了中世纪科学扑朔迷离的神学外衣，继承了其中肯定性的内容，把科学认识史的发展推向了新的高峰，完成了从古代原始综合的认识—中世纪否定形态的认识—近代科学分化了的认识的圆圈形运动。

第二篇

实证科学的兴起

导语 论知识的"原始综合、科学分化、辩证综合"的辩证圆圈运动

在作为知识的总体的哲学中，在宗教神学的阴影下，科学知识迅速增长，一门门学科独立自成体系。亚里士多德时代，初具规模，业已具备现代科学的胚胎形式。罗马时代向务实与工艺方面发展，工程技术日益精进，技术的需要促进科学的进步，科学的提高加速了技术的发达。中世纪的宗教神权并没有彻底扼杀哲学理性与科学精神，它们默默地艰难地前进，积累了大量的具有实绩的成果，为文艺复兴、实证科学的建立奠定了扎实的基础。

科学从哲学之中独立出来，意味着对自然与社会鸟瞰式的整体研究转向对自然与社会细节的剖析。恩格斯指出：这种细节的剖析，"由于十分明显的原因，在古典时代的希腊人那里只占有从属的地位，因为他们首先必须搜集材料。精确的自然研究只是在亚历山大里亚时期的希腊人那里才开始，而后来在中世纪由阿拉伯人继续发展下去，可是真正的自然科学只是从十五世纪下半叶才开始，从这时起它就获得了日益迅速的进展。"[①] 由此看来，15 世纪下半叶以后，才有真正的知识分化，知识变成了科学，而各门科学差不多经历了

---

① 《马克思恩格斯全集》第 20 卷，人民出版社 1971 年版，第 23 页。

三个世纪，到 18 世纪才接近完成，并且建立了它的理论体系。恩格斯断定说："18 世纪以前根本没有科学；对自然的认识只是在 18 世纪（某些部门或者早几年）才取得了科学的形式。"然后他列举了牛顿力学、物理、化学、地理、地质、历史、政治、经济等形成为科学的情况，最后指出："18 世纪科学的最高峰是唯物主义，它是第一个自然哲学体系，是上述各门自然科学形成过程的产物。"[①] 于是，科学知识终于从哲学知识中分化出来了，成了独立的近代意义的实证科学，这是历史的巨大进步。

从此科学高视阔步昂首前进，哲学似乎蜷缩在玄思领域，剩下一具抽象的骨架而无所作为了。其实这只是一种皮相的观感，科学的分化不过是哲学向更高层次复归的"中介环节"。

科学分化的中介性，为人类知识系统的历史进程及逻辑结构所规定。古希腊时代，哲学与科学知识的同一性是历史事实。随着生产的发展、社会的进步以及分工的发展，知识的分类便势在必然了。知识的分类便是科学分化的萌芽，这个分化过程经历了漫长的历史时期，直到 18 世纪才接近完成。分化的完成意味综合的开始，从 18 世纪到 20 世纪，特别是达尔文的进化论、爱因斯坦的相对论、以玻尔为代表的量子力学，还有黑格尔的辩证法、马克思学说，以及近年发展起来的科学技术综合理论等表明了向哲学的复归，即一种辩证综合的整体化趋势。

这一人类知识系统的历史进程是完全符合它的内在的辩证逻辑结构的。哲学与科学的原始综合，是人类知识发展的肯定阶段；哲学与科学的分离，各门科学采用观察、分析与实验的方法，研究特定客观对象的每个细节，产生了真正的科学，这是人类知识发展的

---

① 《马克思恩格斯全集》第 1 卷，人民出版社 1956 年版，第 657 页。

否定阶段；随着科学发展的迅猛前进，又再度要求综合，这就进入人类知识发展的否定之否定阶段。"原始综合—科学分化—辩证综合"，这就是人类知识系统内在的逻辑结构。

18 世纪科学的辩证综合的最高成果乃是唯物主义。虽然这种唯物主义不可避免地深受机械力学的影响，但它却从哲学的高度武装了科学家的头脑，使他们更自觉地根据唯物主义原则从事研究，从而又给予各门科学进一步发展以巨大推动。

然而，18 世纪的科学的哲学概括是有局限性的，有待进一步综合提高。而这种综合却以分化为前提。科学更加深入地发展，分化愈细，渗透愈深；对象愈专、综合愈迫；事物界限愈模糊不定，量的规定愈精确广泛。而客观事物日益显示其为一过程，因而愈不确定却愈能体现过程的真实性。

由此看来，18 世纪的哲学概括，严格讲来，尚不成其为辩证综合，只是从一门学科的基本原则，推广应用到所有其他的学科。显然其时科学分化尚未彻底，亦即自然界诸细节尚未充分了解，因此，科学分化有待持续进行。

科学分化以及与它相适应的知性思维是科学专攻与精确化的唯一途径。只有专才能精。而"专精"正是实证科学的特色。专精致极才有整体概括的要求。可见科学分化是向哲学综合过渡的桥梁。科学的中介性，使它不自外于哲学，相反，使它内在地成为哲学的辩证发展过程的中介环节：它源于哲学而又复归于哲学。

第七章 文艺复兴的曙光

在人类西方历史上，有三个学术发展极为辉煌的时代，即希腊时代、文艺复兴时代和现代。文艺复兴作为人类历史古代向近代的转折点，摧枯拉朽、革故布新，砸开了中世纪文化专制主义的枷锁，迎来了思想解放、学术自由、巨人辈出和科学繁荣。文艺复兴期间的科学和哲学成就是整个现代文明的曙光。

第一节 封建神权的旁落与人性的觉醒

中世纪号称"千年黑暗时期"。其间理性、理智屈从于信仰，科学、哲学成为宗教的婢女；柏拉图、亚里士多德的哲学变成论证宗教合理性的工具，人类的健康理智受到严重地压抑，哲学科学思想得不到创造性的发展。上帝的威严与对上帝的信仰形成一股绝对势力，凡是不恪守圣经与教规的，无不受到处罚。宗教与政治合为一股，甚至教权高于政权。神圣罗马帝国皇帝曾经蒙受"卡诺萨堡之辱"，向教皇请罪求免开除教籍；英王触犯了教皇，也被处以破门律。教会宣扬"神性"、"神权"、"神道"，维护并神化封建制度和封建特权，教会教条同时就是政治信条，圣经词句具有法律效力。封建神权的统治严重地阻碍了哲学科学的发展和社会的进步。

但是，中世纪绝非平常人所认为的是充满墨暗、被虚度了的时代，其间存在一系列巨大的历史性进步。它既是近代世界资本的积累期，又是巨大精神财富的积累期。在自身发展的过程中，中世纪孕育了否定其自身的因素。而结束欧洲封建时代的运动便是文艺复兴。

文艺复兴具有深刻的社会历史背景。

在中世纪的晚期，欧洲一些国家特别是意大利出现了资本主义萌芽。意大利濒临地中海，它北部的一些城市如威尼斯、热那亚以及佛罗伦萨等，都是西欧和东方贸易的枢纽，手工业、商业和银行业发达，早在 14、15 世纪时已经出现了资本主义的手工工场，促进了生产技术的改进。在意大利一部分发达的城市中，随着资本主义经济的发展，政治上出现了新兴资产阶级、小资产阶级和无产阶级反封建领主的斗争。其结果，一部分城市取得了独立地位，城市政权被资产阶级的上层（大银行家、大商人、工场主）所把持。西部意大利的许多城市（如威尼斯、佛罗伦萨等）组织了"共和国"，建立了资产阶级上层的寡头统治。这些城市政权，一方面压迫劳动人民，镇压雇佣工人反对资本家剥削的斗争；另一方面，对于资产阶级知识分子反对封建文化和反对教会精神统治的斗争，并不压抑和限制，某些城市共和国的统治者还愿意得到诗人和历史学家的歌颂和吹捧。

新的资本主义生产关系在封建社会萌芽、滋生，使得上层建筑相应地发生变革。新兴的资产阶级的前身，第三等级的代表，工场主们为了发展资本主义经济，需要文化科学知识，而新文化的发展必须冲破教会的桎梏和摆脱经院哲学的世界观，于是他们就从思想文化的各个方面（文学、艺术、科学、哲学和政治思想等等），向封建制度和教会展开了斗争。第三等级把反封建的斗争首先指向天主教会，力图打破陈腐的神学世界观和封建制的传统观念，树立新的法权和法权观点，改进技术和发展科学。他们希望出现新的文学艺术为资产阶级制造舆论，要求有新文化的和能干的人充当资产阶级的代理人以发展工商业。于是从经济上、政治上、意识形态上，资产阶级便成了一支成熟的足以与封建主抗衡的独立的社会力量。

中国的"四大发明"的传入，对于欧洲中世纪的技术改革具有特别重要的意义。有关火药的知识于 13 世纪通过阿拉伯人的著作传入欧洲，大约在 14 世纪，欧洲人在与伊斯兰教国家的战争中得到了火药武器，从而学会了制造火药和火药武器的技术；指南针在 12 世纪末传入欧洲，13 世纪即被应用于航海，在欧洲人的航海和探险中发挥了巨大作用；印刷术经由波斯人传入欧洲，最初被用来印制宗教用品，但一旦有了文化上的需要便立即成为促进科学和传播新思想的工具。"火药、指南针、印刷术——这是预告资产阶级社会到来的三大发明。火药把骑士阶层炸得粉碎，指南针打开了世界市场并建立了殖民地，而印刷术则变成新教的工具，总的来说变成科学复兴的手段，变成对精神发展创造必要前提的最强大杠杆。"①

凡此种种经济、政治、文化的条件，严重地打击和削弱封建神权的统治，预示着社会革命暴风骤雨的到来。

远洋探险和地理发现，成为社会革命的催化剂。15 世纪，商品经济的发展和欧洲各国财政支出的增加，使封建的王公贵族和正在兴起的资产阶级都想从扩大与东方的贸易中得到更充裕的东方商品和黄金。可是，原来东西方贸易的陆路通道由于土耳其的扩张而受阻，在红海以东的海路通道又为阿拉伯人所垄断。西欧各国与东方的贸易往来被阻隔，使意大利等国失去了获利的机会。欧洲的商人、

---

① 马克思：《机器。自然力和科学的应用》，人民出版社 1978 年版，第 67 页。

封建主和航海家们决心另辟通往印度和中国的道路，掀起了远航和探险的热潮。15 世纪初，葡萄牙的航海家率先沿非洲西岸南行，先后到达现在的几内亚和加纳等地。1487 年航海家迪亚士（B. Diaz，1450—1500）绕过好望角进入印度洋。1497 年达·伽马（vasco do Gama，1460—1524）沿迪亚士的路线继续东进至非洲东海岸，在阿拉伯人的帮助下到达印度，开辟了通往东方的新航路。当时的意大利人已从古希腊的著作中得到大地是球形的这一观念，相信沿大西洋西行可以到达东方。意大利地理学家托斯堪内里（Tocsanelli paolo dal pozzo，1397—1482）绘制的世界地图上，印度和中国就在大西洋的对岸。哥伦布（Coluimbus Christopher，1446—1506）确信从欧洲一直西航必定能到达印度和中国。经过 10 年的游说，西班牙王室才采纳其开航建议，于 1492 年 8 月起航西行。经过 70 天的艰苦航行，终于到达现在的巴哈马群岛中的华特林岛，以后又相继到达古巴、海地等中美洲的岛屿。哥伦布把这些地方当作了印度的边远地区，相信他完成了预定的计划。不过，他没有得到东方大国的丰富物产，而是看到了一片片贫瘠荒芜的土地。只是 1499—1502 年间，另一个意大利人亚美利哥·维斯浦奇（Amerigo Vespucci, 1451？—1512）两次重游这一地区后，发现这并非欧洲人久已渴望的印度和中国，而是一片欧洲人前所未知的大陆（后来欧洲人把这块大陆称为亚美利加洲——美洲）。

　　哥伦布未竟的事业吸引着人们继续进行探险。葡萄牙航海家麦哲仑（F. Magellan，1480？—1521）在西班牙王室的支持下，率 265 名水手出发，经过 3 年顽强奋战，完成了具有历史意义的环球航行。麦哲仑本人并未完成环球航程，他在菲律宾群岛被土著居民所杀。周航世界后回到故乡的第一人是他的一名马来奴隶。环球航行的实现是科学史上的一个勋业，它第一次证明了大地是球形的假设，使人们真正"发现"了地球。

航海和地理发现，不仅在当时取得了利益，而且产生了深远的影响。由于与新地贸易的扩展，本国的工商业得到很大的刺激，于是欧洲的物资和人民的总财富都增加了。自从穿越外海大洋有了捷径，葡萄牙人通过不等价交换，几近掠夺的方式得以致富；在美洲，用掠自非洲的奴隶劳动力从事开矿、甘蔗和烟草种植，使西班牙和其他殖民强国得到更多更稳定的收入。财富与随着财富而来的研究学问的闲暇时间空前增多，直接地推动了近代自然科学的发展。首先，航海推动了与之有关的天文学、大地测量学、数学和力学的发展。远航和探险需要精确的星表、星图和航海地图，而远航的结果又给绘制这些图表提供了更加丰富的材料；航海离不开炮和舰，造炮和造船中都有大量的力学问题；天文学和力学的发展必然带动了数学发展。其次，远航和探险开阔了欧洲人的眼界：一方面发现了古老而富饶的亚洲文明，另一方面又发现了美洲新世界。

航海成就的意义绝不限于物质利益的获得和对地球范围的突破，更为重要的是对于知识范围的突破和心理状态、思维方式的改变。法兰西国王的御医、近代第一个测量出子午线1°之长的让·斐纳（J. Fernel）曾经写道："假使我们的长辈和他们的前人只照他们以前的人那样，走同一道路，那会怎样呢？……这样不行，相反地，看来应该让哲学家改走新途径、改从新体系；应该不许诽谤者的呼声、也不许古文化的压力、也不许权威的盛势，来妨碍那些要发表自己意见的人们。照这样，每个时代都产生新作家和新艺术，作为自己的收获。……由于我们航海家的勇敢，大洋被横渡了，新岛屿被发现了。印度的一些僻远隐蔽的地方，揭露出来了。西方大洲，即所谓新世界，为我们祖先所不知的，现已大部明了了。在所有这些方面，以及在天文学的方面，柏拉图、亚里士多德和古哲学家们都曾获得进步，而托勒密更大有增益。然而假使这些人当中有一位今天重来的话，他会发现地理已改变得认不出来了。我们时代的航海家给了我们一个新地球。"①

中世纪不仅为社会革命提供了物质方面的准备，而且进行了智力和思维的训练。

天主教会是西欧中世纪意识形态的代表。封建统治阶级推行文化专制主义，采用迫害、摧残以至于屠杀等种种手段，禁止一切与宗教文化相违背的精神文化的滋生和传播。当时，隶属于神学之下的经院哲学所研究的范围，只限于基督教的宗教思想，不研究任何自然现象，排斥经验和观察。经院哲学家认为，一切真理都已由圣经提出来了，哲学可以做的只是说明已由圣经提出来的真理。政权与神权严重地禁锢着人们的思想；与此同时，它们却在实际上培育了智力的严谨性与权威性，为科学事业的复兴奠定了心理上的与逻辑上的基础。

中世纪哲学——经院哲学在托马斯·阿奎那手里达到了最高的水平。早期的经院哲学家（例如安瑟伦）轻视并反对人的理性，但后期的经院派并不贬低理性。阿奎那认为知识有两个来源：一是基督教信仰的神秘，由圣经、神父及教会的传说传递下来；二是人类理性所推出的真理——不是个人的理性，而是自然真理的源泉。在阿奎那看来，一部《神学大全》应该包括一切知识，就连神的存在也可以用推理来加以证明。显然，在一切工作中，阿奎那的兴趣都属于理智方面。任何由神创造而具有理性的人，其完全的幸福都在于运用其智慧来默念神。信仰与启示乃是对真理的命题与表述的信念。经院哲学的代表人物采取的是解释者的态度，创造性的实验研

① Sherrington, Sir C. S., *The Endeavours of Jean Fernel*, Cambridge, 1946, p. 17.

究是与他们的观念不相合的。可是他们理性的唯心主义，不但保持了而且还加强了逻辑分析的精神；他们关于神与世界是人可了解的假设，也使得西欧聪明才智之士产生了一种即使是不自觉的也是十分可贵的信心，即相信自然界是有规律的和一致的。倘若没有这种信念，就不会有人去进行科学研究了。文艺复兴时代的人们吸取了经院哲学给予他们的教育。自然界是一致的和可以了解的这种信念，成为漫漫长夜中引导科学航船的灯塔。

亚里士多德在中世纪被抬到了神圣的地位。在1150年以前，拉丁语西方的学者只知道亚里士多德是一个逻辑学家。大约从1150年开始，亚里士多德的科学和科学方法著作开始从阿拉伯文和希腊文译为拉丁文。这个成就对西方学术的影响很大。亚里士多德的著作使学者们获得了丰富的新的远见卓识，以至在几代的时间内，论特定科学的著作的标准论述法，采取了注释亚里士多德所做的有关研究的形式。

经院哲学家抓住了亚里士多德哲学的消极方面，从各方面来为教会教义进行烦琐论证，建立基督教正统的神学体系。例如托马斯·阿奎那的体系是按照亚里士多德的逻辑学与科学建立起来的。阿奎那利用亚里士多德形式与质料学说来讨论宗教与哲学、天启与自然知识的关系，利用亚里士多德的"目的论"来证明上帝存在，千方百计使亚里士多德的科学与当时的神学相符合，使自然知识与神学结合成为一个坚固的大厦。于是，亚氏逻辑学在人们尝试对知识进行理性综合的过程中产生了深远的影响。在三段论法基础上，逻辑学可以根据公认的前提，提供严格的证明。毋庸置疑，被曲解了的亚里士多德学说，在许多年代中阻挡了科学思想从神学桎梏下解放出来。但是这种狭隘的逻辑却成为某种精确性的一个训练。它所培养的清晰头脑和分析能力，为科学和哲学革命奠定了认识论与方法论的基础。

中世纪的西欧社会在其漫漫途程中，孕育了否定其自身的因素。在封建教会的高压之下，人类的学术观点，仍处在不断改变、不断前进的过程中。在整个中世纪，可以找出各种进步思想的细流；当它们汹涌地汇合起来的时候，就形成了文艺复兴的洪流。从公元 14 世纪起，文艺复兴的狂潮以雷霆万钧之力、排山倒海之势，席卷了整个西欧。

"文艺复兴"原从法语 Renaissance 而来，为欧洲文化由中世纪到近代过渡期的总称，语义包含有再生或复活的意思。从广义上说，是指冲破中世纪教权外壳的新精神的发现，既是指人类自然本性自由发展的再生，也是人类从教会规定下的世界观人生观束缚之下解放出来，自我发现和自我觉醒。在这个意义上，自然科学的诸多发现发明，自然哲学的成就以及宗教改变，都包含在文艺复兴之内。从狭义上说，文艺复兴是古希腊罗马（特别是希腊）文艺的复兴，亦即希腊精神的再现。新兴的资产阶级最初不可能提出系统的独立观点，所以他们主要借助并利用古典文化来反对封建神学。他们广泛搜集并大力提倡湮没已久的古希腊罗马的著作，从罗马的废墟中发掘文物，从各寺院清理古旧图书，手稿的搜求成了时髦的风尚。意大利各城市长期同拜占庭、阿拉伯国家有联系，所以比较熟悉古代希腊的文稿和各种艺术古迹。在整个中世纪里，意大利更多地保存了古典的传统作品。那里的许多学者很早就在本土对古代的手稿、古迹和遗物作过某些研究。15 世纪初年，由于人们对古典文献的兴趣不断增强，有许多希腊人从东方来到意大利，他们能用现代语教授古语。1453 年土耳其人占领君士坦丁堡后，加速了这个过程。许多好教师带着手稿，来到他们在意大利新建的家里。意大利和北欧的礼拜堂与修道院的图书馆都被搜罗一空，豪商贵族命令他们的东方代理人不惜重金来收买在东方或君士坦丁堡陷落时散失了的希腊书籍。这样，古代哲学和科学的语言，经过八九百年之后，就重为西方学者所熟悉。它们和从罗马废墟中发掘出来的古代雕像一起在欧洲人面前重现了希腊古代光辉的学术和艺术成就。在这些成就中蕴藏着的民主思想、探索精神、理性主义和世俗观念，正是资产阶级所需要的精神食粮，给欧洲重新带来了从事各种各样研究的动力。"文艺复兴通过复活希腊时代的知识，创造出一种精神气氛：在这种气氛里再度有可能媲美希腊人的成就，而且个人天才也能够在自从亚历山大时代以来就绝迹了的自由状态下蓬勃生长。"①

诚然，文艺复兴时期的人们从迷信中获得的解放还很不完全，他们当中不少的人仍旧像中世纪哲学家一样崇敬权威。不过，他们是用古代人的威信替代教会的威望，这就向思想解放前进了一大步。因为，古代人的意见彼此间存在许多分歧，近代人要决定信奉哪一家，需要个人做出判断而不是盲从。因此，尽管在 15 世纪的意大利极少有人敢持有从古代、从教会教义中都找不出根据的意见，但是，古代典籍的发现还是有力地加强了人类的批判观念。

继意大利之后，从 15 世纪中叶起，文艺复兴运动很快传播到欧洲各国。西班牙在收复失地运动之后，法国在百年战争之后，英国在玫瑰战争之后，德国在宗教改革的前夜，都普遍出现了资本主义的萌芽，为文艺复兴运动奠定了社会基础；中国造纸术、印刷术传入欧洲，加速了文艺复兴运动在法、德、瑞士、西班牙和英国的出现。资产阶级的新文化到 16 世纪时达到鼎盛，其核心和灵魂是"人文主义"（humanism）。

人文主义一词起源于 15 世纪的"人文学科"，本来是指以希腊

---

① 罗素：《西方哲学史》下卷，商务印书馆 1976 年版，第 17 页。

文、拉丁文为基础的那些学科，如修辞学、逻辑学、天算学等等，以区别于中世纪大学中传统的神学、法学科目。人文科目的设置推翻了中世纪以来神学在学术上的垄断地位。人文学者们利用对古代文学的知识来批判经院学派，提倡以"人"为核心的世俗世界观，反对以神为核心的宗教哲学和禁欲主义。他们肯定人的价值，要求文学和艺术表现人的思想感情，主张发展人的个性、发挥人的才能、满足人的欲望，要把欣赏和刻画自然界的美作为文学艺术的重要内容。这些观念就是后来人们称为"人文主义"的世界观。它对于打破宗教的禁锢，解放思想，发展文学、科学、教育和哲学，无疑都起了进步作用。人文主义后来成为18世纪法国人权主义运动和资产阶级个人主义、人道主义的思想来源。

文艺复兴的直接后果是造成了欧洲近代文学和艺术的繁荣。文艺复兴时期的文学家，在人文主义思想的指导下，创作了许多优秀的现实主义作品，为近代欧洲资产阶级的文学奠定了基础。

文艺复兴的文学作品，多用本地方言写作，体裁多样，题材广泛，其内容主要是从不同角度揭露封建制度的黑暗与腐朽，对罗马教皇和天主教会的丑行作辛辣的讥讽和描述，具有反封建、反神学的特点。作品不同程度地吸收了民间文学的养料，强调思想解放和个性自由，冲破了中世纪神秘主义的束缚。期间出现了许多著名的文学家。早期文艺复兴的代表人物及其代表作品主要是：但丁的《神曲》、彼特拉克的14行抒情诗和卜伽丘的《十日谈》。15世纪后半期，文艺复兴运动传播到欧洲各国以后，最负盛名的文学家有：德国鹿特丹的伊拉斯莫、法国的拉伯雷以及西班牙的塞万提斯和英国的莎士比亚等等。他们以其不朽的名著，把文艺复兴运动推向高潮。

意大利新文化运动的先驱者但丁（Dante Alighieri, 1265—

1321）是"中世纪的最后一位诗人，同时又是新时代的最初一位诗人"[1]。但丁是佛罗伦萨人，出身于没落贵族家庭。他熟悉神学和古代希腊罗马的文学，做过佛罗伦萨市的行政官，反对教皇干涉市政，得到过人民的支持。因政治斗争失败，于 1302 年被流放。但丁在流放期间，广泛接触了社会。他用意大利托斯坎尼方言写成长诗《神曲》，用寓言的体裁，以中世纪梦幻文学的形式和隐喻象征的笔法，缩写了当时社会的和政治的现实问题，反映了佛罗伦萨城和欧洲的阶级斗争以及新旧时代的交替。

　　在彼特拉克（Petrarch，1304—1374）身上，有一种与构成但丁诗歌基础的中世纪经院哲学迥然不同的精神。彼特拉克首先倡导恢复良好的古典拉丁语，以代替经院哲学派的非正规拉丁语；更重要的是，他竭力要恢复要求理想自由的古典思想的真精神。彼特拉克写过很多诗篇，其中最优秀的作品是用意大利文字写的描述爱情的 14 行体抒情诗集《歌集》。他最早提出了"人学"与"神学"的对立，因此被称为"第一个人文主义者"。1341 年，彼特拉克获得"桂冠诗人"称号。他反对经院哲学，抨击罗马教廷"是黑暗的地狱"，是"野蛮凶狠的庙堂"，支持罗马市民反对贵族统治的起义。彼特拉克的许多信札和诗篇，突破了禁欲主义和神秘主义的束缚，摆脱了抽象和隐晦的寓意手法，直接述说爱情、反映个人喜怒哀乐等内心感受，公开赞美大自然和反对封建，具有鲜明的人文主义特征。

　　卜伽丘（Boccaccio，1313—1375）出身于商人家庭，青年时代在那不勒斯经商。他通晓希腊文，曾任佛罗伦萨大学《神曲》讲座的教师。他根据民间口头传诵的故事写成的名著《十日谈》，叙述

---

① 《马克思恩格斯选集》第 1 卷，人民出版社 1972 年版，第 249 页。

了 1348 年佛罗伦萨流行"黑死病",有十个青年男女在郊外别墅避疫 10 天,每人每天讲一个故事,共讲了 100 个故事,这些故事的题材非常广泛,有中世纪的神话,有各地商人的冒险奇谈,也有东方的传说和故事,但更多的是卜伽丘本人观察到的社会现象。《十日谈》无情地揭露教会和教士的伪善、贪婪和淫荡,斥责了贵族的糜烂、卑鄙和昏愦,锋芒直指罗马教皇。《十日谈》反对按出身门第区分贵贱高低,主张人类生而平等,反对禁欲主义和封建等级特权。它称道商人和手工业者的机智勇敢,歌颂资产阶级的个性发展和现实享乐。《十日谈》坦率地描写人生、歌颂人性,被称作"人曲"。在产生了《十日谈》这种人文主义文学、讴歌平民生活的自由豁达的民主世纪中,科学技术才能焕发出其勃勃生机。

德国文艺复兴运动中的著名文学家伊拉斯莫(Desiderius Erasmus,1467—1536),由于出生在荷兰的鹿特丹,因而被人称为鹿特丹的伊拉斯莫。他旅居过法、英、意等许多国家,从 1514 年起长期定居于德国的巴塞尔城。他精通希腊文和拉丁文,代表作《愚颂》通过"愚神"的登台说教,讽刺了上层社会的种种弊端和腐败。伊拉斯莫指责教会的神职人员是一些"污秽、无知、土气、傲慢无礼"的家伙,罗马教皇是惯于"用刀剑毒药和一切其他方法"来保持自己特权的阴谋家,把封建贵族喻为"狂人阶层",说这些人寄生腐朽、虚荣淫荡和好战成性,同"最下流的人毫无区别"。《愚颂》还赞赏个性自由和人性解放,反对教会的禁欲主义和繁缛仪式,号召抛弃对圣像、遗物的崇拜。伊拉斯莫在世时,《愚颂》曾重印 27 版,几乎译成全欧各国文字,可见影响之大。

法国具有民主倾向的杰出文学家拉伯雷(Rabelais,1494—1553)以其讽刺小说《巨人传》而享有崇高声誉。他出身于法国中部的一个律师家庭,知识渊博,通晓文学、哲学、教育、法律以及医学和生物学。《巨人传》提出了关于"德廉美修道院"（Abbey of Thelema）的生活理想，针对着当时那些口念禁欲之词而实际上淫秽不堪的教会僧侣，声称要排斥"伪君子，假善人，老顽固，假正经……猴子的祖宗，看去道貌岸然，而行为龌龊，千人指笑，专好拨弄是非的奸诈的教徒"[1]。主张人生享乐，要求个性自由，提出个性解放的口号以反对中世纪宗教桎梏和封建等级制度。"德廉美修道院"的规则只有一条："想做什么便做什么"[2]；"男女修士可以光明正大的结婚，人人都可富有钱财，自由自在地生活"[3]。拉伯雷认为人的力量伟大，教育应使人性解放，传授人类的进步知识；多方面地发展人的聪明才智，是培养一个完美的"巨人"所必需的；"巨人"应当学识渊博、求知欲强，而且有健康的体魄。他坚信宇宙是可知的，人的智慧和力量定能战胜黑暗和愚昧，知识可以把人培养成巨人。

文艺复兴时期欧洲各国涌现出的一批文学巨人，用他们犀利的笔，揭露了黑暗，描述了现实，推动了社会的进步。他们的不朽作品至今仍是世界文学宝库中极其珍贵的财富。

文艺复兴时期的艺术，绚丽多彩，体现了人文主义思潮传播时的成就，具有现实主义的特点。许多作品中，人的理智、力量和美得到体现，特别在人的面部表情、形体刻画上表现出个性特征。艺术的取材范围扩大了，人和自然界被充分地注意到了。艺术家们着手解决雕刻、绘画和建筑等的艺术综合问题。在意大利，15 世纪下半叶和 16 世纪初出现过世界第一流的、创作了有历史意义的作品的艺术家。其中最为突出的是"文艺复兴的艺术三杰"达·芬奇、米开朗琪罗和拉斐尔。关于达·芬奇，将在本章第三节专题叙述。这

---

[1] 拉伯雷：《巨人传》，人民出版社 1956 年版，第 164 页。

[2] F. Rabelais, "Works", *Navarre Society*, London, 1948, p.570.

[3] 拉伯雷：《巨人传》，人民出版社 1956 年版，第 174、161 页。

里着重介绍另外两位艺术家的人文精神。

米开朗琪罗（Michelangelo，1475—1564）是著名的雕塑家、画家，又是建筑家、工程师和诗人。他在雕刻和绘画中所创作的艺术形象，都表现得雄传有力和充满旺盛的战斗精神。他创作的大理石《大卫像》，把圣经《旧约》中以色列人的古代国王大卫刻画为具有崇高理想、两眼注视前方、意志和力量高度集中的年轻巨人；《摩西像》中，摩西双眼圆睁，目光炯炯，疾恶如仇，坚韧不拔，反映了作者对祖国和人民苦难的关心以及对于能挽救时代的英雄人物的渴望。米开朗琪罗的绘画杰作《创世记》和《末日审判》都取材于圣经故事，但他却赋予神以人的性格、人文主义思想以及无穷的力量。

拉斐尔（Raphael，1483—1520）优美、典雅的艺术风格，表现了文艺复兴时代艺术的另一方面。他所绘出的圣母形象，同圣经神话的传说以及传统的看法相反：他把幽灵般的圣母画成人间善良母亲，温柔美丽，平易近人，丝毫没有神秘色彩和禁欲主义成分，充满人情味和世俗性。

文艺复兴是把神本主义变为人本主义、出世变为入世的运动。这一时代的文学艺术同其他思想意识一样，处于从中古向近代的转折点上，因而包含旧意识与新精神的矛盾：在形式上，往往还具有神学的、宗教的、接受权威的色彩，但是其内容却是革命的、自由的、崇尚人性和自然的。人文主义为科学的振兴铺平了道路，并且在开阔人们的心胸方面起了主要作用。倘若没有人文主义，具有科学头脑的人就很难摆脱神学成见的束缚，许多阻碍科学发展的因素也就无法克服。人文主义思潮在反封建的斗争中起了积极的进步的作用。它的主要锋芒，指向封建神学世界观，使人们的思想从封建神学桎梏下面开始获得解放，给宗教改革运动，科学和唯物主义哲学思想的兴起开辟了道路。

文艺复兴的实质是人的发现。随之而来的是心灵的解放，宗教改革就是一场极其深刻的心灵解放、信仰变革的运动。文艺复兴发端于艺术兴趣浓厚的意大利，而宗教改革则导源于富有神秘色彩的德意志。

16世纪的德国，四分五裂，矛盾尖锐。罗马教廷和德国天主教会沆瀣一气，狼狈为奸，横征暴敛，放荡不羁，不学无术，欺压人民。1517年10月，罗马教皇立奥十世为修缮圣彼得大教堂，派人来德国到处张贴内容荒诞的广告并贩卖赎罪券。教皇使者的敲诈勒索，使本来已愤恨罗马教廷的德国人民终于行动起来。马丁·路德（Martin Luther，1483—1546）于1517年10月31日在维登堡教堂外的北门前，贴出了反对贩卖赎罪券的《95条论纲》，使德国酝酿已久的宗教改革运动公开爆发了。

路德的《95条论纲》大体包括三方面的内容：（1）反对兜售赎罪券，揭露并抨击出售赎罪券的传教士们的欺诈。（2）一方面开始否定罗马教皇至高无上的权力和地位；另一方面仍推崇教皇，把贩卖赎罪券的罪责归于教皇手下经办和出售的人。（3）《论纲》中流露出"信仰得救"的思想，强调了宗教仪式和内心忏悔的结合。路德的上述主张，很快传遍了整个德国，赢得了普遍的同情和支持。

宗教改革的发展与意义，是一个复杂的问题。归纳起来，宗教改革家有三个主要目标：第一，整顿由于有人滥用罗马会议，由于许多僧侣生活放荡而遭到破坏的教律；第二，按照先前遭到镇压的某些运动的方针改革教义，并返回原始的质朴状态；第三，放松教义控制，准许个人在一定程度上自由地根据圣经做出自己的判断。在这三个目标当中，第一个目标针对着罗马教会的公开腐败现象，因而深受人民的欢迎。第二个目标的重要性在于：对于当时的思想方式来讲，仪式与教义的改革，只有在人们相信这种改革有先例，而且有比罗马教皇更高的权威（原始基督教会的信仰与实践）做根据的时候，才能得到人们的拥护。第三个目标是文艺复兴的直接后果，也是这个运动中的人文主义因素的真正推动力。宗教改革所造成的基督教界分崩离析的局面，间接地帮助了思想自由的实现。

宗教改革是科学复兴运动开始的世纪中，世界上最大的历史性事件。为了确立近代精神（包括科学精神），首先必须打破完全支配了中世纪西欧世界的罗马天主教教会的束缚，具有不屈不挠斗争勇气的宗教改革家，猛烈地冲击和动摇了教皇权力和教会势力。从表面上看，宗教改革仅仅是教会史的问题，但从它宣告了中世纪世界和中世纪文化终结以及近代史由此开始这一意义上说，这一改革是西方文明史上划时代的事件。宗教改革的精神和近代科学精神具有深刻的内在联系。它反对盲目的服从和压抑人的自由的服从，在宗教改革中，自由同婚姻和财产一样被认为是神圣的了。通过宗教改革，精神被解放出来了，"人从'彼岸'被召回到精神面前；大地和它的物体，人拘美德和伦常，他们自己的心灵和自己的良知，开始成为对他有价值的东西"。"同样地，在知识方面，人也从外界的权威回到了自己里面；理性被视为绝对具有普遍性，被认为是神圣的。"[1]

第二节　开创了观察经验与实验数据的新风

科学史上自古存在着两种思想传统：工匠传统与学者传统。前者将实际经验与技能一代代传下来，使之不断发展；后者把人类的理想与思想传下来并发扬光大。石器时代人类工具发展的连贯性以及他们的葬仪和洞内壁画，说明这两种传统在文明出现以前就已经

[1]　黑格尔：《哲学史讲演录》第3卷，商务印书馆1959年版，第376页。

存在了。在青铜时代的文明中，这两种传统大体上是各自独立的。在古希腊时代的学者中，工匠传统主要体现在阿基米德身上，而亚里士多德则是学者传统的突出代表。中世纪经院哲学片面地抓住并极端地发展了亚里士多德的思辨倾向；文艺复兴在科学思想上恢复和发扬了一些与中世纪观点相反的古代倾向，在新的时代条件和科学背景下，开创了观察经验与实验数据的新风。

近代科学的起源是科学思想史研究的重大问题之一。资本主义与科学的运动是相关的，使实验科学成为可能和必要的是资本主义兴起的种种条件。

在中世纪后期的欧洲，市镇、贸易和工业在封建秩序之下渐渐发展起来，并陆续在经济和科学方面创造出一种新秩序。在激烈的政治、宗教和学术斗争之后，资本主义经济制度取得主导地位。与此同时，实验和计算都发展为自然科学的主导方法，各项技术上的变化导致了科学，而科学又转而导致一些新的更快的技术变化。采用中世纪晚期的技术器械，使农业、制造业和贸易在越来越大的地区增加和扩展。由经济进展而产生的种种物质需要，导致了各项技术（特别是开矿、战争和航海技术）更进一步的发展。这些需要转而引起由于新材料和新过程的作用而产生的一些新问题，使得罗盘、火药等发明在科学技术上的地位大大提高。新的技术的应用，需要从理论上给予说明，用科学方法研究技术和自然这一要求，推动着努力探究一些新的实验的和数学的方法来分析和解决它们。恩格斯指出过："如果说，在中世纪的黑夜之后，科学以意想不到的力量一下子重新兴起，并且以神奇的速度发展起来，那么，我们要再次把这个奇迹归功于生产。"[1] "社会一旦有技术上的需要，则这种需要

---

[1] 《马克思恩格斯选集》第 3 卷，人民出版社 1972 年版，第 523 页。

就会比十所大学更能把科学推向前进。"① 例如，15 世纪末和 16 世纪初，新航路开辟后，由于对贵金属的需求而加速开矿，矿井开得越深，泵和起重机的装置更为重要，从而提出了研究力学原理的新课题。动力机械的装置和射击武器的应用，需要解决机械上和计算上的问题，所以促进了数学和力学的发展。远洋的航行需要丰富的天文、地理知识，因而推动了天文学和地理学的研究。

分门别类地研究自然界的各个方面，是近代科学产生的显著标志。与古代人把自然界作为一个整体加以考察的方法不同，自文艺复兴开始，人们注意把自然界划分为不同的领域和侧面，分门别类地加以研究。这时的科学家所关心的，主要地已不再是古代自然哲学所讨论的那些带有根本性和总体性的问题（诸如世界的本原和运动的源泉等等），而是着眼于自然界的特殊性的具体问题，努力探索各种运动形式的特殊规律。于是，自然科学就从统一的哲学中分化出来，逐步形成了以研究某一类自然现象（物质运动形式）为对象的自然科学的各门学科。

古代人依靠天才的猜测获得的许多重要科学成果在中世纪并没有完全丧失掉，跟着文艺复兴接踵而来的近代科学思想，在某种意义上说是古代思想的复活，是借助于古代学术而问世的。近代科学在它的早期阶段，具体地得助于古代流传下来的天文学、数学和生物学论著，特别是阿基米德的力学著作以及亚历山大里亚的希罗和维特鲁乌斯的技术著作。

希腊人已从根本上奠定了数学的基础，欧几里德极为完整地使之臻于系统化。阿基米德和阿波洛乌斯对数学科学尤其是圆锥曲线理论作了重要的补充。托勒密的《至大论》（*Almagest*）提出了平面

---

① 《马克思恩格斯选集》第 4 卷，人民出版社 1972 年版，第 505 页。

三角学的纲要。更晚些时候，主要借助于印度和阿拉伯，出现了通用的数系和代数学的雏形。

文艺复兴时期，知识更新和革命运动席卷欧洲，使人们对中世纪的文化和文明产生怀疑和不信任。知识分子们要为其知识的建立寻找新的、坚固的基础，而数学则提供了这样一个基础。在各种哲学系统纷纷瓦解、神学上的信念受人怀疑以及伦理道德根本变化的情况下，数学是唯一被大家公认的真理体系。确定无疑的数学知识给人们在沼泽地上提供了一个稳妥的立足点；人们把寻求真理的努力引向数学。数学家和科学家们的信仰与态度是文艺复兴时代席卷整个欧洲的文化现象的范例。

古代人明确指出过如何把数学运用于解答天文学和力学中的问题，托勒密和阿基米德的著作里有大量这种运用的例子。地球周长的确定、地球与其他天体的关系、恒星区域的形貌学、空间和时间的精确测定以及交食之类天文学事件的预测，所有这些问题都是古代尤其是亚历山大里亚时期所熟悉的。15 世纪由于航海技术与旧儒略历改革的关系，发生了观测天文学的复兴。1452 年德国天文学家普尔巴赫（G. von Peurbach，1423—1461）翻译《至大论》，标志着古代天文学的复活。普尔巴赫和他的学生约翰·缪勒（Johanes Müller）都曾大大地修改亚丰琐（Alphonso）天文表。缪勒曾经去过意大利学习托勒密的天文学。他在纽伦堡定居下来后，和他的朋友兼赞助人波那德·瓦尔特（Bernhard Walther）一起进行天文观测。他第一个改正了天文观测中光线通过大气的折射差，也是第一个在天文学上使用机制钟的人。普尔巴赫与缪勒采取旧日的托勒密体系，但用了利维·本·杰尔孙（Levi Gerson）的三角术来简化计算，这就回到了阿拉伯人的旧路，并为全部中古时代的数学学术另辟蹊径。

静力学和光学特别适合于应用希腊人极为崇尚的演绎方法，因而在古代都作为科学而得到发展，其成果为近代人所继承。古埃及传下来的经验知识同希腊思想相接触，产生了化学。不过，由于新柏拉图主义的影响，亚历山大里亚的化学家变成了神秘的方士。他们搜寻创造奇迹的物质，例如能把贱金属嬗变成贵重金属"哲人石"或者能够起死回生的"长生不老药"或"万应灵药"。中世纪虽然也对实验化学做出过一些有价值的贡献，但主要兴趣还在于这种炼金术。历代炼金术一方面同化学工艺有联系，另一方面又与神秘宗教有联系，因此在宗教改革和工艺传统逐渐成熟的时候，炼金术本身也出现了重大发展。1520 年，当时最大的医学、化学、药学家，瑞士医生帕拉塞尔苏斯（Paracelcus）企图把医学和炼金术结合起来成为一种新的医学化学科学。他被称为"医疗化学之祖"。历史的事实是，人类正是在炼金术（和占星术）为满足重大欲望的追求中，经过中世纪数百年在无边无际的泥潭中彷徨之后才逐渐出现了近代科学萌芽的。如果没有准科学时代愚拙而执拗地反复进行的蒸馏和沉淀，人们就不会了解实验方法的奥妙，也不能培育出严格的科学精神。

中国造纸术和印刷术传入欧洲后，西欧在 14 世纪时已普遍使用纸张，15 世纪初采用了雕版印刷。15 世纪中叶，德国人古登堡发明活版印刷术和纸张两面印刷机后，大大促进了科学知识的积累和传播。特别是新航路开辟后，人们的知识领域显著扩大了。它为动物学、植物学、气象学、地理学等许多学科提供了丰富的实际资料。处于上升阶段的新兴资产阶级为了发展资本主义生产，需要科学上新的发现和发明。在资本主义生产的基础上，近代自然科学得到了迅速的发展。具体说来，动力机械的装置和射击武器的应用，需要解决机械上和计算上的问题，因而促进了数学和力学的发展；远洋航行需要丰富的天文、地理知识，因而推动了天文学和地理学的研究。1471年德国的雷纪奥蒙塔拉斯（Regiomontanus）发表的三角学著作是近代三角学发展史上的一个里程碑；1545年意大利数学家卡尔达诺发表了解三次方程的公式，此后他的学生又解了四次方程；意大利数学家微他采用字母来表示数字系统的一般符号，促进了代数学的发展；英国的耐普尔第一次制定对数表（1614年），使数学在天文、物理领域中的应用扩大了。16世纪，三角学从几何学中分化出来成为独立的学科。实证科学各学科的初步形成，是对古代科学精神的继承和发展，说明自然科学从古代包罗一切的自然哲学体系中开始独立出来，预示着科学革命时代的来临。

科学的复兴是以科学观念的更新和科学方法的变革为动力的。中世纪的主导观点和统治思想是单纯思辨和崇尚权威。阿奎那认为真理只能从圣经与亚里士多德的著作中寻找，他在《大著作》中写道："我们获得知识有两种（可能的——引者加）方式，即论证和经验。论证使疑问终止，我们的疑问也就终止了，但是，既然根据经验发现不了什么真理，也给不出任何证据，所以要解决疑难，比较容易的应该说是用心灵来有意识地把握真理。"[1] 文艺复兴改变了人们的思想观念和价值准则，人们不再以对圣经文字上的含义作无休止的考据与争辩来确定是非曲直，而开始面向自然本身。15、16世纪的地理勘查，给欧洲带来了有关异地的植物、动物、气候、生活方式、信仰和习惯的知识。这些根据直接的观察和探险家、商人带回来的见闻，引起了对教会的科学和宇宙学说可靠性的怀疑，以及对教会压制实验、压制新的科学思想的反抗。人们重视面向自然，以观察和实验作为知识的来源。除了认识论的基础之外，人们的物质利益也推动着科学的发展。新社会中独立的机械工人和企业主都

---

[1] 转引自汤浅光朝：《科学文化史年表》，科学普及出版社1984年版，第35页。

以迫切的愿望去寻找节省劳动力的方法。为了改进生产方法，提高材料质量，降低成本，经济活动中的竞争也促使人们直接去研究一些物理现象和因果关系。总之，从此自然科学砸开了经院哲学的镣铐，以广泛的实际材料和实验为基础，获得了历史性的进展。

古代的科学活动只要采用一些极其简陋的手段和工具。近代科学强调观察经验和实验数据，其主要特征之一是使用仪器。这些仪器在开始阶段是很不完善的，但是，对于那些以前仅仅依赖感官进行观察的人们来说，已经是不可同日而语的了，借助于仪器，可以发现那些本来察觉不到的东西，能够对各种现象进行精密测量；借助于仪器，可以在严格控制的条件下研究自然现象，因而增强了所得结论的可靠性。科学仪器成为近代科学研究的基本手段和工具，使科学活动与古代相比发生了实质性的飞跃。显微镜、望远镜、温度计、气压计、抽气机和摆钟等等基本的科学仪器，大多数是在文艺复兴时代发明和付诸实践的。显然，用望远镜比用肉眼能够更清楚地看到遥远的天体；利用显微镜可以研究微小的物体；气压计和温度计使得能够观察和测量气压和温度的变化；抽气机使得物理学家对空气性质研究能够在按照所有关于空气的相互冲突的推测而设置的条件下进行；摆钟使得人们能够测知微小的时间间隔。可以认为，倘若没有相应的科学仪器，就不会有近代科学的产生。

观察与实验是最基本的科学方法，是唯物主义哲学观念在科学活动中的体现。古代人认识自然就是从观察入手的；亚里士多德在关于科学研究程序的理论中，就已注意到观察方法的意义和地位，认为科学研究必须从观察上升到一般原理，然后再返回到观察。然而，从实验的观点来看，希腊科学尚未达到现代科学的基本精神。虽然一些希腊人本能地遵循着实验的方法，但是希腊的哲学家和研究自然的学者从来没有恰当地评价过这些方法。在阿拉伯炼金术士和光学家的影响下，以及后来在基督教的力学家和物理学家的影响下，实验精神非常缓慢地发展着。印刷术传到西方、新世界的开发加速了实验精神的发展。新的方法不但以前所未闻和难以置信的科学发现开辟了道路，而且终结了无益的研究和无聊的争论。实验方法就其本身来说，对于每一个没有成见的人都是十分简单的。其基本精神是：通过直接的观察确立事实，重复地一一对照检验这些事实，形成前提；当涉及许多变化因素的时候，只允许一个因素变化，其他保持不变，进行观察；尽最大可能多做这些实验，努力使它们具有最大的准确性。尽可能地用数学语言表述实验结论；应用数学资料去改变方程，把变换得到的新方程与现实相对照，以了解其含义和所代表的事实；在这些新的事实基础上进行新的实验，等等。实验方法赋予理性最大的权力，同时也清楚地表明了理性的局限性，它指出真理的相对性并且提供了检验真理的手段与标准。实验方法导致了无数惊人的发现和发明，经常深刻地改变着世界的面貌。实验方法地位的确立，标志着自然科学的真正独立。

第三节　以达·芬奇为代表的一代哲学、科学、技术宗师

文艺复兴是一次人类从来没有经历过的最伟大、最深刻的变革，是一个需要巨人而且产生了巨人（在思维能力、热情和性格方面，在多才多艺和学识渊博方面）的时代。列奥那多·达·芬奇是这个伟大时代的缩影，是当时时代巨人的杰出代表。他不仅是大画家，而且是大数学家、力学家和工程师，他在物理学的各种不同部门中都有重要的发现。更为难能可贵的是列奥那多具有极其新颖深刻的哲学观念。

1452 年，列奥那多诞生于佛罗伦萨和比萨间丘陵地带的小

村——芬奇。当年，佛罗伦萨城是规模巨大的商业中心及艺术和学术中心，是世界上最文明的都市，是文艺复兴的主要发祥地。文艺复兴时期文学里几乎所有的伟大名字，及文艺复兴期艺术中前期的以至某些后期的大师的名字，都和佛罗伦萨连在一起。列奥那多是地道的佛罗伦萨人，但他与这里的气氛并不完全相合。佛罗伦萨的主要兴趣在文学。美第奇家族在其周围聚合了一批才学出众的文人，他们的乐趣在于讨论希腊、拉丁和本国文学方面的论题，生性喜欢华美的演讲。可是，列奥那多是私生子并且自幼丧母，童年孤独，生活不幸，所受的教养不能使他风雅自如地步入爱好文艺的上流社会。大自然对他具有极大的吸引力，使他深深地沉湎于解决自然界的问题之中。

列奥那多从小喜爱大自然，经常攀登悬崖山洞，喜欢捕捉和描绘小动物。1466 年，他被其父送到佛罗伦萨著名画家兼雕刻家安德烈·维罗奇奥的画坊专门学画。他在这里学习和工作了 11 年，决定了他的发展方向。1477 年，列奥那多离开了老师的画坊，开始了独立的绘画活动，成为佛罗伦萨最有名的画家、雕塑家兼金器匠。

艺术是列奥那多一生中最重要的活动。在绘画艺术中，他注重现实主义，主张"拜大自然为师"，强调"一切知识都来源于我们的知觉"。他曾长时间观察过动物的活动，如昆虫的变化、鸟类的飞翔等。列奥那多是现实主义绘画理论的奠基人之一。他根据绘画的远近法、光学的原理和长期积累的实践经验，把绘画的诸要素如光线、明暗、透视、构图等，整理成为科学法则。他善于用绘画手段表达人物的性格，通过动作、姿态来表现内心活动。达·芬奇反对单纯临摹，强调写生和创作，认为"画家如果拿别人的作品做自己的典范，他的画就没有什么价值"。他进行过许多大型艺术创作，最有名的作品是斯夫察父亲的骑马雕像和《最后的晚餐》。《最后的晚餐》是他在 1495 年至 1497 年为米兰圣玛利亚修道院绘制的壁画，取材于新约全书上犹大出卖耶稣的故事。画面所表现的是：耶稣在餐桌上说"你们当中有人出卖了我！"时，围坐在桌旁的 12 个门徒都被这突如其来的宣告震动了，每个人的表情都发生了激烈的变化。有的怒不可遏，有的恍惚疑惑，有的好似在表白自己的忠诚，有的则在相互询问之中，每幅图像都按照其性格特点刻画得惟妙惟肖。从画的总体上看，12 个门徒自然地形成了四个组。达·芬奇对叛徒犹大从反面突出地加以表现。犹大这个恶棍，听了耶稣的话后，惊慌失措，身体后倾，脸色灰白，右手紧握钱袋，他全身的光线也特别阴暗。对比之下，坐在中央的耶稣，态度安详静穆，背后从明亮的窗户中透进了夕阳的光辉，表现了宁静与光明。耶稣和犹大，一个崇高，一个卑鄙的形象，在画面中十分明显地表现出来。

从 1503 年至 1506 年，列奥那多又完成了名画《蒙娜丽莎》，这是世界美术史上最优秀的肖像画之一。该画画的是一位少妇的优美形象。作者打破了取材于宗教传说的框架，直接描绘现实社会中的妇女形象。画中的蒙娜丽莎脸带微笑，姿态自然，画得细致逼真，色调调和，给人以强烈的现实主义感觉。在《蒙娜丽莎》这幅画中，主人公内心喜悦之情跃然纸上，抒发了作者对人的思想感情的深刻理解。这幅创作改变了艺术领域中以神为中心的宗教题材，树立了以人为中心的艺术形象。

列奥那多是公认的伟大的画家和艺术家。他曾经在安德烈·维罗奇奥的画坊中接受过严格的训练。但是，他当初的师兄弟不能满足他的求知欲望。他们终日所谈论的话题只是绘画。尽管有几个人对科学有所兴趣，但目光短浅，自我中心，庸俗不堪。另外，佛罗伦萨日见保守，过多的传统和习俗逐渐挤掉了所有真正的创造精神。因此，列奥那多后来离开了这里，前往当时欧洲最为出色的宫廷之一——米兰城卢道维科·斯弗察的宫廷，在此受到厚遇。米兰为他这样具有事业心、胸怀大志的人提供了施展才华、实现抱负的机会。卢道维科公爵任用列奥那多为市政和军事工程师、典礼官、雕塑家、画家兼建筑师。他此时正处于鼎盛之年，惊人的活力得到充分发挥。在米兰度过的岁月是他一生中最活跃、成果最多的年代。其间他不仅完成了上述绘画杰作，而且指挥修建了重要的水利工程，不懈地进行各种科学研究。列奥那多的存在说明了伟大的科学实验方法和科学精神在 15 世纪已带有近代的格调。他是一位具有崇高思想，能够大胆思辨和出色实践的艺术家、哲学家、工程师和科学家，在数千页的"札记"中留下了令人惊叹的科研成果和科学思想。尽管这些"札记"直到他死后 250 年的 18 世纪末才被发现（1796 年拿破仑入侵意大利时，由法国人带到巴黎，宾特利进行了认真的研究，1797 年发表了研究成果），但是把列奥那多称为近代计数和科学的先驱，他是当之无愧的。

列奥那多热爱自然，兴趣十分广泛。他涉猎的学科数目极多，即使试图对他做过的全部科学技术研究只做最粗浅的描述，也是不可能的。事实上，写一部有关他的天才作品的完整的研究著作，也就意味着写一部 15 世纪科学技术的真正百科全书。

少年时代在安德烈画坊的学徒经历，推动着列奥那多对投影学（光和影的艺术）和视觉生理学理论的研究。由于经常调制颜料和油漆，使他十分注意化学。而他的日常工作，驱使他一步步去探究解剖学和生理学的问题。比如，他试图在作品中表现人体的运动。运动的研究便引出了无数的问题：运动如何才能发生？人体机器的运动靠什么维持？靠什么运转？等等。为了确定人体的比例和结构，他研究过解剖学，不顾教会传统，千方百计弄到许多尸体，包括一具孕妇尸体，亲自进行解剖。在温德莎皇家图书馆里珍藏的他的数百张解剖图，不但精细正确，而且堪称真正的美术作品，这证明他实际上曾对人体各种器官进行过透彻的分析。他所绘制的精细而复杂的素描是第一批名副其实的解剖图，其中有许多是人体与动物整体的比较以及相似部位的比较，还有一些素描是涉及病理解剖的。

作为一个眼光敏锐、思想深刻的工程师，他在实践中研究了地质学。开凿运河时，他注意并研究了常见的沙土和泥土分为多层的现象；他曾正确地解释过岩石中发现的化石；他清楚地察觉到大多数地质学变化是极其缓慢的，曾经具体地指出波河的冲积矿床已有20万年历史；他对水的地质作用和水文循环有着极其深刻的理解。雕塑家和军事工程师的工作促使他研究冶金学特别是熔铜、铸铜以及铁的轧制，还有退火、压平和钻孔技术。他承担了意大利北部许多地区的大量水利工程：开凿运河，并为此设计了一整套挖掘机械和工具；修建水闸；建造水轮机和输水管。他在很长的时间里持续地研究过水动力学，并曾试图对潮汐现象做出说明。

列奥那多的《札记》手稿中保留有许多建筑设计图，如教堂及其他建筑物的草图，以及其他技术内容；他研究过拱的匀称性，桥及楼梯的构筑，城墙裂缝的修复，房屋及教堂的起吊移动。其中还有关于城市规划的许多内容，他提出过改善环境卫生和公共厕所的各种方案如建构双层街道系统。他作了许多关于植物学的笔记，其中有茎干上叶片分布的数字记载，绘制了各种属植物的图谱。他对军事工程的研究颇具匠心，许多笔记和草图涉及各种兵器盔甲和想象中的攻防器具，防御工事和要塞堡垒，便桥，挖地道及反地道战术，液火作战装置，施放毒剂方法等等。列奥那多所生活的时代，工业发展十分迅速，手工工场空前繁荣，对各种发明创造的需要十分迫切。这种客观条件为发展他的多方面才能和巨大创造力提供了广阔的天地。他是天生的机械师，几乎设计了当时所能想到的各种机械，例如各种车床、提升机、提水机、加热机、照明机等等，他在机械学领域内取得了极大的成就。他在飞行研究方面投入了巨大的精力，研究了鸟类和蝙蝠的自然飞行，考察其翅膀的结构和功能，观察鸟类如何利用风力，如何将自己的翼、尾和头用作推进器、平衡器和方向舵；研究了各种人造翼的力学问题和人类可用以扑动翼翅的各种机械。

列奥那多既是杰出的技术大师，又是划时代的科学巨匠。他不仅有许多技术革新和创造，而且发现和提出了许多科学原理。在力学方面，他预见到后来由伽利略加以实验证明的惯性原理，于牛顿发现万有引力之前提出了重力法则，重新发现了阿基米德的液体压力概念。在天文学方面，他认为天体是一架服从确定自然法则的机器，这比当时流行的亚里士多德所谓天体不朽的见解大大前进了一步；于哥白尼发表《天体运行论》提出地动和"太阳中心说"之前，就明确地否定地球中心说，把地球叫作"星"，主张地球是围绕太阳转动的。在地理学方面，他于哥伦布之前，曾粗略计算过地球的直径约为 7000 余英里。列奥那多认为数学、算术与几何学是与普遍有效的理想的心理概念发生关系的，在它们自己的范围内给人以绝对的确实性。30 岁以前他住在佛罗伦萨时，经常同大数学家、天文学家托斯堪内里（Paolo dal Pozzo Toscanelli，1397—1482）来往，请教各种学术问题。在列奥那多看来，大自然按照数学规律运转，自然界的力和动作必须通过数量的研究来探讨。数学是唯一能使研究者避开幻景和错觉的可靠手段。只有紧紧地依靠数学，才能穿透那不可捉摸的思想迷魂阵。他说过："一个人如怀疑数学的极端可靠性就是陷入混乱，他永远不能平息诡辩科学中只会导致不断空谈的争论。……因为人们的探讨不能称为是科学的，除非通过数学上的说明和论证。"[①] 列奥那多对数学的看法以及他对数学的实际知识和用法是他那个时代所独有的，反映了那个时代的精神和方法。

列奥那多的科学方法和哲学思想具有强烈的革命精神和时代特征。他强烈地反对封建蒙昧主义，热烈追求真理，呼吁思想解放，从不轻信《圣经》和权威，不相信经院派学者奉为金科玉律的知识。他曾尖锐、辛辣地描写和讥讽那些经院派的读书人：他们高傲自大，卖弄学问，不是以自己的钻研所得而只是以背诵别人的成果来炫耀自己；他们只是别人学问的朗诵者和吹鼓手；他们只是一些不同现实世界打交道的书呆子；他们从自然那里得来的好处很少，只是碰巧具有了人形，否则他们就只能被列入畜生一类。他崇尚自然，面向自然，主张人们应把视线转向对自然的研究，做"能创造发明和在自然与人类之间作翻译的人"。他明确而又响亮地提出："如果你不立足于大自然这个很好的基础，你的劳动将无裨于人，无益于己"；"如果有些人不直接向自然界请教而是向书本的作者请教，那么，他就不是自然界的儿子而只是孙子了。"[②]

倘若我们把列奥那多的思想方式同他的前人加以比较，就会发现显著的不同。罗吉尔·培根爱好研究，重视实验，但他没能彻底摆脱经院哲学的束缚，仍然认为神学是一切知识的出发点与归宿，认为一切学术只有与宗教教义不相抵触才是正确的。列奥那多在哲学观念、科学方法上发生了彻底的变革，坚持的是完全不存成见的态度。在他看来，任何事情都不是理所当然的。田野、河流、画室、车间，他的一切所见，都在心中激起一个个新的问题。大多数情况下，没有人也没有书能回答他的问题。于是他的思想就集中在

---

① 转引自 M. 克莱因：《古今数学思想》第 1 册，上海科学技术出版社 1979 年版，第 258 页。
② 转引自 M. 克莱因：《古今数学思想》第 1 册，上海科学技术出版社 1979 年版，第 258 页。

这类问题上，坚持不懈地探讨，直到自己找到答案。他深深体会到，如果想要弄懂这个世界上的某种东西，就只有进行细心的观察和不倦的实验。他认为，实验是基础，而数学则是结果。显然，罗吉尔·培根提出和倡导的观察、实验、归纳的方法，列奥那多已经付诸实践了。作为工程师和机械师，他所遇到的实际问题不断地引导他去研究事物的本身。他每时每刻都在实验，这些实验是他智慧的源泉。按他的说法，造就人的不是历史典籍而是经验、生活。所谓知识就是事实的汇集，用合理的方法才能确证它的存在与它的真实。他明确指出：实验乃是精确性之母，真正的科学是从观察开始的；科学如果不是从实验中产生并以一种清晰实验结束，便是毫无用处的和充满谬误的。在他那内容丰富的"札记"中，写满了实验及实验要领，可以经常看到"试试这个"、"试试那个"之类的话，其中有一整套实验的记载，由一种条件到另一种条件变化着。他不止一次地指出仅凭一次实验就得出结论是危险的。他在论科学方法的一段注解里写道："在研究一个科学问题时，我首先安排几种实验，因为我的目的是根据经验来决定问题，然后指出为什么物体在什么原因下会有这样的效应。这是一切从事研究自然界现象所必须遵循的方法……我们必须在各种各样情况和环境下向经验请教，直到我们能从这许多事例中引申出它们所包含的普遍规律。这些规律有什么用处呢？它们将引导我们对自然界作进一步的研究和进行艺术创造。它们防止我们自欺欺人，使我们不至于向自己保证取得那些得不到的结果。"[1] 列奥那多完全不受学识、偏见和习俗的限制，他只是不断地向自己提出问题，进行实验，利用自己的实践知识，将工艺和实验的精神用于探索真理。

---

[1]　转引自梅森:《自然科学史》，上海译文出版社 1980 年版，第 102 页。

作为一个科学家和哲学家，列奥那多十分重视理论和实践的关系。他从不只满足于应用，而是希望尽可能透彻地理解各种工程技术所依据的基本原理。他明确地主张，实践和理论是孪生姐妹，应当一同发展。没有实践的理论是毫无意义的，而没有理论的实践则是没有希望的。他不满足于偶然完成的符合某种需要的发明，而是要穷究成功与失败的原因，坚持实践与理论的结合。他说："一个人如喜欢没有理论的实践，他就像水手上船没有舵和罗盘，永远不知道驶向何方。"另一方面，理论离开了实践是无法生存下去的，它产生之后便会消亡。"理论好比统帅，实践则是士兵。"[1] 他主张用理论指导实践。

文艺复兴作为人类历史上一次最伟大的革命，绝不是简单地回到古代，而是回到自然。真理是现实生活的写照，它扎根于现实，扎根于自然。一切无所不包的知识、永恒的道德伦理和社会价值，都不过是人们的偏见和杜撰。古代典籍的发现加强了人类的批判观念，人文主义为其铺平了道路，实验哲学家为这场革命的完成建立了不朽的功勋。列奥那多以大自然为自己真正的老师，怀着对自然、对真理的无限热爱，如饥似渴地追求，不屈不挠地探索，为此献出了毕生的精力和个人的幸福。他说：为什么不求教于自然呢？难道不应当首先理解自然的法制，然后再了解人类的法律和习俗吗？难道不应该更加重视最最永恒的东西吗？研究自然是教育的主体，其余的都只是装饰而已。用你的头脑和你的双手去研究它吧！不要惧怕与它接触。列奥那多的态度和方法是他最伟大的贡献，他的生活就是他的杰作。

列奥那多在历史上的地位，绝不限于科学技术上的发现和发明。

---

① 转引自 M. 克莱因：《古今数学思想》第 1 册，上海科学技术出版社 1979 年版，第 258 页。

他是画家、雕塑家、工程师、建筑师、物理学家、生物学家、哲学家，在每一个学科里他都登峰造极。可是，他在人类历史上的划时代地位，主要是在于他开拓了研究的新领域，创立了研究的新方法。他最终没有下定决心把自己实验和思考的结果公诸于世，甚至没有按照原定计划把他在各学科的研究成果整理成书。假如他当初完成并发表他的著作的话，科学和技术可能会一下子就跳到100年以后的局面。但是他的影响依旧是巨大的。他用左手写的"镜像"笔记，尽管杂乱无序，难以阅读，但是字迹清晰，内容广泛，言简意赅，妙语生辉。他从一个题目跃到另一个题目，同一页上可能有动力学、天文学的札记，解剖学的素描，也可能有机械的草图与计算，充分表现了他学识的渊博和精深。列奥那多·达·芬奇的科学生涯，深刻地体现了现代精神。他为近代的哲学、科学、技术、文化勾勒出了一张完备的蓝图，后世的理论与实践的作业不过是他的构思与创作的进一步展开罢了。他不但继承了阿基米德传统，而且融会了亚里士多德传统，从而奠定了西欧文化主干的基石。他无愧为科学的巨匠和时代的巨人。他是文艺复兴精神的杰出代表。

第八章　实证科学的奠基人

文艺复兴的主要历史功勋是摧毁了封建神权统治，产生了人的独立意识。人性的觉醒，形成了人文主义思潮。人文主义，在当时有其历史进步性与普遍可接受性，客观上有利于新生的资产阶级的崛起。首先在意大利，资产阶级在政治、经济、文化各个方面获得蓬勃的发展。人文主义者主张复兴希腊和罗马的古典世俗文化以对抗基督教文化。意大利既直接继承了古罗马文化的遗绪，又吮吸了古希腊文化的精华，因而成了文艺复兴的基地。他们培育了像达·芬奇这样多才多艺的时代巨人；也培养了在意大利受了10年教育的波兰天文学家哥白尼，意大利还是伟大物理学家伽利略的祖国。虽然伽利略生长的时代人文主义思潮受到压抑，而基督教势力重新猖獗，然而伽利略的科学革命精神却是捍卫人文主义思潮的一股坚实的力量。

第一节　哥白尼学说对宗教禁区的探索

宇宙的地心体系是自古希腊以来占统治地位的宇宙结构理论。虽然早在古希腊时代天文学家阿利斯塔克就提出了日心地动的观点，并且指出地球有绕轴自转和绕太阳的公转。但阿利斯塔克的思想没有构成对传统观念的威胁，没有动摇地心体系的传统地位。如果说，在公元前 3 世纪日心地动的思想是远远走在时代前头的先进的思想，但由于柏拉图、亚里士多德的绝对权威的影响，因而不能为当时的人们所接受。那么，到了 16 世纪文艺复兴时代，具有独立思考、崇尚自然的新人涌现，情况就大不相同了。阿利斯塔克的正确观点，理所当然地得到弘扬与发挥。哥白尼便是这样一位天才人物。

一、受人文主义思想培育的哥白尼

尼古拉·哥白尼 1473 年 2 月 19 日生于波兰维斯瓦河畔的托伦城。10 岁丧父，由舅父大主教瓦琴阿德抚养。舅父丰富的藏书，打下了哥白尼扎实的知识基础。中学、大学以及留学意大利，先后受到舅执布奥纳克西、意大利天文学家诺瓦纳等人的教诲，特别是受到意大利诸大学人文主义思潮的影响，以及对托勒密地心学说批判性的研究的启发，使他的日心学说的构想日趋成熟。

1506—1512 年哥白尼供职于瓦琴阿德大主教官邸，其时开始整理资料，撰写《天体运行论》。他还用拉丁文缩写了一篇《纲要》，抄寄几位密友。《纲要》的传播，立即引起欧洲学术界极大的兴趣。

1512 年舅父去世，他乃去弗龙堡大教堂担任圣职。他在教堂箭楼营造一个小天文台，进行观测，取得第一手数据。《天体运行论》大部分数据资料在此取得，从而使该书更加完善而精确。

日心学说不但涉及科学的争议问题，而且动摇了宗教统治的权威，因此，哥白尼本想只让其口传而不以文字行世。但《纲要》手抄本不胫而走，连教皇、红衣主教也在议论哥白尼的新学说。德国维滕贝格大学天文学家雷蒂库斯对此大感兴趣，并赴波兰向哥白尼请教，于 1540 年写成《初谈》，将《天体运行论》主要内容征得哥白尼同意后公之于众，并于 1541 年由雷蒂库斯将《天体运行论》手稿带到纽伦堡出版。经手人奥西安德尔擅加了一个不署名的前言"关于本书的假说告读者"，说日心体系是为了编制星表、推算行星位置、人为设计的一种体系。这个前言起了扰乱视听的作用。直到19世纪中叶在布拉松图书馆发现哥白尼原稿，才澄清了人们的误解。1543年5月《天体运行论》终于在纽伦堡付印。5月24日哥白尼弥留之际，样书送到他的病榻旁，他此时已丧失记忆与思考能力，只是抚摸着这本样书与世长辞了。

《天体运行论》共六卷。第一卷宇宙概观，是全书的精华，概述了太阳中心、地球绕动的观点以及四季产生的原因，并加以论证与解释；第二卷专论地球自转，运用三角学解释天体在天球上的周日视运动；第三卷专论地球公转，解释太阳的周年视运动，还做出了岁差和黄赤交角的测定；第四卷论述月球运动和日月食；第五、六卷分别论述了行星的黄经和黄纬运动。

《天体运行论》的划时代的意义不仅仅在于科学上推翻统治达2000年之久的地心说，比较确切地描述了天体运行的概况，而且还蕴含了蔑视宗教权威、崇尚自然、服膺真理、充满自信的人文主义精神。因此，它也是一篇人性觉醒的宣言。

二、哥白尼日心体系对托勒密地心体系的发难

宇宙的地心体系是自古希腊以来占统治地位的宇宙结构理论，它相信宇宙的和谐美，体现在一切天体上，表现为沿匀速圆轨道绕地球运动。这个错误的观念早已受到天文观测事实的诘难。不幸的是，一代接一代的几何学家、天文学家都不怀疑体系本身，而把聪明才智耗费在"拯救天文现象"的努力上。柏拉图在《蒂迈欧篇》中提出宇宙的同心球理论。他认为，天体处于以地球为中心的同心球壳上作匀速圆轨道运动，天体的排列顺序由里向外为：月球、太

阳、水星、金星、火星、木星、土星和恒星。柏拉图的理论经过欧多克斯、亚里士多德、阿波隆尼和喜帕恰斯等古希腊优秀的几何学家和天文学家的继承和发展，越来越具体和越来越精致。到公元 2 世纪时由托勒密集大成，建立了完整的宇宙地心体系，写成《至大论》。托勒密像亚里士多德那样认为，天体的顺序是：月球、水星、金星、太阳、火星、木星、土星和恒星。这个天体顺序与柏拉图天体顺序不同的是，它把太阳的位置移到了太阳系中地球的实际位置上。这样的移动有利于比较准确地预测太阳的视位置，计算太阳的周年视运动，客观上为哥白尼日后让太阳和地球互易位置创造了有利条件。托勒密采用阿波隆尼的本轮—均轮体系是为了解释行星和地球之间距离的变化；行星运动时在天球轨迹上形成的顺行（由西向东行）、留（暂时留停不动）和逆行（由东向西行，与正常方向相反的运行）现象；让水星和金星的本轮中心总是在地球和太阳的连线上，就可以解释为什么这两个行星总是出没在太阳的东西两侧，与太阳保持很近的距离。托勒密继承和发展了喜帕恰斯关于太阳轨道的偏心圆理论。喜帕恰斯为了解决太阳轨道运动线速度的不均匀性，假设地球不在太阳运行轨道的中心，而在偏离中心的一点上。这样太阳绕地球运动时虽然看起来线速度是不均匀的，但角速度却始终是均匀的，托勒密则假设地球位于太阳运行圆轨道偏离圆心的一个点上，这称为偏心圆心的一个偏心点，对称于圆心有另一个等距离的偏心点，太阳运动的角速度对于这个等距偏心点是相等的。这样他就提高了太阳周年运动速度计算上的精确度。可以说地心体系到了托勒密时代已经发展到了十分精致的程度。

宇宙的地心体系是人类认识宇宙的一个历史阶段的必然产物。它既符合一般人感官所感知的宇宙图像，又能比较顺利地解释天文现象。它指导喜帕恰斯、托勒密甚至第谷等这些著名天文学家的工作，一直是推算太阳、月球和行星位置，预测日月食以便编制历法的理论根据。依据这个理论推算的天文数据还是比较符合当时的观测实际的。这就说明这个理论并非完全无稽之谈，还是有一定的客观根据和观测的有效性的。而且最初的本轮—均轮体系并不复杂，一个行星只有一个本轮，只是在观测的精确度日益增高的情况下；本轮—均轮体系才变得复杂起来，本轮上面加本轮。到了哥白尼时代，地心体系中的本轮总数增加到近 80 个。在地心体系的缺陷越来越明显时，崇尚理性，善于独立思考的天文学家对它已无法再容忍下去。作为一个科学理论，地心体系并非一开始就具有绝对的权威性，到了它的缺陷逐渐明显暴露出来后，反而被信奉为权威，这与欧洲中世纪的神权统治有关。亚里士多德—托勒密的地心体系认为地球是球形的，这与《圣经》上关于大地是平的、天地连成一片的教条相抵触，教会不允许任何人传播它。到了 13 世纪，在罗马教皇的指使下，经院哲学家托马斯·阿奎那对亚里士多德的著作进行篡改和阉割，此后亚里士多德成了基督教思想世界的权威，而地心体系就和摒弃了唯物主义成分的被歪曲了的亚里士多德哲学一样成为教会批准的官方学说。

哥白尼从古希腊的典籍中找寻他的新体系的支持者。西塞罗被意大利人文主义者波特拉克认为是希腊古典学问的眼睛，哥白尼在他的著作中发现了海西塔斯逼真的描写过地球的运动。后来他又在古希腊传记作家普鲁塔尔赫的著作中发现别的人也有类似的见解。他在《天体运行论》中引了这样一段话："其余的人都主张地球是静止不动的，但毕达哥拉斯学派的费罗劳斯说过：地球同太阳、月亮一样，在一个倾斜的轨道上绕着（中心的）火运动。邦都斯的赫拉克利特和毕达哥拉斯学派的伊克范图斯也认为地球在运动，但不是直线运动，而是像车轮绕着轴转一样，绕它的中心从西向东旋转。"[1] 在这些见解中既有关于地球公转的也有关于地球自转的见解，但这两种见解之间没有联系，而且也没有宇宙以太阳为中心的思想。尽管如此，哥白尼还是从这些见解中吸取了地球运动的思想。但是他认为地球不是像费罗劳斯说的那样绕中心火运动，而是绕太阳运动，太阳本身是不动的，是宇宙的中心；地球在绕日公转的同时绕轴自转，而不是像伊克范图斯认为的那样位于宇宙中心绕轴自转。

哥白尼借鉴古希腊天文学的成就，更加坚定了日心说的信念。他又鉴于地心说很难合理解释天球旋转快慢滞留问题，从而提出了一个非常重要的观点："必须仔细地研究地球在天空中的地位，以免舍近求远，本末倒置，错误地把地球运动造成的现象当成天体运动的结果。"[2] 由于天球各以不同速度不同方向运动，这种交错互动关系，自地球而观之，必然会出现或快、或慢、或留的假象。因此，他进一步指出："无论观测对象运动，还是观测者运动，或者两者同时运动但不一致，都会使观测对象的视位置发生变化。"[3] 地心说由于坚持地球不动的观点，因此不能准确掌握交错互动的状况。而日心说的日心地动的说法则符合天体客观运动的情况。

哥白尼还计算出行星绕日运动的周期。土星为 30 年、木星为 12 年、火星为 2 年、地球为 1 年，金星为 9 个月、水星为 80 天。行星均有自己的周期，并以匀速在圆轨道上由西向东运动着。但自地球上的观测者看来，行星运动是不均匀的，有快有慢有停，时而东西顺行，时而西向逆行，这些，实乃地球与其他行星运动速度不一而产生的一种行星视运动的假象。哥白尼合理地解除了自古以来天文学家的困惑，从而摒弃了主观虚构体系来"拯救天文现象"的

---

① 哥白尼：《天体运行论》，武汉出版社 1992 年版，第 5 页。
② 哥白尼：《天体运行论》，武汉出版社 1992 年版，第 14 页。
③ 哥白尼：《天体运行论》，武汉出版社 1992 年版，第 15 页。

盲动。日心说不过是把地球和太阳的位置做了合理的交换，这个交换改变了人们由直观感觉和权威理论所造成的传统观念，使人们初步认清了太阳系的本来面貌。

三、哥白尼体系的局限与完善

虽然哥白尼的《天体运行论》被誉为自然科学的独立宣言，但由于哥白尼并没有与教会彻底决裂，以及当时的客观条件，使得他的著作不可避免地有其自身认识与时代的局限性。由于观测条件的限制，当时只能研究行星，几乎不涉及恒星世界，因而无从回答宇宙的性质问题。宇宙是无限的还是有限的？他很难明确答复，只能就事论事地假定宇宙是以太阳为中心，以包含一切恒星天层为边界的球体。这实际上承认宇宙是有限的。

哥白尼死后，第一个接受与发展他的学说的是布鲁诺。他在《论无限、宇宙和诸世界》这部对话录中宣传了哥白尼学说。他认为宇宙作为整体是无限的，但宇宙中也存在着像我们的世界一样的诸多世界，世界之间不是虚空，充满了以太。他还认为，整体的宇宙是静止的，而其中的诸世界却在运动。宇宙没有绝对中心，绝对方向。关于宇宙的无限性，只能通过理性来把握。他的关于宇宙无限性的思想，只是想象的思辨的成果。因此，布鲁诺的成就只能说是对哥白尼学说的一种"哲学发挥"，而非实证科学研究的成果。当开普勒阅读他的著作时，被他的无限宇宙弄得"一阵阵头晕目眩"。虽说宇宙无限性的提出克服了哥白尼有限宇宙的缺憾，但由于属于哲学思辨范畴，无法为那些头脑为知性分析所禁锢的实证科学家所接受。这个问题只能留给后世，在物理学家、宇宙学家、哲学家共同探讨下逐步解决。

哥白尼关于匀速圆轨道运动的提法，是对历史传统的继承。摆脱这种错误的传统观念，是开普勒经过长期钻研才完成的。由于哥白尼未能正确认识行星运行轨道，因此计算回归年长度便不精确，预测日月蚀也不准确。而开普勒编制的《鲁道尔夫星表》就完全弥补了哥白尼《普鲁士星表》的不足。

关于地球绕轴自转、绕日公转等问题是反对亚里士多德、托勒密体系的主要论点。但哥白尼当时尚不能做出力学上的论证，直到伽利略、牛顿才从力学上论证了地球绕日运动。

还有恒星周年视差问题，是地球公转的前提。但长期以来，没有得到实际观测的证实。哥白尼以后 300 年，许多人企图发现恒星的周年视差，都未能成功。直到 1837—1839 年间，俄、德、英三国天文学家才分别测算出三颗近距离恒星的周年视差。有人认为恒星周年视差的测定，才是哥白尼体系最有力的证实。

哥白尼日心体系作为科学史上开创性的新事物，有各种不足、缺陷是不足为怪的。但它的基本立论是稳固的，不可动摇的。瑕不掩瑜！哥白尼是科学世纪的第一个开拓者。

第二节　第谷·布拉赫与开普勒发展与证实了哥白尼学说

如果说，布鲁诺从哲学的高度展示了哥白尼学说的远景，那么，开普勒则借助第谷的大量观测数据，给予这个学说以精确的论述及严格的科学形式，并为日后伽利略的全面发展奠定了基础。因此，哥白尼以后，经历了"布鲁诺—开普勒—伽利略"的辩证发展过程。开普勒处于举足轻重的中介地位。

开普勒对行星真实轨道进行研究的结果，发现了重要的行星运动三定律，彻底纠正了天体运行的匀速圆轨道的错误的传统观念，同时在和谐思想的指导下为发现行星运动的真正原因奠定了基础，为牛顿发现万有引力定律创造了条件。在日心体系的发展过程中，开普勒起着承上启下的作用。

一、开普勒的早期思想

开普勒 1571 年 12 月 27 日生于德意志邦国符腾堡的小城魏尔的一个贫困的新教徒家庭，从小体弱多病。他生活的时代新教教派斗争愈演愈烈，由于他不希望教会分裂便谴责路德派反对加尔文派，结果被路德派开除路德教团。教派斗争使他一生颠沛流离，经常遭受贫困的折磨。一生的不幸，使他于 1630 年 11 月 15 日，59 岁时就离开了人世。他的视力极差，但智力超群。生理上的特点，使他在走上研究天文学这条道路以后，不可能从观测实践方面发展，只能从理论方面发展。在修道院附校预科学习结束后，他以奖学金学生的身份考入著名的杜宾根神学院。在哲学方面他学习过亚里士多德的《物理学》、《后分析篇》，然而他的哲学思想主要是受柏拉图主义和毕达哥拉斯派崇尚数学的影响。开普勒在大学学习期间，数学、天文、诗词都受到良好训练，使他不仅成为一个科学家，而且成为一个思想家。他的科学成就中贯穿着毕达哥拉斯宇宙和谐的哲学思想。

开普勒在马斯特林教授那里了解到哥白尼的学说。从一开始他就对哥白尼和他的学说抱有好感，他认为哥白尼是一位才华横溢的自由思想家。在谈到哥白尼学说时，他说："我从灵魂的最深处证明它是真实的，我以难于相信的欢乐心情去欣赏它的美。"[①] 马斯特林要求开普勒在研究宇宙结构时把数学论点和物理论证结合起来，这一教导使他终身受益。这使他克服了哥白尼的不足，迈出了研究因果

---

① 丹皮尔：《科学史》，商务印书馆 1975 年版，第 193 页。

天文学的第一步。他开始从物理学的角度研究行星运动的原因，然而对"真正因"，即物理规律分析时，他仍然摆脱不了形而上学的唯心主义。由于受中世纪库萨的尼古拉的影响，他总想去探讨宇宙和上帝的关系，在早期著作《宇宙的奥秘》（1596）一书中，他试图按照宇宙的真正原因来描述宇宙，从而设想上帝创世时的思想。宇宙是有秩序的整体，它既是自然科学的研究对象，也是神圣的圣父、圣子、圣灵三位一体的象征。

在《宇宙的奥秘》的第一版序言中开普勒指出，在研究宇宙时他给自己定的认识目标首先是三个问题及其原因：轨道的数目、大小和运动，为什么是这样，而不是那样。这是亚里士多德思考问题的方式，亚里士多德认为，哲学的根本目的是了解，为什么世间万物是我们所见到的这个样子，而不是别的样子，为了弄清这些问题必须探索事物的原因。开普勒在解决第一、二个问题（行星的轨道数目和大小为什么是现在这个样子）时，求助于几何学。他认为几何学是唯一而永恒的，是上帝精神的反射。在考虑哥白尼的日心体系中为什么只有 6 个行星时，开普勒用毕达哥拉斯派发现的 5 个正多面体套在 6 个行星之间，看看他们之间有什么和谐的关系。经过一番纯思辨地探索和艰苦的计算，终于建立了他的"正多面体宇宙模型"。在这个模型中他把 12 面体安置在地球和火星轨道之间，正好地球轨道是它的内切圆，而火星轨道是它的外接圆；他把 4 面体放在火星和木星的轨道之间，正好火星轨道是内切圆，木星轨道是外接圆；在木星和土星轨道之间是立方体；地球和金星轨道之间是 20 面体，在金星和火星轨道之间是 8 面体。开普勒认为，只有 5 个正多面体，因而只能有 6 个行星与之对应，而自然界正好只有 6 个行星，而且这些正多面体与行星的圆轨道环环相扣，套叠成一个和谐的宇宙结构的几何模型，这使开普勒很满意他自己设计的宇宙模型，认为这个模型体现了宇宙的和谐。开普勒这个纯粹知性推导、几何图形拼凑的数学游戏，其实是柏拉图的宇宙图像更为精巧细致的翻版，而对客观天体结构的揭示很少有现实主义。

开普勒自认为第一、二个问题圆满解决后，便开始考虑第三个问题，即行星的运动速度和轨道距离的关系问题。开普勒认为，既然所有的行星都以相同的方向绕太阳旋转，说明在行星和太阳之间存在某种力，并且认为这个力应该来自宇宙中心的最大天体——太阳，所以称为太阳力。他认为太阳力对不同距离的行星施加不同的作用强度，距离越远，太阳力作用的强度越弱，即太阳力的强度同行星与太阳的距离成线性反比关系。这样，开普勒提出了他的物理假说：行星的轨道速度正比于驱使它们运动的太阳力，反比于它们到太阳的距离。开普勒没有近代物理学家伽利略和哲学家笛卡尔所具有的惯性思想，他从亚里士多德关于运动的旧观念出发，认为行星的运动要靠外力的不断推动。此外，最初他不知道太阳力是什么性质的，甚至不把它看作自然力，认为它是源于灵魂的"运动精灵"。1600 年以后受磁学家吉尔伯特的启发才把行星运动的原因理解了，从太阳发出的无形的然而是某种实体性的力，可能是一种拟磁力。开普勒关于天体之间，特别是太阳与行星之间的"力"的提出，虽然尚有某些暧昧不确之处，但对天体力学的形成，天体运行的精确测算，起了开拓作用。

16 世纪时占星术在政治生活中起着巨大作用，17 世纪时竟成为宫廷大臣和大学学者研究的对象。但随着近代科学的兴起，占星术由高潮转向衰落，到 17 世纪末已很少有人认真对待它了。但开普勒的一生与占星术有着不可分割的联系，这既与当时的社会原因以及他和生活中的经济原因有关，也与他的自然观有关，他不愿意放弃占星术中关于天和地有着内在联系的思想。他曾说：奇异的女儿占星术，必须赡养聪明无比但可怜万分的母亲天文学。科学的天文学要靠迷信的占星术扶持，这就是当时开普勒的看法。在开普勒科学活动的早期（1594—1600），作为格拉茨的地方数学家，却因编制年历出了名。年历中要对收成、天气、灾情甚至政治事件做出占星预报，因为他预言的1595年的严寒和土耳其的入侵都应验了，所以他成了当时著名的占星学家。然而，到底是由于他对自然规律和当时政治形势的科学分析而使他的预言准确的，还是运用了占星术才使他的预言应验的，也许开普勒自己也说不清楚。不过有一点是确定的，即开普勒自己并不相信星辰的力量能左右人世间的政治事件，因为他时常告诫执政者在决定政治和军事行动时不要依赖占星术。1601年他发表《占星术的可信基础》一文，对占星术做了新的解释和改革，试图把宇宙和谐的思想充实到占星术中。这说明他的自然观决定了他无法放弃占星术，甚至在历史发展到了17世纪，近代实证科学已经兴起，而且他本人就是近代科学奠基人之一的情况下，还试图挽救占星术即将衰亡的命运，这充分说明开普勒哲学思想上的矛盾性，说明开普勒是由中古时期向近代过渡的科学家。

二、第谷的精确观测和开普勒的理论成就

开普勒对自己的思辨产物正多面体模型，既表示满意又不能完全满意。因为他的几何模型与哥白尼日心体系中推算的行星轨道大小的数据虽然大体相符，但并不十分理想，特别是木星的轨道按模型的计算值与按哥白尼的计算值相差较大。是他的宇宙模型存在问题还是由于观测资料不够准确导致哥白尼的计算值存在问题呢？他必须借助精确的观测资料来检验他的宇宙模型。于是他把《宇宙的奥秘》寄给了当时已赫赫有名的丹麦观测天文学家第谷。第谷虽然并不同意书中的观点，但他欣赏开普勒的才华，因而1600年他邀请

开普勒去布拉格做他的助手。

　　哥白尼的《普鲁士星表》是不准确的。在没有积累起关于行星的系统而准确的观测资料以前是不可能编制出准确的星表来的，这是 16 世纪下半叶天文学家的共识。于是天文学界开始注意对行星的观测，而在观测天文学家中最著名的是丹麦的第谷。第谷·布拉赫生于 1546 年 12 月 14 日，家庭是丹麦的贵族。他曾在莱比锡大学学习法律，但对化学实验特别感兴趣。1560 年的一次日食吸引了他，从此他醉心于天象观测，那时他才 14 岁。在 1563 年土星和木星相合时第谷做了第一次有记录的观测。此后，他开始用自制的十字仪进行天象观测。他发现以前的星表（包括《普鲁士星表》）中行星位置的计算值与实际观测到的位置有很大的差距。他决心在长期观测的基础上编制新的准确的星表。1572 年 11 月 11 日仙后座出现一颗新星。第谷对这个新星观测了 18 个月以后发现这颗星没有周年视差，于是他得出重要的结论：这颗新星肯定是一颗恒星，一颗亮度正在变化的恒星。当时占统治地位的是亚里士多德的宇宙学，这种宇宙理论认为恒星区不可能发生变化，因为天上的一切是由完美无瑕、不可改变的"精华物质"构成，只有水、土、气、火四元素构成的物质才会发生变化。所以相信亚里士多德宇宙学的人认为，这颗新星是没有彗尾的彗星。第谷的《论新星》（1573）无疑是对亚里士多德宇宙学的挑战。

　　第谷对观测的热情感动了丹麦国王弗里德里希二世，1576 年他同意把赫芬岛群给第谷使用，并资助他经费，让第谷在岛上建造天文城堡。从 1576—1597 年第谷在那里整整观测了 21 年，积累了大量精确的天文资料。1597 年由于他的支持者去世了，新的当权者对这项工作的价值没有正确的认识，因而不感兴趣，第谷被迫离开赫芬岛。1598 年应德皇鲁道尔夫的邀请前往布拉格。虽然，1599

年在布拉格附近建立了天文台，第谷再也无法恢复原来的观测规模了。因为需要助手，他邀请开普勒去布拉格同他合作，开普勒起初也正想离开格拉茨，到了1600年2月，才应邀前往布拉格，开始了17世纪初两位伟大天文学家的合作，但合作的时间是短暂的，1601年10月24日第谷撒下了未竟的事业与世长辞了。由于两个人的性格不同，特长不同，宇宙观不同，在短暂的相处时间里二人合作得并不愉快。第谷对哥白尼的日心体系始终持反对态度。他认为，哥白尼的体系违背亚里士多德的物理学原理和不符合《圣经》的教义，但更重要的是没有人观测到并能证明地球公转太阳的恒星周年视差，他自己也没有观测到（事实上，当时的观测水平远远达不到观测到恒星周年视差的要求）。第谷在《论天上世界的新现象》（1588）一书中曾提出他自己的宇宙体系。这是一个折中的方案，是从哥白尼体系基础上的倒退方案。在他的体系中水、金、火、木、土五大行星绕太阳旋转，太阳和月球绕地球旋转，地球是宇宙静止的中心。既然第谷反对哥白尼体系，当然对开普勒拥护哥白尼体系表示不满，不同意《宇宙的奥秘》一书的基本思想。开普勒用第谷的精确观测数据验证他的宇宙模型正确性的意图，最初遇到了阻力。第谷试图劝说开普勒放弃哥白尼的体系，接受他的体系。这一点开普勒是不会接受的，所以开普勒迟迟没有接触到第谷的观测资料，后来第谷总算同意开普勒利用他的火星观测资料了。幸亏第谷最先算出的是火星资料，因为火星轨道有较大的偏心率。这使开普勒最初设想轻易就能完成的验证工作失败了，因为偏心率大说明火星轨道较多地偏离圆轨道，开普勒要验证的是圆轨道，所以失败了。这促使开普勒怀疑他的正多面体宇宙模型的正确性，而最终发现这个没有观测基础的先验的宇宙模型是错误的。

第谷临终前终于同意把20多年的观测资料作为科学遗产送给开

普勒，由开普勒作为他未完成工作的继承人，开普勒必须继续编制星表。为完成这个工作他花了 26 年时间，经历了千辛万苦。这个工作的最终成果是 1627 年出版的《鲁道尔夫星表》。要编制精确的星表，必须有正确的理论指导，虽然开普勒在第谷临终时答应以他的折中体系为指导，但开普勒不能违背自己的科学信仰，他不能放弃哥白尼的日心体系，他只能按这个体系指引的方向继续研究下去，并以它作为编制星表的理论基础。《鲁道尔夫星表》是当时精确度最高的星表，直到 18 世纪中叶都被天文学家视为标准星表。

第谷死后开普勒接任皇家数学家的职务，继续研究他的火星理论。作为观测天文学家，第谷热心于积累更多的观测资料，而作为理论天文学家，开普勒的任务是利用第谷的精确资料从事他的理论研究。第谷死后，开普勒放开了手脚，他夜以继日地埋头计算火星的轨道根数。开普勒首先发现火星的轨道平面经过太阳，并且它对黄道面的倾角是不变的，并不像哥白尼所说的有周期变动。在利用火星 4 个冲时的位置，用试错法求其他轨道根数时，发现他所选定的理论方案与第谷的观测资料符合得相当好，误差能减小到 8 弧分以内。但开普勒并不满意这个成就，他认为这个误差不能忽略不计，于是误差促使开普勒彻底放弃了传统观念，发展哥白尼的日心体系。按他自己的说法是：就凭这 8 分差异便引起了天文学的全部革新。

关于火星的轨道运动的假设，开普勒最初是在哥白尼日心体系的基础上借用托勒密体系中的等距偏心点的方案。就是说，他认为火星既不是绕太阳，也不是绕轨道中心，而是绕第三点运动，第三点相对于太阳来说是在轨道中心的另一侧，它到轨道中心和太阳到轨道中心的距离相等，这第三点是与太阳等距的偏离轨道中心的点，所以称为"等距偏心点"。开普勒原来假设，火星沿圆轨道绕等距偏心点以均匀角速度运行。8 弧分的误差说明开普勒这个假设是错误的，必须修改。在传统观念的束缚下，他不愿意放弃圆轨道。那么需要审查的就是以均匀角速度绕等距偏心点运行是否正确。在这个问题上，开普勒决定先研究地球。从观测得知，地球沿轨道运行的线速度是不均匀的。于是他把地球轨道分成360个等分点，计算每一点到太阳的距离，即矢径长度。他发现地球沿轨道从一点到另一点所需的时间大致与连向这两点所有矢径之和成正比。进一步地计算得出一个精确描述地球轨道运动速度的结论：地球沿其轨道绕太阳从一点运行到另一点所需时间与这段时间内矢径所扫过的面积成正比。这就是开普勒行星运动三定律中的第二定律，通常表述为：行星的矢径（又称向径，即太阳中心和行星中心的连线）在相等时间内扫过相等的面积。这个定律称为面积定律。

研究地球发现面积定律后，开普勒又回到火星的研究上。由于火星轨道的偏心率（$e = 0.093$）是众颗行星中除水星外最大的，而地球轨道的偏心率（$e = 0.016$）是除金星外最小的。开普勒假设行星轨道都是正圆，这对地球来说偏差远小于火星。所以假设地球沿圆轨道得出的面积定律不完全适用于火星。于是他打破了自己的思维定式，把传统观念抛在一边，第一次大胆地怀疑圆轨道的正确性。在确定火星轨道形状时，开普勒仍然是用的试错法，他考虑了各种卵形轨道，逐个排除最后剩下最简单的卵形，即椭圆形。对于火星的椭圆轨道来说面积定律完全正确，开普勒发现若按面积定律画出火星轨道，那么这个轨道正是椭圆轨道，而且太阳在椭圆的一个焦点上。这就是开普勒行星运动三定律的第一定律，称为轨道定律，通常表述为：所有行星分别在大小不同的椭圆轨道上绕太阳运动，而太阳位于这些椭圆的一个焦点上。

开普勒从火星研究出发得出了行星运动的普遍定律。这两个定律是对他自己两个假设的否定，是他与传统观念的决裂，是对哥白尼日心体系的革命性发展。开普勒关于行星运动的第一、二定律发表在《新天文学》（1609）一书中。成功带给他喜悦，使他充满信心地回到对"宇宙和谐"的研究上。在以后的整整 10 年中，开普勒经过烦琐、艰苦而精确的计算，经过反复地思考，最后终于彻底否定了在《宇宙的奥秘》一书中提出的思辨模型，提出了建立在观测和计算基础上的行星运动的第三定律，称为周期定律。这个定律发表在 1619 年出版的《宇宙谐和论》一书中。它通常表述为：行星绕太阳运动周期的二次方与椭圆轨道半长轴的三次方成正比。

开普勒的行星运动三定律最初是分散在两本书中发表并且相隔 10 年，后来开普勒把它们集中在《哥白尼天文学概要》（1618—1621）一书中，并且把这些定律推广到月球和木星的卫星上。以后的研究证明这种推广是正确的。

作为开普勒研究工作的基础，可以说没有哥白尼日心体系就不会有开普勒定律。然而，没有开普勒行星运动定律，日心体系也不是反映真实的太阳系结构的完善体系，因此它不可能进一步向前发展。另一方面开普勒发现行星运动三定律必须依靠第谷的长期积累的行星位置的观测资料，这些可贵的资料，由于开普勒的主、客条件限制，不可能由他本人获得。这说明日心体系的发展离开第谷也是要受到很大影响的，从这个意义上来说，第谷在日心体系发展上的功劳也不能抹杀。

第谷擅长观测而开普勒擅长理论思维，两个人的长处结合起来推动了天文学的发展，所以开普勒和第谷的会见是科学史上值得纪念的重大事件。虽然开普勒一生辛劳、贫病交加，他的生活是不幸的，但人类有幸有了开普勒，有了开普勒的勤劳和智慧。开普勒的智慧表现在他的科学研究工作中有正确的方法和指导思想。在《鲁道尔夫星表》的前言中开普勒写道，天文学的组分是：观测、假说、力学机制以及计算和图表；每个组分都离不开预言。

开普勒不擅长观测。也没有条件进行长期固定的观测，但他不是不重视观测，也不是完全不从事观测。《蛇夫脚下的新星》（1606）就是他在观测新星的基础上撰写的。在《对威蒂洛的补充，天文光学说明》（1604）和《光学》（1611）中论述了他在观测中发现的光学现象，提出了一些光学术语、定义和定律。1610年开普勒在收到伽利略的《星际使者》一书后立即承认他关于木星卫星的发现，并在几个月后用伽利略望远镜观测木星的卫星，还撰文《论木星的卫星》以证实木卫的存在。开普勒于1615年设计出一种以凸透镜为目镜的折射望远镜，这种望远镜观测到的是倒像，视场大，适合于天文观测，这是对伽利略望远镜的改进，称为开普勒望远镜。鉴于开普勒在光学上的成就，科学史学家梅森认为，开普勒奠定了近代实验光学的基础。

假说方法是开普勒在科学研究中自始至终应用的方法。也是和他的科学思想结合得最好的方法。当然，开普勒提出过错误的假说，不过经过修正也能为正确的理论所代替。作为理论的先导，假说是必不可少的，而且错误几乎是不可完全避免的，但即使是错误的假说有时也能起先导作用，如开普勒提出行星运动的面积定律后，仍然假设火星的轨道为圆形，后来通过计算发现这个圆轨道的假设是错误的，便修正为椭圆轨道，从而发现了行星运动的轨道定律。开普勒提出的假说也有自始至终是错误的，但也给人以启迪，如"轮辐说"就是一例。在《哥白尼天文学概要》一书中他系统地阐述了这个假说：太阳和所有的行星都是巨大的磁体，太阳的一个磁极位于中心，另一个磁极位于整个表面；行星的磁轴则与自转轴重叠，伴随着太阳自转，太阳发出的拟磁力流像一个旋转木轮的无数"轮辐"牵引着行星公转，在黄道附近形成一个"太阳漩涡"。首先，这个假说对太阳力没有正确的认识；其次，基于亚里士多德的物理学原理，他错误地认为，为了天体运动必须不断地在其上施加外力；由于缺乏力和加速度的概念，他认为，力是天体运动的原因，不知道力与加速度是联系着的，是改变运动状态的原因。开普勒为了解释为什么行星能在椭圆轨道上运行，只好把太阳的引力场视为两种力场的叠加，太阳自转引起单向力场，它驱使行星绕其公转；行星和太阳相互作用的磁力场迫使行星周期性地接近和远离太阳。这个假说虽然是错误的，而且说明开普勒的力学思想远落后于伽利略。但科学哲学家约翰洛西认为，"统一磁性力"的提出是朝向牛顿万有引力理论迈出的重要一步，其中明显看出了万有引力的端倪。这个论断是很有道理的。

三、开普勒的宇宙和谐思想

"宇宙和谐"这一古老的自然观一直是激励人们认识宇宙整体性的一种信念。从毕达哥拉斯到哥白尼再到开普勒一脉相承。直到现代，宇宙学家仍然抱有这种信念。开普勒在《宇宙谐和论》一书中提出宇宙和谐的概念，这个概念使他提出行星运动的第三定律，这个定律有时又称谐和定律。《宇宙谐和论》的最后一编（第五编）中叙述了他的理论天文学最杰出的成就。这是他的哲学和科学思想的结晶。他认为，天文学作为研究天体的现实活动的一门科学，只能和物理学结合起来才能建立，于是他力图把过去一直是相互对立的数学方法和物理方法结合起来。

在《宇宙谐和论》第五编中开普勒提出行星运动第三定律，从而最终完成了行星运动三个定律的发现。这个重要的发现使他成为近代实证科学的奠基人之一。与《新天文学》比起来《宇宙谐和论》是更有代表性的一部著作，开普勒在撰写《新天文学》以前就有写

《宇宙谐和论》的打算。1605 年他在给一个朋友的信中就写道：上帝要我摆脱天文学，要我一心一意地著述我的《宇宙谐和论》。《宇宙谐和论》虽然迟了 14 年才发表，但思想却更成熟了。宇宙谐和思想是他的全部科学理论的哲学基础，"和谐"作为一种概念贯穿在他的整个科学体系中。

《宇宙谐和论》分为五编：几何学、建筑学、真正的和声学、形而上学和天文学。第一、二编是对和谐和比例的探索。他认为几何学和建筑学中绘制的几何图形提供了数的比例和规律性，这种规律性就是造成和谐作用的一种"图像和序曲"。在第三编中开普勒提出，音乐和谐是感官能感受到的和谐，他的和谐学也应该建立在感官能感受到的基础上，而不是纯数学的基础上。他用许多乐谱来说明音乐现象具有数学规律性。他研究真正的和声学的目的是为了说明宇宙和谐的原因，宇宙的和谐如何体现在行星的运动上。第四编是他对形而上学的看法。开普勒从未放弃过对宇宙"真正因"的探讨，他认为表现出数的规律性的和谐，是上帝赋予的宇宙的和谐，是宇宙的真正因。他说："对外部世界进行研究的主要目的在于发现上帝赋予它的合理次序与和谐，而这些是上帝以数学语言透露给我们的。"[①] 开普勒在《宇宙谐和论》第五编天文学中研究的是"诸天音乐"。开普勒发现，行星绕太阳运动的角速度似乎与音乐之间存在着一种对应关系，每一颗行星都有确定的音高和音域，通过进一步的调整便依次得到了每颗行星的音调以及所有行星的复调和声。从行星奏出的委婉、悠扬、美妙动听的"诸天音乐"中，开普勒发现，行星离日愈近所属音阶愈高，音阶的高低取决于行星绕日运动的角速度，可见离太阳愈近，行星的运行速度愈快；每颗行星的曲

---

① M. 克莱因：《古今数学思想》第 1 册，上海科学技术出版社 1979 年版，第 267 页。

调抑扬顿挫的程度是其轨道偏心率（e）大小的反映，行星的音域范围是 e 的函数。若 e 已知便可推出诸行星的音域和音程。因 e 与行星矢径的变化幅度成比例，故"诸天音乐"的抑扬顿挫程度必与矢径的变化幅度之间存在某种相关性；每颗行星"唱"出的曲调虽然已知，但同行星乐谱中每个音阶在键盘上的位置须参照行星的矢径长度，所以纯粹出于和谐的探求也有必要找一找是否存在某种维系行星的公转速度（或公转周期、行星和太阳平均距离的规则）。开普勒经过大量计算才从"诸天音乐"中找到了行星公转周期与行星到太阳平均距离的精确的数量关系，这就是行星运动的第三定律。第三定律的发现被开普勒看作是他整个事业的顶峰，因为他达到了从青年时代起就梦寐以求的目标——发现宇宙的和谐。第三定律是在研究"诸天音乐"的和谐中发现的，它体现了宇宙的和谐。开普勒不但一生追求天上事物的和谐，他还希望世界和平、人类宽容，没有战争，以便让他有研究科学的和平环境。虽然他对人世的美好愿望未能实现，但在战乱的环境中他也成就了自己的科学事业。他在为自己的墓志铭所写的两行诗上说的"风暴怒号，国家之船将沉，把和平研究之锚深入海底，就是我们能做的崇高事业。"这正是他带着和谐思想，潜心研究宇宙的写照。

第三节　伽利略对物理学的全面发展

如果说开普勒还背负着中世纪历史的枷锁，对宇宙的诗意的想象常常扭曲他对宇宙的洞悉，那么，伽利略就比较完全地体现了近代的科学精神。

伽利略对自然界的事物感兴趣的，不是"为什么"发生，而是"怎么样"发生，从而对研究对象从关注其原因转到关注其自身。他主张，概念和结论要与可观察的事物相符合，要用简明的数学语言表述。他认为，通过精心设计的实验，进行精确测量得出结论，是最可信赖的研究方法。通过假说进行科学推理的方法也是他常用的行之有效的方法。爱因斯坦认为："伽利略的发现以及他所应用的科学推理方法是人类思想史上最伟大的成就之一，而且标志着物理学的真正开端。"[①]

一、伽利略对哥白尼日心体系的观察和理论论证

1546年2月15日伽利略生于比萨，父亲是声乐理论家。10岁时随父迁居佛罗伦萨，1581年入比萨大学，在大学时兴趣在数学和物理学，曾钻研欧几里德几何学与阿基米德的物理学，也研究亚里士多德哲学。1585年未取得学位就离开了大学。曾经是比萨大学和帕多瓦大学的数学教授。伽利略的主要科学成就在物理学方面，但他一生的不幸遭遇是与天文学联系着的。为了论证日心体系，他与亚里士多德派哲学家做斗争，受到宗教裁判所的终身监禁，并于1642年1月8日逝世。在最后的岁月里他双目失明。伽利略曾感叹地说："这天空、这大地、这由于我的惊人发现和清晰证明后比以前智者所相信的世界扩大了百倍的宇宙，对我来说，这时已变得如此狭小，只能留在我的感觉中了。"[②]伽利略的一生是科学研究的一生，他的精神永远激励着后代去追求真理，对他的研究无论在什么时代都是有意义的。

1609年当听说荷兰一眼镜师发明了一种能放大和移近物体的玩具望远镜时，他利用自己的光学知识，制作了由一个凸透镜和一个

① 爱因斯坦、英菲尔德：《物理学的进化》，上海科学技术出版社1979年版，第3页。
② 德雷克：《伽利略》，中国社会科学出版社1987年版，第150页。

凹透镜组成的折射望远镜，最初这种望远镜只能放大几倍，经过不断改进，他制成了放大物体 30 多倍的天文望远镜。1609 年底他将望远镜指向天空，奇妙的发现吸引了他，使他的科学兴趣从物理学转到了天文学。在望远镜中他不断有新的发现。首先他观看月球，发现月球表面并不是像亚里士多德派哲学家所说的那样平坦、均匀、光洁无瑕，而是粗糙的、凹凸不平的，像地球一样分布着一系列高山和深谷。这个发现对亚里士多德派哲学家坚持月上月下的物质有本质上不同的观点是一个有力的打击。1610 年 1 月初伽利略发现木星周围有四个较小的天体绕木星旋转，开始伽利略称它们为行星，后来开普勒把它们定名为"卫星"。木星卫星的发现证明宇宙中不是只能有一个绕转中心。而且木星及其卫星组成的天体系统好像太阳系的缩影，它证明小天体绕大天体旋转是十分自然的现象。在望远镜中他还发现银河由无数恒星所组成。在 1610 年 3 月伽利略出版了《星际使者》一书，书中记载了上述发现。此书引起了强烈的反响。伽利略的反对者坚持，所谓木星的卫星只是光学幻影，并非来自天上，而是来自望远镜本身，只有开普勒公开支持伽利略，承认他的发现是真实的，并且立即发表《同星际使者的对话》。1610 年底伽利略制造了放大倍数更高的望远镜，清晰的观测结果使一些天文学家不得不承认这个重大的发现，开普勒则在通过实地观测证实木星卫星的存在后又发表《论木星的卫星》（1611）表示对伽利略这一发现的重视。

　　1610 年 9 月伽利略发现了金星的位相。原来金星也像月球一样有盈亏现象。这是支持哥白尼日心体系的重大发现。因为金星只有位于地球和太阳之间并绕太阳运行才可能有盈亏现象。当然在第谷的折中体系中金星也能有盈亏现象，金星位相也可以作为第谷体系的证明，但是，第谷体系已被开普勒的研究所否定。1611 年伽利略利用望远镜对太阳黑子进行了观测。虽然用望远镜观察黑子最早的人不是伽利略，但只有伽利略确信黑子是太阳表面的现象并记录了黑子的移动周期，从而发现太阳有自转，还计算出了太阳的自转周期。太阳如果有自转，那么行星围绕太阳公转就显得十分自然了。伽利略同他的反对者关于太阳黑子的争论也是十分激烈的，经院哲学家和神学家从亚里士多德的教条出发认定，太阳是圣洁无瑕的不含有黑斑。德国耶稣会士、数学天文学家沙伊纳也在望远镜中观察到黑子，但他认为黑子是围绕太阳旋转的微小行星挡住我们视线的结果。伽利略《关于太阳黑子的信》（1613）就是为反驳沙伊纳的观点而写的。

　　伽利略所有的发现虽然都不像发现恒星周年视差那样能直接地、无可置疑地证明地球绕太阳运动，但直到19世纪在天文学上才出现了确定恒星周年视差的观测条件。在此之前，伽利略的发现虽然是间接地但是有力地证明了地球绕太阳公转。在观测上掌握了地球绕太阳运动的证据后，伽利略更大胆地为哥白尼体系辩护。女大公克里斯蒂娜认为，伽利略关于地球运动的说法与《圣经》相抵触，因而是错误的。她是与伽利略的学生卡斯特利谈话时说这番话的。伽利略得知此事后，写了一封长信给卡斯特利，即《致卡斯特利的信》，后来又扩充为《致克利斯蒂娜的信》（1615），借此表达了他的观点。他认为，大自然和《圣经》是不会矛盾的，问题是对《圣经》应该如何解释，然而无论神学家们如何解释《圣经》，大自然总是我行我素不会听从《圣经》的。他还在信中引用了意大利教会史学家巴罗尼乌斯的名言："《圣经》告诉我们如何升天堂，却没有说天上是怎么回事。"[1] 这里暗含着研究天上的事是天文学家的事，不是神

---

① 德雷克：《伽利略》，中国社会科学出版社1987年版，第55页。

学家的任务。伽利略早就触怒了亚里士多德派哲学家，现在又惹恼了神学家，于是反对派结成了反对伽利略的神圣同盟。教会认定伽利略为异端分子，1616 年初教会要求伽利略把关于太阳是宇宙的中心，地球不是宇宙中心并且作周年运动和周日运动这两个命题交教会的神职人员裁决。可以想见，裁决的结论对伽利略一定是不利的。神职人员认为，首先作为哲学命题这是"愚蠢和荒谬的"，而且与《圣经》相抵触，因此在形式上是异端，在信仰上是错误的。不久宗教法庭向伽利略宣布了禁令，不允许他再对所提到的那些命题加以坚持、辩护和讲授。并且又发布了一条教令，凡主张地球运动而太阳静止，与《圣经》矛盾的著作，均列入《禁书目录》。很明显，教会所做的一切都在限制科学研究的自由。伽利略无法忍受这种限制，他在认定哥白尼的日心体系是科学真理之时起，就决心为它战斗到底。

早在 1597 年，在收到开普勒的《宇宙的奥秘》一书后，给开普勒的信中伽利略就说，他早已接受了哥白尼的学说，只是未公开过。他说他接受哥白尼的学说是因为它能解释许多现象。这里所说的许多现象中有一个就是潮汐现象。伽利略认为，用哥白尼的体系可以从力学上解释潮汐现象产生的原因。地球有两种运动：一种是沿轨道的周年运动，一种是绕轴的周日运动，这两种运动本身都是均匀的，但两种运动结合起来，在地球的各个部分就产生了不均匀运动，这种不均匀运动会引起海水的不均匀运动，这就是产生潮汐的根本原因。虽然伽利略对潮汐产生原因的认识是错误的，但它促使伽利略对哥白尼日心体系的信任。伽利略一直有一个心愿，即写一本关于潮汐理论的书。1624 年，他到罗马谒见新教皇乌尔斑八世，提出了写书的要求。新教皇赏识伽利略的科学成就，并且不主张限制他的科学研究的自由，于是伽利略被获准撰写他的关于潮汐理论的书，条件是，不把地球运动作为一种天文事实，而是作为一种假说。伽利略原定的书名为《关于潮汐的对话》，由于它过于强调了地球运动的力学论证，不符合上述条件，后改为《关于托勒密和哥白尼两大世界体系的对话》（简称《对话》）。从表面上看，它不偏不倚、客观地讨论了两大体系的论点。这本书获得了出版许可，1632 年此书出版后在社会上引起了强烈的反响。当教会发现这本书实际上是在宣传哥白尼学说时，感到了《对话》对它的威胁，于是不再容忍伽利略的叛逆行为了。1633 年 6 月经过罗马宗教法庭几个月的审讯后他被判为终身监禁。尽管如此，宗教势力并没有能阻止伽利略继续思考科学问题，更没有能阻挡哥白尼学说继续向前发展。伽利略在《对话》手稿的序言上曾加过这样一个注："神学家们，请注意，在你们企图把关于太阳和地球是固定不动的命题说成是有关信仰的问题时，这就存在着你们总会有一天判定某些人为异端分子的危险，那些人声称，地球不动，而太阳在改变位置；我说，终于会有一天在物理上或在逻辑上证明地球是在运动而太阳则是不动的。"[1] 半个多世纪以后，伽利略的预言实现了，经过牛顿的研究，地球的运动在力学上得到了证明。此外，罗马教廷是没有公开判定声称地球不动太阳在改变位置的人为异端分子，却公开承认，判定主张地球运动的伽利略为异端是错误的（1979 年 11 月 10 日教皇保罗二世代表罗马教廷为伽利略平反）。

《关于托勒密和哥白尼两大世界体系的对话》是伽利略的两本主要论著之一。另一本是《两门新科学》（1638）。《对话》富有战斗性，在出版的当时就为世人所瞩目，它在人类思想史上占有重要的地位。这本书以三人四天对话的形式写成。其中一个是伽

---

[1] 伽利略：《关于托勒密和哥白尼两大世界体系的对话》，上海人民出版社 1987 年版，序言。

利略的代言人，一个是亚里士多德派哲学家的代言人，另一个是中立的旁观者。四天对话的主题是：第一天对两种意见的初步考察，第一种意见认为天体由四种元素以外的第五种物质组成，天体是不生、不灭、不变的，只有位置移动，天体与地球上的可生、可灭、可变的物体迥然不同。另一种意见认为，地球和月球、木星、金星或其他行星一样，也是可以运动的天体。伽利略用种种证据证明第二种意见正确。接着第二、三天讨论地球有哪些运动。第二天讨论地球的周日运动，即地球的绕轴自转。伽利略广泛运用他的力学研究成果，如落体运动、抛射体运动、摆的振动、惯性运动、运动的相对性等研究成果，驳斥地球不动，论证地球运动。论证地球周日运动是本书篇幅最长的部分。第三天讨论地球的周年运动。伽利略用他在望远镜中的发现为依据，论证宇宙的中心是太阳而不是地球，地球像其他行星一样绕太阳公转。第四天讨论潮汐，想用地球的运动来说明潮汐产生的原因，实际上他的论证并没有达到目的。

《对话》中伽利略在论证地球有周日运动时充分显示了推理方法的威力。地静说认为证明地球没有周日运动的无可辩驳的论据是：如果地球具有自西向东的周日运动的话，那么一块石头从高塔上落下时，由于高塔被地球的旋转所带动，在石头落下的时间内高塔会向东移动了几百码，而石头也应该落到离高塔底同样距离的地方，但事实上石头自高塔落下时仍然沿着垂直于地球表面的直线进行，落到高塔底下。伽利略指出，这个所谓的无可辩驳的证据，用他的惯性原理和运动的相对性原理是很容易驳倒的。根据惯性原理，"地球、塔和我们自己，所有这一切连同石子都随着周日运动而运动，所以，周日运动好像并不存在似的，它觉不到，看不见，仿佛一点效果也没有似的。唯一可以观察到的就是我们所没有的运动，那就是轻轻擦过塔旁的向下运动。"[①] 所以从这个例子是推论不出地球是运动的还是静止的。伽利略还指出："地球上能进行的一切实验都不足以证明地球在运动，因为无论地球在运动或者静止着，这些实验都同样可以适用。"[②] 这就是伽利略相对性原理，它是从惯性系统内的种种力学现象归纳出来的一条极重要的原理。为了说明他的相对性原理，他在《对话》中描述了一个他其实并未做过的推理性实验，他把这个实验说成是表明所有用来反对地球运动的那些实验全然无效的一个实验。这个实验大致讲来是：船动，船内的东西，相对于它们在船内的位置不动，在船舱内走动或苍蝇飞撞只相对船舱的静态，作正常运动，没有随船行而前冲或倒退的感觉。这些我们都可以亲身感受的。

因此，要想知道什么是属于地球的运动，最好的方法是观察那些和地球分离的运动。现在我们观察到一切日、月、星辰，即除地球外整个宇宙都在 24 小时内从东到西的运动。

在判断周日运动是属于地球的运动，还是属于整个宇宙运动的问题上，伽利略相信自然界服从简单性原则，即"自然界能通过少数东西起作用时，就不会通过许许多多的东西来起作用"[③]。既然地球绕轴运动和整个宇宙的天体一日转动一周所产生的效果一样，自然界绝不会费那么大的事使无限巨大的宇宙以不可想象的速度运动。至此，我们看到了像用天文观察结果证明地球有周年运动（公转）一样，伽利略用推理方法论证地球有周日运动（自转），虽然不是无

---

① 伽利略：《关于托勒密和哥白尼两大世界体系的对话》，上海人民出版社 1987 年版，第 223 页。

② 伽利略：《关于托勒密和哥白尼两大世界体系的对话》，上海人民出版社 1987 年版，第 2 页。

③ 伽利略：《关于托勒密和哥白尼两大世界体系的对话》，上海人民出版社 1987 年版，第 153 页。

可置疑的,但却是十分有说服力的。地球自转的试验证明直到1851年才由法国物理学家傅科所做的傅科摆试验完成。

二、伽利略在物理学上的成就

作为物理学家,伽利略的主要贡献在力学方面。他在比萨大学学习时对阿基米德的静力学表现出极大兴趣,早年以研究静力学为主,他根据阿基米德的杠杆原理和浮力原理发明浮力天平(又称比重秤)并写出论文《天平》,他还发明了一种测量固体重心的方法,此方法优于阿基米德的方法,并写了《论重力》一文,文中阐明了重力和重心的实质及其数学表达式。伽利略在静力学方面的研究成果受到学术界的重视。但他的主要科学贡献在动力学方面,他的实验研究为动力学奠定了基础。伽利略和牛顿是经典力学的重要分支——动力学的奠基人。

在比萨大学读书时,伽利略曾观察比萨教堂中吊灯的摆动,并用自己的脉搏数计算吊灯摆动一个周期所需时间,他发现尽管摆幅逐渐减小,但摆动时间大致不变,后来他又用线悬钢球做模拟实验,于1583年发现了摆的等时性定律,并由此发明了脉搏计。

在落体运动的研究中,伽利略取得了赋有革命性和创造性的成果。1590年伽利略在比萨大学任教授,那时比萨大学的教材传授的是亚里士多德的物理学理论,伽利略对亚里士多德没有经过观察验证,仅凭推理得出的关于物体下落运动的错误结论表示不满,并加以驳斥。亚里士多德断言:物体下落的速度与物体的重量成正比,在不考虑空气的阻力时也是这样。伽利略指出,物体下落的高度与时间的平方成正比,而与重量无关,只有在受到空气的阻力时,不同物体的下落速度才有快慢的区别。伽利略用实验证实了他的理论,并提出了加速度概念,发现了落体的匀加速运动规律,这是伽利略在动力学上的重大发现，对重力学建立在科学的基础上起了很大的作用。

　　亚里士多德关于物体下落速度的结论早已引起人们的怀疑。1586 年荷兰工程师斯台文做过落体实验，他从 30 英尺高处让两个铅球同时下落，虽然其中一个比另一个重 10 倍，但它们同时落地。不过按照亚里士多德的观点，重球下落时间只需轻球的 1/10。亚里士多德的观点显然是错误的。伽利略的学生维维亚尼说伽利略曾在比萨斜塔上做过落体实验驳斥亚里士多德的观点，这一科学记载是否确实仍有争议。但伽利略先用逻辑推理，然后用斜面实验，指出亚里士多德的错误观点则是事实。伽利略作过如下的推论：按照亚里士多德的观点，如果一重一轻的两个物体拴在一起，让它在与两个物体分别降落时的相同条件下做自由降落，那么重物可带动轻物落得快些，而轻物又托住重物使它落得慢些，所以合成速度应该是二者单独落下时的中间速度，落地时间应在二者之间；然而，轻、重两个物体拴在一起后比任何单个物体都重，它应该落得最快，也就是最先落到地面。根据亚里士多德的前提，得出两个彼此矛盾的结论，所以仅从逻辑推理也可以证明亚里士多德的前提是错误的，重物不比轻物下落速度快，或者说轻物不比重物下落得慢。

　　对于自由落体运动的研究，伽利略并不满足于驳倒了亚里士多德的观点。他要研究落体怎样运动。在研究这个问题时，他把假设方法、数学方法和实验方法三者结合起来。他先假设物体自由落下时受地球重力的作用，作匀加速运动，然而设计可行的实验经过测量计算来验证这个假设。伽利略知道，物体降落时速度太快，当时的测量手段无法测出很短的时间间隔。为了缓冲重力加速度，他设计了斜面滚球实验，让小球由斜面滚下其运动速度必慢于物体垂直降落的速度，测量时间就容易得多。如果测量结果证明小球从斜面滚下时加速度是一个恒量，那么斜面运动中的重力加速度分量也应该是一个恒量，由此推断自由落体的重力加速度也应该是一个恒量。伽利略在《两门新科学》一书中有关于斜面滚球实验的详细记载。他让一个最硬的黄铜制成的极圆的光滑球在一块倾斜的木板上十分平滑的直槽内滚下，用水钟反复准确地记录其滚下 1/4、1/2、2/3、3/4 的距离所需要的时间并加以比较计算，结果伽利略发现铜球滚下所经过的各种距离总是同所用时间的平方成正比，即 $S \sim t^2$ 或 $S/t^2 =$ 常数。这对于铜球沿各种斜度的槽滚下都成立，由此可推断，槽垂直时也成立。这说明伽利略关于自由落体沿匀加速运动的假设是完全正确的。由此，进一步的研究得出落体运动定律为 $S = \dfrac{1}{2} at^2$（ a 为加速度）。

伽利略在研究摆的运动时发现，从同一高度沿不同弧线摆动的摆锤在到达最低点时获得的速度是相同的，这一速度使摆锤又离开最低点继续向另一侧摆动；在理想的无摩擦的情况下，它能升高到与开始摆动时大致相等的高度。受这一发现的启发，他设想，斜面滚球实验可进一步研究下去。他用两个相对安置的斜面让铜球沿一个斜面滚下，在铜球到达斜面底端时所获得的速度使它沿另一斜面升到与下落开始时大致相同的高度，在减小第二斜面的倾斜度时，则铜球升到原高度滚过的路程必然延长，随着第二斜面倾斜度不断减小，铜球滚过的路程愈来愈长。由此可以推想，当第二斜面成水平状态时，铜球将以不变的速度沿直线在平面上永远滚动下去。这当然是在理想的没有摩擦力的情况下才能发生，所以通常称伽利略这个实验为关于惯性运动的理想实验。这是伽利略实验方法与逻辑推理方法结合的成功例证。

伽利略关于抛射运动的研究也是十分卓越的。伽利略是在《两门新科学》一书的第四天讨论抛射体运动的。他把抛射体运动想象为由两个同时进行的独立运动合成的，就是说，抛射体运动有两个分量：一个是水平方向的匀速运动（惯性运动）分量；另一个垂直方向的加速度运动（自由落体运动）分量。抛射体运动是惯性运动和自由落体运动的叠加效应。伽利略的这个发现可以证明为什么从塔上自由下落的石头在地球运动的情况下和静止的情况下一样也是垂直落向塔底的，因为塔身与地球同时运动，从塔顶下落的石头一方面保持地球运动的水平分量，一方面获得自由下落的垂直分量，这两个分量合成使地球和塔身虽然移动了一段距离石头仍然垂直落在塔底。伽利略的抛射体运动定律 $\left[S = \sqrt{S_x{}^2 + S_y{}^2}, S_x = \left(V_0 \cos\theta\right)t, S_y = \left(V_0 \sin\theta\right)t + \frac{1}{2}at^2 \right]$ 类似于牛顿的力和位移的合成定律，所以牛顿说伽利略是力的平行四边形法则的真正发现者。伽利略把沿各种角度（θ）从地面发射的抛射体的轨道高度和射程一一计算出来，制成表格，结果发现在 $\theta = 45°$ 时，射程达到最大值。θ 大于或小于 45° 时，只要与 45° 之差相等（如 45° + 15° 与 45° − 15°）射程就相等。这一发现可用来计算炮弹的射程，所以在军事上有极大的实用价值。

伽利略所有关于运动的研究都没有涉及造成运动的原因，所以他没有明确地提出力的概念，他的质量概念也是模糊的，但只有在运动学上添加力的概念，给力下一个清晰的定义，使它既适用于动力学也适用于静力学才能真正完成动力学的创建工作。这个任务是牛顿完成的。但完备的力学出现的条件已基本具备了。他比牛顿更加伟大之处：（1）开创性的；（2）要与教会及世俗神学偏见对抗。而牛顿是在伽利略的物理事业已全面发展的基础上进行，英国教会对他的科学事业是采取默许支持的态度。

三、伽利略的科学思想和科学方法

16、17 世纪是科学革命的时代，伽利略是这个时代的关键性人物，他的科学思想和科学方法是革命性的，是科学革命的组成部分。伽利略一反亚里士多德的传统，首先研究自然的事物是怎样发生和怎样变化的，他不打算对自然界作原因上的解释，不给科学制定一个空洞的大目标，而是研究具体的事物和局部的运动。

根据他的科学思想，伽利略有一套相应的科学研究方法。他主张，研究自然界要用自己的眼睛和头脑做向导，而不是用思辨哲学做向导。所谓用眼睛观察自然，主要是应用仪器通过实验进行观察，而不是仅仅相信日常经验，相信直观感觉。在实验中他要求进行精确地测量，以便取得可靠的数据，所以他不断地改进实验装置，观察仪器，精益求精地改进测量技术，而且反复测量直到确信误差已达到最小为止。所谓用头脑理解掌握自然，就是用假说—演绎方法研究自然，首先对自然事物的运动状况进行合理的设想，然后用数学方法去掌握自然事物的本质。伽利略把数学看作是能读懂大自然这本书的语言，它的字母就是三角形、圆和其他几何图形，没有这些字母人类就不能懂得书里的任何一个单词，没有这些字母人类只能迷失在黑暗的迷宫中。伽利略研究数学不是目的，而是把数学作为一种方法，一种与实验方法结合起来的近代实证科学的研究方法。数学精确性对实证科学研究是绝对必要的，而抽象分析是数学精确性的要求必然导致的结果。伽利略建立的数学物理学是物理学的一大进步。

伽利略科学研究方法的主要步骤是：先从现象中获得直观认识，用简单的数学形式对现象的本质做初步的假设，然后用可行性实验验证假设的正确性，最后确定为用数学形式表示的定律。伽利略认为，一旦定律建立就必须相信它的可靠性和实用性，并最大限度地发挥它的作用。值得一提的是，伽利略虽然重视实验方法，但他并不完全依赖真实的实验。在他的研究过程中经常运用理想实验方法，这是在真实实验基础上的一种外推。这种方法本质上是一种逻辑方法，但它不是纯粹的逻辑思辨方法，而是实验方法的一种必要的逻辑补充。

伽利略用研究简单的典型问题阐明自然界重要规律的方法，以及他把数学分析、实验验证和科学推理结合起来的研究方法都是开创性的，长期以来为科学家所仿效。他研究问题的方法至今在物理学中还在应用，他的科学推理方法受到爱因斯坦的赞赏。他的相对性原理成为狭义相对论的两个基本原理之一，物理学上把伽利略的相对性原理称为力学相对性原理，而把爱因斯坦的相对性原理称为狭义相对性原理，二者的区别在于，前者认为，对一切惯性参考系来说，观测任何力学现象都是等价的；后者则认为，对一切惯性参考系来说，观测任何物理现象都是等价的。可见，狭义相对论是力学相对论的一种推广，仅从这一点就可以看出伽利略的科学思想具有现代性。

伽利略对物理学，特别是力学的全面深入的研究，奠定了实证科学日后进一步发展的基础。他的科学方法论绝不是一般操作性的规范，实际上进入哲学理论层次。他把观察经验与知性思维有机地融为一体。由于知性思维作为一种精神联系的纽带贯穿于通过观察经验所获得的实验材料与数据之中，就使其超越就事论事的单纯操作的领域，跃进而成为对客观的规律性反映，并且从而建立有根据的科学体系。至此，我们才能说，人类才真正创造了"实证科学"，因此，伽利略乃是实证科学之父。他将知性分析、逻辑论证介入实验方法之中，从而使实验摆脱经验的局限性，使它的功能不止于事后验证，而着眼超前引导。它不但使科学预见有了根据，而且使发明创造成为现实。特别是 20 世纪以来，基本理论的探讨，已不是个人思辨的天才洞见，而是以"实验"作为其唯一出发点。粒子学说研究，没有强大的实验手段是根本无法前进的。因此，伽利略又是实验的自然科学的先驱。

第九章　唯物的经验论与理性论是
实证科学的哲学原则

在实证科学强大发展的影响下，以科学作为基础的唯物主义形成了。没有 15—18 世纪严格意义的科学的确立，就不可能有科学的哲学唯物主义。此前，诸哲学学派只能说具有唯物倾向或与之相对立的唯心倾向而已。

近世哲学的发展，是以对宗教神学的批判及实证科学的发展为前提的。人们从宗教神学的禁锢中解放出来，反对权威、尊崇理性、蔑视上帝、个性觉醒，他们从那虚无缥缈的充满幻觉的彼岸，回到了身历其境的现实的此岸。超自然的神灵的纯思辨的探索，让位给对客观自然界的研究，人类心灵、精神的本质的研究也基本上落脚到现实的基础上。人们用客观的自然的原因来解释物质世界和精神世界，分析人类社会和宗教现象。于是，教会的权威主义原则为个人主义原则所代替。

人们确信自己的思维与认识能力，直接面向自然人生，积累知识，追求真理。而且还不止于向外追索，转而反求诸己，深刻反省自己的认识能力。他们抓住经验与理性这两大认识要素，进行了透彻的哲学思考，奠定了哲学认识论的基础。

黑格尔满怀同情地赞叹这一伟大时代的到来，他说："人获得了自信，信任自己的那种作为思维的思维，信任自己的感觉，信任自身以外的感性自然和自身以内的感性本性；人在技术中，自然中发现了从事发明的兴趣和乐趣。"① 这些就构成了近代科学与技术发展的道路和在此基础上重振哲学的趋归。

第一节 知识就是力量的呼声

热爱自然、渴求知识、坚信知识就是力量，这是近代哲学与科学的呼声。首先高举起这面大旗的是弗朗西斯·培根（Francis Bacon，1561—1626），马克思指出："英国唯物主义和整个现代实验科学的真正始祖是培根。在他的眼中，自然科学是真正的科学，而以感性经验为基础的物理学则是自然科学的最重要的部分。""按照他的学说，感觉是完全可靠的，是一切知识的泉源。科学是实验的科学，科学就在于用理性方法去整理感性材料。归纳、分析、比较、观察和实验是理性方法的主要条件。""物质的原始形式是物质内部所固有的、活生生的、本质的力量，这些力量使物质获得个性，并造成各种特殊的差异。"马克思概述了培根思想的要点以后评价道："唯物主义在它的第一个创始人培根那里，还在朴素的形式下包含着全面发展的萌芽"，但"还充满了神学的不彻底性"。② 这就是说，朴素的唯物主义尚未受到机械力学的桎梏，但又尚未能与宗教神学彻底决裂，显然它便成了由宗教唯心主义向科学唯物主义过渡的一种中介形态。

培根是当时英国的达官显宦，在政治倾轧的漩涡中失足，被贬

① 黑格尔：《哲学史讲演录》第4卷，商务印书馆1978年版，第4页。
② 《马克思恩格斯全集》第2卷，人民出版社1957年版，第163页。

为平民。这一似乎是人生的不幸事件，反而有利于他专心从事学术的探讨。他常常感到惋惜的是，由于徒务虚名而使他如此长期地脱离一个有理智的人可能从事的最崇高、最有意义的工作。

培根热衷于客观知识的追求，景仰从米利都学派到阿拉克萨戈拉斯和德谟克利特的古希腊唯物传统。他认为："人有多少知识，就有多少力量，他的知识和他的能力是相等的，只有倾听自然界的呼声（使自己的理智服从于自然界）的人，才能统治自然界。"[①] 在那个膜拜权威、服从圣谕、相信奇迹的年代里，培根的"知识就是力量"的呼声是具有革命意义的。

从此，人们确信不是上帝也不是君王，而自己是这个世界的主人；不是凭借圣灵与皇上的恩赐，而是靠自己的头脑与双手，谋求现实的幸福；知识与能力便是他们改天换地、在人间创造天堂的法宝。

一、现代科学唯物主义的萌芽

培根强调知识的客观性，因此重视感官经验的指导，把它作为认知活动的出发点。但是我们不能把他看成一个简单的经验论者。有两点他不同于狭隘的经验主义：（1）与其说他片面强调经验，不如说他更为重视理性对于经验的概括作用。培根继承了文艺复兴以来人文主义的传统，重视人在自然界中之作用。布鲁诺（Giordano Bruno，1548—1600）对自然的看法就不停留在片面的孤立的感性材料上，而善于从自然界的超乎感觉的完整性与无限性方面观察与阐述自然界。培根是服膺这种观点的。从整体与无限来观察自然，就不是单纯感觉所能奏效的，而必须进一步做出理性的引申，从而进

---

① 转引自《费尔巴哈哲学史著作选》第 1 卷，商务印书馆 1978 年版，第 57 页。

入哲学的领域。也就是说，从自然科学、物理学领域进入理论的整体概观的领域，提出了一个有科学根据的唯物主义观点。(2)感觉经验只是认知的出发点，而不是认知的对象，这就确立了他的唯物倾向。如若认为"凡存在即感知"便是贝克莱式的经验论了，它的实质是主观唯心主义，即唯心的经验论。而培根则是唯物的经验论。

唯物的经验论，把经验视为主体的一种认识功能，而不将其视为外在的经验对象自身。因此，它不是从本体论而是从认识论角度探讨经验的。前此，人们不大重视经验，以为这不过是个别人物的偶然行为，而培根则将"经验变成不可避免的必然性，变成哲学的事情，变成科学原则本身"①。而且认为经验是一切自然科学的基础，全部知识的泉源。"在他看来，经验只是手段，而不是目的，只是发端而不是结果，理应只有哲学或哲学认识才是这样的结果。"②培根突出了"经验"的认识规律性意义，一切科学与知识的发端与泉源的意义，这样就形成了他的唯物观的经验论特色。由此看来，培根所开创的现代科学唯物主义的道路，有如下几个特点：

第一，"经验"是一个出发点。培根心目中的经验，绝不是那个松散的五光十色的沙丘，即彼此隔离的感官材料的折光；它乃是自然界的各种岩石非常富实地堆积而成的石山，即具有结构的按一定规律成形的客观事物的反映。它提供了对自然界整体作自由鸟瞰的坚实基础。因此，培根的经验是经过人的认识而集约了的，并通过理性而概括了的整体概观，而不是对自然的单纯的消极的零星反映。

第二，显然，经验不是单纯的感觉，而是人的独立思考的结果。培根并不轻信感官的报导，他认为"感觉本身乃是一种不可靠和容

---

① 转引自《费尔巴哈哲学史著作选》第1卷，商务印书馆1978年版，第31页。
② 转引自《费尔巴哈哲学史著作选》第1卷，商务印书馆1978年版，第32页。

易发生错误的东西，而用来扩大感觉或使之锐利的工具，也不能有太大的作用”，他还感叹说："人的理智的最大障碍与差错还是在于感官的迟钝、无力和欺骗性。"[1] 因此，不能把经验与感觉完全等同起来。感觉与感觉的特定对象，如眼之于色、耳之于声等，是一一对应的零星折光，所得的只是散漫无归的"感觉材料"。经验则应该视为感觉材料的理论概括。因此，"对事物形式的认识恰恰是知识和经验的对象和目的"，而所谓"事物的形式指的是事物的共相、类、观念"[2]。而且，培根认为这种共相，既不居于自然界之上，也不处于自然界之外，而是自然界内在地固有的。他实际上已悟出了共相寓于殊相之中的辩证法原理。所以，培根的经验活动并不是单纯的感性直观，实际上是感性上升到理性而形成共相、观念的过程。那种把经验与理性截然分开加以对立的看法，是对"经验"的歪曲，也是狭隘经验主义的由来。

第三，在经验的基础上，形成的现代科学唯物主义同古代的朴素的唯物倾向的区别在于：古代朴素唯物倾向的特色是本体论的，也就是说，他们乃是向外追索这个世界归根到底是如何构成的，具有客观求实倾向。他们未能明确反躬自问：我是如何去想问题的？如何去反映这个世界的？这个反映的真实性到底如何？总之，这是对认识的主体不予置疑、视为当然。而培根开创的现代科学唯物主义的特色却是认识论的，即着重考虑到人如何客观地反映这个世界的问题，它更加重视认知这个世界的思维活动、科学方法、哲学原则，这样就更加深化了唯物主义的理论内容。唯物的科学认识论的发展，构成了近代哲学的明显特征，而且为科学技术的飞跃前进，

---

[1] 《十六—十八世纪西欧各国哲学》，商务印书馆 1975 年版，第 17 页。
[2] 转引自《费尔巴哈哲学史著作选》第 1 卷，商务印书馆 1978 年版，第 32 页。

奠定了哲学原则与科学方法论的基础。

现代科学唯物主义也不是一成不变的。随着科学技术的发展，它不断改变自己的形式、更新自己的内容。当机械力学在科学技术发展中处于领先并占支配地位时，便形成机械唯物主义形态；当生物学、人类学获得长足进步时，便形成人本主义唯物主义形态；当进化论思想兴起、科学技术整体化趋势出现后，便形成辩证唯物主义形态。

二、自然科学的改造

在宗教神学的压制下，科学技术步履维艰，未能获得长足进步。培根归咎于没有正确的理论指导。他认为"直到目前为止，我们还没有真正的、纯粹的而且是一切科学之母的自然哲学"[1]。这就是说，自然科学缺乏基础理论、哲学原则的指导，也没有完整的有效的科学研究方法。相反，科学家的头脑为谬见所桎梏，从而阻碍了科学的正常发展。因此，自然科学改造的首要任务是"除谬纠偏"。

（一）除谬纠偏

培根认为，科学的复兴就在于使精神摆脱各种偏见的束缚，从而克服可能发生的谬误，接受哲学原则的正确指导。

所谓偏见，培根归纳为四种"幻像"。

第一种叫作"种族幻像"（Idola tibas），它是各种偏见之中最重要的一种，乃是人性当中固有的幻像。培根大概指出下列几种情况是属于种族幻像之列的。其一是人的理智按照自己固有的本性，往往强加给自然界以一些"秩序"与"一致"，把本来不一致、不成对的东西，看成是成对的一致的东西。这就是说，不从自然事物本来

---

① 转引自《费尔巴哈哲学史著作选》第 1 卷，商务印书馆 1978 年版，第 37 页。

性质出发，而从理智自身的抽象推论出发，因而，这只能是一种主观自生的幻像。客观自然界是十分错综复杂的，充满了偶然事件，必然性、规律性、一致性、两极性寓于偶然性之中。它们的现实形态是一个偶然形态，因此，除了实地观察、体验，它是推论不出来的。单纯根据理智的演绎推理是无法把握自然界的真貌的。这种偏见，时至今日，仍支配某些人的头脑。例如，找对子。恩格斯早就指出过，不要在本来不存在两极性的地方，硬去找两极性。现在，一些热衷于将辩证法蜕化为"对子论"的人，认为凡物莫不成对，即都是两极对立。这就是将自己的"既定方针"硬套在自然界的头上，因而犯了种族幻像的错误。

其二是人的理智由于特殊的癖好，宁愿重视肯定的事例，而不大重视否定的事例。但是对真理的论证，否定的事例比肯定的事例有更大的意义。找出肯定事例来论证真理，总是挂一漏万的，也就是说，这样的例子并不能全面确证其为真理。而否定的事例，只要举出一个，真理便被反证了。如所有乌鸦都是黑的，举出这只乌鸦是黑的、那只乌鸦是黑的并不可能充分论证其为黑的。但是，你如举出一只乌鸦不是黑的，则"所有乌鸦都是黑的"便被反证了、被推翻了。培根对"否定"的意义之发现是极其卓越的，但主要停留在知性推理范围，尚未能揭示"否定"的丰富的辩证的内涵。这就可以见到，他有深刻的科学思维，而较少有天才的哲学思辨。

其三是人们的理智由于有了一种贪婪的、永不满足的求知欲，因此，往往产生一种无穷追索的欲望，以致不能肯定与把握现实的普遍原则，从而陷入永不休止的抽象的无限性之中。培根敏锐地看到了知性思维的这种"恶的无限性"的追求之偏执，使他自发地倾向辩证思维，这是令人敬佩的。但是永不满足的求知欲，不从方法论上引申，而是作为一个科学家的秉性来看待，却有其积极性。科学家由于有一种穷追到底的精神，因而不断扩大其视野，不断开拓其领域，不断获得新的成果。

其四是人的理智特别喜欢抽象化，往往把抽象的东西和感性的东西相对立，认为抽象的是稳定的，感性的是暂时的。其实抽象的东西，恰好是最飘忽不定的。在这里，培根认识到了知性抽象的空洞性、僵直性、游离性。它不能予人以真知；不能确切把握自然事物的真实性。知性抽象如若不与观察、实验相结合，就不是"科学的抽象"，就不可能更加接近自然，反映自然的本质与规律性。

其五是人的理智特别容易被感觉的迟钝性、不充分性、欺骗性引入迷途。它只注意那些粗糙地感觉到了的东西，不去研究那些看不见的事物。感觉的表面性、局部性、易逝性，提供给理智的报导显然是粗糙的。如果理智仅仅根据这些进行抽象概括，便很难深入到事物的内在本质。特别是自然界之中那些隐形的东西、微观世界的东西，不是我们的五官所能直接观测的，如若我们墨守成规、粗心大意、浅尝辄止，是无法切实把握的。培根于此，不但看到了感觉的局限性，也看到了理智的空疏性，多多少少显示了他意图更深入地探索更大更深层次的自然的奥秘。当然他不可能达到这一步，但这样的愿望却是超前的。

上述五端，乃是人的理智的局限性的一般表现，归结到一点，就是未能从经验出发，实事求是地处理问题。因此，这种态度是违反科学本性的，因而也就不利于科学的复兴。

第二种叫作"洞穴幻像"（Idola specus）。这种幻像的根据在于个性的阴暗洞穴，它是从个人的特殊性格，从他的气质、教育、习惯等等中产生出来的，也可以从读书以及崇拜权威等方面产生出来。

其一是某种特殊性格的养成，是由于他特别爱好某种特殊的科学或思辨，这或者是由于他们幻想他们自己是这些东西的创作者和发明者，或者是因为他们在这些东西上面付出了最大的努力，因而对它们养成了深深的癖好。因此，他们就不能如实地解释客观事件，阐明普遍原理，而是根据自己的性格与癖好来渲染与歪曲。这种偏见在科学界，特别是在哲学界是相当深刻的。不同学派大多由此形成。荀卿也深谙此理，他曾指出："凡人之患蔽于一曲，而暗于大理"，所以"墨子蔽于用而不知文；宋子蔽于欲而不知得；慎子蔽于法而不知贤；申子蔽于势而不知知；惠子蔽于辞而不知实；庄子蔽于天而不知人"。[①] 这就是说各家均以自己喜爱的观念为真而非议异己之说。其实是以偏概全，以一曲之私而暗于大理。这种门户之见当然无法获致客观真理。但是，只要不采取压服态度，通过百家争鸣，取长补短，各家的那"一孔之见"在追求真理、发展真理的过程中仍然是有益的、积极的。

其二是气质不同的人，看问题也各有所侧重。心思平稳和敏捷的人，善于抓住极其微妙的差别；心思高超和深沉的人，善于概括最一般的类似。但两种人都容易走极端。前一种人会在逐渐变化中去找差别；而后一种人会在模糊的影像中去找相似点。为什么这叫作走极端呢？因为"差别"不是在每一个极其细微的变化中都可以显现的。譬如就一个人的容貌而言，前一刹那与接踵而来的后一刹那，很难说有什么差别的。"差别"产生于事物的质变阶段，看来培根似乎朦胧地领悟到了一点量变质变的关系。所谓"相似点"，实际上是想讲"同一性"。同一性是要求在殊相之中找共相，这是一个深刻的科学抽象过程，绝不可能在模糊的影像中所能捕捉得到的。由此我们可以看到培根具有相当深厚的哲学洞察力。

其三是猎古好奇，不能持中有度。这种情况，对哲学与科学

---

① 《诸子集成》第 2 卷，第 258—262 页。

的危害极大。因为猎古好奇，乃是一种崇拜的癖性，而不是判断。"古"有时代的局限性；"奇"有个体的独特性。不能因个人的喜爱，将这类不具有持久性、稳定性与普遍性的东西，主观地赋予必然真理的意义。培根认为，只有在自然和经验的指导下，才能掌握有客观必然性的东西。现在我们在学术研究中，经常发生对经典与历史采取各取所需的毛病。借用它们说明自己的观点，我们认为这无可厚非，如若以此作为根据，做出主观引申那就不对了。

其四是如何使理智既深入而又博大。培根总结历史的经验教训，发现有些人只从自然和物体的简单形式来思考这些东西，而使理智破碎和纷乱；另一些人只从自然和物体的组织结构来思考它们，则会使理智失掉力量而解体。这就是说，前者深入到自然的单纯性中，而疏忽对自然的整体性的把握；后者从广阔的背景中，对自然的整体结构予以统摄，但忽视了对自然的内在本质的剖析。此两者都有其认识的片面性。培根认为只有博大与精深交替使用，才可以避免幻像的出现。于是，培根总结道："总而言之，每一个研究自然的人都应当把这一条当作规则，即：凡是他以一种特别满意的心情去抓住不放的东西，都应当加以怀疑，而在处理这些问题的时候，应当格外注意使理智保持平静与清醒。"①

第三种叫作"市场幻像"（Idola fori）。培根认为这是一切幻像中最麻烦的一种幻像。这种幻像是通过语词和名称的各种联合而爬进我们理智中来的。语词固然是理智的产物，但当它一旦形成，又转而反作用于理智，往往使哲学与科学的论证，变成一种字义的辨析，而流于强词夺理的诡辩，或言不及义的文字游戏。因而某些"学术讨论"便成了一场语词上的烦琐争论，根本达不到哲学原则或

---

① 《十六—十八世纪西欧各国哲学》，商务印书馆 1975 年版，第 20 页。

科学真理的共识。它的表现有两种：

其一是不存在的"事物"的名称，例如，命运、第一推动者等等。这些语词往往是由于虚幻的假设而产生，在实际上并没有东西与之相应，这种虚构是不难驳斥的。但是，培根如若仅仅抓住有实物与之相应一点，就太狭隘了。有些属于事物的本质及规律性的东西，它的语词就没有一个具体物与之相应，然而它们却更真实地反映客观自然。还有属于精神世界的东西，它们是一些基于物质世界而又是非物质性的东西，表达它们的语词，并不是基于虚幻的假相，而是确有那种精神状态。此二者，虽无相应的实物，但绝非虚幻的，而是确有其事的。因此，培根的论说未免简单化了。

其二是虽然存在，但是混乱而没有明确的定义。这只是一些匆匆忙忙和随随便便从实际引申出来的东西的名称。这种由于错误而拙劣的抽象而产生的另一类幻像则是复杂而根深蒂固的。例如说："流动的"（humid），只是从水和一般液体抽象得来，并无任何确切的含义，至于引申出来的各种讲法就更加混乱。还有"矛盾"的含义也是模糊不清的，差别、对立、反对、不相干……都可以视为"矛盾"。这种词义与概念的混乱，已造成了科学上的一场灾难，以致浪费了科学家的精力，纠缠在名词概念的无聊争辩之中，而对科学的实质性的进展却无任何推动。这里，培根提出了名词概念的精确性问题，它对实证科学的发展，及其特色的形成至关重要。实证科学的特点是讲究"言之有物"、"精确不二"，它推动了科学的迅猛而卓有成效的发展，于此，培根起了开创一代新风的作用。当然，这也不能强调过分，由于自然界广阔无垠、复杂多变，因此，从动态的总体而言，又是难于定义的，也难于精确刻画的。这些就有赖于辩证思维和思辨领悟加以把握。

第四种叫作"剧场幻像"（Idola theatri）。这种幻像并不是天赋的，也不是暗中潜入理智中来的。培根指出：各种哲学体系有如剧本，它粉墨登场，不亚于戏剧表演；还有哲学的证明规则也是十分乖谬的。这些东西予人以深刻的烙印。所以"剧场幻像"也可以叫作"体系幻像"。恩格斯曾经讥评哲学家喜欢制造体系，动不动就想构造出一个囊括一切的体系，这就如同科学家妄图建立一个普适公式一样。其实，面对这个范围无垠、历时无限的宇宙自然，任何的体系都是不全的、暂时的。培根对哲学与科学体系做了分析，认为可以分为三类：

其一是诡辩的。这类哲学家多半依靠玄想和个人的机智活动，是反自然哲学、反自然科学的。培根是盛赞米利都学派及其后继者阿拉克萨戈拉斯和德谟克利特的唯物倾向的，因此对柏拉图、亚里士多德等的哲学体系进行了激烈的批评。认为他们用逻辑范畴毁灭了自然哲学，使经验从属于他们的意见，他们的这些玄想的创造与机智的辩才，比经院哲学家更有罪过。培根这些批评未免过分偏激。柏拉图的客观唯心论是应该批判的，但从数学基础上建立的辩证法体系，比培根的单纯知性思维体系层次更高，只要廓清那些唯心的翳障，就可见得其中包含不少合理因素。至于亚里士多德热爱自然，重视实践，从生长发育观点对辩证法的论述，其基本倾向是唯物的，把古代的辩证法传统当作诡辩论来加以批判，只能使自己陷入形而上学的困境。

其二是经验的。这类哲学体系只是在做了少数辛勤的和仔细的实验之后，便勇往直前地来进行推导和构造各种体系，用一种奇怪的方式来强使一切别的事实适合于这种体系。培根认为这种经验派哲学比诡辩派或理性派所产生的教条更丑恶和怪诞。因为它并不是在共同概念的光辉照耀之下建立起来的，而是建立在少数狭隘和暧昧的实验之上的。可见培根并不迷信实验，相反，个别人的感受以及不符合科学原则的"实验"，使人徒然产生一种盲目的自信，竟然会把属于巫术一类东西当作科学真理来喧嚷。例如，炼金术士及其信条，以及神灵照相、扶乩之类玩艺就是如此。应该讲，培根是非常有见地的，他只是严格审查理智作用的得失，并不否定理智作用，相反，理智对于筛选感性素材、总结经验、规定原则是必不可少的。作为经验主义创始人的培根，比他的后继者更加全面而少片面性。

其三是迷信的。哲学、科学与迷信是不相容的，如果一个科学或哲学体系，离开客观、弃绝理性，而以迷信作为其支柱，那是不堪设想的。哲学与科学神化的结果，理解的对象就变成了信仰的对象。你不要问为什么，深信不疑、顶礼膜拜就可以了。培根指出："在人中间，特别是高超的人中间，存在着一种理智上的野心，不下于意志上的野心"，这种"要求把自己变成崇拜对象的这种虚荣，正是理智本身的一种病症"。[①] 那些自命为高超而受到广大群众崇拜的人，应该警惕的是自己是人而不是神，但不幸的是："野心"使他要竭力拔高自己，变成驾临万民之上的神，那些夤缘倖进之徒，鼓噪而上，三呼万岁，俨然真神出世，使这种"个人野心"似乎有了客观真实性。理智泯灭了，科学沦丧了，哲学无光了，迷信愚弄着人群，高超人士其实已很不高超了。理智为迷信所取代，必然使理智向其反面转化变成荒诞，变成极大的破坏力量，这些我们是有深刻教训的。

培根通过四种幻像的细致深入的分析，为自然科学的改造指明了前进的方向：他厘清了理智作用的得失，使它立足于观察实验的基础上，正确发挥其科学认识的功能。

（二）自然哲学的历史厄运

培根通过四种幻像说，批判了科学技术发展的思想障碍之后，

---

① 《十六—十八世纪西欧各国哲学》，商务印书馆 1975 年版，第 26 页。

又进一步做了历史的回顾，认为"在人类记忆和学识所能及的 25 个世纪中，你很难指出有 6 个世纪是富于科学精神的，或者是有利于科学发展的"①。只有希腊、罗马和培根时代的西欧各国才好一点。中国虽有辉煌灿烂的古代文明和很多科学技术的创造，但为儒教独尊的政治人伦传统扼杀了，在我国传统中"科学精神"是极为稀薄的。因此，在人类历史上科学的繁荣是极为短暂的。

自苏格拉底以来，哲学家的思考与工作，主要消耗在伦理道德问题上，这点中国尤甚。历史上，一般讲，最有才智的人都致力于公共事务，如我国谚语所讲的"学而优则仕"。培根说：即令在哲学智慧和科技繁荣的年代，"人们的勤劳也只有最少的一部分是花在自然哲学上面。然而正是这个哲学应当被尊奉为科学的伟大母亲"②。培根高扬科学技术工作的基础理论研究的重要性，是十分有见地的。如他所指出的：历史的绝大部分世纪，科学技术成为了"后人的技艺"，这些默默无闻的伟大的实践者，有许多天才的创造，但很难得到理论的总结提高，于是巫术的魔障、宗教的呓语、思辨的喧哗，扼制了科学的光辉。它变成了贱人的手艺自发地在民间代代相传，有时还成为绝唱。从培根开始的科学唯物主义及相应的研究方法，作为自然科学、技术科学的基础理论，即有客观根据的自然哲学的建立，才初步结束了科学的可悲的历史厄运。我们之所以说，这只是初步的，是由于时至今日还有人反对甚至仇视自然哲学。

现代反对自然哲学的多数是科学家与技术专家，还有一些其实尚未入门的"哲学家"。从培根那个时代开始，科学家压根儿便没有把自然哲学当作一回事，顶多便中加以研究，看它对自己是否有

---

① 《十六—十八世纪西欧各国哲学》，商务印书馆 1975 年版，第 28 页。
② 《十六—十八世纪西欧各国哲学》，商务印书馆 1975 年版，第 28—29 页。

用。培根不胜慨叹地说："这个一切科学的伟大母亲便受到意外的污辱而被降到了仆役的职位，它要来为医学或数学服务。"① 其实自然哲学只是一种指导原则，它给科学提供方向，确定目标，启发思路，选择方法，它并不给科学解决具体问题，更不涉及具体操作问题。这些对于科学似乎是虚的、软的，可有可无的，其实原则问题有了偏差，或没有很好地规定下来，那么，在手段上、操作上发生错误就难以避免了。所以，我们必须深入研究自然哲学，应切实指导各种具体科学，然后又再回到自然哲学上。只有这样，才能促使各门实证科学的长进，而自然哲学提供的指导原则也日益全面、深刻而有效。

至于现代科学技术专家的反对，乃是一种偏见。它们不重视思维规定及其历史发展的探索，认为这一切理所当然。这种自发性有时也能导致研究的进展，但每每发生本来可以避免的失误，而且他们其实盲目地受一种坏的庸俗的哲学观点所支配，例如，实用主义、实证主义之类，这就不能不影响其成就。如能自觉地接受一种正确的哲学观点指导，便会事半功倍了。至于某些"哲学家"的议论，其实不值一驳。他们以教条主义态度对待经典著作，说恩格斯早就说过，自然哲学终结了，还搞什么自然哲学呢？其实恩格斯讲的是随着实证科学的兴起，那种以虚构的幻想的联系作基础的自然哲学终结了，而以客观的现实的联系作基础的自然哲学还方兴未艾呢！恩格斯有关自然辩证法的手稿正是为这一伟大的理论工程做准备。

（三）自然科学的建立

有了正确的自然哲学作指导，其后的关键就是"方法"了。培根形象地概述有三种方法可供选择。他说："经验主义者好像蚂蚁，

---

① 《十六—十八世纪西欧各国哲学》，商务印书馆 1975 年版，第 29 页。

他们只是收集起来使用。理性主义者好像蜘蛛，他们从他们自己把网子造出来。但是蜜蜂则采取一种中间道路。"① 这就是说：蜜蜂的方法是：收集材料，加工改造。亦即通过感官经验收集客观材料，然后理性予以分析、综合创造出新东西来。这并不是什么"中间道路"，实际上是说：感官经验与理性分析是相互联系不可分割的。而经验主义与理性主义则各偏执一方，不能全面客观地反映世界。

培根所强调的科学方法论的核心是"实验"。关于实验是颇为费解的。培根说："一切比较真实的对于自然的解释，乃是由适当的例证和实验得到的。感觉所决定的只接触到实验，而实验所决定的则接触到自然和事物本身。"② 因此，感觉只是实验的起点，它并不能深入到自然和事物本身，即不能把握自然和事物的本质。这就是说，实验必须以理性的分析与综合为核心，将我们的认识引入自然与事物的内在本质之中。因此，实验并不是单纯地机械地把材料收集起来，并原封不动地把它整个保存在记忆之中，而是把这些材料加以改造和消化保存在理智之中。由此看来，实验的精髓是"理智"，而且它的最终目的在于揭示客观真理。

为此，培根把实验分为两个层次。第一个层次属于操作性的机械实验，它是为了特殊的目的而进行的，旨在确证某一事物的性能、结构等，一般科学家实验室的作业大都属于这一类。这类实验还未达到探求真理的高度，因此，对于启发理智没有多大用场。而高层次的实验才是关乎真理的探求的。培根说："只有在自然史中已经得到了和收集起来了各式各样自己没有用而只是用来发现原因与公理的实验时，才能够有很好的根据来希望知识的进一步发展。这些实

---

① 《十六—十八世纪西欧各国哲学》，商务印书馆1975年版，第41页。
② 《十六—十八世纪西欧各国哲学》，商务印书馆1975年版，第17—18页。

验我叫作'experimenta lucifera'——光明的实验，使它们和我称为
'fructifera'——果实的实验的那些实验区别开来。"[①] 因此，培根的
所谓实验是与理智紧密相连的，是哲理性的而非实证性的，其目的
在于探求自然的原因和公理，并有利于理智的启发。培根的这种科
学实验精神，为现代实证科学奠定了方法论的基础，导致了科学技
术的突飞猛进。

三、归纳法

培根有一句名言："Spes eat una in inductione vera（唯一希望乃
在一个真正的归纳）。"[②]

在哲学发展的历史中，培根正是以突出归纳法的地位与作用，
而与亚里士多德相对立。其实，苏格拉底、亚里士多德也是十分重
视归纳论证的，他们深知没有客观可靠的归纳，演绎的前提就没有
根据。但是关于归纳法突出而完备的论述，应该说是从培根开始的。

（一）实验与归纳

培根认为科学实验精神是方法论的指导原则。实验有别于思辨，
它虽不流于单纯操作，但十分看重操作。这种科学的操作手段就是
"技术"。

感觉本身是靠不住的，对自然界的正确解释（interpretatis），就
只能通过精确地、专门地观察一切事例和运用熟练的实验才能得到。
而实验的运用绝不是单纯思辨，而必须动手。理智不流于空洞的思
辨，像手一样也是需要工具的。"只有通过技术，精神才能驾御事
物。"[③] 这种工具的工具，这种精神的工具，这种只有借助于它才能使

---

① 《十六—十八世纪西欧各国哲学》，商务印书馆 1975 年版，第 42 页。

② 培根：《新工具》，商务印书馆 1984 年版，第 11 页。

③ 转引自《费尔巴哈哲学史著作选》第 1 卷，商务印书馆 1978 年版，第 47 页。

经验上升为可靠的、卓有成效的实验技术的方法，就是归纳法。

培根关于归纳法的想法是有新意的。简言之，他心目中的归纳法就是"实验技术的方法"。这里，实验的素材是经验。面对经验的表面性不确定性，我们是不能获得真知的，往往为经验的幻像所迷惑。因此，对经验素材必须进行认真的分析，但这种分析不能停留在脑子里、口头上，而必须通过实验技术予以解剖。实验技术是手脑并用的，主观思索的东西让客观操作予以证实；客观证实的东西又让主观精神予以把握。这就是"归纳法"的真谛，只有通过它，精神才能驾驭事物，科学才能得到拯救。

（二）新旧归纳法的比较

培根把他的归纳法叫作"唯一真实的新归纳法"。而迄今为止通常采用的归纳法乃是旧归纳法。他也承认两种归纳法有其共同之处，即都是从局部事物开始，终止于普遍之物。但两者又是有区别的：旧归纳法"是从感觉和特殊事物飞到最普遍的公理，把这些原理看成固定和不变的真理，然后从这些原理出发，来进行判断和发现中间的公理"，而培根那个唯一真实的新归纳法，则是"从感觉与特殊事物把公理引申出来，然后不断地逐渐上升，最后才达到最普遍的公理。这是真正的道路，但是还没有试过"[1]。他进一步解释说，旧的归纳法只是匆匆地游历经验的领域，从一开始就已经确立了不能产生成果的普遍原理；新归纳法却是以应有的谨慎和平静的心情停留在这个领域，逐步地上升到真正普遍的原理，从而使科学成为卓有成效的。培根的这个分辨并没有触及实质问题，而是科学态度问题。他认为旧归纳法草率从事、简单决定、结果流产；新归纳法则小心谨慎、冷静观察、成效卓著。因此，旧归纳法者只要端正态

---

[1] 《十六—十八世纪西欧各国哲学》，商务印书馆 1975 年版，第 10 页。

度便可以了。

显然，决不止于态度，培根进一步的分析便涉及了区分的实质性问题。首先，他认为旧的归纳法不外是简单地列举一些事例，它是不成熟的，它只是力求做出自己的结论，害怕自己的结论被任何与之相矛盾的事例所驳倒，而它在得出自己的主张时，所依据的事例比应当依据的事例少得多，而且在这些事例中，只是依据那些在手边的、十分简单、十分平常的事例。这就是说，只是任意就近拾取少数事例来证明普遍结论。这种简单的"枚举"（enumeration）是最容易不过了，它具有很大的偶然性，只要出现一个矛盾事例，结论便被推翻了。其次，这种罗列现象的做法，所谓普遍结论不过是现象的集合，根本未能深入到本质获致普遍真理。最后，事例枚举的不可穷尽性，使人有举不胜举之感，既然枚举没有达到百分之百的可能，因而结论只有概率性而无确实性。总之，偶然的、现象的、概率的，就使得这种归纳法不能得出普遍真理性的结论。

至于真正的新归纳法，培根指出，只有采用适当的排除方法和隔离方法来分析，分解自然界，并且只在收集和研究了足够的否定例证，排除了一切对这一对象非本质的规定之后，才能对这一对象做出肯定的断定。培根关于归纳法的深意在于：使"是"跟随在"非"之后，肯定跟随在否定之后。培根注意"否定例证"是很高明的，因为一个全称肯定判断只要出现一个例外，便不能成立了。他采取排除与隔离方法，清除否定例证，以及非本质规定，这样就保证了规定的正确性与科学性。于是，培根指出："真正归纳法的首要工作（就形式的发现来说）乃是在于拒绝或排斥这样一些性质，这些性质是在有给定的性质存在的例证找不到的，或者在给定的性质不存在的例证中找到的，或者是在这些例证中给定的性质减少而它们增加，或给定的性质增加而它们减少的；这样，在拒绝或排斥的工作适当完成之后，一切轻浮的意见便烟消云散，而最后余留下来的便是一个肯定的、坚固的、真实的和定义明确的形式。"① 于此，培根倡导的是对"例证"应该进行全面的科学分析，排除否定例证，肯定其本质规定，而不能满足于主观随意的简单的枚举。由此看来，培根反对感官的"现象罗列"，而以"知性分析"作为其归纳法的灵魂。

不过否定例证在科学发展的道路上也绝非毫无意义的。一类事物中如出现例外，可能是新种出现的预兆，将这一"例外"与其种群做同异等方面的比较研究，便将不断开拓你的视野，使科学突飞猛进。

所以，理智活动不能听其自然、自发进行，它必须有指导地前进。这个指导原则，便是真正而适当的归纳，这种归纳正是理解的钥匙。

（三）归纳不单是科学方法而且是哲学原则

培根说："归纳法不仅是自然科学的方法，而且是一切科学的方法。"② 研究自然界，探寻其本质与规律，归纳法是现实而有效的方法，但它还只涉及局部现象进行就事论事的研究。培根认为他的归纳法更重要的作用在于普及到一切科学，就意味着它必须上升为科学认识论的原则，即一般哲学原则。所以，他认为"这种归纳法不只是用来发现公理，并且还要用来形成概念"。这就是说，归纳法要以思维认识活动自身为对象，它由面向客观自然界转而探索思维认识主体的本质与规律，即如何形成概念、判断、推理等一系列过程。

---

① 《十六—十八世纪西欧各国哲学》，商务印书馆 1975 年版，第 55 页。
② 转引自《费尔巴哈哲学史著作选》第 1 卷，商务印书馆 1978 年版，第 43 页。

　　培根所首创的英国唯物主义是奠基在自然科学之上的科学唯物主义，也就是"自然哲学"，即作为全部科学的产生与发展的基础理论与指导原则。它开创了一代新风，不但促进了自然科学的飞跃，而且改变了人的精神风貌和社会风尚，世界各国古老文化的拓深与创新，都不能不考虑培根所倡导的这种自然哲学。

　　中世纪已经提出来了的"实验"到培根时代有了质的飞跃，科学之所以成为科学，其核心与灵魂就是"实验"。这种实验的方法不但是实证科学操作行之有效的方法，而且成为近代科学精神的本质内容，它系统化理论化便成了培根的独特创造——真正的归纳。归纳的唯物立场、知性分析、客观验证，具体地弘扬了他的科学唯物观。

　　培根是科学与哲学界的雄鹰。他说："为了服从于对真理的永恒之爱，我已经把自己投到不确定和困难寂寞的道路上去，并且仗着神圣的帮助决心来反抗意见的冲击和攻打，反抗我自己和人的内心的踌躇和犹豫，反抗自然的乌烟瘴气，以及到处翱翔的幻影；希望最后能够给现代和后代提供更可靠和更稳当的指导。"[1]培根经过多年闭户潜修、刻苦自励，他的愿望终于实现。

第二节　突出思维规定对概念系统的重要意义

　　如果说培根对人类的理智、知性思维活动进行了认真的具体的细微分析，侧重揭示了它的偏执与失误，廓清了理智、知性思维的阵地，但他对理智、知性思维的积极作用，则说得不透彻。它对实验科学的拓展与深化是绝对必要的，而且又是进一步对宇宙自然进

---

[1] 《十六—十八世纪西欧各国哲学》，商务印书馆 1975 年版，第 7 页。

行整体性的辩证思维不可缺少的前提与基石。当然，要认识这一点，还有一个漫长的历史过程。

培根采取否定的办法对理智、知性思维进行的批判性的研究，在法国得到延伸。勒内·笛卡尔（René Descartes，1596—1650）突出了"思维规定"，但这一倾向并不妨碍他是一个唯物主义者。马克思明确肯定："笛卡尔的唯物主义成为真正的自然科学的财产。"①马克思首先看到的是笛卡尔的"唯物主义"，没有纠缠在表面的所谓"二元论"上打圈子，而且突出了这种唯物主义对自然科学的贡献。笛卡尔优越于培根之处，在于他精通数学、物理，本人是一位真正的科学家。数学对于自然科学的精确化、定式化是不容置疑的。它显示了思维规定对自然科学的决定作用。因此，笛卡尔强调思维规定，不是强调"头脑"支配自然界，而是从自然科学解剖自然界的内在要求出发的。正是这一点，我们不能说他是什么心物二元论、唯心论，而是"唯物主义"。

唯物主义并不反对思维，相反，它承认思维在科学研究中的决定作用。黑格尔就认为："勒内·笛卡尔事实上是近代哲学真正的创始人，因为近代哲学是以思维为原则的"，"他用来当作出发点的是一些确定不移的规定；这是他的时代的方法"。②法国人把这种精确的理智的科学就叫作哲学。以思维规定作为出发点，当然是一种唯心论的倾向，但这只是黑格尔的理解。其实笛卡尔所强调的是：一个精确的必然的科学系统，必须从一个确定不移的原则出发，这是近代意义的精确科学的绝对要求，这种要求没有什么唯心论倾向。这种原则的提倡，迄今仍然规定着科学发展的道路。

---

① 《马克思恩格斯全集》第 2 卷，人民出版社 1957 年版，第 166 页。
② 黑格尔：《哲学史讲录》第 4 卷，商务印书馆 1978 年版，第 63 页。

笛卡尔出身旧贵族家庭，从小博览群书，涉猎古代典籍，对哲学、数学、化学、物理、天文诸领域无所不窥。18 岁去巴黎，不久退出社交界，隐居郊区，专攻数学。以后远离祖国定居荷兰，因为那里的自由气氛，特别适宜于进行哲学沉思。他一生遵循自己的格言："隐居生活是美好的生活"，"沉痛的死亡等待着那些虽然在许多人中间享有盛名、但对自己却毫无所知的人们"。笛卡尔不受干扰地、埋名隐姓地为哲学而生活，实现自己的科学信念[①]。

一、科学的实践

笛卡尔与培根不同。培根是由于从政失足退而进行哲学沉思；笛卡尔则是潜心于科学实践进而进行哲学沉思。笛卡尔的学术道路是更加合乎逻辑的。

笛卡尔在数学与物理学方面的杰出贡献，甚至比他在哲学上更为知名。他是解析几何学的发明者，为近世数学的发展，指出了前进的方向。解析几何在理论上的意义在于：沟通了几何与代数两门学科，从而说明了不同学科之间相互渗透、相互联系的关系。他非常欣赏数学的明晰性、严格性，认为"任何事物、如果看来不比几何学家已往的那些证明更加明白、更加清楚，我就不把它当作真的"[②]。

他对自然现象几乎进行了全面的研究，从光学联系到对天体的探索；从无生物、植物到动物、人类的考察；他还注意到人类的技术发明，也天才地预见到了技术的限度。认为上帝的双手造出来的"人"这部机器，比人所发明的机器不知精致多少倍。我们虽然可以制造机器模仿我们的动作，但不能等同于真正的人。因为"它们的

---

① 参见《费尔巴哈哲学史著作选》第 1 卷，商务印书馆 1978 年版，第 159 页。

② 《十六—十八世纪西欧各国哲学》，商务印书馆 1975 年版，第 152 页。

活动并非凭借知识，而只是靠它们的机构的构造"①。

笛卡尔还试图总结概括自然的一般规律，例如，他提出，第一条规律是每一事物，只要它是单纯的和不可分的，它本身将永远保持同一状态，只有通过外在的原因才会发生变化；第二条自然规律是物质的每一部分就其自身和个别地看来，都是力图直线地、而不是曲线地继续自己的运动；第三条自然规律是当一个运动着的物体碰到另一物体，而它继续按照直线运动的力量小于另一物体的阻力时，它便按照另一方向运动，因此它失掉的不是自己的运动，只是运动的方向，如果它的力量大于另一物体的阻力，它便和另一物体与自己一道继续运动，而它从自己运动中失去的部分等于它传导给另一物体的那个部分。笛卡尔关于自然规律的概括的意义，并不在于其深刻性，而在于它对近世科学与哲学研究开拓了一条新路。

在近代以前，人们解释自然，大都使用惯例、因果报应原则、合目的性、意志行为等作为根据。这些所谓根据，大体可以分为两类：第一类为感性的经验习惯；第二类为非理性的感情意志因素。经验习惯未能洞悉自然现象的内在本质，是一种外在的现象罗列，举出一个惯例并不能说明自然现象的所以然。感情意志因素，只能将人的主观爱好与要求强加给自然现象，自然现象不但得不到合理的解释，相反增添了若干神秘的色彩。因此，这类关于自然的解释是非科学的。而笛卡尔才彻底摆脱了经验论与非理性倾向，提出了：（1）从自然界本身解释自然；（2）认定自然在整体上由客观规律所支配；（3）把自然规律和力学机械原理看成一回事。前两点是完全正确的，后一点是时代的局限性使然。

笛卡尔关于自然科学具体研究的成果以及自然规律的论述，对

_____

① 《十六—十八世纪西欧各国哲学》，商务印书馆 1975 年版，第 155 页。

后世科学技术的发展都是有价值的，在这一丰富的科学实践的基础上，形成的唯物主义，就更加具有指导意义。

二、科学的理论体系——自然哲学

笛卡尔观察分析自然界，不是从感觉这个角度出发，而是注重精神与理性的分析。这个出发点，只要不是本体论的，而是认识论的，就不一定会陷入唯心主义。由于笛卡尔耽于自然界本身的考察，以致不能很快进一步进行有关自然的理论分析，其实他最感兴趣的倒是理论体系的研究，即自然哲学的研究。

他认为"自然界只有作为物质才是精神的对象"[①]。因为感性自然界只是杂多的瞬变的现象的集合，没有恒定的实体性。"物质"是客观实在的抽象，它具有普遍性、恒定性、实体性；它不是感觉的对象，而是精神、理智的对象。"在精神看来，实体的自然界并非那个通过嗅觉、味觉、触觉和视觉感知的自然界，简言之，不是那个通过感官规定的、可感知的自然界，因为感觉是模糊的、不清楚的和不可靠的；对于精神来说，只有那个可以清楚明白地想象的、确实可靠的、显然可见的自然界，才是真实的自然界"，它"恰恰就是物质，或作为物质的自然界，而且广泛就是这种物质的本质规定性"。[②]显然，笛卡尔承认物质的自然界并不依赖精神而独立存在，这就表明他的唯物立场。而且，他又认为自然界的"物质本质属性"不是感觉所能感知的，而有待理智予以把握，这不但是正确的，而且正是理性主义者比经验主义者高明之处。现在有一些所谓"务实"的人，将务实等于感受，于是，跟着感觉走，以致到处碰壁、到处失

---

① 转引自《费尔巴哈哲学史著作选》第 1 卷，商务印书馆 1978 年版，第 194 页。
② 转引自《费尔巴哈哲学史著作选》第 1 卷，商务印书馆 1984 年版，第 195 页。

足。没有一个明晰清楚的概念原则作指导，凭感情、感觉办事没有不失败的。应如何理解"务实"呢？拨开感觉现象的迷雾，深入抓住现象的本质、具有实体性的东西，这才是真实的自然界。想达到这一认识的高度，就不能不重视"思维规定"。笛卡尔正是突出思维规定的第一人。所以他说：在我看来，物质世界本身不是通过感觉，不是通过表象活动，而是通过悟性被理解的，不是通过视觉和触觉，而是通过思维被理解的。因为，感官只能涉及物体的外部形象，而不能把握"物质世界本身"，只有悟性（知性）与思维才能把握物体之中真正存在着的东西，真止客观的本质的东西。笛卡尔对"物质概念"的阐述是极有道理的。唯物主义决不等于感觉论、经验论，不能产生"经验论＝唯物论"、"理性论＝唯心论"的错觉。在这一点上，培根与笛卡尔其实是一致的。培根就说过：哲学抛开了个体，它不是把感觉的最初印象当作自己的对象，而是把从这些印象中抽象得出的概念当着自己的对象。它遵循自然规律和事情本身的明显性，把这些概念联结起来和分离开来。只有理性才能完成这项工作。而且，理性的唯物主义就更加深刻得多。

笛卡尔没有将"物质"看成是依存于感觉、思维主体的东西，它的本质仅仅在于它具有长、宽、高这三个向量。这就是说，其本质仅在于广延。这个长、宽、高三向的广延，不仅构成空间的本质，也构成物体的本质。因此，笛卡尔认为空间与物质是统一的。

笛卡尔指出"广袤（广延）就是物体的属性"。"凡能诿于物体的任何别的属性，都要有广袤为其先决条件，而且只是有广袤的事物的某种情状；……除了是在有广袤的事物内，我们便不易设想形象，除了在有广袤的空间里，我们便不易设想运动。"① 所以，广延是

---

① 笛卡尔：《哲学原理》，商务印书馆 1960 年版，第 20—21 页。

客观事物的本质属性，物体的形象与运动，均以广延为依据。广延的静态特征，抽象讲是三维空间，具体讲是事物的体积；广延的动态特征是运动，即处于时间之流中的空间。

空间是对物体的抽象表达，只有去掉物体的那些感性因素，才能显现其本质，达到与空间的统一。例如，作为感性实体的石头，似乎不是空间，我们且将石头逐步抽象来看看：首先，可以抽掉其硬度；其次，抽掉其颜色；再次，抽掉其重量；最后，抽掉其冷热等属性。总之，凡不关乎其本质的属性尽行抽掉，则石头的概念中除了长、宽、高的广延，即三维空间外，就没有别的了。可见事物的变动不居的具体形象，其恒定的骨架便是广延、空间。

笛卡尔还肯定了世界的物质的统一性，认为天上的和地下的物质都是一样的，物质充塞于任何世界必然处于其中的一切可能的或想象的空间。

他还强调物质的不可分割性与多样性，它的各个部分都是运动着的，而其各种形态的差异都取决于运动。这里他突出了物质与运动的统一性，运动是变化的根源的观点。这一观点是十分重要的。

不过，笛卡尔所谓的运动，主要指的是位置移动，也就是说局限于机械力学的观点。正是由于这点，他所认识的物质与运动的不可分割的联系，不是内在的、辩证的，而是外在的、机械的。也就是说，他没有从物质本身中引出运动，不承认运动来自物质，并包含在物质之中，因而不得不求助于上帝的力量，从外面把运动纳入自然界之中。这一缺点在那机械力学占支配地位的时代是不可避免的。

费尔巴哈在这一点上就比笛卡尔前进一步，他认识到运动从物质本身中产生出来的必要性。他形象地指出：运动不外是从物质自身的胃中掀起的一种对于自身的厌恶，是从它自己的内脏中掀起的一种对它那空洞迟钝的无差别性的愤怒，这种愤怒促使它从自己的绝对无精神性的睡梦中苏醒过来，回到特定生活的有差别的阳光之中。当然物质与运动辩证联系的观点，是以后通过斯宾诺莎、莱布尼茨，直到黑格尔、马克思，才逐渐明确起来。

笛卡尔的以理性为核心的唯物主义比培根的带有诗意的唯物主义当然要深刻得多，但是，机械力学观点在他的思想中占支配地位，就增加了这个体系的僵化因素。亚里士多德以来一些合理的观点，例如，"自然"（physis）＝"生长"（growth）的观点，统统被抛弃了，从而陷入了一种片面性。在他的体系中，所有物质的东西，都是为同一机械规律所支配的机器，无机物、动植物、人体莫不如此。照他看来，动物是单纯的自动装置、机器，动物的一切运动都不外是机械运动。因此，无机界和有机界是由在质上相同的物体组成的一个同源的机械体系，其中每一个物体都遵循着为数学的分析方法所揭示的在量上的机械规律。他的这一观点，对后世影响极大，形成了机械唯物主义。例如，拉·美特利（La Mettrie，1709—1751）便进一步明确论证"人是机器"的主张，马克思说："拉·美特利利用了笛卡尔的物理学，甚至利用了它的每一个细节。他的《人是机器》（L' Homme Machine）一书是模仿笛卡尔的动物是机器写成的。"①

当然，机械论的观点不可能正确说明自然界的整体变化，更不能说明人的生命与精神现象。笛卡尔把自然界看作物质，而把精神看作是一切生命的原则。在他的体系中，"物质"与"精神"是两个截然不同的概念：一切物体的规定性都可以归结为广延，广延是它们的普遍本质；而一切精神活动，如意愿、感觉、想象等，都是

① 《马克思恩格斯全集》第2卷，人民出版社1957年版，第166页。

以思维、表象、意识作为自己的普遍本质。于是，笛卡尔认为：物质与精神是一种组合。代表精神的灵魂与代表物质的肉体组成一个东西。所以，肉体与灵魂从一开始就被规定为两个独立的实体。这样，哲学史家几乎一致认为，笛卡尔体系构成了欧洲近代哲学最初的二元论。

能将笛卡尔看成是严格的二元论吗？我们认为，对二元论应作具体分析。过去对二元论的批判公式是：二元论归根到底是唯心论。这种讲法未必是对的。笛卡尔讲到精神的来源时，乞灵于上帝。"上帝"是由体系的需要"推导"出来的，这样就瓦解了上帝赖以"存在"的信仰基础，它不过是一个"理智的假定"而已，实质上成了一个精神的最高范畴，它赖以存在的根据其实是人的理智思维活动。更为重要的是，笛卡尔虽说把精神看成是一个独立实体，但又明确指出，精神乃生命之原则，生命的客观物质性是不容否认的，这样就实际上肯定了精神与自然的联系，物质自然界事实上是精神的依托，因而，这里有明显的唯物倾向。所以，马克思简单明白地确定：笛卡尔的唯物主义成为自然科学的真正财产。虽然这种唯物主义有浓郁的机械论色彩，但他的自然科学中的科学因素与唯物倾向，应该是基本的。

笛卡尔的自然哲学，就是他的理性的唯物主义。它对自然科学发展的深刻意义在于提供了对其绝对必要的原则与方法，这就是"知性分析的方法"。它表现的科学手段，就是"数学"。不论自然科学如何发展，这一点对它而言是绝对的。不管自然科学家自觉或不自觉，必须崇尚知性分析、精研数学，这是理所当然的。至于辩证思维，只有科学发展深入到基础理论领域，并且对宇宙自然进行整体性的哲学思考时，才是不可缺少的。

三、我思故我在（Cogito, ergo sum）

笛卡尔把怀疑作为他的哲学的开端，但不能说他是怀疑论者。因为怀疑论者为怀疑而怀疑，其结果流于虚无。其实，"怀疑"是一种具体的思维活动状态，当怀疑生起时，你便可以自觉意识到你正在进行思维。

笛卡尔坚信数学的精确性与严格性。一个推导系统的基本概念与基本命题，应该是确定无疑的，只有如此，才能保证系统的必然性、可靠性。因此，笛卡尔对科学假说、哲学前提、教会权威等一概采取怀疑态度。通俗讲，都要问一个为什么？只有经得起反复诘难的命题，才能认为是确定无疑的，以它为根据的推导系统才能认为是精确的、可靠的。一般讲，数学系统最典型地具有这种特色。因此，科学体系只有得到数学的表述与论证，才具有科学的真理性。这一点差不多成为迄今为止的科学家们的坚定信念。无疑地，这是笛卡尔观念的深刻影响造成的。

笛卡尔为了获得确定性而怀疑，他把怀疑看作是为了认识与掌握坚定明确的原则而必需的条件与方法。他说："要想追求真理，我们必须在一生中尽可能地把所有事物都来怀疑一次。""从前我们既然有一度都是儿童，而且我们在不能完全运用自己的理性之时，就已经对于感官所见的对象，构成各种判断，因此，就有许多偏见障碍着我们认识真理的道路；我们如果不把自己发现为稍有可疑的事物在一生中一度加以怀疑，我们就似乎不可能排除这些偏见。"[①] 接着他列举了值得怀疑的诸偏见，如立身行事方面、可感事物、数学论证。因为立身行事往往顺从大概可靠的意见，这种意见只有或然性而无必然性；可感事物只涉及事物的表面现象，显然是不可靠的；

---

① 笛卡尔：《哲学原理》，商务印书馆 1960 年版，第 1—2 页。

至于数学论证，往往将虚妄的事物看成是绝对确定而自明的。总之，笛卡尔要我们怀疑一切，而且认定：凡可怀疑的事物，我们也都应当认为是虚妄的。这里，笛卡尔似乎走到了虚无主义的边沿，但峰回路转，他指出我们怀疑一切，没有上帝、没有苍天、没有物体，甚至没有我们的肉体，但不能怀疑自己的存在，"因此，我思故我在的这种知识，可是一个有条有理进行推论的人所体会到的首先的、最确定的知识"①。

黑格尔把笛卡尔哲学观点归纳为两点：第一，笛卡尔"首先从思维本身开始，这是一个绝对的开端。他认为我们必须从思维开始，因而声称我们必须怀疑一切。笛卡尔主张哲学的第一要义是必须怀疑一切，即抛弃一切假设。De omnibus dubitandum est（怀疑一切），抛弃一切假设和规定，是笛卡尔的第一个命题。第二，笛卡尔的命题包含着这样的意思：我们必须抛开一切成见，即一切被直接认为真实的假设，而从思维开始，才能从思维出发达到确实可靠的东西，得到一个纯洁的开端"②。

这里提示的两个要点是：（1）怀疑一切；（2）肯定思维。所谓"怀疑一切"是一切经过思维的否定性批判；所谓"肯定思维"是怀疑是思维的表现，它不能归于一切之内。如若"怀疑"也值得怀疑，即思维本身值得怀疑，那么，怀疑一切就没有根据了，因此，怀疑本身即思维不能怀疑。思维是一个肯定的纯洁的开端。

思维得到确认，才是笛卡尔的"怀疑一切"的目的。所以，笛卡尔式的怀疑，是积极的、肯定的。当我怀疑一切，并认为其为虚妄的时候，这个进行怀疑，亦即进行思维的"我"一定非是某种东

---

① 笛卡尔：《哲学原理》，商务印书馆 1960 年版，第 3 页。
② 黑格尔：《哲学史讲演录》第 4 卷，商务印书馆 1978 年版，第 66 页。

西不可。因此，笛卡尔觉得"我思故我在"这条真理十分可靠而确实，它完全不是什么怀疑论，而是他所探求的哲学中的第一原理。

照笛卡尔看来，"我的思维"不外是怀疑，不外是关于什么也不存在的假定，不外是把自己同物体以及一切物质的东西区别开和分离开，不外是对它们的实在的否定。总之，"我的思维"是把一切当作虚妄的东西加以抛弃，从而绝不怀疑自己的存在。至于"我的存在"显然不是指那个感性自身及其活动，这些早被他作为虚妄的东西抛弃掉了，剩下的就是我的思维。因此，我的思维就是我的存在。因为我思维着，我不能怀疑这种思维，怀疑本身就是思维；同样我也不能怀疑我的存在，当我思维着的时候，我就存在。

关于笛卡尔的"我思故我在"，有这样一个流行的解释：笛卡尔主张思维第一性、存在第二性，存在是由思维推导出来的。这样"推理"的说法，不一定符合笛卡尔的本意。因为"思"与"在"之间的联系辞是"故"（∴），好像具备一种推理的形式，其实绝不可能设想还有一种看法比认为这一命题是一种"推理"更加违背笛卡尔的本意以及他多次明确的表述了。他明确地说过：因为，当我们把自己看作思维的存在物时，这并不是一个通过推理得出的概念；同样地，我思故我在这个命题也是如此，存在也不是通过三段论法从思维中推出来的。这里只不过通过直觉的活动承认一个简单地给予的事实。笛卡尔不承认思维与存在之间的推理关系，从体系的要求上讲是完全正确的。因为作为第一原理的命题，如果属于推理，那么，它就应该有一个根据，这个根据便势将取代它成为第一原理，如此外推，以至于无穷。这样就无异推翻自己。因此，只有将自己归之于给予的事实的直觉，这是无可如何的。"直觉"始终是推理走到穷途末路时出现的帮手，但提出直觉岂不是回到感性范畴上去了吗？不过也有一个好处，这也可显示其出发点的唯物倾向。这个在费尔巴哈时代已澄清的问题，现在仍有反复，罗素便认定笛卡尔"偏向把物质看成是惟有从我们对于精神的所知、通过推理才可以认识（倘若可认识）的东西"①。

笛卡尔的思维与存在同一的观点，要义在说明，"认识主体"的客观性、主观思维的客观存在性，亦即"思维"不是虚幻的抽象的外在于我的东西，它正是我之所以为我的本质；而"存在"并不是木然空洞的僵尸，它正是因其自身所固有的思维作用而成为一个活生生的实体。"思维"是抽象的"我"；"我"是具体的"思维"。

至于笛卡尔把这一命题的根据归之于对给予事实的直觉，说明笛卡尔事实上承认思维的客观物质基础、理性的感性根据。他不是一个纯粹的理性主义者，正如培根不是一个纯粹的经验主义者一样。这种不纯粹，恰好是一个优点，即他们的认识论比较全面、较少偏执，因而比较合乎实际。

笛卡尔突出思维规定，亦即知性思维在建立科学体系中的作用，是非常重要的。因为科学体系构成的元素是"概念"，概念正是知性分析的产物，思维规定的表现。"概念"是事物内在本质的反映，不深入到本质的把握，就谈不上科学。他说："那种正确地作判断和辨别真假的能力，实际上也就是我们称之为良知或理性的那种东西，是人人天然地均等的。"②他说的理性，严格讲是知性或理智，是人类具有的一种极为重要的认识能力，特别对于实证科学研究而言，是首要的，绝对的。他还进一步指出，单单具有良好的心智是不够的，更重要的是如何正确应用。"那些最伟大的心灵既可以作出最伟大的德行，也同样可以作出最重大的罪恶。"③笛卡尔认为自己从青年时代

---

① 罗素：《西方哲学史》下卷，商务印书馆 1976 年版，第 87 页。

② 《十六—十八世纪西欧各国哲学》，商务印书馆 1975 年版，第 139 页。

③ 《十六—十八世纪西欧各国哲学》，商务印书馆 1975 年版，第 139 页。

起便博览群书、周游考察，得以正确发挥他的心智从事科学真理的追求，得以把自己平庸的才智和短促的生命提高到所能容许达到的最高点。诚然，他的科学与哲学的成就是划时代的。可以毫不夸张地说，没有笛卡尔就没有近代的自然科学。

笛卡尔还说："我当时顶喜欢数学，因为数学的推理确切而且明白"，我们理应在它上面"建造起更高大的建筑物来"①。笛卡尔热爱的这个典型的知性思维方法的"数学"，对科学发展的无可替代的作用的充分估价，已为科学界完全接受，于是，数学上升到科学母后的地位。笛卡尔的天才远见，对科学的蓬勃兴起，功不可没。

谁能想到这个体格纤细、孱弱多病、性格懦弱的人，有一个如此巨大的心灵和冲破樊篱的爆发力量呢？

第三节 物质结构的内在活动性、自己运动原则

培根与笛卡尔的自然哲学，即唯物的经验论与理性论，奠定了近代科学唯物主义的基础。他们并不是彼此对立，而是相得益彰。他们正确解决了一系列自然科学发展的理论问题，提供了科学的指导原则和有效的研究方法。

他们，特别是笛卡尔提出了物质与运动不可分离的观点是非常有价值的。但是，他们未能正确认识"动因"问题，而且关于运动的认识也停留在位置移动上。

斯宾诺莎全盘继承了笛卡尔的观点而有所前进。最重要的有两点：（1）在泛神论的掩护下，坚持了唯物立场；（2）考虑物质的内在活动根源。莱布尼茨进一步全面地，在唯心论的神秘色彩笼罩下，

---

① 《十六—十八世纪西欧各国哲学》，商务印书馆 1975 年版，第 139 页。

发挥了德谟克利特以来的"众多存在"的观点，以及事物自己运动的原则。他们的理论虽说是不完备的、有严重缺陷的，但是，触及了理论的难点，包含不少有价值的合理因素。

一、唯物论的进步与自因学说

斯宾诺莎（Baruch de Spinoza, 1632—1677）继承与发扬了笛卡尔的观点，并在动因问题上超越了前人外在的机械观点，充溢了辩证精神，使科学与哲学的发展面临一个转折点。

他是一个犹太富商的儿子，但他虔诚于科学的唯物观的信念，不顾教士的威胁利诱，断然退出犹太国教，迁居海牙，靠磨制光学镜片为生，许多可以成名获利的机会，他都一一拒绝了。他终身清贫，死于肺病。

他淡泊明志，客观地把握世态发展的必然性，克制情欲，禁绝名利，从而获得个人的心灵的自由。所谓幸福，不过是克制情欲的力量、心灵的自由的体现。这位思想绵密、志行高洁的人，从其总体上看，远远超过培根、笛卡尔、莱布尼茨等人，特别是他的生活态度是无可指责的。他是西欧哲学家中最值得尊敬的一位。

（一）典型的知性思维方法

斯宾诺莎在方法论上和笛卡尔是一脉相承的。他也强调数学的明晰性与精确性，几何学的推导体系，最充分地显示了这种特性。他的代表作《伦理学》便是仿照几何学体系写成的。一般讲，几何体系，以直观把握的几个不证自明的定义与公理为根据，凭借知性的判断与推理，而获得明确可靠的知识。《伦理学》正是这样构思的。斯宾诺莎的理性主义精神比笛卡尔更加彻底，认为它是人类认识的唯一手段和判别真理与错误的唯一标准。

斯宾诺莎全面考察了培根的经验论与笛卡尔的理性论，采取了批判的方法，吸取其精华，抛弃其糟粕。他从方法论着手，高扬了"知性"的作用，认为知性乃自然之光，不满意培根片面抬高感觉经验，贬抑知性的主张，认为通过"泛泛经验"（experientia vage）所获得的知识，没有确定性与必然性。但是，他对培根的"幻像说"还是赞成的，他也反对成见。认为人们未能循序渐进地研究自然，追索其原因，"这大都是由于为成见所蔽"①。

斯宾诺莎立志扩充与发展"知性思维方法"，忠实继承了笛卡尔的传统，写出《知性改进论》（De Intellectus Emendatione）②。笛卡尔强调知性分析的主要志趣在求知与思辨，而斯宾诺莎则进而分析人类的行为与欲望。他认为"应该运用普遍的自然规律和法则去理解一切事物的性质。因此，仇恨、忿怒、嫉妒等情感就其本身来看，正如其他个体事物一样，皆出于自然的同一的必然性和力量"。所以，斯宾诺莎归结道："我将要考察人类的行为和欲望，如同我考察线、面和体积一样。"③他将知性分析推广到人类知识的各个领域，对社会、人文学科走上精确化、定量化的科学道路的影响是深远而积极的。这方面他充实与发挥的还是笛卡尔的几何学方法，用这种严格的演绎推理方法，寻求自然与心灵的严格的、精确的、必然的规律。

斯宾诺莎的方法服从他的哲学的目的。他反复思索想找到一种新的生活目标。世人认为最高幸福不外三项：财富、荣誉、感官快乐。但他深思的结果，使他确切见到，必须放弃这些迷乱人心的东西，"则我所放弃的必定是真正的恶，而我所获得的必定是真正的

---

① 斯宾诺莎：《知性改进论》，商务印书馆 1960 年版，第 33 页。
② 贺麟先生译注："知性"的拉丁文为 intellectus，与德文的 der Verstand，英文的 understanding 或 intellect 同义，在这里主要是理解力，理性认识的能力，思维、分析、推理能力的意思。
③ 斯宾诺莎：《伦理学》，商务印书馆 1983 年版，第 90 页。

善"①。这就是他的哲学探求的伦理倾向。但是，他对伦常道德的探讨，和我国着重于社会生活与人伦关系的体验不同。他认为要达到人的最高的完善境界，必须依靠"知性"。因此，"我们首先必须尽力寻求一种方法来医治知性，并且尽可能于开始时纯化知性，以便知性可以成功地、无误地，并尽可能完善地认识事物"②。所谓纯化知性是提高其明晰精确度，俾能正确无误地完善地反映与认识事物。认识事物就是认识客观自然界，而人也是自然的组成部分，人的心灵则是自然界派生的精神现象，无疑地，它服从自然界的约束。因此，人的心灵与整个自然界是相一致的。知性分析贯通自然与心灵，立足于自然的基础上，把心灵精神现象严格置于知性分析与论证之中。

虽然斯宾诺莎以伦理作为他的哲学主题，但方法却是彻底的知性思维方法。他关于知性思维方法的论述是比较全面而实际的，即从认识论、知识分类问题出发，结合心理学有关分析，给形式逻辑的推理以丰富的内容，这些对锻炼科学家的头脑，提高其认知能力，开拓科学研究的领域，是极为有益的。

斯宾诺莎首先指出一个科学系统的出发点，不能无穷向外推溯，而必须有一个本身自足的"真观念"。这个真观念不是凭空创造的，"真观念必定符合它的对象"③。因此，知性方法从具有客观根据的真观念开始，一步一步地达到智慧的顶峰。真观念实乃"知性凭借天赋的力量，自己制造理智的工具"④。斯宾诺莎强调真观念乃知性的产物，但又不是主观自生的，它的真理性在于与客观对象符合。这

---

① 斯宾诺莎：《知性改进论》，商务印书馆 1960 年版，第 19 页。
② 斯宾诺莎：《知性改进论》，商务印书馆 1960 年版，第 22 页。
③ 斯宾诺莎：《伦理学》，商务印书馆 1983 年版，第 4 页。
④ 斯宾诺莎：《知性改进论》，商务印书馆 1960 年版，第 28 页。

一表述的唯物倾向显然比笛卡尔的推理前提来自直观更加明确得多。以真观念为据便可明晰清楚地论证一个系统的真理性。

要确证真观念，就必须排除想象所产生的虚构的观念和错误的观念。因此，斯宾诺莎要求他的方法必须满足下列条件："（1）必须将真观念与其余的表象辨别清楚，使心灵不要为后者所占据。（2）必须建立规则，以便拿真观念作为规范去认识未知的东西。（3）必须确定适当的秩序，以免枉耗精神于无用的东西。"① 他认为要排除那些错误的、虚构的与可疑的表象，首先必须从事于虚构观念的研究。他说，"我所谓虚构只是指虚构一物的存在而言"②。一般讲，虚构只是设想某事物可能存在，但未必真正存在。至于确不存在而设想其为存在，虽也属虚构，但已是错误了。因此，虚构观念与错误观念是有一定区别的。但都不是真观念则是一致的。

斯宾诺莎还认为有两种情况虚构容易出现：（1）"就是心灵所知愈少，而所感觉愈多，则它虚构的可能性必定愈大"；（2）"人于自然所知愈少，则愈容易多多虚构"③。这就表明了他对感觉的看法以及尊重自然的立场。他还从心理学角度探讨了怀疑、记忆、忘记等问题，旨在加强真观念的建立。

"真观念"是知性思维的结晶，它虽高度抽象，但所包含的内容较个别事物更加深入广泛，他说："它在我们知性中所概括的远较构成这一概念的内容并真实存在于自然中的个别事物更为广泛。"④ 这就是以后列宁提到的科学的抽象更加接近自然的意思。

斯宾诺莎把排除虚构的、错误的、可疑的观念，获得真观念，

① 斯宾诺莎：《知性改进论》，商务印书馆 1983 年版，第 34 页。
② 斯宾诺莎：《知性改进论》，商务印书馆 1983 年版，第 38、39 页。
③ 斯宾诺莎：《知性改进论》，商务印书馆 1983 年版，第 38、39 页。
④ 斯宾诺莎：《知性改进论》，商务印书馆 1983 年版，第 46 页。

取得直观知识，作为他的知性方法的开始。接着就进入他的方法论第二部分，即以真观念为依据，进行推论，寻求观念之间的必然联系，以构成知性推导系统。其目的在获得正确的"界说"。他认为最好的推论，应从一个真实的正确的界说里推论出来。界说不同于真观念，它不是抽象的一般的，而是一个肯定的特殊的本质。他指出："一个界说可以称为完善，必须解释一物的最内在的本质（essentia），而且必须注意，不要拿一物的某种特质（propria）去代替那物的本身。"[①] 特质是为本质所规定的，"本质"才是物之所以为物的决定性因素。例如，"圆形"的本质是任何一根一端固定的另一端转动的直线所作成的图形，这也就是圆形的界说。至于由中心到周边做出的一切直线等长之类都属于圆形的物质，它们为圆的本质所规定。因此关于界说：（1）对于被创造物下界说必须包括它的最近因；（2）就该物而言，其一切特质，必须都能从它的界说里推出。至于就自然的整体而言，它不被创造，因此关于它的界说就必须排除任何原因，它立足于自己，无须他物来解释它。这已涉及哲学本体论问题，在他的《伦理学》中有系统的论述。

斯宾诺莎的方法论，是对形式逻辑的演绎推理、几何论证方法，从心理学、哲学认识论上来加以理论的说明，并为其《伦理学》作为方法论的准备。

（二）唯物论的进步

斯宾诺莎突出知性思维对科学系统的建立及科学的发展的决定作用，并不妨碍他坚持唯物主义立场。他澄清了培根唯物观的朦胧性，克服了笛卡尔唯物观的摇摆性，在神的阴影下，坚持了彻底的唯物立场。他的英法先辈们对感性经验与知性分析，这两大认识功

---

① 斯宾诺莎：《知性改进论》，商务印书馆 1960 年版，第 53 页。

能的性质、归属及其相互联系，虽然也有若干机智中肯的论述，但总的感觉是：朦胧的、摇摆的，而不是明确的、坚定的。

斯宾诺莎揭示了自然界的整体性，而所谓"神"其实就是视为整体的自然界本身。他把自然界作为一个客观的统一实体。他说："除了神以外不能有任何实体，也不能设想任何实体。"[①] 因此，宇宙间就只有这样一个实体，它是唯一的、绝对无限的。所以，"广延的东西（res extensa）与思维的东西（res cogitans）如果不是神的属性，必定是神的属性的分殊"[②]。所以，照斯宾诺莎看来，广延与思维并不如笛卡尔所说的，是并列的各自独立的实体，而是统属于神的。而神即自然，自然乃一切存在物的总称，因而是宇宙的统一实体。这里，斯宾诺莎把整体的自然作为实体，具有广延性的客观存在物以及思维精神属性均从属于自然，这样就既超越了培根在认识能力问题上的兜圈子，也克服了笛卡尔在本体论问题上的动摇，从而确立了唯物主义的客观性原则，使唯物论大大前进一步。

斯宾诺莎对"广延"的性质的探讨比笛卡尔深入得多。广延是客观存在物的本质特征，也就是"物质"的规定性。如仅仅表面地理解为三维空间、物体的体积，就未免肤浅而狭隘了。他认为，众多的存在物，即物体，乃在某种一定的方式下表示神（自然）的本质的样式。这就是说，物体乃自然本质的特殊样态。自然的本质是什么呢？就是"广延"，它决定物之所以为物。物体与广延，亦即物体与物质是相互依存的。他说："所谓一物的本质，即有了它，则那物必然存在，取消了它则那物必然不存在；换言之，无本质则一物既不能存在也不能被理解，反之没有那物，则本质也既不能存在

---

① 斯宾诺莎：《伦理学》，商务印书馆 1983 年版，第 13—14 页。
② 斯宾诺莎：《伦理学》，商务印书馆 1983 年版，第 13—14 页。

既又不能被理解。"[①] 以广延为特征的物质，作为本质决定物体的存在与否；而物体的存在，才能显现本质，并使它得到落实，而不是一个抽象的无所依附的游魂。这里，斯宾诺莎已经接触到了普遍性寓于特殊性之中、本质深藏于现象之中的意思。

因此，我们也不能脱离物体来思考广延、物质。物体是一种感性实体，在现实中，它是有限的、可分的。处于感性实体之中的广延，也应是有限的、可分的。但是，广延作为整体自然的规定性，它又超越了物体的局限性，并且由于自然的整体性而具有不可分性。于是，广延，就其普遍性而言，是无限的、不可分的；就其特殊性而言，又是有限的、可分的。这从知性思维而言是矛盾的。但是，自辩证思维而言，这个矛盾是客观的如实的。可见，斯宾诺莎的考虑已抵达辩证法的边沿。

由此，自然要涉及多样性与统一性问题，即感性广延的多样性，与"广延一般"的统一性。那些现存的杂多事物，各以其独特性相互区别，并与其内在本质相区别，即它的特定存在与内在本质的区别。这也就是，本质的统一性与存在的多样性的区别。

广延从属于特定的存在表现为多样性，因而是有限的；广延作为自然整体的属性表现为统一性，因而是无限的。

思维并不与广延隔离，它也是上帝或神的属性，实即自然整体的属性。这个讲法虽说不太圆满，但总的倾向是将思维归结为客观物质的属性，这是可取的。于是，广延与思维统一于神，亦即统一于自然整体，它表明了唯物论观点的完善与进步。如果斯宾诺莎能进一步考虑自然整体即广延一般，亦即统一的物质，而思维之类精神现象是物质派生的非物质属性，这个说法就更加完善了。

----

① 斯宾诺莎：《伦理学》，商务印书馆 1983 年版，第 41 页。

（三）自因学说

斯宾诺莎将自然整体规定为一个客观物质的统一实体，尚只表明对培根、笛卡尔的唯物观的深化。更有进者是他对物质运动问题的解决，显示了他的辩证法的天才。

他的《伦理学》开宗明义第一条提出的便是令人瞩目的"自因"问题。他提出："（1）自因（cauza sui），我的理解为这样的东西，它的本质（essentia）即包含存在（existentia），或者它的本性只能设想为存在着。"① 这里提出的是思维与存在统一的原则。思维并不自外于存在，而作为存在一般，其产生的原因，无须外求，它自身就是原因。黑格尔指出："外因直接被扬弃了，自因只是产生出自身；这是一切思辨概念中的一个根本概念。"② 无穷地向外追索原因，是机械论的观点，而且是恶的无限性的表现。扬弃外因，从其自身找原因，这就把事物的成毁更替，归属到事物自身形成的变化了。所以"自因的提出，如若得到进一步展开，则他的实体就不是死板的东西了"③。

他指出："（3）实体（substantia），我理解为在自身内并通过自身而被认识的东西。换言之，形成实体的概念，可以无须借助于他物的概念。"④ 实体，本身自足无待，并不需要一个他物来规定它。否则，它便是有限的、偶然的，就不成其为实体了。

他接着规定了实体的属性与样式："（4）属性（attributus），我理解为由知性（intellectus）看来是构成实体的本质的东西"，"（5）样式（modus），我理解为实体的分殊（affectiones），亦即在他物

---

①　斯宾诺莎：《伦理学》，商务印书馆 1983 年版，第 3 页。
②　黑格尔：《哲学史讲演录》第 4 卷，商务印书馆 1978 年版，第 104 页。
③　黑格尔：《哲学史讲演录》第 4 卷，商务印书馆 1978 年版，第 104 页。
④　斯宾诺莎：《伦理学》，商务印书馆 1983 年版，第 3 页。

内（inalioest）通过他物而被认知的东西（per alium concipitur）。"①
于是，斯宾诺莎关于实体，形成了三个层次的规定：第一个层次是
实体自身，它是凭自身而被理解的；第二个层次是属性，它不是凭
自身而形成的，而是通过知性在属性中分析出其本质；第三个层次
是样式，它是凭借他物，并在他物中显现的，因而是非本质的、有
限的。由此看来，他的实体乃是知性抽象概括的结果，其本质属性
是凭借知性而理解的，样式乃实体的感性的现象形态，是应该被扬
弃的。由于斯宾诺莎受知性思维的桎梏，未能把握"普遍—特殊—
个别"的辩证联系，所以，虽然由于自因的提出，有可能使实体略
为松动一点，但仍未能冲破知性思维的僵死性，达到辩证思维的圆
融性。

正如黑格尔经常提出的"辩证法的逼迫"是不可遏制的。斯宾
诺莎在某些难以跨越的知性鸿沟上架起了辩证法的桥梁。当他规定
"神"（Deus）时，写道："我理解为绝对无限的存在，亦即具有无限
'多'属性的实体，其中每一属性各表示永恒无限的本质。"②只有绝
对无限的存在，才超越了那有限的瞬变的感性的特定存在，使自己成
为永恒的肯定的现实的存在。因此，有限的存在其实是非存在，因
为其存在不断被否定，而不复存在。只有无限的、不受限制的存在
才是真正现实的存在。因为，存在之所以为存在，在于它是绝对肯
定之物、不受限制之物。黑格尔说："哲学上的无限性，即现实的
无限者，是对自身的肯定；斯宾诺莎把理智的（知性的）无限者称
为绝对的肯定。完全正确！不过可以更好地表达成：'这是否定的
否定。'"③

---

① 斯宾诺莎：《伦理学》，商务印书馆1983年版，第3页。
② 斯宾诺莎：《伦理学》，商务印书馆1983年版，第3页。
③ 斯宾诺莎：《伦理学》，商务印书馆1983年版，第107页。

斯宾诺莎宣扬实体的绝对肯定性，其中不包含任何否定的东西，说明他还未能从知性偏执的迷雾中走出来。但他仍然从更深层次，看到了否定的矛盾性质。这种矛盾是知性不能容忍，必须加以排除的。辩证思维如实承认这种矛盾："否定的否定是矛盾，它否定了否定；因此它是肯定，但同样是一般的否定。"① 斯宾诺莎嫌弃"否定"之无恒性，因而把他的实体规定为不含任何否定的绝对肯定，而看不到肯定的内在实质正包含了否定，这正是他的缺点。但是，他在实体的感性的特殊形态中，即确定的东西中，却看到了否定的辩证作用。他提出了"Omnis determinatio est negatio"（一切规定都是否定）的著名命题。这一命题之所以重要，在于它指出了"规定"的肯定性中包含了否定性。对一个确定的东西做出规定，就是把它限制在特定的范围之内。因此，规定就是限制，就是事情终止的地方。这就意味着对该事物的否定，意味该物向他物转化。由此可见，一个肯定的东西自身中就包含了否定，否定是它的本质内容。否定，从哲学上刻画了事物的产生与消逝过程。所以，黑格尔在解释这一命题时说："这是一个确定的东西，所以自身中包含着否定；它的本质是建立在否定上的。"② 否定，其实是"自因"里面所包含的东西，可惜斯宾诺莎未能充分展开，被僵死的知性所窒息了。这一可贵的辩证法因素，到莱布尼茨手里才得到进一步的引申，在此基础上，黑格尔才全面深入地揭示了"否定"的丰富的辩证内容。

斯宾诺莎的唯物观在洛克那里得到进一步探讨，而自因学说得到莱布尼茨的独到发挥，而且知性方法论则结合逻辑与数学的新的成就，不但创造了逻辑的符号体系，而且将辩证精神融入数学之中，

---

① 斯宾诺莎：《伦理学》，商务印书馆 1983 年版，第 101 页。
② 黑格尔：《哲学史讲演录》第 4 卷，商务印书馆 1978 年版，第 100 页。

使科学研究获得严格知性的，但又富于辩证意味的新的思维方法。

二、单子论中的自己运动的原则

我们在《自然哲学》中曾经提到："'单子论'是物质结构理论的必要补充。"[①] 单子论的创造者莱布尼茨（Gottfried Wilhelm Leibniz，1646—1716）是一个思想极为复杂，但又不时散发思想的天才闪光的人物。他才智超人、思想深邃，既富于逻辑与辩证思维，又长于科学技术实践。虽说单子论不过是他头脑里想出来的一个最引人注目的假设，但它正好抓住了物质论的科学探讨中一个最难以解决的问题，即物质的动因问题。莱布尼茨并不拒绝当时风行的机械力学原则，他说：我进入经院哲学家的樊篱很深，但当我还很年轻的时候，数学和当代作家们使我跳出那个圈子。他们那种机械地解释自然的美妙方式吸引了我。他不但精通数学，重视机械力学，而且立足于古希腊哲学传统，他曾宣称："你要了解我，必须了解德谟克利特、柏拉图和亚里士多德。"[②] 当然还应该加上笛卡尔、斯宾诺莎。

莱布尼茨，博古通今，敏于创造。"单子论"（monadology）便是他的最重要的理论创造之一。单子论是他的哲学的核心，是古希腊哲学在近代德国的综合加工。

（一）单子与原子

莱布尼茨的单子（monad）可以看作是精神原子。他说有无限多的精神实体，这些实体叫作单子。单子不可分，它似乎具有若干物理质点的性质，但是，事实上，单子只是一个灵魂。在这一点上，

---

① 萧焜焘：《自然哲学》，江苏人民出版社 1990 年版，第 56 页。
② 梯利：《西方哲学史》下册，商务印书馆 1975 年版，第 136 页。

莱布尼茨几乎和斯宾诺莎完全相反。斯宾诺莎主张只有一个唯一的实体，并且认为在这个唯一的实体中，一切确定的东西都是暂时的。莱布尼茨则以绝对的众多性、个体的实体为基础，并借用了古希腊毕达哥拉斯派使用过的名称，将这个众多的精神个体命名为"单子"。他说："我们在这里所要讲的单子，不是别的东西，只是一组复合物的单纯实体，单纯，就是没有部分的意思"，"在没有部分的地方，是不可能有广袤、形状、可分性的。这些单子乃是自然的真正的原子，简言之，也就是事物的原素"。① 由于只有通过组合而形成的东西，才有产生和消灭，因此，单子无生灭。显然，这个单子，正是对德谟克利特的原子、柏拉图的理型、亚里士多德的共相的综合改造。

莱布尼茨的单子好像是难于捉摸、不好理解的。其实，与德谟克利特的原子相比，也不难理解。德谟克利特的原子，在当时也是想象与思考的产物，原子的客观性，并无任何实验证明。因此，它和单子一样，也不过是哲学家头脑里的假设。单子是构成复合物的不可再分的单元，是事物的元素，这样的讲法与原子并无根本不同，都是可以为科学家所接受的假设。因此，黑格尔指出："莱布尼茨哲学中重要的东西是两条原则，即个体性原则和不可分割性原则。"② 这两条原则其实直到现在仍然为科学的物质结构学说所遵循。

物质结构的个体性，从德谟克利特、莱布尼茨、道尔顿，迄于当代基本粒子学说，无论理论上或实验中，都已得到完全的肯定。至于不可分割性原则，当今似乎有一种无限可分的讲法与之相对立。因此，这一原则有待于做出辩证的说明。不可分割性原则，是物质

① 《十六—十八世纪西欧各国哲学》，商务印书馆 1975 年版，第 483 页。
② 黑格尔：《哲学史讲演录》第 4 卷，商务印书馆 1983 年版，第 185 页。

微粒学说的目标要求，如果微粒还是有结构的，则构成它的内在诸要素便更根本，它便成为复合的而不是最后的。如此递进不已，达到"至小无内"，即莱布尼茨所称的"单纯"，便不可再分割了。至小无内的微粒子，不能有体积，没有三维性，只是一个抽象的数学的点，它是知性分析的结果，也只能为知性所把握，因而，它只能是理想性的。由此看来，不可分割性原则具有目标性、理想性，而无客观现实性。

现实生活之中，我们接触到的诸质材，无论怎样分割，它总是可以再分的，但是不是无限可分呢？事实上，分割是有限度的。水可以分为无数的水滴，但经过化学分析处理，达到临界点，水滴被析解为氢、氧原子，就不复是水了。这个水转化为氢、氧原子的临界点，便是水的分割的界限，分割终止的地方。因为以后是如何分割氢、氧原子问题。因此，分割在事物量变中进行，以质变而终止。质变之后产生的新事物，又在新的条件下，进行量变而开始新的分割。由此看来，无限可分的说法是恶的无限性的翻版，现实生活中也是不存在的。在客观自然界中的诸质材的分割性是有限与无限的统一，无限只表示有限的突破，新旧事物的转化。

但是，不可分割原则的目标性与理想性，并不因其抽象思辨性而无任何意义。它仍然成为科学的物质的结构分析的永恒动力。科学家决不满足已经达到的成果，而是不断探索：分子、原子、电子与原子核、质子、中了、中微子，以至于夸克……这样就不断促使现实把握的微粒子无限靠近理想的目标：至小无内的不可分割的原点。

莱布尼茨的"单子"正是科学家们穷追不舍的那个理想目标。它之所以成为精神性的原子，是知性推导的必然结果。

（二）单子与自己运动原则

如果说，德谟克利特的原子是机械的，它们之间只是一种外在离合关系，那么，莱布尼茨的单子就比它优胜得多。"单子没有可供事物出入的窗子，偶性不能脱离实体，不能漂游于实体之外，像过去经院派的那些'感性形相'那样。因此，不论实体或偶性，都不能从外面进入一个单子。"因为单子是单纯的，没有内部结构，所以无论是本质性的实体，偶发性的变相，均不能进入，其实也无从进入。"可见单子的自然变化是从一个内在的原则而来"，而且还"必须有一个变化者的细则，可以说，是这个细则造成了单纯实体的特殊性和多样性"。① 看来，单子自身变化，而且诸多单子并不是同一的，而是多种多样的。现代物理化学研究表明，物质元素多达 100 余种，虽然彼此之间有质量相关性，但各有其不可替代的特征。莱布尼茨似乎从思辨的角度看到了这一点。

莱布尼茨既反对感受经验的杂多性，认为一切物质的东西都是能表象、能知觉的东西。单子便正是这样的东西。他说："这个包含并表现单纯实体里面的一种'多'的暂时状态，不是别的东西，就是所谓知觉"，"那种致使一个知觉变化或过渡到另一个知觉的内在原则的活动，可以称为欲求"②，欲求（petition）似乎是一种生命的内在驱动力，它驱使知觉活动及知觉变化，这就是单纯实体的功能。在这种不易察觉的知觉（petites perception）的活动与变化过程中，"才能包含各个单纯实体的一切内在活动"③。莱布尼茨已不满足于对自然界做出几何的静态的平面的结构描述，认为除了纯粹几何学的概念之外，还必须采用一个更高的概念，这就是当时风靡一时的"力"。力是一切运动与活动变化的源泉，而且绝不止于外力推动，主要应是一种内在的驱动力。所以任何物体的运动变化，归根到底，

① 《十六—十八世纪西欧各国哲学》，商务印书馆 1975 年版，第 483—484 页。
② 《十六—十八世纪西欧各国哲学》，商务印书馆 1975 年版，第 484—485 页。
③ 《十六—十八世纪西欧各国哲学》，商务印书馆 1975 年版，第 486 页。

只能以其自身包含的力为依据。因此，莱布尼茨超过了笛卡尔：有形物体不只是具有广延性的、僵死的、由外力推动的块体，而是在自身中具有活动力、具有永不静止的活动原则的实体，因而，"力本身"构成物体的最内在的本质。

莱布尼茨借用了"力"的概念，但已不是那种外在的机械的力，而是一种形而上学的精神原则。他认为我们关于能动的力的概念，得自于精神。他还把"隐德来希"看成是与精神类似的东西。他说："我们可以把一切单纯实体或创造出来的单子命名为'隐德来希'，因为它们自身之内具有一定的完满性（ἔχουσι τὸ ἐντελές），有一种自足性（αὐτάρκεια）使它们成为它们的内在活动的源泉，也可以说，使它们成为无形体的自动机。"[①] 莱布尼茨于此借用了亚里士多德的隐德来希（ἐντελέχια/Entelechie/entelechy）。所谓隐德来希，意指它自己就是目的和目的的实现，即一种内在目的性的实现、自己运动的扩展、发展的终点。莱布尼茨纠正了笛卡尔、斯宾诺莎对希腊哲学，特别是亚里士多德哲学的偏颇的看法，接受了亚里士多德的生长观点、事物自身运动变化的观点，而且改造了机械外力，认为那些要把低等动物改变或退化成单纯机械的看法，也未必是正确的。因此，这个形而上学的精神原则，并不是纯粹思辨的产物，它乃是有机生命体的机能，乃是一种内在的活力。莱布尼茨从无机的机械的外力，跃进到有机的生命的活力。于是他将力的概念规定为"活动的力"、"自己活动"的原则。这个活力正是那个单独实体——单子本身。它本身圆满而自足，使事物充满生机，克服其感性状态的暂时性，纳入永恒的生命的长河之中，而具有实体性。因此，单子，不过是从物质的有机生命的高层次来看待自然界的，不

---

① 《十六—十八世纪西欧各国哲学》，商务印书馆1975年版，第486页。

一定完全是柏拉图理型论那一类客观唯心论。还有莱布尼茨的关于单一包含复多的论述，乃是指知觉的主体性的一元特征，"我"认知万物，并非万物作为部分构成"我"。万物作为"物像"为吾心所映现，我之单一性与物像之复多性是统一的。有了一元的主体的认知力，才有众多的物像产生。他并没有说过：客观的物是主观自生的，而如实地指出，一切物体在某种程度上既是坚硬的，又是流动的。莱布尼茨没有明确把"物体"与"物像"加以区别，便使人以为作为主体认知能力的单子规定客观物体。其实，他不过主张：单子包含所有的它所映射的"物像"，从而它就把握了物之所以为物。而且由于它把握的是诸物的本质属性，扬弃了诸物的非本质的感性外观，因此，使诸物具有了实体性。看来，他的想法有其暧昧之处，但仍然揭示了人类的认知能力某些精到之处。

当然，单子不是那种物质性原子，而是精神性原子。严格讲，它只是活动的泉源，自己的规定性原则。这个规定性，就是力的表现，就是行动、活动。而且这种规定性不是外加的，而是自我规定。

莱布尼茨的自己运动的原则，打破了机械论的僵死性，为辩证地处理物质与运动的关系问题铺平了道路。因此，列宁指出："莱布尼茨通过神学而接近于物质和运动不可分割的（并且是普遍的、绝对的）联系的原则。"[1]

（三）预定的和谐（pre-established homony）

如果说，莱布尼茨的单子论尚能从有机生命体之中找出某些客观自然的根据，那么，"预定的和谐"就只能是形而上学的神学虚构了。当他说明诸单子之间的关系时，他认为单纯实体之间，即单子之间，没有因果关系，也没有其他任何关系。照他看来，单子之间、

---

[1] 列宁：《哲学笔记》，中共中央党校出版社 1990 年版，第 475 页。

灵魂与形体之间、自然的物理界与神恩的道德界之间是和谐一致的。

莱布尼茨说："灵魂遵守它自身的规律，形体也遵守它自身的规律，它们会合一致，是由于一切实体之间的预定的和谐，因为一切实体都是同一宇宙的表象。""灵魂依据目的因的规律，凭借欲望、目的和手段而活动。形体依据动力因的规律或运动而活动。这两个界域，动力因的界域和目的因的界域，是互相协调的。"① 作为自然界的无机物的活动与有机生命体的活动，虽说各有其不同的规律性，但它们之间建立了一种完满的和谐，彼此协调一致。进而言之，再深入到自然的物理界与神恩的道德界之间也是协调一致的。莱布尼茨指出："这种和谐使事物通过自然的途径而引向神恩"②。因此，自然和神也不是彼此隔绝的，而是彼此相通的，这里有点类似中国的天人感应的说法。它们之间协调一致是如何形成的呢？

莱布尼茨用两块钟表为例，通俗地来说明这种预定的和谐。这两个钟被拨在同一个钟点上，以同样的方式运行着，这样，那个代表灵魂、思维运动的钟，就按照规定朝向目的前进；那个代表客观形体进程的钟，就按照普遍的因果联系运行，此二者是吻合一致的。莱布尼茨说："假定两只钟或两块表走得完全一致，那可以有三种方式：第一种方式在于两只钟相互影响；第二种方式在于管理人对它们的照料；第三种方式在于它们自己的准确度。"莱布尼茨指出，第一种方式由于惠更斯（Christian Huygens，1629—1695）1656 年的钟摆试验而证实；第二种方式则需要一个熟练的工匠管理；第三种方式是"使两只钟在一开始就做得这样精巧和准确，以致我们能保证它们往后会经常走得一致。这是预定契合（consentement）的

---

① 《十六—十八世纪西欧各国哲学》，商务印书馆 1975 年版，第 497 页。
② 《十六—十八世纪西欧各国哲学》，商务印书馆 1975 年版，第 499 页。

情况"。莱布尼茨认为第一种所谓相互影响，由于单纯实体没有窗子，不能相互影响；第二种所谓工匠帮助，是一种偶因论，也不可取。剩下的第三种便是莱布尼茨所支持的假设：由神的一种预先设计而制定的"预定的和谐"的方式。这个神圣的设计者，只有上帝是最好的、最相当的。莱布尼茨认为上帝是众多单子的"太上单子"（monas monadum）。太上单子便是众多单子的种种变化的协调一致者，即"预定的和谐"。上帝对单子群做出安排，使一个单子内部发展着的原始变化与其他单子的变化吻合一致。上帝的这种安排，便是预定的和谐。众单子在上帝面前不是独立的，它被吸收在上帝之中，并为他所支配。

彼此独立各不相干的单子之间、灵魂与肉体之间、精神与物质之间的和谐一致是难于理解的。因为莱布尼茨将单子视为一个没有窗户的封闭系统，这就为自己在单子之间的交通设置了障碍。莱布尼茨规定了单子的内在的自己运动的原则，显示了他的辩证法的才华，但又将单子看成是孤立的封闭的，就暴露了他的僵化的形而上学的观点。

在莱布尼茨看来，思想前进到什么地步，宇宙就前进到什么地步。理解在什么地方停止了，宇宙就在那里停止了，神就在那里开始了。原来"预定的和谐"之不可理解，是由于神的需要，因为没有上帝这种"神圣的预见"，就没有一个恰当的设计者。莱布尼茨自鸣得意地说：预定的和谐让神存在有了何等高妙的证据！神的安排，规定了预定的和谐；反过来，预定的和谐，又论证了神的存在。因为没有神，协调行动就缺乏安排指挥。因此，"预定的和谐"是对神的存在的理论说明，是知性思维走到了尽头的必然的归宿。这正是莱布尼茨的真正的唯心主义之所在，神学残余之所在。

"预定的和谐"的积极意义正在于它的"消极性"：它暴露了知

性思维的严重缺陷，它如得不到辩证法的救治，便势将陷入形而上学的泥坑、投入上帝的怀抱。科学家们知性的偏执应当心呵！上帝在向你招手呢！

三、逻辑的改造与知性思维的跃进

如果说，莱布尼茨的哲学本体论的可贵之处是内在活动性、自己运动原则的提出，但整个论述中唯心的神学残渣不时流露。但他在知性思维的分析方法上，却比斯宾诺莎大大前进了一步，不但在精确化、系统化方面，更重要的是在符号化、数理化方面，开阔了逻辑学发展的新道路，而且对科学技术的现代化产生了不可估量的影响。

莱布尼茨在数学上划时代的贡献是尽人皆知的。1675—1676 年，他在巴黎发明了无穷小计算法（infinitesimal calculus），现在通称为微积分（Differential and Integral Calculus，or Calculus），还研究了或然率（probability），即现在所谓的概率论问题。它们对当代科学的发展，特别是对微观世界的探讨，是一项必不可少的数学工具。

关于微积分的发明权，莱布尼茨与牛顿之间有过一场既不愉快又不光彩的争执。莱布尼茨并不知道牛顿这方面的成就。莱布尼茨的有关著作 1684 年发表，而牛顿则在 1687 年。黑格尔认为这场争执是牛顿和伦敦科学会十分卑鄙地挑起的。那些人把一切都归给自己，不以公道对待别人，宣称牛顿是微分学的真正发明人。其实牛顿的书问世较晚，而且该书第一版里还有一个注赞扬莱布尼茨。这个注后来不见了。而哈撒韦（Hathaway）则谴责莱布尼茨"用典型的德国人的宣传手段，阴谋夺取牛顿的一切功劳"，而且他开创对外国科学的间谍组织，并利用这个组织尽可能多地将那些工作中的有用部分和功劳转移到德国方面去。其实微积分的形成和定型，远非一两人所能完成的。它是数学、哲学几千年发展的产物。远的不说，莱布尼茨与牛顿在新的分析学的发展上都得益于他们的前辈，如费尔马（Piene Fermat）和巴罗（Issac Bannow）。而且此后经过两个世纪的进一步努力和严格推敲才完善起来。应该承认两人都各自独立做出了贡献，不过有人认为莱布尼茨明确意识到他在创立一个新学科，而且他的表达方式比牛顿更加有力，可能思想更加深邃而精确。这也是不足为奇的，因为莱布尼茨从青年时代起，就始终没有中止过在哲学上进行思考，而且他在数学上也下过不少工夫。数学插上了哲学的翅膀才能在蓝天翱翔。

莱布尼茨在数学方面的创造性的思维，帮助了他对逻辑进行改造，从而使知性分析方法跃上了一个新的高峰。他对亚里士多德的三段论的问题与缺点早有看法，但由于他一直推崇亚里士多德，因而没有及时发表他的见解。他试图使用数学、符号方法来改造主谓词构成物体的命题为基础的传统逻辑，希望发现一种普遍化的数学，也就是说，想用计算来代替思考。他把这门学问称为 Characteristica Universalis。这个词，有人译为"万能数学"，也有人译为"普遍品格"，看起来都不怎么妥贴。有人曾追索 characteristica 一词相应的法文 Caractère，既有品德之意，又有字母之意，而 Les Caractères 意为印刷用的铅字，因此，也可以有使用符号代替文字之意。于是认为可译为"通用语言"或"普遍语言"。鉴于莱布尼茨当时在巴黎，措辞受法文影响是很有可能的。现在已将莱布尼茨创立的这门学问称为"符号逻辑或数理逻辑"（Symbolic logic or mathematical logic）。在资本主义社会也有叫"逻辑斯蒂"（Logistcs）的，卡尔纳普（Carnap）便说：逻辑斯蒂既不考虑符号的意义，也不考虑式子的含义，而仅仅注意构成式子的那些符号的种类和次序。因此，莱布尼茨的逻辑符号化、数学化的后果是流于极端形式化。

根据莱布尼茨逻辑数学化的意图，寻求真理的科学必须转变为命题组合的艺术（art combinatorica），于是主谓命题的三段式变成了命题演算或逻辑演算（propositional calculus or logical calculus）。他利用符号（symbol）来表示思维，从而使一切经验内容符号化、程式化，可以毫无保留地纳入逻辑演算的范围。

莱布尼茨的逻辑改造，分四步进行：

第一步是以计算代替思考。"计算"属于数学的基础部分，还不能概括全部数学。"计算"只是表达思考的一种形式，而且是极为简单的机械的形式。显然它绝不可能代替全部思考，甚至可以说，计算本身并不能算做思考，黑格尔就经常指出数目之无思想性。而且一个演算系统的基本概念与基本理论等还不能不求助于哲学思考。现在有人将计算捧上了天，对数学的追求达到了迷信的程度，实际上是对自己的思考能力的贬斥。当然，计算方法的改进与熟练，作为科学研究的工具不是没有用的，相反倒是大有用处的。但长于计算，并不等于有卓越的科学思想与哲学创见。"创见"从来是不服从计算的。

计算及其公式的用途，对于实证科学是很大的，甚至可以说是不可缺少的。对于科学成果最简洁、明晰、精确、概括的表达，莫过于使用数学符号语言。爱因斯坦长于思考而不精于计算，以致其成果的数学表达不得不请数学家帮忙。因此，数学符号本身虽无思想性，但可以极简明地表达深邃的思想。如"0"与"1"，既可以构成二进位制，成为计算机的基础，又能表达哲学上不少深邃的思想。因此，定量化趋势成了实证科学的必由之路。我们不赞成以计算代替思考，但支持以计算表达思考。

第二步是对思维规律的补充与说明。他说："我们的推理是建立在两个大原则上，即是：（1）矛盾原则，凭着这个原则，我们判定包含矛盾者为假，与假的相对立或相矛盾者为真"；"以及：（2）充足理由原则，凭着这个原则，我们认为：任何一件事如果是真实的或实在的，任何一个陈述如果是真的，就必须有一个为什么这样而不那样的充足理由，虽然这些理由常常总是不能为我们所知道的"。①

莱布尼茨对亚里士多德的逻辑的改造是有深刻意义的。他不满意传统的形式逻辑的空洞性与思想贫乏的状况，认为它对经验科学无能为力，派不上用场。在经验的自然科学范围内，他认为"充足理由律"才是必要的。充足理由律实质上就是因果律。因此，不要把莱布尼茨逻辑的数学化、符号化的要求，误认为是形式主义的，相反，他试图使逻辑学能进而探索客观事物自身的规律性。

莱布尼茨在传统的三个思维规律中，突出了矛盾原则也是一个贡献。因为同一律与排中律都可以根据矛盾原则加以说明。"矛盾原则"的遵守，是思维与语言赖以进行的前提，是人与人之间沟通思想的基础。形式逻辑的矛盾原则与辩证法的矛盾规律并不是对立的，前者说明思维的逻辑一贯性，后者揭示事物的两极性。而且在阐明辩证规律时，这种阐述要能为别人所理解，它也要遵守形式逻辑的矛盾原则，否则，就叫作思想混乱，不知所云。

关于充足理由律，如上所述，是与客观因果律相一致的。莱布尼茨在其所著《发明家的理想》（*Specimen Inventorum*）中指出，这一原理（指充足理由的原理 [reddendae rationis]——作者）对于算术和几何学来说是不需要的（non indiget），但对物理学和力学来说却是需要的。由此看来，矛盾原则是关于逻辑与数学的原则，确切说，是演绎推理必须遵守的规则，而充足理由律是实证科学的原则，确切说，是自然与社会领域诸事件之间的因果联系。

---

① 《十六—十八世纪西欧各国哲学》，商务印书馆 1975 年版，第 488 页。

　　演绎推理的过程贯穿着逻辑的必然性，数学家、逻辑学家"就是这样用分析法把思辨的定理和实践的法则归结成定义、公理和公设"①。这样就形成自身一贯的必然的演绎系统。它乃是知性分析的结晶。

　　如果说，矛盾原则主要是针对思维自身活动的规律，那么，充足理由律就是针对客观自然与人类社会的，它只"存在于偶然的真理或事实的真理之中，亦即存在于散布在包含各种创造物的宇宙中的各个事物之间的联系中"②。看来莱布尼茨承认宇宙诸事物之间的因果联系，只是它没有知性推导必然性的保证，因而它们的存在只能是偶然的。

　　他还指出："偶然真理的原则是'适宜'或'对最佳者的选择'，至于必然的真理，则是依赖上帝的理智，乃是上帝的理智的内在的对象。"③莱布尼茨还进一步解释道："其所以最佳者存在，理由就在于智慧使它为上帝所认识，上帝的善使上帝选择它，上帝的权力使上帝产生它。"④在这里，莱布尼茨将充足理由与上帝等同起来，实际上就是对上帝创造世界的论证。

　　在这里冒出一个上帝作为一切的最后依据，成为理解上的难点。如果我们按照理解斯宾诺莎的上帝来理解莱布尼茨的上帝，就好理解了。那么，实际上这里讲的是：自然与社会客观规律，以及在自然发展基础上产生的思维理智活动自身的规律。它们就是充足理由律与矛盾律。至于充足理由律是不是可以如同矛盾律一样，也可以作为思维与理智活动自身的规律呢？现代逻辑学家往往认为这

---

① 《十六—十八世纪西欧各国哲学》，商务印书馆1975年版，第488页。
② 《十六—十八世纪西欧各国哲学》，商务印书馆1975年版，第489页。
③ 《十六—十八世纪西欧各国哲学》，商务印书馆1975年版，第491页。
④ 《十六—十八世纪西欧各国哲学》，商务印书馆1975年版，第492页。

个规律不能形式化而加以排斥，这不一定是妥当的。其实有的逻辑体系有时也将其作为"推断原则"（the principle of inference）而加以接受。

第三步是指出矛盾律与充足理由律的逻辑根据是分析命题（analytic proposition）。莱布尼茨说："当一个真理是必然的时候，我们可以用分析法找出它的理由来，把它归结为更单纯的观念和真理，一直到原始的真理。"① 那些原始的真理、公理、公设是不能够证明的，也不需要证明。他于此说明，作为一个推导系统的基本概念和基本命题，它们是分析的。所谓分析命题是谓语包含在主语中的命题。分析命题意味着自身的同一，谓语所表示的性质是主语所表示的实体概念的一部分，它们是一致的、无矛盾的，而其反面则是不可能的。因此，一切分析命题皆真，而且所有的真命题均为分析命题。莱布尼茨在给阿尔诺（Antoine Arnauld）的一封信中明确表述了他的看法："考察我对一切真命题所持的概念，我发现一切谓语，不管是必然的或偶然的，不论过去、现在或未来的，全包含在主语的概念中，于是我更不多求。"② 分析命题的提出，是逻辑必然性的体现。它在数理逻辑系统中进一步极端形式化，就变成了"同语反复"，即所谓"套套逻辑"（tautology）。分析命题的提出，试图解决前提的根据问题，这一问题十分复杂，迄今尚无定论。过去多从知性推导系统以外，寻求一个非知性的因素作根据，如"直观"便认为是一种无须证明的始初的明晰的认识。分析命题较直观优越之处在于，它以自因说作根据，提倡自我确证、无须外求，这样，既克服了知性无穷向外追索的恶的无限性，也抛弃了知性系统以非

① 《十六—十八世纪西欧各国哲学》，商务印书馆 1975 年版，第 488 页。
② 罗素：《西方哲学史》下册，商务印书馆 1976 年版，第 120 页。

知性因素作根据与起点的矛盾。但是，缺点是极端形式主义和空洞无物。我们认为只有从"革命实践"出发，论述系统的基本概念与命题，才是唯物的科学的道路，1982 年以来，我们曾多次著文探讨这个问题，就不再赘述了。

第四步是关于一般科学（scientia generalis）与实质的符号体系（characteristica realis）设想的提出。莱布尼茨认为对于不能定义的观念的明晰的认识，由于它不能被分解，因而是"自明的"（self-evident）。又有恰当与否之分。如果进行分析彻底完成，一切都很清楚了，那么这种认识是恰当的。例如，关于数目的认识，便接近于完全恰当。"2+2 = 4"，可以直观敲定、一目了然。但要对它有一清楚明晰的认识，先应进行分析，然后加以论证。首先规定：2、3、4 的定义，然后推导：

定义：（1）2 = 1+1

（2）3 = 2+1

（3）4 = 3+1

推导：根据（1）2+2 = 2+1+1

根据（2）2+1+1 = 3+1

根据（3）3+1 = 4

所以 2+2 = 4

这样，2+2 = 4，对于我们就是完全恰当的明晰认识了。

如果我们对整个的系列其中的各个部分的表象及其相互关系不能在思想上一下子同时抓住，那我们就可以借助于符号的帮助，即进行一种所谓"通过符号的认识"（cogitatic symbolica）而予以把握。莱布尼茨认为符号系统的建立，对建立严格的普遍的科学是十分必要的。

所谓一般的或普遍的科学，即对各门具体的、特殊的科学的共同原则及应用方式做出简明的概括。想要表达这样一个科学体系，莱布尼茨认为建立一个符号体系是适宜的。这个体系的基本概念（primary conceptions）可仿效代数学的样子，用数目或字母表达。例如，0 = 空，1 = 全，a、b、c⋯p、r、q⋯可以代表命题。复合概念可以分解为字母的组合，如 a + (− a) = 1，a × (− a) = 0，a + a = a，a × a = a⋯⋯系统之中的判断、推理都按照数学演算的方式来进行。这个一般称为"命题演算"（propositional calculus）。现在的符号系统，从布尔（Boole）、德·摩根（De Morgan）到罗素（Russell）、卡尔纳普（Carnap），尽管内容、性质有极大的差异，但基本格式大都如此。

罗素称道莱布尼茨是一个伟大人物，除他的无穷小算法外，"他又是一个数理逻辑的先驱，在谁也没有认识到数理逻辑的重要性的时候，他看到了它的重要"，"他对数理逻辑有研究，研究成绩他当初假使发表了，会重要之至；那么，他就会成为数理逻辑的始祖，而这门科学也就比实际上提早一个半世纪问世"。①

莱布尼茨研究数理逻辑，并不是耽于形式主义的符号游戏，而是希望通过它，使自然与社会的研究明晰而清楚，可以明白无误地加以精确的计算，从而避免那些无聊的烦琐的争论。但他又不将自己的探讨停留在感性经验之上，而是使经验条理化，做出理性上的论证。所以他说："欧几里德就很懂得这一点，所以他对那些凭经验和感性形相就充分看出的东西，也常常用理性来加以证明。"② 如上所述，莱布尼茨对"2 + 2 = 4"的证明便是如此。他甚至还将这一点作为人兽区别之所在。他说："禽兽纯粹凭经验，只是靠例子来指导

① 罗素：《西方哲学史》下册，商务印书馆 1976 年版，第 124、119 页。
② 《十六—十八世纪西欧各国哲学》，商务印书馆 1975 年版，第 502—503 页。

自己，因为就我们所能判断的来说，禽兽决达不到提出必然命题的地步，而人类则能有证明的科学知识。"所以，他断定："证明有必然真理的内在原则的东西，也就是区别人和禽兽的东西。"①

莱布尼茨力图扬弃经验的表面性、狭隘性、偶然性，求得恰当的明晰的认识，从而建立一般科学及其逻辑结构，即"符号系统"（symbolic system），这是了不起的。以后康德从另一条道路追求的，也是这个目标。

看来莱布尼茨的逻辑思维的发展，经历了一个自身辩证发展的过程："空洞形式的批判→自然社会的恰当的明晰的认识的探讨→一般科学的符号系统的建立"。这是一个从抽象到具体，然后复归于抽象的过程。这个复归的抽象乃是有机地消融了具体于其中的抽象，它更加全面而深刻地揭示了自然与社会的本质。因此，莱布尼茨的逻辑绝不是形式主义的。他的这一创造性的工作，现在不但在理论上而且在科学实践上已崭露头角了。不过这一极为精致的深刻的逻辑构思，终难跨越知性思维的局限性，它必须越过界限，继续前进，那就是在彻底消化吸收知性分析的基础上，建立辩证法的科学体系。

西欧近代哲学的主流是"科学认识论"的建立与发展，经验与理性是认识的两大功能，哲学家由于各有侧重，而被划分为英国经验主义与大陆理性主义。这种划分，从思想认识的发展来讲，是没有多大道理的。在人类认识的发展上，从来就没有纯粹的经验与单纯的理性。例如培根，与其说他是一个经验论者，不如说他更重视理性。笛卡尔与其说他是一个理性论者，不如说他是一个从经验出发的自然科学家。这些错综复杂的情况，便要求我们不要简单地划

①《十六—十八世纪西欧各国哲学》，商务印书馆1975年版，第503、504页。

分壁垒，将本来可以相容不悖的东西绝对对立起来，我们应该采取分析的实事求是的态度。

近代哲学公认起源于培根、笛卡尔。他们都是从贵族中分化出来的优秀人物。一般讲，这些人的政治历史观点以及社会活动方面是无足称道的，但在知性思维、科学技术、恢复人的尊严等方面是有卓越贡献的。

从古希腊时代开始萌发的民主与科学精神，到近代，由于他们的哲学影响，有了崭新的意义。现时，democracy 已不是与 aristocracy 相对峙的概念了。古希腊时代的"民主"，实际上是反对大奴隶主贵族的独裁统治，要求奴隶主集团共同议政的共和制。而"科学"则与哲学完全同义，是一般知识体系的总称。

文艺复兴以后，由于人类的觉醒，要求从精神上摆脱上帝的束缚，从政治上推翻封建的统治，这是一股不可抵抗的历史潮流。伟大的时代产生了巨人，经过大约两三百年的发展，终于开花结果，新兴资产阶级在建立世界新秩序的斗争中，有了自己的思想家，正如马克思所讲的，他们不必再借用宗教的旗帜了，不必再要先知哈巴谷代言了，培根、笛卡尔、洛克、斯宾诺莎、莱布尼茨……用他们敏锐的观察与深邃的思想建立了新兴资产阶级的进步的世界观。

文艺复兴使一切有教养的人，特别是那些超脱了时代与阶级局限性的思想巨人，从狭隘的中世纪的僵化的文化中解放出来。他们宣扬古希腊的权威，借以反对宗教权威，希腊文化知识的复活，不是单纯地复古，而是在更高水平之上的复归。人们意识到自身的力量，从而造成了一种富于创造的精神，勇于探索的怀疑气氛。在民主自由的宽松环境中，个人的才智得到了充分的发挥，科学文化在一种前所未有的突破信仰权威的自由状态下得到蓬勃发展。看来，新兴资产阶级的科学技术文化的元勋的伟大业绩，主要靠一种高尚的确证自己的创造的精神力量支撑，这点他们的庸俗的后辈的拜金主义、利己主义头脑是难以想象的。现在弥漫在我国科学技术、文化教育界的市侩风，难道不值得我们深省吗？

时代孕育着天才，天才推动着时代。新兴资产阶级的进步的人文主义（humanism）在两个方面推动着时代前进。

第一方面，政治是开路先锋。时代要前进，必须摧毁那具有绝对权威的宗教封建统治，于是，僧侣与世俗地主以外的所有等级联合起来，以资产阶级的前身市民阶级为首领，形成了一股巨大的政治力量，向反动的封建统治开火。他们为了协调自己的政治行动，必须尊重每一个等级及其成员的意愿与利益。因此，需要共同议事、协调办事。于是，借用希腊的民主概念，注以资产阶级的人文主义的时代精神，从而形成了当时最为先进的"民主"的政治概念。它成了资本主义社会迅猛发展的巨大的动力。

第二个方面，民主政治为科学技术、文化教育的发展指明了方向、开辟了道路。它打破了万马齐喑的僵化状态，活跃了人们的思想，从而使人们得以创造性地进行工作。科学的开拓与哲学的深化，就特别需要"创造"。

近代意义的科学，是从培根、笛卡尔开始的。古希腊没有严格意义的科学，科学即哲学、哲学即知识；中世纪科学受到了窒息；近代科学以实证性作为其特征。它面向自然与社会，从经验、理性出发，重视归纳实验，突出数学知性，摆脱了单纯的思辨，首先开始认真研究自然界，从自然界本身去探索其内在活动规律。它的目的是认识自然，改造自然，以利于人类的生存与发展。它以日新月异的速度，推动社会前进。这时，知识科学化，而哲学即科学。

因此，近代哲学，实际上是理论的科学。它与科学同步进行，把科学的成果上升到理论原则与方法论上加以探讨。这种原则与方法的研究，又进一步推动科学前进。他们倡导的原则基本上是从经验与理性两个不同侧重点出发而形成的有机械论局限的唯物主义。这种唯物主义是近代科学发展的最高综合。他们使用的方法基本上是归纳实验与数学分析相结合的方法。它支配着科学技术的发展，迄今在科学研究中仍然是不可废弃的。当然实验手段的改进、规模的扩大、分析的加强、理论的深化，是培根、笛卡尔时代望尘莫及的。这个原则与方法是科学的哲学灵魂与逻辑骨骼系统，没有它，科学的大厦便将颓然倾圮。

唯物的经验论与理性论是实证科学的哲学原则，但并不是绝对的、最后的。机械唯物主义通过人本主义唯物主义必然向辩证唯物主义过渡；知性分析方法有待于通过唯心的辩证法向唯物的辩证法过渡。这一发展一旦完成，科学技术便将得到更大的跃进。

第十章 力学独领风骚 200 年

伽利略为近代自然科学，特别是物理学、力学的全面系统地发展，主要在客观探索上做出了巨大的贡献；而在哲学原则的表述上，侧重从科学认识的角度出发，经验主义与理性主义互补地做出了较为完备的论证。这一切便为牛顿体系的出台，提供了科学前提与哲学指导。

牛顿的经典力学体系，统一地说明了宏观物体的低速机械运动的规律。他的力学研究的成果发表在《自然哲学的数学原理》中。1687 年该书出版后的 200 年间被公认为是自然科学研究方法的典范。其中用数学公理形式揭示的力学原理被认为是自然科学的普遍原理。牛顿的运动三定律和万有引力定律经过 18 世纪的欧拉·拉格朗日和拉普拉斯的发展，直到今天仍然是天文学、物理学以及机械、建筑和航天等工程学科的不可缺少的基础理论。

在唯物的经验主义与理性主义的原则指导下，在牛顿力学体系的支持下，机械力学理论上升为普适的哲学原则，从而形成了支配学术界的机械唯物主义的哲学指导思想。

第一节 科学研究的相对自由与牛顿的科学综合

牛顿 1642 年 12 月 25 日生于英格兰林肯郡乌尔索普镇一个普通

农民家庭。这年正是伽利略逝世的一年。牛顿时代远比伽利略时代宽松、自由，这就提供了他研究的良好客观条件。

一、17世纪英国的科学环境

英国是资本主义最早发展起来的国家之一。历史上著名的"圈地运动"实现了资本主义的土地革命，为资本主义工业的迅速发展准备了劳动大军；海外的殖民掠夺使财富迅速积累起来并大量投入工业生产；欧洲大陆的宗教战争使一些技术人才流入相对平静的英伦三岛，于是英国的技术力量得以增强，这些都是英国资本主义工业迅速发展的有利条件。同时，还需要社会改革的配合，以及开拓知识领域和发展自然科学。

英国新教中独特的清教运动影响遍及整个社会，它的教义与教规有利于资本主义制度的建立。清教徒要求废除主教制建立长老制，就是资产阶级要求按民主共和原则建立新社会制度的初步尝试。此外，清教运动的最大特点是主张世俗禁欲主义，它视劳动为一种禁欲手段，认为劳动是人的"天职"，积累财富是上帝的诫命。马克斯·韦伯指出，新教伦理学关于个人在世上应勤奋、节俭和讲究效率的价值观与资本主义精神是一致的。美国社会科学家默顿进一步分析了新教伦理学与科学发展之间的关系。他认为新教伦理学和资本主义精神一样能推动科学的发展，在17世纪英国特定的环境下不能认为科学和宗教之间仍然处于敌对的关系。事实确系如此，这个时期的科学家不但有宗教信仰，而且在他们的科学活动中还渗透了宗教感情，如波义耳和牛顿有意识地希望利用科学成果宣扬上帝的智慧就是典型的例子。清教运动在17世纪的英国作为一种社会文化背景，对科学的发展是具有积极影响的。

17世纪的英国，比起受罗马教皇严格控制的欧洲大陆国家来，有较多的言论自由，这为科学思想的发展创造了良好的条件。借助已经发展起来的运输和通讯手段，科学家之间已有比较多的学术思想的交流。伦敦和剑桥的一些信奉新教的科学家和培根实验哲学的追随者，经常聚会汇报研究成果、讨论科学问题，形成了"无形学院"。它的第一次会议在 1645 年举行，到了 1662 年国王查理二世颁发特许状，于是皇家学会成立。皇家学会以"无形学院"为基础，还并入了许多小型学会。它是欧洲最早建立的科学学会之一，并且逐渐发展成为国际上最著名的科学学会。1665 年起发行定期刊物《哲学会报》，这是最早的科学学术期刊之一。学会和刊物是交流科学成果和科学思想的重要场所，英国 17 世纪著名的科学家波义耳、胡克、牛顿、哈雷、雷恩等人都是学会会员和积极的活动家，英国著名哲学家洛克也是皇家学会会员。这无疑促进了哲学家和科学家的沟通，如洛克与波义耳就有密切的交往。

在英国，科学和哲学的关系是十分密切的，它们相互影响，共同发展。从 F. 培根开始建立了这样的传统。正如马克思所说："英国唯物主义和整个现代实验科学的真正始祖是培根。"[1]

然而，直接刺激科学发展、刺激科学家创造欲望的是经济的发展和生产的需要。它们指出科学研究的方向，提出具体的科学研究课题。17 世纪，随着煤炭被视为一种主要的工业燃料以后，英国的采矿业迅速发展并带来一系列技术问题。生产的需要吸引了科学家的注意，波义耳的《关于煤矿的探索》一文就是适应这一需要而发表的。为解决矿井的供应新鲜空气问题，波义耳和胡克合作进行过矿井通风的试验研究。为解决矿井排水问题，牛顿和哈雷进行过流体流速的理论和实验研究。

---

[1] 《马克思恩格斯全集》第 2 卷，人民出版社 1957 年版，第 163 页。

英国作为一个岛国在资本主义发展之初就十分重视海上运输，而对于航海技术来说最为需要的是，精确而迅速方便地确定船只在海上的位置。这个紧迫的任务使科学家在整个 17 世纪做出了不懈的努力。皇家学会一开始就对在海上进行精确测定经度给予特别的关注，在《哲学会报》第一卷上就发表了一篇叙述摆钟在海上应用的文章。胡克试图改进摆钟，并声称，此项发明能够在海上计量时间（由此即可通过计算确定经度），其精确程度与在陆上用惠更斯发明的摆钟的计时精度相同。木星卫星蚀是伽利略首先发现的，可是在当时谁也没有想到这个天文发现在航海上的价值，格林尼治大文台首任台长弗拉姆斯蒂德认识到，木星卫星蚀的观测是一种方便的确定经度的手段。当时制造和改进望远镜的目的之一是观测木星卫星蚀。牛顿对月球运动的研究部分原因也在于它在确定经度上的价值。对于海上航行来说，另一个重要的实际问题是确定潮汐的时间。皇家学会创立之初就有意于研究出一种正确的潮汐理论，哈雷、沃利斯对这个问题进行过研究。牛顿把这个课题的研究看作是验证万有引力定律的需要，哈雷则看到了牛顿的潮汐理论对航海事业的实用意义。

英国为了称霸海上，除了发展航海业外，还要发展海军的力量。与火器有关的技术科学研究是内部和外部弹道学。内部弹道学中重要的研究课题是气体体积与压力的关系。波义耳经过研究发现了气体体积与压强的反比关系，这就是著名的波义耳—马略特定律。力学家和数学家更多地注意与外部弹道学紧密联系的科学问题。如胡克、牛顿研究过地球自转影响射弹偏离抛物线的问题，哈雷、牛顿做过与外部弹道相关联的流体动力学实验。

总之，17 世纪英国生产的需要，向外扩展和军事上的需要推动了科学的发展，为科学提出了研究课题，从而在发展基础理论、推动技术进步等方面都产生了决定性的影响。

二、牛顿在光学上的成就

牛顿幼年时代就表现出手工制作精巧小机械的才能，中学时代已热衷于欧几里德几何学的学习，而且对大自然充满了好奇心，1661 年进入剑桥大学三一学院学习数学，1665 年获学士学位。1665 年 6 月到 1667 年 3 月，因伦敦的瘟疫大流行，牛顿回到家乡乌尔索普，这是牛顿创造力最旺盛的时期，二项式定理、流数法、颜色理论和万有引力定律在那两年就开始研究了。1667 年重返剑桥三一学院当研究生，1668 年获硕士学位。1669 年牛顿的老师巴罗因赏识他的才华，推举他接替自己的数学教授的席位。此后，牛顿一直在剑桥大学任教。1696 年受聘担任造币厂督监，1699 年起任厂长，1705 年因整顿当时混乱的货币有功被封为爵士。1703 年担任皇家学会会长直到逝世。晚年研究《圣经》，1727 年 3 月 20 日（旧历）在伦敦逝世。为颂扬牛顿对人类的贡献，英国当时诗人 A. 波普写了一个碑铭，镶嵌在牛顿出生房屋的墙上，铭文是："道法自然，久藏玄冥，天降牛顿，万物生明。"①

在牛顿的科学生涯中，最杰出的成就是，建立经典力学体系、发明微积分、提出光和色的理论以及光的微粒说。

牛顿在光学上的成就是杰出的，仅此就可以列入伟大科学家的行列。早在 1664 年他就用三棱镜做了第一项也是极有意义的一项光学试验，1666 年在躲避瘟疫期间又重复了这个试验。他发现，透过三棱镜，太阳光可分解为红、橙、黄、绿、蓝、靛青和深紫等七种颜色的光谱，这说明太阳光是由这七种颜色的光线组合而成的。这

---

① 原文是：Nature and Natrue's laws lay hid in night, God said "Let Newton be" and all was light。

是科学史上最早的光谱研究，在人类对光和色的认识史上具有开创性的意义。这一发现使他认识到折射望远镜容易出现色差的原因，于是萌发了设计制造反射望远镜的构想。1668 年牛顿设计的第一台反射望远镜终于制成。1672 年他赠送一台给皇家学会，由于这项发明，这一年他当选为皇家学会会员。这项发明在天文学上具有重大意义。反射望远镜是天文观测的重要仪器，19 世纪以后，在天体物理学上发挥了巨大的作用。牛顿在皇家学会的学术活动是从递交他的第一篇关于光学的论文开始的。

1672 年牛顿向皇家学会递交了《关于光和颜色的新理论》(发表在《哲学会报》第 80 期上)。这篇论文与当时的科学论文比起来有迥然不同的风格，它的结构新颖、论述紧凑。文中用实验证明，光是由不同折射率的一定数量的光线所组成，并证明光的折射率与颜色的对应关系；还根据光的折射原理成功地解释了大气的重要光象——虹的形成。文中把颜色分为两类：一类为原始的、单纯的颜色，另一类为由原始的颜色组合成的混合色；白色只能由所有的原始色组合而成，纠正了前人关于白色和黑色为两种基本色的错误观念。由于这篇文章的观点遭到胡克的反对，1675 年底牛顿向皇家学会又递交了一篇重要的光学论文《涉及光和色的理论的新假说》。在这篇论文中他提出了对光的本性以及光与以太关系的新看法。在光的本性问题上笛卡尔首先提出，以太的传播运动是光和色的基础。胡克继笛卡尔之后也提出光是以太振动的观点。他在《显微术》(1665)一书中指出，发光体的每一脉动都会引起以太媒质在各个方向上的等速传播，从而形成一个越来越大的球状波；发光体在以太中引起的振动如同投石入水引起的振动一样。牛顿不同意胡克关于振动的以太就是光本身的观点，他在论文中也假设存在以太和以太振动，但除了假定以太是一种能振动的媒质外，他与胡克没有什么共同处。牛顿明确指出，"光既非以太也不是它的振动，而是从发光体传播出来的与此不同的东西"[1]。他认为可以设想："光是一群难以想像地细微而运动迅速的大小不同的粒子，这些粒子从远处发光体那里一个接一个地发射出来，但是在它们相继两个之间，我们却感觉不到有什么时间间隔，它们为一个运动本原所不断推向前进，开始时这种本原把它们加速，直到后来以太媒质的阻力和这本原的力量一样大小为止。"[2] 由此可见，在这篇论文中，牛顿提出了光的本性的微粒说。

光的波动说的代表人物是荷兰物理学家惠更斯。他在 1679 年给法国科学院的报告和 1690 年发表的重要论著《论光》中提出光的波动理论。他认为，光的传播不是物质的转移，而是物质运动的传递，这种传递是通过粒子碰撞进行的，这说明光线不是几何线，光速也不是无限的。他提出的光学原理（后称惠更斯—菲涅耳原理）对光的反射和折射能很好地作了解释；他对冰洲石的双折射现象作了解释，在研究两块冰洲石的双折射现象时发现了光的偏振现象，但未能加以解释。牛顿很重视和赞赏惠更斯的光学研究成果。

牛顿的光学研究成果最后汇总发表在他的《光学》一书中，这是可以与他的《自然哲学的数学原理》齐名的经典著作。为了避免与胡克争论，这本书在胡克逝世后一年，即 1704 年才发表。书的全名为《光学：或关于光的反射、折射、弯曲和颜色的论文》。正如副标题所指出的，《光学》一书的主要部分是讨论光学的基本定义和原理。书中论述了反射和折射的基本原理，光入射到平面、球面和各种透镜上以后反射或折射光程的几何原理等，对一些光学现象，

---

[1]　H. S. 塞那：《牛顿自然哲学著作选》，上海人民出版社 1974 年版，第 108 页。
[2]　H. S. 塞那：《牛顿自然哲学著作选》，上海人民出版社 1974 年版，第 108—109 页。

如光的色散现象、干涉现象、颜色的本性等都重新作了细致的解释。光的干涉现象是牛顿发现的，在这方面他曾做过著名的牛顿环实验，《光学》中对这一实验作了详细定量的描述。在测量干涉条纹的过程中，牛顿实际上已经测量了光波的波长，但是因为他不赞成光的波动说，所以避开了波长这个概念，用光的微粒说进行解释，讨论了"光的周期性"问题。

牛顿在《光学》一书的开头写道，"在这本书中我的意图不是用假说来解释光的性质，而是用讨论和实验来叙述和证实它们"。但是，从第一版开始在最后部分就以问题的方式讨论了一些没有实验基础、没有确切和满意结论的假定性看法。第一版提了 16 个问题，第二版就增加到 31 个问题。恰恰是这最后的 31 个问题引起了牛顿研究者的极大兴趣。在这些问题中牛顿从微粒说出发对一些光学现象，如冰洲石的双折射现象、光的偏振现象和光的猝发现象作了解释，并指出惠更斯的波动说在解释这些现象上的不足之处。问题中还讨论了以太的各种作用、光的超距作用、组成物质的最小粒子的特性等，这些都是后来学术界争论的问题。尤其引人注意的是牛顿讨论了科学研究的方法问题，在一般地区别了分析方法与综合方法以后，牛顿特别强调"在自然哲学里，应该像在数学里一样，在研究困难的事物时，总是应当先用分析的方法，然后用综合的方法。这种分析方法包括实验和观察，用归纳法去从中作出普遍结论，并且不使这些结论遭到异议，除非这些异议来自实验或其他可靠的真理方面，因为在实验哲学中是不应该考虑什么假说的"[1]。由此可以看出，牛顿在科学研究中特别重视分析方法和归纳方法，强调实验和观测的重要性，但完全忽视假说在实验科学中的作用。应该指出的

---

[1] H. S. 塞那：《牛顿自然哲学著作选》，上海人民出版社 1974 年版，第 212 页。

是牛顿并不是绝对"拒斥假说",他的论文题目《涉及光和色的理论的新假说》本身就是一个很好的证明。然而即使在实验科学中排斥假说也必然遭到非议。不过总的看来牛顿的科学研究方法还是受到科学家重视的,因为牛顿的研究成果有力地证明他的科学研究方法是有成效的。

17世纪对光的本性的认识,无论是牛顿的微粒说,还是惠更斯的波动说都有片面性。所以,都有不能解释或者不能圆满解释的光学现象,如微粒说不能圆满解释光的衍射现象和干涉现象,而波动说把光波看作像声波一样的纵波,无法清晰地解释光的直线传播。由于牛顿的权威和惠更斯理论本身也存在问题,光的波动说在整个18世纪没有受到重视,在光学领域人们只承认牛顿的微粒说。直到19世纪初英国物理学家托马斯·杨才重新确立了波动说在光学中的地位。1801年他做了光的干涉实验,论证了光的波动说的正确性,并运用波动理论成功地解释了牛顿环。他第一次测量出了7种颜色光的波长。后来,在菲涅耳和阿拉果关于偏振光干涉实验的基础上,人们认识到光波为横波,于是纠正了长期以来认为光波为纵波的错误观点,光的直线传播问题也迎刃而解了。19世纪中期,麦克斯韦的电磁理论预言电磁波的存在,并确认光是一种电磁波,这个预言在1886年得到赫兹的实验证实。于是,电磁理论使光的波动说取得进一步的胜利。量子力学在20世纪20年代发现光具有波粒二象性,即光既具有波动性又具有粒子性,至此,光的真正本性才终于被揭示了出来。波粒二象性的提出,其意义不止于纠正了微粒说与波动说的片面性,而在于揭示了客观物理现象自身所具有的辩证性。这一方面指出了科学的发展再也逃脱不了"辩证的综合",另一方面也揭示了辩证思维的客观科学根据。

三、牛顿在力学上的成就

质量、动量和力等基本概念是经典力学的基础。牛顿在《自然哲学的数学原理》（以下简称《原理》）这本力学的奠基之作中，给它们下了明确的定义。他把质量定义为密度和体积的乘积，这是质量第一次作为一个独立的量出现。质量概念的确定为提出动量和惯性概念作了准备。牛顿定义动量为质量和速度的乘积，动量是动力学的重要概念；惯性是物体的固有属性，以物体的质量度量。力的概念是牛顿力学的立足点，也是最难定义的概念。牛顿首先把力分为物质自身固有的力和只存在作用过程中外加的力。物质自身固有的力称为惯性力，他把惯性力定义为："物质固有的力，是每个物体按其一定的质而存在于其中的抗抵能力，在这种力的作用下物体保持其原来的静止状态或在一直线上等速运动的状态。"[①] 这种力只有当别的力加于物体之上迫使它改变原来的状态时才显现出来，就是说外加力是使惯性力显现的一种力。所以牛顿定义外加力是一种为了改变一个物体的静止或等速直线运动状态而加于其上的作用力。外加力可以来自碰撞、压力和向心力等。由于《原理》第三编"论宇宙系统"中讨论月球、地球、行星、卫星、彗星的运动都需要向心力的概念，牛顿特别重视向心力的定义。在《原理》最前面所下的8个定义中4个是向心力的定义。这4个定义是：向心力是一种使物体被拉向或推向，或以任何方式趋向作为中心的一点的力；向心力的绝对量正比于把它从中心转到周围空间中的那个根源的效力；向心力的加速量，正比于其在一定时间内所产生的速度；向心力的运动量，正比于其在一定时间内所产生的运动。这里牛顿不仅给向

[①] 《原理》中译本，第2页。此处引注为《原理》中译本页码，但因中译本翻译的文字比较生硬，所以以下均引自 H. S. 塞那：《牛顿自然哲学著作选》，上海人民出版社1974年版，第14—17页。

心力下了一个总的定义，还分别从各个不同方面规定了向心力。牛顿说为简化起见，可以把这些力称为"运动力"、"加速力"和"绝对力"，并且把运动力归之于整个物体的一种趋向中心的企图或倾向，把加速力归之于物体的处所，作为某种从中心散发到其周围所有地方以振动其中物体运动的力量，把绝对力归之于中心，作为赋予中心的某种根源，如果没有这种根源，运动力就不能传播到其周围空间中去。人们经常批评牛顿只讲外力推动，其实牛顿实际上已认识到了物质运动的根源是中心所固有的绝对力。这一假定与辩证法家讲事物自身的内在运动是可以相通的。这说明知性思维尽头之处，必然要求助于辩证思维。因此，将牛顿简单地归之于外力推动又求助于上帝的指头，这种评论未免失之公允。

惠更斯、胡克和哈雷也曾讨论过向心力问题，但他们都没有给出严格的定义。惠更斯在他的重要论著《摆钟》（1673）和《关于运动的离心力》一书讨论了运动物体在绕圆周运动时的离心力，提出了离心力定理并予以证明。然而，对牛顿来说问题是，物体为什么不飞出去，而继续沿着圆轨道运动。从观察者来看，物体表现出一种力图脱离中心的倾向，表现为受离心力的作用，但对物体自身来说，它所承受的恰恰是一种指向中心的外力，这个力迫使它偏离切线方向而沿圆轨道运动。向心力概念就是为了解释在太阳系中为什么行星绕太阳运动、月球绕地球运动以及其他卫星绕其他行星运动而建立的重要概念。

牛顿在"定义"以后，作了一个重要的"注释"。他在注释中说，他只给不太熟悉的词下了定义，而对时间、空间、位置和运动这些人们所共知的词没有下定义。但是，为了消除一般人的偏见，有必要把它们区分为绝对的和相对的、真正的和表观的、数学的和通常的。于是，牛顿建立了绝对时间、绝对空间和绝对运动这样一些独特的概念。这些概念虽然后来遭到马赫的批评，但牛顿建立这些概念却是为了建立他的运动第一定律即惯性定律的需要。因为，只有以绝对空间作为度量运动的参照系，或者以其他作绝对匀速运动的物体为参照物，惯性定律才成立。在《原理》中紧跟着关于时间、空间和运动注释后面的是牛顿运动三定律。运动三定律是牛顿力学的支柱。它们使力学从用几何方法描述运动转到研究物体在受力状态下的运动规律，即把力学的重点由运动学转为动力学，这是对力学的重大突破。

牛顿运动三定律中第一、二定律都不是他的发现，只有第三定律才是牛顿自己的发现。第一定律伽利略和笛卡尔都提出过，第二定律也是以伽利略的研究为基础，只是他们都没有牛顿表述得明确。特别是把三个运动定律联系在一起，这样系统地提出来是牛顿的功绩，所以这三条定律统称为牛顿运动定律，或牛顿定律。

牛顿运动第一定律，即惯性定律是伽利略在斜面实验时提出的。在1638年出版的《两门新科学》中伽利略是这样叙述的："一个运动的物体假如有了某种速度以后，只要没有增加或减小速度的外部原因，便会始终保持这种速度——这个条件只有在水平的平面上才有可能，因为假如在沿斜面运动的情况里，朝下运动则已经有了加速的起因，而朝上运动，则已经有了减速的起因，由此可知，只有水平的平面上的运动才是不变的，因为假如速度是不变的，运动既不会减小或减弱，更不会消灭。"[①]笛卡尔在《哲学原理》（1644）中说："只要物体开始运动，就将继续以同一速度并沿着同一直线方向运动，直到遇到某种外来原因造成阻碍或偏离为止。"而牛顿的表述比伽利略和笛卡尔更为全面、明确："每个物体继续保持其静止或

① 爱因斯坦、英菲尔德:《物理学的进化》，上海科学技术出版社1979年版，第6页。

沿一直线作等速运动的状态，除非有力加于其上迫使它改变这种状态。"① 牛顿第一定律指出，为了改变物体的静止状态或运动速度必须有外力作用，而所需外力的大小决定于质量，所以第一定律建立在关于质量和力的概念的基础上，物体在无外力的作用下保持原有状态不变，而物体保持原有状态的性质称为惯性，所以第一定律又称为惯性定律。

第一定律是一种定性的定律。定量地描述运动，是牛顿运动第二定律，所以第二定律又称为运动定律："运动的改变与所加的动力成正比，并发生在所加的力的那个直线方向上。"② 这个定律可以换一种方式表述为：物体的动量随时间的变化率同该物体所受的力成正比，并和力的方向相同。根据《原理》中的定义，动量（P）为质量（m）和速度（v）的乘积。上面的描述若用公式表示则为：$F = \mathrm{d}p / \mathrm{d}t = \mathrm{d}(mv) / \mathrm{d}t$，在经典力学中一物体的质量是不会变化的常数，所以 $F = m \cdot \mathrm{d}v / \mathrm{d}t$，而 $\mathrm{d}v / \mathrm{d}t$ 为加速度 a，所以上公式通常写为 $F = ma$。这就是牛顿第二定律的公式。这是个极为重要的公式，因为在动力学的研究中必须定量地确定力的概念，它在工程学中有广泛的实用价值。公式中的加速度概念最早是伽利略提出的，在伽利略之前只有速度的概念没有加速度概念，是伽利略首先发现力不是产生运动的原因，而是改变运动速度（加速或者减速）的原因（伽利略自己并未意识到这一点），所以说牛顿第二定律是在伽利略研究的基础上提出的。

牛顿运动第三定律是：每一个作用总是有一个相等的反作用和它相对抗；或者说两物体彼此之间的相互作用永远相等，并且各自

① 《原理》中译本，第 21 页。牛顿运动三定律的文字表述引自 H. S. 塞那：《牛顿自然哲学著作选》，上海人民出版社 1974 年版，第 28—29 页。

② 爱因斯坦、英菲尔德：《物理学的进化》，上海科学技术出版社 1974 年版，第 6 页。

指向其对方，这个定律又称作用与反作用定律。牛顿指出，关于物体的作用与反作用永远相等的论点由贾恩、克里斯多弗、沃利斯和惠更斯等人的完全弹性碰撞实验和他自己的非完全弹性碰撞实验所证明。第三定律和第二定律结合研究物体的碰撞便知，如果两物体发生碰撞，它们的动量将发生同样的变化，但方向相反，而两物体如果不受外力作用只有相互作用，它们的总动量变化等于零，这个结论也可以推广到由任意多个物体组成的不受任何外力作用的封闭系统，也就是说在一个封闭的系统中总动量保持不变。这个由第三定律推出的动量守恒定律是力学中的一个重要定律。

牛顿运动定律在 18 世纪经过著名数学家、力学家欧拉·拉格朗日和达朗贝尔等人的发展，在物理学和工程学中起着越来越大的作用。整个 18 世纪和 19 世纪的大部分时间都没有人提出怀疑和异议。直到 1883 年奥地利物理学家和哲学家马赫开始，才有人提出不同的观点。马赫在他的《力学史评》一书中，一方面高度评价了牛顿在力学上的巨大成就，另一方面对牛顿力学的基本原理进行了批评。马赫首先指出，牛顿对质量的定义是含混的，是一种循环定义，因为牛顿把质量定义为密度和体积的乘积，而对密度没有给出严格的定义。事实上，密度应该由质量来定义，因为，密度是单位体积的质量。马赫提出了一个比较质量大小的方法："如果我们取参考物体和 A 的质量为单位，那么另一物体在和 A 相互作用下给予 A 的加速度为其自身所得加速度的 m 倍时，我们就称它的质量是 m。"[1] 马赫这种由惯性度量质量的思想受到力学界的重视。马赫对牛顿的绝对时间和绝对空间观念的批评被公认为是成功的。牛顿说，绝对的、真正的和数学的时间自身在流逝着，而且由于其本性而在均匀地，与

---

[1] 转引自《近代物理学史研究》，王福山主编，复旦大学出版社 1983 年版，第 183 页。

任何其他外界事物无关地流逝着，它又可以名之为"延续性"①。马赫从一切科学知识的基础和起源是感觉经验这一观点出发认为，我们只有通过事物的相互关系才能取得时间的观念，时间是通过事物变化所达到的一种抽象，一切事物都是相互联系着的，如果我们说事件 A 随着时间变化，这意味着事件 A 的状态依赖于事件 B 的状态。而牛顿脱离物质而存在的绝对时间不可能由物质的运动来量度，所以它是没有实际价值和科学价值的形而上学观念。马赫对牛顿那种与外界任何事物无关而永远是相同的和不动的"绝对空间"，以及从某一绝对处所向另一绝对处所的移动的"绝对运动"，也有类似的批判。他认为脱离物质而存在的绝对空间和绝对运动的概念是思想的产物，也是形而上学的观念。因为假如没有其他物体的存在，使我们能相对于它们来判明某一物体的运动，我们根本就不可能有对这个物体运动的认识。马赫还进一步指出，没有必要把参照系归结为绝对空间，考察物体的运动应以宇宙空间的物体为参照，因而惯性定律不应表述为孤立物体相对于"绝对空间"的加速度为零，而应表述为相对于整个宇宙的平均加速度为零。马赫关于时间对事件依赖关系的思想，在爱因斯坦的狭义相对论里得到了进一步发展，它认为时间不仅依赖于事件之间的相互关系还依赖于参照系。马赫关于物体的惯性性质依赖于宇宙中物质的分布及惯性力在本质上是一种引力的思想，被爱因斯坦称为"马赫原理"。这一原理对爱因斯坦提出广义相对论的等效原理有启发作用。但是马赫在批判牛顿的绝对时空观和绝对运动观时，错误地把时间、空间和运动的相对性绝对化了，否认它们独立于感觉之外的客观实在性。此外，马赫还

---

① 《原理》中译本，第 8—9 页；H. S. 塞那：《牛顿自然哲学著作选》，上海人民出版社 1974 年版，第 19 页。

指出，牛顿的质量和力的定义存在缺点时，试图对质量和力下运动学的定义。邦柯 1965 年曾指出，马赫用操作主义方法而不是用公理结构来建立经典力学，所以他对质量和力下的定义是失败的；他企图把动力学归结为运动学是错误的、不可行的。

虽然牛顿学说有不够完备之处，而且随着科学的迅速发展，日益暴露其局限性，并为后世科学家做出必要的修正，到爱因斯坦学说出现便意味着牛顿独领风骚 200 年的时代的结束。尽管如此，近代实证科学的确立，文艺复兴以来科学发展的系统综合与哲学理论的完成，都应归功于牛顿的天才与勤奋。牛顿在西欧科学与哲学的发展过程中，是一个划时代的科学巨人。他的科学论断虽说有的过时了，但他关于实证科学的研究方法以及对西欧科学认识论的文化传统的深化，却有永恒的意义。

第二节　万有引力理论的权威和力学的领先地位

以牛顿运动三定律和万有引力定律为基本原理的经典力学，在近代科学发展的进程中始终处于领先地位。这种领先地位的形成，一方面也决定于人类对自然规律的认识有一个由低级向高级的发展过程，人类只能先认识宏观物体的低速机械运动；另一方面也决定于牛顿力学体系本身的完善性，它是当时力学知识的总汇，是前人力学理论的综合，它把过去截然分离的天体的运动和地上物体的运动统一在一个力学体系中。特别是万有引力定律的确立，更体现了牛顿力学的先进性。万有引力理论使古老的天文学出现了勃勃生机，一门新的学科——天体力学在它的基础上建立了起来，经过几代人的努力，天体力学在 18 世纪得到迅速的发展。随着天体力学的发展，万有引力的权威也逐渐树立起来。到 19 世纪中期，根据万有引力的理论预言，海王星被发现了。这个科学事实被誉为理论预言成功的典范，人们不得不折服于万有引力理论的威力。

一、万有引力定律的确立和几个值得讨论的问题

万有引力定律常常这样表述：自然界中任何两个质点都以一定的力相互吸引着，这个力同两个质点的质量乘积成正比，同它们之间的距离的平方成反比（$F = Gm_1m_2/R^2$）。这个定律运用于太阳系时把太阳系中的天体看作是密度均匀的多层球，因为对于这样的球体可以作为质量集中于球心的质点来处理，同时太阳系天体之间的距离比它们的直径要大得多，因此，无论是讨论太阳对行星的引力，还是讨论行星对卫星的引力，或是讨论行星之间的引力时，都可以近似地当作质点问题来处理。既然所有的质点之间都有相互吸引，由质点组成的物体当然也相互吸引。地球上的物体也在相互吸引，只是由于物体的质量比起地球的质量来微不足道，所以它们相互之间的引力比起地球对它们的引力来是极其微小而可以忽略不计的。万有引力作为理论探讨是从研究太阳系中天体运动的问题开始的，万有引力定律确立后也主要是解决太阳系中存在的天体运动问题。因此，引力的提出，是天体运动研究的一个重大突破。它既推动了天文学的深入发展，又对力学自身的深化起了决定性的作用。

牛顿《原理》的主题是论证万有引力定律，该书整个第三编论宇宙系统，就是为达到这一目的而写的。书中并没有以完整的形式给出对万有引力定律的描述。在第一编第十二章论球形物体之吸引力和第三编第一章论宇宙系统之原因和最后的总释中有类似的文字叙述，但是大多是将构成定律的两部分——引力与相互吸引的两天体的质量的乘积成正比和引力与两天体距离的平方成反比，加以分别叙述，而且，更多的地方是强调引力与天体之间距离成反比，这

就是著名的平方反比定律（$F\infty 1/R^2$）。

最早发现平方反比定律的人是法国数学家和天文学家布里奥。他是在研究开普勒行星运动定律时提出的，他指的是太阳对行星的驱动力与太阳和行星之间的距离成反比，并且只是一种猜测。胡克、哈雷和雷恩也讨论过平方反比定律。哈雷在研究开普勒行星运动第三定律时提出起吸引作用的力是和距离的平方成反比的看法。胡克也认为，要论证一切天体运动的定律，就必须从平方反比定律出发，并以它为基础。但是由于数学基础不够，他们都不能提出数学证明。牛顿早在 1666 年就思考过地球对月球的引力与地球和月球距离变化的关系，想到过平方反比定律。因此，1684 年当哈雷到剑桥向牛顿请教时，又激起了牛顿研究这个问题的热情。1684—1685 年牛顿作了《论天体运动》的一系列演讲，在此基础上 1686 年写出《原理》一书。由此可见，和哈雷讨论平方反比定律是牛顿写《原理》的契机。由此也可以说明，一项重大的科学发现，决非某个科学家一时的"灵感"，偶然"颖悟"而得。它首先得之于时代所提供的成熟的条件；其次，不少学者先后的努力，从各个侧面有所建树；再次，还要有充分的科学信息的交流；最后，有一位杰出的科学家画龙点睛进行整体的概括。这一步决非简单地归纳总汇，必须具有某种哲学的洞察力与科学的敏感才能成功。否则，重大成果便可能从鼻尖下溜走。

万有引力定律是由向心加速度（$a = v^2/R$）、牛顿运动第二定律（$F = ma$）、开普勒行星运动第三定律（$T^2/R^3 = K$）以及牛顿第三定律（$F = F'$）等公式一步一步推导出来的。万有引力定律（$F = Gm_1m_2/R^2$）中包含了重要的平方反比定律（$F\infty 1/R^2$）。平方反比定律后来推广到电磁学中，对电磁学的发展有一定的推动作用。

牛顿发现万有引力后又引出了值得讨论、难以回答的三个问题，即关于行星横向运动的起源问题、关于引力的原因问题和关于引力的传递方式问题。

（一）关于行星横向运动的起源问题

自从开普勒提出行星运动三定律以后，许多科学家都在思考这样一个问题，为什么行星能沿着轨道按开普勒揭示的规律绕太阳运行而不飞离太阳？当牛顿提出向心力概念以后，这个问题解决了，但又引出另一个问题：行星受太阳的引力作用能不离开太阳，那么为什么没有坠入太阳呢？回答是：行星沿轨道运动是向心力和切线力合成的结果。那么，接下去的问题是造成行星横向运动的切线力又来自何方呢？这就是关于行星横向运动的起源问题。这本来是个科学上的问题，但牛顿却作了神学上的回答。牛顿是 1692 年和 1693 年在给牧师 R. 本特利的信中涉及这个问题的。牛顿在信中写道："第一，如果把地球（不连月球）放在不论何处，只要其中心处于轨道上，并且先让它停留在那里不受任何重力或推力的作用，然后立即施一个指向太阳的重力，和一个大小适当并使之沿轨道切线方向运动的横向推动；那么按照我的见解，这个引力和推动的组合将使地球围绕太阳作圆周运动。但是那个横向推动必须大小恰当；因为如果太大或太小，就会使地球沿着别的路线运动。第二，没有神力之助，我不知道自然界中还有什么力量竟能促成这种横向运动。"[①] 接着他又说："所以重力可以使行星运动，然而没有神的力量就决不能使它们作现在这样绕太阳而转的圆周运动。"牛顿关于上帝在地球和行星横向运动起源上所起作用的看法不是偶然的，而是来自一个基督教徒的宗教感情，来自对上帝的无限崇敬。牛顿在《原理》最后的"总释"中也有关于上帝与时间和空间关系的大段论

---

① H. S. 塞那：《牛顿自然哲学著作选》，上海人民出版社 1974 年版，第 62 页。

述，集中体现了他的神学宇宙观。尽管牛顿在回答最后因的问题时常常要求助于上帝，但正如伽利略所主张的，近代自然科学回答的是"怎么样"，而不是"为什么"。所以，牛顿的神学观点并没有影响他在天体力学上取得的具体成就。其实这种讲法，虽然披上了神学的外衣，但根本的是因为：科学家对那最后的根据尚无法把握时，采取的一种方便的说法。如果不提神罢，一般也只能说：我认定如此。神力决定也好，主观认定也好，都脱离了科学的轨道。当归到客观的合理的科学解释以后，神与我也就消失了。因此，这类假定，对科学的前进，确是无关紧要的。

地球和行星的横向运动问题在笛卡尔的太阳系起源的漩涡假说和康德—拉普拉斯的星云说中应该是不成问题的，因为由漩涡或旋转的星云起源的太阳系，其中各个天体的横向运动随物质的漩涡运动和旋转的星云与生俱来。然而，问题在于太阳系起源问题的研究直到现在仍处在假说阶段，而且假说林立，如星云说认为太阳系整体的旋转运动的动力来自星云内部，而与之对立的突变说则认为，形成行星的物质和运动都必须借助于外力，通常的说法是来自其他恒星的拉力。总之，这个问题从神学上回答是权宜性的，但科学上直到现在也没有得到圆满的回答，它仍然是太阳系起源假说中尚未解决的问题。

（二）关于引力的原因问题

牛顿在《原理》的"总释"中写道："但是直到现在，我还未能从现象中发现重力所以有这些属性的原因，我也不作任何假说；因为凡不是从现象中推导出来的任何说法都应称为假说，而这种假说无论是形而上学的或者是物理学的，无论是属于隐蔽性质的或者是力学性质的，在实验哲学中都没有它们的地位。"[1]尽管牛顿曾一再声

---

① H. S. 塞那：《牛顿自然哲学著作选》，上海人民出版社1974年版，第53页。

明，他不了解引力的原因，只知道引力确实存在，并且按已经发现的规律在起着作用，所以能用万有引力解释天体运动和海洋中的潮汐现象。但是，在引力和物质关系问题上还是被本特利误解了。牛顿在 1692 年给本特利的信中慎重地写道："你有时说到重力是物质的一种根本而固有的属性，请别把这种看法算作我的见解。因为重力的原因是什么，我不能不懂装懂，还需要更多的时间对它进行考虑。"①牛顿认为，把引力归结为物质的根本而固有的属性是一种假说，它不是从现象中导出的，不能用实验加以证明，因而不能作为结论提出。但从这一点上不能推论牛顿完全否定假说的作用。事实上牛顿认为，假说有助于提出或者可以提供一些实验课题。在他看来，进行哲学研究的最好最可靠的方法是勤恳地去探索事物的属性，并用实验来证明这些属性，然后进而建立一些假说。②

牛顿在对待引力原因问题上的谨慎态度现在看来是完全正确的。1916 年爱因斯坦在广义相对论的研究中指出，引力是空间的属性，是空间弯曲的结果，引力相互作用是通过引力场进行的。爱因斯坦还预言了引力波的存在，认为粒子在引力波的作用下产生运动。20 世纪 70 年代在射电脉冲双星的观测中找到了引力波存在的间接证据。量子引力理论预言引力场中引力子的存在，但目前粒子物理学还没有获得引力子的实验证明。直到现在，在各种引力理论中还有许多悬而未决的问题，引力的本质问题还需要深入研究。

（三）关于引力的传递方式问题

对引力的传递方式问题有两种可能的回答，一种是引力以瞬时超距的方式传递；另一种是引力通过中间媒介物质传递。承认虚空

---

① H. S. 塞那：《牛顿自然哲学著作选》，上海人民出版社 1974 年版，第 62 页。
② H. S. 塞那：《牛顿自然哲学著作选》，上海人民出版社 1974 年版，第 7 页。

存在的原子论者相信，引力作用是超距作用，而承认空间充满以太的以太论者则相信，引力作用是接触作用。追随笛卡尔的人的观点是，相信空间充满以太，引力通过以太接触传递。牛顿的追随者则相信引力作用是超距作用，他们反对以太论，如科茨在为牛顿《原理》第二版写的序言中就有这样的看法。《原理》序言中的观点，很自然被理解为是牛顿的观点，至少牛顿同意科茨的观点。然而事实上，牛顿本人反对把引力作用看成超距作用，并且他也作过空间充满以太的假设。1692 年他在给本特利的信中说："至于重力是物质内在的，固有的和根本的，因而一个物体可以穿过真空超距地作用于另一个物体，毋须有任何一种东西的中间参与，用以把它们的作用和力从一个物体传递到另一个物体；这种说法对我来说，尤其荒谬，我相信凡在哲学方面有思考才能的人决不会陷入这种荒谬之中。"①

科学史上接触作用和超距作用两种观点究竟哪一种占统治地位，决定于以太论的沉浮。18 世纪由于笛卡尔主义反对引力的平方反比定律，致使牛顿学派成员反对以太论。由于万有引力理论的权威性，使这场争论以笛卡尔派的失败告终。随之，以太论衰落，相反引力为超距作用的观点得以流行。19 世纪随着在菲涅耳的光学理论中以太的存在再次得到论证，以太论又兴起。19 世纪 60 年代以太在麦克斯韦的电磁理论中也取得了地位，于是，以太论越来越得到发展，当然，这就使引力为接触作用的观点占优势。然而，从 19 世纪中期开始以太论已经潜伏了危机，这个时期进行了一些实验，试图显示地球相对以太参照系运动所引起的效果，但得到的结果是否定以太的存在。1887 年迈克尔逊·莫雷进行了一次著名的试图证明以太存在的实验，得到的结果仍然是否定存在地球相对于以太的运动。

---

① H. S. 塞那：《牛顿自然哲学著作选》，上海人民出版社 1974 年版，第 64 页。

20世纪爱因斯坦的广义相对论提出后，人们相信电磁场和引力场都是物质存在的一种形式，场可以在真空中以波的形式传播。于是电磁相互作用，引力相互作用都无须再借助以太来传递了，当然它们也不是超距作用，因为场是物质的形式，真空也不是绝对的空无一物。当确定光速是一切物理作用传播的最大速度以后，引力作用更不可能是瞬时作用了。看来引力可能是在引力场中以波的形式以光速传递。

二、天体力学的建立和发展

天体力学的数学基础是微积分。早在1665年牛顿就发明了微积分（他称之为"流数术"）。1714年牛顿在备忘录中回忆青年时代的科学发明时说，1665年他发明了计算切线的方法，11月间发现了微分计算法，第二年5月开始研究积分计算法。他曾发表过三篇微积分方面的论文，这些论文都在《原理》之后才正式发表，关于微积分的基本概念、计算方法和应用在《流数法和无穷级数》一文中论述得最清楚，但这篇文章迟至1735年才发表。在《原理》中，为讨论天体的轨道运动，牛顿提出了"首末比"方法，即曲线上运动点的极限运算方法。牛顿在《原理》第三编一开始就指出，为了顺利地阅读第三编"论宇宙系统"的内容，必须先搞懂第一编第一、二、三章中关于"首末比"方法、向心力的求法以及圆锥曲线上的运动等内容。

牛顿在《原理》第三编论述的是天体力学的问题，应用万有引力理论讨论太阳系内天体的运动规律。其中大行星的运动理论是18、19世纪天体力学的主要对象。牛顿试图解释月球轨道的周期差和近地点进动，这个问题在18世纪中许多数学家又继续研究了很长时间。此外还讨论了海潮、岁差等问题。由于这一系列天体力学问题的研究，虽然牛顿并未提出"天体力学"这一学科名称，天文学界还是公认牛顿为天体力学的创始人。

从牛顿开始直到 19 世纪后期，天体力学以经典力学为理论工具，称为经典天体力学时期。它的主要研究对象是大行星和月球，研究方法是经典分析方法。18 世纪的分析力学家欧拉、拉格朗日都是天体力学的奠基人，拉格朗日的《分析力学》(1788) 在其后的天体力学的研究中起了非常重要的作用。拉普拉斯是天体力学的集大成者，他的 5 卷 16 册巨著《天体力学》是经典天体力学的代表作。在 1799 年出版的第一卷中拉普拉斯指出"天体力学"是一个学科名称，他还规定了这个学科的研究领域。从此，一门新学科正式诞生了。

大行星运动的理论研究从开普勒开始，但开普勒的行星运动定律只是一种运动学的研究，只有牛顿才对开普勒的行星运动定律做了动力学的解释。18 世纪时，天体力学家发现，按照牛顿万有引力理论，行星若只受太阳引力的作用，那么它们的运动遵循开普勒定律，但事实上，行星不仅受太阳的引力作用还受其他行星的引力影响。受其他行星的吸引使某一行星的运动偏离开普勒椭圆轨道的现象在天体力学中称为"摄动"。研究这种现象的理论称为摄动理论。摄动理论是研究大行星运动的重要理论，它是牛顿万有引力理论的重要发展。

拉普拉斯用摄动理论解决了一个被开普勒和牛顿提出、但始终未能解决的问题，即木星轨道在不断收缩，与此同时，土星的轨道却在不断地膨胀。这个所谓的土、木星轨道的涨缩问题是天体力学上的一个难题。1748 年欧拉因研究这个问题的需要创立了任意常数变易法，从此开始了天体力学研究的分析方法。1773 年拉普拉斯用分析方法对木星和土星的轨道进行计算后近似地证明它们的轨道大小只有周期性的变化。木、土星轨道的胀缩是相关联的，是两个行星之间的相互摄动造成的，这是一种长周期摄动，摄动周期为890年。这种摄动约束木星和土星的轨道运动，使它们的轨道出现对应的收缩和膨胀现象。拉普拉斯从这个问题的研究开始了太阳系稳定性的探讨。他试图解决太阳和大行星组成的这个力学系统是否能保持长期稳定的问题。或者说，大行星是否能一直稳定在目前的轨道上，不会发生轨道不断膨胀，以致最后逃离太阳的引力范围，或者轨道不断收缩，以致最后坠入太阳，或者两行星轨道不断接近，以致最后相互碰撞。1786年拉普拉斯发现，行星之间的摄动力是守恒的，没有长期效应，只有周期性的轨道变化。这使得行星轨道的偏心率和倾角的变化很小，并且能自动调节。这样，在拉普拉斯看来，行星平均运动的不变性，保证了太阳系的稳定性。其实，这是一个很复杂的问题，直到现在也未能真正解决，拉普拉斯得出的只是一个初步的、近似的证明。由此可以看到，绝大多数科学学说都具有假说性、暂时性。杰出的科学家仅仅在于能突破旧说，前进一步。某一个科学家很难能毕其功于一役，穷究客观真理。

科学史上把海王星的发现作为理论预言成功的光辉例证。这个理论就是建立在牛顿万有引力定律基础上的摄动理论。所以，摄动理论的胜利就是万有引力理论的胜利。1781年英国天文学家 W. 赫歇耳发现了天王星。但用摄动理论计算的天王星位置与实际观测的位置总是不符合，这个结果可以有两种解释：（1）摄动理论（也就是万有引力理论）不正确；（2）在考虑天王星的摄动因素中有一个未知行星的作用没有考虑进去。这就是说，在天王星外面还有一个行星对天王星有引力作用，使它的位置偏离了理论值。由于万有引力理论的权威性，大多数天文学家都相信第二种解释。1845年英国天文学家亚当斯和法国天文学家勒维耶同时研究这个问题，他们用摄动理论计算出这个未知行星的轨道，并预测了它的位置。亚当斯的预测没有引起重视，勒维耶的预测于 1846 年为柏林天文台的伽勒通过观测所证实。这颗新发现的行星后来取名为海王星。经过一番争执，天文学界公认，海王星是勒维耶和亚当斯共同发现的。海王星的发现使万有引力理论的权威性达到了顶峰，然而接下来的天文事实又暴露了它的局限性。

勒维耶经过长期观测发现了水星近日点进动的反常值，即根据摄动理论推算的理论值与天文观测值不符。鉴于海王星发现的成功经验，勒维耶相信，这是水星轨道内有一个未知行星的吸引作用造成的。于是他预测了这个行星的位置，但是并没有得到观测的证实，这一次他失败了。直到 20 世纪爱因斯坦的广义相对论才成功地解释了水星近日点反常进动的问题。水星近日点反常进动是广义相对论的四大验证之一。万有引力理论在解决这个问题上的无能为力，并不是这个理论的本身有什么错误，只是证明任何理论都有它的适用范围，都有它的局限性而已。

月球是地球的卫星，是距离地球最近的自然天体，它的运动最易观测。近代以来由于航海事业的迅速发展，海上定位是一个重要的实际问题。解决这个问题需要天体力学的帮助，制定月球历表的工作显得特别重要。实际需要推动理论发展，月球运动的理论研究历来受到天体力学家的重视，欧拉在牛顿研究的基础上，第一个提出比较完整的月球理论。拉普拉斯也从事月球理论研究，1787 年他发现月球运动的长期加速现象，天体力学家长期被这个问题困扰。直到 20 世纪 20 年代才认识到考虑月球运动虽然首先必须考虑太阳和地球的引力作用，但其他因素也不能忽略。月球运动的长期加速现象就是潮汐摩擦使地球自转变慢引起的表象。过去以为是月球理论的缺陷，经过研究终于解决了这个问题。

18、19 世纪天体力学的研究证明，太阳系中所有天体的运动都服从万有引力理论。留下的问题是太阳系以外的天体的运动是否符合万有引力理论呢？研究证明，双星、聚星和星团内恒星的运动也服从万有引力理论，20 世纪以来它们也成了天体力学的研究对象。像太阳系中行星绕太阳公转一样，银河系中的天体也绕银河系中心作公转运动。那么，银河系内天体（如单个恒星、双星、聚星和星团等）的运动是否也服从万有引力定律呢？经过细致的分析研究证明，万有引力理论也适用于银河系以及与银河系属于同一级的天体系统（河外星系）内天体的运动。1929 年哈勃发现星系谱线的系统性红移后，现代宇宙学家认为，宇宙作整体地膨胀运动，星系参加宇宙整体的膨胀运动，即星系在互相远离。这种运动不服从万有引力定律，在这里牛顿的引力理论为爱因斯坦的引力理论或其他的引力理论所代替。

三、力学的领先地位和物理学其他分支学科以及化学和生物学的兴起

从 1687 年牛顿《原理》出版到 1897 年 J. J. 汤姆逊发现电子，经典物理学出现危机，力学经过了 200 年的发展，已经成为物理学中一门成熟的学科，有自己的分支体系（包括分析力学以及刚体力学、变形体力学和流体力学等门类）。20 世纪力学虽然已不占领先地位，但各分支学科仍然有很强的生命力，它们是很多工程技术的基础理论。

18 世纪欧拉、达朗贝尔和拉格朗日创立的分析力学使经典力学的理论日臻完善，特别是拉格朗日的表达力学定律的新方法大大提高了力学的解题能力，经典力学随之迅速发展，分析力学还为力学理论推广到物理学的其他领域开辟了道路。19 世纪哈密顿进一步发

展了分析力学。哈密顿表达形式使分析力学知识在统计力学和量子力学中起重要作用，它是 20 世纪从古典物理学过渡到现代物理学的重要工具。刚体力学（包括质点力学）和变形体力学（包括弹性力学和塑性力学）都是 17 世纪就开始研究，经过 18、19 世纪理论的发展，到了 20 世纪在现代先进技术，如人造卫星、空间探测器和粒子加速器中大展宏图的力学分支。

　　流体力学是经典力学的重要分支，设计船舶和水利工程的需要使它成为近代科学技术中较早发展起来的基础理论。早在 16 世纪斯台文就在阿基米德原理的基础上研究流体静力学方面的问题了。伽利略也以阿基米德为榜样，进行浮体的实验研究。虚空（近代称为真空）是否存在的长期争论促进了 17 世纪真空的实验研究，托里拆利的真空实验不但证明了真空存在，还证明了大气压力的存在，从而发明了水银柱式大气压力计。气压计在日后发展起来的气象学中起了极其重要的作用。17 世纪中期帕斯卡奠定了流体静力学的基础，他提出了流体静力学的基本定律 —— 帕斯卡定律：加在密闭流体任一部分的压强，必然按照其原来的大小由流体向各个方向传递。根据这个定律他提出了水压机的最初设想。

　　17 世纪已经开始了流体动力学方面的研究，但并没有建立起理论基础。18 世纪流体动力学得到了迅速的发展，这与 D. 伯努利和欧拉的研究工作是分不开的。1738 年伯努利出版《流体动力学》专著，确立了学科的名称，书中提出表述流体的压强、密度和流速关系的伯努利方程。1755 年欧拉提出连续介质概念，提出了理想流体模型，建立了无粘流体力学的基本方程 —— 欧拉方程。伯努利和欧拉被认为是流体动力学的创始人。他们的理论为水动力学、大气动力学和空气动力学奠定了基础，它们在水利工程、气象事业和航空事业中都有广泛应用。

同力学及其分支学科的发展比起来，物理学的其他分支学科，如热学、磁学和电学，以及自然科学的其他学科，如化学、生物学在 17、18 世纪发展是缓慢的，直到 19 世纪才开始发展起来。这种现象产生的原因若从认识的进程上来分析也是十分自然的。认识的顺序只能是机械运动、物理运动、化学运动和生命运动。此外，最先发展起来的力学，培养了科学家机械的思维方式，影响了人们正确地认识高级运动形式。所以在这些学科中，17、18 世纪多多少少都有些错误的理论在阻碍它们的正常发展，而这种现象在力学及其分支学科中并不存在。

热学是研究物体处于热状态下的性质及其变化规律的学科。热是一种能量的传递，是构成物质系统的大量微观粒子无规则混乱运动的宏观表现。对热本质的这种认识经过了漫长的时间才达到。19世纪 40 年代以前，有一种错误的观点影响人们对热的本质的正确认识。这种观点认为，热是一种没有质量的流体，叫热质或热素，它不生不灭，可以透入一切物体，物体的冷热决定于热质的多少。这种观点称为热质说。18 世纪许多物理学家，受牛顿的物体由微粒组成和光的微粒说的影响，相信光、热、电和磁是由特殊的流体组成，这些流体能穿过物质，不能称量，故称为不可称量的流体，热素就是这种性质的流体。热质说开始作为解释热学实验的学说为许多化学家所接受，甚至拉瓦锡也相信热质说。在他的《化学元论》（1789）中说，无机元素中包含热质和光素。但是由于热质说的机械论特点，强调热质不生不灭，只有机械运动，无法理解机械运动向热运动的转化，所以，无法解释摩擦生热的实验事实。从 18 世纪末就开始有人排斥热质说了，并且人越来越多。但直到 19 世纪 40 年代能量守恒和转化定律提出，确认热是一种能量，可与机械能相互转换以后，热质说才被彻底推翻。

能量守恒和转换定律的提出，标志着热学理论建立了起来，这就是热力学，能量守恒和转化定律就是热力学第一定律。这个定律是迈尔、焦耳、科耳丁和赫尔姆霍兹几个科学家独立发现的。其中赫尔姆霍兹的研究最为深入、全面，他发展了迈尔与焦耳等人的工作，分析了力学、热学、电学和化学的研究成果，全面论述了机械运动、热运动以及电和磁运动中"力"的相互转换和守恒的规律。热力学第一定律摆脱了经典力学的机械性，于是热力学开始迅速发展。恩格斯认为，能量守恒和转换定律是19世纪自然科学的三大发现之一。

电磁学是物理学重要的分支学科，但经典电磁学诞生于19世纪60年代，比经典力学整整迟了200年。从17世纪初由吉尔伯特的研究开始，电学和磁学一直是分为两门独立的学科缓慢地发展着的。18世纪主要研究静电电荷的产生、性质和相互作用。18世纪末才开始由静电的研究过渡到动电的研究。1800年伏特发明伏打电堆和电池，从此转瞬即逝的电流可以稳定持续地保存下来，这促进了电学的迅速发展。然而，直到这时电学并没有和磁学结合起来研究，甚至还认为电和磁是独立作用的。1820年奥斯特发现电流的磁效应以后才开始了电磁学的研究，但这时只认识了电与磁关系的一个方面，即电能够转化为磁。接着就产生一个很自然的问题：磁是否能转化为电呢？这个问题由法拉第回答了。在奥斯特发现电流的磁效应后，法拉第就相信一定有逆效应存在，1822年有了磁转化为电的设想。经过无数次实验的失败，1831年终于发现在磁铁和导线闭合回路中有感生电流产生，法拉第称为"磁电感应"。他直观地想象，磁铁周围是一个充满力线的场，由于导体切割力线而产生感生电流。他认识到，不是磁场强度导致磁转化为电，而是磁场强度的变化导致了电流的产生。法拉第用力学概念来解释电磁现象，但他反对力的超距作用。其实有了力线和场的概念就足以说明电的接触作用，但法拉第还是引进了电磁以太概念，认为电磁力在空间通过以太振动传播，传播速度是有限的。

法拉第的力线和场的概念是直观的，没有数学论证，麦克斯韦认识到法拉第思想的重要性，决心从数学上加以论证。爱因斯坦认为，"在法拉第—麦克斯韦这一对同伽利略—牛顿这一对之间有非常值得注意的内在相似性——每一对中的第一位都直觉地抓住了事物的联系，而第二位则严格地用公式把这些联系表达了出来，并且定量地应用了它们"[①]。事实上，麦克斯韦后来的工作证明他在电磁学上的贡献远超过法拉第。后继者的成就，从总体上看，总是超过他的先行者的。但是，先行者对新领域的开拓作用，则是后继者无法比拟的。伽利略在物理学领域的天才开拓，以及为真理而抗争的精神是牛顿不如的；法拉第敏锐地抓住了电与磁两种过去以为不相干的现象，确切指出其相互联系与相互转化的辩证关系，也是麦克斯韦相形逊色的。在《论法拉第的力线》（1855—1856）一文中，麦克斯韦开始用数学工具来表述力线概念。在《论物理的力线》（1861—1862）一文中给出电磁场的力学模型，提出位移电流的重要概念，开始补充、发展法拉第的电磁学。在《电磁场的动力学理论》（1864）一文中提出，作为经典电动力学主要基础的麦克斯韦方程组，这是联系电荷、电流和电场、磁场的基本微分方程组。他把得到的方程组经过矢量运算，发现电场强度和磁场强度都满足一个波动方程。由此，他预言电磁波的存在，电磁波的传播速度为光速，这使他有理由相信，光本身（包括辐射热和其他可能有的辐射在内）就是一种以波的形式按照电磁学规律在电磁场内传播的电磁扰动。

---

① 《爱因斯坦文集》第 1 卷，商务印书馆 1977 年版，第 15 页。

麦克斯韦的预言在 19 世纪 80 年代为赫兹的实验所证实。

1873 年麦克斯韦的《电磁理论》（两卷）出版。这是一部科学名著。书中全面总结、概括了电磁学的研究成果，给出了电磁学规律的全面论述。该书在经典电磁学乃至整个自然科学中的地位，相当于牛顿的《自然哲学的数学原理》在经典力学乃至整个自然科学中的地位。但《电磁理论》完成的是电学、磁学、光学和热辐射理论的统一，是比《原理》更高的综合，所以它更接近于现代物理学。

物理学的进展，虽然仍以严格的知性推导与数学表达作为工具，但是辩证因素已不自觉地渗入其中，而且使具有典型的知性思维特征的数学方法也不能不认真考虑变动、联系的数学表达了。从牛顿以来，特别是麦克斯韦，这种倾向便日益明显了。现代物理学无论是从其内容到方法，不以科学家的意志为转移地必然要运用辩证思维克服知性分析的局限。

近代化学起源于神秘的炼金术（亦称炼丹术），15—16 世纪化学摆脱了炼金术的束缚，但仍从属于医学，最早发展起来的是医学化学。波义耳的化学元素概念的提出是近代化学理论研究的开端，所以近代化学作为独立的学科是从 17 世纪 60 年代才开始的。但刚摆脱神秘思想束缚的化学，又受到力学的机械论的影响。在微粒哲学或不可称量流体说的影响下，错误的燃素说又开始统治化学家的思想。燃素说认为一切可燃物质中都含有燃素，燃烧过程就是放出燃素的过程。它们进一步发展又从解释燃烧现象推广到解释一切化学变化和物质的化学性质。直到 18 世纪 70—80 年代拉瓦锡提出燃烧现象的氧化学说以后，化学才从燃素说中解放出来。拉瓦锡掀起了化学科学的革命，使化学开始走上正常发展的轨道，此后，化学才开始有了自己的基本定律。1808 年道尔顿提出新原子论，1811 年阿伏加德罗在原子论的基础上提出了分子论，但受道尔顿等人保守思想的阻碍，直到 1855 年坎尼托罗才最终确立了分子—原子论。这个理论极大地推动了化学的发展。原子量的正确计算是门捷列夫化学周期律研究的基础，无机化学系统化的研究从此开始。分子的确立为有机分子结构的研究创造了条件。19 世纪后期出现了化学和物理学结合的物理化学，最先发展起来的是电化学和化学热力学。从此，不仅物理学，化学也开始摆脱了牛顿力学机械论的束缚。

化学的成熟，虽然晚于物理学，但与物理学相比，它较少受机械力学的影响。这主要是由于学科的特点所致，因为化学主要研究事物的变化，恩格斯就认为化学是最富于辩证精神的。像数学这类典型的知性思维方法，对力学、物理学都特别重要，而化学则不大需要，恩格斯说，化学对数学的需要，止于恒等式。当然，现代化学的深入发展，仍然需要高深数学。但是这门科学的灵魂始终是辩证法。

1628 年哈维出版《心脏及血液理论》，这是近代生理学在维萨留斯和塞尔维特的解剖学和生理学研究成果的基础上，对盖伦关于心脏和血液运行的错误理论彻底否定做出的重大贡献。然而 17—18 世纪，除生理学和解剖学外，生物学的发展比较缓慢，还处于收集材料的阶段。18 世纪主要成就是林耐的动植物分类。1735 年他的《自然系统》一书出版，完成了生物物种的人为分类，但他相信物种是永恒不变的。18 世纪末居维叶发现地层越古老，动物的化石构造越简单。这显然是物种进化的证据，但居维叶却用灾变论来解释这种现象。他认为，重大的自然灾害造成生物一批一批死亡，上帝则一次一次地创造新的生物物种，造成了物种的不连续。他的学生杜宾尼把当时已知的动物化石分为 27 个系统，并认为这是上帝 27 次创造的结果。可见，18 世纪末特创论仍然统治着生物学家的思想。布丰 1745 年在《自然史》一书中提出，生物的变异基于环境影响的思想，他的物种转变论是对物种不变论和神创论的批判。他的观点对进化论的先驱拉马克的思想也有一定的启发作用。19 世纪开始了生物学迅速发展的时期。细胞学说和物种进化论就是这个世纪的重要研究成果。17 世纪胡克在自制的显微镜下发现细胞，但人们并没有对细胞进行研究，1809 年奥肯又重新认识了细胞，并且认为一切生物都来自细胞，但反对关于生物从预先存在于性细胞中的雏形发展而成的预成论，赞同渐成论。奥肯的思想为施莱顿和施旺提出细胞学说奠定了基础，施莱顿和施旺认识到植物和动物都是由细胞组成的，细胞是独立的自身能生长、发育的基本单位，有机体是细胞的集合。他们看到了动植物基础结构的统一性，指出了生物构成的单元——细胞自生的生长发育性，这就充分显示了客观自然界自身具备的辩证特征，与化学比较，它更加充分全面地体现了辩证法。因此，恩格斯认为，细胞学说是 19 世纪自然科学的三大发现之一。

19 世纪初，拉马克在布丰种变说的基础上首次提出生物进化的思想。在《动物哲学》（1809）一书中强调了环境对生物体的作用，并由此提出"用进废退"和"获得性遗传"两条著名的法则。拉马克认为，动物器官之所以能用进废退是因为后天获得的性状可以遗传，实际上，就是生物对环境的适应。所以拉马克认为物种变异的机制是对环境的适应。半个世纪以后，达尔文的《物种起源》（1859）问世，该书的全名是《论通过自然选择或生存斗争中适者生存的物种起源》。达尔文不满意拉马克对物种变异机制的看法，他认为新物种起源的机制是"自然选择"。生物有巨大的繁殖力，为了争夺食物或生存空间必然存在"生存斗争"现象，在生存斗争过程中有利的变异使生物获得好的生存能力，并通过遗传保存下来，即所谓的"适者生存"，而不利的变异则被自然所淘汰。所以自然选择或生存斗争中的适者生存是达尔文进化论的关键思想。

从拉马克到达尔文提出的"进化论"观点，是自然科学到哲学的发展的历史转折点。自科学而言，生物学的进步，意味高层次的自然现象获得了深入的全面研究，它有助于对宇宙自然整体性的理解；自哲学而言，古希腊萌发的辩证法，虽说亚里士多德注意到以生长（groth）的观点阐明辩证法，但感性的观察与思辨的分析居多，进化论的出现，辩证法则有了更多的客观的实证科学根据，它为日后从黑格尔到马克思全面地深刻地建立辩证法的科学形态奠定了客观基础。

第三节　力的概念普适化与机械唯物主义的形成

从哥白尼、伽利略到牛顿，牛顿以后又经历了一系列的发展，力学取得了压倒一切的地位，以致其他学科也跟随于力学原则来规定自己的概念与体系了。力学概念的普适化，使它从一门实证科学的特殊概念上升为哲学的一般范畴了。

从古希腊以来，西欧科学发展的指导原则基本上是唯物的。但这基本上是思辨所规定的倾向，也就是说，这一倾向并不是奠基在严格的实证科学基础之上的。在力学的扎实基础上形成的机械力学的哲学原则，构成了历史上第一个唯物主义。这是哲学本体论真正的跃进，虽说有其机械论的偏执。

一、世界观与世界图景的形成是哲学的根本要求

远古以来，人们都企图从整体上把握宇宙自然，并根据自己的设想，描绘世界图景。这些我们在《自然哲学》宇宙论中做出了历史概述与逻辑分析了。

不同时代、不同地域、不同民族，各有其不同的世界观与世界

图景。近代西欧，由于实证科学、特别是力学的突飞猛进，不但在理论上出人头地，而且对社会生产、人民生活也产生了巨大影响，因此，它必然地在人们的世界观上打下了深深的印记。

哥白尼以来，自古希腊形成的科学认识论的文化传统得到了全面的实质性的进展。人们对宇宙自然的宏观低速运动等初级的天文物理现象有了日益精深的系统的观察、分析与实验，取得了巨大的成就。于是，力学机械论的观点深入人心，不但在具体操作与运用上取得了实绩，而且在哲学上开创了唯物的认识论的新方向，完成了哲学从本体论作为重心向认识论倾斜的转变。培根与笛卡尔便是近代唯物主义的开创者，他们提供了实证科学必须遵循的哲学原则。正如恩格斯所指出的："18 世纪科学的最高峰是唯物主义，它是第一个自然哲学体系，是上述各门自然科学形成过程的产物。"① 哲学唯物主义形成，转而又推动各门科学迅速前进。马克思说：培根是英国唯物主义和整个现代实验科学的真正始祖；而笛卡尔的唯物主义成为真正的自然科学的财产。

培根、笛卡尔以后，不但科学获得了长足的进步，唯物主义和认识论也得到了系统的发展。

古希腊德谟克利特的原子论受到了千余年冷落之后，在笛卡尔后继者伽森狄那里又重新焕发了它的青春。1647 年，伽森狄开始研究伊壁鸠鲁的原子论，也确认宇宙的本质是原子与虚空。宇宙万物乃由不可再分的原子所组成。原子有大小、轻重、形状的区别。原子是永恒运动的，而虚空则是不动的，因为虚空是原子运动的场所。伽森狄的原子论比德谟克利特、伊壁鸠鲁并没有前进多少，机械论的影响是十分明显的，但受到科学家波义耳的重视。

---

① 《马克思恩格斯全集》第 1 卷，人民出版社 1956 年版，第 657 页。

波义耳提出，自然界是由一些细小致密无法再分的微粒构成的。他把这一观点称为微粒哲学或机械哲学，撰写了一系列论文阐明微粒哲学。在《从微粒哲学看性质和形式的来源》（1666）一文中提出他对物体两类属性的看法，他认为物体的第一类属性除广延和运动外还有时空和位置，关于第二类属性与笛卡尔的看法一致。波义耳的微粒哲学和对物体两类属性的看法反映了他的机械自然观。波义耳曾经做了一个金属煅烧的实验，发现煅烧后的重量增加了，于是他用微粒理论解释为，这是金属煅烧时火微粒与金属结合造成的。施塔尔是在火微粒概念启发下提出"燃素"概念的，所以也可以认为燃素说是机械论物质观的产物。这个解释只能是臆想的，因而也是不正确的，但不妨碍微粒哲学对物质结构研究的指导作用。

原子论的重新提出与微粒哲学的构思，是机械唯物主义的重大的意义深远的发展。物质这一哲学范畴落实到物质的微粒结构的科学探讨，为现代基本粒子研究的杰出成就的取得，提供了正确的方向。

牛顿的力学世界图景是在研究物体机械运动的基础上建立的，所以力学所要阐明的是物质的机械运动。随着力学各个分支学科和天体力学的发展，力的概念愈来愈普适化，在这些学科中力是当然的出发点。在物理学中，电学和电磁学深受力学的影响，常常试图把自己的理论纳入力学的框架。自从库仑发现电荷之间的作用像引力作用一样服从平方反比定律，安培发现电流之间的磁作用也服从平方反比定律以后，物理学家相信力的概念也适用于电学。法拉第用力线表示感生电流的大小，麦克斯韦在发展法拉第力线概念的过程中，虽然不断有新的突破，仍然常常从力学观点去检验电磁现象。直到电磁场和电磁波的概念确立后才开始摆脱力学世界图景和机械自然观的束缚。

力的概念普适化在化学中表现为赋予亲和力以力学的含意。17
世纪以前化学家用拟人化的亲和性来解释化合物形成的原因。波义
耳的微粒哲学和牛顿的引力理论使亲和力从活力论的亲和性变成了
机械论的亲和力。波义耳认为，不同元素的微粒之间的亲和力的大
小决定它的化合与分解。牛顿接受波义耳的观点，从物体的内聚力
出发解释亲和力。牛顿认为亲和力与引力没有本质的区别，只是引
力可达到很远的距离，而亲和力是一种在短距离内起作用的吸引力。
这种机械的亲和力概念对 18 世纪的化学发展起着重要的作用。亲
和力成了解释化学现象的基本概念。燃素说最初认为，燃烧是放出
燃素，是一种分解过程，后来改为与燃素的结合，这样便符合了亲
和力的概念。提出氧化说的拉瓦锡也是牛顿引力论的信奉者。他认
为，化学变化过程是氧从对它亲和力小的物质转移到对它亲和力大
的物质中去的过程。在道尔顿那里机械的亲和力概念得到了发展，
他不但使亲和力定量化，而且用图形表示原子间的亲和力。19 世纪
以后随着电学的迅速发展，化学家开始把亲和力说成是正、负电荷
的吸引力，用电力代替机械力是对亲和力的初步突破。电子发现以
后，以电子论为基础的化学键理论才取消了含意原本比较模糊的亲
和力概念，代之以化学键和原子价这两个化学含意确切的概念。

正如恩格斯说的"在有机界中，力这一范畴是完全不充分的，
可是人们不断地使用它……把肌肉的活动叫做肌肉的力……甚至还
可以把其他可量度的机能看做力，例如各种不同胃的消化能力……
但这种用语的不准确引起了生命力的说法……生命力就成了一切超
自然主义者的最后避难所"[1]。恩格斯在这里指出了对生命现象的机械
论看法。把不同于机械的、物理学的和化学的运动形式，即有机体

---

[1] 恩格斯:《自然辩证法》，人民出版社 1984 年版，第 259 页。

中的运动形式用"生命力"这种特殊的力学概念来表示，必然像力那样显现为外部导入有机体的东西，结果生命力成了超自然力，机械论用力学规律无法解释生命本质，反而导致了力的概念的神秘化。

在力学世界图景中时间是可逆的，事件以某个"初始条件"作为起点，既可以追溯到过去的状态，也可以跟踪到未来的状态，未来的状态和过去的状态相同。到了 18 世纪，这个观点得到了拉普拉斯的发展。他运用牛顿力学取得了天体力学上的辉煌成就。于是，面临一个稳定的太阳系和周而复始的行星运动，使他产生了一种决定论的观点。他认为宇宙中的一切自然现象都是必然发生的，只要给出某一时刻宇宙的全部力学状况的数据，那么，就没有什么是不确定的了，"未来就像过去一样呈现在我们眼前"。然而，拉普拉斯也意识到人类的能力是不可能把握某一时刻宇宙的全部力学状况的，于是他把希望寄托在存在一个"有智慧的生物"身上。后人称拉普拉斯的"智慧生物"为"拉普拉斯妖"，拉普拉斯决定论又可称为动力学决定论。决定论的观点是有片面性的，它突出了客观必然性，而完全排斥偶然性。而偶然性却是客观存在的，不充分认识偶然性，恰如其分地肯定其存在与作用，以及与必然性的辩证相关，便不可能如实地认识客观世界的存在与演化。

物理学发展到 19 世纪以后，它的主要焦点从动力学转到了热力学和电磁学。热力学的发展在揭示动力学决定论的局限方面起了决定性的作用。1851 年开尔文在卡诺定理的基础上发现了热力学第二定律，1854 年克劳修斯赋予热力学第二定律以数学表达式，以便与第一定律联合起来，1865 年他正式引入"熵"概念，把熵作为表述系统状态自发过程方向的物理量，并且提出熵增加原理。根据这个原理热力学过程是单向的、不可逆的。因此在热力学中时间是不可逆的，这是对动力学关于时间是可逆的观念的挑战。但克劳修斯把熵增加原理推广到整个宇宙，提出了宇宙热寂说，这个宇宙未来的悲观论调受到普遍的批判，并且也不符合后来科学发展所得出的结论。

克劳修斯和玻尔兹曼为了对熵做出微观解释，采用了力学的统计方法分析大量气体分子的运动规律，建立了统计力学。经典统计力学虽然也认为，孤立系统内个别微观粒子的运动服从动力学规律，但是认为没有必要对系统的个别粒子进行研究。所以统计力学揭示的主要是大量微观粒子的宏观表现，这种宏观表现说明大量微观粒子的运动服从统计规律，而统计规律反映了偶然性和必然性在因果关系上的统一。统计力学开始摆脱了动力学决定论在因果观上的机械性，但在对系统中个别粒子运动规律的看法上仍然受牛顿力学的束缚。在量子力学中微观粒子的运动应满足薛定谔方程，服从不确定（测不准）关系。可见，直到 20 世纪 20 年代才真正明确牛顿力学在微观世界的研究中是不适用的，量子力学的规律完全否定了拉普拉斯决定论。当然，这种完全否定也是值得商榷的。因为它似乎从强调必然性，转而偏向偶然性了。

热力学的兴起，使科学对时间的看法分为可逆的与不可逆的两类，在对时间的不可逆看法中又可分为退化观与进化观两种不同的观点。按照克劳修斯的热寂说，熵增到最大后，宇宙走向热平衡的均匀死寂的未来；而达尔文的生物进化论则认为宇宙向不可逆的高级形式发展。热力学与进化论的矛盾只有到了 20 世纪 60 年代，普里高津的耗散结构理论提出后，才得到初步解决。这个理论认为，熵不是永远增加，不是永远指向混乱无序。在远离平衡态的条件下熵会成为有序之源，而耗散结构能产生远离平衡态的条件。在必然性和偶然性关系上耗散结构理论也有新的看法，它认为涨落使系统远离平衡态，在达到分叉点时（威胁其结构的临界时刻）系统的下一步的发展有许多道路可供选择,偶然性决定选择哪一条道路,一经选定,必然性就开始起作用直到下一个分叉点。耗散结构理论的提出,使科学家已能从哲学角度审视决定论与非决定论、必然性与偶然性、有序与无序之间的对立了。初步意识到它们之间的辩证联系。

二、机械唯物论的局限及其变种

马克思评价现代唯物主义时,认为在它的创始人培根那里,"还在朴素的形式下包含着全面发展的萌芽",但"唯物主义在以后的发展中变得片面了"。① 这就是说,培根、笛卡尔在认识论上虽有某种倾向性,培根倾向于经验,笛卡尔倾向于理性,但他们并不偏执,培根仍高度估计理性在认识中的作用,笛卡尔也看重经验,认为经验是理性的前提。而他们的认识的根据,都是以客观自然作为其出发点。他们也较少受机械力学的影响,因此较少片面性。随着力学的发展,唯物主义的机械烙印也愈来愈深刻,片面性也暴露得愈来愈明显。本来哲学唯物论是促进科学发展的保证,但由于其机械力学倾向日益严重,致使其干扰力学以外其他学科的进展。机械唯物主义不能不随着自然科学的发展改变自己的形式。它的局限性与片面性逐渐滋长,首先表现在霍布斯的唯物观上。霍布斯在《论物体》(1655)中,从机械力学观点出发,采用几何学方法,研究一切问题。他认为,宇宙乃由具有长、宽、高的有形的物体所组成。这些物体连同作为物体总和的宇宙,作"位置移动"的机械力学运动。他还片面坚持必然性、否定偶然性,提出机械决定论的因果观,将有机生命活动、人类的思维和心理活动,均纳入机械力学范围加以

① 《马克思恩格斯全集》第2卷,人民出版社1957年版,第163页。

解释，甚至对社会国家也不例外。霍布斯可以称得上是西方近代第一个彻底的机械唯物主义者。

笛卡尔、培根的唯物观，除受到霍布斯的片面化外，还被一批18世纪法国唯物主义哲学家推向极端，它的代表人物有：拉·美特利、爱尔维修、霍尔巴哈。他们虽然在哲学、科学方面多有贡献，在反对宗教神权，宣扬无神论的斗争中身手不凡，但是，他们的哲学倾向仍然受机械论的支配。

拉·美特利是法国唯物主义中笛卡尔派的中心人物。他的名著《人是机器》（1747）一书是模仿笛卡尔的"动物是机器"写成的。他把"动物是机器"的论点推广到人。

还在笛卡尔时代，比较解剖学家在塞尔维特的《人体的构造》（1543）、哈维的《心脏及血液理论》（1628）等著作关于人体的系统研究的启发下，从解剖学的角度，对人和动物进行了比较，发现人和动物有惊人的相似之处。于是，一般认为人和动物差别极小。因此，拉·美特利合理地从"动物是机器"推导出"人是机器"。

拉·美特利在《人是机器》一书中，宣扬了无神论的观点：人不是上帝创造的，不是上帝的宠儿，不需要上帝的特别关照。他强调，人是自然的一部分，是由物质构造的，要了解人首先要认识自然。这种看法本来是完全正确的。问题在于如何理解"物质构造"、如何全面认识自然。很显然，他不了解自然的物质构造的层次性，而将机械力学运动这种最低层次的运动形态，看成是自然的普遍形态；是物质结构的唯一决定因素，以致将高层次的生命运动，特别是生命发展的最高成就——人类活动，统统纳入机械力学范畴。于是将机器、动物、人类完全等同起来，这显然是不对的。虽说如此，我们并不否认拉·美特利在认识论方面某些合理看法，也高度评价他在社会政治领域的进步思想与启蒙作用。

爱尔维修是伏尔泰的学生和挚友，他与百科全书派有交往，也算是一个启蒙运动的代表人物。他重视科学、反对宗教蒙昧主义。他反对天赋观念、重视感觉。他还用唯物的感觉论作为其社会历史观的哲学基础。他认为，人是环境的产物，人的智能与道德的差别也不是天生的。但是，在社会历史现象的解释上仍然有某些唯心的观点。这个缺憾也是不可避免的，因为费尔巴哈也是不彻底的，直到马克思的唯物史观形成，才使唯物主义原则贯彻到底。

霍尔巴哈是法国机械唯物主义的主要代表，他的名著《自然的体系》在哲学界有很大影响，在现世反宗教斗争中也起了深刻的批判作用。他认为世界统一于物质，而运动乃物质固有的属性。这些观点是完全正确的，只是在进一步分析运动时，把一切运动都归结为机械运动。他还认为人是接受外物刺激的被动工具。在他看来，既然事物根据自己的本质特性而运动，那么运动的结果一定必然发生。于此，他把因果性与必然性混为一谈。这种混乱的造成，实乃其机械决定论的立场所致。

17—18世纪英法唯物主义将哲学的唯物原则片面化并推向极端，从而陷入错误的泥坑。因此，黑格尔对他们的批判是正当的，但他的目的是贬损唯物主义，抬高唯心主义。恩格斯说："诚然黑格尔所批判的唯物主义——十八世纪的法国唯物主义——确实是完全机械的，而且这有个非常自然的原因：当时的物理学、化学生物学还处在襁褓之中，还远远不能给一般的自然观提供基础。"[①]恩格斯还指出机械自然论的特有局限：（1）仅仅用力学尺度衡量化学过程和有机过程；（2）它不能把世界理解为一种过程，理解为处在不断的历史发展中的物质。显然，它的局限乃时代的社会与科学发展的水

---

① 恩格斯：《自然辩证法》，人民出版社1984年版，第233页。

平所致。

机械唯物主义虽有其片面性与时代的局限性，但总不失其为有一定科学根据的哲学唯物学派。但其变种庸俗唯物主义出现，就只能说是唯物主义的堕落了。

18世纪末，法国唯物主义被卡巴尼斯庸俗化了。到了19世纪，庸俗唯物主义进一步发展，主要代表人物已不在法国。他们是瑞士哲学家福格特、德国哲学家毕希纳和荷兰哲学家摩莱肖特。他们既是哲学家同时也是自然科学家或医生。机械论倾向使他们歪曲利用当时的自然科学成果，把意识直接归结为物质，庸俗地把精神活动能力看成是由脑分泌物的多少决定的，说"大脑分泌思想正如肝脏分泌胆汁一样"。他们在热力学电磁理论和达尔文进化论已经建立以后，还认为力是物质的最主要属性，力学规律是根本规律。他们用斯宾塞的社会达尔文主义解释一切社会现象，认为自然环境能直接造成人种的优劣，毕希纳甚至认为阶级差别是人种优劣出现的原因造成的，并且可以通过遗传一代一代地传下去。在马克思主义建立以后出现这样的理论，不能不说是一个大倒退。恩格斯指出："他们妄图把自然科学的理论应用于社会并改良社会主义。"恩格斯写作《自然辩证法》的目的之一是批判毕希纳的庸俗唯物主义。他认为，毕希纳等人借用自然科学践踏唯物主义，为了彻底批判庸俗唯物主义必须首先总结概括当时自然科学的成果。能量守恒与转化定律、细胞学说、进化论，这些划时代的科学成就，说明机械唯物主义必将被扬弃，而为辩证唯物主义所代替。

扬弃机械唯物主义的决定性的科学因素是生物科学的突飞猛进。细胞学说从微观方面科学地阐明了生命现象；进化论从宏观方面论证了生命的演化过程；能量守恒与转化定律揭示了宇宙自然的辩证联系与转化的普遍性。这一切成为辩证唯物主义诞生的科学基础。

第十一章 生物科学的突飞猛进

生物世界同人们的生产、生活实践息息相关，所以很早就引起了人们的注意。生物学和其他自然科学一样有着非常悠久的历史。古代典籍中已有许多对生物形态和本性的描述和记载，以及关于分类学和解剖学的知识。在精确知识方面，亚里士多德的主要贡献是在生物学方面。他还把生物界的"生长原则"上升为哲学范畴，具体提出并深刻论述了辩证法的基本内容。但是，从总体上来说，古代的生物学所做的，只不过是搜集事实和尽可能有系统地整理这些事实。在文艺复兴之前的好几个世纪里，生物学几乎只是从属于医学；中世纪的气氛对研究生物学极为不利。从文艺复兴起，对古典文献的新的接触和研究促使恢复和激起纯博物学的兴趣；地理发现、旅行等活动揭露了古代生物学论著所没有提到的许多事实，通过引入许多种前所未知的植物和动物品种又助长了这种兴趣；新的科研仪器特别是显微镜的发明又开辟了新的生物学研究领域。近代，生物学取得了实质性的成就。不过相对于风靡一时的机械力学来说，在200年期间内显得比较落后。18、19世纪生物学突飞猛进，取得了一系列重大成果：血液循环、细胞学说相继发展，观察、实验和数学方法渗入其中，进化论建立并完善起来，对于科学思想和哲学研究产生了极其深刻的影响。

第一节 以生命为代价取得的杰出科学成就

对植物的研究是生物学的重要内容之一，由于植物药品在医疗上的应用，使得人们自古以来就对研究植物具有浓厚的兴趣。在古代和中世纪已经出现了在专门的园子里栽培药用植物而不到野外去采集的习俗。可是，中世纪的宗教观点认为上帝创造万物，植物的枝叶根茎花果的形状或颜色乃是上帝给它指定的用途的标记，因此，教会对植物学严加控制。文艺复兴和宗教改革后，植物知识有了很大发展。16 世纪中叶，植物学作为一个独立学科建立起来，并曾一度特别引人注目。这个新时代的特征是大量植物园的建立、植物标本的采集，以及分类学的巨大进步。就 18 世纪初期和中期来说，植物学甚至是对科学贡献最大的领域之一，其意义远远超出了科学性和实用性，而在实际上增强了人们回到自然去的思想倾向。

分门别类的研究是近代科学获得独立的重要标志和得以飞速发展的巨大动力，是生物学发展的必经阶段，也是以后在认识生物界方面获得巨大进展的基本条件。文艺复兴对于以医学为中心的生物学研究有巨大的贡献。宗教观念和古代权威的束缚被突破，在直接观察和实验基础之上的解剖学、生理学和病理学建立起来，取得了一系列重要成果。

在许多世纪里，马可·奥里略皇帝的御医盖伦（Galen）的解剖学和生理学观点一直被奉为公认的权威。他把希腊解剖知识和医学知识加以系统化，并且把一些分裂的医学学派统一起来。他对动物和人体进行了解剖，对动物身体的内部构造作了相当详尽的记载，并且在解剖学、生理学、病理学及医疗学方面，发现许多新的事实。盖伦纠正了以往认为血管里充满的是气体而不是血液的错误观念，提出了关于血液在体内运行的理论。其基本见解是：血液在肝脏中形成，被赋予"自然灵气"；血从那里通过静脉流到身体各个部分，再通过同一些静脉流回肝脏。心脏的右心室是静脉系统的一部分。进入右心室的血液，在把它含有的杂质释放到肺里以后，大部分又回到肝脏，其余部分则透过多孔壁（瓣膜）而进入左心室，在那里同来自肺的空气相混合，转变成一种被称为"活力灵气"的更为精细的物质。这些物质通过动脉传送到身体各个部分包括脑。进入脑的活力灵气在那里精炼成"动物灵气"，通过神经传布到整个人体。显然，盖伦的理论观点尽管有些正确的成分，但总体上却与科学真理相去甚远。在相当长的历史年代中，盖伦的观点具有极大的权威性，其中的误解和错误也造成了巨大影响。他之所以享有盛名并影响医学界达 1500 年之久，并不是由于他的医术高明，而是由于他从这些观点中用论证方法十分微妙地推出一些教条，并且权威地加以解释。他的有神论的心理态度，既能吸引基督教徒，又能吸引伊斯兰教徒，这也是他的影响巨大而持久的一个原因。在整个中世纪里，宗教或道德的顾忌以及某种厌恶感都反对直接研究动物机体，尤其是人体。解剖学研究受到坚决反对和严格禁止。在不能直接观察人体结构的情况下，人们依靠引经据典，依赖书本的权威，盖伦的理论就成为基本的依据。厌恶独尊的权威、放弃唯经典是从而强调对事实作客观的研究，这两股具有近代色彩的思潮意味着对盖伦观点的批判改造。可是，改革是极其缓慢地进行的。由于人们受盖伦的影响太深，以至于长期无法摆脱他的思想。盖伦的权威堵塞了生理学的发展道路。从 13 世纪起，解剖人体的做法逐渐明显恢复；在 14 世纪里，这种直接研究人体解剖学的做法在一定程度上已经成为意大利各个医学流派的习惯。不过，早期的解剖工作是严格依照盖伦、阿维森那（Avicenna，980—1037，阿拉伯医学家、哲学家）

或蒙迪诺（Mondino，1270—1327）的教本进行的，目的是为了用例证说明这些教材而不是增加知识。因此，解剖学在很长的时间内几乎没有什么进步。列奥那多·达·芬奇是一切时代最伟大的解剖学家之一。他的750幅解剖素描表明了他在这一领域的天才和成就。他曾计划写一部关于人体的专著但没能实现。可惜的是列奥那多的札记当时没有发表，因而对当时没有产生普遍的影响。及至16世纪，解剖学的研究才从仅仅仰赖盖伦的权威而转移到依据直接观察。1542年让·费内尔（Jean Fernel，1497—1558）的《物理奥秘》发表，标志着现代解剖学和生理学的开始。而解剖学研究的真正奠基人是比利时的安德列亚斯·维萨留斯（Andreas Vesalius，1514—1564）。

维萨留斯是法兰德斯人，曾在卢万、巴黎和帕多瓦（Padua）等大学求学，并在帕多瓦、波伦亚和比萨教过书。他以人体本身上的解剖来阐明人体构造为己任。他在巴黎学习时就不满学校的医学教学，因为这种教学没能使他看过一次骨骼、肌肉，也没让他接触过一根血管。他经常深更半夜去刑场、墓地，躲过警卫，赶走饿狗，寻找尸体进行解剖。他打破当时由没有专门技能的理发师充当外科工作解剖示范的惯例，亲自给学生展示人体的各个部分。虽然他和学生所使用的是盖伦的权威教科书，但他仍毫不犹豫地在所考察的实际人体上指出同盖伦著作相矛盾的地方。1543年，也就是哥白尼的革命著作《天体运行论》问世的那一年，维萨留斯发表了他的伟大著作《人体结构论》（*On the Structure of the Human Body*）。这部著作不是以盖伦的或蒙迪诺的学说为依据，而是以他自己在解剖过程中所实际看到的现象为根据。他指出盖伦关于人体里血液从右心室通过中膈流入左心室的说法是错误的。他说："在不久以前，我不敢对盖伦的意见表示丝毫的异议。但是中膈却是同心脏的其余部分一样厚密而结实，因此我看不出即使是最小的颗粒怎样能通过右心室转送到左心室去。"①维萨留斯在解剖学上有不少贡献，对骨、脉、腹、脑各器官的研究尤为出色。天文学家哥白尼得出与古代理论不同的见解，采用的是旧时学者的传统方法即逻辑的论证；可是从事具有较为实际传统的医务行业的维萨留斯，却是采用了近代科学的基本方法即实验的探讨方法，得出了与古代权威相反的结论。在他的著作中，维萨留斯对人体及其各个部分的实际构造都做了清晰而又注重事实的描述。这部书的最后一章是最有独创性的部分，其中介绍了活体解剖的方法。维萨留斯用的方法和器械都是新颖的、划时代的，堪称现代解剖技术的基础。他在解剖学的细节方面做出了许多发现，抛弃了以往流传的几百个错误。同时，维萨留斯特别重视解剖学和生理学研究中极为重要的一个问题——插图。插图上的尸体都是动态的，不仅说明构造，而且表现机能。他指导其学生所绘制的一些图版，直到今天仍使人叹为观止。维萨留斯于 1537 年在帕多瓦创立的学校，造就了许多解剖学家，其中包括哈维。维萨留斯的具有革命精神的著作和思想当然遭到了非难。愤激之余，他于 1544 年抛弃了研究工作，离开帕多瓦去了西班牙，在那里先后当了查理五世皇帝及其继承人菲利普二世的御医，逐渐对宫廷生活感到厌倦。1563 年，为了离开西班牙一段时间，他去耶路撒冷朝圣，途中又重访帕多瓦。在从巴勒斯坦返回时，身染重疾，只好在赞特的爱奥尼亚群岛登岸，不久病死在那里。

　　虽然维萨留斯指出了盖伦关于血液通过中膈而流动的说法不正确，并且创立了解剖学的一系列新方法，但是他却令人遗憾地没能说明血液是怎样从右心室流入左心室的，没有猜测到血液是怎样循

---

① 转引自梅森：《自然科学史》，上海译文出版社 1980 年版，第 199 页。

环的。但建立这一理论的条件毕竟已经成熟，迈克尔·塞尔维特（Michael Servetus，1511—1553）创立了血液循环的理论，并为此付出了生命。

塞尔维特是西班牙阿拉贡地方的人，在巴黎大学学习时与维萨留斯是同学，并曾在巴黎大学医学院与他一起工作过。塞尔维特主要是一个宗教改革者，在他的著作里，科学革命与新教徒的改革表现了最直接和最密切的结合。他的巨著《基督教的复兴》（1553）主要是阐述反三位一体的一神教派教义。但他在 6 页左右的短短篇幅里提出了心肺之间血液小循环的学说。塞尔维特发表他的学说，不仅是为了科学的理由，而且是为了宗教的原因。他的特殊神学使他能克服在血液循环道路上所碰到的某些困难。

盖伦的有关学说是塞尔维特思想发展的巨大障碍。盖伦主张人体在生理上受三种分立的和不同等级的器官、液体和灵气的支配，人体的生理机能分三个等级。第一，吸收营养和生长的植物性机能，它位于肝脏，并通过暗红色的静脉血及其自然灵气起作用。第二，有运动与肌肉活动的动物性机能，它位于心脏，并通过鲜红的动脉血及其活力的灵气而起作用。第三，有管理身体应激性与感受性的神经机能，它位于脊髓，并受神经液及其动物性灵气支配。同时，古代以及中世纪的世界观，普遍把生物及其机能排列为三个等级，认为居住在宇宙间的一切事物总是属于三类中的一类，即物质的实体如矿石、植物及动物；精神的实体如天神天使；既是物质的又是精神的实体，这就是人。三类物质实体中的每一种，又再分为三种：动物或为鸟，或为鱼，或为地上野兽；这三种亚类又可再分为三种。对于人以及在人之上的天神天使而言，也各有三个等级。而处在宇宙间万物之上的便是至高至尊的三位一体的神。

塞尔维特在神学上最重要的非正统见解在于他抛弃了神的三位

一体的教义。他否认圣子与圣父是永恒共存的，认为圣灵只不过是神的呼吸。正像他否定至高无上的三位一体的神那样，塞尔维特也否认了人体中所谓自然的、活力的和动物的灵气三个等级，特别是不存在分别含着自然灵气与活力灵气的两种不同血液，而只有一种血液，因为血液里面只有一种灵气，认为"从动脉到静脉的联结处所传递的就是活力，这里面也就是叫做自然的东西"。塞尔维特设想血液的单一灵气就是人的灵魂，主张"灵魂本身就是血液"。

传统的见解认为，人体内有三种不同的生理液体，其中的两种是不同的血液。这种观念对于血液循环学说的发展是一个很大的障碍。这是因为，血液循环学说要求假定血液的运动是从动脉到静脉大量的来回运动，而这也就意味着当时被认为的两种十分不同、各自具有分立功能的液体完全混合起来。静脉血与动脉血一旦被认为是同一的，关于血液循环学说的主要障碍就被克服了。

塞尔维特的血液循环理论所关心的是血液与大气的关系，他肯定地提出了血液从右心室通过肺流入左心室的"小循环学说"。他观察到：连接右心室与肺的肺动脉很粗，而且运送的血液量比仅仅为了肺的营养所需要的大得多，所以这样大的血液流动一定是为了其他目的。他认为这是为了使暗红色的静脉血在肺内转变为鲜红的动脉血，血液在肺里摄取了吸入的空气并排出不净的东西。从那里，净化了的血液通过肺静脉流入左心室，完成小循环。他在《基督教的复兴》中阐述了血液的肺循环学说，其中一个重要段落写道："我们为要能够理解血液为何就是生命所在，那首先就必须知道由吸入空气和非常精细的血液所组成和滋养的那活力灵气是怎样产生的。活力灵气起源于左心室，肺尤其促进其形成；它是一种热力所养成的精细的灵气，浅色，能够燃烧……它是由吸入的空气和从右心室流向左心室的精细血液在肺中混合而形成的。这种流动不是像一般

所认为的那样经过心脏的中膈，而是有一种专门的手段把精细血液
从右心室驱入肺中的一条直通道。它的颜色变得更淡，并从肺动脉
进入肺静脉。在这里它同吸入的空气相混合，其中的烟气通过呼吸
清除掉。最后同空气完全混合，并在其膨胀时被左心室吸入，这时
它就真成为灵气了。"[①]

塞尔维特正确地解释了血液的心肺循环，把盖伦原来所说的两
个独立的血液系统（动脉系统和静脉系统）统一起来，这就为发现
全身的血液循环铺平了道路。他由于狂热拥护一神教教义而同新教
和天主教这些当权的教派冲突。他逃过了异端裁判所的法网，但落
入了加尔文的魔掌。1553年加尔文教派在日内瓦把他处以火刑，而
且活活地把他烤了两个钟头。他的著作被付之一炬，仅一两本得以
幸免。当时，塞尔维特的著作是大逆不道的，因此不能被提及和引
用。直到17世纪晚期在英国比较宽容的气氛中，才开始有人提到塞
尔维特的名字。可以设想的是，如果塞尔维特没有浓厚的神学意识，
或者如果加尔文派不是那样疯狂地迫害于他，系统血液循环学说和
随之而产生的一切生理学进步可能会早半个世纪出现。塞尔维特为
科学而献身，这是现代人难以想象的。其实这是正义与邪恶这一永
恒的斗争的特定历史时期的特殊表现。中世纪前后，科学事业与独
立、自由、客观、个性解放的精神密切相关。这种精神概而言之就
是人文主义精神，它是与宗教神权、封建特权的统治水火不相容的。
因此，只要在某一个方面触犯了它们，便要受到无情的镇压。布鲁
诺、伽利略、塞尔维特都是以自己的生命与自由作为代价，从而取
得杰出的科学成就的。

---

① 转引自亚·沃尔夫：《十六、十七世纪科学、技术和哲学史》下册，商务印书馆1984年版，
第472页。

在塞尔维特之后，生理学中发现了有利于承认血液循环的事实。1559年，帕多瓦大学的解剖学教授哥伦布（R. Columbus，1516—1559）再一次发表了血液小循环的学说。他也把呼吸当作一种使血液净化和活化的过程，而不像当时流行的说法那样是使血液冷却的过程，由此看来可能哥伦布对塞尔维特的论点有所了解。哥伦布为小循环学说所提供的证据纯粹是解剖学与生理学的，他指出心脏中膈膜确实是坚实无孔的，不能使静脉血与动脉血在这里相沟通。

在哥伦布之后，几乎达半个世纪之久，血液循环的学说很少有进一步的实验证明。当时从事科学革命和宗教改革的人，都倾向于宇宙有一个绝对统治者的观点，这种情形在生物学上也十分明显地反映出来：心脏和血液在人体内占有最重要的地位，就像太阳在人们新了解的世界体系中所占的地位一样。这样一种崭新的观念强烈地吸引和诱导着人们去进行血液循环的探讨。作为当时科学思想革命的一部分，有几位作者例如契沙尔比诺、乔尔丹诺·布鲁诺、哲罗姆·法布里修斯等，曾经以纯粹推测的形式提出和论证过血液循环的观念。这就为哈维于1628年最后建立血液循环理论奠定了基础。

威廉·哈维（William Harvey，1578—1657）是英国的生理学家，生于福克斯通，在剑桥大学受教育。1597年，他到意大利的帕多瓦大学，在法布里克斯（H. Fabricius，1560—1634）教授指导下学医，直到1602年。值得指出的是，哈维在帕多瓦就学期间，伽利略在那里任教。1602年，哈维定居伦敦开业行医，弗兰西斯·培根曾是他的私人病员。1607年，他被选为皇家医学院院士，两年后任圣巴塞洛缪医院的内科医生，1615年任皇家医学院的解剖学讲师。1616年即莎士比亚去世那年，哈维在医学院讲授的第一门课程，已经勾勒了他的血液循环理论的大纲。1628年他出版了代表性著作《心血运动论》（*On the Movement of the Heart and the Blood*），标志着血液循环理论的建立。1632 年他被任命为查理一世国王的御医。当时，有不少妇女被指控施行妖术，这位富有现代精神的生理学家担负了对她们进行医学检查的任务。他确认这些女人都没有什么生理上的异状，因而这些妇女都被无罪释放了。在后来的内战中他的住宅被洗劫，手稿、图表和解剖标本都被毁掉。他与国王关系密切，在英王第一次远征时，他随军出征，作王子们的保护人。据说当战斗激烈时他还坐在树下读书。1648 年国王投降后，哈维返回伦敦，过隐退的生活。1651 年他发表了《论动物的发生》（*On the Generation of Animals*）。哈维死于 1657 年，他没有子女，遗嘱把他的产业捐赠给皇家医学院用于"发现并研究自然的奥秘"。他被认为是皇家医学院的光荣，在他生前学院大厅里就树立了他的塑像。

哈维受到文艺复兴时期进步思想的巨大影响，也受到维萨留斯和伽利略所代表的新时代精神的熏陶。他说："我信奉不是从书本，而是从解剖来学习和教授解剖学；不是从哲学家的观点，而是从自然结构来教和学。"① 哈维以观察和实验作为生理学研究的基本方法，靠一系列实际步骤而不是靠纯粹的思辨和先验的推理，利用解剖方法对心脏进行观察研究，取得了辉煌的成就。《心血运动论》的篇幅虽然不大，但是包含了他在许多年中对于人和活的动物观察的结果，用大量实验材料论证了血液的循环运动，产生了极大的影响。这本书出版后，盖伦的生理学立刻显得陈旧和过时了。哈维的一些最主要的观点是：心脏是一块中空的肌肉，其特征运动是挛缩（收缩）和扩张（舒张），收缩运动把在扩张期间进入心脏的血液排出；这些

---

① 转引自亚·沃尔夫《十六、十七世纪科学、技术和哲学史》下册，商务印书馆 1984 年版，第 474 页。

收缩的规则重复使血液保持在血管中运动。心脏在半小时里所推动的血液之数量超过整个人体在任一时刻所包含的全部血液。血液一刻不停地做连续循环运动。血管系统中的各种瓣膜保证这种运动沿一个方向进行。动脉中的血总是沿离开心脏的方向流动，而静脉中的血总是沿朝向心脏的方向流动；血液从心脏到动脉，从动脉到静脉，再从静脉回到心脏连续地循环，如此流动不息，直到生命结束。

关于血液循环的具体过程，哈维指出：心脏有四个腔，即两个心房和两个心室。当左心室收缩时，其中的血被推动通过瓣膜而进入被称为主动脉的大动脉。从那里它通过较小的动脉等等，直至进入静脉，然后通过被称为腔静脉的大静脉进入右心房。当右心房收缩时，其中的血被推动通过瓣膜而进入右心室，再通过肺动脉进入肺。血液从肺通过肺静脉进入左心房，由此再次进入左心室；这整个循环过程重复进行。

在古代，亚里士多德曾把人体内中心统治力量归之于心脏，他的这种主张是和盖伦的学说相对立的。（盖伦假定有一个通过脑、心及肝的三个等级以及和它们相关联的液体和灵气而起作用的较为分散的统治力量）哈维认为心脏是生命的开始，它如同国王一样，统治着一切，是一切力量所产生的本原和基础，这就在事实上恢复和发展了亚里士多德的主张。哈维（以及契沙尔比诺和布鲁诺）曾引用过亚里士多德所举的关于地球范围内天然循环运动的一个例子，哈维说正是这个例子启发了他提出血液循环运动的想法。他说："我开始想到究竟会不会有一个循环运动，如同亚里士多德所说的空气和雨模仿着天体的循环运动一样：因为潮湿的大地经太阳加热而蒸发；向上移动的水蒸气又凝结起来以雨的形式降落使大地潮湿；由于这样的安排便产生了一代代的生物；风暴和流星也由于循环运动以及由于太阳的接近或后退而产生。因此，通过血液的运动，循环运动也在体内进行着，这是完全可能的。"① 为了对于血液循环做出适当解释，哈维采纳了古代关于人是整个世界中的一个小宇宙的概念，认为心脏是微型宇宙的太阳；指出人体小宇宙中血液循环同大宇宙的特点是一样的。哈维经常寻找地上物体的循环运动的例子，以便说明地上的事物和高高在上的天体具有同等地位。他提出组成一个物种的个体的延续，也是模仿天体运动的一种循环运动过程。

以往在盖伦的学说里，血液流动的原因被认为是血液中存在的灵气，心脏的主要作用只在生命的灵气并对灵气所产生的运动做出被动的反应。近代机械论哲学试图对机体做出解释。从达·芬奇开始，人们把活的有机体及其各个部分当作机械系统来对待，他证明动物的骨骼如同杠杆一样发生作用；伽利略用他的关于材料力学的学说去说明为什么大象必须有和昆虫纤细的腿相反的粗重的腿；笛卡尔概括了生物是机器的观点；阿尔方斯·博雷利论述了行走、跑、跳、滑冰以及举重时进行的机械动作，并用同样的方式论述了鸟的飞翔、鱼的游泳以及蠕虫的爬行动作，指出人的心脏搏动是像一个唧筒里的活塞那样发生作用。哈维把心脏比作一个水泵，认为血液借助于心的结构经过肺传递到整个主动脉中，就像用一个水泵使水提高上来一样。他把血液的运动归之于心脏的肌肉收缩即机械原因，不再认为血液里存在什么"灵魂"或"灵气"，而把心脏静脉和动脉了解为一个运输血液的机械系统，这就对机械论哲学提供了重要的证明，大大加强了有机体是一种机器的观念，促使生物科学摆脱蒙昧主义。机械力学的解释虽然是片面的有局限性的，但比蒙昧主义近乎实际。而且作为生命体的人体的各个部分确有机械力学现象、电磁现象、化学现象……问题在它们属于生物整体时，便成了

---

① 转引自梅森：《自然科学史》，上海译文出版社 1980 年版，第 204 页。

生命现象之中的一个有机构成因素，已不复是那些独立的个别性能了。当然，哈维本人并没有完全摆脱他的同时代人所使用的那种神秘化的语言，但他的建树超过自己的认识。哈维所集成的血液循环论，是历史上数代人以血的代价换取的科学成就的结晶。

第二节　有机体发育原则的发现

解剖学和生理学所取得的巨大成就，不仅发现并建立了血液循环的学说，而且引导和推动人们细心研究人体不同器官的构造。显微镜的使用，使人能更深入地窥探组织的精细结构，以前用肉眼不能完全观察到的有机体和有机体的各个部分，借助于显微镜可以加以仔细研究，做出完备的描述和切实的图示。胚胎学、组织学和细胞学的建立和发展，将生物科学推进到一个崭新的阶段。

在相当长的历史阶段中，人们信奉亚里士多德的观念，假定有机体的组成物质包含着三个主要的组织层。第一个是由四大元素（土、水、气、火）所合成的没有组织化的物质；第二个是未分化的部分或组织；第三个是已分化的部分或器官。18 世纪后期的化学成就，并没有改变这种观念。但是，随着 18 世纪转折期的德国自然哲学而兴起的"活力论"思潮，使得这种分类方法发生了重大的改变。人们开始认识到，介于未组织化的生物物质层和未分化组织层之间，存在一个居间的层次，这就是有机体的细胞。身体的生命是组成身体的各个组织的生命的总和结果。

1797 年，法国医生格札维埃·比夏（Xavier Bichat, 1771—1802）把人体的未分化部分区分为 21 种不同的组织，如硬骨、软骨、肌肉等等。他指出，一个已分化的部分或器官是由几种不同的组织所构成的，而且几个器官在一起组成一个器官系统；人体器官系统又联合成两个主要复合体：其中之一由消化、循环和呼吸系统组成，调节躯体的生长和营养或植物性生活；另一个复合体由脑、神经和肌肉组成，主管自我运动和感觉的动物生活。比夏设想躯体受内部生命力的驱使，当生命结束时，尽管组织、器官和器官系统依然存在，但它们不可能构成活的有机体。

德国自然哲学家们在不同生物物种中认识到另一种关系，即整个生物物种中都存在着一种统一的方案和结构；不同的生物都是由同样的砖块即黏液囊泡构成的，在它们的早期发展阶段都极其相似，后来在成长过程中就分化了。著名诗人兼生物学家歌德（J. W. Geothe，1749—1832）设想植物的原始类型方案是若干典型的叶子形，从这些叶子形可以得出植物除了茎干以外的一切结构。在他看来，花瓣、子房、果实等都只是变形的叶子。奥肯（L. Oken，1779—1851）注意到较原始的脊椎动物如鱼的骨骼仅是一根简单地分为骨节的脊椎，而高级动物的早期胚胎形式也是如此。他因而假定动物身体的基本结构就是一定数目的脊椎骨节与附属于它们的肋骨和四肢骨，而较高级动物的其他骨骼形式不过是脊椎单位的变形。奥肯还进一步认为有机体由草履虫般的黏液囊泡或者活的单位所组成，并在它们所属的有机体死亡后继续生存着，形成另一个生物的一部分。德国自然哲学的这些观念，对生物科学产生了巨大影响，特别是对于研究生物个体发展的胚胎学、研究生物形式和构造的形态学和细胞学，起到了极大的推动作用。细胞学说的提出和完善，把人们对于生物的认识和关于生物界统一性的思想提高到一个新的阶段。

在17世纪初，英国物理学家、化学家胡克（Robert Hooke，1635—1703）制成显微镜，观察到了木栓中的"小匣"或者"小室"，提出了细胞概念，并且估计1立方英寸里必定包含有12亿个细胞。英国植物学家格鲁（N. Grew，1641—1712）细致入微地描述了他对植物解剖学所做的显微观察，并极其细腻地加以描绘，竭力使人认识到植物组织独特的有机结构。当时的其他一些人也对生物现象作过很有价值的显微研究。不过，马尔比基（Marcello Malpighi，1628—1694）、列文霍克（Antony van Leenwenhoek，1632—1723）和施旺麦丹（Jan Swammerdam，1637—1682），是 17 世纪生物学领域中最有作为、最有影响的人，并且直到 19 世纪，始终保持着很高的学术地位。

马尔比基的著作主要是一些呈交伦敦皇家学会发表的论文。他曾于 1668 年当选为皇家学会会员，还曾把自己绘制的蚕和小鸡的图呈送给该学会。他相信对于低等有机体的研究将能揭示高等动物的本质。他在开始阶段专门研究蚕，从显微镜下的解剖他看到了这些小动物有极其复杂的器官构造。他对植物组织的细胞构造作了显微观察，有许多重要发现。有一天他在林间散步，看到一棵树的树枝折断了，折断处周围的一些丝状体引起了他的好奇心。他用袖珍透镜观察到这些丝状体的形状，发现它们同蚕的微小气管相像。这个发现导致他研究植物的比较解剖学，就一切生物的共性提出了许多猜测和设想，其中之一是关于活有机体的呼吸。他用显微镜研究了肺的结构，研究了腺与人体的其他器官，对于人们认识它们的结构与功能，有很大的贡献。他发展了法布里修斯和哈维的胚胎学工作，对小鸡在鸡蛋中的发育作了精细的观察，最先描写了鸡蛋中一个不透明的白点变成小鸡的过程。他在《论小鸡在鸡蛋中的形成》（On the Fomation of the Chick in the Egg，1673）和《孵卵的观察》（Observation on the Incubated Egg，1689）两篇论文中详细记述和图示了这些观察的结果。这两篇论文对后来的胚胎学进步产生了很大影响。他的工作由列文霍克继续推进，列文霍克用单显微镜研究了毛细管循环和肌肉纤维，观察了血球、精子与细菌，并绘制了它们的形象。

列文霍克完全依靠自学，自己动手做透镜，用于观察研究。他的观察没有计划，凡是他感到好奇、有兴趣的，他都观察。与马尔比基一样，他也呈送许多论文给伦敦皇家学会。他的主要著作以《大自然的奥秘》(*Arcana Naturae*, 4 vols., Delft, 1695—1719) 为总题目发表；还以《显微观察》(*Microscopical Observations*) 为题出讨一部英文版的选集 (London, 1798)。列文霍克独立做出的发现中，最重要的是发现单细胞有机体（原生动物门）。他早在1675年已经在一只新的陶罐所盛的放了几天的雨水中观察到单细胞生物。它们看上去只有肉眼可以看到的水蚤和水虱的1‰，有的似乎比一只血球的1/25还小。列文霍克称这些小动物为"活原子"。他把原生动物与血球做比较，说明他很可能最早清楚地观察到和明确地指出有红血球存在。此后6年，列文霍克又发现了比原生动物更加微小的生物即细菌。他通过放大镜在自己的牙缝里看到细小的白色物体，大小如潮湿的面粉颗粒。他将这种细小物体同纯净的雨水混合，结果看到了许多小的活动物。它们的形状、大小和运动都各不相同：有的长而灵活；有的较短，像陀螺似地转动；有的呈圆形或椭圆形，像昆虫群似地来回运动。除此之外，列文霍克还有许多发现，诸如：他发现蚜虫的幼虫是从没有受过精的雌虫身体中产生出来的；他发现了轮虫类，并观察到当包容它们的水分蒸发时会变成干尘，但当把它们再放进水中时能够复活；他还研究了精子、眼球晶状体的构造、骨的构造和酵母细胞等等。

施旺麦丹于1667年取得医学学位，但他没有开业而是转行致力于精微解剖学研究，做出了巨大的自我牺牲，不仅损害了视力，而且积劳成疾而夭折。他的研究成果，在他辞世很久之后由伯尔哈韦（H. Boerhaave）以毕生的精力编纂成《自然圣经》（*The Bible of Nature*，1737）一书。在没有显微镜的时候，广泛流传着生命"自然发生"的错误观念，认为有些生物是从无生命物质产生的。施旺麦丹反对这种理论，指出，从产生微小活有机体的腐烂物质中所发生的，都是那些在有机物质中发生腐烂的活有机体。他认为，自然界的一切生物都是以哈维所说的"万物皆来自卵"那种方式从生物中诞生的。

除此之外，在有机体的发育方面，还有一系列重要的发现。1759 年德国人沃尔夫（C. F. Wolff，1738—1794）通过他精确的观察证明，动物的肢体和器官是在胚胎发育的过程中，从一片简单的组织发展来的而不是预成构造的机械的扩大。这一理论指出存在着一个有机体的发育过程即形体上的分化过程，但尚没有说明器官形成分化的途径是被什么所决定的。沃尔夫认为自然界有一种生命力，它把简单的同质的材料铸造为复杂的和分化的结构。至此，在有机体发育问题上，仍然笼罩着一层神秘的面纱。

19 世纪，动物和植物的所有器官都是由几种组织所构成的，这一观念为人所共知。德国生物学家冯·贝尔（E. von Baer，1792—1876）于 1827 年重新发现了克鲁克香克于 1797 年所看见过的哺乳动物的卵子，证明卵是一个细胞，从而推翻了每一卵子都包含微小动物的说法。他详细考察了有机体从受精卵生长的情况，即动物胚胎发育过程中组织、器官和器官系统分化的过程，进一步发展和完善了沃尔夫的胚层演化学说。事实上是贝尔创立了现代胚胎学。

19 世纪初期，随着植物解剖研究的复活，若干德国植物学家特别是特雷维拉努斯（Treviranus）和冯·莫尔（von Mohl）认识到细胞是植物的结构单位。1824 年，法国生理学家杜特罗歇（R. J. H. Dutrochet，1776—1847）提出动物、植物的器官、组织都是由细胞组成的，明确了有机体的统一性在于细胞结构。大概同一时候，19世纪20年代，意大利的亚米齐（Amici）和其他人制成了改进的消色差显微镜，使人们得以观察有机细胞的详细情况。伦敦医生罗伯特·布朗（Robert Brown，1773—1858）于1831年观察到植物细胞一般都有一个核；捷克人普金叶（Purkinje）在1835年用显微镜观察了一个母鸡卵中的胚核，并指出动物的组织在胚胎中是由紧密裹在一起的细胞质块所组成的，这些细胞质块与植物的组织很类似。法国动物学家杜雅丹（F. Dujasdin）也有同样的发现。这样，关于细胞的一般模式结构就慢慢变得清楚起来，人们普遍认识到：细胞是一个很小的、内部含有一个核的质块。

对有机体的构造和发展做出新的理论概括的条件日渐成熟。1838年，耶拿大学的植物学教授马提阿斯·施莱登（Mathias Schleiden，1804—1881）发表了《论植物发生》，提出细胞是一切植物结构的基本单位，植物体所有器官组织都是由细胞组成的。施莱登坚持和继承自然哲学的观念，主张考察个别植物的发育。他写道：在植物学中，植物胚胎学"一旦是许多新发现的惟一和最丰富的源泉，就将继续下去好多年"。施莱登非常重视考察植物发育过程，认为植物发育的基本过程就是细胞形成的过程；细胞是一切植物借以发育的根本实体。这些细胞一旦形成之后，便被安放在一个结构模式里，表现出整个植物的统一性。细胞既是一个独立的生命，又是属于有组织的植物结构的有机部分。施莱登认为英国植物学家罗伯特·布朗关于细胞核的发现具有重大意义，认为一个新细胞起源于一个老细胞的核，最初形成老细胞的球体的一个裂片，然后分离出来自成一个完整的细胞。

继施莱登之后，卢万大学的解剖学教授泰奥多尔·施旺（Theodore Schwann，1810—1882）于1839年把细胞学说扩大到动物界，对有关动植物有机体的显微构造的资料进行了系统的概括。他在《关于动物和植物在构造和生长上相适应的显微镜研究》一书里指出，植物有机体的外部类型虽然是极其多样的，可是实际上到处都是由同一的东西——细胞所构成的。外部类型上比植物有更大的多样性的动物有机体，不仅也是由细胞构成的，而且是由和植物细胞完全类似的细胞构成的。这些细胞在自己的营养生活现象中，某些方面表现出极其惊人的一致。他由此得出结论：一切有机体实际上是由一些同样部分即细胞所构成的，并且这些细胞是按照一些同样的规律形成和生长的。这样，施旺就与施莱登一样，把细胞学说同有机体的发育研究或胚胎研究联系起来。他认为，不管有机体的基本部分怎样不同，总有一个普遍的发育原则，这就是细胞的形成。施旺的基本观点是：一切动物的受精卵都是单个细胞，胚胞就是核，无论这些细胞是大如鸡蛋还是小如哺乳类的卵，都是一样的。因此，一切有机体都以单一细胞开始有生命，并以其他细胞的形成而发育着。施旺和施莱登一样，假定植物和动物受精卵中的新细胞是在老细胞之内发展起来的。但是，他认为在动物发育的后期，新细胞是从细胞间质中形成的。在施旺看来，有两种力量在细胞形成过程中起着作用：一种力量是有机细胞所特有的新陈代谢力，它把细胞间物质转化为适合细胞形成的物质；另一种力量是一种吸引力，通过浓缩和沉淀制成的细胞间物质而形成细胞。细胞形成的过程是：开始，细胞间物质通过晶体化形成细胞核仁，而围绕核仁沉淀出一层物质形成核；更浓缩的物质层产生细胞的浆，浆的外表再凝成细胞壁，这样细胞就完成了。吸引力和代谢力使得细胞具有自主性和生命。至此，动植物界统一性的观念，就不再是思辨的哲学概括，而是自然科学的事实了。

18 世纪末，法国医生比夏对有机体的组织进行了分类。施旺将他的细胞学说用于比夏的有机体未分化部分的分类上，在细胞的基础上区分了五类组织。其中，第一类是独立和分离的细胞（例如血液细胞）；第二类是独立而紧挨在一起的细胞（例如皮肤细胞）；第三类是骨和牙的细胞；第四类是被拉成长纤维的细胞（例如韧带和腱）；第五类是神经和肌肉那样的细胞。柏林大学病理解剖学教授鲁道尔夫·微尔和（Rudolph Virchow，1821—1902）采纳施旺的观点，从医学方面发展了比夏的组织学说，认为细胞是自主的活的实体，疾病是在细胞内部引起，并在某一组织里因恶性细胞的形成使疾病扩散开来。他把人体当做是一个"国家"，其中的每一个细胞是一个"公民"，而疾病则是一种叛乱或内战。这样，微尔和就排除了医疗化学家、哲学家认为有机体的生命单位是受范·赫尔蒙托（van Helmont，1577？—1644？）的"阿奇厄斯"或者莱布尼茨的"单子"之类中心力量支配的想法，以及自然哲学家和形态学家关于动物的理想方案赋予动物一种有机统一性的观点。微尔和所开创的细胞病理学成为西方现代医学的重要理论基础。微尔和在强调疾病是在细胞的内部引起的时候，不承认疾病的细菌学说，不赞成医疗化学家关于疾病本身是有生命的实体从外界侵入人体的观念，他后来激烈反对进化论。关于疾病的细菌学说由于巴斯德（Louis Pasteur，1822—1895）与柯赫（Robert Koch，1843—1910）的重要发现而获得了支持。随着人们对细菌在疾病起因上的作用的了解越来越多，到了80年代微尔和就转到古生物学和人类学方面去了。

细胞学说的创立，在生物学发展史上具有划时代的意义。它的内容和含义是多方面的：第一，不管是植物界的花草树木，还是动物界的鸟兽虫鱼，都是由细胞组成的，细胞是整个有机界的形态形成的基础；第二，无论是单细胞的生物还是多细胞的生物，整个植物体和动物体都是从细胞的繁殖和分化中发育起来的；第三，生物有机体的所有重要生理作用如新陈代谢、生长、繁殖、遗传和变异等等，都可以从每一个细胞中表现出来。由于这一发现，人们不仅知道一切有机体都是按照一个共同规律发育和生长的，而且通过细胞的变异能力指出了使有机体能改变自己的物种并从而能实现一个比个体发育更高的发育的道路。"有了这个发现，有机的、有生命的自然产物的研究 —— 比较解剖学、生理学和胚胎学 —— 才获得了巩固的基础。机体产生、成长和构造的秘密被揭开了；从前不可理解的奇迹，现在已经表现为一个过程，这个过程是依据一切多细胞的机体本质上所共同的规律进行的。"[①] 细胞学说的确立，不仅阐明了一切多细胞有机体产生、成长和构造的规律，而且也指出了有机物种的进化道路，揭示了动植物有共同的起源，从而在细胞层次上给形而上学的自然观打开了一个缺口，促进了人们对自然过程的相互联系的认识，为马克思主义哲学的产生提供了重要的自然科学根据。

第三节　宇宙自然发展的导向性研究

生物学的历史，可以追溯到亚里士多德时代。但在那以圣经中的诺亚大洪水、亚当和夏娃的传说为绝对权威的期间，生物学一直未能超出单纯观察分类的草本学范围。而生物学中运动法则的进化思想的萌芽，是由于破除了僵化的机械自然观，克服了贯穿在自然科学中的宗教观念，从而动摇了"物种不变"这一顽固的信条的结果。生物学比物理学和化学在细节上更丰富得无与伦比。在这一科学部门中，必须收集几乎不计其数的事实加以考察、缕析条理，才能得出意义，形成理论。由于生物学的真正复杂性，要想完成生物

---

① 恩格斯:《自然辩证法》，人民出版社 1984 年版，第 176 页。

学的重大概括，只有在对生物做最广泛、最深入的探究的基础上才有可能。如果说 19 世纪以前的生物学主要还是研究生命活动的各种表现，集中于搜集、积累事实资料，尚未能对有机界历史发展的观点加以科学的确定，那么进入 19 世纪之后，人们对生命现象的认识就大踏步地前进了。19 世纪的生物学和其他自然科学一样，在对积累起来的庞大事实资料进行理论概括的时候，是把自然过程作为一个统一的整体来认识的。在这个时代，生物学界所取得的伟大成果，除了上述细胞学说之外是关于物种进化的理论。

19 世纪中叶以后，生物进化理论是对全世界思想界影响最大的理论之一。它形成的基础条件主要是：直观地认识自然界的种种变化；随着社会生产力的发展而利用和改造自然界，从中逐渐较深入地认识到自然界的变化；由于炼金术尔后是化学的发展，人们了解了物质的变化；由于矿物学和地质学的发展，人们开始研究地球的历史；通过化石学的研究，人们得知古生物的产生、发展以及如何绝迹的状况；生物学中由人为分类系统发展到自然分类系统，人们了解到通过杂交可以产生杂种；随着对生物发生的认识，了解了生物的亲缘关系和生物的演化。

自然界处在进化过程中的观念至少可以上溯到希腊时代。赫拉克利特认为万物皆变，世界是一团永恒地燃烧着的活火。恩培多克勒说生命的发展是一个逐渐的过程，不完善的形式慢慢地为较完善的形式所代替。亚里士多德更进了一步，认为较完善的形式，不但在时间上来自不完善的形式，而且它就是从不完善中发展而来。古代原子论者被称为进化论者。他们认为每一物种都是重新出现的；由于他们相信只有与环境适合的物种才能生存，所以他们已经接近于"自然选择说"了。可是，希腊哲学家们材料不足，他们所能做到的，只是提出问题，并对问题的解决办法进行一番思辨性的猜测。

　　由于《圣经》断言上帝创造万物，从中世纪以来，欧洲人对生物界的认识在总体上一直受这种神创论的统治，生物科学也只是按照神创论和目的论的信条来说明生物的多样性和适应性。"物种不变"在相当长的历史时期内是正统的观念，人们以为动植物的种类始终像最初被上帝所创造的样子存在着。

　　在对待物种进化问题上，科学家和哲学家各自的态度及其相互关系，是一个饶有趣味的问题。一方面，在很长时间里，博物学家基本上是把进化看作一个哲学问题而留给哲学家去议论，科学界对这一学说是采取否定意见的。另一方面，哲学家们按照自己的方式进行努力，对于这个因材料不足而科学家们暂时无法处理的问题，不断地提出思辨性的见解，对这一极其重要的问题不是急于做出最后结论而是提出解决的方案，以此作为假设，引导科学家们去进行研究，做出决定。在近代，进化观念出现在哲学家培根、笛卡尔、莱布尼茨、康德、谢林与黑格尔等人的著作中。其中提出深刻见解以至于达到现代观念的不乏其人。但是，从总体上来说，哲学家们是从理论的意义上而不是从现实的意义上看待进化的。经过 2000 年的艰苦努力，花费了无数生理学家与博物学家的心血，在积累了足够的观察与实验证据之后，进化观念才引起了科学家的注意。不过，在较长的时间里，科学家们只是在谨慎地、慢慢地研究事实，从不轻率做出结论。哲学家与博物学家的这种分工和见解的不同，一直持续到十分晚近的时候。他们都是积极的、正确的，只不过对于同一问题的探讨所遵循的是不同的途径：哲学家所处理的是一个哲学问题，还没有达到可以用科学方法加以考察的地步；博物学家拒绝接受没有确凿证据，而且无法着手研究的见解，表现出他们真正科学家的审慎态度。

　　尽管如此，不能认为关于进化的思想本来一片空白后来却突然发生。一方面，哲学家对于进化论的贡献，并不因为哲学家是从理论上看它而化为乌有。文艺复兴之后，一些具有自由思想的哲学家表现出不同程度的进化观点。正是这些观点启发和指引了进化论的科学研究，甚至成为进化理论的直接先驱。近代许多生物学家也不断地提出自己的进化理论。在 18 世纪，就已经渐渐地有一些博物学家不顾当时流行的意见，维护某种进化学说。到了 19 世纪前半期，这样的人就越来越多了。

物种进化的学说受到分类学研究的直接影响。分类学的进展是近代生物学的重大成就。意大利的契沙尔比诺（A. Cesalpino，1524—1603）和英国的约翰-雷（John-Ray，1627—1705），在分类学方面都有重大的贡献。18 世纪瑞典的博物学家林奈（C. Linne，1707—1778）综合前人的工作，采用等级从属的分类单位和双名法，克服了分类学中的混乱现象，使分类学接近于完成。从此，人们就可以对积累起来的动植物资料加以科学的整理，按照一定的原则和标准把它们排列起来，比较它们的异同，找出其内在联系。近代的生物学家从古代继承了关于有机世界的两个相当矛盾的观点：一是把物种看成是不同等级的生物，在等级之间存在着比较大的不连续性；二是把各种动植物看作是一大串生物链条中的许多个连续无间的环节。在生物分类的实践中，这两个概念是不能调和的，从而产生了两种不同的分类方法，即所谓的"人为的"和"自然的"分类法。人为的分类法采用少数几个、甚至仅仅一个特征来进行分类，把有机体的物种分为不连续的和界限分明的类群。自然的分类法则着眼于把不同的生物种分为各个自然的科，生物之间存在着连续性，尽量地对一切可以找到的许多特征进行研究，以便确定某一个科之内物种的亲缘关系。这种分类法在处理业已发现的日益增多的动植物种时，是十分必要的。在 16、17 世纪，强调有机界物种不连续性和等级次序的人为分类法，在天主教国家里较为流行，而强调物种连续性和亲缘关系的自然分类法，则在新教的国家里比较流行。在18世纪，这种倾向倒了过来：瑞典的路德教徒林耐采取了人为的分类法，而法国的博物学家乔治·布丰（G. Buffon, 1707—1788）却采用了自然分类法。其中的原因或许是：路德教派吸收了较早神学的等级性观念，而18世纪的法国哲学家则采纳了机械论哲学。

法国的马尔比基在17世纪时试图找出一个把一切有机生物都纳入垂直尺度的分类方法。他认为生物呼吸器官的大小，同这个生物在有机自然界阶梯上的完善程度成反比。他把植物放在阶梯的最下层，其次是昆虫，然后是鱼类，最后是人和高等动物居于阶梯的最上层。这种分类法并不怎样受到重视。比萨大学的医学教授安德烈·契沙尔比诺的人为植物分类法把物种看成是一个分为等级的生物阶梯，既具有哲学根据，又简单有效，所以有非常大的影响，被广泛地采用。

18世纪最伟大的植物分类学家、瑞典乌普萨拉大学的植物学教授卡尔·林奈主要是根据植物生殖器官这一个特征进行人为的分类，不过他对以许多特征为依据的自然分类法也感兴趣。林奈对分类有一种热爱，他甚至把过去的和当代的科学家按照军阶进行分类，由他自己任总司令。他的自然系统不仅包括动物和植物的各种序列，而且也包括不同的矿物和疾病。林奈的分类学，特别是他的《自然系统》（1735）一书的出版和多次再版，结束了过去对生物种类看法上所存在的混乱现象，对生物学的发展起着重要影响。按林奈观察到的事实，应当可以看到分散物种间的联系，以及它们相互之间的亲缘关系。但遗憾的是他却得出了相反的结论，认为不同的物种是上帝分别创造的结果。当然，随着分类学的发展，在大量的事实面前，也迫使林奈这位"神创论"的信徒做出让步，他在《自然系统》

的最后一版中删去了"种不会变"这一项。

　　法国巴黎皇家植物园园长乔治·布丰以发展的观点对当时现存的生物和化石生物的资料进行了总结。对化石的观察启发了布丰的进化思想。他从化石的分布，体会到地球历史上的海陆变迁，并进一步推论物种的起源。他主张生物的种是可变的，并提出生物的变异基于环境影响的原理。他认为，在自然界中没有不连续的纲、目、属、种。他根据动物物种之间的类似性，已经比较明确地认识到一物种是从原先的另一物种而来的，即物种来自物种。现在的不同物种可能是从一个共同祖先传下来的。但布丰并不是一个现代意义上的进化论者。在他看来，进化不是从简单和原始的种类逐渐发展成比较复杂和完善的种类，相反地，他相信大多数生物物种是一种或几种比较完善的类型退化的结果。另外，由于当时占统治地位的神学派和宗教的高压政策，他不得不放弃自己的进步观点。在他晚年的著作中，他删去了那些与《圣经》相矛盾的部分，并声明坚决地信仰圣经上所说的关于神创造世界的时间和事实。

　　不管怎样，林奈和布丰这两位同年出生的生物科学家，毕竟以他们各自的研究成果和相互对立的观点，在客观上成了进化论的先驱者和分类学的奠基人。从林奈和布丰的实际的科学业绩看来，他们的成功之处在于从客观实际出发，掌握了充分的资料，并且自发地有一点联系变化的观点。使他们未能真正具有进化论的观点，实由于宗教观点的干扰和机械论的束缚所致。

　　自18世纪后半叶起，生物科学的发展使人们逐渐认识到：生物界不仅具有多样性，而且具有统一性。对这种现象的合乎逻辑的解释是：各个物种之间存在着密切的内在联系，彼此之间存在着亲缘关系，物种是可变的，一个物种是由另一物种变化而来的。这种思想第一次在法国博物学家拉马克（J. B. Lamarck，1744—1829）那里

获得科学的形态，被整理成为生物进化论。1802 年，他发表了《对
有生命天然体的观察》，阐明了他关于生物进化的见解；1809 年他
在《动物哲学》一书中把这种见解做了进一步的论述。拉马克原来
是研究植物学的，后来转到研究无脊椎动物。他在这个被前人忽视
的领域取得了重大进展，奠定了现代无脊椎动物分类的基础。拉马
克看到了无脊椎动物的 10 个纲在构造和组织的复杂程度上表现出
一定的等级和次序。他将动物界按直线次序排列成为一个进化的序
列。这样，他不是像布丰、圣提雷尔那样把生物演化看成是复杂动
物的退化过程，而是把这一演化看成由简单到复杂的进化过程。他
努力按照"自然的实际次序"将动物进行分类，从简单的生物开始
逐渐上升到高等动物。虽然他把进化过程看得直线化了，然而，却
是第一次相当成功地描述了动物进化的过程。为了对这个进化的历
程加以解释和说明，拉马克提出：每一个生物都有一种内在力量在
物种的改进中不断地起着推动作用。假如这种力量不碰到阻碍，它
会导致一个从简单的单细胞生物一直到人类的不断上升的直线的系
列。假如受到环境的影响，便会导致对直线系列的偏离。拉马克认
为由环境引起的动物习惯上的变化，特别是器官的较多或较少的使
用所导致的机能改变，是能够遗传的，并能够导致物种的变化。这
种"获得性遗传"的学说并没有得到直接的证据，拉马克在说明进
化的原因时，用作论证的事实不够充分，有时只好凭借猜测，说服
力不强。在当时传统势力的影响下，他的学说不仅得不到学术界的
重视，而且还受到某些知名人物的反对。然而在历史上拉马克的进
化理论，具有重要的影响，它为生物进化观点提供了一个有指导意
义的假说，起了一定的积极作用。

　　19 世纪，生物学积累的材料已经使神创论和陈腐的形而上学自
然观难以为继了。围绕着物种的变化问题，于 1830 年发生了圣提

雷尔（E. G. Saint-Hilaire，1772—1844）和居维叶（Georges Cuvier，1769—1832）的著名辩论。圣提雷尔认为一切动物在原则上由相同数目的结构单元所组成，这个结构单元是一块骨头，它们按一定方案组成脊椎。他认为从这个脊椎原型方案可以推演出一切动物，包括无脊椎动物。他认为，各物种是同一类型的不同退化物。居维叶是当时在动物比较解剖学方面有许多重要贡献的、有权威的生物学家。他根据神经和循环系统的差异将动物物种区分为四个主要类型：脊椎动物类型、软体动物类型、有关节动物类型和辐射状类型。认为动物界存在四个原型方案而不是一个原型方案，这四个原型方案之间有不可逾越的鸿沟，一个物种不可能转变另一个物种。圣提雷尔和居维叶争论的焦点是：整个动物界究竟可以归结为一个原型还是应归结为四个原型。其实质是：物种是可变的还是不变的；物种是分别被创造的还是从另一物种变化而来的。从根本观点上看，圣提雷尔无疑是正确的。但是，他和布丰等人一样，是以高等动物作为一切动物比较的标准的。他也误把人们对动物界认识的起点看成动物界历史发展的起点，把这个历史过程看作是高级的复杂的动物的退化过程，从而把高等动物的结构模式看作一切动物的结构模式，这就遇到了不可克服的困难。相比之下，居维叶的四个原型方案却显得自然、合理得多。辩论的结果是居维叶取得了胜利。这个结果使生物变化的思想受到巨大打击。18、19 世纪之交兴起的生物变化论和进化论思想暂时沉寂下去了。

居维叶对拉马克的生物进化理论也进行指责和反对。他和拉马克同时研究巴黎地层中的丰富化石，看到了同样的事实：在不同的地层里出现不同的生物化石，地层越深，化石同现在生物的距离越远。然而，拉马克据此坚持了生物进化的观点，居维叶却得出了地球激变的结论。按照"激变论"，地球不是由量变到质变的发展，而是曾经有过多次周期性的大激变，每次激变都毁灭了所有生物；激变结束后，地球上又出现新的生物的类型，这就是不同地层中生物化石不同的原因，至于这些新的类型是怎样来的，居维叶没有明确讲，他的学生多宾尼（A. Dórbigny）作了补充：这是上帝重新创造的结果，并且算出这样的创造行为达 27 次之多。

然而，当时自然科学的进展所获得的辉煌成果，为生物进化的规律提供了空前多的证明材料，从而日益暴露出生物学中物种不变观点的陈腐和荒谬，为有机界历史发展过程的科学进化奠定了基础。1830 年英国地质学家赖尔（C. Lyell，1797—1875）的《地质学原理》的发表，阐明了地球的历史发展；1838—1839 年间细胞学说的确立，论证了细胞是动植物有机体所共有的构造和发育的基础，并启示它们有共同的起源，特别是由于历史观点和比较方法在生物学中的广泛应用，出现了两门新兴的学科——古生物学（1812）和胚胎学（1828），为进化论提供了最可靠的证据。总之，在当时，宇宙理论、解剖学、地质学与哲学各个领域，都出现了进化论的支流。它们虽然为"物种不变"的成见所阻挡，但是，在堤坝的后面愈聚愈深，终将形成一股巨流，以不可抵挡的威力冲破这个堤坝。"进化论"的确立和完善，已经是大势所趋、指日可待了。

拉马克发表《动物哲学》（1809）的这一年，查理·达尔文（Charles Darwin，1809—1882）出生了。他是伊拉斯谟·达尔文的孙子。他于青年时代去剑桥求学时，激发了重新学习地质学和自然历史的愿望。他受到老师们的赏识，被推荐在政府派遣到南太平洋远征航行中担任博物学家的职务。1831 年 12 月远征队乘着"贝格尔"号军舰出发，历经 5 年，在广泛地考察了南美洲与太平洋群岛的海岸之后，于 1836 年 10 月回到英国。在这次具有重大意义的地质调查航行期间，达尔文不仅接受而且扩展了赖尔关于地球表面缓慢变化的观点。他在家信中写道："我已成为赖尔先生在他的书中所发表的观点的一个热诚信徒了。在南美洲进行地质调查时，我总尝试把书中的部分观点比赖尔推到更大的范围中去。"在这次考察中，有三件事给达尔文以深刻的印象和巨大的影响：第一，在南美洲的地层中发现一种古代巨大的哺乳类 plyptodon 和现存的较小的犰狳（armadillo）非常相似；第二，在南美大陆的一些密切近似的动物物种，自北而南，逐次代替；第三，加拉帕戈斯群岛的大多数生物都具有南美生物的性状，而群岛中各个岛屿上的物种彼此之间又有细微的差异。他并且注意采集了很多地质的、植物的和动物的标本，观察到大量生物物种极其相似、密切联系的情形，促使他改变了原来的观点，把心思转到对生物物种进化的研究上来。达尔文回国后，花了20多年的时间，搜集事实和进行实验。他博览群书，阅读旅行游记，阅读有关运动竞赛、自然历史、园艺种植和家畜培养的书籍，把赖尔的方法和观点从地质学扩展到生物学上，得出了这样的结论：生物物种是逐渐进化而来的。他融汇事实、权衡事实与已产生的一切复杂问题的关系，研究生物进化的规律，终于在1859年写出了《物种起源》（全名为《根据自然选择，即在生存斗争中适者生存的物种起源》）。这部具有划时代意义的伟大著作，完成了当时生物学的大综合。其后，达尔文又发表了《动物和植物在家养下的变异》（1868）、《人类起源和性的选择》（1869）等著作，使其理论体系更趋完善。

　　达尔文的学说是一个庞大的科学体系。在《物种起源》等著作中，达尔文从分类学、形态学、胚胎学、生物地理学、古生物学等方面，列举许多事实，证明不同生物之间具有一定的亲缘关系；古代生物和现存生物之间有着共同的祖先；现存生物是远古少数原始类型按照自然选择的规律逐渐进化的产物。在这个体系中，最重要的是"自然选择"学说。它大体包括以下几个方面的内容:(1)生物普遍具有变异现象。在生活条件发生改变的情况下,生物可以在结构上、功能上、习性上发生变异。经常使用的器官就发达,不使用的便退化。一种器官发生变异,其他器官也经常跟着发生变异(相关变异)。大部分变异都有遗传的倾向。在相似条件的影响下,在连续的世代里,变异的遗传就获得了稳定性,并且由于延续变异的规律而加强起来。(2)各种生物都有高速率增加的倾向,即具有巨大的繁殖力。(3)一切生物的实际生存数极其低微。就是说,虽然生物的繁殖力很强,但是大量的都在胚胎或幼年时期死亡,真正达到成年阶段而生存下来的个体数是极少的。其原因相当复杂,大体与繁殖过剩,食物、空间有限而发生的"生存斗争"有关。生存斗争包括生物同无机自然界的斗争、种内斗争和种间斗争,其中最剧烈的是种内(同种个体间及变种间)斗争。(4)在生存斗争中,对生存有利的变异的个体被保存,不利的个体则被淘汰,即"自然选择"或"适者生存"。(5)自然选择在不同的方面保存和积累了不同器官、不同性状的微小变异,使后代离开祖先类型越来越远,通过性状分歧和中间类型的绝灭而逐渐形成新的物种。(6)自然选择经常在生物与环境的相互关系中改造生物体,使生物更加适应于环境,促进了生物向着从简单到复杂、从低级到高级的方向发展。达尔文把历史观点引入生物科学,并坚持用自然原因来说明自然现象,这就推动了人们根据自然法则去研究物种变异的原因及其进化的历史过程,使生物学最终摆脱宗教神学的束缚,而置于完全科学的基础之上,这是人类对生物界认识的巨大成就,有力地推动了近代生物学的发展,把人类对自然界的认识引向一个新的时代。

进化理论的建立、达尔文的成功,有着极其深刻的背景和原因。对达尔文生物进化学说产生影响的因素是多方面的,其中人工选择和马尔萨斯（Thomas Robert Malthus，1766—1834）的《人口论》一书对他有重要的启发。马尔萨斯的主要观点是：人口在无所妨碍时以几何级数增加，而生活资料却以算术级数增加。生物的高度繁殖力与自然界所能提供的有限生活场所与营养之间存在着极为尖锐的矛盾。他说："自然法则的必然性，将限制此等生物于一定的限界之内。植物的种类与动物的种类，悉畏缩于这限制的大法则之下。"[1] 马尔萨斯的理论，在一定程度上反映了自然界客观存在的事实，所以很快被达尔文所接受。在谈到马尔萨斯的《人口论》在他思想上所起的作用时，达尔文说："1838 年 10 月，我为了消遣，偶然读了马尔萨斯的《人口论》。我长期不断地观察过动植物的生活情况，对于到处进行的生存竞争有深切的了解，我因此立刻就想到，在这些情况下，适于环境的变种将会保存下来，不适的必归消灭。其结果则为新种的形成。这样，在进行工作时，我就有了一个理论可以凭持。"[2] 达尔文的自身素质是他获得成功的内在根据，尽管他自称"没有高度敏锐的理解力或智慧，追随一条深长的、纯粹抽象思路的能力也是有限的，有广泛的记忆力但很模糊"，可是实际上他在进化论的研究中表现了巨大的天才和无上的本领。他的坦率与诚挚，对真理的爱好以及心境的平静与公正，都表现出真正科学家的襟怀和气质。正像他在《自传》中所写的："作为一个科学家所获得的成功，我认为是决定于我的复杂的和种种不同的心理气质和精神状态。其中最重要的是：爱科学 —— 在长期思索任何问题上的坚韧不拔，在观察和搜集事实上的勤勉，以及丰富的常识和发明的才能。"[3] 达尔文对学术问题采取极其谨慎的态度。正当他倾注全力撰写物种起

---

[1]　马尔萨斯：《人口论》，商务印书馆 1962 年版，第 5 页。

[2]　转引自丹皮尔：《科学史》，商务印书馆 1975 年版，第 372—373 页。

[3]　转引自汤浅光朝：《科学文化史年表》，科学普及出版社 1984 年版，第 87 页。

源的书稿时，接到了年轻学者华莱士从马来群岛寄给他的一篇论文，发现其中的要点与自己的看法完全一致，他曾表示宁愿放弃自己的成果，单独发表华莱士的文章。《物种起源》是他深思熟虑的结晶，即便如此，他在这本书中系统地说明了自己的观点的同时，还是提出了许多疑难问题，并列举了大量的例证。85 岁的华莱士在林奈学会纪念他与达尔文同时发表论文 50 周年时的一篇文章中写道："许多具有优秀头脑的人都失败了，而达尔文和我得以解决了这个问题，这是什么原因呢？这是因为我们两个都是热心的甲虫采集者，是去过世界上最富饶和最有意义的地方的旅行者、采集者和观察者，我们又都是从马尔萨斯的《人口论》那里得到了暗示。"良好的合作者是达尔文成功的重要条件：自然选择学说的共同创始人华莱士、力劝出版《物种起源》的赖尔和胡克，以及血气方刚的赫胥黎等英国科学界人士的合作，促成了达尔文主义成为世界性思潮。

达尔文进化论的建立，一方面植根于英国农业发展的需要，但在很大程度上得益于他的科学方法。他采用了多种研究方法，其中最重要的是历史方法和归纳方法。正是由于达尔文应用了历史方法、归纳方法，并且与演绎方法等有机地结合，深入研究了地理环境与生物活动、家养生物与野生生物、现存生物与化石生物、低等生物与高等生物、高等生物与人类的相互关系，才科学地揭示了生物进化的规律。这一方法与生物界里的历史发展过程相吻合，因而有效地击中了目的论、物种不变论的要害。历史方法对于生物学的发展有着极其深远的影响。自达尔文之后，在生物学的许多分支学科中，学者们十分注重应用这一方法。例如，赫胥黎在比较解剖学、古生物学、人类学中，海克尔在动物形态学、胚胎学中，都注意应用了这一方法，因而取得了重大成就。达尔文在科学史上的地位，不仅在于他所取得的具体科学结论，而且也在于他在生物学研究方法上做出了极其重要的贡献。

达尔文建立了如同哥白尼和伽利略在天文学方面、康德在宇宙起源方面所建立的那种丰功伟业。《物种起源》标志着新世界观的诞生。它的初版（印 1250 册）在发行的当天就被一抢而空，得到了科学家以及普通民众的一致好评。它一出版，就受到马克思和恩格斯的高度评价。恩格斯 1859 年 12 月 12 日致马克思的信中写道："我现在正在读达尔文的著作，写得简直好极了。目的论过去有一个方面还没有被驳倒，而现在被驳倒了。此外，至今还从来没有过这样大规模的证明自然界的历史发展的尝试，而且还做得这样成功。"[①] 马克思在 1860 年 12 月 19 日致恩格斯的信中写道："在我经受折磨的时期 —— 最近一个月 —— 我读了各种各样的书。其中有达尔文的《自然选择》一书。虽然这本书用英文写得很粗略，但是它为我们的观点提供了自然史的基础。"[②] 后来，列宁又指出："达尔文推翻了那种把动植物种看作彼此毫无联系的、偶然的、'神造的'、不变的东西的观点，第一次把生物学放在完全科学的基础上，确定了物种的变异性和承续性。"[③]

进化论震动了当时的学术界，给了生物学中历来的形而上学目的论学说以决定性的打击，因而遭到了保守势力的围攻。宗教权威分子和唯心论者对其一味地进行讽刺、攻击和咒骂，污蔑其为"猴子学说"。围绕着进化论，展开了一场激烈、尖锐的斗争。有许多杰出的学者，如英国博物学家赫胥黎（Thomas Henry Huxley，1825—1895）、德国博物学家海克尔（Ernst Heinrich Haeckel，1834—1919）等，都为捍卫、发展和传播达尔文学说做出了卓越的贡献。

---

① 《马克思恩格斯全集》第 29 卷，人民出版社 1972 年版，第 503 页。
② 《马克思恩格斯全集》第 30 卷，人民出版社 1974 年版，第 130—131 页。
③ 《列宁选集》第 1 卷，人民出版社 1960 年版，第 10 页。

从一开始，赫胥黎就是进化论者阵营的主角。他在动物学、比较解剖学、生理学和生物学方面都有较高的造诣，具有文学天才、思想清朗、叙述明晰、渊博的学识和捍卫真理的热情。与达尔文一样，赫胥黎是在一艘澳大利亚海岸的巡逻舰上工作了 3 年之后，才开始自己的自然科学研究的。他高度评价《物种起源》一书，认为它像闪电，给黑夜中迷路的人突然照亮着通往或者回家，或者到另一个地方，总之是到他所要去的地方的道路。他自称是"达尔文的看家狗"。在进化论受到责难的时候，赫胥黎挺身而出，勇敢地为捍卫科学真理而斗争，首先抵抗各方面对达尔文著作的攻击，时时带头对狼狈的敌人展开成功的反击。1860 年 6 月 30 日（星期六），在英国牛津自然博物馆里，英国科学会开会讨论人类是否起源于动物的问题。牛津主教威尔伯福斯（Wilberforce）对于进化论并没有真正了解，企图用讥笑来摧毁进化观念。他责问赫胥黎："你是由祖父这方面的猴子，还是由祖母这方面的猴子变来的？"在满堂听众羞容满面的情境之下，赫胥黎毅然表示，他愿意猴子作自己的祖先，不愿以那种信口雌黄去欺骗众人。为此，当场竟有一位老太太昏晕过去。赫胥黎在对主教的论点给予有效的答辩之后，更对于他的愚昧的干涉给予严厉的抨击。在这次著名的"牛津辩论会"之后，达尔文主义在英国就为受过科学教育的人们所普遍接受。

赫胥黎以《物种起源》为指南，深入探讨人类在自然界中的位置问题，通过自己的研究，发展了达尔文主义。他在《人类在自然界中的位置》一书的"序言"中写道："达尔文的《物种起源》一书问世了。在达尔文的书上有这样一句有份量的话：'人类的起源和他的历史，将会得到阐明。'这句话在人和猿构造上的关系方面，不仅和我研究所得的结论完全相合，而且得到我的那些结论强有力的支持。达尔文虽然博学多才，但在发生学和脊椎动物解剖学方面并非他的专长，我觉得如果我论述了问题的这一部分，我不会侵犯达尔文所研究的范围。实际上，我想这样做很可能对进化论有所贡献。"正是赫胥黎，通过大量的研究，证实了达尔文关于类人猿接近于人的正确判断，驳倒了奥温关于人和类人猿脑的构造在解剖上截然不同的论点，在人类起源认识史上首次提出了"人猿同祖论"。

海克尔在青年时代学习医学，但主要志趣是研究动物学。《物种起源》一书传到德国时，年轻的海克尔刚进入学术界。他立刻接受达尔文的学说，并称赞达尔文"用一个伟大的统一的观点来解释有机界的一切现象，并且用可以理解的自然规律来代替不可理解的奇迹"。海克尔在进化思想的指引下，总结了古生物学、比较解剖学、个体胚胎学和比较胚胎学的丰富资料，研究了种系发生学（生物种系）的发展史，创立了生物进化的系谱树。为了捍卫达尔文的学说，海克尔也与各种错误言行展开了激烈的斗争。1877年，在慕尼黑举行的第50次德国自然科学家和医生代表会上，海克尔与反对达尔文主义的微尔和进行了严肃的争辩。会后，他发表了轰动一时的论著《自由的科学和自由的讲授》，批评了微尔和禁止在学校里讲授进化论的错误主张。海克尔的名著《宇宙之谜》于1899年秋在德国出版，这本书为他一生的科学工作做了一个哲学的总结。在书中，海克尔不仅对19世纪自然科学的伟大成就，特别是生物进化论，做了清楚明白的叙述，而且依据当时的科学成就，对宇宙、地球、生命、物种、人类的起源和发展等问题，都进行了认真的探讨，描绘出一幅唯物主义的世界图景。同时，他对宗教神学和唯心主义的传统观念，也做了深刻的揭发和批判。该书出版之后，立即在一些国家中掀起了一场轩然大波，一方面深受广大读者的拥护和欢迎，很快被译成各种文字（1908年时已有18种不同文字的译本，到1918年增加到24种），发行几十万册。海克尔收到了几千封热情洋溢的来信。

另一方面则遭到了世界各国反动教授和神学家们的疯狂攻击。他们舞文弄墨，写了几百篇书评，千方百计地诽谤和诋毁海克尔，恶毒地对他进行辱骂和人身攻击，甚至投寄匿名信，骂他是"狗"、"渎神者"、"猴子"等等。1906 年，德国统治阶级的代表们在上议院的辩论中也提出海克尔宣传进化论是一种"危险行为"，要求国家为反对海克尔的一元论而动员起来。1907 年，德国的活力论者莱因克在普鲁士贵族院里要求以邦的名义明令禁止《宇宙之谜》。1908 年，教会反动势力特地成立了所谓"开普勒协会"，专门迫害海克尔及其领导的"一元论者协会"。同年春，甚至有人企图谋杀海克尔，把一块很大的石头扔进了海克尔在耶拿的工作室。

海克尔在一些重大问题上，也发展了达尔文的进化学说。他的科学著作《有机体普通形态学》（1866）和通俗讲演《自然创造史》（1866），对于发展和普及达尔文的进化论做出了重要贡献。他提出了生物科学的一个重要定律——生物发生律，即"个体发生就是种系发生的短暂而迅速的重演"，或者说"胚胎发育就是种系发育的精简的缩短的重演"，简称"重演律"，这是生物发生的根本规律。海克尔还扩大了达尔文的自然选择观念，认为物种变异是适应和遗传相互作用的结果；同时，适应被认为是过程中引起变异的方面，遗传被认为是过程中保存物种的方面。海克尔用适应与遗传的相互作用以论述生物进化的动力，这也是对进化论的一个贡献。

19 世纪最后二三十年，生物学实验研究有重大发展。德国弗莱堡（Freiberg）大学动物学教授魏斯曼（A. Weismann, 1834—1914）提出了"新达尔文主义"的概念。魏斯曼、孟德尔（Gregor Johann Mendel, 1822—1884）、德弗里斯（Hugo de Vries, 1848—1935）、约翰森（W. L. Johannsen, 1859—1927）和摩尔根（Thomas Hunt Morgan, 1866—1946）等人，都是有影响的新达尔文主义者。

　　魏斯曼以细胞学、胚胎学和遗传学的新成就为基础，提出了种质连续和种质选择的学说。他一方面强调与体质不同的种质在遗传和进化方面的作用，另一方面强调选择的重要性，而坚决反对获得性状遗传的观点。他认为，生殖细胞与体细胞有严格区别，生殖细胞世代相传，体细胞来自生殖细胞，而生殖细胞的基本物质不是来自体细胞。因此，体细胞获得的变异不影响生殖细胞，也就不会遗传。在这里，自然选择的对象实际是生殖细胞。因此，他不仅完全否定拉马克的获得性遗传原则，而且给予自然选择以新的意义，从而修改了达尔文学说。19 世纪末期形成的这一理论，虽然仍带有一些思辨性质，但对 20 世纪细胞遗传学的发展和综合进化论的形成，有着深刻的影响。魏斯曼对遗传物质和变异原因的探讨，对今天的分子遗传学和分子进化论也有一定的启发意义。

　　奥地利遗传学家孟德尔从 1857 年起就开始在他任职的修道院后面的空地上，以豌豆作材料进行了许多杂交实验。经过 7 年的努力，他获得了所设想的结果。1865 年春，他根据实验结果进行理论概括，提出了"遗传因子说"以及因子的分离定律和自由组合定律。分离定律指出：个体上的种种性状是由遗传因子（或基因）决定的；遗传因子在体细胞中成双存在，在生殖细胞中则是成单的；遗传因子由于强弱不同，有显性和隐性现象，其比率是 3∶1；遗传性状和遗传基础既有联系又有区别：遗传性状指的是个体所有可见性状的总和，遗传上叫作表现型，而遗传基础则是指个体所有遗传内容的总和，遗传上叫作因子型或基因型，不同的基因型可以有不同的表现型，也可以有相同的表现型。自由组合定律又称独立分配定律，指的是不同的相对性状的遗传因子在遗传过程中，一对因子与另一对因子的分离和组合互不干扰，各自独立地分配到配子中去。这一定律具体地阐明了通过杂交可以产生丰富的遗传性变异的原因。孟德尔的"遗传因子说"及分离和组合律，是遗传学的基本理论。这一理论说明了生物界由于杂交、分离和自由组合，造成了变异的普遍性；支配遗传性状的是因子而不是环境。

荷兰植物学家德弗里斯于 1886 年在希尔维萨的一块曾种过马铃薯的土地上，发现了月见草（Oenothera Lamarckiana）有许多显著变异的类型。经实验和研究，他于 1901 年发表《突变学说》，认为这些巨大变化，是一种不连续的变异，可以直接产生新种。他认为进化不一定像达尔文所讲的那样是通过微小差异（连续变异）而形成的。物种并不是连续地相互连接着，而是通过突然的变化即突然的步骤而出现的。突变是由于染色体内部组织或数量的改变，改变是突然的，不受生活条件的影响。自然选择在进化中的作用并不重要，只是对突变起所谓的"过筛"作用。

丹麦学者约翰森于 1909 年发表了"纯系说"（pure line theory）。在这一学说中，他首先提出了基因型和表现型的概念，并明确把孟德尔所说的遗传因子称为"基因"。他所说的"纯系"，指的是从一个基因型纯合的个体自交所产生的后代，其后代群体的基因型也是纯一的。他认为，同一纯系里种子间的差异是表现型的，是由于环境的影响而引起的，因此是不遗传的。所以，在一个混杂的群体中选择是有效的，但在纯系内继续选择并无效果。

美国细胞遗传学家摩尔根根据一系列的研究成果，于 1917 年发表了他的名著《基因论》，把基因的概念落实在染色体上，并提出了基因在染色体上直线排列的学说，从而确立了不同基因与性状之间的对应关系。根据这一理论人们可以根据基因的变化来判断性状的变化。摩尔根把孟德尔的"遗传因子"、魏斯曼的种质构造单位——"决定子"和约翰森的"基因"概念统一了起来，荣获诺贝尔奖。

新达尔文主义对于补充、完善和发展达尔文的进化论，做出了重要贡献。达尔文不了解遗传变异的原因，其进化论的研究是以形态观察和理论探讨为主；基因学说在一定程度上揭示了生物遗传变异的机制，使进化论研究有可能深入到细胞实验的层次。达尔文主张渐变进化，强调"自然不跃"；新达尔文主义在广泛的实验中发现了存在于自然界的另一种进化形式——骤变进化，这是对达尔文学说的重要补充。新达尔文主义提出的种质选择论，实质上是强调对遗传变异的选择作用，这不仅是对达尔文"泛生论"的修正，而且是对达尔文关于选择原理的一个重要说明。

以杜布赞斯基《遗传学和物种起源》（1937）一书中提出的"综合理论"为基础建立起来的现代达尔文主义，以大量的科学事实，论证了生命自然界发展的客观性和规律性，阐明了生物进化过程中内因和外因、偶然性和必然性的辩证关系，为进化立足点发展做出了重大的贡献。自然选择是达尔文的伟大发现，但他提出的选择机制比较简单和笼统。现代达尔文主义提出了自然选择模式的概念，对其做了重要的阐明和补充，解释了适应和生物的多样性，从而丰富和发展了达尔文的选择论。这一学说将种群作为进化的基础，并在进化机制的研究中引入了群体遗传学的原理，弥补了基因论的不足。现代达尔文主义综合了自然选择学说与基因理论这两种学说，并进一步运用分子生物学和群体遗传学的原理和方法，研究了生物进化的变异和选择等问题，这不仅是对人们认识生物进化的科学总结，而且也进一步揭示了生物进化的机制。

达尔文进化论是 19 世纪自然科学的三大发现之一，它开创了生物科学发展的新时代，使生物体从少数简单的原始祖先到今天我们所看到的日益多样化和复杂化的类型，直到人类为止的发展系列，基本上得到了确定，使生物学建立在完全科学的基础之上。进化论使生物学各门分支学科有了新的研究方向，并得到飞速发展，促进了生物学发生革命性的变化。这些学科的成果也反过来证实和丰富了达尔文的进化论。

实际上，进化论的意义不仅使与之相关的科学发生了变化，而且在其他思想领域（诸如社会学、人类学、宗教、哲学）中产生了深远影响。以至于有人认为，其后差不多任何一种人类进步的学说都可以从达尔文进化论中推论出来。在达尔文之前，人类对生物界的产生和发展处于无知的阶段。由于达尔文的努力，证实了生物的进化并说明其进化的动力在自然界内部，因而使人们认识到目的论和物种不变论的虚伪本质，给予静止的僵化的世界观以致命一击，成为唯物辩证法的基本的科学基础。把进化论的提出说成是机械论世界观的胜利，是极其错误的。当然，达尔文的理论中存在一些不尽完善的和错误的东西，例如他把生物进化同适者生存完全等同了起来，等等。恩格斯对此指出："……进化论本身还很年轻，所以，毫无疑问，进一步的探讨将会大大修正现在的、包括严格达尔文主义的关于物种进化过程的观念。"[①] 20 世纪科学，特别是在物理学的强烈影响之下，分子生物学的充分发展，是达尔文时代的科学水平所无法比拟的，进化的思想正在向着创立综合进化论方向发展，从而可能揭示出生物各个阶段发生的、在生物历史发展中形成的各种生物体系的全部变化。对比着今天生物学发展的状况，达尔文的进化论显然是不完备的，细节方面也是不精确的，但这些无损于它的光辉与伟大，因为它从宏观上开拓了科学前进的道路，从整体上指明了发展的方向。在宇宙自然发展的导向问题上，达尔文做出了明确乐观的回答。

---

① 《马克思恩格斯全集》第 20 卷，人民出版社 1971 年版，第 81 页。

第十二章　辩证法的重新崛起

古希腊人的辩证法的天才萌芽，往后并没有绽开出智慧的花朵。古罗马人的务实态度，有如一块贫瘠的板土，接着中世纪的宗教神权统治，带来了冰冻的寒流，辩证法受到巨大的摧残，它萎缩了，但它富有生命力的根系还顽强地挣扎着，期待着春天的到来。文艺复兴带来了精神的复苏，由于自我意识的觉醒，主体挣脱了宗教神权的枷锁，再加以科学的蓬勃发展，特别是进化论思潮遍及各个领域，给辩证法带来了生机。到18世纪末至19世纪，辩证法又见重新崛起之势。借时代精神的东风、科学成果之助力，德国古典哲学的大师们，在唯心的形式下，全面系统地发展与构造了辩证法体系，形成古希腊以后，第二个辩证法的高潮，接着开辟了马克思、恩格斯建立的辩证法的科学形态的道路。智慧之花盛开，哲学与科学的前程似锦。

第一节　哲学发展的时代转折

一、伟大的时代孕育了一场新的哲学革命

从16世纪到18世纪是欧洲先进的尼德兰、英格兰、法兰西资产阶级革命胜利进军的时代。这是文艺复兴以后，在人文主义思潮的

洗礼下，哲学与科学冲决了宗教神权、封建特权的樊篱，人性获得解放的政治成果。荷、英、法革命的胜利，又推动了整个欧洲的资产阶级的革命进程，封建割据、四分五裂的德国，也开始有革命的萌动了。特别是 18 世纪的法国革命，直接影响了它的德意志邻邦。

统一的民族可以为哲学的健康发展提供一个自由、和谐的宽松环境。而德国的民族统一较之英、法为晚。直到 19 世纪初，德国仍未能摆脱封建割据状态。虽然在此之前就已存在着"德意志神圣罗马帝国"这一称号，但它只不过是一个有其名而无其实的空头衔。实际上，政治上的德国仍处在四分五裂、混乱不堪的局面之中。360 多个大大小小、各自为政的诸侯王国分散在德意志大地上。其时的"德意志"只不过是一个地理上的名词，无丝毫政治内容。而政治上的落后又必然阻碍经济上的发展。在 18 世纪末到 19 世纪初这一时期，德国的经济大大落后于英法等资本主义国家。德国基本上是一个农业国，封建的生产方式仍然处于领导的地位。农村仍然盛行着封建土地制度，即便是城市的工商业，在其发展过程中亦受到封建行会制度的严重束缚。就其整个工业来说，仍处于个体手工业和工场手工业阶段。其产品根本无法问津国际市场。对德国经济上极端凋敝的状况，恩格斯认为这标志着德国正处于解体过程中。要拯救德意志民族，只有进行革命，首先是哲学上的革命。

从 19 世纪初的德国经济状况来看，表明德国资本主义的发展相当缓慢。因此，正在形成中的资产阶级力量显得极为软弱，还无力旗帜鲜明地与封建势力相抗衡。后在法国大革命的影响下，"德国的混乱世界"有所好转。德国资产阶级革命的胜利，不啻于给德国资产阶级注射了一针精神兴奋剂。但当雅各宾党人将法国革命推向高潮时，德国资产阶级又感到难以理解和接受，由支持革命转而否定革命，与人民分道扬镳，最终由革命转向改良。法国革命以后，欧洲一度出现反革命复辟，恩格斯认为"各国的内阁都由封建贵族统治着"。德国的封建贵族与其他国家的封建势力结成了所谓"神圣同盟"，并以政治上进一步与封建贵族相妥协为条件，来逐步发展自己的资本主义经济。可以这样说，此时的德国资产阶级既要与封建专制制度进行斗争，又惧怕自己身后正处于觉醒中的无产阶级。德国资产阶级要彻底摆脱封建的羁绊，放开手脚发展社会生产力，其首要的任务是摧毁精神世界的樊篱。这就必然在哲学上孕育着一场新的革命。从康德到黑格尔的德国古典唯心辩证法思想，构成了这场哲学革命的具体内容，也是德国资产阶级变革现实、争取自主、发展经济的要求以思辨的形式在精神领域折光的反映。

二、知性思维的绝对化

近代哲学，在摆脱了神学的束缚之后，自身得到了突飞猛进的发展。但是，随着机械力学在科学领域绝对统治的形成，知性思维方法也赢得了科学灵魂的荣誉。然而，知性思维的绝对化，却带来了思想僵化的弊病，从而走向反面，扭变为一种与科学背道而驰的思维方式，即所谓"形而上学的思维方式"。

如果说，知性思维方法是辩证法的前提，那么，形而上学的思维方式便与辩证法相对立。这种方式视思维对象为孤立的、静止的，它在绝对不相容的对立中思维，非此即彼，反对亦此亦彼，亦即反对联系、对立、转化。前述的英法唯物主义者在正常知性思维的指引下，在科学与哲学领域获得了不少有价值的成果，一旦偏执而绝对化时，便陷入谬误。如笛卡尔的"动物是机器"、拉·美特利的"人是机器"之类的错误论断。列宁指出："思想和客体的一致是一个过程：思想（＝人）不应当认为真理是僵死的静止，是简单的图画（形象），暗淡（灰暗）而没有冲力，没有运动，就像精灵、数目或抽象的思想那样。"①康德、黑格尔对这种思维方式做出了较全面的分析：认为人类的思维能力是从感性、知性上升到理性的运动；认为人类理性必须经过知性这一炼狱，然后才能升华、复活、达到理性。这就是说，知性作为思维概念运动的中介环节是绝对必要的。但是，如果知性游离于这一过程之外，就是没有任何生命力量的形而上学思维方式了。我们承认知性思维对实证科学的必要性、对哲学辩证思维的中介性，但反对它的绝对化而形成的变种——形而上学思维方式。

当知性思维方法风靡英法以至整个欧洲的时候，当生物学，特别是进化论广泛渗透到各个学术领域的时候，辩证法重新崛起的时机已经到来。这一思想领域、哲学领域的革命转折的旗手，竟然是落后的德意志。

三、德国——哲学革命的旗手

德意志民族是以思辨著称的民族。继英法哲学革命后，德国成了哲学革命的旗手。诚如恩格斯所指出的，经济上落后的德国，也能在哲学上扮演演奏第一小提琴的角色。

18 世纪末至 19 世纪上半叶，欧洲的自然科学发展到了一个崭新的阶段。自然科学硕果累累，为哲学对世界的抽象提供了充分的根据。从时间上看，德国古典哲学降生于英国革命之后和法国革命发生之际。英法革命对德国人精神世界产生了强大的冲击。从新旧社会制度更替的新陈代谢中，他们已目睹了历史的必然规律。头脑冷静的德国人在精神世界方面紧随着英法社会变革的步伐。德国人择善如流，吸收、消化了英法革命所提供的丰富的感性经验材料。可以这样

---

① 列宁：《哲学笔记》，中共中央党校出版社 1990 年版，第 216 页。

说，德国哲学革命是英法革命的产儿。英法哲学也给德国哲学革命以借鉴作用。虽说 17、18 世纪，尤其是 18 世纪，知性思维绝对化产生了形而上学的弊病。但知性思维的积极方面是孕育辩证法的胎液。还有英法哲学家在本体论、认识论以及社会政治伦理方面都为德国哲学革命提供了极其丰富的营养。再加上康德、谢林、黑格尔这些大师们的个人禀赋，德国理所当然地成了当时哲学革命的旗手。

但是，德国哲学革命与法国哲学革命存有较大的差异。毫无疑问，德国的哲学革命几乎与法国的政治革命同时发生。整个德国古典哲学乃是法国革命的德国理论。但法国的哲学革命是用血与火写进科学认识史的，狄德罗等哲学斗士完全是用血与泪、爱与恨来批判封建的意识形态，表现出追求真、善、美的一往无前的热忱。而德国哲学革命，康德、黑格尔等人表现得温良恭俭让。尤其是黑格尔拿着官方的俸禄，他的哲学也成了官方哲学。一系列带着刀光剑影的革命只是频繁地发生在思想领域。在表述思想见地方面采用了极晦涩的思辨形式。这是两次革命的主要区别。

第二节 科学成果特别是进化论对哲学的滋润

在近代天文学成果累累的基础上，笛卡尔于 1644 年提出了太阳系起源的漩涡假说，来解释太阳系的结构和诸行星运动的原因。到 18 世纪上半叶，布丰提出了行星起源于彗星与太阳系偶然相遇的假说，用于解释太阳系中六大行星的形成。这两个假说虽是思辨的产物，但应视为对实证科学进行哲学概括的尝试。而第一个提出具有科学价值的天体起源学说的是德国哲学家康德。

康德（Immanuel Kant，1724—1804）是德国古典唯心辩证法的开山大师。出生于东普鲁士的滨海城市哥尼斯堡的一个虔信派教徒家庭。16 岁时入哥尼斯堡大学哲学院学习。长期的学院式的生活使这位哥尼斯堡的哲人养成一套刻板的极有规律的生活习惯。人们常根据他作保健散步经过各人门前的时间来对表。他一生只是在迷上卢梭的《爱弥儿》时，时间表才打乱了几天。康德不仅是一位伟大的哲学家，而且还是一位有开拓性的自然科学家。据统计，他一生共讲过 120 余次包括自然地理学、人类学、数学、理论物理学在内的自然科学课程。罗素写道："里斯本地震之后，他（康德——引者）执笔讨论了地震理论；他写过一个关于风的论著，还有一篇关于欧洲的西风是否因为横断了大西洋所以多含水气的问题的短文。自然地理是他大感兴趣的一门学科。"[①] 康德在天文学方面的杰出贡献在于他所提出的太阳系起源的星云假说。

根据康德的星云假说，在很久很久以前，宇宙太空充满非常稀薄、分散且不停运动着的物质微粒。在万有引力的作用下，逐渐聚成大的团块。在原始物质的引力中心，渐渐形成一个巨大的中心天体。由于斥力的作用，致使部分向引力中心下落的微粒形成一个围绕中心物体运转的圆周运动以及供中心物体旋转的巨大漩涡。微粒和团块在该漩涡的作用下逐渐集中于中心体的赤道平面上，从而形成圆盘状的结构。该圆盘中"引力的中心物质是太阳"[②]。在其完全形成之后表面产生出燃烧的火焰。外围的微粒和团块在引力和斥力的作用下最终形成恒星和卫星系统[③]。

康德的星云假说在哲学上有着重要而深远的意义。首先，他从辩证的观点向人们昭示了太阳系及宇宙的起源。康德指出，"大自然

---

① 罗素：《西方哲学史》，商务印书馆 1978 年版，第 247—248 页。

② 康德：《宇宙发展史概论》，上海人民出版社 1972 年版，第 69 页。

③ 1796 年，法国天文学家拉普拉斯独立地提出了与康德相似的星云假说，并做了详细的数学上的证明，史称康德—拉普拉斯星云假说。

的最初状态是一切天体的原始物质"①。因此,"给我物质,我就用它造出一个宇宙来! 这就是说,给我物质,我将给你们指出,宇宙是怎样由此形成的"②。整个宇宙新陈代谢,生生不息。"这个大自然的火凤凰之所以自焚,就是要从它的灰烬中恢复青春得到重生。"③ 这就有力地冲击了当时占统治地位的形而上学自然观。正如恩格斯所言:"在这个僵化的自然观上打开第一个缺口。"其次,康德的星云假说,还提出了天体的形成、发展和转化的根本原因和动力不只是引力,还有斥力的作用。康德说:"我在把宇宙追溯到最简单的混沌状态以后,没有用别的力,而只是用了引力和斥力这两种力来说明大自然的有秩序的发展。这两种力是同样确定、同样简单、而且也同样基本和普遍。"④ 因此,在康德看来,行星的开始形成,不应当只从牛顿的引力中去寻找原因。引力与斥力的相互作用,构成了形成宇宙体系的原因。牛顿的"神的第一推动力"这一"苦恼的决断"从此失去了根基。既然运动是物质自身的原因,与超自然的神的意志无涉,地球和整个太阳系都表现为某种在时间的进程中逐渐生成的东西,这就从根本上动摇了认为自然界在时间上没有任何历史的观点,从而在神学的荆棘中为辩证的思维方式杀开了一条血路。

地质学方面的情况也是如此。赖尔运用了进化论的观点批驳了居维叶的灾变说,合理地解释了巴黎近郊发现的相继形成和逐一重叠起来的地层以及不同地层中含有不同特征的生物化石的现象。他根据"古今一致"的原则以及丰富的地质个案材料,提出地球表面是屡经变化的舞台,至今仍然是一个缓慢的、永不停息的变动物体。

---

① 康德:《宇宙发展史概论》,上海人民出版社 1972 年版,第 11 页。
② 康德:《宇宙发展史概论》,上海人民出版社 1972 年版,第 17 页。
③ 康德:《宇宙发展史概论》,上海人民出版社 1972 年版,第 156 页。
④ 康德:《宇宙发展史概论》,上海人民出版社 1972 年版,第 24 页。

变动是客观自然力的结果，这种力可以区分为水成与火成两种作用。它们具有破坏与再造的能力。这就是赖尔与居维叶对抗的"渐变说"。渐变说虽然相距辩证法尚有一段距离，但它承认客观变化，承认变化的连续性与依存性，这些都是辩证法的重要因素。因此，天文与地质，从天上到地下，为辩证思维提供了科学根据。

至于物理、化学方面提供的科学根据，前面已做出了详尽的论述。最后生物科学的突飞猛进，完成了辩证法的科学论证。

天文、地质、物理、化学、生物，这一系列从宏观到微观、从有机到无机的客观发展的实证科学的精深研究，已大大超过了古希腊的科学水平。古希腊原始的哲学概括，对比之下便显得空泛；牛顿时代的机械力学式的哲学概括更是偏执而片面；科学的恒变观呼唤新的全面的哲学概括，因此，辩证思维重放光芒乃是历史发展的必然。从此，辩证法再也不是单纯思辨的产物，而是得到科学滋润的有客观根据的思维方法。

实证科学研究表明：宇宙自然是一个不断进化不断发展的活生生的整体。组成宇宙自然的各个部分都是恒变的，只是变化的方式、特征、快慢各有其特点而已。并且各个组成部分不是外在的排列与拼合，而是相互联系过渡的、新旧递嬗的。这就是说，实证科学的系统研究成果证明了这些辩证法的基本原理。于是，通过黑格尔到马克思，近代自然科学获得了客观的合理的哲学概括。

第三节　从康德到黑格尔完备的唯心辩证哲学体系的建立

一、康德哲学叩开了辩证法的大门

（一）康德批判哲学的提出

恩格斯指出："在法国发生政治革命的同时，德国发生了哲学革命。"这个革命，便是由康德开始的，康德在欧洲近代启蒙运动及法国大革命的鼓舞下，勇敢地举起了批判的大旗，推翻了当时占统治地位的莱布尼茨—沃尔夫独断论的形而上学体系，他高扬人的主体能动性，对认识能力、认识过程及阶段进行了前无古人的深入细致的研究，对整个德国古典哲学以及黑格尔唯心辩证法体系的建立，具有不可磨灭的重要影响。我国一位研究黑格尔哲学的权威说，康德哲学是通向黑格尔哲学的一个源头，不懂康德哲学，就难以深入研究黑格尔哲学，凡治黑格尔哲学者，没有不先治康德哲学的。由此可以清楚地看出康德哲学在德国古典哲学中所居的重要位置。还应该指出的是，康德在精神领域的这场革命，至今还受到人们的高度重视并产生着深远的影响。

康德的哲学思想有一个发展过程，一般都以 1770 年为界，把康德哲学划分为两个时期，即"前批判时期"与"批判时期"。前批判时期，康德杰出的天文学成就，前面已做了论述。这对他还不是主要的，使他垂范后世的是他的哲学体系。

在"批判时期"，康德形成了他的哲学体系，即"批判哲学"。该体系重要的三部哲学著作，均以"批判"命名，即研究认识论的《纯粹理性批判》（1781），研究道德伦理学的《实践理性批判》（1788）以及研究美学的《判断力批判》（1790）。德文的 Kritik 具有"评论"、"批评"的含义。康德"批判"的所指蕴含下面两层意思：第一，准确地弄清楚每一个知识部门和哲学部门都要借助的认识能力或精神能力；第二，指研究理论理性和实践理性、艺术哲学和自然哲学之由于意识本身的结构造成的那些无权超越的种种界限。

《纯粹理性批判》是凝结着康德 30 多载心血的一部力作。该书堪称康德哲学之根基。其主旨在于通过对纯思辨理性的分析、考察，来弄清人类知识的来源、范围与界限。洋洋 40 万言，由"导言"、

"先验原理论"和"先验方法论"三部分构成。"导言"中明言"批判哲学"的任务在于论证"先天综合判断何以可能";在全书的主体"先验原理论"中,对时空的直观性做了前无古人的论述;继承发展了亚里士多德的范畴推演。他所提出的二律背反学说对后来黑格尔的辩证法有着决定性的影响。令人遗憾的是,康德在该书中以人们只能认识"现象"而无法认识"自在之物"的不可知论而告终。这样就使他本来具有的唯物倾向黯然失色。

《实践理性批判》构成了"批判哲学"体系的第二部分。该书深入到超感性领域,在只可信仰的本体领域,确定人之本质。实践理性实即意志。与培根的重知识不同,康德视道德为人之本质之所在。"德性就是力量!"在康德看来,我们必须学会"应该做怎样的人才是真正意义上的人"。这与我国的"有德不可敌"的厚德修身传统颇为相近。但德性与幸福的二律背反苦恼着康德。他被迫寄希望于红尘世界无法达到的"至善",假设具有"意志自由"的人们"灵魂不死",并假设"上帝存在"。康德的惟善立其极,并从而确认上帝的存在,似乎有一点柏拉图的影响,但也有点区别。柏拉图是从推导概括而上升的;康德则从德性的分析而前进,建立其道德形而上学体系的。

作为康德哲学体系的最后一部分《判断力批判》,其主旨在于超越自然的必然性与先验自由的对立,填平"现象界"与"存在之物"之间的鸿沟。通过目的概念来认识自然界。"判断力"既具有"确定的"功能又具有"反省的"功能。康德主要关注的是后者。通过对"审美判断力的批判"和"目的论判断力的批判",论证人与自然构成了统一体。人正是在审美活动中达到了与自然的完美统一。

康德关于真、善、美的哲学体系,影响深远,西方认识论、伦理学、美学的研究莫不在他的体系覆盖之下进行。我国新儒家领袖牟宗三先生精研康德三批判，并结合中国儒家学说加以贯通发挥，也说明康德哲学对东方的影响。

（二）感性、知性、理性

康德承认在我们之外，有独立于意识的客观存在，即"物自体"（亦译作"自在之物"）。他也肯定，只有外界事物作用于我们的感官使我们产生感觉观念，并在感觉观念的基础上才能形成知识。"按时间先后说，先于经验我们没有知识，我们的一切知识都从经验开始。"[①] 物自体是感觉观念的来源。但人的认识并不能反映物自体的本来面目。因为人的意识并不像经验主义者所主张的那样只是被动地消极地反映对象，意识在接受对象的同时具有使对象发生增改的能动作用，因而我们不能认识物自体本身，而只能认识它呈现在我们意识之中经意识加工改造后所形成的现象。意识的能动作用，表现在人的三种认识能力之中。

（1）感性

感性是人的第一种认识能力。感性的作用是使意识接受对象产生感觉观念，是"意识在任何方式中被刺激时接受观念的能力"[②]。感性能力有两个先天的形式，即空间和时间。物自体作为对象是一种超时空的存在，它刺激我们感官只能产生一些杂乱无序的感觉材料和混沌的心理状态，要形成完整的感觉和经验知识，必须经过感觉形式予以加工整理，使各种零碎杂乱的感觉材料安置在一定的关系里组成一个有机的整体，这样认识的对象才得以成立并进而获得感性知识。空间、时间乃是两个感性认识所必不可少的形式。只有通过它们，才能使人获得空间上有物的序列和时间上有物的先后的感

① 《十八世纪末—十九世纪初德国哲学》，商务印书馆 1960 年版，第 1 页。
② 《十八世纪末—十九世纪初德国哲学》，商务印书馆 1960 年版，第 30 页。

觉，使混沌的心理状态有序化为感性知识。空间、时间本是物质存在的固有形式，然而康德却把它们说成是感性所固有的两个"先天形式"。"空间是一个必然的、先天的观念，它是一切外部直观的基础。""所以，空间观念不能从外部现象的关系里根据经验获得。正相反，这外部经验本身只是通过我们所设想的空间观念才有可能。"①同样"时间是先天地给与的。只有在时间里，现象才可能成为实际的"②。康德明确指出，即使没有感觉质料，这两个形式也先验地存在于意识之中。由于认识对象经过这两个形式的作用，必然改变其本来面目，康德把这种打上空间、时间主观烙印的对象称作"现象"，我们所认识的空间时间中的事物，只能是带有主观性的现象而非物自体本身，感觉永远具有主观性，从而成为我们与物自体相隔离的屏障。

康德强调时空的主观性当然是一个错误，但突出了意识的能动性，则超出了机械反映论，为辩证唯物的反映论提供了合理因素。

（2）知性

知性是意识对感性对象进行思维的能力，是产生概念并运用概念下判断的能力，"使我们有思维感性直观的对象的能力是知性"③。

康德明确主张只有把感性与知性结合起来才能形成科学知识。"对于感性和知性这两种能力中的任何一种都不能有所偏爱。如果没有感性，对象就不会被给予我们，如果没有知性，就不能思维对象。"④"知性不能直观，感官不能思维。只有当它们联合起来时才能

---

① 《十八世纪末—十九世纪初德国哲学》，商务印书馆 1960 年版，第 18、22 页。
② 《十八世纪末—十九世纪初德国哲学》，商务印书馆 1960 年版，第 18、22 页。
③ 《十八世纪末—十九世纪初德国哲学》，商务印书馆 1960 年版，第 30 页。
④ 《十八世纪末—十九世纪初德国哲学》，商务印书馆 1960 年版，第 30 页。

产生知识。"①康德说了这样一句名言："思维无内容是空的，直观无概念是盲的。"②强调感性认识必须和理性认识结合起来才能产生科学知识，表明康德已经看出了经验主义与理性主义各自的片面性，并试图把感性与知性两者相结合，这具有明显的辩证法合理因素。然而康德并没有做到这一点，因为他对知性认识的本质做了错误的理解。

在他看来，知性活动就是人运用意识固有的先天的12个范畴（"纯概念"），去整理种种零碎的感性材料，使之具有统一性，具有一定的秩序和规律，从而使人们既认识了对象并建立起认识的对象。由于概念、范畴是知性"自动产生"的，因此与感性认识无关。认识活动就是知性把直观杂多的感觉材料，按一定的先天的形式（范畴）联系起来，使它们得到统一性，这样就认识了对象。如天上太阳晒使地下石头变热，在感性，我们只知这两种现象其一为先另一为后，而不知两者间有何内在联系。而当知性运用"因果性"的范畴去整理它们，于是得知前者为因后者为果。科学知识之所以可能，就是因为知性用各种范畴去统一整理各种感性直观杂多的材料，从而认识到它们之间的各种内在联系，于是得到了种种有规律的知识。由于自然事物间的因果性、可能性、必然性等关系都是意识赋予的，不是物质世界所固有的，所以它们作为认识对象，也是主体所建立起来的："人为自然界立法。"

我们知道，概念、范畴乃是人在感性认识基础之上运用抽象思维对客观事物本质与规律的反映，是经过实践无数次重复后所形成的认识自然现象之网的网上的纽结。可是康德撇开实践与感性认识，

---

① 《十八世纪末—十九世纪初德国哲学》，商务印书馆1960年版，第30页。
② 《十八世纪末—十九世纪初德国哲学》，商务印书馆1960年版，第30页。

把它们说成是认识主体自身所固有的先验的结构与框架，是自我意识的"统觉"发挥综合统一功能的工具和形式，这是典型的先验唯心主义。他企图以此论证"自然科学何以可能"，实则挖去了自然科学的唯物主义基础。康德通过知性施予感性对象的能动作用，使之进一步有所增改，因而距物自体更为遥远。他歪曲了感性思维与理性思维的辩证关系。其实，认识从生动的直观上升到抽象的知性不是远离真理而是更加接近真理，一切科学的抽象，都更深刻更正确地反映对象，所以他理所当然地受到了黑格尔与列宁的尖锐批评。

在认识史上，肯定理论思维中有知性环节，非自康德始。然而先哲们的论述是十分朴素而粗糙的。康德继承了先辈的优良传统，明确地肯定和突出了认识中的知性阶段，并做了系统全面的论述，这无疑是一大历史功绩。以致黑格尔竟说："康德是最早明确提出知性与理性的区别的人。"① 康德肯定知性思维对感性材料具有综合统一功能且为形成知识的必要条件，进一步阐发了意识在认识中的能动作用，这是很可取的。与消极直观的反映论相反，按康德的观点，认识实质上是主体凭借原有的认识结构对客体的信息材料进行加工处理的过程，主体既接纳对象又重建对象，在这双重运动中使双方达到一致。康德对主体能动性的认识是深刻的，当然其根基是主观唯心主义的。马克思主义能动的反映论与康德的分歧并不在于否认主体认识结构的存在，而是把它牢牢地置于社会实践的基础之上。人头脑中许多具有先入之见的巩固性和公理性的东西，正是人的实践经过千百万次的重复而在人的意识中逐步形成并固定下来的。

康德的 12 个范畴，是按传统逻辑判断分类抽象而成的，故其范畴表的排列为：①量（单一性、复多性、总体性）；②质（实在性、

---

① 黑格尔：《小逻辑》，商务印书馆 1980 年版，第 126 页。

否定性、限制性）；③关系（实体性、因果性、共存性）；④样式
（可能性、存在性、必然性）。康德认为①②类范畴具有直观的直接
性，③④类范畴具有间接的反思性，这显然符合人认识对象由直接
存在深入内在本质把握各种对立关系的真实过程，对黑格尔《逻辑
学》"存在论"、"本质论"基本原则的确立产生重要影响。康德按
"三一式"排列范畴，并开始注意范畴之间的从属关系，这是对形式
逻辑的突破，但是他并不懂得范畴之间的内在联系和辩证转化。这
个任务，是由黑格尔来完成的。

（3）理性

理性是人最高级的认识能力，它要追求绝对完整的和完全无条
件的认识。从现象界人们得到了各种有限的、有条件的知识，但这
不能令人满足，理性要把知性所得到的有限的有条件的知识再加以
综合统一，加工改造为最完整的系统，即要认识那现象界背后的本
质，认识那物自体本身。康德认为理性所要认识的这样的对象有三
个：①灵魂，它是一切精神现象最完整的统一体；②世界，它是一
切物理现象的最完整的统一体；③上帝，它是上述二者的统一，是
一切可能存在物的最高、最完整的无条件的统一体。康德把这三者
都称为"理念"，意即用以系统化知性科学知识的理性先验概念。

理性所要认识的三个对象都是超出现象界之外的，是"物自
体"。它们不是感性、知性的对象，感性、知性的形式都不能运用
于它们。但理性去认识它们时，自身并无特有的认识形式，故尔只
能运用已有的认识形式去规定它们，而这样做的结果，认识却不可
避免地陷入自相矛盾之中，即两种正相矛盾的判断同时都能证明成
立，康德称之为"二律背反"。如"世界"这个理念，就有四组二
律背反，其第一组二律背反正题为：世界在时间上有开端，在空间
上是有限的；而反题则为世界在时间上无开端，在空间上亦无界限。

这就是说，我们既能证明世界时空的无限性，同时也能证明世界时空的有限性。其他三组二律背反，涉及到世界的单一与复多、自由与必然、有无原始的第一因等，情形也都如此。应该怎样看待理性认识中出现的矛盾呢？康德的回答令人失望。他认为客观世界无所谓矛盾，理性认识产生矛盾是一种不正常的现象，是谬误与"幻相"，完全是由于它追求在经验中所得不到的、绝对完整的无条件的认识而引起的。因此，矛盾的出现进一步证明了人只能停留在有条件的现象界的认识，而不能达到那无条件的物自体本身，只能认识现象，不能认识本质。康德最后为不可知论做了积极的论证。

　　然而康德"二律背反"的提出，在辩证法发展史上有着重大的意义，它客观上揭示了世界的矛盾性和认识的辩证性。既然世界的无限性与有限性同时都能证明，那么是否可以肯定两者都能成立，世界本身就是矛盾的呢？既然世界本身是矛盾的，那么人在认识中出现矛盾不是很正常的吗？二律背反实际上客观地揭示了世界的矛盾性和认识的辩证性，从世界观的高度，对形而上学思维方式进行了有力的批判和冲击。黑格尔大受启发，认为康德的二律背反学说，"必须认作是近代哲学界一个最重要和最深刻的进步"[①]。因为它证明了矛盾的客观性、普遍性与必然性。所以康德提出的问题极其深刻，但他的回答却不能令人满意。因为他对矛盾持否定态度，把矛盾看作"污点"与"不幸之事"。黑格尔认为这是对世界的一种"过度的温情主义"。照黑格尔看来，二律背反不仅成立，而且还太少了，因为整个世界及一切事物都有矛盾，思维、认识、概念也都是矛盾的，矛盾不仅存在，而且是事物的本质，所以认识矛盾也就是哲学思考的本质。显然，如果说康德已走到了辩证法大门并开启了辩证

---

① 黑格尔：《小逻辑》，商务印书馆 1980 年版，第 131 页。

法大门而不入，那么黑格尔则勇敢地跨进这座大门，得心应手地建立起了系统的矛盾学说。

（三）康德哲学的基本特征

在"批判时期"，康德哲学显示出独特的个性。自休谟对因果关系问题的发难惊破了康德的独断论的迷梦之后，康德一直在"休谟问题"的刺激下沉思着当时雄霸欧洲哲学界的莱布尼茨—沃尔夫的形而上学体系。当然，康德并非是沉醉于休谟的结论中，而关键是休谟的怀疑给康德以难以估量的启迪，给康德对思辨哲学的研究指出了一个全新的方向，这就是对理性的批判。在这一批判过程中，康德虽然实现了哲学中的"哥白尼式的革命"，扬弃了旧的形而上学，从理论上摧毁了神学的根基，砍掉了自然神论的头颅，但这种批判又是以调和知识与信仰、唯物主义和唯心主义为代价的。这就使康德"批判时期"的哲学带有浓厚的二元论色彩。简言之，动摇于唯物论与唯心论之间，企图调和二者，亦即二元论，这构成了康德哲学的基本特征。对此，列宁有一段极为精辟的论述："康德哲学的基本特征是调和唯物主义和唯心主义，使二者妥协，使各种相互对立的哲学派别结合在一个体系中。当康德承认在我们之外有某种东西、某种自在之物同我们表象相应存在的时候，他是唯物主义者，当康德宣称这个自在之物是不可认识的、超验的、彼岸的时候，他是唯心主义者。"[1]

"批判哲学"所关注的焦点是我思，仍然是在沿着笛卡尔的"我思故我在"这一思路前进。在笛卡尔那里是以普遍怀疑开始，而在康德这里是以对本体与现象之间的关系亦即现象与自在之物之间的关系入手。康德在规定"现象"与"自在之物"的内涵以及论述二

---

[1] 《列宁选集》第2卷，人民出版社1960年版，第200页。

者之间的关系过程中，充分暴露出了二元论的意向。

　　"现象"和"自在之物"这两个概念构成了"批判哲学"的基本要素。而"现象"与"自在之物"又是与统一的客观世界连在一起的。与柏拉图将世界分为可见世界和可知世界不同，康德将统一的客观世界分为"现象"的世界与"自在之物"的世界。德文的 Ding an sich 英译为 thing in itself，中译为"自在之物"（或"物自体"、"物自身"）。"自在之物"在康德哲学中有着多重含义。根据康德，"自在之物"有以下五种含义：（1）指在我们感觉表象之外的存在；（2）指虽存在但不可认识之物；（3）作为认识的界限；（4）是理性的理念。上帝、灵魂、自由意志乃是我们理性所追求的最高尚之物；（5）作为道德的实体，如"共和国"、"至善"等。但在康德将"自在之物"与"现象"相对应使用时，通常是指在我们之外存在着的并刺激我们感官而产生感觉的客体。康德意义上的"现象"，是指自在之物作用于我们的感官而在我们心中产生的表象。因自在之物无法进入我们的感觉表象，是无法经验的对象。这样的自在之物的存在又是不容怀疑的。康德指出："作为我们的感官对象而存在于我们之外的物是已有的，只是这些物本身可能是什么样子，我们一点也不知道，我们只知道它们的现象，也就是当它们作用于我们的感官时在我们之内所产生的表象。"[1] 这在近代哲学的冲突中得到了充分的体现。表明康德虽因休谟从独断论梦中惊醒，但康德始终未摆脱休谟不可知论的幽灵。在康德看来，承认我们的感觉表象是由"自在之物"作用于我们的感官而引起的，这是认识的先决条件，不过经主体的认识机能的影响而产生了增改，由此而引起的感觉表象就不反映"自在之物"的本来面貌了。感觉表象属纯主观的东西。由

———————————

[1] 康德：《未来形而上学导论》，商务印书馆 1978 年版，第 50 页。

此可见，我们所认识的只不过是"现象"，而"自在之物"则是不可知的。如果说"现象"在此岸，那么"自在之物"则位于彼岸。认识无法越过二者之间的鸿沟。

康德割裂"现象"与"自在之物"之间的关系，而本意确是想走哲学中的第三条道路。这引起了康德同时代人的异议，认为康德是个唯心主义者。康德无法接受这一批评。他竭力要与唯心主义划清界限，认为他与"主张除了能思的存在体之外没有别的东西"的唯心主义者不同，"我承认在我们之外有物体存在，也就是说，有这样的一些物存在，这些物本身可能是什么样子我们固然完全不知道，但是由于它们的影响作用于我们的感性而得到的表象使我们知道它们，我们把这些东西称为'物体'，这个名称所指的虽然仅仅是我们所不知道的东西的现象，然而无论如何，它意味着实在的对象的存在。能够把这个叫作唯心主义吗？"[①] 应该说，康德的二重论哲学虽与一元论的唯心主义有所差别，但实际上又有主观唯心倾向，并在其掩盖下又透露了羞羞答答的唯物主义。他想铲除唯物论又想铲除观念论，如他所说的：只有他的批判哲学才"能铲除唯物论、定命论、无神论、无信仰、狂信、迷信（此皆能普遍有害于公众者）及观念论、怀疑论（此则主要有害于学派而尚难传达于公众者）等等"。但结果免不了在他体系中既有唯心论又有唯物论[②]。

"批判哲学"的二元论特征还表现在对待经验论和唯理论的态度上。康德对代表 17、18 世纪欧洲哲学基本走向的经验论和唯理论这两个对立的派别采取调和的态度。鉴于洛克经验哲学中的矛盾以及笛卡尔"天赋观念论"窘境，康德主张知识只能始自经验，舍此别

---

① 康德：《未来形而上学导论》，商务印书馆 1978 年版，第 50—51 页。
② 康德：《纯粹理性批判》，商务印书馆 1960 年版，第 21 页。

无源头。但康德认为："虽然我们的一切知识都从经验开始，但是并不能说一切知识都来自经验。"[①] 从经验中得来的只是知识的材料，而只凭材料还无法构成具有普遍性必然性的知识。康德的这一看法，的确是受到休谟的启迪而产生的，因为休谟对因果必然性的诘难动摇了知识大厦的根基。通过对纯粹理性的批判考察，康德发现了先天的知识形式。严格意义下的知识，必然是来自感觉经验的材料和人的认识能力所提供的先天形式的有机结合。

　　这样一来，康德似乎是扬弃了经验论和唯理论各自的片面性，但实则不然。因为他明确肯定知识有两个来源：感官所提供的后天感觉经验和人脑中先天固有的具有普遍必然性的认识能力与结构。这表明康德在认识论上仍为二元论所困惑。不过康德称上述结合为"先天综合判断"。认识论所要回答的问题是："先天综合判断"究竟是如何可能的。像数学中"7 + 5 = 12"，几何学中的"两点间的直线为最短线"皆为"先天综合判断"。形而上学乃是指关于整个世界的终极本原的思辨研究。旧形而上学的失足之处就在于不是以"现象"为对象，而是以"自在之物"为对象。因此，无法形成"先天综合判断"。虽然康德称自己在认识论中提出"先天综合判断"及其解答是"哥白尼式的革命"，他褒扬了认识主体的能动性，但他未能正确处理经验与理性、物质与意识的辩证关系，因而仍未摆脱认识论中的二元论。

　　康德的二元倾向，并不能调和唯物与唯心的矛盾，只能造成思维的混乱，认识的停滞不前，他的后继者在否定物自体之后，走上了彻底的唯心主义道路。

---

① 《十八世纪末—十九世纪初德国哲学》，商务印书馆 1960 年版，第 1 页。

二、辩证法沿着一元论道路的前进与深化

（一）费希特的自我辩证法

以知识学自称的费希特哲学，实际上是康德哲学的继续，不过，费希特从右边展开了对康德哲学的批判。他抛弃了康德哲学中的幽灵——"自在之物"，视认识论为哲学本身，并以自我为核心建立了主观唯心主义的思辨哲学体系。具体说来，他的思辨哲学体系是由"自我原初就直截了当地设定它自己的存在"[①]，"相对于自我，直截了当地对设起来一个非我"[②]，"自我在自我之中对设一个可分割的非我，以与可分割的自我相对立"[③]这三个命题提出了明确的对立统一的辩证法公式，他从主观唯心的立场出发，阐明了辩证法的核心的要义。

（1）自我的主观能动性

马克思在《关于费尔巴哈的提纲》中指出，近代唯心主义"抽象地发展了"主体的能动性。这至少可以说从笛卡尔就开始了，因为笛卡尔重新强调哲学要回到"我思"，找到了哲学中的阿基米德点。康德提出"人为自然立法"。费希特继康德之后，更加突出自我在主、客关系中的能动性，并以辩证的思维方式论述自我的主观能动作用。

与笛卡尔的"我思"不同，"自我"在费希特的哲学中具有特定的含义。在费希特看来，"只在自我对它自己有所意识时，自我才存在"[④]。显然，我们可以说自我直截了当地存在着，并不是在我有自我意识之前自我就已存在着，只有自我体现出反思自我时才是存在的。由此可见，费希特意义上的自我是一种纯粹的意识活动。费希特强

---

① 《费希特著作选集》第1卷，商务印书馆1990年版，第508页。
② 《费希特著作选集》第1卷，商务印书馆1990年版，第515页。
③ 《费希特著作选集》第1卷，商务印书馆1990年版，第522页。
④ 《费希特著作选集》第1卷，商务印书馆1990年版，第506页。

调必须把作为主体的自我与作为绝对主体的反思的客体的自我区别开来。当然，作为一种纯粹的意识活动的自我，它具有高度的自由，它的存在无须维系他物，换言之，自我是自己设定自己并构成其他事物的终极根据。这与柏拉图的"理念"、莱布尼茨的"单子"以及后来黑格尔的"绝对精神"在本质上是相同的。

从根本上说，自我实即意识的创造活动。创造活动是自我的本质的集中体现。自我的这一绝对的活动与具体的事物无关，而仅仅是纯粹的活动。正是通过自我的活动才创造出自身、产生并发展自身。费希特的自我是主客体的统一。这预示着后来黑格尔的"实体即主体"的基本哲学原则。

自我的主观能动性的重要体现，就是它与范畴的关系。人类的认识如同一张硕大无比的范畴之网，整个哲学的发展实即范畴的演绎。古希腊的亚里士多德列出十大范畴并试作辩证的推演。康德进一步发展了亚氏的范畴推演，但他的范畴也仅适用于"现象界"而与"自在之物"无关。费希特则与前人不同，他直接由自我推演出了范畴。这一推演实即后来黑格尔逻辑学范畴体系建构的预演。当然，康德也强调"纯粹统觉的综合统一"，认为知性具有能动性，但康德只是从判断的形式中推演出一系列范畴。他尽管构造了一张比前人更为丰富的范畴表，但仍未能揭示出自我的本质。"自在之物"始终是自我的牵制物，始终是自我的翅膀上的重负。而费希特已揭示出了自我的本质是意识的创造活动，并在自我和自我的创造物非我的关系中由自我推演出一系列范畴，由能思的自我产生出它的各种规定。根据费希特，自我与非我并不是两个东西，实即自我在发展过程中的不同表现形态，自我发展的不同阶段，一切皆源于自我。即便像实体、相互作用、因果关系这样一些概念也是由自我及其与非我的关系中推演出来的。费希特认为："从对立的两者中的任何一方出发，只要我们愿意，从哪一方出发都行，而每一次都在规定一方时通过从事规定的行动而同时规定了对方。人们可以恰如其分地把这种比较确定的规定叫作交互规定（按照交互作用来类推）。这种交互规定在康德那里被叫作关系。"[1] 黑格尔对费希特的一切范畴都从自我和非我的相互对立、制约的关系中推演出来的思想给予很高的评价，认为"这是世界上推演范畴的第一次理性尝试"[2]。可以毫不夸张地说，费希特在范畴的推演中构造了世界，这也正是黑格尔为之奋斗一生的事业。但是，费希特是在主观唯心主义基础上进行的。"这种从一个规定到另一个规定的进展，是从意识的观点出发作出的分析，并不是自在自为的东西"[3]。

（2）发展的动力——矛盾

发展的思想是辩证法区别于形而上学的重要标志。费希特在关于自我与非我的辩证关系的论述中，体现出了他对发展动力的探索。

根据费希特，自我与非我是派生与破派生的关系。自我要统摄、把握自身，而又不能就自身而认识自身，必须要有一个与自我相对立的东西，亦即非我，只有在非我中，自我才能把握自身。自我的本质映现在非我中。由自我产生的非我成为对象意识。对象意识一经产生便与自我处于对立统一之中，其条件是借助于相互的可限制性这一概念。费希特说："自我与非我，于今通过相互的可限制性这一概念，都成了既相同而又对立的东西，然而它们本身构成那作为可分割的实体的自我中的两个某物（两个偶性），则是通过那既无任何东西与之相同又无任何东西与之对立的、作为绝对的不可限制的

---

① 《费希特著作选集》第 1 卷，商务印书馆 1990 年版，第 544 页。
② 黑格尔：《哲学史讲演录》第 4 卷，商务印书馆 1978 年版，第 322 页。
③ 黑格尔：《哲学史讲演录》第 4 卷，商务印书馆 1978 年版，第 322 页。

主体的自我而设定起来的。"① 正是由于存在自我的对立面反题，绝对的自我才会产生能动性。绝对自我与非我的对立是有其缘由的。在费希特看来："通过统一矛盾双方的想象力，自我与非我现在可以被完全统一起来了。——非我本身就是设定自己的那个自我的一个产物，而根本不是什么绝对的和被设定于自我之外的东西。没有一个按照我们所叙述的方式制造出来的客体，一个把自身设定为自身设定者的自我，或者说，一个主体，是不可能的（自我的这种规定，即自我把自己反思成一个有规定的东西这一规定，只有在自我通过一个对立物而对自己加以限制的条件下，才是可能的）。"② 正是由于非我是自我的产物才能实现非我与自我的统一。

与康德在矛盾面前手足无措不同，费希特认为，自我与非我的辩证发展过程与矛盾有着密切的内在联系。自我与非我的对立与矛盾构成了整个世界存在和发展的根据。当然，自我本身的存在和发展更是无法脱离矛盾。即便是无限与有限的关系也是对立的统一。因为"没有无限就没有限制，没有限制就没有无限，无限与限制是在一个东西中综合地统一起来的"③。无限与有限的确是一对矛盾。费希特与过去的哲学家采取回避矛盾的态度不同，他看到了矛盾的价值，视之为理性的力量和发展的源泉。在费希特看来，如果离开矛盾，我们则无法对精神世界做出合理的说明，"预设的东西只能通过找到的东西来说明，找到的东西只能通过预设的东西来说明。正是从绝对对立中推论出人类精神的整个机制；而这整个精神机制没有别的途径，只能通过一个绝对对立性加以说明"④。显然，费希特已经接触到

---

① 《费希特著作选集》第 1 卷，商务印书馆 1990 年版，第 531 页。
② 《费希特著作选集》第 1 卷，商务印书馆 1990 年版，第 634 页。
③ 《费希特著作选集》第 1 卷，商务印书馆 1990 年版，第 630 页。
④ 《费希特著作选集》第 1 卷，商务印书馆 1990 年版，第 642 页。

了矛盾是发展的源泉的思想，这为后来的黑格尔所直接继承。

（3）理论与实践

理论与实践实即知与行的问题。费希特的自我设定自身、自我设定非我以及自我设定自身与非我这三个基本的命题，表明正题、反题、合题之间存在着本质的内在联系。而在合题中，自我与非我的统一则是按照两种不同的方式进行的，即理论与实践。

按照费希特的说法，在自我被非我规定中被非我规定的自我称为理论自我，而在自我规定非我中规定非我的自我称为实践自我。理论的自我在创造世界的过程中，自身表现出以下一些能力：感觉、直观、创造的想象力、知性和理性。自我的第一个行为是无意识的反映式的反思。此时的自我的行动纯属无意识的活动。只是借助于反思才产生感觉。但自我的活动不会就此终止，自我继而对首次的反思作反思，从而导致直观的产生。在康德那里，直观是他的时空观中的一个重要概念，并认为时间和空间是纯直观的形式，而费希特只是把直观与无意识的静观联系在一起。这与逻辑实证主义的先驱维特根斯坦的"能说的就说，不能说的保持沉默"有着某种相似之处。在费希特看来，自我并不停留在第二次反思上，还要进一步对直观进行反思，就自我具有创造这种能力而言即为想象力。想象力"翱翔于规定与不规定、有限与无限之间的中间地带"。自我正是借助想象力才把自己设定为由非我规定的东西。作为自我继续活动而产生的知性并不创造他物，而只是保存已经创造出来的东西。"知性乃是一种静止不动的精神能力，是由想象力产生出来并由理性规定下来，而且正在进一步予以规定的那种东西的纯粹保存，尽管人们常常谈起它有什么行为。"① 从知性开始，自我开始进入意识状

---

① 《费希特著作选集》第 1 卷，商务印书馆 1990 年版，第 650 页。

态，并对与其对立的客体进行反思。只是在理性中，借助判断力，自我才意识到自身的本质即为纯粹的主体活动性，亦即达到了纯粹的自我。其时的自我完全摆脱了客体。不难看出，在西方哲学史上，费希特首次带着发展的眼光来考察理论自我的各种能力，明确指出，是能动的主体创造了它的对立物客体，自我活动的本身导致主客体的对立。

实践的自我与扬弃有关。就自我限制非我而言，主动的自我目的在于扬弃异己的被动的非我。纯粹的自我意识的继续发展即为实践活动。与理论自我的基本形式是不同的，实践自我的基本形式即为"行动"。自我用"行动"来克服非我的限制，不断发展和完善自身。尽管自然界是理论自我无意识活动的产物，但理论自我是实践自我存在的必要前提。因此，人的使命、学者的使命不在于求知，而要在实践活动中实现自我，人正是通过行动而超越知识，达到实践。实践较之于理论具有更重要的意义。费希特认为："并不是好像理论能力使实践能力成为可能，反之，倒是实践能力使理论能力成为可能（理性自身只是实践的东西，只在它的规律被应用于一个对理性施加限制的非我时，才成为理论的东西）。"①

费希特提出了一系列的关于辩证法的基本范畴：三段论式、矛盾、理论与实践等等，这些差不多都为黑格尔所吸收并加以提高与精确化，因此，费希特对辩证法的贡献是不可低估的。

（二）谢林"同一哲学"中的辩证法

谢林的"同一哲学"实即"批判哲学"的后继者，不过其立足点是客观唯心主义。他企图在此基础上，进一步发挥辩证法，解决思维与存在的同一性问题。与费希特认为主、客体是对立统一的思

---

① 《费希特著作选集》第 1 卷，商务印书馆 1990 年版，第 539 页。

想不同，谢林主张二者是"绝对的同一"。但谢林在论述"绝对同一"哲学的过程中，又闪现出不少辩证法的思想。他对矛盾与发展的关系、自然界的普遍联系以及认识的辩证发展等问题做了深刻的论述。

（1）矛盾是发展的源泉

在费希特那里，自我的发展表现为正题、反题、合题的辩证过程。谢林继承了费希特的这一思想。不过在用语方面有所不同。谢林用"同一——差别、对立、矛盾——同一"代替了费希特的正题、反题、合题。这里的"同一"是"绝对的同一"、"没有差别"的同一。"绝对的同一"位于主客体之上，是统摄并超出思维与存在之上的同一。根据谢林"客观事物（合乎规律的东西）和起决定作用的东西（自由的东西）的这样一种预定和谐唯有通过某种更高的东西才可以思议，而这种更高的东西凌驾于客观事物和起决定作用的东西之上……那么，这种更高的东西本身就既不能是主体，也不能是客体，更不能同时是这两者，而只能是绝对的同一性"[1]。这种"绝对的同一"正是万物产生、存在、发展的根源，而其自身却不包括任何运动、变化、发展的源泉。但谢林又认为"绝对同一"是一种不自觉的精神力量，它具有一种提高为自觉的精神力量的欲望和活力。正是这种活动，使得绝对打破"无差别的同一性"，从而使自身与自身区别开来，产生出思维和存在、主体和客体、精神和物质的差别和矛盾来。当绝对同一意识到自身之后，矛盾随之消失而又回到无差别、无矛盾的绝对同一。

显然，在谢林看来，整个宇宙的发展变化实即绝对的矛盾发展。谢林赋予矛盾以空前的意义和地位，他比费希特更加明确地论述、

---

[1]　谢林：《先验唯心论体系》，商务印书馆 1977 年版，第 250 页。

肯定了矛盾在发展中的地位和作用，视矛盾为事物运动发展的源泉。谢林认为："对立在每一时刻都重新产生，又在每一时刻被消除。对立在每一时刻这样一再产生又一再消除，必定是一切运动的最终根据。"[①] 在这里，矛盾实际上已超越了意识的范围，进入整个人类世界。这样一来，一切运动的根据都可以在对立的因素中去寻找。在谢林看来，矛盾不仅推动事物的发展变化，而且矛盾自身也不是灰暗僵死的，它存在着向对立面转化的趋势。谢林指出："在任何变化中都会发生从一种状态向矛盾对立的状态的转化，比如，一个物体从 A 方向的运动转化为向－A 方向的运动。"[②]

的确，谢林的矛盾发展思想，比费希特大大地前进了一步。谢林所论述的矛盾已越出了费希特意义上的主体和客体、理论和实践的范围，一跃而进入自然界和人类社会历史领域。这就进一步地深化了辩证法在客观唯心主义基础上的一元发展。然而，谢林的矛盾发展思想具有神秘主义的色彩。这主要体现在对"绝对无差别的同一"本身不包含运动变化发展的源泉却又能产生万物之上。由上可知，这反映出谢林与神学的藕断丝连的关系。正如恩格斯所质问谢林的那样："如果世界曾经处于一种绝对不发生任何变化的状态，那么，它怎么能从这一状态转到变化呢？绝对没有变化的，而且从来就处于这种状态的东西，不能由它自己去摆脱这种状态而转入运动和变化。因此，使世界运动的第一次运动一定是从外部、从世界之外来的。可是大家知道，第一次推动只是代表上帝的另一种说法。"这的确击中了谢林的要害。谢林这种哲学的设定，从亚里士多德以来就有过的。这是纠缠在知性思维之中无以自拔的必然结果。正

---

① 谢林:《先验唯心论体系》，商务印书馆 1977 年版，第 148 页。
② 谢林:《先验唯心论体系》，商务印书馆 1977 年版，第 174 页。

因为如此，从亚里士多德到谢林，虽然在他们的思想中有辩证法的闪光，但仍然显现出一定的知性思维的局限。谢林在哲学上的结局是悲剧性的，他晚年放弃了哲学的研究，却去从事研究"魔鬼学"、"天启哲学"，变成了一个地地道道的神学家，断送了自己的哲学前程。

（2）自然界是普遍联系、运动发展着的有机体

自然哲学，主要属本体论的范畴。但在谢林时代情况发生了变化，对自然界的认识不单是本体论意义上的，还有着认识论方面的意义。在自然哲学方面，谢林对辩证法有着独特的贡献。黑格尔甚至把谢林看作是近代自然哲学的创始人。的确，谢林立足于当时的自然科学成果，用思辨的方法向人们描绘出一副自然界运动变化发展的图画。

首先，谢林视自然界为一个具有普遍联系的、变化发展着的有机整体。自然界的发展是一个矛盾的过程。这一矛盾过程经历了如下三个阶段：第一是质料阶段；第二是物质阶段：磁、电、化学作用；第三是有机阶段：植物、动物、理性生物。显然，谢林已经初步认识到了自然界的发展是有层次性的，是由低级阶段逐步向高级阶段上升的。其次，自然界作为普遍联系和变化发展的整体，有着内在的原因，这就是自然界的普遍的两极对立。在谢林看来，自然界从最低级的现象到最高级的现象都包含着对立和矛盾。正因为如此，自然界的一切现象和过程才拥有一种内在的普遍联系，才使得自然界成为一个有机发展的整体。

（3）认识发展的辩证法

在先验哲学中，谢林论述了有关认识发展的辩证法。这主要又是围绕自我意识展开的。谢林将自我意识的发展描述为三个阶段，即理论、实践和艺术，亦即理论活动、实践活动和艺术活动。这三

个阶段即为对"绝对同一性"的直观的过程。

理论活动是对"绝对同一"作直观的第一个阶段，亦即自我意识发展的最初阶段。在理论活动中，自我意识的发展经历了感觉、创造性的直观和反思这样三个阶段。这些阶段是自我认识自身的过程，亦即发现主体与客体的统一的过程。通过精神的自我认识而获得真理。当然，理论活动的过程即为自我意识一分为二的过程。正是由于对立的斗争才推动着自我意识的发展。谢林说："这种斗争与其说是根源于主体的一种斗争，不如说是根源于对立活动的不同方向的一种斗争，因为这两种活动是同一个自我的活动。……两个对立的方向彼此抵消，彼此消灭，因此这种对抗显得是不可能持续下去的。这样就会产生绝对不动状态；然则，既然自我无非就是力求与其自身等同的活动，因此自我进行活动的惟一决定性的原因就是它本身内的一种持续不断的矛盾。"[①] 理论活动在实现观念和客体的相一致之后，经绝对抽象而进入实践活动。

实践活动是自我意识发展的第二个阶段。谢林在论述实践活动时所关注的是道德、国家以及历史。在谢林看来，历史是受"绝对"支配的。人类社会的发展是一个客观历史的过程。谢林看到了社会历史的发展过程是有规律的。他指出，"在第一种自然界之上，仿佛一定会建立起第二种更高的自然界，这种自然界也受一种自然规律的支配，但这种自然规律完全不同于可见的自然界中的规律，就是说，是一种以自由为目的的自然规律"[②]。毫无疑问，历史是由自觉的、有意识的人的活动所构成。但历史中的人并非事事如愿，也并非总是置结果于预料之中。其原因在于某种隐藏着的必然性对人类

①　谢林：《先验唯心论体系》，商务印书馆1977年版，第56—57页。
②　谢林：《先验唯心论体系》，商务印书馆1977年版，第235页。

自觉活动的干预。他说："自由应该是必然，必然应该是自由。"① 只有从自由与必然的统一中才能合理地解释人的有目的的自由行动。

艺术是谢林所特别关注的。它是自我意识发展的最高阶段。在艺术的直观中，"绝对"意识到了自己是"主体和客体的绝对无差别的同一"。在艺术品中，实现了主体和客体的融合。艺术的美感直观消除了一切矛盾，是达到绝对同一性的唯一途径。谢林说："艺术是哲学的惟一真实而又永恒的工具和证书，这个证书总是不断重新确证哲学无法从外部表示的东西，即行动和创造中的无意识事物及其与有意识事物的原始同一性。正因为如此，艺术对于哲学家来说就是最崇高的东西，因为艺术好像给哲学家打开了至圣所，在这里，在永恒的、原始的统一中，已经在自然和历史里分离的东西和必须永远在生命、行动与思维里躲避的东西仿佛都燃烧成一道火焰。"② 在说到艺术直观时，谢林还把它与天才联系在一起。具有天才的艺术直观的艺术家，才可以在其作品中将绝对展现出来。绝对通过艺术作品表现出理想的世界。艺术天才通过创作，一种神秘的直觉行为，表现出绝对，欣赏者便可借此与绝对融为一体。这使我们想到康德对天才与艺术的论述。康德视优美的艺术为天才的创作。当然，康德意义上的天才并非是不受普通逻辑规律、道德和社会生活的一般规范约束的一种例外。而谢林的艺术天才论似乎比康德的更加神秘费解。不过谢林将艺术与天才联系在一起所强调的是一种认识手段。自我意识正是经过理论活动、实践活动和艺术活动这样三个不同的阶段，由低级到高级逐步发展，绝对同一性才在自身中认识了自身。

谢林的同一哲学，仿佛具备了黑格尔体系的雏形。如果说，费

---

① 谢林：《先验唯心论体系》，商务印书馆 1977 年版，第 244 页。
② 谢林：《先验唯心论体系》，商务印书馆 1977 年版，第 276 页。

希特哲学更多地影响了黑格尔逻辑学的理论框架的构造，那么，谢林哲学则为黑格尔的精神现象学、自然哲学提供了思路。从康德、费希特到谢林，他们的哲学思想的精华均为黑格尔所吸收，因而黑格尔是集德国古典哲学大成的哲学家。

三、黑格尔对辩证法的划时代贡献——辩证法的思辨形态

辩证法的古希腊形态以亚里士多德为代表，经过一两千年的沉寂以后，终于在 19 世纪重新崛起，创造这一伟大理论的哲学大师便是黑格尔。这个辩证法的德意志形态，虽说形式是思辨的，但内容却是非常现实的，以致马克思辩证法的科学形态创建时，只要把它颠倒过来就行了。当然辩证法科学形态的完成，还有待艰苦的努力。

（一）黑格尔哲学体系

黑格尔在人类认识史上建立起了一个最庞大的哲学体系。他把作为客观精神的"绝对精神"，说成是世界的本质与灵魂，而一切自然、社会、思维领域的事物和现象，都是它的外化与体现。"绝对精神"在内部矛盾的推动下不断辩证地向前运动发展着。发展分为三个阶段：第一，逻辑阶段，此时"绝对精神"以纯思想、纯概念的形式出现；第二，自然阶段，思想、概念外化为自然界，精神披上物质的外衣运动着；第三，精神阶段，"绝对精神"摆脱了物质自然的束缚通过人的精神现象而返回自身。黑格尔的全部哲学，就是对"绝对精神"辩证发展过程的描述。因此，他的哲学体系，相应地由《逻辑学》、《自然哲学》、《精神哲学》所构成。

（1）《逻辑学》

在逻辑阶段，"绝对精神"表现为纯思想、纯概念，即"绝对理念"。绝对理念乃是一系列抽象的哲学范畴，如有与无、一与多、质与量、本质与现象、原因与结果等等。这些范畴在内部矛盾推动

下不断以"正、反、合"的方式向前发展，组成了一个庞大严密而又系统的范畴群体，几乎囊括了哲学史上出现过的所有基本概念。根据"绝对理念"发展的层次，《逻辑学》分为"存在论"、"本质论"、"概念论"。黑格尔在唯心主义基础上以范畴推演的形式首次系统地阐述了质量互变、对立渗透、否定之否定的辩证法学说，深刻揭示了各相关范畴间所固有的内在辩证联系。《逻辑学》中"绝对理念"的发展，是一个由低级到高级、简单到复杂、抽象到具体的过程。推动范畴前进的动力，是辩证进展。而范畴自身合乎逻辑的发展，是"绝对理念"不断展现自身内容和不断深化认识自己的过程。事实上，《逻辑学》的范畴安排，也大体上表达了人类认识由存在深入到本质最后达到概念把握具体真理的辩证发展过程，每一个范畴实际上是人类认识深化过程的一个阶段。因此，黑格尔的辩证法、认识论和逻辑学三者是一致的。《逻辑学》是黑格尔辩证法思想最集中最丰富的一本著作，虽说他论述的是纯概念的推演，仿佛是心灵的自我运动，但实际上这个概念的辩证进程却深刻反映了客观真实世界的内在辩证因素。所以列宁说它"唯心主义最少，唯物主义最多"。

（2）《自然哲学》

"绝对理念"是"绝对精神"逻辑发展的顶点，它已把自身全部丰富的内容展示无遗，各种矛盾也得到了统一与协调，因此它就不可能再以原有的形式向前运动了，于是它就突破纯概念的范围转化为自身的对立面即外化为自然界。此时，精神披上了物质的外衣以自然事物的形式表现自己。当"绝对理念"外化为自然后，便开始了其自身的辩证发展过程，这个过程，由"机械性"、"物理性"、"有机性"三个环节构成。

在"机械性"阶段，自然处于零星分散的物质状态，此时只有混沌物质的机械运动而尚无具体性质的个别事物。黑格尔在这里考察了物质与运动、物质与时间空间以及吸引与排斥、质量、重力、天体运动等现象。在"物理性"阶段，出现了行星与单个物体，有了火山爆发、暴风雨、声、光、热、磁等物理化学现象，物质开始特殊化、个别化，产生出具有质的差别的不同事物。"有机性"阶段包括了地质有机体、植物有机体、动物有机体三个小阶段。此时物质体现为有机的自然整体。黑格尔在这一部分中考察了生命运动。动物有机体发展到最后产生了人。人的出现标志着"绝对精神"超出自然而进入精神阶段。在《自然哲学》中，黑格尔把自然发展的阶段性说成是精神运动的结果，而且运用正、反、合公式，刻画了一系列自然界发展的辩证圆圈运动，虽说有不少牵强附会之处，但总的讲是深刻透彻的。《自然哲学》为人们描绘了一幅自然历史发展过程的全面图景，提出了不少可贵的辩证法观点，如物质与运动的不可分离性，物质和时间、空间的统一性，运动的矛盾性，生命是对立面的结合等等。这是黑格尔深入研究自然科学，用辩证思维概括总结科学材料的伟大成果。其辩证法的合理因素，受到恩格斯的赞赏与继承，即使对于当今自然辩证法的研究，它仍然有着启发借鉴的作用。

（3）《精神哲学》

精神是概念、范畴与物质、自然的统一与结合。"绝对精神"存在于现实世界中，表现为活生生的具体的人的精神，通过人类社会及其意识形态的发展而实现自身。《精神哲学》由"主观精神"、"客观精神"、"绝对精神"三部分组成。

"主观精神"讲的是个人意识的发展。开始它表现为直接的、潜在的意识，即"灵魂"。然后精神使自己能与对象明显地区别并对立起来，达到明确的"意识"。"主观精神"发展到最后便是在理论上实践上使外界对象从属于自身的意识，即认识到对象与自身同一的"自我决定的意识"。"客观精神"指的是社会意识、社会关系及组织。包括法、道德、伦理三部分。此时精神实现于外，在外部世界为自身争自由。"法"是精神通过人的自由意志凭借外物（财产）来实现自身。法律的本质即在于保护私有财产，私有财产神圣不可侵犯。"道德"是自由意志在内心的实现，表现为人对善与恶的内在信念，是内心意志之法。"伦理"是"法"与"道德"的统一，自由意志的真正实现。具体指社会实体、社会关系及组织，包括家庭、社会、国家三种形式。黑格尔认为国家是客观精神发展到最高阶段的体现，是"神自身在地上的行进"。国家把个人与社会、特殊利益与普遍利益统一起来，人民只有在国家中才能获得真正的利益和自由。普鲁士的君主立宪制则是国家制度的最好形式。精神发展的最高阶段是"绝对精神"，这是整个黑格尔哲学体系的最后部分。通过漫长、曲折的发展后，"绝对精神"最后完全回复到自身，它既展示了自身全部丰富的内容，又完全自觉地认识了自己。艺术、宗教、哲学是"绝对精神"自我认识的三种形式。哲学是"绝对精神"认识自身的最高形式，因为它以完全适合精神本来面目的形式——概念来表现其本质，因而它也是人把握绝对真理的最佳手段。哲学史就是"绝对精神"通过人的精神劳动逐步认识自身的历史。黑格尔认为他以前的各种哲学都是不同程度地对"绝对精神"作了抽象、片面、不完备的认识，只有他的哲学才完全如实地把握了"绝对精神"，因而是人类认识的顶峰，故曰绝对真理。

黑格尔的《精神哲学》连同他的另一部名著《法哲学原理》实际上深刻分析了人类世界与人类精神世界的重大问题，虽然有唯心主义的阴影、政治保守的倾向，但他却抓住了社会的核心问题和心灵的内在奥秘，可以说迄今也很少有人达到这个高度。而且在历史行程中所体现的辩证法，更是活生生地使人感受到那辩证运动的节拍性，而豁然领悟辩证法的精髓。

（二）完备的辩证法纲要

恩格斯曾经讲过：要到康德体系中去找辩证法是一件白费气力而很少报酬的工作，而在黑格尔那里却有个完备的辩证法纲要。这个评论是完全正确的。

（1）系统的整体观

黑格尔辩证法的基本观点是系统的整体观。他反对抽象的同一性，而坚持具体的同一性的观点。所谓具体的同一，也就是具体的统一。黑格尔的"具体"并不是那个杂多的感性具体，他认为感性现象是流逝的、把握不住的，因而是真正的空洞的抽象，只有涉及事物的本质的概念的规定性才是具体的。所以他说："所谓具体的即是不同的规定、原则的统一"[①]、"许多有差别的规定的统一"[②]。因此，概念的具体性表现为多样性的统一。这个统一体是一个有机整体，各个部分内在组合成为一个决定该事物的具体的整体。

这个具体的整体不是一个凝固不动的存在，而是一个辩证发展过程。它的内在差别形成对立，对立的相互依存与相互斗争，形成辩证进展的螺旋形上升运动。所以黑格尔指出："概念本身并不像知性所假想的那样自身固执不动，没有发展过程，它毋宁是无限的形式、绝对运动，好像是一切生命的源泉，因而自己分化其自身。"[③]

由此可见，系统的整体性的观点的基本哲学原则是：具体性、发展性。因此，黑格尔说："哲学是认识具体事物发展的科学。"[④] 黑

①　黑格尔：《哲学史讲录》第 2 卷，商务印书馆 1960 年版，第 163 页。
②　黑格尔：《小逻辑》，商务印书馆 1980 年版，第 110 页。
③　黑格尔：《小逻辑》，商务印书馆 1980 年版，第 339 页。
④　黑格尔：《哲学史讲录》第 1 卷，商务印书馆 1959 年版，第 32 页。

格尔关于哲学的这个界说是对哲学研究的性质与目标的突破，他实际上是着眼于"具体事物"，而且不把具体事物看成是不变的个体，而是看成一个"发展过程"；正因为它是发展变化的、活生生的，因而是具体的。撇开他的那些唯心的累赘，便可见到他抓住了宇宙人生的根本。因此，恩格斯赞扬道："黑格尔第一次 —— 这是他的巨大功绩 —— 把整个自然的、历史的和精神的世界描写为一个过程，即把它描写为处在不断的运动、变化、转变和发展中，并企图揭示这种运动和发展的内在联系。"①

系统的整体的内在联系及其运动发展的规律性的探索，就是辩证法的理论内容的揭示。黑格尔哲学的核心与本质正是有关辩证规律性的多方面多层次的极为完备的阐述。

（2）辩证法的理论内容

将辩证的"系统整体性"加以展开，就可以看到辩证系统的层次递进的特点。黑格尔正是根据这一特点来构造自己的辩证法体系的。如果说，他的逻辑学是采取纯概念推演方式来构造这个体系，那么，在自然哲学里便是根据自然界演化的进程来显示这个体系。《逻辑学》、《自然哲学》各有三篇，是相对应的。存在论、本质论、概念论与机械力学篇、物理化学篇、有机生命篇一一对应。它们次第论述了质量互变、对立面相互渗透、否定之否定（对立的统一）。黑格尔是贯通地加以论述的，并没有标明为辩证法三规律。后来，恩格斯为了使人便于掌握辩证法的精神与实质，才在《自然辩证法》手稿中，将它们分别列为三个规律，并对质量互变规律做了展开的论述，而否定之否定则在《反杜林论》里做了充分的发挥。至于"对立面相互渗透"，则在论否定时结合加以阐发了，这样也许更联

①《马克思恩格斯选集》第3卷，人民出版社1972年版，第63页。

贯些、更自然些。

质量问题是客观存在、客观事物的基本规定性。在机械力学现象这种最低层次的客观运动中，它的作用最为突出。因此，质量的研究，成了揭示客观辩证运动的起点。黑格尔深入分析了这两种规定性，指出"质是与存在同一的直接的规定性，与即将讨论的量不同，量虽然也同样是存在的规定性，但不复是直接与存在同一，而是与存在不相干的。且外在于存在的规定性"①。因为"一物虽然在量的方面有了变化，变成更大或更小，但此物却仍然保持其原有的存在"②。量的增减，虽说不是每一步都影响质的规定性，但却是有限度的，即大小都是一个极限，如超越这个极限，则量变引起质变。所以，黑格尔继续指出："因此一方面定在的量的规定可以改变，而不致影响它的质，但同时另一方面这种不影响质的量之增减也有其限度，一超出其限度，就会引起质的改变。"③黑格尔认为这一现象并不是他首次发现，古希腊人的辩证智慧，已使他们注意到了质量互变这一普遍现象。如一粒麦与一堆麦、一根毛与秃马。一粒麦加一粒不成为一堆麦，但不断增加到某一限度便是一堆了；拔一毛不成其秃马，但不断拔到某一限度便是一匹秃马了。因此，质量的辩证关系问题，可以说，已是常识范围以内的了。的确，质量互变是指低层次的运动而言，对高层次的运动变化，质量关系就有更加复杂的情况，因此，不能孤立地应用它。它在辩证总体中作为起点继续前进，由存在进入本质，揭示事物的内在矛盾机制，即事物的内在差别、两极对立。

黑格尔认为，作为自然界的普遍的核心的现象是物理、化学现

---

① 黑格尔：《小逻辑》，商务印书馆 1980 年版，第 202 页。
② 黑格尔：《小逻辑》，商务印书馆 1980 年版，第 217 页。
③ 黑格尔：《小逻辑》，商务印书馆 1980 年版，第 236 页。

象，它的基本特征是"两极对立"。而且这种现象对人类社会、精神世界也是如此的。他说："事实上无论在天上或地下，无论在精神界或自然界，绝没有像知性所坚持的那种'非此即彼'的抽象的东西。无论什么可以谈上存在的东西，必定是具体的东西，因而包含有差别和对立于自己本身内的东西。"① 所以，两极对立、矛盾斗争是客观的、普遍的，因而是"一个本质的绝对的规定"，并且"必定在一切经验中、一切现实事物中，一切概念中都找得到的"②。很显然，黑格尔卓越之处在于他并没有停留在纯概念领域，明确指出：矛盾对立乃是现实的客观现象，不是单纯地为概念所把握的东西，而是可以经验的。无怪乎列宁赞誉黑格尔哲学：其形式唯心到什么程度，内容就现实到什么程度。

两极对立、矛盾斗争的客观现实性，还说明了运动与生命的根源，克服了外力推动说最后乞灵于上帝的指头的观点，形成事物的"内在否定性构成自己运动"的真理性的观点，所以黑格尔说："矛盾是推动整个世界的原则，说矛盾不可设想，那是可笑的。"③ 列宁评价道："运动和'自己运动'（这一点要注意！自生的［独立的］、天然的、内在必然的运动），'变化'、'运动和生命力'，'一切自己运动的原则'，'运动'和'活动'的'冲力'（trieb）——'僵死存在'的对立面，——谁会相信这就是'黑格尔主义'的实质，抽象的和 abstrusen（晦涩的、荒谬的）黑格尔主义的实质呢？？必须揭示、理解、拯救、解脱、澄清这种实质，马克思和恩格斯就做到了这一点。"④

---

① 黑格尔：《小逻辑》，商务印书馆 1980 年版，第 258 页。
② 黑格尔：《逻辑学》下卷，商务印书馆 1966 年版，第 66 页。
③ 黑格尔：《小逻辑》，商务印书馆 1980 年版，第 256 页。
④ 列宁：《哲学笔记》，中共中央党校出版社 1990 年版，第 153—154 页。

　　黑格尔于此还有两点想法值得注意。第一是两极相关性是相对的。首先，所谓相对的，就是说它是有条件的，不是任何情况下都存在着两极相关。所以黑格尔反对"在两极性根本不存在的地方，它也常常被人不分青红皂白地加以应用"这样一种做法，这对当时"对子论"是有力的驳斥。其次，所谓相对的，意味着内外的相对性。看来是外在独立的两个事物，如若共同从属于一个更大的系统之中，它可以成为这个系统内的不可分离的两极而彼此相关，因而不能把它们看成是彼此相外的。但是，如在该系统之外，则它们又是彼此漠不相干的。第二是两极相关的中介性。所谓两极性乃是一个物体内有机组成的诸环节之间对立、过渡、转化的辩证关系。它表明环节之间相互渗透，趋于相互融合，它蕴藏着对立的统一，即将发展为对立的统一，但尚未达到对立的统一；它准备着向起点复归，即将达到自成起结的统一体，从而达到具体的辩证综合的真理，但尚未完全复归。因此，对立的相互渗透是潜在的尚未成为现实的对立的统一或否定之否定；对立的统一或否定之否定是展开的成为现实了的对立的相互渗透。恩格斯为了简明起见，将二者合并论述也是合理的。

　　两极对立、矛盾斗争，从而达到对立面的相互渗透，其最终归宿是辩证前进运动的完成，趋于真理显现的阶段。这也就是对立面通过相互渗透的中介达到对立的统一阶段，或否定之否定复归于肯定的阶段。它形成三环节两节拍的圆圈形运动，这个运动抽象地加以表述，就是："肯定—否定—否定之否定复归于肯定"的过程，一般将其简化为"正、反、合"的三段式。它便是作为辩证法的本质与核心的"否定之否定"或"对立统一"。经常有人误认为这是两个不同的规律，其实二者同质而异名，因为"肯定"与"否定"相互对立，而"否定"再被否定，就复归于肯定，复归阶段也是肯定与否定的统一阶段。所以，否定之否定的实质就是对立的统一。

从辩证法自身的辩证发展而言，它的发展形式表现了层次递进的特点：质量互变是起点、相互渗透是中介、否定之否定是终结。它是一个"自成起结"（黑格尔语）的圆圈。这个作为终结的阶段，没有将圆圈封闭起来，而是作为更高层次的辩证运动的起点，重新开始其圆圈形运动。圆圈自成起结因而是有限的，终点作为新的起点继续前进，意味着有限的突破，于是形成一串圆圈，这就意味着辩证前进运动的无限性。这里显示了有限与无限的辩证统一。黑格尔这些想法到处都有所流露，只是没有明确而系统地表达出来罢了。黑格尔便说过："这种前进是这样规定自身的，即它从单纯的规定性开始，而后继的总是愈加丰富愈加具体。因为结果包含它的开端，而开端运动以新的规定性丰富了结果。……它不仅没有因它的辩证前进而丧失什么、丢下什么，而且还带着一切收获和自己一起，使自身更丰富更充实。"①列宁认为这段话对于辩证法是什么，做了一个颇为不坏的总结。

由否定之否定衍生出来的"正反合"三段式不能作为一个僵化的公式到处乱套，黑格尔是坚决反对这样做的。他强调应由对象自身的辩证运动来加以确定。这也就是说，三段式是一般性的，具体运动总有其特殊性。我们应该明确掌握一般的精神、尊重特殊的表现。

辩证法的理论内容是异常丰富的，但基本观点大致如此。我们应该从其自身的辩证联系上去理解与把握，而不要拘泥"规律三分"的说法。恩格斯在《费尔巴哈论》、《反杜林论》中便是贯通地加以论述的，并没有勉强作为三个规律分别加以表述。

---

① 黑格尔：《逻辑学》下卷，商务印书馆 1966 年版，第 549 页。

（3）辩证法与认识论

黑格尔从来没有把他的辩证法看成是单纯的逻辑思维方法，而是紧密结合认识论，甚至变成了认识论而展开的。因此，在他那里，逻辑学、辩证法、认识论三者是统一的。他深入发展了康德的认识能力三分为感性、知性与理性的学说。而且将"实践"溶入理性之中，使理性除了有深刻的辩证性而与知性有别外，还突出了行动的理性，而使理性具有了实践性。这样就使他的认识论大大超越了前人的观点，并为马克思认识论奠定了理论基础。

①"感性、知性、理性"的辩证发展

黑格尔实际上承认知识发端于感性。他说："按照时间的次序，人的意识对于对象总是先形成表象，后再形成概念，而且惟有通过表象，依靠表象，人的能思维的心灵才进而达到对于事物的思维地认识与把握。"[①] 感性的确定性、直接性，是人类心灵接触客观对象的通道。没有感性这个窗口，思维就没有加工的原料。正是感性提供"感官材料"（sense data），认识才有可能。但是，感官材料是杂多无序的，变动不居的，因而是极为贫乏空洞的。我们必须扬弃其外在的空洞性与易逝性，深入底蕴，才能把握其内在本质与根据，这就不能不借助于理论思维。

知性思维是理论思维极为重要的一环，它是实证科学认识的决定性的主观因素，我们可以说，没有知性思维，就没有实证科学。知性思维是立足于形式逻辑之上的抽象思维，它将事物的规定的多样性抽象为彼此相分的片面而僵化的特征加以固定而形成事物的概念。概念静态地反映了事物的本质，但事物的过程的演化却被忽略了。

─────────

① 黑格尔：《小逻辑》，商务印书馆 1980 年版，第 37 页。

知性思维的静态孤立的性质，固然是一个缺点，但在日常生活中，在低级的运动形态中，却以其精确性而赢得声誉。特别是在数学的演绎系统中，在机械力学方面，知性思维充分显示了它的准确的认知能力。自然科学从物理进入化学、生物领域，单纯的知性思维便不够用了，它不能不向辩证思维过渡，而自己则成了过渡的桥梁。

于是，理论思维通过知性思维的中介进入更深层次，即进入辩证理性层次。辩证理性的本质不像知性那样单纯，它自身便具备矛盾的性格。这就是说，辩证理性乃肯定与否定的统一。它不是简单的同一性的肯定，而是在否定的基础上复归的肯定。否定也不是简单的排他性的否定，而是扬弃、是消解之中有保留的否定。当由知性进入理性时，理性的否定作用，溶化了知性的凝固内容，突破了知性设置的界限，从而使知性分解、割裂的诸因素在新的高度上复归于综合。这个复归于综合，乃是理性所要求的肯定的内容。黑格尔曾经反复指出过：否定不能消解为虚无，强调"在哲学里，最要紧的就是对每一思想必须充分准确地把握住，而决不许有空泛和不确定之处"[1]。因此，理性在进行辩证否定的同时，要立即进行肯定，从辩证分析达到辩证综合，从而得到肯定的结果，即获得真理性的具体概念。这种具体的真理，从系统的整体的高度，达到诸多规定性的综合，即多样性的统一，揭示其内在本质，使事物的有机联系所显现的活力在理论思维中再现，这就是获得动态地反映存在及其演化过程的"辩证概念（Begriff）"。

黑格尔对思维认识运动自身，从感性、知性到理性的辩证圆圈运动的论述是极为精彩而深刻的。这是他留给我们的宝藏而不是糟

---

[1] 黑格尔：《小逻辑》，商务印书馆 1980 年版，第 176 页。

粕。这一思想为马克思、恩格斯和列宁所吸收，概括出从生动的直观到知性的抽象归于理性的综合的认识的历程。但以后在长期教条主义的统治下，盲目拒斥黑格尔，从而使我们陷入思想僵化、理论贫乏的境地，竟然用普通心理学和形式逻辑中的知性概念来构造其认识论的体系，实在令人困惑不解。

黑格尔的认识论以其辩证性使人进入一个动态的结构之中，跟踪认识掌握对象的过程性，从而能够完全地从整体上把握事物，但这还是认识的一个方面，即"认识世界"的方面，而更重要的在改造世界。黑格尔提出了：目的及目的的实现、善的理念、行动的理性等一系列概念，将我们引入一个认识论的崭新的领域。

②认识与实践的辩证关系

黑格尔在分析"实践"的内涵时，虽然有浓厚的思辨味道，但比那些将"实践"庸俗化，说什么实践就是力行、就是不讲目的干了再说的观点却深刻得多，其理论内容也具有丰富的科学性与现实性。黑格尔认为单纯认识只能停留在客体的外在必然性上，而不能深刻而具体把握客体的内在本质，达到主体与客体的统一。只有通过实践，发挥主观能动性，有目的地支配与控制客体，从而改造客体合理地符合主观目的，消灭客体对主体的异己性，使主客体融合统一。这就是主观能动性、行为目的性与客观规律性、外在必然性的统一。

理性不是冷冰冰地单纯被动的反映，它与意志行为是不能完全分离的。所以，黑格尔说："意志在自身中包含着理论的东西"、"理论的东西本质上包含于实践的东西之中"。① 因为意志或实践作为一种主观能动性，是有目的的行为，是一种为理性所支配的行为。

---

① 黑格尔：《法哲学原理》，商务印书馆 1961 年版，第 13 页。

也就是说：它乃是一种"行动的理性"或"实践的理性"。由此可见，黑格尔认为实践与理论或意志与理性是完全统一的。因为脱离理论、理性的意志、实践是盲目的，而不是有目的的，那只是动物式的本能活动，而不是人类的实践活动。而且黑格尔认为：实践高于认识，"因为它不仅具有普遍的资格，而且具有绝对现实的资格"①。

黑格尔这些富有创见的观点差不多完全为马克思所接受，因此，列宁说，"当马克思把实践的标准引进认识论时，是直接和黑格尔接近的"②。

通过康德到黑格尔，"理性"已完全不同于传统的理性观念了，那时的"理性"其实就是知性、理智的通称。现在，"理性"有完全有别于知性、理智的独特的理论内涵，那就是它的"辩证性"与"实践性"。马克思正是吸收了这两条原则，创造了他的唯物主义体系的，即创造了辩证唯物主义或实践唯物主义。

（三）黑格尔哲学体系的保守性与先导性

黑格尔哲学的客观唯心主义立场往往窒息了他的辩证法的革命作用。他认为"概念"乃万物的生成与发展的根据，"事物的客观概念构成了事物的本身"，作为"它们的灵魂使它们动作起来的并显示它们辩证法的，就是概念"。③因此，首先有了概念的辩证法，才有事物的辩证法。这种颠倒的观点，往往使辩证法的客观性受到歪曲，虽说他在其唯心主义的框架中也能明白地阐发辩证法的客观真理。马克思、恩格斯曾经指出："按照黑格尔的体系，观念、思想、概念产生、规定和支配人们的现实生活、他们的物质世界、他们的现实

① 黑格尔：《逻辑学》下卷，商务印书馆 1966 年版，第 523 页。
② 列宁：《哲学笔记》，中共中央党校出版社 1990 年版，第 237 页。
③ 黑格尔：《逻辑学》，商务印书馆 1966 年版，上卷，第 13 页；下卷，第 540 页。

关系。"① 其实，恰好相反，是人们的现实生活与关系，及其所生存于其中的物质世界，决定他们的观点、思想、概念。因此，黑格尔辩证法必须加以唯物的改造，才能充分发挥其批判的、革命的作用。

黑格尔辩证法的不彻底性，我们认为主要是为其唯心主义所桎梏。此外，他是不是有从揭发矛盾坠入到调和矛盾的问题呢？这里牵涉到对"调和"、"融合"如何理解的问题。黑格尔反复强调过：真理总是肯定的、具体的，因此，辩证进展的"合"、"统一"阶段，乃真理显现阶段。在这里，容不得半点怀疑与犹豫，也不能有丝毫不确定与不肯定，否则能叫作真理吗？因此，他明白指出：作为真理就是要克服矛盾。如果认为这就是要调和矛盾、取消矛盾，就值得商榷了。相反，在辩证运动中，矛盾无限地坚持下去，实际上就取消了辩证圆圈运动，而流于恶的无限性了。须知，对立的统一阶段亦即否定之否定复归于肯定阶段，正是对立的扬弃、矛盾的交融、否定的克服阶段，只有如此，过程才自成起结，获得圆满，肯定的具体真理才能显现。这也就是说，辩证法才没有归结为虚无。

更有进者，他认为这个复归于肯定的终点作为更高层次辩证运动的新的起点又开始了新的矛盾运动。因此，马克思为之归结道：对立面就是通过这种方式互相均衡，互相中和，互相抵消。这两个彼此矛盾的思想的融合，就形成一个新的思想，即它们的合题。这个新思想又分为两个彼此矛盾的思想，而这两个思想又融合成新的合题。既承认矛盾，又承认矛盾的消解，相互融合达到统一，这正是以辩证的方法剖析辩证法自身，从而完全弃绝了知性思维的流毒，避免了恶的无限性的侵蚀，因此，"矛盾融合"不是黑格尔的辩证法不彻底的表现。只是黑格尔不该说他的体系是最后真理，如果说他

---

① 《马克思恩格斯全集》第 3 卷，人民出版社 1960 年版，第 16 页。

的体系为真理的继续发展开辟了道路，这就比较好了。当然，这也是他客观唯心主义的必然结局。

的确，他的体系尽管是唯心的，但其现实的内容，辩证的方法，实践的观点，确实具有先导性。它导致了伟大的马克思哲学、辩证法的诞生，从而不是理论上而是实践上开始了改造世界的壮举。

第三篇

科学的哲学归宿与哲学的科学前提

导语　论"哲学、科学、哲学"的辩证圆圈运动

　　科学的分化是一个历史过程，远在古希腊的时候就已开始了。不要以为要到分化的终结，才是综合的开始。毋宁说，分化与综合是同步进行的。只不过它们的范围与深度有所不同罢了。

　　文艺复兴以后，在唯名论这种实质上有唯物倾向的综合理论的指导下，科学蓬勃兴起，犹如雨后春笋。16世纪以后，机械力学突飞猛进，处于领先地位，机械力学原则的普适化，就是一种哲学综合的表现。这种"综合"是有缺陷的，它以特殊代替普遍，迫使其他领域的事物，扭曲自己，服从机械力的支配，例如，有机生命界被置于无机界同一水平。因此，这种综合是低层次的，甚至可以说是虚假的。

　　当力学原则风靡哲学与科学界，到18世纪达到了顶峰，便日益显示其局限性与形而上学性。19世纪生物学的深入的整体性的研究以及古希腊辩证法在新的形势下重新崛起，全面的辩证综合趋势形成了。在科学与哲学齐头奋进下，经过了一百多年的发展以迄于今，已蔚为壮观了。

　　相对论、量子力学、基本粒子学说，还有信息与计算机科学的精深研究与广泛运用，开拓了各学科相互渗透、相互促进的综合化的道路。

某些古老学科，例如天文学，由局部天象的表面的位置观测，及某些吸引与排斥的力学运动的计算，进而研究其物理化学构成及整体结构模型。现代宇宙学已不由自主地深入到宇宙自然的整体研究，而成为在实证科学研究基础上的一种哲学探索了。

如果说，现代宇宙学基本上是一门科学的历史纵向发展而进入哲学综合的，那么，20世纪40年代控制论等科学技术综合理论的出现，便属于一种多学科交叉发展的模式了。它表明，各学科孤立进行的局限性，只有交叉综合才有生机、才有突破。这一现象的出现，意味着科学发展自身萌发的辩证综合的哲学要求。

近世哲学的发展也是令人瞩目的。它从宇宙本体论的研究进而探索科学认识论；它将客观对象的本质的探求交给实证科学给予细致的剖析，而自己则侧重分析主观认识能力，并进一步对主体性进行全面研究。它自觉以科学，特别是自然科学的成果作为自己的出发点，使思辨性的玄想具有了客观的科学理论内容。

科学与哲学发展的历史现实，使它们殊途同归、趋于统一。这种哲学与科学复归于综合的历史现实性，与人类认识发展的逻辑必然性是一致的。哲学与科学历史发展的内在的辩证逻辑，遵循辩证圆圈运动：即"原始综合—知性分化—辩证综合"的辩证进程，亦即综合、分化、复归于综合的否定之否定过程。它们现在正进入辩证复归阶段：科学呈现综合化、整体化趋势，意味着复归于哲学；哲学呈现具体化、现实化趋势，意味要灌注当代科学技术的新的内容。这种逻辑的必然性，为历史的现实性所证实；这种历史的现实性，为逻辑的必然性赋予了合理性。

"辩证复归"作为整个历史行程的第三阶段，即显现为真理阶段，意味着发展的完成。但是，它又是继续前进的新的起点。这个辩证综合自身包含分化因素，正由于分化的否定性成了内在的动力，因此，辩证综合不是僵死的统一、单纯的一致，而是恒动的，即不断分化、不断综合，因而不断突破、不断更新。这正是 20 世纪科学技术日新月异、飞速发展的根本原因；也是辩证法哲学压倒一切成为哲学发展主流的根本原因。

历史的实际进程并不是那样清晰、完全合乎逻辑的，它充满了偶然的因素，而且各种各样的干扰，往往使发展改变方向，曲折前进。由于阶级利益的倾向性、思想方法的偏执性、情感与信仰等的迷惘性，出现不少导向错误的支流。这里主要有两个方面：一是认识的片面性，二是非理性因素的冲击。它们固然干扰科学的发展与哲学的主流，但也提出了科学与哲学有待解决的问题，因此，这些逆流的出现，并非完全消极的。

科学现代的最高的现实综合结构——工程技术，已超脱了匠人技艺的领域，跃进到科学技术的有机组合的实体的高度。而哲学，则以革命实践为基础、唯物辩证法为灵魂，吮吸了现代科学技术的营养，成了一种现实的力量，推动科学技术发展，人类社会进步。

要适当而深入地概括当代哲学与科学技术的成就，并指明其前进的方向是十分困难的。我们祈望我们的着力点能击中历史进程的关键部位。

第十三章 近代物理学开拓了科学发展的新领域

实证科学的全面发展，为辩证法的重新崛起提供了客观根据。而辩证思维的渗透，又为近代物理学的深入探索准备了全新的思路。因此，当物理天空漂来了朵朵乌云："以太漂移"、"紫外灾难"等使物理学家的知性思维方法一筹莫展时，引起了所谓物理学"危机"。这场危机，也正是这场危机导致了一场深刻的认识大变革，辩证法自觉或不自觉地为那些伟大的物理学家或多或少地用于他们的研究之中，从而迎来了科学的新生儿——相对论、量子力学和粒子学说。

相对论使人们的认识由宏观低速运动扩展到高速运动，并使认识向两个方向延伸。认识延伸的一个方向是微观领域，就是量子力学和原子结构理论的产生和发展。另一方向是它促使经典连续性观念向微观量子化观念发展，引起物质观念的深刻变革，导致哲学物质观的深化和发展。

第一节 狭义相对论与广义相对论的科学与哲学意义

自 17 世纪牛顿力学体系建立至 19 世纪，经典力学在物理学和天文学的各个领域取得了令人瞩目的成果，从而牢固地奠定了它在各门自然科学中的基础地位。不少科学家为此而陶醉。他们认为物理学理论已近完成，经典力学成了全部物理学的"绝对真理"。正如爱因斯坦回顾当时状况时所说："所有的物理学家都把古典力学看作是全部物理学的、甚至是全部自然科学的牢固的和最终的基础，而且，他们还孜孜不倦地企图把这一时期逐渐取得全面胜利的麦克斯韦电磁理论也建立在力学的基础之上，甚至连麦克斯韦（J. C. Maxwell，1831—1879）和 H. 赫兹（H. Hertz，1857—1894），在他们自觉的思考中，也都始终坚信力学是物理学的可靠基础。"[1]自然，牛顿经典力学成了解释一切物理现象的根据，热现象被归结为大量分子无规则机械运动的统计平均值，电磁现象被归结为以太的机械运动，而整个物质世界则被归结为绝对不可分的原子和绝对静止的以太这两种物质始原。然而，人们对以太概念的进一步探究，却从根本上动摇了这一理论大厦的基础，开辟了科学发展的新领域。

一、"迈克尔逊—莫雷"实验的困惑

牛顿的经典力学虽然在各个领域取得了很大成功，但是，这一理论体系是建构于绝对时空观基础之上的。关于绝对时空概念，牛顿表述说："绝对的、真正的和数学的时间自身在流逝着，而且由于其本性而在均匀地，与任何其他外界事物无关地流逝着。它又可以名之为'时间'"。"绝对的空间就其本性而言，是与外界任何事物无关而永远是相同的和不动的。"除了绝对时间和绝对空间外，牛顿还提出了绝对运动概念："绝对运动是一个物体从某一绝对的处所向另一绝对的处所的移动。"[2]这里，牛顿把时间和空间看成是独立于外界

---

① 赵中立、许良英：《纪念爱因斯坦译文集》，上海科学技术出版社 1979 年版，第 8 页。
② H. S. 塞耶：《牛顿自然哲学著作选》，上海人民出版社 1974 年版，第 19—20 页。

事物的与物质和运动无关的因素。在牛顿看来，时间、空间和物质运动是彼此孤立的，没有任何联系。那么，依据绝对时间和绝对空间所规定的参照系就是绝对参照系。相互作惯性运动的参照系均为惯性系。绝对参照系是一种特殊的惯性参照系。惯性参照系必须满足伽利略的力学相对性原理。一切力学规律在各惯性系中符合伽利略变换的协变性，因而不可能通过力学实验来判断一个参照系是绝对静止或是相对于绝对参照系作惯性运动。牛顿试图从具体时空形式中抽象出时空概念，但是他把这一概念推向了极端，带有典型的形而上学特征。在宏观低速运动下，这种时空观符合人们的感觉经验；但在高速运动下，它的局限性就明显暴露出来了。

19世纪，光的波动说复活了。1817年，托马斯·杨（Y. Thomas）提出光波是一种横向波动。最初，人们很自然地由经验启示而把光看成是类似于固体横向振动的弹性波，这种波只有在媒质中才能传播。于是，人们设想光振动的这种媒质或介质为一种无质量的弹性物质"以太"。实际上，早在17世纪笛卡尔（René Descartes，1596—1650）就提出了传光媒质是"以太"。1818年，光的波动说的倡导者菲涅耳（Fresnel，1788—1827）建立了衍射理论。他主张静止以太说，认为地球是由多孔物质构成，以太可以在其间通行无阻，而地球表面的以太是静止的。由于静止以太说能较好地解释"光行差"现象，因而得到大多数物理学家的赞同。

19世纪末，麦克斯韦电磁理论日臻完善。以太假说又被引入电磁场理论，成了电磁场的承担者和电磁波的传播者。1888年，赫兹通过实验发现了电磁波，进一步巩固了人们的以太观念。随后，裴兹杰拉德（G. F. FitzGerald，1851—1901）在英国科学促进协会年会上发表演讲说：1888年也许是值得纪念的一年，因为这一年由于以太引起的事实被证明了。同年，洛奇（O. Lodge）强调，经赫兹的实验，以太现在已经证明是事实了。1894 年，彭加勒（J. H. Poincaré，1854—1912）也指出，赫兹的实验表明，以太即使在其他电介质中也产生电磁过程。至 19 世纪，物理学处处渗透着以太的阴影。人们还赋予以太种种属性：有弹性、无压缩、无阻力而又无所不在。后来，荷兰物理学家洛伦兹（H. A. Lorentz，1853—1928）取消了以太的种种属性，但仍然坚持与绝对时空实际等价的静止以太，认为以太可以看作绝对参照系，并决定世界上一切运动的绝对状态。

牛顿经典力学的另一个重要支柱是力学相对性原理。力学相对性原理要求一切惯性系在描述力学规律上是等价的，并且不同惯性系之间的坐标变换遵循伽利略变换（$x' = x - vt$, $y' = y$, $z' = z$, $t' = t$）。因此，力学相对性原理要求一切力学定律及其表达式满足伽利略变换条件下的不变性。同时，通过伽利略变换可以导出经典速度合成定理，它原则上承认任意大的速度总可以通过不断合成而获得。

麦克斯韦电磁理论在经典物理学的土壤里走向成熟。物理学家们力图把电磁理论纳入经典力学框架，谋求电磁学和力学的统一。但是，麦克斯韦电磁场理论不具有伽利略变换的不变性。因为麦克斯韦电磁方程导出的一个重要结论是电磁波在真空中是以不变光速 c 传播的。光速是一个常数。但是根据伽利略变换和速度合成定理，对于两个做相对运动的不同惯性参照系来说，电磁方程中的光速在运动方向上应该加上或减去一个数值（v），而不可能是一个常数。这是一个明显的矛盾。因此，在光速不变条件下，电磁场方程在两个不同的惯性系中就难以保持等价不变性，力学相对性原理就难以成立了。反之，如果保持麦克斯韦电磁方程在两个不同惯性参照系中具有伽利略变换的不变性，且光速 c 为一常数，这又与速度合成定理相矛盾。也就是说，麦克斯韦电磁方程只有在静止以太这一绝对参照系中才能成立。但是，以太绝对参照系在哪里呢？因此，寻找以太绝对参照系就成了物理学家们追求的一个目标。

19 世纪 90 年代，以太在人们心目中成了一种"实在"。这时人们所关心的是如何检测出天体与以太的相对运动。我们的地球以 30km／s 的速度在其轨道上穿越以太绕太阳转动，而太阳又以 20km／s 的速度在充满以太的茫茫宇宙中飞驰，那么，人们应该可以检测出地球相对于以太的相对运动以及地球运动所引起的"以太风"。多年来，人们设计了种种以太漂移的实验来测定以太风，然而，一阶精度（地球的公转速度和光速之比：$\frac{v}{c} \approx 10^{-4}$ 的一阶量）的所有实验结果均为零。其中最重要的实验是美国物理学家迈克尔逊和莫雷的以太漂移实验。

迈克尔逊（Albert Abraham Michelson，1852—1931）是生于普鲁士的美国物理学家。1881 年，他根据麦克斯韦的建议，利用自己设计和制造的干扰折射仪，分别在柏林和波茨坦进行了检测地球相对于以太做相对运动的以太漂移实验。实验为零结果。由于这次实验精度不高，洛伦兹也仔细指出了他的缺点。1887 年，迈克尔逊和美国另一资深的实验科学家莫雷（E. W. Morley，1838—1923）合作，对 1881 年的以太漂移实验进行了重新设计，使实验精度大大提高。他们把光程提高了 10 倍，并将实验装置置于水银支柱上，以减少漂浮砂岩片转动时的摩擦，从而使新干扰仪的灵敏度达到了 10^{-10} 量级。1887 年迈克尔逊和莫雷经过五天试验，再一次试图检测出地球相对于静止以太的相对运动，仍然是以零结果告终。"迈克尔逊—莫雷"实验是以寻找地球与静止以太相对运动为目的的实验，却得到了否定以太风存在的结论。也就是说，当物体在以太中运动时，我们既无法肯定以太跟随物体一起运动，也无法判断以太不跟物体一起运动。以太漂移实验的零结果使许多物理学家陷入了难以自拔的思维困境，导致经典物理学的"危机"。

为了摆脱这一恼人的困难，洛伦兹试图用电子论来解决这一难题。洛伦兹是荷兰物理学家，他和爱尔兰物理学家菲茨杰拉德分别于 1889 年和 1892 年各自独立地提出了"收缩假说"。他们认为，若光速为 c，干涉仪器的运动速度为 v，则干涉仪的臂在运动方向上的长度将按 $\sqrt{1-\dfrac{v^2}{c^2}}$ 的比率缩短，称"菲茨杰拉德—洛伦兹"收缩。收缩假说认为，这一收缩率恰好抵消了本应能看到的实验结果，因而检测不到地球和以太的相对运动。

1895 年，洛伦兹发表了《关于动体电现象和光现象的理论研究》的论文，该文将动体问题变换为静体问题来处理。为此，他引进了地方时间概念，提出了保证在一阶近似下等价性的变换式，地方时间 $t' = t - \vec{v} \times \vec{r} / c^2$，并证明了普遍保证一阶效应的"对应态定理"："设在静止以太系 S 中存在着 x、y、z、t 的函数表示的电磁状态，那么在具有相同物理结构，以一定速度 $\vec{v}$ 运动的惯性系 Sr 中，以相对坐标和地方时间 x_r、y_r、z_s、t_1 作为独立变数，用与 s 中相同的函数所表示的电磁状态也能够存在。"[①] 所谓相对坐标，就是固定在运动系中的坐标系的坐标；所谓地方时间，是指在运动系中用 t' 表示的变数；$\vec{r}$ 是在相对坐标系中的位置矢量。这个定理表达了在一阶近似下洛伦兹的协变性。但是，从洛伦兹看来，这只不过是坚持收缩假说、调和经典理论与实验结果的一种辅助手段。

从 1895 年起的 10 年间，洛伦兹努力去提高理论的近似阶数。1900 年，拉摩（J. Larmor，1857—1942）给出了包括二阶效应在内的使电磁方程保持不变的坐标变换。1904 年，洛伦兹成功地证明了所有阶数的效应具有等价不变性，即给出了洛伦兹变换。洛伦兹变

---

① 李醒民等:《思想领域中最高的音乐神韵》，湖南科学技术出版社 1988 年版，第 146 页。

换使电子论方程保持不变性，并且无须考虑忽略这种或那种数量级的量。但是，他们仍然坚持静止以太绝对参照系的地位，这就使得相对性原理难以在电子论中贯彻到底。

除了洛伦兹变换外，洛伦兹还提出了长度缩短、惯性质量增加、地方时间等一系列接近相对论的重要概念。他不愧为经典物理学的集大成者，是经典物理学的最后一位杰出大师。但是，他不愿抛弃绝对时空观念，迷恋于以太假设，因而只能在旧理论中修修补补，始终未能冲破旧理论的束缚。他是预示了相对论但又没有创立相对论的人。洛伦兹是新旧理论过渡时期的代表人物。他眼见旧理论矛盾重重，然而他站在维护旧理论的立场，总是极力去做修补工作。于是，他表露出一种前途渺茫的感叹。他说，在今天，人们提出与昨天所说的话完全相反的主张，在这样的时期，已经没有真理的标准，也不知道科学是什么了；我很悔恨我没有在这些矛盾出现的 5 年前死去。

为相对论创立开辟道路的另一位著名科学家是彭加勒。彭加勒是法国的数学家和物理学家。他的思想比洛伦兹更加接近于相对论。1895 年，彭加勒在《谈谈拉摩先生的理论》一文和 1899 年在索邦的讲演中对洛伦兹的理论进行了批判。他虽然认为洛伦兹理论是现有理论中缺点最少的理论，但对收缩假设这一特定假设极为不满。他指出，物体相对以太运动在实验上无法检测出来，这一点可以从经验看出。他认为，对于所有阶数而言，十分可能的是，光现象只严格地依赖于物体的相对运动。对于每一个新的实验结果就创造一种特定的假设，这是不妥当的，应从基础原理方面去考虑。他认为，最好的办法是能够提出一种理论，从原理上一举说明问题，达到既不忽略这种数量级也不忽略那种数量级的量，且保证电磁作用与系统运动完全无关。他认为距离这一目标最近的是洛伦兹理论，因为洛伦兹理论虽说不能令人满意，可也是现有理论中最好的。

彭加勒的批评给洛伦兹很大的激励，为洛伦兹指明了方向。为了响应彭加勒的批评和要求，洛伦兹进一步为寻求普遍理论而努力，终于在 1904 年完成了他的电子论集大成论文《速度小于光速运动系统中的电磁现象》。彭加勒建议在物理学中应当引入四维时空概念，同时指出在洛伦兹变换中的 t' 不是数学时间，而是真实时间，并将洛伦兹理论进一步从数学上加以提炼。可见，彭加勒对洛伦兹的理论发展起了很大的推动作用。

彭加勒最早在电动力学中提出了相对性原理。1895 年，他已经意识到，不可能测出有重物质的绝对运动，或者更明确地说，不可能测出有重物质相对于以太的相对运动。人们所能提供的一切证据就是有重物质相对于有重物质的运动，这可以作为一个普遍原理。1900 年，他指出相对性原理不是先验的，而是后验的。1904 年彭加勒将相对性原理从力学现象扩展到各种物理现象。他在美国圣路易斯国际艺术和科学讨论会的讲演中，将相对性原理作为物理学六大普遍原理之一列举出来。他宣称"相对性原理，（就是）根据这一原理，不管是对于一个固定不动的观察者还是对于一个均匀平移着的观察者来说，各种物理现象的规律应该是相同的；因此，我们既没有、也不可能有任何方法来判断我们是否处在匀速运动之中"[①]。他在题为《速度小于光速运动的系统中的电磁现象》一文中进一步指出，相对性原理是普遍而严格成立的，要求所有自然规律遵守洛伦兹变换的不变性。他再次引用迈克尔逊实验支持这一原理。他陈述了他的信念：不管地上的实验和天文学实验的精度多么提高，该原理都会被证明是可靠的。彭加勒的所谓相对性原理，意指运动的相对性，

---

① 　J. 伯恩斯坦：《阿尔伯特·爱因斯坦》，科学出版社 1980 年版，第 79 页。

指用实验不可能检测出相对以太的运动。

除相对性原理外，1898 年，彭加勒在《时间的测量》一文中又提出了光速在真空中不变的公设：光具有不变的速度，尤其是它的速度在一切方向上都是相同的。他认为这是一个公设，没有这个公设就无法量度光速。这个公设从来也不能直接用经验来验证；如果各种测量结果不一致，那么它就会与经验相矛盾。我们应当认为我们是幸运的，因为这样的矛盾没有发生。他感到这样一个公设符合充足理由律，事实上它放之四海而皆准。

彭加勒还就"同时性"概念做了探讨。他指出，在没有测量时间的情况下，是无法测量光速的，因而同时性的定性问题注定要依赖于时间的定量问题。他在 1906 年发表的《科学与假说》中再次强调：绝对空间是没有的，我们所理解的不过是相对运动而已。绝对时间也是没有的，所谓两个事件经历的时间相等，这是毫无意义的。我们不仅没有两个相等时间的直觉，也没有发生在不同地点两个事件同时性的直觉。他提出了利用光信号确定异地事件同时性方法。这不完全等价于爱因斯坦提出的关于同时性的描述。因为彭加勒在这里安排了两个观察者而不是一个观察者，但却得到了相同的结果。他在美国圣路易斯的讲演中，甚至对即将出现的新理论做了大胆的预言："也许，我们应该建立一个全新的力学，在这个力学中，惯性将随着速度而增大，因而光速将变成不可逾越的极限。不过，我们只窥见这个力学的一斑。"①

虽然彭加勒比洛伦兹的思想观念要彻底得多，但是仍然没有摆脱牛顿经典力学传统观念的影响，也缺乏摒弃牛顿绝对时空观、从根本上改造经典力学的勇气和洞察力。狭义相对论中的相对性原理

---

① J. 伯恩斯坦：《阿尔伯特·爱因斯坦》，科学出版社 1980 年版，第 80 页。

和光速不变原理，彭加勒至少在爱因斯坦发表前 5 年就认识了这两个公设，但是他仍然停留在以太和电子基础上，从实验归纳出来的陈述，也没有把这两个原理联系起来，更没有认识到它们的重要地位。因此，尽管彭加勒提出了相对性原理，但与爱因斯坦的相对性原理有本质的区别。他研究了同时性概念，但没有认识同时性的相对性。彭加勒的思想远没有达到相对论的高度。因而当他听说德国考夫曼（W. Kaufmann，1871—1947）测定电子加速是否引起惯性质量增加的实验结果与他的预期结果不符时，他对相对性原理又产生了怀疑。实际上考夫曼的测量是错误的，因此，他只能在新理论的大门前徘徊而不能向大门迈进关键性的一步。

总之，洛伦兹和彭加勒根据新现象为拯救旧理论而做出了顽强的努力。他们的电动力学理论既丰富又完满，无论在实验上或理论上，已经为狭义相对论的创立准备了条件，很多原理和关系在形式上与爱因斯坦理论相同，相对论的建立已经到了瓜熟蒂落的时候了。洛伦兹和彭加勒作为相对论的两位伟大先驱者是当之无愧的。但是他们的成果毕竟只是旧理论的宏伟建筑物，只是表现上和相对论等价，实质上并不等价。他们尽管别出心裁，最终还是被淘汰了。构造新理论的任务最终是由具有彻底批判精神的德国科学家爱因斯坦担当起来了。

二、爱因斯坦与狭义相对论

19 世纪末，经典物理学的发展已经为相对论的诞生准备了必要材料。但是相对论的大厦不是直接在经典物理学的基础上建立起来的，而是爱因斯坦独辟蹊径，勇敢开拓，沿着独创的道路发展起来的。20 世纪 70 年代以来，美国科学史家霍尔顿（G. Holton）和日本科学史家广重彻（Tetu. Hirosige，1928—1975）都为此提供了许多有说服力的事实根据，说明爱因斯坦相对论既不是"迈克尔逊—莫雷"实验的必然逻辑结论，也不是洛伦兹和彭加勒理论的直接发展。迈克尔逊工作过的开斯工学院的物理学家香克兰（R. S. Shankland）曾经谈到，他在爱因斯坦晚年调查相对论与先行者工作的关系时，同爱因斯坦谈过一次话，爱因斯坦说他了解"迈克尔逊—莫雷"实验是 1905 年后的事。霍耳顿根据搜集的证据，认为爱因斯坦几乎没有机会知道"迈克尔逊—莫雷"实验。爱因斯坦在 1905 年以前可能也没有读过洛伦兹 1892 年和 1895 年的论文，甚至连洛伦兹 1904 年关于电磁现象的重要论文也没有见过。因为那时爱因斯坦仅是伯尔尼镇专利局一个名不见经传的雇员，要想得到一本本来数量就很少的而且在皇家图书馆只有一本且只能借阅一天的洛伦兹 1904 年的论文是很困难的。这种情况和爱因斯坦在各种场合、各个时期所说的话是前后一致的。所以霍尔顿认为，爱因斯坦 1905 年关于狭义相对论的论文，不属于洛伦兹—彭加勒系列，或麦克斯韦—赫尔姆霍兹—玻耳兹曼系列，或基尔霍夫—马赫—赫兹系列，而是爱因斯坦创立的一种全新理论，不可能在当时其他著作中发现任何原型。所以，英费尔德（L. Infeld）写道：爱因斯坦 1905 年的论文，它既没有文献的引证，也没有援引权威的著作，而不多的几个脚注也是说明性的。文中分析了一些概念，由于这些概念太原始了，以致人们不能真正弄懂它。

爱因斯坦（A. Einstein，1879—1955）生于德国马耳姆，1896年就读于苏黎世工业大学物理系，1901 年加入瑞士籍，大学毕业后经过两年努力，于 1902 年成为伯尔尼专利局的雇员。1905 年他在物理辐射理论、分子运动论、力学和电动力学的基本理论等三个不同领域发表了四篇具有历史意义的论文。尤其是具有划时代意义的《论动体的电动力学》一文的发表，宣告了相对论的诞生。1916 年爱因斯坦又创立了广义相对论。

爱因斯坦相对论思想的形成过程是一个开创性的艰苦探索过程。正如爱因斯坦1953年写给塞利希（Carl Seelig）的信中所说：从构思狭义相对论这个观念到写成适用于发表的论文，中间花费了五六个星期。但是，这难以认为是一个生日，因为论据和基石在这以前很多年时间内就已经在进行准备，虽然那段时间并没有带来最后的解决。

爱因斯坦早在少年时代就表现出对知识的惊奇和独立思考能力。当他12岁看到欧几里德平面几何时，就对公理的自明性和演绎证明的可靠性形成了难以形容的印象。16岁时他开始自学微积分，并关心和思考物理领域众说纷纭的问题。在苏黎世工业大学学习期间，他把大部分时间用于物理实验工作，通过物理实验探讨物理面临的问题。随着麦克斯韦电磁理论日益深入人心以及赫兹关于电磁波的实验验证，更激发了青年爱因斯坦对麦克斯韦理论的求知欲。但是这方面的内容课堂很少讲授。爱因斯坦的同学柯尔劳施（Louis Kollros）证实说，韦伯（H. F. Weber）"关于经典力学的讲演是很活跃的，而我们期待他讲解麦克斯韦的理论，但却失望了"。"我们是多么想学习它呀！这尤其使爱因斯坦感到失望。为了弥补这个缺陷，他开始自学赫尔姆霍兹、麦克斯韦、赫兹、玻尔兹曼和洛伦兹的著作。"爱因斯坦的女婿凯泽（R. Kayser）在《爱因斯坦传》中也说道：在苏黎世为爱因斯坦开设的科学课程不久就显得不充足、不合适，以致他习惯地中断了上课。他以十足的读书狂热夜以继日地自学物理学家基尔霍夫、赫兹、赫尔姆霍兹、弗普尔等人的著作。爱因斯坦自己也说过，他把大部分时间花在实验室里，其余的时间主要用于自学。爱因斯坦通过这些著作，不仅学习了麦克斯韦电磁理论，也获得了很多认识论和方法论方面的有益启示，尤其是马赫的认识论对他有过很大影响，同时，爱因斯坦从这些书中也了解到人们应该如何建造框架，然后借助于框架构筑物理学大厦。

爱因斯坦脱离常规的求知表现遭到老师韦伯的非议。韦伯对爱因斯坦说："你是一个聪明人，但是你也有一个缺点，你太听不进别人的话，太听不进了。"爱因斯坦的这种不循规蹈矩、善于独立思考的习惯对他尔后能够勇敢开拓、独树新论的精神有着很大影响。

1896—1900 年，爱因斯坦在苏黎世工业大学学习期间，主要通过学习赫尔姆霍兹、赫兹和弗普尔等人的著作来学习麦克斯韦理论，同时也通过学习这些人的著作，批判地吸取了马赫的独立批判精神，为新理论的生长提供新的思想要素。1895 年爱因斯坦阅读了赫兹选集，其中具有深刻意义的文章有：1884 年出版的《麦克斯韦电动力学基本方程》、1890 年出版的《论动体电动力学的基本方程》。赫兹在《力学原理》一文中，高度评价了马赫的著作，他说："一般说来，我们把许多东西归功于马赫所写的关于力学发展的出色的书。"这一评价促使青年爱因斯坦把注意力转向马赫。1897 年爱因斯坦在朋友贝索的建议下，阅读了《力学及其发展的批判历史概论》。马赫的怀疑精神和批判态度，对爱因斯坦思想形成产生了深刻影响。正如爱因斯坦 1946 年在《自述》中所说："恩斯特·马赫在他的《力学史》中冲击了这种教条式的信念；当我是一个学生的时候，这本书正是在这方面给了我深刻的影响。""马赫的真正伟大，就在于他的坚不可摧的怀疑态度和独立性。"① 这些书使爱因斯坦的思想大大开阔，使他认识到占统治地位的旧理论是一种教条式的顽固，以力学作为整个物理学的基础是没有根据的，要想利用 19 世纪物理学所发展的概念似乎只能产生失败和绝望。19 世纪物理学几乎成了

---

① 《爱因斯坦文集》第 1 卷，商务印书馆 1977 年版，第 10 页。

"绝望物理学"。爱因斯坦深刻感到，无论是力学还是电动力学，都不能充当物理学的基础，无论是力学自然观还是电磁自然观，都无法解决经典物理学所面临的问题。而且，"我努力得愈久，就愈加绝望，也就愈加确信，只有发现一个普遍的形式原理，才能使我们得到可靠的结果"。他已敏锐地觉察到，只有在新的基础上创立一种全新的理论才是唯一的出路。马赫作为一个反对偶像崇拜者和经典概念批评家，在爱因斯坦思想中留下了深刻的印象。马赫的批评精神和勇气成了爱因斯坦创立相对论的重要思想源泉。

1905 年爱因斯坦在《物理学杂志》上发表了相对论的第一篇论文《论动体的电动力学》，完整地给出了狭义相对论的基本公式。爱因斯坦采取了与经典理论全然不同的思路来建立他的理论体系。他与洛伦兹不同，洛伦兹的工作是在修补一条碰撞在实验事实礁石上的破船，而爱因斯坦的工作是对旧理论不抱幻想的创造工作；他与彭加勒也不同，彭加勒也提出了相对性原理和光速不变原理，但只是作为调和理论与经验事实的手段，爱因斯坦则将这两个原理作为建立新理论的演绎公设。

相对性原理和光速不变原理是狭义相对论的两个基本原理，是爱因斯坦经过 10 年思考而逐渐形成的。爱因斯坦在阿芬中学时才16 岁，就不断思考这样一个问题：如果以光速追赶光，将会看到什么现象呢？根据现有的理论，不是看到光波，而是看到在空间中停滞的电磁振动。这无论对于经验或是麦克斯韦电磁理论，直观上都不可能发现这种现象。这一悖论直接揭示了麦克斯韦电磁理论与速度合成定理之间的矛盾，实质上已经包含了相对论的思想萌芽。

光速不变原理是爱因斯坦在探讨电磁理论基础问题过程中，经过多年思索而总结出的一条重要原理。爱因斯坦经过许多无效尝试后，认识到解决光悖论的关键在于时间和空间概念的变更。而且他通过阅读戴维·休谟（D. Hume，1711—1776）和恩斯特·马赫（E. Mach，1838—1916）的哲学著作获得了决定性的进展。他在"奥林匹亚科学院"时期阅读过休谟的《人性论》。休谟指出："空间或广延观念只是按一定顺序分布的可见的或可感知的点的观念"，"如果没有可感觉的对象充满空间，我们就没有真正的广延的观念"。至于时间，"它总是被变化着的对象的可觉察的相继而揭示出来的"。"没有任何可变化的存在，便没有时间观念。"休谟的时空观点对爱因斯坦相对论的形成有着重要的影响。爱因斯坦正是以时间概念的分析作为相对论研究的直接起点。他注意到，所有涉及时间的判断，往往是关于同时事件的判断。于是，他首先对"同时性"概念进行了讨论。他给同时性概念下了一个定义，即在彼此相距相当远的两处 A 和 B，发出两个光信号，在 AB 中点 M 处，如果同时接收到两个光信号，那么这两个光信号的发出便是同时的。倘若有一定速度无限大的传递信号，对于相距遥远地方的两件事，可以确定它的绝对同时性；然而，现在信号的最大速度是有限光速，并且对所有的观察者而言都是一样的。这样，绝对同时性就没有意义了。从一个坐标系看来是不同地点同时发生的事件，在另一个相对于它运动的坐标系看来，就不再是同时的了。这就是同时性的相对性。同时性概念的相对性导致时间概念的相对性，这是逻辑的必然。从而，每一个参照系都有它自己的时间，即它参照系的地方时间，但不同于洛伦兹的所谓"地方时间"，而是替代虚无的"绝对时间"的"真实时间"。这样，绝对时间、静止以太绝对参照系就都成为多余的东西了。时间和运动是密切联系的，既然绝对时间不存在，那么绝对运动也就丧失了存在的逻辑基础。狭义相对论表明，自然规律在一切惯性系中是等效的，时间和空间值可以通过"洛伦兹变换"相互转换。

这里一个值得注意的问题是：无论是休谟或者是马赫，都不是一个辩证论者，他们的哲学倾向是经验论、怀疑论、实证论。过去往往有人就此批评爱因斯坦是一个科学的天才、哲学的侏儒。这种评价是表面的，缺乏分析的。休谟、马赫的观点之中有合理的客观因素，有怀疑的探索精神，有蔑视权威的开拓新路的气概，这些是与辩证精神相通的。爱因斯坦正是吸取了这些可贵的思想，才能在科学领域之中大展宏图的。而他们的狭隘经验主义、实用主义倾向却被扬弃了。因此看来，爱因斯坦在哲学上有相当深刻的判别与分析能力的，他自发地进入了辩证思维层次。

关于相对性原理，相对论的先驱者早在爱因斯坦相对论创立之前，就做了很多研究。洛伦兹的"对应态定理"已经包含了某些相对性思想。尤其是彭加勒，他在《科学与假说》中把相对性原理推广到电磁理论，给爱因斯坦留下了深刻印象。彭加勒在《科学与假说》中引用的"相对性原理"这一术语，直接被爱因斯坦所采用。但是彭加勒没有把相对性原理引入相对论，只不过是以以太为基础的实验归纳出来的陈述。

爱因斯坦把狭义相对性原理和光速不变原理确定为狭义相对论的基本原理，并提高到公设的地位，从探讨同时性概念开始，阐明了同时性的相对性，并由两条基本原理逻辑地导出了洛伦兹变换。这样，原来只适用于静止坐标系的麦克斯韦方程，在洛伦兹变换下，可以适用于任何惯性坐标系了。

狭义相对论从狭义相对性原理和光速不变原理出发，通过洛伦兹变换，可以导出一系列重要结论。例如，高速运动物体在其运动方向上长度要缩短、高速运动物体的运动时钟要变慢，高速运动物体的质量随运动速度的增加而增加、质量与能量相当等等。尤其是质量与运动、质量与能量关系的揭示，意义更为深远。相对论意义的质量不再是一成不变的常量，而是随着运动速度变化而变化的变量。质能关系表明，能量变化与相应的质量变化分不开，能量变化引起质量变化。这样，"质量亏损"现象可以由此得到合理的解释。

爱因斯坦关于质量和能量等价性的发现，简化了物理守恒定律的内容。长期以来彼此分立的质量守恒和能量守恒定律，现在可以概括为一条定律：对于一个闭合物质系统，质量和能量的总和在所有过程中不变。质能关系还为开发新能源提供了新的理论依据，揭示了原子能开发和应用的广阔前景。

狭义相对论导出的一些重要结论，目前除高速运动物体在其运动方向上长度缩短这一效应尚未得到直接验证外，其余的结论均陆续经受了实验的检验，并能较好地与实验结果相符合。

爱因斯坦狭义相对论给出了一种全新的时空观念，是对经典时空观念的一场深刻变革。爱因斯坦狭义相对论发表后，首先得到普朗克（M. Planck，1858—1947）的肯定，认为《论动体的电动力学》一文具有划时代的意义。他对爱因斯坦时空观给予了很高评价。他说，爱因斯坦时空观的"勇敢精神的确超乎自然科学研究和哲学认识论上至今所取得的一切大胆成果"[1]。1911 年，劳厄（M. von Lane）写出了第一部关于狭义相对论的专著。他在《物理学历史》一文中指出，"自古至今的物理学问题，还没有比得上空间与时间概念对人们产生这样巨大的震动"[2]。

在经典物理学中，时间与空间彼此孤立，互不联系。正如爱因斯坦所指出的那样："在相对论前的物理学里，空间与时间是不相关联的事物，时间的确定和参照空间的选择无关。""说到空间的点，

---

① F. 赫尔内克：《爱因斯坦传》，科学普及出版社 1979 年版，第 33 页。
② F. 赫尔内克：《爱因斯坦传》，科学普及出版社 1979 年版，第 25 页。

就像说到时间的时刻一样，就好像它们是绝对的实在，那时不曾看到确定时空的真正元素是用 x_1、x_2、x_3、t 四个数所确定的事件"[①]。狭义相对论彻底抛弃了绝对空间和绝对时间的概念，认为时间和空间都是相对的概念。时间尺度的变化必然引起空间尺度的变化，时间量度与空间量度不可分割地联系在一起。洛伦兹变换为这种关系的转换提供了合适的工具。

在相对论意义下，洛伦兹变换较好地体现了相对论的时空观。在洛伦兹变换中，空间变量的关系式中包含了时间变量；同样，时间变量的关系式中包含了空间变量。时间变量的变化必然引起空间变量的变化；同样，空间变量的变化也必然引起时间变量的变化。时间与空间不再是互不相干的孤立概念，而是密切联系的时空统一体。爱因斯坦认为："从这个观点来考虑，必须将 x_1、x_2、x_3、t 当作事件在四维连续区域里的四个坐标。"[②] 这个关系表明："两个事件间没有空间的绝对（和参照空间无关的）关系，也没有时间的绝对关系，但是有空间与时间的绝对（和参照空间无关的）关系。并不存在将四维连续区域分成三维空间与一维时间连续区域的在客观上合理的区分，这种情况说明如果将自然界定律表示成四维时空连续区域里的定律，则所采取的形式是逻辑上最满意的。这种进展应归功于闵可夫斯基。"[③]

闵可夫斯基（H. Minkowski，1864—1909）是德国数学家，是爱因斯坦苏黎世工业大学时代的老师。他是最早洞察到狭义相对论深远意义的科学家之一。他对这个在大学并不受欢迎而离校 5 年后却做出如此惊人创举的爱因斯坦感到惊讶和赞叹。1907 年，他为爱

---

① 爱因斯坦：《相对论的意义》，科学出版社 1979 年版，第 19—20 页。
② 爱因斯坦：《相对论的意义》，科学出版社 1979 年版，第 20 页。
③ 爱因斯坦：《相对论的意义》，科学出版社 1979 年版，第 20 页。

因斯坦狭义相对论提供了一套精致的数学外衣，即四维时空几何学。他在三维空间坐标 x、y、z 基础上，引进了第四维时间坐标 ict（$i = \sqrt{-1}$），构成四维时空连续区（x、y、z、ict）。闵可夫斯基四维时空坐标为狭义相对论提供了坚实的数学基础，它不仅使狭义相对论的数学运算大大简化，而且为相对论时空关系提供了直观的表达形式。1908 年秋天，闵可夫斯基在科隆召开的自然科学家大会上做了题为《空间与时间》的报告，他讲道："我要给你们剖析的时空观，是在实验物理学的土壤里孕育长大的，它富有生命力，而且有激进的趋势。从此，空间和时间本身完全变得模糊不清，而只有两者的统一体才是独立存在的。"[①] 从此，闵可夫斯基四维时空连续系统即成为相对论不可分割的一部分。

三、广义相对论及其宇宙观

狭义相对论是爱因斯坦光辉智慧的结晶。但是，狭义相对论是在惯性参照系基础上建立起来的。它适用于一切惯性系。自然定律在一切惯性系中都是等效的。但是，狭义相对论存在着两个无法令人满意的内在缺陷：一是狭义相对论还保留着惯性系的特殊优越地位。狭义相对论否定了静止以太这一特殊优越的参照系，却又肯定了惯性系这一特殊优越的参照系；二是狭义相对论无法与牛顿经典引力理论联系起来。狭义相对论取消了绝对时间和绝对空间概念，也取消了静止以太这一特殊优越的参照系，使得自然规律在一切惯性系中保持其等价性，但在非惯性系中又不等价了。这里实际上还是肯定了惯性系的特殊优越地位。爱因斯坦认为不应该给惯性系以特殊优越的地位。"物理学的定律必须具有这样的性质，它们对于以

---

① F. 赫尔内克：《爱因斯坦传》，科学普及出版社 1979 年版，第 33 页。

无论哪种方式运动着的参照系都是成立的。"① 爱因斯坦认为，在一切参照系中，从事物理学研究的观测者都具有同等的地位。他们所得到的物理学规律具有同等的效力。也就是说，不存在任何特别优越的参照系，一切参照系都应该是等效的。早在 1905 年爱因斯坦创立狭义相对论时，就开始考虑这个问题。他这样写道："当我通过狭义相对论得到了一切所谓惯性系对于表示自然规律的等效特性（1905），就自然地引起了这样的问题：坐标系有没有更进一步的等效性呢？换个提法：如果速度概念只能有相对意义，难道我们还应当固执着把加速度当作一个绝对的概念吗？"② 于是，把相对论从惯性系推广到非惯性系，就成为爱因斯坦提出的重要任务之一。

狭义相对论没有论及引力理论，其主要原因在于狭义相对论与建立在牛顿绝对时空观基础上的引力理论具有不相容性。经典引力理论认为物体之间的万有引力作用，是一种速度为无限大的直接超距作用。这显然与狭义相对论的信号传递速度以光速为极限的基本原理相矛盾。因此，在狭义相对论的框架中，人们无法自洽地处理引力问题。于是，把建立在绝对时空观基础上的经典引力理论推进到相对论时空观基础上的引力场理论，就成为爱因斯坦提出的又一重要任务之一。为此，爱因斯坦从 1907 年开始，历时 10 年，从事广义相对论的创建工作。

如果说，狭义相对论的建立过程还有许多先行者为其开路，做了大量准备工作，那么广义相对论则是真正的个人工作。爱因斯坦唯一得益于马赫。马赫在《力学》一书中推断说，物体的惯性来源于遥远物质的作用，爱因斯坦称其为"马赫原理"，并把它运用到物

---

① 赵中立、许良英：《纪念爱因斯坦译文集》，上海科学技术出版社 1979 年版，第 21 页。

② 爱因斯坦：《广义相对论的来源》，摘自林德宏：《科学思想史》，江苏科学技术出版社 1985 年版，第 386 页。

理学中。马赫关于惯性的解释为他指明了道路。他在这个原理指引下，扩充了他的新理论。爱因斯坦的工作是从两方面展开的：一方面是以引力质量和惯性质量相等为基础，导出了等效原理，另一方面把狭义相对性原理推广到广义相对性原理。

1907 年，爱因斯坦在《关于相对性原理和由此得出的结论》一文中指出，是否可以设想，自然规律同参照系的运动状态无关这一假说（相对性原理）不仅对非加速运动参照系成立，而且对加速运动参照系也成立？根据伽利略早已揭示的一个人所共知的古老事实：在引力场中的同一地点，一切物体的加速度都是相同的，它同物体的本性无关。这是引力场的特征性质。也就是说，物体自由下落的速度同物体的质量无关。爱因斯坦说道："在引力场里，一切物体都以同一加速度下落，或者说 —— 这不过是同一事物的另一种讲法 —— 物体的引力质量同惯性质量在数值上是彼此相等的。这种数值上的相等，暗示着性质上的相同。"[1]

根据引力场的特征性质，我们可以做如下推论：设想在一个足够小的时空间隔内，考察一个电梯在地球引力场中的运动。地球引力场可以看成是均匀的，让一个观察者处于密闭的电梯内。如果电梯在地球引力场中处于静止或匀速运动状态，电梯内的人在地球引力作用下，其脚对底板的压力等于他的重量；如果没有引力场存在，电梯以与引力场强度相当的匀加速度向上运动，其加速度恰好与重力加速度相等，此时电梯内的人在惯性力作用下，其脚对底板产生的压力必然同他的重量相等。对于这两种情况，处于密闭电梯内的人将无法分辨电梯到底处于哪种情况。由此可以推论，惯性力同地球引力相等。如果在地球的引力场中，电梯的绳索断了，电梯以重

---

[1] 《爱因斯坦文集》第 1 卷，商务印书馆 1977 年版，第 153 页。

力加速度自由下落，这时惯性力与地球引力抵消，电梯内的人将处于失重状态。可见，引力和惯性力可以看作是一回事，加速运动也是相对的。也就是说，一个存在引力场的惯性系和一个不存在引力场的加速运动的非惯性系是等效的。这就是等效原理。等效原理的提出是向广义相对论迈出的重要一步。等效原理把惯性同引力统一起来了，从而引力内容可以以等效于加速运动系的形式纳入相对论。

但是，加速运动系是非惯性系，而狭义相对论是属于惯性系，当引力以等效于加速运动系身份进入相对论时，必须首先要解决非惯性系与惯性系的坐标变换问题，才能保证自然定律在广义坐标变换下的等价性。所以，有了等效原理，将狭义相对性原理推广到广义相对性原理就成为必不可少的了。等效原理和广义相对性原理是广义相对论赖以建立的基础。

广义相对论同牛顿引力理论的本质区别在于用场的概念代替超距作用。广义相对论也不同于狭义相对论。狭义相对论仅仅适用于不存在引力场的所有物理过程，适用于惯性坐标系；广义相对论适用于任何运动参照系。广义相对论方程与参照系的运动状态无关，它不仅适用于惯性系，也适用于做加速运动和旋转运动参照系。广义相对论可以看作是狭义相对论的推广，爱因斯坦称之为相对论大厦中的第二层楼。

广义相对论实质上是一种引力理论。空间引力场的时空特性取决于物质的质量和空间几何分布，也就是说由物质和场决定的。物质分布不均必将引起时空弯曲。质量越大，分布越密，空间曲率越大，时间流逝就慢。引力不过是时空弯曲的"效应"。从广义相对论的观点看来，地球绕太阳运转是由于太阳的巨大质量，使太阳周围的空间弯曲，并不是由于引力场的缘故。在广义相对论中，物理学定律与参照系无关，自然定律在任何参照系都能保持广义协变性。

广义相对论所描述的空间是弯曲空间。因此，当引力场存在时，研究平直空间的欧几里德几何学不适用了，必须从非欧几何中寻找新的数学工具。于是，为广义相对论提供合适的数学工具就成为必要的了。1912 年，爱因斯坦回到母校苏黎世工业大学任理论物理教授时，在留校任数学教授的老同学格罗斯曼（M. Grossman, 1878—1936）帮助下，找到了适合这一问题的数学工具，这就是德国数学家高斯（K. F. Gauss, 1777—1855）和黎曼（G. F. B. Riemann, 1826—1866）建立起来的曲面几何（黎曼几何）以及意大利数学家里奇（G. Ricci, 1853—1925）和他的学生勒维·契维塔（T. Livi Civita, 1873—1941）发展起来的微分几何学（也称张量分析，是一种用于曲面的微分运算）。爱因斯坦和格罗斯曼密切合作，取得了重要成果。1913 年，他们联合发表了一篇重要文章《广义相对论纲要和引力论》。这篇文章的理论部分和数学部分分别由爱因斯坦和格罗斯曼执笔。这是爱因斯坦深刻的物理思想和与其相适的数学方法巧妙结合的成功尝试，也是数学和自然科学有机结合的光辉典范。爱因斯坦对格罗斯曼在广义相对论建立过程中所给予的支持和帮助，给予了很高评价。此后，爱因斯坦和格罗斯曼又连续合作发表了三篇关于相对论的文章。经过 3 年艰苦努力，终于在 1915 年 11 月完成了广义相对论，提出了广义协变的引力场方程和运动方程。1916 年初，爱因斯坦发表了一篇完整的总结性论文《广义相对论的基础》，标志着广义相对论正式诞生。

广义相对论建立后，爱因斯坦为了检验其正确性，提出了三个验证"效应"。第一个效应是水星近日点的进动。法国天文学家勒维耶（Leverier）发现水星近日点每百年进动 43″，这与爱因斯坦根据广义相对论的理论计算值相一致。第二个效应是太阳引力场中的光线弯曲。1915 年，爱因斯坦根据理论计算，预言光线经过太阳附近应有 1.7 弧秒的偏转角。这一预言在 1919 年分别被爱丁顿和克罗姆林两支观测队所证实。第三个效应是引力红移。引力红移是指光谱线的频率由于引力作用而降低，使得邻近星体光谱线向长波的红端方向偏移。1925 年英国天文学家亚当斯（W. S. Adams，1876—1956）对天狼星伴星光谱线红移的观测值与理论预言值基本一致。1958 年穆斯堡尔效应的发现使得引力红移实验可在地面进行。由于地球引力场是一种弱引力场，因而在地球范围难以验证广义相对论的正确性。目前，除引力红移能通过穆斯堡尔效应在地面检验外，其余几个结论都是通过天文观测加以检验的。

广义相对论是现代自然科学最伟大的成就之一。1955 年玻恩在一次报告中讲道："对于广义相对论的提出，我过去和现在都认为是人类认识大自然的最伟大的成果，它把哲学的深奥、物理学的直观和数学的技艺令人惊叹地结合在一起。"①

爱因斯坦广义相对论开创了崭新的宇宙观，带来了宇宙观念的深刻变革。它彻底破除了牛顿的绝对时空观，明确了欧氏几何学和牛顿引力理论的有限适用范围，表明了它们仅是物质世界的特殊图景。牛顿绝对时空观所描绘的宇宙，是一种向四面八方无限延伸的平直空间。时间在均匀流逝，空间仅是存放物体的大箱子，物体可以取出而仅剩虚空的空间。时空和物质运动之间彼此孤立，没有任何联系。静止以太成为当然的不可动摇的绝对参照系。狭义相对论从根本上破除了这种形而上学宇宙观，消除了绝对时间、绝对空间和以太绝对参照系，恢复了时间、空间与物质运动之间本来的联系。在狭义相对论中，时间、空间和物质不是常量，而是变量，要随着物质运动的变化而变化。尤其在高速运动下，这种变化显而易

---

① F. 赫尔内克：《爱因斯坦传》，科学普及出版社 1979 年版，第 54 页。

见。但是，狭义相对论仅仅适用于不存在引力场的物理过程，自然定律只能保持惯性参照系的变换协变性，不能保持非惯性系变换的广义协变性。这里，各种参照系显然不平等。这种宇宙观念虽然比牛顿宇宙观有了根本性的突破，但是还不彻底。狭义相对论与经典引力理论不能相容，因而整个宇宙的时空特性无法完整反映出来。广义相对论正是为解决这一问题开辟了新的途径。时间、空间、物质不仅与运动有关，而且时间、空间与物质不可分割地联系在一起，时间、空间决定于物质及其分布，物质分布决定了宇宙的时空特征。广义相对论为新宇宙图景的确立提供了崭新的理论基础。爱因斯坦引用一个公式说："从前大家相信，要是宇宙间一切物质都消失了，那就留下了空间和时间。但是，根据相对论，物质消失了，时间和空间也就跟着一起消失。"[1] 广义相对论消除了任何特殊优越的参照系。自然定律与参照系的运动状态无关，在任何参照系中能保持广义协变性。于是，一种全新的宇宙图景渐渐清晰了。

爱因斯坦建立广义相对论的最初动因在于物质世界统一性的哲学信念和科学理想，在于对宇宙统一和和谐的强烈追求。他从狭义相对论到广义相对论，再到统一场论，一直在为这一理想苦苦探索。广义相对论建立后，爱因斯坦又回到他原初的哲学信念，开始探讨宇宙起源，构筑宇宙模型。1917 年，他发表了《根据广义相对论对宇宙学所作的考查》的论文，开创了现代宇宙学的新篇章。爱因斯坦认为，根据广义相对论，物质分布引起时空弯曲，最终导致宇宙闭合。在此基础上，他提出了一个有限无界的静态闭合宇宙模型。这一宇宙模型虽然不太完善，但为现代宇宙学的发展开辟了道路。而且随着科学的进步，宇宙学的深入探索，更加合乎宇宙自然的本

---

[1] F. 赫尔内克：《爱因斯坦传》，科学普及出版社 1979 年版，第 55 页。

质与演化的宇宙模型不断出现，爱因斯坦也并不坚持自己的观点了。这也说明了一个伟大科学家广阔的胸襟。

第二节　量子力学及其哲学阐释

19 世纪末 20 世纪初，物理学打开了微观世界的大门，将以前认为稳定而不变的原子的内部秘密呈现在人们面前。这是一个既不同于宏观世界也不同于宏观世界的全新世界图景。牛顿经典力学理论无法描述微观对象特有的运动规律，显示了经典力学的局限性，并导致令人困惑的紫外灾难。于是物理学家纷纷寻求消除经典力学理论与微观现象不协调的途径，探索微观世界物理运动规律的力学表现形式。在这里，不以科学家的意志为转移，必然要进入辩证思维领域。

一、传统连续观念的突破

20 世纪以前，连续性原则一直是支配自然科学的一条基本原则。莱布尼茨（G. W. Leibniz，1646—1716）认为，自然界从一个状态过渡到另一个状态，只有连续，没有飞跃。法国哲学家拉·美特利（La Mettrie，1709—1751）指出：自然界是由一系列的连续阶梯组成的，这个具有一些无形梯级的阶梯是一个多么不可思议的奇观啊！大自然在它一切形形色色的创造物中循序渐进接连地通过这些梯级，从不跳过一个梯级，宇宙的景色是一幅多么令人惊异的图画啊！达尔文进化论在阐明从猿到人的进化规律时，也是强调连续性的量变过程，没有间断性的质的飞跃。赖尔（Charles Lyell，1797—1875）在提出地球由于自身原因而渐进变化的原理时，也只是强调地质变化的连续过程；在电磁理论中，能量被视为连续空间函数；

在热力学中，能量的传递也必须坚持连续性原则。数学中的微积分则成了自然界连续过程的数学表现形式。赫兹（H. Hertz，1857—1894）甚至认为连续性观念是任何自然科学研究所必须遵循的原则。但是，随着热辐射理论的发展，这种观念却碰到了难以克服的矛盾。

19世纪末，热辐射理论发展起来了。热辐射是指物体因自身温度而以电磁波形式不断向外辐射能量，辐射能量的波长随温度变化而变化。近代热辐射理论是从德国物理学家基尔霍夫（G. R. Kirchhoff，1824—1887）开始的。为了揭示不同温度下热辐射波长分布规律，基尔霍夫引进了"辐射本领"、"吸收本领"及"绝对黑体"等概念。绝对黑体是指一种能全部吸收外来辐射而无反射和透射的对象。这是一种理想的研究对象。在现实世界中，绝对黑体是不存在的。不过现代宇宙学家认为宇宙之间有"黑洞"存在。如果完全解开黑洞之谜，那么，绝对黑体便不是理想的了。奥地利物理学家维恩（W. Wien，1864—1928）设计了一个开有小孔的理想空腔模型，用以代替绝对黑体。基尔霍夫证明了黑体辐射与空腔辐射具有等价性，并且热力学第二定律证明了一切物体的辐射本领与吸收本领之比与同一温度下黑体的辐射本领相等，而黑体的辐射本领则是温度和频率的普适常数。这样，黑体辐射问题就可以归结为空腔辐射研究。此后，一系列辐射公式被推导出来了。

1879年，斯蒂芬（J. Stefan，1835—1892）通过实验发现，黑体辐射能量与它的绝对温度的四次方成正比：$\varphi = \sigma T^4$。1884年，波尔兹曼（L. Boltzman，1844—1906）从理论上对斯蒂芬实验结果进行了论证。1893年，维恩提出了维恩位移定律，即黑体的温度 T 同所发射能量最强的波长 λm 成反比。1896年维恩根据热力学，通过半理论半经验的方法，构造出一个辐射能谱公式：$Q = B\gamma_e^3 - A\gamma / T$。该公式除低频部分外，其余与实验结果符合得很好。1900 年，英国物理学家瑞利（L. J. W. Bayleigh，1842—1919）根据经典电动力学和统计物理学提出了一个黑体辐射能量分布公式，后经金斯（J. H. Jeans，1877—1946）加以改进，称为瑞利—金斯公式，即热辐射强度正比于它的绝对温度，反比于光波波长的平方：$Q = \dfrac{8\pi\gamma^2}{c^3}\ KT = \dfrac{8\pi}{c\lambda^2}\ KT$。这个公式在低频部分与实验符合得很好，而在高频部分则随着频率升高，辐射强度将无限制增大。这显然是荒谬的。物理学家埃伦菲斯特（P. Ehrenfest，1880—1933）称此为"紫外灾难"。紫外灾难使经典物理学陷入了困境。

首先，为解决这一危机做出贡献的是德国物理学家普朗克（M. Planck，1858—1947）。普朗克最初研究热力学，后在基尔霍夫理论影响下从事辐射问题研究。1899 年，他从热力学出发，导出了维恩公式，但与测量结果不符。1900 年，他又在维恩公式和瑞利—金斯公式之间利用内插法建立了一个新的经验公式。这个公式在短波区域符合维恩公式，在长波区域符合瑞利—金斯公式，从而维恩公式和瑞利—金斯公式就成了普朗克公式的极限情况。

1900 年 10 月 19 日，普朗克在德国物理学会上，以"维恩的辐射定律的改进"为题，宣布了他的新辐射公式。普朗克公式公布后，立即得到鲁本斯（H. Rubens，1865—1922）的证实，公式与整个能谱范围内的测量结果符合得很好。

普朗克的辐射公式不是以理论为基础推导出来的结果，而是依靠经验"幸运地揣测出来的内插公式"。为了给这个理论提供必要的理论基础，阐明公式的真正物理意义，1900 年 10—12 月，普朗克经过两个月的艰苦奋斗，最后当他回到以前并不关心的波尔兹曼所揭示的熵和几率关系时，终于找到一个能够自洽的理论依据，可以在理论上解释他所提出的经验公式。那就是放弃能量均分原理，假设具有一定频率 γ 的振子（振动着的带电粒子），只可能具有一系列特定的不连续的能量。振子吸收和辐射能量也是不连续的，只能以 $h\gamma$ 为基本能量单位或其整数倍 $2h\gamma$、$3h\gamma$……一份一份地进行。这种基本能量单位称为能量子。h 是普朗克常数（6.626×10^{-27} 尔格·秒）。1900 年 12 月 14 日普朗克在德国物理学会上，以"关于正常光谱的能量分布定律的理论"为题报告了他的研究成果，标志着量子理论的诞生。

普朗克量子假说的提出，第一次在能量方面突破了传统的连续性观念，引进了不连续的能量子假说，从而动摇了经典物理学的基础。它不仅是人类认识史上的一次重大飞跃，而且也为原子物理学的发展提供了新的概念工具。然而，尽管普朗克公式与实验结果符合得很好，尽管他的假说可以解释他的辐射公式，但是从传统观念看来，量子概念却是无法解释的，因而在相当长的时间里，并未引起多少人的注意。

普朗克的量子理论是不彻底的。他从麦克斯韦经典理论出发，以承认电磁波自身的连续性为基础，把量子假说仅仅局限于振子对电磁波的发射和吸收的特定范围。他坚持不懈地企图寻找一条途径或一种方法，把他的理论和经典理论调和起来。事实证明这是行不通的。他提出了量子概念，但是不了解量子概念的革命意义；他是一个变革者，但又是一个摇摆不定的不彻底的变革者。他对旧观念恋恋不舍，他说："经典理论给了我们这样多有用的东西，因此必须以最大的谨慎对待它，维护它。"[1]他的暧昧态度，使得他总是在量子力学大门前徘徊，始终未能跨进这个大门把量子理论推向前进。为了维护经典理论，他几次想取消量子假说。1911 年，他把辐射的吸收过程的不连续性取消了。1914 年他又将发射过程的不连续性也取

---

① 赵中立、许良英：《纪念爱因斯坦译文集》，上海科学技术出版社 1979 年版，第 284 页。

消了。只承认当振子同自由粒子碰撞而使能量变化时，能量才表现为不连续性。又经过 15 年的痛苦徘徊后，普朗克才最后相信量子概念的正确性。由此可见，传统对创见的束缚是多么顽强。

正当普朗克在量子理论面前摇摆不定的时候，爱因斯坦却认识到量子概念的重要性。他将普朗克仅仅局限于能量发射和吸收的量子概念推广到光学领域，提出了光量子假说。他认为光和原子、电子一样具有粒子性。光不仅在辐射的发射和吸收过程是不连续的，而且在传播过程也是不连续的，它是以光速 c 运动的粒子流。他把这种粒子叫"光量子"。光量子就是以光速穿过空间的"光子"。光量子能量遵守普朗克公式 $E = h\gamma$。光量子假说使光学理论焕然一新。爱因斯坦光量子假说以简洁的形式阐明了无法用波动学说解释的"光电效应"，进一步揭示了普朗克量子假说的深刻意义。普朗克没有跨越的这决定性的一步，由具有开拓精神的爱因斯坦完成了，他提出了划时代的科学创见。

光电效应是 1887 年赫兹在电磁波的实验中偶然发现的。但是，人们对其产生机制却一无所知。后来，俄国的斯托列托夫（A. Stoletov，1839—1896）和赫兹的学生勒纳德（Lenard，1862—1947）等人系统研究了光电效应，发现了一些共同的特点：（1）一定的金属电极具有确定的临界频率 γ_0。当入射光频率 γ 小于临界频率 γ_0 时，无论光的强度多大，都不会有电子从电极逸出；（2）光电子能量只与 γ 射光频率有关，而与光的强度无关。光强度只影响光电子数目；（3）当入射光频率 γ 大于 γ_0 时，不管光多么微弱，都能激发电子逸出。光电效应的这些特点，是光的波动说所无法解释的。按照光的波动说看来，光是一种连续波，光电效应与光波振幅即强度有关，而与频率（颜色）无关。如果微弱的紫光能够激发电子逸出，那么很强的红光就应该能使更多的电子逸出。但事实恰恰相反。

"显然，我们不能从波动说中推论出为什么光照射在金属上打出的电子的能量和光的强度无关。"[1] 但是，光量子假说可以回答这一问题。根据光量子假说，光是由光量子组成，光量子是不连续的。光量子的能量与强度无关，而与频率成正比。微弱的紫光，其频率高于电子逸出的临界频率，每个光量子的能量达到足够大，能够激发电子逸出；很强的红光，其频率低于电子逸出的临界频率，每个光量子的能量都很小，所以不能激发电子逸出。光的波动说无法解释的现象，爱因斯坦的光量子假说使其迎刃而解了。

1905 年爱因斯坦发表了他的重要论文《关于光的产生和转化的一个启发性观点》。该文系统阐述了他的光量子理论，并给光电效应提供了一个简易公式。由于普朗克公式与其理论基础不一致，1909 年爱因斯坦对普朗克公式做了统计学的深入分析，导出了黑体能量涨落公式。该公式显示了微观粒子具有波动和粒子二重性。爱因斯坦对光的二重性做了如下解释："单独的应用这两种理论的任一种，似乎已不能对光的现象做出完全而彻底的解释了。我们似乎有时得用这一种理论，有时得用另一种理论，又有时要两种理论同时并用。我们已经面临了一种新的困难。现在有两种相互矛盾的实在的图景，两者中的任何一个都不能圆满地解释所有的光的现象，但是联合起来就够了！"[2] 爱因斯坦对微观粒子波粒二象性这一基本属性做了较好的概括。

光量子假说提出后，并未得到多少人的支持，连最早提出量子概念的普朗克也抱怨"太过分了"，批评爱因斯坦在思辨中迷失了方向。美国物理学家密立根（Millikan，1868—1953）最初也不相

---

[1]　爱因斯坦、英菲尔德：《物理学的进化》，上海科学技术出版社 1979 年版，第 190 页。

[2]　爱因斯坦、英菲尔德：《物理学的进化》，上海科学技术出版社 1979 年版，第 192 页。

信光量子假说，他曾花了 10 年时间从事光电效应实验研究，试图否定它。然而，1916 年他仔细测定了光电子动能与入射光频率，其结果却证明了光量子理论的正确性。1922—1923 年间，康普顿（A. H. Compton，1892—1962）研究了 X 射线经金属或石墨等物质散射后的光谱。按经典理论，入射波长应与散射波长相等，但康普顿实验表明，除有波长不变的散射外，还有小于入射波长的散射存在。这种改变波长的散射就是康普顿效应。按照光量子假说，入射 X 射线光子束同散射体中的自由电子碰撞时，将自己一部分能量供给了电子，因而散射后的光子能量减少了，频率降低了，波长变长了。康普顿效应有力地证实了爱因斯坦的光量子假说。从此以后，光量子概念逐渐被多数人所接受。光量子理论成为现代物理学的当然组成部分。

爱因斯坦光量子理论无论在哲学上还是在学术上都具有划时代的意义。它说明了普朗克在热辐射问题上所揭示的量子现象，并非辐射问题的特有现象，而是一般物理过程的普遍现象，从而彻底动摇了自然界只有连续、没有飞跃的形而上学自然观。同时爱因斯坦揭示的光的波粒二象性，展示了微观客体中波与粒子的对立统一关系，加深了人们对光本质的认识，使得从牛顿开始的微粒说和从惠更斯开始的波动说在更高的基础上统一起来了。光量子假说为现代原子物理学的进一步发展奠定了新的基础，为量子力学的最终建立开辟了道路。不论是玻尔的原子模型，还是德布罗意物质波，都是以此为基础而发展起来的。爱因斯坦发现了光的内在矛盾：波与粒是相依共存的。还发现了整个物理世界的普遍矛盾：连续与不连续的对立统一关系。波与粒的矛盾不过是这一关系在光的领域中的特殊表现而已。这些思想是辩证法的体现。

二、旧量子力学的诞生

19 世纪末 20 世纪初，电子、X 射线等一系列微观客体的发现，从根本上打破了原子没有内部结构、原子不可再分的神话。于是，探讨原子自身的结构及其运动规律成了科学家的重要课题。1911 年，新西兰的物理学家卢瑟福（E. Rutherford，1871—1937）通过 α 粒子散射实验，发现有少数 α 粒子发生了大角度的散射和折射，从而推知原子的正电荷必然集中在很小的核上。电子在核外空间绕核运动，原子仿佛是一个小太阳系。由此，他提出了行星系有核原子模型。

卢瑟福的有核原子模型又向经典理论提出了新的难题。根据经典理论，电子绕核运动将大量丧失能量而坠落到原子核上。这样，直径为 10^{-8} 厘米的原子在 10^{-12} 秒内将会毁灭，因而原子是极不稳定的。事实上原子是一个稳定系统。其二，根据经典理论，原子能量逐渐减少，频率逐渐改变，原子发出的光谱应是连续的。事实上，原子光谱是不连续的。如氢原子光谱是分立的线状光谱，各条谱线在频率标度上的距离随频率的提高而逐渐缩小，直到紫外区达到一个密集的界限，组成了一个收敛的线系。巴尔末（J. J. Balmer，1825—1898）首先提出了氢原子光谱线的经验公式，即里德堡公式。该公式后被实验所证实，但经典理论无法解释。这一难题引起了许多物理学家的关注，其中特别值得一提的是丹麦物理学家玻尔（N. Bohr，1885—1962）。

玻尔出生于哥本哈根一个知识分子家庭，师从卢瑟福。1912 年，他来到卢瑟福领导的曼彻斯特实验室。他探讨了卢瑟福的有核原子模型，认为有核原子模型是符合事实的。元素的化学性质取决于原子核外电子，而原子的放射性是原子核产生的。他认为原子的稳定性同原子核并无直接联系，而只与核外电子的运动形式相关。1912 年 7 月，在寄给卢瑟福的一份备忘录中，他已经尝试把量子概念和原子结构结合起来。玻尔注意到，虽然一个原子和一个行星系统很相似，但它们却有质的区别。行星系统在外界干扰下，将产生永久改变；而原子却完全不同，有自己确定的和不变的性质。但在卢瑟福的原子模型中，这种性质没有了。为此，玻尔把普朗克的量子概念引进了卢瑟福的原子结构模型，提出了原子结构的量子化轨道理论，即玻尔氢原子理论。在原子中，电子的动能与其频率成正比，$E = K\gamma$（K 为比例常数）。玻尔假定，能量满足量子条件的运动是稳定的运动。玻尔理论概括了三条基本假设：（1）电子只能在一些特定的圆形轨道上绕核运动。在这些轨道上，电子的角动量是 $\dfrac{h}{2\pi}$ 的整数倍，称为量子数；（2）电子在特定轨道上运行时，不发射也不吸收能量，这些状态称为定态，相应的能量为一系列分立的定态能量；（3）当电子从较高能量（E_1）轨道（定态）跃迁到具有较低能量（E_2）轨道时，就要发射其值为 $h\gamma = E_1 - E_2$ 的能量；反之，则吸收一份相同频率的能量。

玻尔根据这些假设，运用经典理论，求出了可能的电子轨道半径和各定态的原子能量，推出了电子跃迁时发射单色光的频率公式，恰好与巴尔末公式吻合。玻尔公式可以成功地解释氢原子的线状光谱。根据玻尔理论，电子必须获得一定能量才能由基态跳到受激态，然后再向较低的能级上跃迁时才能发光。电子获得能量的一个重要途径是原子的热运动。在室温下，原子碰撞是经常的，但能量太低，原子不发光；当温度达到几百、几千度时，原子碰撞引起能量交换增加，电子跃向高能级轨道，当其返回低能级时，原子就发光；随着温度不断增高，光子数目不断增加，辐射就表现为斯蒂芬—玻尔兹曼规律。此时，如果不仅光子数目增加，而且电子跃迁距离也增加，电子朝着离核越来越远的轨道跃迁，当它跃迁回来时，将产生能量大即频率高的光子，发射光线将更加明亮，更紫，表现为维恩位移规律。玻尔理论成功地解释了热辐射和光谱学的基本规律，因而受到人们的欢迎。

玻尔采纳了普朗克的量子概念，并把它推广到电子轨道和角动量上，提出了原子定态、能级和能量跃迁等重要概念，突破了经典理论的界限。玻尔理论是通向新理论的重要台阶，是量子理论发展过程的一个重要里程碑。但是玻尔理论并没有从根本上彻底摆脱经典理论的束缚。它仍然把微观粒子当作经典力学的质点，并用经典理论来计算电子轨道半径和定态的原子能量，只是用量子条件对电子运动轨道加以限制，而且量子条件的引进也没有适当的理论解释。因此，玻尔理论是经典理论和量子理论的混合物。它不能告诉我们怎样计算光谱亮度和确定光谱中的光子数，也不能说明原子光谱的精细结构和多电子原子光谱等事实。

1915 年，德国物理学家索末菲（A. Sommerfeld，1868—1951）根据实验事实扩充了玻尔理论。他不仅考虑了电子的圆形轨道，也考虑了电子的椭圆轨道，并且考虑了电子质量随速度而改变的相对论效应。他认为电子轨道的空间方向也是量子化的。玻尔理论虽经改进，但矛盾仍未解决。玻尔理论对辐射强度的计算仍然是无能为力的。为此，玻尔于 1918 年提出了著名的对应原理。对应原理指出：原子保持量子状态的个性和稳定性具有一定限度。当外来干扰强度低于这个限度，原子显现出量子特征；当外来干扰高于这个限度，量子效应的个性将完全消失，原子也带有经典的连续特性。这表明，原子在高能态时，量子理论和经典理论结果相同，量子跃迁频率和轨道频率趋于一致，所发射的谱线就比较密集而呈连续光谱。玻尔的对应原理对于揭示新旧理论之间的联系有重要意义。

三、量子力学及其哲学解释

玻尔的量子理论提出后，量子力学开始沿着两条不同途径以两种不同形式发展起来了。其中一条途径是德国物理学家海森堡在玻尔思想影响下，利用虚振子概念和玻尔的对应原理，创立了矩阵力学。

海森堡（W. Heisenberg，1901—1976）生于德国一个希腊哲学教授家庭，1920 年入慕尼黑大学，师从索末菲学习数学物理。在跟随索末菲一起研究反常塞曼效应时，他认识到旧量子论的局限性。1922 年 9 月，海森堡外出讲学，他到哥廷根拜玻恩（M. Born，1882—1970）为师。1923 年海森堡和玻恩从有核轨道模型出发，用微扰法对氢原子进行精确计算，其值与实验结果差距很大。1924 年，玻恩提出用虚振子模型代替有核轨道模型，建立新量子力学。玻恩的这一思想为海森堡的理论研究指明了方向。虚振子并不是存在于时空中的微观客体，而是为了直观而运用的仅具有符号功能的概念工具。海森堡选择了既简单而又能说明问题的非谐振子问题作为突破口。

1925 年 6 月，海森堡在北海黑尔戈兰岛疗养期间，用虚振子概念来处理非谐振子，发现对它的经典运动方程进行傅立叶展开，并运用对应原理，就可以求出振子辐射的频率和能量。随后，他经过反复计算，所有各项计算结果均遵守能量守恒定律。从黑尔戈兰岛回到哥廷根后，海森堡很快将其研究成果写成了题为《关于运动学和动力学的量子论重新解释》的论文。文章简要表述了原始矩阵公式。这是矩阵力学的第一篇奠基性论文。海森堡为了给自己的研究成果提供一个可被普遍接受的理论基础，开始进行理论的深度加工工作。

海森堡以玻恩的可观察性原则和玻尔的对应原理作为自己理论加工的基本出发点。玻恩认为，不可观察的电子轨道给原子物理学带来很大困难，应该把研究可观察量放在理论首位。他说："原则上不可观察的东西是没有意义的。""对于真正的量子定律，我们必须要求它们只包括像能量、光谱、强度和相位这样的可观察量间的关系"。海森堡接受并坚持了这种可观察性原则。他在上述论文一开始即声明：本人试图仅仅根据那些原则上是可以观察的量之间的关系来建立量子力学的理论基础。在这种量子力学中，只出现可观察量之间的关系。他认为，关于原子，我们确切知道的只是它们所发出的光的频率、强度这些可观察的量；如果确实存在电子轨道，其特征参数不可能不在原子的定态特征性及辐射性质中显示出来，而实际上没有任何实验可以证实电子按一定轨道运行，因此玻尔的电子轨道很可能是一种虚构。为此，他抛弃了电子轨道概念，仅仅以那些原则上可观察的量之间的关系为根据来建立新的理论。

海森堡将玻尔的对应原理加以扩充，利用类比方法寻找经典物理学规律和量子物理学规律之间的类似关系。对于量子数很大时，这种类似关系可以表现为运动频率和谱线频率的渐近关系，也可表现为强度和振幅的渐近关系。海森堡通过经典力学和量子力学的类比，为量子力学找到一种数学表述的形式体系。他首先按经典力学方法把力学量作傅立叶展开，然后根据对应原理把经典频率转译为量子频率，从而得到矩阵形式的数学表述。

1925 年 7 月，海森堡把完成的论文寄给泡利，在得到泡利的明确支持和鼓励后，又把论文手稿寄给了他的老师玻恩。玻恩发现海森堡论文中的数学形式实质上就是他在大学学过的矩阵。他推测海森堡对惯常量子条件所做的新表述，表示了矩阵方程的对角线元素。他试图邀请泡利合作而遭拒绝，后在其助手约当的主动帮助下，成功地证明了这一推测。以此，两人合作写出了《关于量子力学》一文。文中提出了一些重要的量子力学原理以及量子力学在电动力学上的推广。与此同时，海森堡迅即补上矩阵知识，并和玻恩、约当合作，三人共同完成了《量子力学》这一重要论文，严格而完整地阐述了矩阵力学，宣告了矩阵力学的正式诞生。

接着，约尔丹（P. Jordan，1902—1980）和魏格纳完成了费米体系的二次量子化，为使用量子力学处理多粒子体系找到了可行的方法。与此同时，狄拉克（P. A. M. Dirac，1902—1984）也为矩阵力学提供了物理解释。这种解释与玻恩关于波函数的统计解释是一致的。他还提出了一套逻辑性很强的狄拉克符号。1928 年，狄拉克又提出了电子相对论波方程。这个方程能够精确地描述高速运动的许多现象，如电子自旋、磁矩、康普顿效应、塞曼效应等。这个方程包括有正能解和负能解。负能解预言了正电子的存在，后被实验所证实。

量子力学发展的另一条途径是薛定谔在爱因斯坦和德布罗意微观粒子波粒二象性理论的影响下，引进了波函数，创立了波动力学。

爱因斯坦光量子假说表明了光不仅是波，同时也是粒子。这一新颖观点提出后，给法国青年学者德布罗意（L. de Broglie，1875—1960）留下了深刻印象。他在他哥哥 M. 德布罗意的私人实验室里，通过对 X 射线的研究认识到：辐射现象中"波动"特征和"粒子"特征在理论上的综合是必需的。他借助于相对论假说，将辐射场看成光量子气体，得出了爱因斯坦–德布罗意关系，并利用统计力学和热力学定律，推出了黑体辐射的维恩定律。他在 1922 年发表的论文中公布了这一结果。

1923 年英国物理学家 A. H. 康普顿（A. H. Compton，1892—1962）通过实验证明了光既是粒子也是波。德布罗意认为，光的理论应同时引进粒子概念和波动概念，并由此而想到将光的波粒二象性推广到一切物质粒子，首先是电子。他将光与物质进行分析比较：物质和光子都有质量（实际上光子只有静止质量）；根据狭义相对论质能关系式，质量总是和能量相联系的，因而凡质量都有能量；根据普朗克公式，能量总是与一定频率相联系的，有频率必有脉动，即有波动性；具有一定质量的光子有波动性，那么与光子类似的物质粒子也一定具有波动性。这种波不是机械波，也不是电磁波，而是一种新型的物质波。他将牛顿动量公式和爱因斯坦光量子动量公式结合起来，将光量子规律推广到一般粒子运动中，提出了物质波波长公式 $\lambda = \dfrac{h}{mv}$。德布罗意明确提出："任何运动粒子皆伴随着一个波，粒子的运动和波的传播不能相互分离。"由于宏观物体物质波波长太短，现有仪器难以测出。对于微观客体，这种波长就不能忽略了。他推测电子就是波，而微粒性仅是一种表象，并用驻波来解释电子的轨道运动。

德布罗意还试图进一步构造新的力学。这种新力学就是自由粒子的波动力学。德布罗意认为"自由粒子的新力学与旧力学之间的关系，恰如波动光学与几何光学的关系"。1924 年下半年，德布罗意完成了他的博士论文《关于量子理论的研究》，提出了物质波理论。

德布罗意关于物质波的新思想并未立即受到传统物理学家的重视。然而，爱因斯坦却首先认识到德布罗意理论的重要意义。爱因斯坦在《单原子理想气体的量子理论》一文中写道："一个物质粒子或物质粒子系可以怎样同一个（标量）波场相对应，德布罗意先生已在一篇很值得注意的论文中指出了。""这篇学术论文中也对玻尔—索末菲量子规则作了很值得注意的几何解释。"[①] 德布罗意根据物质波理论预言了电子流穿过小孔会形成衍射现象。1925 年，美国贝尔研究所的戴维逊和盖莫通过实验证实了德布罗意的预言。

---

① 《爱因斯坦文集》第 2 卷，商务印书馆 1977 年版，第 40 页。

薛定谔（E. Schrodinger，1887—1961）也是少数几个能够较早认识德布罗意思想的科学家。有两个研究者评论说，薛定谔是属于极少数几个对德布罗意其人没有先入为主的偏见的量子理论家之一。

薛定谔出身于奥地利一个工厂主家庭。1922 年，他在《物理学期刊》上发表了一篇关于电子轨道的论文，即《论单电子量子轨道的一个值得注意的性质》。他注意到所得结果与德布罗意对索末菲量子化条件的解释极为相似。尤其是 1925 年 2 月爱因斯坦发表了关于理想气体量子理论的论文，其中提到了德布罗意的工作，更引起了他的重视。1926 年 4 月，他在给爱因斯坦的一封信中谈到这篇论文对他的影响时说："如果没有您的第二篇关于气体简并的论文启示了我注意到德布罗意思想之重要性的话，恐怕我们整个事情都还未能开始呢。"1925 年德布罗意的博士论文《关于光量子理论的研究》发表，慕尼黑大学的德拜、薛定谔等人曾组织过讨论，由于难以理解，德拜让薛定谔研究一下，然后给大家讲解。薛定谔通过研究，不仅接受了德布罗意物质波思想，而且力图将德布罗意关于自由粒子的波推广到束缚粒子。同年，薛定谔先后写了三篇关于气体量子论的论文，最后一篇在讨论气体量子统计问题时，应用了德布罗意物质波思想。

接着，薛定谔根据力学与光学的某些相似性，运用类比方法来建立波动力学。早在薛定谔之前，英国的哈密顿（W. R. Hamilton，1805—1865）就对力学与光学进行了类比分析。哈密顿指出，光学中的光程最短原理（光走的路程最短）与力学中的最小作用量原理（物质沿最短的途径自由运动）是很相似的，因此，可以把力学与光学联系起来。光学中有牛顿的几何光学和惠更斯的波动光学。薛定谔进一步推理：既然力学与光学类似，光学有几何光学和波动光学，物体有通常力学，而物质有波动性，因而也应有波动力学。他说：

从通常的力学走向波动力学的第一步，就像光学中用惠更斯理论来代替牛顿理论所迈进的一步相类似。我们可以构成这种象征性的比例式：通常力学∶波动力学＝几何光学∶波动光学。经典的量子现象就类比于衍射和干涉等典型的波动现象。

薛定谔根据微观粒子波粒二象性，引进了波函数 ψ，用以描述微观粒子的波动性。他先求出自由粒子所满足的运动方程，然后考察在场作用下的情形。他首先得到一个相对论波动方程，并用于计算氢原子中的电子，但与实验结果不符。实际上，这个考虑相对论效应的波动方程基本是正确的，只是没有考虑当时尚不为人们所知的电子自旋。后略去相对论效应，找到一个非相对论波动方程，其结果却和实验结果符合得很好。这个波动方程就是薛定谔方程。薛定谔方程是波动力学的基本方程。普朗克说，这一方程奠定了近代量子力学的基础，就像牛顿、拉格朗日和哈密顿创立的方程式在经典力学中所起的作用一样。

薛定谔方程正确反映了微观领域的低速运动规律。微观粒子的状态可用波函数来描述，微观粒子的运动过程和规律可由波动方程来描述。玻尔的氢原子能级就是波动方程 ψ 函数的本征值。波动方程的建立标志着波动力学的诞生。

1926 年，薛定谔以"作为本征值问题的量子化"为题，开始发表了一系列论文。第一篇提出了与时间无关的薛定谔方程；第二篇是包含时间的薛定谔方程；第三篇是关于定态微扰论，这里第一次出现了"波动力学"一词；第四篇是包含时间的微扰论。这一系列文章为波动力学奠定了理论基础。

波动力学的出发点是波函数 ψ。因此，合理阐释波函数的物理意义是波动力学的关键所在。薛定谔试图通过电磁波式的解释给波函数一个确切的含义。他认为波函数所代表的波是真空中唯一实在的波。在他看来物理世界只有波，没有粒子、电子等，粒子可以归结为波，是波密集的地方，称为"波包"。波包解释与经验事实明显不符。因为波包在空间不稳定，会迅速扩散，电子实际上是很稳定的，因而这种观点很快被证明是错误的，而且这种观点对于多粒子系统、多维波的图像更难于解释。这个难题后来被矩阵力学的丹麦物理学家玻恩解决了。

玻恩发现波动力学较为简便，但通过电子碰撞实验发现，波动力学没有回答碰撞之后各粒子的状态问题，从而促使他提出波函数的统计解释，即粒子的运动遵循着统计规律，而统计性则按因果律在坐标中传播。玻恩认为，电子等微观粒子的形状具有颗粒性，而电子的轨道具有波动性。波函数所表示的波，不是实在波，而是德布罗意物质波。波函数在空间某一点的强度（振幅绝对值平方）同在这一点找到粒子的几率成正比。也就是说，粒子在该处出现的几率同波函数的平方成正比。按照这种解释，物质波可以称作几率波。因此，轨道概念失去意义了。我们不能说某个粒子如电子一定在什么地方出现，只能说它在某地出现的几率有多大。于是他宣布：在量子力学中，几率性是基本概念，统计规律是基本规律。他认为物理学原理的方向发生了质的改变：统计描述代替了严格的因果描述，非决定论的统治代替了决定论的统治。牛顿、拉普拉斯式的决定论已经垮台，物理学在原则上已成为统计的科学。其实统计描述并不与因果描述、决定论根本对立，只是在决定上的精确度有差异而已。因此，他又指出，我们必须抛弃决定论观念，但这并不意味着严格的自然规律不再存在，也不意味着放弃了因果性。玻恩关于波函数的几率解释，解决了量子理论的诠释及其内部自洽性。

矩阵力学和波动力学是量子力学的两种基本形式。由于出发点的差异，两种形式之间曾引起了一场排他性的争论。波动力学刚产生时，海森堡指责说："我越是思考薛定谔理论的物理内容，我对它就越讨厌。"同样，薛定谔也指责矩阵力学。薛定谔反对量子跃迁概念，他说："如果我们死抱着这个令人讨厌的量子跃迁不放，那么我将为我曾同量子力学打过交道而感到懊恼。"甚至25年后仍然认为量子跃迁概念"一年比一年更难以接受"。矩阵力学刚建立时，他说："我要不是感到厌恶，就感到沮丧。""这样一个困难的超越代数的方法，简直无法想像，它如果不被我拒绝，也至少使我气馁。"但是薛定谔还是认真研究了矩阵力学。1926年，他写了题为《关于海森堡、玻恩、约尔丹的量子力学与我的波动力学之间的关系》一文，从数学上证明了矩阵力学与波动力学是完全等价的。它们同样是描述微观现象的完整的量子力学理论，其实质是一致的。随着玻恩关于波函数的合理阐释，海森堡也接受了波动力学。随后，狄拉克提出了普遍变换理论，认为可以通过数学变换，使一种理论转换为另一种理论，从而使矩阵力学和波动力学最终达到和谐统一。

由于波动力学所运用的数学方法比较简便且为一般物理学家所熟悉，因而被更多的物理学家所接受，成为量子力学的基本形式。波动方程成为量子力学的基本方程。

为了给量子力学的形式体系做出协调性的解释，1927年3月，海森堡发表了《关于量子论的运动学和力学的直觉内容》一文。他根据数学推导，提出了著名的测不准关系，或称不确定性关系。海森堡认为我们用宏观仪器来观测宏观对象时，仪器在观测过程中对宏观对象的干扰微不足道，对象与测量无关，测量不会改变对象的本来面貌，因而可以通过测量严格确定事物间的因果关系；但是在微观领域中，用宏观仪器来测量微观层次的微小粒子，宏观仪器对微观粒子所带来的干扰就不可忽视了。这种干扰必然改变了微观粒子的原有状态，测量对象不再与测量无关，而是与观测本身密切联系在一起。测量结果是观测仪器与微观粒子相互作用的结果。这种干涉使得我们无法通过精确测量严格确定微观事件本身，只能描述事件的几率。但是，人们只能用宏观经典概念来描述宏观仪器所观测到的结果，而这种经典概念用于微观客体时又无法加以限制。测不准关系正是揭示了认识过程的这种矛盾关系。对于一维坐标而言，测不准关系可表述为 $\Delta x \cdot \Delta P \geqslant \dfrac{h}{2}$。测不准关系表明，微观粒子位置的测量误差 Δx 与它动量的测量误差 ΔP 的乘积大于或等于普朗克常数 h。它表明位置 x 和动量 p 不可能同时精确地测量。能量 E 和时间 t 的测定，也存在类似的关系 $\Delta E \cdot \Delta t \geqslant \dfrac{h}{2}$。

测不准关系是微观世界所特有的基本关系，它说明用经典力学来描述微观粒子的局限性，指出了经典力学的适用范围，划出了经典力学和量子力学的界限。对于具体对象，当 h 可以看成微不足道的量而忽略不计时，即 $h \to 0$，则 $\Delta x \cdot \Delta P \to 0$，这意味着测量对象同时具有确定的位置和动量，因而与经典力学相适应，可用经典力学方法来处理；反之，当 h 不容忽视时，就必须考虑对象的波粒二象性，那就必须用量子力学方法来处理。测不准关系不仅反映了测量仪器影响和干扰被测微观对象，而且也揭示了微观粒子的普遍特性。

测不准关系是量子力学基本假设的必然推论，是微观粒子波粒二象性的特征表现。它反映了微观客体的固有本性。微观客体本来就不同时具有精确的位置和动量，因此微观测量所涉及的物理量客观上就存在着不确定性的特点，使得观测量必然要受到测不准关系的限制，而不是测量过程本身造成的测不准关系。由此可见，测不准关系并没有限制人们对微观粒子状态的精确认识。人们可以通过不断提高仪器的分辨率和改进测量方法来不断提高测量精度。

海森堡提出的测不准关系在哥本哈根学派中引起了强烈反响，

泡利欢呼"现在是量子力学的黎明"。但是,微观粒子所表现出来的波粒二象性表明,微观客体既不是经典意义下的粒子,也不是经典意义下的波,更不是两者的机械相加。它既是粒子又是波,是波和粒子的对立统一。非此即彼的形而上学机械观在这里显然是行不通了。对于微观客体的这一本质特征,玻尔不得不从哲学上为构建微观客体的物理图景寻找新的理论依据。

1927 年 9 月,玻尔在意大利科摩召开的国际物理学会议上提出了著名的"互补原理"。玻尔认为,量子现象的空间和时间与动量守恒和能量守恒不能同时在同一实验中精确确定;波动性和粒子性只能在互相排斥的实验条件下表现出来,不能统一于同一物理图景中,因而只能用波和粒子这些互相排斥的经典概念来描述,它们在描述电子现象时是缺一不可的。但是,描述微观现象又不能简单地应用经典理论,而必须运用互补描述方式。关于互补的含义,玻尔说:"互补一词的意义是:一些经典概念的任何确定应用,将排除另一些经典概念的同时应用,而这另一些经典概念在另一种条件下却是阐明现象的同样不可缺少的。"[1] 后来,玻尔将互补原理无原则地推广应用,这就失去它原来的意义了。玻尔"互补原理"实质上是一种哲学原理,称为量子力学的"哥本哈根解释"。20 世纪 30 年代后,它成为量子力学的"正统"解释。玻恩称此为"现代科学哲学的顶峰"。

从普朗克以来积累的大量科学资料,客观上已显示了自然界自身所具有的内在矛盾,但由于科学家们固守知性思维的方法,难以做出恰当的理论概括。而玻尔、玻恩、海森堡、薛定谔等人的探索,虽各有其局限性之处,但是,他们正视矛盾,比较自觉地从哲学高

---

[1] 玻尔:《原子论和自然的描述》,商务印书馆 1964 年版,第 9 页。

度思索、概括科学问题，而且或多或少如实地做出了辩证的陈述。这是 20 世纪初物理学的特别卓越之处。同时，这也说明科学的分化向哲学复归的总趋势。

第三节 原子结构模型与基本粒子学说

原子是人们的认识跨进微观世界大门的一个重要里程碑。在此以前，人们习惯于将原子看作是一种不可分、不可入、不可变的最小的基本微粒。正如英国科学家开尔芬勋爵（Lord Kelvin of Largs，1824—1907）在回答原子是如何构成的问题时所认为的那样：原子就是不可再分，原子还有什么结构？在许多科学家看来，原子是"宇宙之砖"。但是 19 世纪末，以真空放电现象为开端的一系列实验事实如 X 射线、放射性和电子的发现等，给我们带来了丰富的令人耳目一新的信息，也显示了原子内部结构的复杂性，从而将人们带进了神秘的原子世界。

一、微观结构的新发现

1885 年，恩格斯曾经指出："原子决不能被看作简单的东西或一般来说已知的最小的实物粒子。"[①] 这一预见在 10 多年后得到了证实。首先为这一论断提供依据的是 X 射线的发现。

X 射线的发现起源于阴极射线的研究。1855 年，德国的科学仪器制造者盖斯勒（Geissler，1814—1879）按照普吕克尔的设计创造了"盖斯勒真空管"，为真空放电现象的研究提供了必要的物质手段。1858 年，德国物理学家普吕克尔（Plücker，1801—1868）用盖

---

① 恩格斯：《自然辩证法》，人民出版社 1984 年版，第 161 页。

斯勒真空管成功地实现了真空放电。他偶然发现在对着阴极的管壁上分布有绿色荧光，置磁铁于荧光一侧，可以使其位置发生变化。他直觉地认为，荧光是由阴极发射的带电粒子流撞击玻璃造成的，但当时在理论和实验方面未能为他的直觉提供支持。1876 年，德国物理学家戈尔茨坦（Goldstein，1850—1930）指出，这种绿色荧光是由阴极所产生的某种射线射到玻璃上引起的，并首创了"阴极射线"这一名称。1879 年，英国物理学家克鲁克斯（Crookes，1832—1919）利用他自己研制的真空度更高的"克鲁克斯管"，做了一系列精彩的实验，发现阴极射线可以在磁场作用下发生偏转，从而推断阴极射线确实是从阴极发出的某种带电粒子流。阴极射线吸引了许多科学家的关注，围绕阴极射线而进行的一系列研究活动，导致了19 世纪末多项震惊世界的重大发现，特别是 X 射线、放射性和电子的发现，开辟了科学研究的新领域，为揭示原子的微观奥秘奠定了科学基础。

1895 年，德国维尔茨堡大学的物理学家伦琴（W. K. R. Ontgen，1845—1923）利用"克鲁克斯管"重复进行阴极射线的实验研究。他把用黑纸完全包起来的阴极射线管置于一暗室中，在离管子一定距离的地方放一张涂有铂氰化钡 BaPt（CN）$_4$·H_2O 的纸作为屏使用，当管子通电时，意外地发现纸屏荧光闪烁，并透过黑纸使照相底片感光。经过一个多月的研究，他确信这些现象是由阴极射线管中射出的新射线引起的。12 月 28 日，他写了《一种新的射线》一文，公布了他的研究成果。他指出来自于放电管壁上的 X 射线的穿透能力很强，有别于只能穿透几厘米空气的阴极射线；阴极射线在磁场作用下能发生偏转，而 X 射线却不能；X 射线能使照相底片感光；进一步的研究表明 X 射线还能使空气电离。

X 射线的发现，引起了人们的强烈反响，吸引了许多人从事与之有关的研究。X 射线被迅速用于医学和冶金学，同时，为物质结构研究提供了有力工具，相应地一门新兴学科 X 射线学诞生了。

法国科学家亨利·贝克勒尔（Becquerel，1852—1908），从与他共事的彭加勒那里得知伦琴发现的 X 射线是从对着阴极的发出荧光的区域发出的，作为研究磷光和荧光的传统家族的第三代传人，他想到 X 射线和荧光之间可能存在着某种关系。于是，他的一系列实验就循着"是否荧光物质发出 X 射线"的思想展开。他先把荧光物质硫酸钾盐置于阳光下晒，使之发荧光，然后把它放在用黑纸包严的照相底片上，观察其感光情况，结果发现该荧光物质能发射出穿透黑纸的辐射而使照相底片感光。后来因连续阴天而无法使铀盐在阳光下照光，于是他把铀盐放在包好的照相底片上一齐放在抽屉里。结果，当他两天后将铀盐下的照相底片显影时，却发现底片感光了。这一事实表明，铀盐射线并非来自荧光，而是其本身自动地发射出有穿透黑纸能力的射线；它的穿透能力弱于由阴极射线冲击后激发出来的 X 射线，这是一种新的射线。铀是贝克勒尔首先发现的一种天然放射性物质。

贝克勒尔的发现引起了许多物理学家的兴趣。居里夫人（Marie Curie，1867—1934）根据射线对气体的电离作用，通过对被射线电离的离子电荷的测量，确认铀射线的强度与铀的含量成正比，而与其化学结合、周围的亮度、温度、凝聚状态的差别等其他因素无关，说明了放射性是铀原子本身的性质。接着，她又一个接一个地研究了当时已知的元素，意在探寻其他元素是否也显示出同样的性质，结果发现钍也有这种辐射能力，并建议把这种辐射能力称为"放射性"。在进一步的研究中，她发现了比铀和钍具有更强的放射性现象，于是推测其中可能存在一种放射性更强的新元素。她与丈夫皮埃尔·居里（Pierre Curie，1859—1906）经过大量艰苦的实验工作，终于发现了这种新元素——钋。1898 年 12 月，他们又发现了一种与钡伴生的新元素镭。镭的发射强度要比铀强 200 万倍。这个消息再次轰动了整个物理学界。从 1898 年到 1902 年，居里夫妇又花了整整 4 年时间，在简陋而原始的条件下，用一个破旧铁制火炉作为唯一热源，从几吨沥青铀矿中分离出 1/10 克纯镭来，终于使持怀疑态度的科学家们确信无疑。

镭有许多奇异的特性。它在蜕变时不断发出很强的辐射，使它近旁的空气电离，使许多物质发出荧光，对生物机体有杀伤力。

在居里夫妇研究的基础上，参与放射性研究的化学家德比纳（A. L. Debierne，1874—1949）于 1899 年从分离出镭和钋的沥青铀矿残余物中，进一步得到了具有放射性的沉淀物，他把包含在沉淀物中的新放射元素命名为锕。

1899 年，卢瑟福等人通过实验发现，天然放射线是由几种不同射线组成，其中包含带正电的 α 射线和带负电的 β 射线。1900 年，法国化学家维拉德（Villard，1860—1934）又发现其中还包括一种不带电的射线——γ 射线。以上三种射线都有很大的穿透本领，其中 γ 射线的穿透本领最大，α 射线的穿透本领最小。

1902 年，卢瑟福和索迪（F. Soddy，1877—1956）在上述研究的基础上，提出了原子自然衰变理论，认为放射性的本质就是放射性元素的原子核自发地转变为另一种原子核的过程。他们指出，天然放射性元素都以固定的寿命放出射线，逐步转变为其他放射性元素，最后成为没有放射性的铅。卢瑟福经研究证实，镭元素的质量确实在不断变化。根据实验和计算，镭的质量经过 1590 年将减少一半。

放射性导致元素衰变的事实猛烈地冲击着经典物理学和化学关于原子不变的传统观念，预示着一场新的革命即将到来。

电子是人们在原子中认识较早的微观粒子。它的发现主要是英国物理学家汤姆逊（J. Thomson，1856—1940）研究阴极射线的结果。但考察其思想渊源，却可以发现其他许多科学家也为之做出了贡献。

早在1834年，法拉第的电解定律就初步揭示出电子存在的信息。根据电解定律能推出任何一克原子的单价离子永远带有相同的电量，一克原子的多价离子所带的电量则为单价离子带电量的整数倍，这表明"电"具有粒子性。1811年阿伏加德罗发现的阿伏加德罗定律表明：一克原子的任何物质均含有相同数目的原子，据此可以推论出电荷存在着最小的单位。但法拉第主张连续性的以太观念，故未能理解自己提出的电解定律中所包含的这一重要内容。1862年，德国物理学家韦伯（Weber，1840—1891）在电解实验的基础上，提出了电流是带电粒子流动的假说。

1879年，克鲁克斯通过实验进一步提出：阴极射线是带负电的粒子流。他曾猜想这种粒子可能是组成所有原子的原始物质。关于这种粒子的性质，克鲁克斯从当时人们已知的一种带负电的粒子即阴离子出发，认为阴极射线是气体分子在阴极上得到电荷所形成的阴离子，因同性相斥而从阴极射向阳极。他提出了阴极射线是阴离子流的假说。但这判断与实验事实不符。首先，如果阴极射线是离子，它就不可能穿过金属薄膜，但阴极射线却能穿过相当厚的固体物；其次，不同气体离子的质量不同，那它在磁场中弯曲的程度也应各不相同，但实际上阴极射线在磁场中弯曲的程度同管内的气体的种类无关，因而这一假说难以成立。

1890年，爱尔兰物理学家斯托尼（Stoney，1826—1911）从电解质所带电荷都是某一数值的整数倍这一实验事实出发，根据阿伏加德罗常数，算出了这一单价离子所带电荷的数值，并把它定名为

"电子"。

1897 年，汤姆逊发现，阴极射线不仅能被磁场所偏转，而且能被电场所偏转。他根据测得的两种偏转度，得到了粒子速度 v 与它的荷质比 e/m 之间的关系，证实了阴极射线是从阴极发出的带负电的微粒流。阴极射线粒子的荷质比是氢离子荷质比的 2000 倍。汤姆逊注意到勒纳德（P. Lenard，1862—1947）在 1893 年测得阴极射线在大气中的射程为 0.5 厘米，这比气体分子在大气中的自由程要大得多，可见阴极射线粒子的质量要比氢离子小得多。由此，汤姆逊认为阴极射线粒子是一种质量大约为氢原子质量 $\frac{1}{2000}$ 的带负电的微粒。他还观察到，无论是改变放电管中的气体成分还是改变阴极用的材料，这种粒子的荷质比都不改变，从而断定它是各种物质的基本组成部分。它的带电量是基本的电荷单位，他采用了斯托尼为这种粒子确定的名称，叫"电子"。

此后，许多实验事实都有力地支持了电子存在的理论。1911年，美国物理学家密立根用精密的实验方法测得电子的电荷 $e = 1.602 \times 10^{-10}$ 库仑，并利用汤姆逊的荷质比 e/m 关系，进一步推得电子质量 $m = 9.11 \times 10^{-28}$ 克，约为氢原子质量的 $\frac{1}{1830}$。

X 射线、放射性和电子的发现，打开了原子的大门，展现了新的从未见过的物质运动形式。这些实验事实表明，原子只不过是保持物质化学性质的基本单元，并非物质组成结构的最终极限。它打破了古典物理学终极真理的禁界，迎来了物理学新世纪的曙光。

二、原子结构模型及其精细化

原子内部飞出了电子，表明原子内部也是有结构的。随着科学实验的发展，人们对原子内部结构的认识也在不断深化。

19 世纪下半叶至 20 世纪初，电子的发现、门捷列夫元素周期律的产生和人们所揭示的原子谱线的和谐性，表明人们对原子已经有了相当的认识，这激发了人们在此基础上进一步从整体上去探讨原子结构的模型。这种科学整体性的思考，其实是一种关于科学的哲学探索。

开耳芬首先从数学的角度探讨了原子结构问题。他认为原子的结构是在正电球内部均匀地分布着自由运动的电子，保持总体稳定平衡。这种说法缺少实验基础，带有浓厚的思辨色彩，并未引起人们的重视。

1903 年，德国物理学家勒纳德根据研究结果，发现阴极射线（高速电子）的绝大部分可以无阻挡地穿透原子而只有极小部分受阻，由此他猜想，原子内部几乎是空的，而构成其基本成分的是"动力子"。每个动力子由一个负的量子和一个紧靠该量子的正电荷组成，这个具有不可入性的动力子半径约为 3×10^{-12}cm 或者更小。氢原子由一个或多个动力子构成。勒纳德的原子结构在某些方面能够说明现实原子结构状况，但也没有得到进一步的发展。

20 世纪初，汤姆逊提出"面包夹葡萄干"的原子模型。这种模型认为：在均匀的正电球中，数个电子等间隔地排列在与正电球同心的各个圆周上，各个同心圆只有有限的电子位置形成稳定的排列，电子以一定的角速度在这个圆周上旋转。如果电子的数目不超过某一限度，则这些运行的电子所成的一个环必能稳定；如果电子的数目超过这一限度，则将列成两环。如此类推，以至多环。这样，电子的增多就造成了结构上呈现周期性，它暗示了元素的周期性现象，可以解释门捷列夫元素周期表。该模型能对物质的化学性质做出正确解释：一切原子失去电子或额外得到电子，便显示出带正电或负电，决定其所显现的原子价或正或负。这些变化根源在于原子内部电子的排列方式。这个原子结构模型对于化学研究是有意义的，但是它也包含着不和谐的因素，即带负电的部分是间断的，而带正电的部分却是连续的，不能说明原子谱线的和谐性。

1901 年，法国物理学家佩兰（J. B. Perrin，1870—1942）为了说明放射性现象，提出了行星系模型，认为原子是由中心正电荷和绕正电荷旋转的电子构成。电子依靠正电荷的库仑力被束缚在原子内。电子一旦克服了这种库仑力，将从原子内逃逸出去。佩兰行星系模型可以说明放射性现象。与此同时，日本的长冈半太郎（H. Nagaoka，1865—1950）也提出了一个土星系原子模型，认为在原子内具有带正电的质量较大的中心，而电子则均匀地分布在一个环中，围绕中心粒子旋转。电子受中心吸引，电子之间又相互排斥，于是电子在其轨道上发生不同方式的振动，发出的光就成为线光谱。这个模型能对线光谱做出说明，但却不能说明元素周期律。他认为原子内带正电的物质是颗粒状的，这比汤姆逊前进了一步。但该模型不具有力学稳定性。经过一段时间争论，长冈也不再坚持其原子模型是合适的。

1911 年，汤姆逊的学生、新西兰物理学家卢瑟福用 α 粒子散射实验否定了汤姆逊的模型，提出了类似于佩兰和长冈半太郎的有核模型。卢瑟福和他的助手用 α 粒子轰击原子内部，发现大多数粒子能顺利地通过，而有少数 α 粒子发生了大角度的散射和折射，有的甚至被完全弹了回来。他推测：原子的正电荷必然集中在很小的核上。他认为原子中心有一个带正电的原子核，它集中了原子的全部正电荷和几乎全部质量；电子很轻小，它们在原子核外的空间作绕核运动，仿佛是一个小太阳系。1913 年，卢瑟福的两个学生盖革（H. Geiger，1882—1945）和马斯顿（E. Marsden，1889—1970）通过 α 粒子对金箔的散射实验，完全证实了卢瑟福的预言。这样，卢瑟福就完成了一个划时代的发现：原子具有结构，它是可以再分的。

卢瑟福原子模型虽能满意地解释 α 粒子的散射实验，但也使经典理论碰到了难以克服的困难。根据经典电动力学推论，卢瑟福的原子结构是极不稳定的，这与经验事实明显不符，表明了卢瑟福原子结构模型的局限性。

1913 年丹麦物理学家玻尔把卢瑟福的思想大大推进了一步。他仔细研究了当时已积累起来的大量精确的光谱数据和经验公式，把普朗克和爱因斯坦发展起来的量子化概念引进卢瑟福原子结构模型，提出了原子结构的量子化轨道理论。

玻尔在量子化概念基础上，运用古典理论求出了氢原子量子化电子轨道半径、定态的原子能量、跃迁时发射单色光的频率公式等等。玻尔理论对热辐射和光谱学的基本定律能做出成功解释，也进一步解释了化学元素的周期性，把物理学和化学联系起来了。他的理论摆脱了卢瑟福模型遇到的困难，出色地解释了原子的稳定性和原子光谱的分立性。玻尔理论把原子体系和行星体系、微观世界和宏观世界的本质区别开来了，与传统的连续变化概念也区分开来了，这表明玻尔理论突破了经典理论的框框，成为通向新理论的重要环节。

玻尔理论确立后的 10 年间，人们对原子结构的认识又得到了进一步的深入和发展。1915 年，德国物理学家索末菲根据实验事实进一步推进了玻尔的理论。他认为电子绕核旋转不仅循圆形轨道而且有椭圆轨道。为了说明卤族元素主线系的双线问题，1920 年他又引入了一个表征角动量的量子数——内量子数。1922 年他又与海森堡提出了表征总角动量在空间取向的量子化数——磁量子数。1925 年他又发现了电子的自旋。同年，泡利（W. E. Pauli, 1900—1956）提出了不相容原理，认为一个原子中不可能有运动状态完全相同的两个电子，即对于量子数确定的每个电子轨道，处于完全相同状态的电子是不相容的。如果有两个电子处于电子层、电子云的形状和空间伸展方向都相同的轨道，那么它们的自旋方向必然相反。这样，在多电子原子中，电子只能按一定规律依次排列在各层轨道上绕核旋转，形成核外的壳层结构。这种结构模型可以有效地解释元素周期表和化合价的本质。

1918 年，玻尔提出了对应原理，对原子发光频率和电子绕核运动轨道频率的关系、辐射强度的计算等问题做了较好的说明。推进玻尔理论的一系列研究成果使这个理论进一步精确化、精细化，从而使人们对原子结构的认识达到了前所未有的完善程度。但是这种理论仅是在经典力学加上了量子化条件，是新思想与旧理论的一种混合物，自然也难以与实验事实完全相符。

20 世纪 20 年代，描述微观客体运动规律的量子力学发展起来了。原子结构理论理所当然地被纳入到量子力学的理论解释之中。电子具有波粒二象性，电子的运动要由相应的定态薛定谔方程的波函数来描述。与玻尔的半量子化原子模型相比，量子力学对原子结构的描述，从两个方面推进了人们对原子结构的认识：第一是克服了玻尔原子理论的不自然性，它使得玻尔硬性给出的两条量子化假设以及他得出的"允许轨道"的半径、量子化的电子能量、辐射频率等，都成了量子力学合乎逻辑的必然推论；第二，克服了玻尔半量子化原子模型的不彻底性。电子的行为用波函数来描述，意味着取消了玻尔理论中残留的经典轨道概念，而代之以表现电子行为的几率本性的统计规律。根据对量子力学（波函数 ψ）的几率解释，追问电子的位置在哪里，从而寻找电子运动的轨道，这问题本身已经失去了意义。现在只能由某处的 $|\psi|^2$ 值给出电子在该处被找到的几率。所谓电子的"轨道"以及电子的"壳层"，应该理解为电子在哪里出现的几率比较大的相对集中点，而电子在"轨道"或"壳

层"外可能出现的几率只是相对较小就是了。因此，在量子力学中，原子的壳层结构模型或电子的轨道运动等概念的经典含义自然被取消了，而完全纳入了量子力学的统计解释。

随后，由于量子电动力学的产生和相对论量子力学的发展，使得人们所描述的原子及原子核外电子"轨道"（能级）图景更精确化了。原子是由原子核和核外电子所组成的有序结构。核外电子均属于一定的能级，遵守泡利不相容原理。电子的状态可用几率概念描述，电子在核外出现几率较大的地方便形成"电子云"，它们遵循量子力学和量子电动力学规律。

三、基本粒子学说及其哲学化

20 世纪 20 年代，原子结构的量子化描述，推进了人们对原子核外结构的认识，但原子核内结构对于人们来说仍然是一个谜。实验观察虽然暴露了一些核内信息，但总的说来，还是一个待解的未知数。于是，科学家们开始深入原子内部考察和探索原子核的构成问题。

19 世纪末，人们通过对一系列放射性元素的考察研究，发现了元素的衰变，即放射性元素的原子核自发地转变为另一种原子核。元素衰变现象为人们揭示原子核的内幕提供了条件。1899 年，卢瑟福在研究铀的天然放射性时，发现并命名了 α 和 β 两种射线。接着，法国化学家维拉德于 1900 年发现并命名了 γ 射线。后经研究表明：α 射线实际上是带正电的氦核，它的电量为基本电荷 e 的两倍，质量等于氦原子量，约为电子质量的几千倍；β 射线是一种近于光速的高能电子流，其荷质比与阴极射线相同；γ 射线是一种穿透能力比 X 射线强得多的电磁波。β 和 γ 射线的能量有几十万电子伏，远比电子高得多。玻尔推测 α、β 和 γ 射线等是由原子核产生的。事实表明：原子核内部具有复杂的结构，原子核是个复合核。α 粒子不是构成原子核的基本单位，因为还有比它更轻的元素氢。其他各种原子核的带电量均为氢的整数倍。1914 年卢瑟福利用阴极射线轰击氢，使中性的氢原子变成了带正电的阳离子。原来，氢原子失掉了唯一的电子，只剩下氢原子核。他推断这应该是电子的对偶——基本正电荷，并将其命名为"质子"，即"第一个"、"最重要"之意，其质量和电量均规定为 1。1919 年，卢瑟福用氮代替氢作为 α 粒子的轰击目标，从氮原子核中打出了一个快速质子（氢核），并使氮变成了氧 17。卢瑟福在实验中还发现了一种元素的原子核能够具有不同的质量。这些元素被称为同位素。这是人类历史上第一次实现人工核蜕变，为揭开原子核奥秘迈出了重要一步，也为核物理学的发展和核能的利用开辟了道路。

人们起初认为原子核是由最轻元素氢的原子核即质子构成，但是这一观点无法说明 α 粒子即氦核的结构。α 粒子的质量为 4，是质子质量的 4 倍；带电量为 +2，是质子带电量的 2 倍。如果 α 粒子由 4 个质子组成，则其带电量应为 +4，若由 2 个质子组成，则质量又应该为 2，其中存在着明显的矛盾。为此，人们根据天然放射性元素能放出 β 射线即电子流，认为 α 粒子中有 2 个质子的电量可能被电子所抵消，使得 α 粒子质量为 4，带电量变为 2，从而推测原子核是由质子和电子所组成。但这种推测与进一步的实验事实相矛盾。

从实验得知，氮核 $_7N^{14}$ 的自旋为 1，磁矩为 $\frac{1}{4500}\mu_B$。按照核由质子和电子组成的推测，氮核应有 14 个质子和 7 个电子共 21 个粒子，因为每个质子和电子的自旋都是 $\frac{1}{2}$，所以氮核的自旋应为 $\frac{1}{2}$ 的奇数倍，这与实验结果不符。同时，质子的磁矩相对于电子来说是很小的，可以忽略不计，如果核内有电子存在，那氮核的磁矩应该接近一个玻尔磁子，但实验数值却比这小得多。对于其他元素的实验结果，也存在着同样的困难。

正当人们对核结构感到困惑不解时，卢瑟福的学生亨利·摩塞莱（H. G. Moseley，1887—1915）注意到原子核所带正电荷数等于原子序数，但原子量却比原子序数为大。可见，原子核不可能只由质子组成，其中必定存在某种中性粒子。1920年卢瑟福在一次演讲中预言了这种中性粒子的存在。他指出：可能存在质量和质子相仿佛的中性粒子，这个假设的粒子是电子已落入核内而将核电荷中和了的氢原子。1921—1924年间卢瑟福和他的学生查德威克（J. Chadwich，1890—1974）用α粒子轰击了从硼到钙的12种轻元素，都打出了质子，同时产生了周期表中下一位元素。1930年，两位德国物理学家博思（W. W. Bothe，1891—1957）和贝克（H. Becker）重复卢瑟福α散射实验时，得到一种类似于从铀核中天然放射出的γ射线，但贯穿力更为强烈。1932年，卢瑟福到法国讲学时再次提到自己关于中子的设想。居里夫妇由于忙于自己的实验而未能前去听讲。实际上，居里夫妇此时已在实验中得到了这种中性粒子，但未能从卢瑟福的设想中及时认识它。卢瑟福的学生查德威克在卡文迪许实验室选择不同元素作为α粒子的轰击物，重复了以上的实验，结果发现所产生的辐射中含有一种质量等于质子的中性粒子，取名为"中子"。1932年2月17日他的这一发现通过《自然》杂志而披露于世。

中子的发现使许多疑难问题迎刃而解，为揭开原子核的奥秘提供了钥匙。它标志着人们的认识已经推进到原子核层次。就在中子发现的同一年，海森堡和苏联科学家伊凡宁科（Иваненко，1904—　）、塔姆（И. E. Tamm，1895—1971）分别提出了原子核是由质子和中子构成的模型。这一理论进一步成功地解释了元素周期律，即各种元素的原子序数由原子核中的质子数表示，而原子量则等于原子核内质子数与中子数之和。1941 年，丹麦物理学家费勒等人将中子和质子统称为"核子"。中子理论成功地解释了同位素现象以及同中子异荷数和同量异位素问题。中子理论所推得的各种结论与大量事实相符，现已为举世公认。

质子、中子、电子、光子是人们认识的第一代基本粒子，它们取代了原子在 19 世纪的地位，从而揭开了基本粒子的新序幕。在当时看来，这四种粒子似乎能够解释自然界的一切物质。但是这种认识在狄拉克的波动方程中遇到了难题。

1928 年，狄拉克建立了相对性电子波动方程，该方程有两个解分别对应着微观粒子的正负总能量，其中负能解与仅适用于自由电子的狄拉克方程相矛盾。狄拉克坚持世界是简单而对称的原则。他认为这种负能态对应着一种与常态电子质量相等、电荷相反的新粒子，这就是科学家们所理解的与电子对称的正电子。这一大胆假设在 1932 年为美国科学家安德森（C. D. Anderson，1905—1991）通过威尔逊云雾室所摄的宇宙射线照片所证实。后来，实验又进一步证实：一个高能光子在重原子核附近可以转变为一个正负电子对；反之，正负电子对相遇又可以转变为光子。这就是正负电子对的产生和湮灭。以往人们曾认为，所谓基本粒子，就是既不能创生也不会消灭，只能从一个地方运动到另一个地方，总数应保持不变。现在电子对产生和湮灭的事实表明基本粒子之间也会相互转化。这从根本上动摇了人们关于基本粒子不变的见解。

正电子的发现，启发人们运用狄拉克理论去寻找其他粒子的反粒子。于是人们就考虑到还应该存在反质子、反中子等。1955 年美国物理学家塞格雷（E. Segre）等人利用高能质子束轰击氢靶，成功地证明了反质子的存在。一年后，人们又在正反质子对湮灭的反应中发现了正反中子对：$\bar{p} + p \rightarrow \bar{n} + n$。事实表明，每一个粒子都可能有相应的质量、自旋和平均寿命相等，电荷、磁矩和其他一些量子数等值反号的反粒子。如果用反质子和反中子代替原子核中的质子和中子的话，那么我们就能得到一个反原子核。如果再给它配上正电子，则得到一个反原子。反原子可以构成反分子，直至构成反物质、反世界。反世界中的一切事物就像我们的世界一样。世界和反世界没有本质区别。天文观察并不能区别一个星球是由物质还是反物质构成。但是，如果正反物质相遇，它们将相互湮灭，其能量在短时间内转换成中微子、反中微子和 γ 射线，后者以光速飞离湮灭的地方。反粒子的发现是人类认识的一次重大飞跃，是人类认识深化的重要标志。

1931 年，泡利发现 β 衰变中有一个小的能量亏损。根据能量、动量和角动量守恒原理，他认为这一小的能量亏损是由一个"中子"带走的。1932 年，真正的中子发现后，费米将泡利的这一粒子更名为中微子，并在此基础上建立了 β 衰变理论。他通过 β^+ 衰变定义了中微子 Ve：$p \rightarrow n + e^+ + Ve$；通过 β^- 衰变定义了反中微子 $\overline{Ve}$：$n \rightarrow p + e^- + \overline{Ve}$。中微子属电中性，静止质量为零，与其他粒子之间的相互作用极微弱。1953 年，人们通过核反应堆的 β 衰变实验，证明了反中微子的存在。1956 年，人们又通过实验证实了中微子的存在。中微子理论为说明 β 衰变过程从原子核放射出电子流提供了合理依据。这表明原子核在 β 衰变中虽然放出了电子或正电子，但不意味着它们是原子核的组成部分，而只是核子在转变过程中的产物。

1935 年，日本物理学家汤川秀树（H. Yukawa，1907—1981）把核子之间相互作用的核力与以 γ 光子作为交换粒子的电磁力进行类比，提出了核力的介子理论，认为核力也是通过交换一种媒介粒子而发生作用的。这种粒子的质量介于重子和轻子之间，故称为介子。他还预言了这种介子的质量约为电子质量的 200 倍，电荷为正或负。1937 年，安德森和尼德迈尔等人，在宇宙射线中发现了 $\mu^{\pm}$，质量与汤川介子相符，误认为它就是汤川所预言的核力介子。但它对核反应冷淡，不能传递核力。直到 1947 年，英国物理学家鲍威尔（C. F. Powell, 1903—1969）等人用核乳胶在宇宙射线中发现了一种新粒子，其质量为电子的 273 倍，且与核子的作用非常强。经证实，这才是汤川 12 年前所预言的核力介子，称 π 介子，包括 $\pi^{\pm}$ 和 π^0 三种。先前发现的 μ 子是 π 介子衰变的产物。由于 μ 子不参与强相互作用，因而将它归入轻子一类。

到 1947 年，人们已经认识的基本粒子有重子、介子、轻子和光子四大类，其中包括正电子、反质子、反中子、中微子、反中微子、轻子 $\mu^{\pm}$、介子 $\pi^{\pm}$ 和 π^0 等 10 种。这是人们认识的第二代基本粒子。

1947 年后，人们在考察宇宙射线的研究中，又发现了许多前所未有的新现象，从而把人们对基本粒子的认识推进到一个新阶段。英国科学家罗彻斯特（G. D. Rochester, 1908—2001）和巴特勒（C. C. Buttler, 1922—1999）于 1947 年从大量宇宙线簇射粒子照片中发现了 K^0、Λ^0 两种新粒子。1952 年，这一发现为波兰物理学家达尼兹（M. Danysz）和帕尼夫斯基（J. P niewski）的观察所证实。50 年代初，大型加速器陆续建成。1954 年，福勒（W. B. Fowler）等人利用高能加速器的 π 束流通过含氢云雾室，产生了 K^0 和 Λ^0。1959 年，中国科学家王淦昌等人通过液丙烷气泡室拍照发现了反超子 $\overline{\Sigma^+}$。1961—1964 年间，人们又先后发现了 η 介子和 Ω^-，并证明在 $\mu^{\pm}$ 衰变中出现的四种中微子是两类不同的正反粒子，其中 Ve 和 $\overline{Ve}$ 已在 β 衰变中为人们所认识，另两种中微子为 $V\mu$ 和 $\overline{V\mu}$。以上是人们所认识的以奇异粒子为标志的第三批基本粒子，其中包括质量大于 π 介子而小于核子的 K 介子和 η 介子，质量大于核子的重子——超子，其中

有 Λ 超子、$\sum$ 超子、Ξ 超子、Ω 超子；还有中微子 $V\mu$ 和反中微子 $\overline{V\mu}$ 等共计 21 种。K 介子和超子统称为奇异粒子。它们都经过强产生而弱衰变过程，具有两个奇异特性：一是快产生（10^{-23} 秒）而慢衰变（平均寿命为 10^{-10}—10^{-8} 秒）；二是双产生而单衰变，即一个超子总是与一个或两个 K 介子同时产生，但衰变过程却是单独参与的。

20 世纪 60 年代是第四代基本粒子的发现时期。第四代基本粒子主要是以共振态为标志的粒子，称共振态粒子。这类粒子的产生和衰变都以强相互作用进行，属寿命极短的强子，平均寿命为 10^{-24}—10^{-22} 秒，可以看作与稳定态强子相对应的激发态强子。

20 世纪 70 年代以后，人们对微观世界的认识又推进到第五代基本粒子，包括 1974 年丁肇中和里奇特（B. Richter）分别独立发现的 J/ψ 粒子，1977—1978 年发现的共振态介子 Y 等。此外，还有重粒子 τ^- 和相应的中微子以及它们的反粒子等等。目前人们已发现的稳定和相对稳定（平均寿命大于 10^{-20} 秒）的基本粒子已超过 35 种，包括共振态粒子，计有 400 多种。

随着观察资料的日益丰富，人们对原子核整体结构的认识也在不断发展。现有资料表明，原子核的线度约为 10^{-23}—10^{-12}cm，其体积与核子数成正比，各种原子核具有相同的密度。核子之间的核力具有不同于引力和电磁力的特点，即短程性、作用强大、与电荷无关、饱和性等。此外，原子核有自旋，自然有自旋角动量和磁矩。观测表明，大多数原子核的电器极矩不为零。这表明核内电荷分布不是球对称，而是有偏离球对称的长球或扁球形。总之，目前人们对核力的认识尚不透彻，尤其是核子间的多体关系，原则上还是属于未解决的问题。因此，人们只能依据核试验所表现出来的某些特点构造各种简化的核模型。其中有代表性的核模型有：

（1）液滴模型。这是伽莫夫（G. Gamov，1904—1968）于 1932

年首先提出来的。随后，玻尔又在该模型的基础上引入了复合核模型。液滴模型是以核子之间的相互作用类比于液滴分子之间的相互作用为基础而提出来的。它把核子类比为核液体分子，依靠核力内聚成核液滴。该模型较好地解释了核的组成、大小、形状、密度以及核力的其他性质，特别是非常好地解释了核的结合能问题，并能对核裂变做出解释。但这种模型把核内描述成没有任何结构，粒子处于无规则的频繁碰撞状态。它不能解释"幻数"现象。

（2）壳层模型。这是依据大量核物理数据和资料为基础提出的模型。壳层模型认为原子核有类似于核外电子壳层结构的结构，其性质也有类似于元素周期律那样的变化规律。壳层模型按照核子壳层填充规律较好地解释了幻数。此外，这一模型还能说明各个量子态的核的总角动量和磁矩。

除了上述两种模型外，人们还提出了费米气体模型、α粒子模型、变形核的集体运动模型等多种模型。但是，每种模型都只能解释核的部分属性，而不能说明全部属性，需要在实践和认识的发展中进一步完善。

目前，人们的认识已经达到基本粒子水平。然而，基本粒子有没有深层次的结构呢？实验已经向我们提出了这样的问题。早在1956年，美国斯坦福大学的霍夫斯塔特（Hofstodter，1915—1990）等人利用高能直线加速器进行电子轰击铍核靶的实验，发现质子和中子大小不等，它们的电和磁矩并不是集中于一点，而是连续分布在半径为 10^{-13}cm 的有限体上。这说明质子不是点粒子，而是具有一定大小，且粒子内具有电荷分布和电流分布。它已经向人们表明，基本粒子应有内部结构。

1964年，美国物理学家盖尔曼（M. Gellmann，1929—　）从数学角度出发，提出了夸克模型，认为强子是由三个夸克组成，介子是由正反夸克组成。这一理论能够解释大量事实，但是直到现在，人们还没有发现自由夸克粒子。1966 年，我国学者以实验为根据提出了强子的层子模型，认为物质有着无限层次结构。层子模型除部分计算结果与实验矛盾外，大部分和事实符合得很好。

1968 年，随着大功率高能加速器的发展，人们可以利用能量更大的电子、中微子深入到基本粒子内部，通过非弹性散射实验来揭示基本粒子内部的秘密。实验结果显示，电子不是打在一个实心体上，而是打在一些间断点上。这表明基本粒子内部有空隙。有空隙就意味着有内部结构。它说明基本粒子内部有着深层次的复杂结构关系，是我们远没有认识的新领域。于是，我们的认识似乎又面临着中国古老的一个哲学命题：“一尺之棰，日取其半，万世不竭。”它说明物质有着无限的层次结构，我们对它的认识远没有结束。

但是，人们的认识是不断发展的。我们能够突破对原子的认识，我们也一定能突破对基本粒子的认识。我们正是在突破一个个认识的界限把认识推向前进。从物质到原子是人们认识进入微观层次的一次重大突破，由此，人们的认识视野由宏观世界深入到微观世界；从原子到原子核是人们认识的第二次重大突破，它在人们面前展示了一个新的世界，显示了核子内部的高度有序性；从原子核到基本粒子是人们认识的第三次突破。微观粒子是一个庞大的家族，它们有着表征自身特征的奇异特性；从基本粒子到夸克是人们认识面临的又一次重大突破。事实表明基本粒子不“基本”，基本粒子有着更深层次的复杂结构。随着人们认识朝着基本粒子内部的发展和深化，必将在我们面前展现一个更为奇特的新世界，人们的认识也必将推进到一个新的更高的阶段！

近代物理学的成就是历史上任何一个时代都无法比拟的。它是以实验与数学相结合的知性思维方法的胜利。唯物的经验的出发点，实验的客观实践的原则，精确的数学的逻辑分析与表述方法，构成了实证科学行之有效的绝对的方法。物理学家们深信不疑地坚持着它，以其作为科学行为的准则，但是，他们也尊重客观物质世界，特别是微观世界的辩证矛盾特征，而不固持知性方法的僵化偏执的弊病，如实承认矛盾、顺应辩证进程，因此，才能获得如此辉煌的成就。

知性思维与辩证思维并不是根本对立的，从前有人将知性思维简单地等同于形而上学方法，因而说它是反辩证法的；有人将辩证思维斥为纯粹思辨的胡言乱语，因而说它是反科学的。这两种极端的看法都是不对的。科学实践证明：辩证法必须以知性方法为前提，才能避免空疏不实；知性方法必须以辩证法为归宿，才能避免陷入僵化板结。

辩证法带来了世纪的政治社会的伟大变革，殊不知两个世纪以来，它还深深引发了科学研究的不断突破，显示了人类智慧的无比威力。

第十四章 现代宇宙学向哲学的回归

20 世纪科学发展的必然趋势是向哲学的回归。哲学不同于实证科学的重要特征之一是综合化整体化。它从大处着眼,进行综合化的整体研究。科学向哲学的回归,大致可以说通过两个途径:(1)一门学科从局部对象的分门别类的实证研究,进而对研究对象作整体性的探索;(2)不同学科的综合化整体化的考察。古老的天文学发展到现代宇宙学,便属于第一种。现代宇宙学以个别天象的实证科学的研究为基础,进而对宇宙自然进行整体综合,从而展现宇宙的生成与演化的图景。

第一节 从位置天文学到天体力学

自古希腊泰勒斯以来,天文学的研究以对天体的位置观测为其主要目标。迄于近代,哥白尼、开普勒、伽利略、牛顿等人,他们虽在天文学探讨上有长足的进步,但天体位置观测仍然是其不可废弃的基础。由观测为主构成的"位置天文学",就成了天文学中一个既古老而又永恒的基础学科。

近代最著名的天象观测家第谷·布拉赫,他从事天文观测达 20年之久,积累了丰富的珍贵的天文资料,没有他的艰苦努力,就不可能有开普勒的杰出的理论概括。

伽利略发明望远镜，扩展了人类观测天象的视野。以后随着科学的发达，望远镜的不断改进与更新，使很多鲜为人知的天象，尽收入人类眼底。没有伽利略等人对天象的深入探索，牛顿也无能为力。牛顿在前人大量的观测与研究的基础上，才能写出巨著《自然哲学的数学原理》。这一巨著问世，便标志着天体力学的形成。经过科学家们的理论计算与实地测试，证明了牛顿的万有引力的正确性，从而为天体力学的确立奠定了基础。

天体力学的出现，不但意味着力学原则的推广，更加重要的是从静态的位置观测，进而对天体运行机制做出了准确的科学的阐明。

1744 年，生于瑞士的俄国科学院院士欧拉（L. Euler，1707—1783）出版了《行星和彗星的运动理论》一书。这是经典天体力学的第一部著作。1748—1752 年，欧拉在研究木星和土星的相互摄动中首创了根数变易法，从而开创了天体摄动理论中的分析方法。1753 年，欧拉又根据引力理论，借助于微积分工具，提出了第一个较为完整的月球运动理论。与此同时，法国数学家达朗贝尔（J. L. R. Dalembert，1717—1783）也于 1749 年用天体力学方法建立了一套岁差、章动的力学理论。1788 年，法国科学家拉格朗日（J. L. Lagrange，1736—1813）出版了巨著《分析力学》，进一步发展了欧拉的根数变易法。他导出了在摄动力作用下行星轨道根数随时间变化的拉格朗日方程组。他运用这一方程组研究了天体中的三体问题，求出了五个特解，称拉格朗日解。1906 年及其后，德国天文学家沃尔夫（M. F. J. C. Wolf，1863—1932）等人先后发现了两个小行星群（脱罗央群和希腊群），其位置和拉格朗日解相当吻合，这是对天体力学正确性的有力验证。当 1773 年拉普拉斯（P. S. M. Laplace，1749—1827）提出经数学初步证明的拉普拉斯定理，即木星轨道收缩和土星轨道变大是由于它们之间的长周期摄动而引起的一种周期性变化现象之后，拉格朗日利用他的方程组以比拉普拉斯更严格的方法证明了木星和土星等行星轨道变化是周期性的，说明太阳系是一个稳定系统。

经过许多科学家的长期艰辛耕耘，天体力学取得了丰硕成果。拉普拉斯在欧拉、拉格朗日、达朗贝尔以及创立天体形状和自转理论的克雷洛（A. C. Clairaut，1713—1765）等人研究成果的基础上，于 1799—1825 年出版了 5 卷 16 册的《天体力学》，对天体力学理论进行了全面总结。该书首先提出了"天体力学"学科概念，对天体力学的理论和方法进行了系统论述，并再次对太阳系的稳定性问题做了数学论证。拉普拉斯《天体力学》的发表，标志着经典天体力学走向成熟。

天体力学是人们探索宇宙的认识成果，同时又是人们进一步认识宇宙的理论依据。1801 年，皮亚杰（G. Piazzi，1746—1826）发现的太阳系小行星谷神星消失了，德国数学家和天文学家高斯（J. G. F. Gauss，1777—1855）根据天体力学理论，利用自己所创造的计算方法，确定了小行星的轨迹，并很快找到了这颗小行星。这是对天体力学理论的一次成功检验。

1871 年，W. 赫歇尔（W. Herschel，1738—1822）发现了天王星以后，人们发现天王星轨道观测值与依据引力理论的计算值始终存在偏差。德国天文学家贝塞尔（F. W. Bessel，1784—1846）认为可能是天王星轨道外的一颗未知行星的摄动引起的。英国的亚当斯（J. C. Adams，1819—1892）和法国的勒维耶（U. J. J. Leverrier，1811—1877）这两位青年天文学家根据这一见解，先后利用万有引力定律计算了这颗未知行星的轨道位置。1846 年 9 月柏林天文台的伽勒（J. G. Galle，1812—1910）利用望远镜很快在勒维耶指定的位置发现了这颗行星，这就是海王星。海王星的发现再次显示了万有引力的正确性。1834—1840 年，贝塞尔发现天狼星和南河三的自行不是直线，而是波浪式的曲线，他根据引力理论预言天狼星和南河三各有一颗暗伴星。1862 年与 1892 年，美国学者克拉克（A.G. Clark，1832—1897）和舍伯尔（J. M. Schalberle，1853—1924）终于先后观测到贝塞尔所预言的两颗暗伴星。这一事实表明，天体力学理论不仅适用于太阳系，也普遍适用于太阳系以外的恒星系。

天体力学的发展使天文学从单纯研究天体状态的天体运动学推进到研究天体力学规律的天体动力学；人们对宇宙天体的认识也由单纯描述天体空间位置和几何关系的外在现象深入到揭示天体运动的力学机制和内在本质。这是人类宇宙认识的一次重大飞跃。

天文学是观测的科学，它的发展往往与观测手段的进步相联系。18 世纪以前，由于传统观念的束缚和观测仪器的限制，人们的宇宙认识还主要是太阳系，很多人依然将恒星视作天球上固定不动的光点。虽然，人们对太阳系以外的天体现象也提出了许多天才的见解，但还只是停留在猜测阶段。18 世纪后，随着性能优良的大型天文望远镜的发明和应用，人们的认识能力才有了新的突破。人们的宇宙认识开始朝着两个方向发展：一是对太阳系自身结构系统认识的不断演化。哥白尼时代，人们所认识的太阳系只是包括地球在内的六大行星。后来天王星、海王星、木星与土星之间大量小行星的陆续发现，以及后来冥王星的发现，人们才渐渐确立了我们现在所掌握的包括九大行星的太阳系。另一是关于太阳系外恒星世界认识的迅速扩展。

早在 16 世纪下半叶，布鲁诺（G. Bruno，1548—1600）就大胆取消了哥白尼学说中的恒星天，提出恒星是遥远的太阳，天空有无数恒星。17 世纪初，伽利略利用自制的望远镜发现了大量肉眼无法观察到的恒星，银河是由无数暗弱的恒星组成。此后，恒星越来越成为天文学家研究的重要课题。威廉·赫歇尔是这方面的杰出代表。

　　威廉·赫歇尔是一个出身于德国汉诺威一个乐师家庭的天文学家。他在他妹妹卡罗琳·赫歇尔（Caroline Herschel，1750—1848）的协助下，运用自制望远镜和取样统计法对恒星、星团和星云进行了系统观测研究，1786、1789 和 1802 年三次出版了载有 2500 个星云和星团表，从而开创了天文学中一门新兴的分支学科，即恒星天文学。此外，卡罗琳还独立发现了 14 个星云和 8 颗彗星。1828 年，她还编辑出版了威廉死后篇幅最大的星团星云表。接着，威廉·赫歇尔的儿子约翰·赫歇尔（John Herschel，1792—1871）继承父业，1834—1837 年间，他将取样统计法用于南天恒星观测。他选了 3000个天区，统计观测了约 7 万颗恒星。他还观测了南天 2102 对双星和 1707 个星团和星云，并对大小麦哲伦云、猎户座大星云以及船底座 η 星的爆发进行了详细观测。由于赫歇尔一家的努力，人们才得以初步确立银河系概念。

　　1717 年，英国天文学家哈雷认真比较了几颗恒星的历史记录，发现了恒星的自行。有人据此认为太阳本身可能在运动，即太阳本动。恒星的视位移可能是恒星自身运动和太阳本动的综合结果。这一猜测后被威廉·赫歇尔所证实。他假设恒星自身运动方向是随机的，太阳本动必然会使其向点附近的恒星向四周散开，而背点附近的恒星向中心聚集。1783 年，他依据这一假设考察了英国科学家马斯基林所定出的 7 颗恒星的自行，结果发现太阳存在着向武仙座方向的本动。同年，他又利用当时已测得的 13 颗恒星和狮子座 α 等 14 颗星的 27 个自行数据，求出太阳本动向点位于武仙座 λ 附近的空间，与现今定出的向点在方向上相差不到 10°。1837 年，德国天文学家阿格兰德（F. W. A. Argelander，1799—1875）利用 390 颗恒星的自行资料得出类似的结论。此后，恒星自行的事实才被世人所接受。恒星自行的发现，动摇了恒星固定不动的传统偏见。恒星（包括太阳）都是运动着的天体。

恒星天文学发展的另一重要成果是恒星视差的发现。根据哥白尼学说，如果存在两个方向相近而实际距离悬殊的恒星（光学双星），那么人们在地球上，由于地球绕日公转，应该能够观测到近星相对于远星的周期性位移，由此可确定近星的周年视差。由于恒星离我们非常遥远，恒星视差数值又很微小，再加以缺乏精确的观测仪器，所以观测一直没有成功。

1725 年英国天文学家布拉得雷（J. Bradley，1693—1763）发现天龙座 γ 恒星有微小位移，他起初认为是恒星的周年视差，但它的移动方向与周年视差应有的方向不相符合。于是，他系统观测其他几颗恒星，发现这是所有恒星都共有的效应。经过 3 年研究，他终于弄清这原来是光线运动速度和地球公转速度合成的结果，称"光行差"。1729 年，他在给哈雷的信中写道：我终于猜出了以上所说的一切现象是由于光线的运动和地球公转所合成的。因为我查出，如果光线的传播需要时间的话，一个固定物体的视位置将随眼睛在静止的时候和眼睛运动不在眼和物所联三直线的方向上的时候有所不同；而且当眼睛循各方向运动的时候，固定物的视方向也就有所不同。

布拉得雷虽然没有发现预期的恒星周年视差，却意外发现了光行差。光行差也是天文观测的重要发现。它不仅表明了光是以一定速度传播的，而且有力地证明了哥白尼的地动理论。

经过几十年的不懈努力，恒星视差后被斯特鲁维（B. R. Cmpyle，1793—1864）、贝塞尔、亨德逊（J. Henderson，1798—1844）等几位天文学家先后观测到。斯特鲁维是生于德国的俄国天文学家。

1836 年，他利用德国光学家夫琅和费（J. Frannhofor，1787—1826）制造的 24 厘米口径消失差折射望远镜，加上自制的微测仪，选择了明亮而自行大的织女星作为视差观测对象，得到的测量值（0.125″ + 0.065″）与现今测量值（0.124″）十分接近。1837—1838 年，德国天文学家贝塞尔测得天鹅座 61 号星的视差数值（0.31″）与现今测量值（0.30″）也相差不远。1839 年英国亨得逊选择了离地球最近的且明亮而自行大的半人马座 α，测得视差为 1.16″（今测值为 0.76″）。

恒星视差的发现不仅为地动学说进一步提供了佐证，而且由此可以求得恒星的距离。有了恒星的距离，就可以确定恒星的空间位置和分布，计算恒星的光度和运动线速度，从而为进一步探索恒星世界的结构体系创造了条件。

人们在探索恒星空间状态的同时，也开始了恒星世界整体结构的研究。18 世纪二三十年代，瑞典的斯维登堡（E. Swedenborg，1688—1772）最早提出恒星是银河系的成员，它构成了一个动力学上的完整体系，这种体系在宇宙中不是唯一的。1750 年英国天文学家赖特（T. Wright，1711—1786）在《新颖的宇宙理论或新宇宙假说》中进一步提出，天空所有恒星和银河共同构成了一个直径比厚度大得多的状如"磨盘"的巨大天体系统，并推测太阳可能不在该体系的中心。1755 年德国哲学家康德在《自然通史和天体论》中，对宇宙天体系统做了初步描述，认为人们所见的极大部分恒星都集中在以银河为基本平面的两边，只有极少数远离这个平面，所有这些恒星又组成了一个更大的天体系统。整个宇宙就是由无限多个有限大小的天体系统所组成的总体。1761 年，德国学者朗伯（J. H. Lambert，1728—1777）在《宇宙论书简》一书中，对恒星世界的结构提出了一种无限阶梯式的宇宙模型。他认为太阳系是第一级体系，太阳与围绕一个巨大"中心太阳"而运动的许多恒星所构成的恒星集团是第二级体系，许多围绕着超巨质量体旋转的恒星集团所组成的银河是第三级体系……以此类推，直至无穷。所有这些见解虽然迷人，但都不过是一些推测，没有足够的客观依据，只是到了赫歇尔时代，随着观测技术的进步，才使这些推测转化为观测事实。

威廉·赫歇尔利用自制的 46 厘米口径的反射望远镜和取样统计法，发现银河附近远比银河外同样面积的天区恒星数多得多，而且暗星数增加更快。1785 年，他首次以观测事实为依据，从总体上证明了天空可见恒星构成了一个更大的天体系统银河系，并勾画出一幅太阳位于中心、直径约为厚度五倍、轮廓参差不齐的扁平银河系统结构图。

随着观测本领的不断提高，人们观测到的天体现象越来越多，一方面人们对银河系的认识日益具体而精确，另一方面人们的视野又扩展到更遥远的天际，发现了大量云雾状星云。但在很长时间内，由于缺乏足够的分辨率的观测仪器，人们一时还难以弄清这些星云的真面目，至于它们是否是银河系外的天体系统，这还是一个谜。

19 世纪中叶以前，法国天文学家梅西叶（C. Messier，1730—1817）用小型望远镜观测到大量云雾状天体，并于 1774—1781 年三次刊布了有 103 个云雾状天体的星表。接着，威廉·赫歇尔利用大型反射望远镜将梅西叶星表中许多所谓"无星的星云"分解为一个个暗弱恒星的集合体。于是，他断言星云即星系，河外星系是客观存在的。然而，当他又观测到许多无法分解出恒星的弥漫星云时，他转而又认为星云是"发光流体"而不是由恒星组成的"宇宙岛"。1845 年，英国天文学家帕森斯（W. Parsons，1800—1867）利用当时最大口径的反射望远镜发现了 M 51 漩涡状星云，并分解了不少威廉·赫歇尔未能分解的云雾状天体，于是"星云是宇宙岛"的观点又提了出来。

分光镜发明后，人们发现恒星光谱不同于稀薄气体光谱。恒星光谱是有吸收线的连续光谱，而气体则是明线光谱。于是，人们试图以此判别星云的本质。1864 年哈金斯（W. Huggins，1824—1910）用分光镜观测到天龙座一星云的明线光谱，也考察了仙女座大星云的连续光谱，但由于光谱被棱镜色散而难以辨清，混淆了明线光谱的气体星云和连续光谱的河外星云，得出了"凡星云皆气团"的错误结论。

1899 年，随着照相术和分光术的发展，德国天文学家沙伊纳（J. Scheiner，1858—1913）利用照相观测法拍得仙女座大星云的暗淡光谱，发现它和恒星光谱相似，由此推测出仙女座大星云是遥远的恒星系统，可惜未能引起人们的重视。1912 年美国天文学家斯莱弗（V. M. Slipher，1875—1969）通过反射星云的光谱观测，反而得出它与昴星团均属于银河系的相反结论。

人们对"星云"的认识过程表明，认识并非是直线式的，而是一个曲折的过程。从 18 世纪到 20 世纪初，人们经过一个多世纪的漫长探索，试用了多种观测技术，如大型望远镜、照相术、三角视差法、新星亮度比较法以及视向速度和自行推算法，均未能解决上述难题。

20 世纪初，为了比较天体的亮度，卡普坦（J. C. Kapteyn，1851—1922）首先提出了绝对星等概念（这是指某一特定距离处天体的视星等，现通常取 10 秒差距）。绝对星等 M 和视星等 m 之间有如下关系：$m - M = 5\lg r - 5 + A(r)$，其中 r 为天体距离（秒差距），$A(r)$ 为星际消光（星等值）。只要知道绝对星等和视星等，就可以求得天体距离。

1912 年美国天文学家勒维特（H. S. Leavitt，1868—1921）发表

了利用照相测光观测整理的小麦云内变光周期为 2—120 天，视星等 m 为 12^m、5 - 15^m、5 的变星资料，正式提出了这些变星的视星等 m 和光变周期 P 的对数之间的正比关系，即所谓周光关系。接着，丹麦天文学家赫茨普龙（E. Hertzsprung，1873—1967）指出，勒维特发现的小麦云变星是造父变星，并指出可以由此进一步确定周光关系的零点。1915 年，沙普利（H. Shapley，1885—1972）利用 11 个造父变量的自行和视向速度资料，求出了它们的统计视差，并进而决定了造父变星的周光关系的零点和光变周期 $\lg P$ 与绝对星等 M 的对应关系。这样，有了 P，就可由周光关系求得 M，并由 m、M 求得天体系统的距离。这就是"造父视差法"。沙普利首先利用这一方法测定了球状星团的距离和分布，得出了太阳不在银河系中心的正确结论，但没有考虑星际消光因素，错误地认为银河系就是整个宇宙。20 世纪 20 年代，柯蒂斯（H. D. Curtis，1872—1942）利用漩涡星云中的新星估测该星云的距离，得出漩涡星云是遥远宇宙岛的结论。

　　两种观点经过探索和争鸣，后由美国天文学家哈勃（E. P. Hubble，1889—1953）真正解决了。1923 年，哈勃利用威尔逊天文台最大的 2.5 米口径反射望远镜拍摄了仙女座大星云照片，从星云外围分解的恒星中认证了第一颗造父变星，第二年又认证出更多的造父变星，并利用勒维特、沙普利等人所确定的周光关系定出了三个星云的造父变星，证明了它们远在银河系以外。1924 年，哈勃在美国天文学会宣布了这一重要发现，最终解决了河外星系之谜。20 世纪 40 年代，德国天文学家巴德（W. Baade，1893—1960）利用 2.5 米反射望远镜又将仙女座大星云的核心部分分解为恒星，进一步证明了漩涡星云是与我们的银河系一样的恒星系统。人们的视野就这样一步一步地向外扩展，伸向广漠的宇宙空间，揭开了人类探索宇宙的新的一页。

20 世纪 50 年代，人们对宇宙结构体系的认识已经远远超出了太阳系，并从银河系伸展到河外星系，天文学也从光学天文学推进到射电天文学。60 年代天文学的四大发现，即类星体、3K 微波背景辐射、脉冲星和星际有机分子，将人们的宇宙认识又大大向前推进了一大步。一种新的宇宙结构观已经逐渐形成。一方面人们对银河系的大小、形状以及各组成部分已有了比较全面的认识。银河系是一个漩涡星系，它主要由包括银球的银盘组成。银球中心是银核，位于银河系中心，是恒星密集区域。人马座 A 是银心处的强射电源。银盘内厚外薄，呈透明状，以轴对称形式分布于银球周围，它集中了银河总质量的 85%—90%。猎户臂、英仙臂、人马臂和 3 千秒差距臂等四条旋臂位于银盘内。银盘外围为物质稀疏球状分布的银晕。包括银晕在内的银河系直径达 30 千秒差距。另一方面，人们对茫茫太空中的"宇宙岛"即河外星系有了更多的了解。哈勃不仅是真正发现河外星系的人，而且提出了星系形态分类法，为人们认识河外星系做出了开创性的贡献。他将星系分为椭圆星系、漩涡星系、不规则星系三大类，其中漩涡星系又分正常漩涡星系与棒漩星系两分支。按旋臂由紧到松，漩涡星系又可分为三个次型。椭圆星系根据椭率由小到大也可分为八个次型。此外，椭圆星系与漩涡星系之间还有过渡型。同时，人们也逐渐认识到星系形态系列是由同一演化阶段的初始条件决定的。60 年代，人们又发现了如致密星系、类星体、马卡良星系、蝎虎座 BL 型天体等特殊星系。尤其是类星体，它的大量红移和巨大能量，对我们来说，仍然是一个有待探索的谜。

目前为止，人们的宇宙认识广度已经伸展到 100 亿光年左右。然而，人们现有的认识对于无限宇宙来说，还只不过是沧海一粟。但是，人们能够在无限宇宙中不断探索、不断进取，继续开辟自己认识的新疆界。

观测手段的改进，天体力学理论的指引，不但使对天体位置及运行轨迹的测定日益精确化，而且也使观测提供了对天象的整体性的探索以有力的客观论证。在这一认识的基础上，从外部位置移动及其运行的机械力学原因的探讨，可以进一步辨析宇宙的物理化学机制了，这也就是说，可以科学地认识宇宙结构的内在本质了。

第二节　从天体力学到天体物理学

人们对宇宙的认识从来没有满足于对天体空间位置和作用关系的了解，而是不断深入的。实际上，人们在研究天体表现形态的同时，也在积极探索天体的物理属性和演化发展规律。虽然 19 世纪中叶以前，人们只能借助于肉眼和一般望远镜，但也取得了许多令人鼓舞的成果。

一、天体物理学的技术基础

早在 17 世纪初，伽利略利用自制的望远镜就发现了太阳黑子。但是直到 19 世纪，人们对黑子的研究才有了较大的进展。德国业余天文学家施瓦贝（S. H. Schwabe，1789—1875）经过 17 年的观测，发现太阳黑子变化周期为 10—11 年。1849 年瑞士天文学家 J. R. 沃尔夫为了定量计算太阳黑子数而引进了黑子相对数概念，并通过实际观测证实了太阳黑子相对数确实具有 11 年的变化周期。1859 年，英国天文学家卡林顿（R. C. Carrington，1826—1875）通过观测太阳黑子，进一步发现了太阳如流体般作较差式自转，并于 1863 年提出了太阳自转周期随日面纬度变化的经验定律。

在对行星的观测方面，1761 年俄国罗蒙诺索夫（M. B.

ЛОМОНОСОВ，1711—1765）发现金星表面有气体层。1837 年梅德勒（J. H. Mdler，1794—1874）和比尔（W. Beer，1797—1850）通过观测而绘制了第一幅有经纬坐标的火星全图。19 世纪上半叶，人们用目测法还先后发现了 8 颗小行星和 17 颗卫星，尤其对月球的特性有了更多的了解。月球的表面是一个无水、无空气、无生命的世界。1837 年梅德勒和比尔绘制了一幅比以往要完善得多的巨幅月面图。此外，人们对彗星的本质也有了较多的认识。从 18 世纪中叶到 19 世纪 20 年代，法国天文学家梅西叶（C. Messier，1730—1817）和庞斯（J. C. Pons，1761—1831）先后发现了 58 颗彗星。德国天文学家恩克（J. F. Encke，1791—1865）通过计算，发现庞斯一颗周期很短的（约 3.3 年）彗星与 1786、1792、1805 年出现的一颗彗星是同一颗彗星，并预言该彗星于 1822 年返回近日点，这一预言最终被证实。这就是恩克彗星。1846 年，人们还发现了一颗周期为 6.6 年的比拉彗星（1826 年奥地利人比拉所发现）突然一分为二，间距日益增大，直到 1872 年和 1885 年在地球与比拉彗星两轨道相交处变为辐射点位于仙女座的极为壮观的流星雨，使人们对彗星与流星雨的相关性有了明确的认识。与此同时，人们还通过一颗明亮彗星的研究，认识到彗星本质上是一种质量很小、彗尾极其稀薄的天体。

这一时期的天文学基本属于目测天文学，但是它所取得的成果却为天体物理学的诞生提供了必要的认识基础。天体物理学是用物理学的理论和方法研究天体形态、结构、化学组成、物理状态和演化规律的科学。物理理论和方法的引进，给天文学带来了深刻的变化。它使人们由局限于认识天体相互作用的力学关系进而发展到认识天体的物理运动和化学变化，从而开辟了天文学研究的一个更为广阔的新领域。

　　天体物理学的诞生是以分光术、测光术、照相术等物理方法的成功引进为其标志的。早在 17 世纪，牛顿就用棱镜将白色太阳光分解出七彩单色光组成的光谱。19 世纪初，英国物理学家沃拉斯顿（W. H. Wollaston，1766—1828）让太阳光穿过狭缝后再经过棱镜，发现折射光谱中多了七条暗线。1814 年，德国著名光学家夫朗和费用狭缝、准直管、三棱镜和望远镜制成了第一架分光镜，并用以研究太阳的光谱。他发现太阳光谱中有 574 条暗线，其中主要几条暗线用大写英文字母 A、B、C、D 等表示。这就是夫朗和费线。他还发现太阳光谱中橙黄色区域出现双重 D 线吸收线，恰好与某些火焰光谱相应位置的两条明线相对应，但是他无法解释这种现象。

　　1858—1859 年，德国化学家本生（R. W. Bunsen，1811—1899）发现钾、钠、锂、锶、钡等不同化学物质燃烧会产生不同颜色。他想，反过来是否可以根据光焰颜色来判断物质的化学成分？接着，他与他的朋友基尔霍夫（G. R. Kirchoff，1824—1887）合作，按基尔霍夫建议，让火焰通过分光镜分成光谱进行观察，结果发现不同化学元素有不同的特征明线光谱，它们之间有确定的对应关系。根据这种对应关系，人们就可以根据光谱谱线判断燃烧物质的元素组成。这样，人们就找到了一种根据光谱特征来判断化学元素的化学分析方法，简称光谱分析法。其后，基尔霍夫利用光谱分析法对夫朗和费线做出了科学解释。他认为既然太阳光谱中的 D 线和钠元素黄色谱线位置相同，说明太阳光谱中有钠元素。那么，为什么太阳光谱中的 D 线是暗线而钠燃烧的特征光谱为明线呢？基尔霍夫经研究后终于发现，太阳内部高温发出的连续谱线经过低温外层，其中化学元素有吸收连续谱线中相应谱线的能力，于是连续谱线相应位置上的谱线被吸收而成为吸收暗线。1859 年基尔霍夫总结出两条定律：（1）每一种元素都有它自己的谱线；（2）每一种元素都可以吸收它所能发射的谱线。基尔霍夫还进一步指出，炽热的固体或液体发出连续光谱，气体则发出明线光谱。基尔霍夫和本生根据元素的特征谱线很快证明了太阳上有氢、钠、铁、钙、镍等元素。到1869年，天文学家已经论证出太阳的39种元素。后经研究表明，这些元素都是地球上存在的元素，从而证明了太阳和地球是由统一化学元素组成的。

基尔霍夫对太阳光谱的成功研究，推动着天文学家进一步用分光镜去研究恒星和星云。首先将光谱分析法用于恒星和星云研究的是英国天文学家哈金斯（W. Huggins，1824—1910）和意大利天文学家塞奇（A. Secchi，1818—1878）。哈金斯利用高色散分光镜，专门研究少数亮星光谱。1859年，他在伦敦附近塔尔斯山私人天文台，经过4年亮星光谱观测，发现恒星光与太阳一样来自下层炽热物质，穿过上层具有吸收能力的大气层向外辐射。他还从参宿四、毕宿五等亮星发现了氢、钠、铁、钙、镁、铋等与太阳相同的元素。它有力驳斥了法国哲学家孔德所宣扬的人类不可能认识恒星化学组成的不可知论观点。1864年，哈金斯还发现某些星云有很多很强的发射线。他认为这种发射星云是由炽热的气体组成，它们的光能量主要集中在发射线上。1866年他又首次发现新星来自高温氢气壳的光谱发射线。1868年，哈金斯开创了恒星视向速度测量。他根据天狼星一些特征谱线的位移，首次用多普勒效应测出了天狼星的视向速度。这对现代宇宙学的发展有着重要意义。塞奇用低色散的分光镜观测大量暗星光谱。他的重要贡献在于开辟了恒星光谱学的一个重要研究方向，即光谱分类学研究。他将列表的4000颗恒星光谱分为白色星、黄色星、橙色和红色星、暗红色星四类，并注意到恒星光谱与温度的关系，为尔后恒星表面温度与光谱型关系研究做了必要的准备工作。

　　测光术是利用观测手段来测量恒星光度的方法。最早的测光术是目视测量法。早在古希腊时代，伊巴谷（Hipparchus，约前 190—前 125）就用肉眼将可视恒星分为 6 等，并估计了每颗恒星的视星等。17 世纪下半叶，惠更斯首创光源比较法来估计天体的视亮度。应用目视测量法为天文观测做出重要贡献的是 19 世纪德国天文学家阿格兰德（F. W. A. Arglamder，1799—1875）。他于 1863 年公布了用目视观测法测定的 32 万颗恒星位置和亮度的三卷《波恩星表》。1886 年，他的助手舍恩费尔德（E. Schönfeld，1828—1891）又公布了用目测法测定的 13 万颗恒星。但是目测法受到种种条件的限制，观测能力非常有限，因而结果不够精确。

　　19 世纪上半叶，约翰·赫歇尔发现伊巴谷所定 6 星等中，1 等星与 6 等星的光度相差 100 倍。接着，德国生理学家费希内尔（G. T. Fechner，1807—1887）根据约翰·赫歇尔和斯太因哈尔（C. A. Steinheil）的观测资料，推出相邻两星等的光度比值接近 2.5。1856 年英国天文学家普森（N. R. Pogson，1829—1891）根据费希内尔的结论，建议将相邻两星等的亮度比值定为 $\sqrt[5]{100}$，即 2.512，并建立了光度与星等之间的基本关系式（$m_1 - m_2 = -2.5\lg\dfrac{E_1}{E_2}$，其中 m_1、m_2 为两星视星等，E_1、E_2 为两星视亮度），称普森公式。与此同时，1859 年德国天文学家泽尔纳（J. K. F. Zöllner，1834—1882）发明了偏振光度计。这是一种比较科学的目视光度计。其后不久，英国天文学家普里恰尔特（C. Pritchard，1808—1893）又发明了光辟光度计。这种方法虽然粗糙，但很简便，因而得到广泛应用。普森公式的建立和科学光度计的问世，开创了科学的光度学，为恒星亮度和星等的精确测定创造了条件。1861 年泽尔纳公布了用偏振光度计测定的 226 颗亮星星等值的光度星表。1884 年，美国天文学家皮克林（E. C. Pickering，1846—1919）也公布了利用自制的偏振光度计实测并编制的一个包含 4000 多颗亮度至 7—8 等星的哈佛光度星表。

泽尔纳和皮克林光度星表的编制为变星的研究奠定了稳固的基础，进而推动了变星的研究。变星光度测量的开创者是 18 世纪英国业余天文学家古德里克（J. Goodricke，1764—1786）。他于 1782—1786 年利用目视测量法先后发现了三颗变星，而变星研究的积极倡导者是 19 世纪的阿格兰德。他用不断比较变星和不变星亮度的方法建立了变星亮度变化 0.1 星等的等级制，并编制了包括 44 颗变星的变星表。此外，他所创立的变星命名法稍加修改后一直沿用至今。恒星光度测量工作为现代恒星演化学的研究提供了必要条件。

对天体物理学影响较大的另一技术方法是天体照相术。照相用于天体测量学克服了人眼生理局限性。1839 年美国化学家约翰·德雷珀（J. Draper，1811—1882）利用照相方法获得了第一张月亮原始照片。这张照片虽然无法辨认月亮细节，但它开创了用照相观测方法代替目视观测方法的天文观测新时代。1845 年法国物理学家费佐（A. H. L. Fizeau，1819—1896）和傅科（J. B. L. Foucault，1819—1868）在巴黎拍到了一张带黑子的太阳照片。1850 年美国哈佛大学天文台威廉·邦德（W. Bond）和惠普尔（J. A. Whiple）合作，通过 20 分钟曝光，首次拍得了恒星织女星的照片。但照相方法真正成为天体物理学的重要方法还是在珂珞酊湿片法发明以后。

1851 年英国摄影师斯科特-阿切尔（F. Scatt-Archer，1813—1857）发明了快速感光的珂珞酊湿片法。它的感光速度要比盖达尔法快上百倍。1852 年英国天文学家德拉鲁（W. Delarue，1815—1898）用该法曝光 30 秒即获得十分清晰的月亮照片。1860 年他与塞奇合作用该法在西班牙拍到了清晰的日珥照片。

珂珞酊湿片法虽大大提高了感光速度，但拍摄需要曝光时间较长的暗弱恒星时，会因湿片干燥而失效。为此，英国化学家马多克斯（R. L. Maddox，1816—1902）于1871年发明了用明胶代替珂珞酊作为银化合物溶剂的"干板"。同时，德国化学家沃格尔（H. W. Vogel，1834—1898）在照相乳胶中加入某种有机染料，发明了底片的敏化技术，使底片的光谱响应扩展到光谱长波部分，从而使明胶干板的灵敏度比珂珞酊湿片提高了数十倍。这样，暗弱恒星的照相问题就较好地解决了。

1882年英国天文学家吉尔（D. Gill，1843—1911）在好望角用一架普通照相机在望远镜上成功地拍摄了大彗星的照片，而且恒星的成像清楚。接着，他又开始编制南天恒星照相星图、星表工作。1885—1891年，他几乎拍摄了全部南天星空的照片，后经荷兰天文学家卡普坦（J. C. Kapteyn，1851—1922）的测量和归算，于1896—1900年刊布了载有45万颗10等以上恒星的第一部南天照相星表，称《好望角照相巡天星表》。1885年法国天文学家亨利兄弟（Panl Henry，1848—1905；Prospey Henry，1849—1903）在拍摄昴星团时，还拍到了一大片无法用肉眼观测的与恒星联系在一起的星云。这是用照相方法发现的第一个真正气体星云。1888年英国天文爱好者罗伯茨（I. Roberts，1829—1904）在仙女座大星云的照片上还发现了肉眼看不见的漩涡结构，这对确认仙女座大星云是类银河系的漩涡星系而不是气体星云，以及从本质上区分星云、星团和星系都具有十分重要的意义。

照相术不仅直接用来拍摄天体照片，而且和分光术、测光术相结合，尤其与日益精密化的望远镜相结合，促使不少天文台纷纷把目视望远镜改装成照相望远镜，使得天体物理学得以更迅速的发展。哈根斯在分光术与照相术的结合上做出了如前所述的开创性贡献。70年代溴化银乳胶干板照相技术发明后，他首先使用该法发现织女星光谱中的七条暗线。1882 年，他又拍摄到猎户座大星云光谱。与此同时，皮克林则发展了光谱照相分类研究，开创了光谱照相分类的新时期。他用棱镜放在物镜前的改进方法拍得了 25 万颗恒星光谱照片，后来大都收进了 1890 年哈佛大学天文台发表的《亨利·德雷伯星表》，其中光谱分类系统就是 1885—1886 年皮克林和莫里（A. Maury，1866—1952）制定的哈佛分类系统。

19 世纪中期以后，分光术、测光术、照相术的有效应用及望远镜的重大改进，为研究天体物理性质、化学组成等创造了良好条件。如果说万有引力定律的发现，是人类认识天体的一次理论上的重大突破，那么分光术、测光术和照相术等物理方法的成功应用则是技术方法上的一次重大突破。它使此前只能认识天体几何形态和力学关系的天体力学推进到认识天体物理运动和化学运动的天体物理学。

二、天体物理学的发展

天文学的发展有赖于观测技术的进步，而观测技术的突破又导致新兴的天体物理学的诞生。而天体物理学的迅速发展，又进一步促进了观测技术的进步。

天文望远镜是天文观测的主要手段。随着望远镜的结构改进和口径增大，人们获得的天体信息也日益丰富，但暴露出来的问题也日益增多。大型折射望远镜物镜的自重变形和对光的吸收均随口径增大而迅速递增；消色差折射物镜又不可避免地存在剩余色差，而且光学玻璃又难于透过近紫外光，对红外光的透射率也很低，因而它的使用受到很大限制。而反射望远镜完全不存在色差，对近紫外光和近红外光的反射率都很高，它的口径可以做得比折射望远镜大得多，因而在天体物理学中得到广泛应用。1918 年美国威尔逊山天文台建造了一架以胡克命名的 2.54 米口径的反射望远镜。1920 年美国物理学家迈克尔逊（A. A. Michelson，1852—1931）发明了第一台恒星干涉仪，被美国天文学家皮斯（F. G. Pease，1881—1938）装在胡克望远镜上。同年 12 月，他们两人首次测得了红巨星参宿四的角直径，由此求得该星的线直径约为 4 亿千米，约为太阳直径的 290倍。1948 年一台以海尔命名的 5.08 米口径的真空镀铝镜面望远镜在帕洛马山天文台落成。由于反射望远镜物镜通常为抛物面，彗差严重，视场狭小，为此美国里奇（G. W. Ritchey，1864—1945）制成了一种近似凹双曲面主镜、凸双曲面副镜的反射望远镜，从而克服了这一缺点。

20 世纪 30—40 年代，为了消除像散带来的像差，又出现了属于第三种类型的折反射望远镜，大大扩展了望远镜的视野。1930 年法国天文学家李奥（B. Lyot，1897—1952）为了观测太阳，他发明了日冕仪，并安装在海拔 2940 米的日中峰天文台上，首次拍得了非日食日冕照片。为了获得天体的单色辐射，他发明了透射带半宽仅为 0.1—1 埃的双折射滤光器，并将其安装在配有电影摄影机的望远镜上，制成了色球望远镜。1939 年用其拍得了第一部日珥运动电影。

照相术广泛应用于天文观测并与分光术相结合，产生了最早的棱镜照相机，使得同一张照相底片可以拍摄到大量天体光谱。这对恒星光谱分类研究有着重要意义。棱镜照相机拍摄天体光谱往往色散率很小。为了获得较大色散率的天体光谱，人们在望远镜上装上了摄谱仪。20 世纪上半叶，高色散摄谱仪问世。恒星视向速度和天体线光谱谱线轮廓的测量借助于它获得了很大成功。

为了提高光谱拍摄质量和测量精度，20 世纪 20 年代，美国天文学家亚当斯（W. S. Adams，1876—1956）利用恒温控制折轴摄谱仪测定了牧夫座 α 星的视向速度，其精度达到 0.01 千米／秒。量子力学的诞生，为天体物理学提供了新的理论基础。按照玻尔的量子理论，元素的谱线似乎是无限窄的，而根据测不准关系，原子能级本身又不是无限窄的，而是有一定宽度的，而且实际情况也是如此。人们经过反复研究，终于发现造成谱线一定宽度的原因是多方面的，如辐射阻尼造成的自然宽度、物理原因造成的碰撞致宽和湍动致宽、力学原因造成的多普勒致宽，等等。在此基础上，人们通过对天体谱线轮廓和等值宽度的实测值与理论推算值的对比，可以获得恒星大气温度、压力、密度、电子浓度、磁场强度以及天体自转与脉动等各种物理参数。

由于天体物理学发展的需要，光电测光技术在天文观测中得到了较大发展。1910 年，美国天文学家斯特宾斯（J. Stebins，1878—1966）首先用硒光电池和光电光度计相结合的光电测光技术，测量了交食变星大陵五的光度变化，获得了清晰的光变曲线。与此同时，德国天文学家古尼克（P. Guthnick，1879—1947）首先利用光电管来测量天体的亮度。1932 年美国天文学家惠特弗德（A. E. Whitford）又率先在光电测光中应用了直流放大器。20 世纪 50 年代初，美国天文学家约翰逊（H. L. Johnson）创立的 UBV 三色测光系统和丹麦天文学家斯特龙根（B. G. D. Strömgren，1908—1987）提出的 ubvy 四色测光系统是两种先进的测光系统，由其所得测光资料可以求得恒星的许多物理参数，因而成为现今国际公认的最有名的二种标准测光系统。

在测光技术中，无论是肉眼、照相测光或光电器件测光都是对波段有限制性选择的辐射探测器，无法得到天体各波段辐射能量的总和。于是，温差电偶等热辐射测量探测器应运而生。热辐射测量方法既可以用来测量太阳辐射能，也可用来测定行星表面温度。1922 年美国柯布伦兹（W. W. Coblemtz，1873—1914）利用热辐射测量法测得太阳常数为 1.938 卡／厘米^2·分，接近现今公认值。1928 年，美国彼提特（E. Pettit）和尼科尔森（S. B. Nicholson，1891—1963）首先开展了恒星的热辐射测量，并公布了他们的测量结果。此外，法国天文学家李奥制成了高灵敏度的光电偏振计，并在月球和行星的研究中取得了很大成功。

19—20 世纪，天文学由于理论基础和技术方法的重大进展，使得天体物理学得以迅速发展。人们对太阳系、恒星世界、银河系和河外星系等各个层次的天体或天体系统有了更多的认识和了解。

太阳是我们人类天文观测经久不衰的主要对象。太阳黑子早在 17 世纪就被人类发现，但对太阳黑子活动规律的认识则是 19 世纪末 20 世纪初的事。1894 年德国天文学家斯玻勒（G. F. W. Spöerer，1822—1895）发现了太阳黑子分布的斯玻勒定律。1914 年英国天文学家蒙德尔（E. W. Maunder，1851—1928）以日面纬度为纵坐标、年代为横坐标绘制了太阳黑子 11 年周期性沿纬度变化的"蝴蝶图"，对斯玻勒定律做了形象化的描述。20 世纪初，美国海尔等人发现了太阳磁场和太阳黑子磁场。海尔用塞曼效应定出黑子磁场强度为数千高斯。他发现太阳黑子也有 N 极和 S 极，双极黑子群中前导黑子和后随黑子的磁极不同。他还发现黑子每 11 年活动周期结束时，前导黑子和后随黑子的南北磁极正好相反。1919 年海尔由此推出太阳活动的真正周期不是 11 年而是 22 年，这就是太阳黑子的磁周。同年，海尔等人还提出了黑子群的磁分类法。现今通用的分类法是 1938 年瑞士苏黎世天文台瓦尔德迈尔（M. Waldmeier，1912—　）提出的苏黎世分类法。这是一种按黑子群形态和发展过程为依据的分类法。1952—1958 年，美国天文学家巴布科克父子（H. D. Babcock；H. W. Babcock）发明了精度达几分之一高斯的太阳磁象仪，并用它发现了太阳自转极区附近的微弱磁场和与黑子磁周相联系的太阳磁场极性反转。

太阳大气光球层中除了黑子之外，人们还发现了一种寿命很短的称为米粒组织的重要现象，并拍到了太阳米粒组织的清晰照片。

太阳大气光球层以上是色球层。人们从中发现了耀斑和日珥两种重要现象。一般耀斑需用太阳单色光照相仪或色球望远镜才能观测到。1859 年英国天文学家卡林顿观测到一种较罕见的和活动最剧烈的白光耀斑，并引起了强烈的地磁扰动、持久磁爆和极光现象。1938 年瑞士天文学家瓦尔德迈尔还首次发现了在同一位置重现的"再现耀斑"。关于日珥的观测，自从太阳单色光照相仪问世后，已经积累了许多观测资料。20 世纪上半叶，人们观测到的日珥有活跃类、爆发类、斑点类、旋风般类、宁静类等类型，其中最壮观的是爆发日珥。

太阳大气最外层是日冕。1930 年李奥发明了日冕仪后，人们可以在非日食时观测日冕，特别是内冕，此前必须是日全食时才能进行。1939 年瑞士天文学家瓦尔德迈尔发现内冕中有时存在着某些电子密度较大的"日冕凝聚区"。这实际上是太阳大气层局部活动区在日冕中的延伸。1950 年他在分析单色光观测资料的基础上，又首次发现了一些发射很弱、亮度比周围小的冕洞，它是太阳风的源泉。20 世纪下半叶的观测照片证实了这一点。

19 世纪末 20 世纪初，美国洛厄尔（P. Lowell，1855—1916）根据观测资料提出"火星人"假说，后经火星探测器实地考察，否定了这一见解，但它吸引了很多天文学家从事行星研究。1915 年洛厄尔发表了《海王星外行星的研究报告》一文，预言海王星外有一颗未知行星，并推测它在天空可能出现的位置。但许多人经过反复观测均未能发现它，直到 1930 年美国汤博（C. W. Jombaugh，1906—1997）经过艰苦探索才找到了这颗预言中的行星，这就是冥王星。

20 世纪 20—50 年代，人们对行星大气成分的研究也取得了很多重要成果。1922 年美国天文学家尼柯尔森（S. B. Nicholson，1891—1963）发现金星大气红外光谱区有极强的吸收带。1932 年美国天文学家 W. S. 亚当斯和小当哈姆（T. Dunham Jr.）证明这些红外吸收带系由二氧化碳造成。1929 年法国天文学家李奥通过测定金星偏振，发现金星表面被不透明的云层所覆盖。1931—1932 年，德国天文学家维尔特（R. Wildt，1905—1976）测得木星和土星大气中含有氨和甲烷。1934 年 W. S. 亚当斯等人对火星大气的检测表明，火星上氧和水汽的含量不超过地球大气含量的 0.15%。1950 年法国天文学家多尔甫斯（A. Dollfus）通过测量，发现水星上有极稀薄的大气。1951 年德国物理学家赫茨贝格（G. Herzberg）论证了由美国天文学家柯伊伯（G. P. Kuiper，1905—1973）在天王星和海王星光谱中发现的弥漫吸收带是由氢分子产生的。

天体分光术开始用于天体观测，也就开始了彗星光谱研究。1866—1868 年英国天文学家哈金斯通过对三颗彗星光谱的观测，发现其中有碳氢化合物谱线。这是首次在地球外发现的分子形迹。与此同时，俄国天文学家勃列基兴（Ф. А. Брелихии，1831—1904）对彗星彗尾做了力学归类。他认为彗尾中的质点受到两种力的作用：一是太阳引力的作用，二是太阳辐射斥力的作用。1877 年他依据这两种力的比值将彗尾分为五类。1918 年苏联天文学家奥尔洛夫（А. Я. Орлов，1880—1954）则根据彗头气体多寡，提出另一种将彗头分为 N、C、E 三类的形态分类法。1949 年美国天文学家惠普尔（F. L. Whipple，1906—2004）提出了彗核结构的"冰冻团块模型"。他认为彗核像"脏雪球"，由水冰、干冰、氨和甲烷冰等母分子夹杂着由铁、钙、镁、矽、钠等元素构成的细尘粒组织。20 世纪 40 年代，比利时天文学家斯温兹（P. Swings，1906— ）等人又从彗星光谱中发现了 OH、CO_2^+、NH_2、CN、CH^+、OH^+ 等一系列谱线以及

氧的禁线和 C_3 所产生的强辐射线。此外，人们还从光谱分析中发现流星中含有多种与地球相同的元素。这些成果都极大地丰富和发展了太阳系物理学。

19 世纪末至 20 世纪中叶，随着双星、变星、有发射线的恒星、星云等研究的不断深入，人们对恒星的认识又有了很大发展。这一时期人们认识双星就有目视双星、交食双星和分光双星等。1897—1914 年，美国业余天文学家伯纳姆（S. W. Burnham，1838—1921）先后发现了 1340 对新的目视双星。1906—1927 年伯纳姆、艾特肯（R. G. Aitken，1864—1951）和英尼斯（R. T. A. Innes，1861—1933）等人又先后建立起系统的目视双星总表。交食双星是由双星中两颗子星互相掩食而造成的。从 1782 年古德里克（J. Goodricke，1764—1786）发现英仙座 β 交食双食以来至 1969 年，苏联库卡尔金（Б. Bl. Кркаркин，1909—1977）收入《变星总表》第三版的交食双星就达 4000 多颗。1887—1889 年，美国天文学家皮克林又发现了由两颗子星互相绕转因多普勒效应引起谱线位移的分光双星。在大量观测资料基础上，各种双星总表和变星总表被编制出来了。1903 年美国天文学家皮克林编制了列有 718 颗变星的变星表。与此同时，人们根据变星的光变原因，将变星分为几何变星、脉动变星和爆发变星三类。几何变星中最主要的是交食变星。脉动变星是变星中数量最多的一类，其中最著名的是造父变星。这一时期，人们研究造父变星最突出的成果是弄清了造父变星的光变原因。

20 世纪初，人们错误地把造父变星解释成"单谱分光双星"。1914 年沙普利提出了造父变星的径向脉动解释，为分析造父变星光变原因提供了正确概念。1918—1919 年，英国天文学家爱丁顿（A. S. Eddington，1882—1944）进一步建立了造父变星的脉动理论。他指出，恒星的任一层次其径向都会受到来自两个方向的压力，即向内的引力和气体压力与向外的辐射压力。在特定条件下，由于两种压力不平衡而产生周期性的径向脉动。随着恒星周期性的径向脉动，星体大小和表面温度也随之发生变化，而且恒星质量越大，光度越大，脉动越慢，因而形成造父变星周期性的明暗变化和周光关系。

20 世纪中叶，人们已经观测到新星、超新星、耀星、磁变星等多种类型的变星，其中最著名的是新星和超新星。最初，人们并未区分新星和超新星，只是到了 1934 年，瑞士天文学家兹威基（F. Zwicky，1898—1970）和德国天文学家巴德合作，首次将一种比普通新星规模大得多、光度强 3—4 个数量级的爆发现象定名为超新星，才开始将新星和超新星区分开来。1960 年兹威基根据巡天观测，推算每个河外星系平均 300 年出现一颗超新星。他一生共发现了 122 颗河外星系超新星。巴德和美国天文学家 R. 闵可夫斯基（R. Minkowski，1895—1976）还根据光变曲线和最亮时的绝对星等，将超新星分为 I 和 II 两大类型。新星爆发时的亮度大约增加 4 个数量级。20 世纪上半叶，人们在银河系已发现了近 10 颗明亮的新星。1946 年美国威尔逊山天文台的多伊奇（A. J. Deutsch）发现了一颗重复爆发的"再发新星"，即北冕座 T 星。

除新星和超新星外，20 世纪上半叶，人们还发现了一种特殊爆发变星，它在几分钟或几秒钟内突然增亮，光变幅度从零点几到几个或十几个星等，几十分钟后复原，以后往往会再耀亮，称为耀星。1948 年鲸鱼座 UV 型变星就是耀星，它在 3 分钟内光度可增加 11 倍。

除此以外，磁变星也是 20 世纪上半叶发现的一种特殊变星，它是一种磁场不断变化的磁变星。磁变星的光度和光谱往往有周期性或不规则的变化。

新星、超新星以及耀星与普通恒星不同，大多数普通恒星具有连续背景加吸收线的光谱，而新星和超新星却带有很宽发射线的光

谱。耀星耀亮时也具有发射线。20世纪上半叶，人们还发现天鹅座
P型星、沃尔夫—拉叶型星、金牛座T型星、B型发射星等恒星光
谱中也都有发射线。这些发射线给我们带来了很多有价值的信息。
天鹅座P型星现已发现了近70颗，其典型星是天鹅座P，它很可能
是一颗气壳在不断向外膨胀的恒星。沃尔夫—拉叶型星现已发现了
约250颗，其光谱中有中性氦、电离氦及各次电离的碳、氮、氧的
发射线。金牛座T型星是不规则变星，至今已发现300颗，其光谱
中最强的发射线是巴耳末线和电离钙的H和K线，还经常出现电离
铁和钛、中性铁和钙的发射线。B型发射星是光谱中除吸收线外还
有发射线的B型主序星，其光谱中最常见的发射线是氢线，尤其是
H_α和H_β线。这类恒星是光谱中带有发射性的特殊恒星，是20世纪
人类认识恒星的新成果。

　　20世纪上半叶，人们已把真正的银河星云和类似星云的河外
星系区分开来了，并对星云有了更深入的认识。人们已能按星云
的发光性质将星云区分为发射星云、反射星云和暗星云。发射星
云是光谱中带有许多明亮发射线的星云，按其形态可分为弥漫发射
星云和行星状星云两类。1939年丹麦天文学家斯特龙根（B. G. D.
Strömgren，1908—1987）指出，发射星云中心高温星的紫外辐射使
周围的氢等气体电离，形成电离氢区。随着距此星距离的增加，电
离度逐渐下降，直至边界。发射星云的发射线是由电离氢区发出
的。当星云中心亮星温度不够高时，星云只能散射和反射亮星辐射
而形成连续背景加吸收线光谱的反射星云。暗星云是近旁没有亮星
而不发光的星云。暗星云的形态多种多样。暗星云中有一种特殊类
型，称球状体。它的体积比一般暗星云小得多，密度却比一般星云
大，质量约相当于0.1—750个太阳质量。人们认为它可能是恒星
的前身，是正在形成中的原恒星。此外，人们还先后发现了一种半

星半云的天体，其形状又像星又像云，拥有独特的发射光谱，很可能是处于恒星演化早期阶段的年轻天体。除了上述天体外，人们还在宇宙中发现了大量星际物质。1904 年德国天文学家哈特曼（J. F. Hortmann，1865—1936）、1928 年 O. 斯特鲁维（O. Strave，1897—1963）、1930 年瑞士天文学家特朗普勒（R. J. Trmpler，1886—1956）等人通过研究，先后证实了星际物质的存在。1932 年美国天文学家斯特宾斯通过观测发现星光穿过星际物质出现红外现象，随后得出了星际红外曲线。

这种种研究成果表明，人们对恒星世界的多样性和复杂性，对各类恒星的形态、结构、物理状态和化学组成有了越来越深入的了解，为人们揭示各类天体之间的联系和天体演化发展规律奠定了基础。

三、赫罗图和现代天体演化观

人们在获得各类天体有关认识之时，必然思考它们之间的关系，而且随着人们对恒星、星云和星际物质认识的不断深化，又会激发天文学家在此基础上进一步揭示各类天体的演化发展规律。当然，最先的和最直接的是关于太阳系形成的规律。

18 世纪下半叶，德国哲学家康德提出了第一个科学的太阳系起源的星云假说，认为太阳系是由星云逐渐演化而来，说明了太阳也有它时间上的历史，而不是如形而上学者所说的那样，过去如此，现在如此，将来永远如此，从而在僵化的形而上学自然观上打开了第一个缺口。接着，拉普拉斯重申了类似的观点，天体演化的观点才被越来越多的人所接受。在此后的一个多世纪里，康德—拉普拉斯星云假说一直被天文学界认为是比较符合太阳系现有特征的较有说服力的假说。但是，这一学说毕竟还是属于前科学时期的演化理论，比较粗糙，很多问题有待解决，尤其是它无法解释太阳系角动量分布异常的问题。为了解决这些问题，人们提出种种假说是必然的，而且探索的时间越长，提出的假说越多。于是，关于太阳系形成的各种假说纷呈林立，其中主要的假说大致可分两类：一类是灾变说，另一类是新星云说。

灾变说的主要观点有星子说、潮汐说、碰撞说、双星说、超新星说等。

星子说是 1900 年美国地质学家张伯伦（T. C. Chamberlain，1843—1928）和美国天文学家莫尔顿（F. R. Moulton，1872—1952）提出的。他们认为曾经有颗恒星在离太阳几百万公里外经过。由于引力作用，在太阳向背恒星两方向形成两股螺旋状气流，逐渐汇成围绕太阳的气盘。气体物质逐渐冷凝成为固体星子，星子再结合成行星和卫星。星子落向太阳使太阳自转。

潮汐说是 1916 年英国天文学家金斯（J. H. Jeans，1877—1946）提出的。他认为大约 20 亿年前有一颗比太阳大的恒星经过太阳。恒星的引潮力使太阳对着恒星的一面被拉出一条雪茄烟形的长条物质。这些物质从恒星获得角动量而绕太阳旋转，逐渐演变成行星系。

碰撞说是 1929 年英国天文学家杰弗里斯（H. Jeffreys）提出的。他认为曾有一颗恒星与太阳擦边相撞，撞出的物质约为太阳质量的 1/500，这些物质逐渐形成行星系。

双星说是 1935 年美国天文学家 H. 罗素（H. N. Russell，1877—1957）提出的。他认为太阳曾是一对双星中的一个子星，另一子星被另一靠近的恒星拉走，因受太阳引潮力作用，另一子星被拉走时在太阳近旁留下了一长条物质，逐渐形成围绕太阳的行星系。

超新星说是 1944 年英国天文学家霍伊尔（F. Hoyle，1915—

2001）提出的。他认为太阳原是一对双星的一个子星，另一子星是超新星。超新星爆发时在朝太阳方向抛出的物质较多，由于反冲力使它离太阳而去，其中部分物质被太阳俘获而逐渐形成行星系统。

各种灾变说虽然在一定程度上能够对太阳系的某些特征作出逻辑上的解释，但也存在着难以克服的困难。灾变说试图用恒星接近和碰撞的偶然事件来说明行星系的形成。实际上，这类事件的概率极少，而且从太阳或恒星拉出的高温物质往往迅速扩散，不可能形成太阳周围的气状星云和凝聚为行星。根据理论计算，这些物质即使演变成行星，其轨道也不是近圆形而是椭圆。因此，到 20 世纪 40 年代，灾变说逐渐衰落了，而新的星云说又活跃起来了。

新星云说包括电磁说、漩涡说、原星云说等。

电磁说是 1942 年瑞典物理学家阿尔文（Hannes Alfvén，1908—1995）提出的。他认为太阳系是由一个高度电离的气体云形成的。电离气体云的中心部分形成太阳，所以它最初有很强的磁场。电离气体云的另一部分起初被星际磁场、电离气体云本身的磁场以及太阳的磁场维持在距太阳 0.1 光年处。随着气体云冷却，部分电子和离子结合成中性原子，摆脱磁场约束，在太阳引力作用下向太阳下落并再度电离，形成组成元素不同的 4 个电离物质云，然后分别形成行星和卫星等不同天体。电磁说强调了电磁作用，对于解释太阳系角动量分布异常有一定意义，但无法解释行星的元素组成和冥王星的质量。

漩涡说是 1943 年德国天文学家魏茨泽克（C. F. Weizsäcker，1912—2007）提出的。他强调了流体力学在太阳系形成过程中的作用。他认为太阳形成后，被随之旋转的气体尘埃云所包围。尘埃云由于旋转变成扁状星云盘。星云盘由于雷诺数很高而出现湍流并分为几个环，每个环内逐渐形成规则排列的 5 个漩涡。环与环之间、漩涡之间又形成次级漩涡。它们绕太阳作整体转动，行星便在其中形成。但后来的天文学家认为，星云没有足够的能量来维持湍流，漩涡很快会消失，不可能形成行星，所以该观点难以成立。

俘获说是1944年苏联地球物理学家施密特（О. Ю. Щмидт，1891—1956）提出的。他认为，先形成的太阳在星际空间穿入了一片旋转着的气体——尘埃云，在它离开星云时俘获了一定固体质点和气体，它们在太阳引力作用下一开始就有角动量，于是形成围绕太阳转动的"原行星云"。星云中的固体质点由于碰撞吸收或碎裂，形成如陨星般大小不等的物质块，其中大的物质块构成行星胎。行星胎在绕太阳转动时，由于尘粒和小型固体物质块在其上降落，使其质量不断增大而形成行星。但是，恒星穿过星际云的几率极小，也难以俘获形成行星的足够物质，因而这种观点也难以令人信服。

原行星说是1949年美国天文学家柯伊伯（G. P. Kuiper，1905—1973）提出的。他认为原始星云在中心天体太阳形成后，少量残留物质在太阳周围形成具有湍流的扁平星云盘，星云由于引力不稳定而瓦解并凝聚成为原行星。原行星内部固体质点向中心下沉，外部主要是氢、氦、氮原子和氖、水汽、氨、甲烷等分子。随着太阳表面温度升高，气体极大部分散逸，剩余部分形成现今的行星。但是，人们无法找到这样一个驱使原行星大量气体散逸的力量，而且大量气体从原行星散逸所需要的时间也远远超过了现今已知太阳系的年岁。这些难题是原行星说无法解释的，因而这种观点也难以成立。

星云说日趋活跃，受到日益增多的天文学家的重视，使得有些灾变论者也转入了星云说。1955年灾变论者霍伊尔认为，原始星云在收缩成太阳的过程中，由于角动量守恒使星云转速加快，赤道处的物质由于收缩而使其离心力等于吸引力时就逐渐形成星云环，并在太阳磁场作用下产生电离，而且获得了太阳通过磁场作用转移过来的很大一部分角动量，使星云环的转动速度增大，于是星云环逐渐向外延伸而成星云盘。行星和卫星就在这星云盘中形成。

20世纪60年代以后，新星云说有了进一步发展。但是，人们所掌握的太阳系资料仅此一例，没有类似的参照物，因而认识有一定难度，直到现在还难以建立一个能解释太阳系所有特征的公认的理论。太阳系的演化问题包括太阳自身的演化和太阳系诸行星和卫星的演化问题。星云说只是从理论与实践的逻辑协调性上阐明太阳及其行星和卫星的形成过程，对于太阳及太阳类恒星的演化发展问题则必须而且能够在更广阔的宇宙背景下予以解决。

19世纪末20世纪初，恒星的光度测量、光谱分析和分类研究有了迅速发展，一些载有恒星光谱、恒星亮度、恒星位置和自行的星表也相继问世，这些都对天体物理学的发展产生了深刻的影响。尤其是关于恒星光谱学的分类研究，直接为恒星演化学的发展提供了必要基础。

1897年美国女天文学家莫里（A. C. Manry，1866—1952）用她自己的分类法在《哈佛年鉴》上发表了一个星表。她将恒星光谱分为22型，每型又细分为7级。莫里的分类已涉及光谱和光度的特征，但还只是一种形态分类法。由于她的分类过细，超出了当时观测棱镜的分辨极限，未能引起人们的重视。接着，坎农（A. J. Cannon，1863—1941）根据莫里恒星光谱分类法，对2万多颗恒星光谱进行了分类研究，即哈佛光谱分类，并陆续出版了《亨利·德雷珀星表》。

1892—1898年间，爱尔兰业余天文学家蒙克（W. H. S. Monck，1839—1915）开创了恒星光谱型与自行关系的研究。他将恒星光谱分为天狼型兰星、五车二型黄星和大角型红星三类。他通过统计分析指出，黄星的平均自行比红星大，而平均光度比红星低。实际上，这里已经包含了光谱与光度关系。所以，莫里和蒙克的工作虽然没有引起多少人的兴趣，但为揭示光谱与光度关系创造了条件。

20世纪初，丹麦天文学家赫茨普龙（Ejnar, Hertrsprung, 1873—1967）以莫里的光度星表为基础，探取蒙克以自行代替视差的方法，根据恒星不同光度特征，从本质上对恒星进行了分类研究。当然，自行不完全取决于视差，还与它的真实运动速度和运动方向有关，但后者的影响甚微，可以忽略不计，因而自行与视差可看作两体对应关系。蒙克认为同一光谱型具有相近的光度。赫茨普龙发现同一光谱型的恒星包含着光度截然不同的两类恒星。赫茨普龙克服了蒙克光谱分类过粗的缺点，把每颗恒星的自行都以零星等为基础归算为同一视亮度的自行，按莫里的分类把不同光谱型和同一光谱型下不同类的恒星分门别类进行统计分析，求出各类恒星的平均自行，并得到自行与光度的反相关关系。在此基础上，赫茨普龙得出了一个重要结论，即蓝色星光度大，红色星光度小。他把光度很大的星称巨星，光度较小的星称矮星。他还发现巨星比矮星的数目要少得多。1905—1907年，他将自己的研究成果以"恒星辐射"为题分两次发表在德国《科学照相》杂志上，但未引起天文学家的广泛注意。1909年，他在德国天文学家K.史瓦西（K. Schwarzschild, 1873—1916）鼓励下，又把他的成果以概括性的文章《莫里分类中的C和AG星》发表在德国《天文学通报》上。他在该文中提出了相当于后来赫罗图中主星序和巨星序的两个序列。他还利用星团中恒星视差相同的条件，以昴星团和毕星团为对象研究恒星光谱与光度关系，从而回避了最困难的视差测量问题。1911年，他以色指数（对应于恒星光谱型）为纵坐标，视星等为横坐标，绘制了昴星团和毕星团的恒星色指数——星等图。这就是最早的星团赫罗图。赫茨普龙的成果是人类对恒星及其分类认识上的一大飞跃。

1910 年美国天文学家罗素为了探讨恒星的演化，在测定恒星视差和视星等基础上，发现恒星光谱相同而光度不同，并发表了刊有 50 多颗恒星视差的论文《恒星视差的测定》。该文探讨了恒星光谱型和光度关系，得到了高光度巨星与低光度矮星的结论，而且还发现巨星和矮星不仅表示恒星光度，也表示恒星体积。巨星在体积上同样是巨大的。1913 年罗素在英国皇家天文台台刊上以"巨星与矮星"为题发表了他的研究成果。1914 年罗素又以"恒星光谱型和其他特征之间的关系"为题在《大众天文学》上介绍了他的研究成果。这两篇论文都附有与赫茨普龙图内容完全相同的光谱——光度图，后来统称为赫罗图。

赫罗图是恒星科学分类的重要成果，是天体物理学发展史上的一个重要里程碑。它全面展示了恒星世界的多样性、有序性和内在的规律性。赫罗图显示出大多数恒星都位于图左上端向右下端延伸的斜带序列中，所以称主星序。这些恒星属于矮星。斜带右上侧散布着一些光度大的巨星，称巨星序。斜带左下方还有一颗光度特别小的 A 型波江座 40B。赫罗图为恒星演化研究奠定了直接基础。

赫罗图上恒星分布所显示出来的规律性引起了罗素的兴趣。他试图从中找出恒星演化的序列。他认为，新生的恒星体积大而温度低，属 M 型红巨星，随着自身的引力收缩，恒星体积变小而温度升高，颜色渐白，由巨星序到达主星序左上方，然后沿着主星序由左上方向右下方演化，由于引力收缩使其体积减小而温度下降，渐渐变成 M 型红矮星。

罗素是第一个从赫罗图描绘恒星演化图景的人，它启发人们进一步利用赫罗图去揭示恒星演化规律。但是，他的演化理论没有考虑赫罗图左下方的波江座 40B，而且 1915 年 W. S. 亚当斯发现的天狼伴星也位于赫罗图左下方。这是一类体积小而密度大、温度高而光度低的白矮星。罗素的演化理论对这类现象无法给予解释。同时罗素的演化理论是以引力收缩作为恒星演化能源为前提的。按此推算，太阳年龄仅有 2000 万年，但当时地质学家已初步确定地球年龄至少已有 10 亿年，这也是罗素理论无法说明的。

20 世纪初，相对论建立以后，相对论的质能关系式为恒星演化能源提供了新的理论依据。1937—1939 年，德国的魏茨泽克和美国的贝特（H. A. Bethe，1906—2005）相继用氢氦聚变和碳氮循环的热核反应来解释恒星演化的能量来源，其结果与观测资料颇为符合，从而揭开了恒星演化能源之谜。

1922 年，赫茨普龙在一张列有北半球 700 多颗恒星的赫罗图上方，发现巨星序和主星序并不相连，而是一个几乎没有星的空隙，称"赫茨普龙空区"。他试图用罗素理论给予解释，结果也难以说明。后来证明，罗素的演化理论是错误的。

1924 年英国天文学家爱丁顿从理论和实践上确立了恒星质量与光度关系，绘出了理论质光关系曲线。这一关系的确立完全改变了罗素等人认为主星序是恒星演化过程的观点，而是表明恒星同一演化阶段因质量不同和光度不同而所处的位置不同。大质量恒星位于左上方，小质量恒星位于右下方。恒星在这一阶段度过了一生中的大部分时间。爱丁顿在建立质光关系时，还发现恒星的光度不仅依赖于它的质量，而且在很大程度上依赖于氢的相对丰度，进而大胆推测太阳和恒星中氢的丰度达 35%，而实际比例则要高得多。

此后，对恒星演化理论发展做出贡献的有下面一些人。1925 年瑞士天文学家特朗普勒（R. J. Trumpler，1886—1956）在对银河星团赫罗图广泛研究的基础上，将星团分为三类：一类是从 O 型星开始的，只有主星序；二类是从 B 型星开始的，除主星序外还有少量黄色和红色巨星；三类是从 A 型星开始的，一般有很多巨星。银河中没有 F 型或更晚型的星团。一类主星序位置较高，三类主星序位置较低。

1937 年柯伊柏（G. P. Kuiper，1905—1973）建立了由 14 个银河星团的赫罗图组合而成的组合赫罗图。该图中主星序上部都明显向右弯曲，但不同星团的弯曲点的位置不同。这种位置上的差别表明了恒星质量不同，光度不同，在主星序阶段逗留的时间不同。恒星质量越大，光度越大，在主星序阶段逗留的时间就越短。所以，从星团在赫罗图上弯曲点的位置就可推算出星团的年龄。弯曲点越高，星团年龄越轻。

20 世纪 50 年代，美国天文学家桑德奇（A. R. Sandage，1926—2010）对在观测基础上绘制的球状星团赫罗图与银河星团赫罗图进行比较时，发现主星序上方有一个水平分支，而且有些星团的水平分支穿过主星序位置。这说明恒星由红巨星阶段经过脉动变星阶段，跨过主星序进入右下方的白矮星阶段。他推测白矮星可能就是恒星的归宿。随着中子星和黑洞问题研究的进展，人们认识到不同质量的恒星有不同的归宿。中子星和黑洞可能是恒星的另两种归宿。

1961 年日本天文学家林忠四郎（Hayashi Chushiro，1920—2010）进一步研究了恒星的早期演化。他认为早期原恒星由于引力收缩从赫罗图右上方下降，然后进入主星序。他给出了各种质量恒星从诞生到主星序的赫罗图，揭示了恒星早期引力收缩阶段的演化历程。

直至 20 世纪 60 年代，许多天文学家经过长期不懈努力，终于能够在赫罗图上描绘出恒星一生的演化途径。恒星一生的演化过程大致可分为如下几个阶段：（1）恒星的前身是星云。星云是由十分稀薄的尘埃和气体组成，由于引力作用逐渐凝聚为原恒星；（2）原恒星阶段。原恒星因引力作用而继续收缩，温度升高。此时引力收缩是恒星的主要能量来源。当恒星自身温度达到一定高度时即引起氢氦聚变反应，恒星进入了主星序阶段；（3）主序星阶段。恒星进入主星序后成为主序星。氢氦聚变反应是主序星的主要能量来源。主序星是恒星一生中时间最长、最稳定的阶段。而且恒星在这阶段的寿命与质量有关。质量越大、寿命越短；质量越小，寿命越长；（4）红巨星阶段。恒星中心的氢耗尽后，氦核不断扩大，随即离开主星序，穿过右上方赫茨普龙空区，变为红巨星。红巨星由中心氦聚变为碳的热核反应提供能量；（5）白矮星阶段。红巨星中心氦碳聚变反应结束后，天体收缩变为不断脉动的造父变星，并产生如新星和超新星的爆发现象，然后再向左跨过赫罗图主星序，变为白矮星。如果恒星的质量足够大，它们还要进一步演化为中子星和黑洞而告终。

除了恒星演化外，还有更大范围的星系演化问题。对此，美国天文学家哈勃做出了重要贡献。他不仅于 1926 年确认了河外星系的存在，而且提出了河外星系的形态分类法。他将河外星系分为椭圆星系、漩涡星系和不规则星系三种形态。这启发了许多天文学家在此基础上探讨星系的演化问题。20 世纪 30 年代，有人认为星系的形态序列就是演化序列，即由椭圆星系经过漩涡星系，再到不规则星系。也有人认为星系是沿着相反方向演化。但是，人们最终发现星系形态序列并不是演化序列，而是同一演化阶段。随着互扰星系和激扰星系等特殊星系的陆续发现，人们渐渐认识到哈勃的星系形态分类法只不过是对正常星系的一种分类。

类星体的发现，又激起天文学家思考星系的演化问题。有人认为类星体是星系演化的最早阶段。认为星系的演化序列是由类星体经过特殊星系，最后到达正常星系。总之，关于星系演化问题，还是一个有待进一步探索的课题。

天体物理学虽然取得了若干实质性的巨大的成就，可以比较切实地说明若干天象，例如，恒星、行星等的生成与演化过程。但真正全面揭开宇宙的奥秘，还十分遥远。许多见解都只有假说的性质，即令前进到当代宇宙学，它的实证科学的成果，仍很难说是真理性的，而只能凭借哲学思考做出揣测性的思辨说明。

第三节　现代宇宙学与哲学宇宙论

天文学近代的发展，特别是天体力学、天体物理学的诞生，为现代宇宙学的确立提供了坚实的基础。它对天区大尺度时空特性及物质演化进行了整体性的探索，从科学认识领域跃进到哲学综合思考的领域，实质上是在科学与哲学的结合点上探讨宇宙问题了。一般认为现代宇宙学是从爱因斯坦创立广义相对论开始的，而爱因斯坦又是以克服天文学佯谬作为其起点的。

牛顿的经典力学以欧氏几何空间作为其基础。欧氏空间是一种向四面八方无限延伸的平直空间。牛顿认为宇宙是无限的，天体可以向四面八方无限延伸。但是这种空间观念在解释空间某些物理特性时却陷入了困境，导致经典理论的光度佯谬和引力佯谬。

1823 年德国天文学家奥伯斯（H. W. M. Olbers，1758—1840）指出，如果宇宙是无限的，那么均匀分布在空间中的恒星也是无限的，那么，我们在任何方向上都会面临无限多颗恒星。虽然每颗恒星照射到地球上的光度与地球距离的平方成反比，但是这样的恒星数却与离地球距离的平方成正比例地增加，这两个因素将互相抵消，结果照射到地球上的光的总照度将与距离无关。因而，随着距离的增加，光的总照度将无限增加。但是，由于恒星对光度的遮掩效应，前面的恒星挡住了后面的星光，最终天空任何方向上都将会像太阳一样明亮，但实际情况并非如此。这就是光度佯谬或奥伯斯佯谬。

引力佯谬是 1894 年德国天文学家西利格尔（H. von Seeliger，1849—1924）提出的。他指出，如果无限宇宙中均匀分布着无限多恒星，那么，根据万有引力定律，任何一个物体都会受到无限多恒星的无限大的引力，产生无限大的加速度，实际情况也并非如此。这就是引力佯谬或西利格尔佯谬。天文学的佯谬长期困扰着许多天文学家。为了克服引力佯谬，西利格尔提出了修改牛顿定律的方案。他的方案为"其中规定，对于很大的距离而言，两质量之间的吸引力比按照平方反比定律得出的结果减小得更加快些。这样，物质的平均密度就有可能处处一样，甚至到无限远处也是一样，而不会产生无限大的引力场"[1]。爱因斯坦认为，西利格尔对牛顿定律的修改反而使其复杂化了，并且既无经验根据又无理论依据。

爱因斯坦广义相对论提出后，为解决这一问题提供了全新观念，并为现代宇宙学的诞生奠定了理论基础。他指出："我们所居住的宇宙是无限的还是像球形宇宙那样是有限的，我们的经验远不足以使我们回答这个问题。但是，广义相对论得以使我们在一定程度上可靠地回答这个问题。"[2] 1917 年爱因斯坦发表了《根据广义相对论对宇宙学所作的考查》一文。这是标志现代宇宙学诞生的开创性文献。他指出，"对宇宙的结构的探讨同时也沿着另一个颇不相同的方向前进。非欧几里德几何学的发展导致了对于这样一个事实的认识，即我们能对我们的宇宙空间的无限性表示怀疑，而不会与思维规律或与经验发生冲突"[3]。于是，他以广义相对论和非欧几何代替牛顿力学和欧氏几何，并提出了一个近似性假设，即认为对于大尺度宇宙空

---

① 爱因斯坦：《狭义与广义相对论浅说》，上海科学技术出版社 1964 年版，第 89 页。

② 爱因斯坦：《狭义与广义相对论浅说》，上海科学技术出版社 1964 年版，第 93 页。

③ 爱因斯坦：《狭义与广义相对论浅说》，上海科学技术出版社 1964 年版，第 90 页。

间，物质是均匀分布的和各向同性的。这一假设后来逐渐被许多人所接受而被称为宇宙学原理。鉴于那时河外星系退行现象尚未发现，他认为"对于一个适当选取的坐标系而言，诸星的速度比起光的传播速度是相当小的"[①]。因此，从大尺度看来，宇宙物质可以看作是静止的。接着，爱因斯坦通过求解广义相对论的引力场方程，求得了不稳定的动态宇宙解。但是，为了和宇宙物质静态分布假设相协调，爱因斯坦不得不修改他的引力场方程，在场方程中加上一个附加项，并明确指出，"我们所以需要这个补充项，只是为了使物质的准静态分布成为可能，而这种物质分布是同星的速度很小这一事实相符合的"[②]。爱因斯坦认为原方程的宇宙解将是一个动态解，只体现了引力，没有斥力，宇宙将由于引力而收缩变小。为了平衡引力，所以需要引进一个代表斥力的附加项，称为宇宙项，使引力与斥力达到平衡，从而求得静态解，并由此而建立起一个"静态有限而无界的宇宙模型"。所谓静态，是指从大尺度看来，宇宙空间中的物质基本上是静止不动的；所谓有限而无界，是指我们的宇宙属于三维黎曼球面空间宇宙。根据广义相对论，由于引力质量的存在，宇宙空间的几何特性决定于物质的分布和运动。宇宙空间由于巨大引力场的存在而弯曲，空间弯曲最终导致宇宙闭合，造成一个有限而无界的球状空间。因此，它的体积有限而没有边界，其值由它的半径来决定（$2\pi^2R^3$），因而它的总质量也是有限的（$2\pi^2R^3 9$）。在三维球面空间中，所有的点是完全等价的。光线在这种空间内传播是弯曲的，如果在途中不被吸收和分散的话，它将无始无终地传播下去。

1917 年荷兰天文学家德西特（W. Desitter，1872—1934）在他

---

① 爱因斯坦：《狭义与广义相对论浅说》，上海科学技术出版社 1964 年版，第 94 页。

② 《爱因斯坦论文集》第 2 卷，商务印书馆 1977 年版，第 363 页。

的《爱因斯坦的引力理论及其天文学影响》论文中提出了引力场方程的另一个宇宙解，由此而建立起另一个静态宇宙模型。他认为空间不随时间而变化，但模型中的物质是运动的，宇宙的平均密度为零。

1922年，苏联数学家弗里德曼（A. Friedmann，1888—1928）发表了著名论文《论空间的曲率》。他以均匀各向同性为前提，重新求出了引力场方程的通解。他认为在爱因斯坦场方程中引进宇宙项是完全没有必要的，因而取消了这一附加项。他进一步求出了方程解。他的方程解既包括静态解，也包括动态解。其动态解包括三类宇宙模型解，二类膨胀解，一类振荡解，从而建立起弗里德曼宇宙模型。弗里德曼宇宙模型是一种不存在宇宙项的均匀各向同性模型。后来人们对弗里德曼模型作了进一步研究，发现宇宙是属于单调膨胀型或是振荡型，主要由宇宙内物质的平均密度与临界密度之比值来决定。若平均密度与临界密度之比值小于1，对应于一个双曲型的开放宇宙模型；若比值等于1，对应于一个欧几里德型的平直开放宇宙模型；若比值大于1，则对应于一个有限而无界的闭合宇宙模型。在前两种情况下，宇宙要一直膨胀下去；在第三种情况下，宇宙膨胀到一定时候就要收缩，然后再膨胀，再收缩，形成振荡式的宇宙。宇宙内物质的临界密度现已从理论上推出（$9c = 4.7 \times 10^{-30} g/cm^3$），但平均密度与临界密度之比值至今尚未能确定。

弗里德曼动态解提出后并未引起人们的注意，直到1927年比利时天文学家勒梅特（G. Lemaitre，1894—1966）在弗里德曼基础上，再次提出宇宙膨胀概念后，才受到天文学界的重视。

1927年勒梅特发表了以"考虑河外星云视向速度的常质量增半径均匀宇宙"为题的重要论文。他通过求解引力场方程也得到了一个膨胀宇宙模型。但是，勒梅特模型是一种均匀各向同性且存在宇宙项的宇宙模型，而弗里德曼模型是一种不存在宇宙项的模型。虽然，他也试图以观测所及的河外星云普遍退行来解释宇宙的膨胀问题，但也未引起人们的足够注意。

现代宇宙学的产生除了爱因斯坦广义相对论所提供的理论基础外，另一重要基础是观测实践。理论推论必须经过观测实践的验证才能确立，也需要在观测实践中向前发展。如果宇宙在膨胀，我们应该能观测到宇宙天体离开我们而去的径向运动。但是天体离开我们而去的径向运动的测量却是一个难题。

1842年，奥地利物理学家多普勒（J. G. Doppler，1803—1853）发现了一种可以用来测定视向运动的多普勒效应。所谓多普勒效应，是指波源与观测者做相对运动时，观测者接受到的频率和波源发出的频率不同，这种现象称为多普勒效应。波长改变值可用公式 $\Delta\lambda = V/V_s \cdot \lambda$ 来表示，其中 λ 代表波源相对于观测者静止时波长，V 为波源运动速度，V_s 为声速，$\Delta\lambda$ 表示波长改变值。由观测得到 $\Delta\lambda$，即可求出波源运动速度 V。所以，多普勒效应是一种波源运动改变波频率的效应。当波源与观测者相互接近时，观测者接收到的频率则提高。多普勒还认为，运动光源的颜色也应有类似的变化。因为天体发出的光谱谱线都具有一定的频率。如果谱线由低频红端向高频蓝端移动称为蓝移的话，我们就将谱线由高频蓝端向低频红端方向移动称为红移。1848年法国物理学家费佐（A. H. L. Fizeau，1819—1896）指出，光源速度与光速相比往往显得微不足道，所以一般很难观测到光源颜色的变化。他认为应观测光源发出的谱线的位移。在天体观测中，只要我们测定了波源天体光谱频率的改变量，就可以判断天体的相对运动状态。若天体谱线发生红移，表示天体离我们而去；若天体谱线发生蓝移，表示天体向我们而来。同时根据光谱谱线红移量的大小，就可以测定天体的视向速度。但是光速很高，如果光源相对于观测者的运动速度不大时，这种观测仍然很难。尽管如此，英国哈金斯还是运用这种方法首次测出了天狼星以 46.5 公里／秒的视向速度离开我们。从此，天体视向运动的测定才真正成为可能。

1914 年美国天文学家斯里弗（V. M. Slipher，1875—1969）在对星系光谱作了长期测量后，发现大量星系谱线的红移现象，而且较远的星系有较大的红移，并根据谱线红移关系测得 13 个星系的视向速度，发现它们都以每秒几百公里的速度离开我们而去。1923 年，爱丁顿把星系的视向速度和德西特的宇宙模型联系起来，以德西特模型分析红移数据。但由于当时人们对河外星系尚处于认识过程之中，星系谱线红移所导致的巨大退行速度一时很难做出合理解释。因此，爱丁顿认为，宇宙演化学的最令人困惑的问题之一就是漩涡星云的巨大速度。它们的径向速度平均约有 600 公里／秒，并且退离太阳系而运动的速度又占压倒多数。

1929 年美国天文学家哈勃根据斯莱弗·哈马逊（M. L. Humason，1891—1972）和自己的测量，对 24 个星系的视向速度和距离之间的关系进行了比较研究，发现直至 600 万光年的距离，星系的退行速度与距离成正比。星系距离我们越远，红移量越大，退行的视向速度也越大。红移与距离之间存在着线性关系。这种关系称为哈勃定律，可用公式表示为 $V = HD$，其中 V 为红移测定的视向速度，H 为哈勃常数，D 为星系距离。若得到河外星系谱线的红移量，即可求得星系的距离，推测我们宇宙的空间尺度。哈勃定律说明：星系红移不仅表明星系在退行，而且退行的速度随距离的增加而增加。这一结论后被哈勃和他的助手赫马森（Milton Humason，1891—1972）的进一步研究所证明。远至 2.4 亿光年的距离，哈勃定律仍然有效。现今发现，即使超过哈勃发现距离 100 倍，哈勃定律还是适用。

　　哈勃定律的发现，使天文学家大为振奋。很多天文学家认为，星系谱线普遍红移是对勒梅特宇宙膨胀概念的观测验证。哈勃定律是 20 世纪天文学上的重要发现之一，它为现代宇宙学的发展提供了重要的理论依据。

　　哈勃定律发现后，爱因斯坦很后悔在自己的引力场方程中加进了"宇宙项"，认为这是自己所做的"最大的一件蠢事"。如果不加这一项，就是动态的宇宙解。爱因斯坦曾多次表示应该取消这一附加项。

　　哈勃定律建立初期，由于哈勃常数确定不准确，得出宇宙年龄比已测定的地球年龄还小的结论，使人无法接受。直到 20 世纪 50 年代末，哈勃常数逐渐减小到约为原来的 1/10，由此推算的宇宙年龄才与经验观测基本相符。

　　爱因斯坦引力场方程求得动态宇宙解，为膨胀宇宙模型提供了理论依据，加上哈勃所得星系谱线普遍红移的观测事实，以及哈勃所揭示的红移与距离之间关系的哈勃定律，又为膨胀宇宙模型提供了极为重要的支撑条件，使得弗里德曼和勒梅特等人的膨胀宇宙模型又活跃起来了。

　　膨胀宇宙模型必然促使人们考虑宇宙膨胀起源问题。1932 年勒梅特首先提出了宇宙起源于原始原子大爆炸的理论。他认为，最初整个宇宙的物质都包含在原始原子中。现在的宇宙就是由这个极端高热、极端压缩状态的原始原子大爆炸而产生的。原始原子是由放射性物质构成的。他认为放射性是物质的一种普遍属性。化学元素不是放射性元素就是放射性元素的产物。由于原始原子剧烈的放射性衰变而发生爆炸，导致宇宙的膨胀。所以，他说："天体演化学的最简单的出发点不再是或多或少均匀的星云了，而应该是一个单独的原子，通过一系列相继的裂变，这个原子的放射性蜕变就产生了现今存在的不大稳定的原子。"因此，"极有可能现今存在的物质是那些久已消失了的原子放射性蜕变的残余物"[①]。勒梅特的原始原子爆炸膨胀过程大致如下：最初，原始原子由于爆炸而分裂成许多很小的碎片，原子碎片迅速扩散而形成一种气体；由于气体密度很大，引力超过斥力，扩散速度减缓，气体会向中心聚集而形成类似拉普拉斯星云的气体星云；最后斥力超过了引力，星云逐渐演化出星团、恒星和行星。

勒梅特的宇宙起源理论尚缺少必要的观测资料佐证，带有很大臆测性，同时这一理论也未能阐明原始原子的形成以及宇宙间不同元素丰度的产生机制。

1948 年，美籍俄国物理学家伽莫夫以均匀各向同性的宇宙学原理和哈勃定律为基础，发展了原始原子大爆炸理论，建立了大爆炸宇宙学。他认为，宇宙不是起源于原始原子，而是起源于"原始核"爆炸产生的。他认为物质与辐射都是有质量，两者之比在宇宙演化的不同阶段是不同的。宇宙演化早期辐射质量远远超过物质质量，几乎全由高温热辐射组成，各种原子的作用都可以忽略不计。他对早期宇宙演化中元素的合成作了探讨。1956 年，伽莫夫发表了《膨胀宇宙的物理学》一文，更清晰地描绘了宇宙从原始高密状态演化膨胀的概貌。伽莫夫等人的研究工作奠定了热爆炸宇宙模型的基础。

宇宙科学的任务在于认识宇宙，而认识宇宙的重要问题又在于说明宇宙。各种宇宙理论最终都要对大尺度宇宙天体系统的结构特征、运动形式和演化方式做出合理的说明，建立整体模式化的宇宙图景，树立起整体宇宙观念。所以，建立宇宙模型是宇宙学的主要任务之一。

---

① 　引自《西方宇宙理论评述》，科学出版社 1978 年版，第 180 页。

大爆炸宇宙模型在各种宇宙模型中，可以说是影响最大、最具有代表性的模型。它起始于广义相对论的引力场方程的动态解，并得到了哈勃观测经验的有力支持，在宇宙学原理基础上建立起来的动态演化宇宙模型。伽莫夫在《现代宇宙学》中对宇宙演化图景做了如下描绘：宇宙起源于"原始火球"的一次大爆炸，接着就开始了宇宙的演化历程。在最初几分钟内，几乎完全充满着热辐射，光子占绝对优势，温度达 1.5×10^{10}K，由质子、中子和电子组成的物质称"物元"，即原始物质；随后宇宙不断膨胀，原始物质的温度和密度不断下降，当温度降低到 10^9K 以下，质子和中子开始聚合为氘、氚、氦及一些更重的元素；膨胀历时半小时后，各种化学元素形成。由于中子的寿命很短，平均寿命约为 17 分钟，中子除组成原子核外，也所剩无几了。此时的宇宙，大致由等量的氢和氦组成，包括约 10% 的氢和氦的同位素。此后，氢和氦的相对丰度就不再变化了。这与当今宇宙氢氦相对丰度恰好相当。据推测，经过了几十万年以后，温度降至几千度，宇宙由热辐射时代过渡到物质时代，气态物质开始形成巨大的星云，然后再凝聚成亿万颗恒星。经过2.5亿年的膨胀以后，宇宙间的温度逐渐冷却到 1—10K，宇宙物质的密度逐渐演变至相当于现今星际物质的密度。

大爆炸宇宙模型由于得到哈勃定律的有力支持，并对宇宙年龄和氦的丰度做出了虽然是不够准确然而却是最早的推测，尤其是关于宇宙温度的最早预言得到尔后观测事实的有力支持。1948 年，伽莫夫在提出他的大爆炸宇宙理论时，曾预言现今宇宙应有大爆炸残留的背景辐射。同年，阿尔弗（R. A. Alpher）和赫曼（R. C. Herman）则进一步提出早期宇宙遗留下来的背景辐射已很微弱、可能具有的温度仅为 5K 的黑体辐射。1953 年，伽莫夫也进一步预测现今宇宙背景的温度只有绝对温度几度。1964 年，美国贝尔电话实验室的彭齐亚斯（A. Penzias，1933—　）和威尔逊（R. W. Wilson，1936—　）在排除卫星通讯的噪音干扰时，发现了一种来自太空的波长为 7.35 厘米、温度为 2.7K（习惯称 3K）的微波辐射，而且是各向同性的。他们认定是宇宙背景辐射。1965 年普林斯顿大学迪克（R. H. Dicke）小组通过观测证实了彭齐亚斯和威尔逊的发现。3K 微波背景辐射的重要发现是对大爆炸宇宙模型的有力支持，因而大爆炸宇宙模型得到日益增多的人的赞同，成为现代宇宙学中最有影响的学派。但是，它也留下许多尚待解决的问题，如宇宙和星系的起源问题，物质各向同性的理论假设与各向异性的观测事实的矛盾问题，原始火球爆炸开始瞬间高密度、零体积的奇点问题等等。为了克服这些难题，天文学家们纷纷修改原有假设，提出种种新的宇宙模型，如霍伊尔（F. Hoyle，1915—2001）等人提出的稳恒态宇宙模型，沙利叶（C. W. V. Charlier，1862—1934）和伏库勒（G. de Vauconlenrs）提出的等级式宇宙模型和克莱因提出的对称宇宙模型等。

大爆炸宇宙模型提出后，遭到英国霍伊尔、德国戈尔德（T. Gold，1920—　）和奥地利邦迪（H. Bonti，1919—2005）等人的非议。他们对大爆炸宇宙模型的基本假设——宇宙学原理提出了修改意见。他们指出，如果宇宙是由大爆炸而形成的，那么，我们为什么在银河系内看不到大爆炸的痕迹呢？而且大爆炸理论也无法说明星系的凝聚过程，因为爆炸与凝聚是两个对立的概念。邦迪认为，宇宙学原理假设宇宙在空间上是均匀各向同性的，但是将它推广到膨胀变化的遥远天体上，必然带有高度任意性和不可靠性。1948年，霍伊尔、邦迪等人提出只有用"完全宇宙学原理"代替"宇宙学原理"，才能克服这一困难。邦迪将完全宇宙学原理表述为"除去局部的不规则性以外，从任何时刻任何地点去看，宇宙都具有相同的式样"，并指出："仅只这一条原理就能够提供一个充分的基础，用以没有歧视地发展一个宇宙学理论……这一理论就是稳恒态理论。"[1] 也就是说，完全宇宙学原理不仅承认宇宙在空间上是均匀各向同性的，而且在不同时刻也是完全相同的。他们从完全宇宙学原理出发，提出了物质密度保持不变的稳恒态宇宙模型。

霍伊尔指出，根据哈勃定律和宇宙膨胀观点，当星系离开我们达 20 亿光年，退行速度等于光速时，我们就无法获得关于这些星系的信息，它就从我们的观测中消失了。因此，我们观测所及的宇宙是有限的。这样，星系由于宇宙膨胀而不断离开我们，直至达到 20 亿光年这一临界值而陆续消失了，那么在一定的宇宙空间内的星系将越来越少，如果没有补充的话，我们的宇宙将成为"全空的宇宙"。所以，霍伊尔说："如果这些老理论任何一个是正确的话，我们最后就要生活在一个看不见什么东西的空宇宙之中了。除了或许还有一两个非常近邻的星系像卫星一样依附在我们银河系近旁以外，就是全空的宇宙了。演化到这种情况的时间并不是太长的，仅仅只要 10 亿年左右（相当于太阳寿命的 1/5），我们现在能观测到的包含着 100 000 000 个左右星系的太空，就会变成空的了。"[2] 霍伊尔认为这是不可能的，因为我们今天所看到的星系数量和过去一样多。为了避免宇宙膨胀所出现的"全空宇宙"，他认为，要承认宇宙膨胀，就要寻找弥补由于膨胀而导致星系消失的物质来源。这个物质来源就是宇宙背景物质。宇宙背景物质会不断凝聚成新的星系，而新的星系恰好按比率补充那些逃离而消失了的星系。但是，宇宙背景物质也是有限的，当宇宙背景物质用完之后，物质又从哪里来呢？霍

[1] 引自《西方宇宙理论评述》，科学出版社 1978 年版，第 176 页。
[2] 引自《西方宇宙理论评述》，科学出版社 1978 年版，第 220—221 页。

伊尔却异想天开地提出了宇宙物质可以凭空创造的命题，认为宇宙背景中会不断创造出新的物质来。他说："关于不断创造的最明显的问题是：创造的物质究竟从何而来？我认为，它们不来自任何地方。物质就是出现了——它被创造了。在某个时刻，组成这些物质的各个原子并不存在，而过了一些时候，它们就出现了。看上去这似乎是一个非常奇怪的思想，而且我也同意这一点。不过在科学上，一种观念看上去不管多么奇怪是没有多大关系的，只要这种观念有用。这也就是说，只要这种观念能表述成精确的形式，只要由它所得到的结果与观测相符就行。"[①] 他还认为，宇宙物质凭空创造的创生率约为每 5000 亿年每立方米体积创造一个氢原子。这样，宇宙不断膨胀，宇宙物质不断消失而又不断凭空创生，以此弥补由于宇宙膨胀而消失了的物质，使宇宙物质及其分布保持相对稳定。这种理论显然与物质不灭原理是背道而驰的。所以，这一理论提出后，引起科学界很多人的怀疑。它无论在哲学上或科学理论上都是难以置信的。它不仅与重子数守恒、轻子数守恒和质量守恒等守恒定律不相容，而且与观测事实也不符。因此，20 世纪下半叶，这一理论就被人们淘汰了。

等级式宇宙模型是瑞典天文学家沙立叶和法国天文学家伏库勒等人提出来的。1908—1922 年间，沙立叶为了消除牛顿力学理论所带来的与事实不符的光度佯谬和引力佯谬，在德国朗伯（J. H. Lambert，1728—1777）关于天体逐级成团分布这一猜测的基础上，提出了一个等级式宇宙体系。他指出，若第一级天体系统由 N_1 个星体构成，其总质量为 M_1，平均等级半径为 R_1；第二级天体系统由 N_2 个第一级天体系统构成，其总质量为 M_2，平均等级半径为

---

① 引自《西方宇宙理论评述》，科学出版社 1978 年版，第 222 页。

R_2……；第 n 级天体系统应由 N_n 个第 $n-1$ 级天体系统构成，其总质量为 M_n，平均等级半径为 R_n；那么，第 $n+1$ 级天体系统应由 N_{n+1} 个第 n 级天体系统构成，其总质量为 M_{n+1}，平均等级半径为 R_{n+1}；依次类推。只要在每一个等级的天体系统中，天体的直径都小于天体之间的距离，而且满足条件：$\dfrac{R_{n+1}}{R_n} > \sqrt{N_{n+1}}$，则光度佯谬和引力佯谬均可消除。这是牛顿绝对空间式的宇宙。20 世纪 50 年代，伏库勒在批判宇宙学原理的基础上进一步提出了他的等级式宇宙模型。他认为宇宙学原理如同古希腊的柏拉图原理、毕达哥拉斯天文学一样，只是一种对美、简单与和谐的追求，而不一定有根据。他认为，星系在大尺度上的分布是均匀的、各向同性的，宇宙膨胀的速度是均匀的，这一切同样都是没有根据的，都只是假设，而不是既成事实。他认为，假设的经济或简单虽是研究方法中的一条有效原则，但一切假说都必须经受经验的检验。科学史上"丑陋"的事实破坏"美妙"的理论是屡见不鲜的。他批评那些坚持宇宙学原理的学者，认为"他们总是更多地考虑着想象中的（因而是并不存在的）宇宙的虚假属性，而不去关心从观测中所揭示的真实世界"[1]。真实世界是星系成团结构。他指出，1938 年兹威基（F. Zwicky，1898—1974）发现的星系团以及 50 年代里克天文台所提供的大量证据表明，至少 50 兆秒差距线直径范围的星系成团是普遍存在的现象，这种尺度上的星系成团相当于"超星系团"了。他甚至认为在更大尺度上的星系成团倾向也不会消失。星系团和超星系团的发现，是对等级式宇宙模型的有力支持。伏库勒的批判精神是可嘉的，但是等级式宇宙模型只是对现有观测的外推，它无法解释河外星系的红移现象和宇宙背景的微波辐射，同时这一模型也缺少精确的数学表述。后来，有

---

① 引自《西方宇宙理论评述》，科学出版社 1978 年版，第 241 页。

人尝试修改宇宙学原理，建立相对论等级宇宙模型，认为宇宙间的物质分布是各向同性的，但不是均匀分布的，而且径向物质密度与距离的平方成反比。但是，这种模型与观测事实不太符合，也难以为人们所接受。

物质反物质宇宙模型是瑞典物理学家克莱因提出来的。他以反物质理论为基础，认为宇宙大范围内是由等量的、对称的物质和反物质组成，它们遵守已知的物理学规律。克莱因认为宇宙的初始状态是由仅仅可能是质子和反质子等正反粒子组成的气体云。由于气体云的密度极小，正反粒子相距很远，粒子与粒子之间相互碰撞而湮灭的几率极低。但是，在引力作用下，气体云不断收缩而密度增大，粒子与粒子之间相互碰撞而湮灭的几率显著增加，并产生电磁辐射。当引力收缩使气体云密度增加到一定值时，湮灭过程所产生的辐射压力超过了吸引力，气体云收缩停止而转化为膨胀，从而形成目前的膨胀宇宙。在气体云的发展过程中，由于存在着电磁场，在引力和电磁力的作用下，使得大量正反物质分离开来，在宇宙中各自聚集，形成物质区和反物质区。在正反物质的分界面上，存在着类似所谓反常冻结现象那样的由湮灭而产生的极热的一个薄层，使正反物质保持分离，分别形成由物质和反物质组成的两个世界。这样，在我们生活的物质宇宙以外，还存在一个与物质世界相对应的反物质宇宙。或许我们生活在物质宇宙的人根本无法发现另一个反物质宇宙，使得人们至今尚未获得反物质宇宙的任何观测事实，因而由正反物质构成的对称宇宙模型始终只能停留在理论推测上。

除了上述几种宇宙模型外，人们还相继提出了许多其他宇宙模型，例如根据狄拉克的大数假设提出的引力常数衰减的宇宙模型、根据引力场方程动态解而建立的振荡式宇宙模型，等等。这些模型的相继出现，有助于相互启发、开阔思路、相互补充、推进认识。

它表明了多种假说同时并存对科学的发展是有益的。当然，在众多宇宙模型中，影响最大的还是大爆炸宇宙模型，因为它能说明较多的观测事实。

但是，不管哪一种宇宙模型，都只能对部分事实而不能对整体现象做出圆满的说明。实际上，这些模型都是未被证实或未被完全证实的假说，需要大量的观测事实来进一步验证，很多问题还有待于现代宇宙学进一步探索。但是现代宇宙学对宇宙自然的生成与演化的整体性的构思，总是根据对天象的局部性的观测与研究而设计出来的"宇宙模型"。这类模型的根据是局部的而结论是整体的，因此，不可避免地有以偏概全的缺点。而且，当构造模型时，由于客观根据不足，因而只能用主观想象加以补充。这种主观想象推导出来的东西，不可能具有确切的真理性，而只能是假设性的。一旦"假设"所无法解释的事实出现时，"假设"也就被推翻了。这个问题，实证科学研究本身是无法解决的，它必须借助于哲学的把握全局的能力。事实上不少宇宙学家构造宇宙模型时，自觉或不自觉地走进了哲学的圣殿。问题在于：用一种什么样的哲学原则指导自己的科学行动？前述各种模型，有的从实用主义出发，也有经验主义的、主观主义的、形式主义的，这些哲学原则本身就是不正确的，它们不但不能圆满阐明宇宙自然的总的图像，而且进一步歪曲了那些客观科学材料。局部材料与谬误观点的统一，就是科学家构造的"宇宙模型"的实质。它们貌似科学实际上并不科学；它们力图把握宇宙全景实际上是主观制造的幻影。恩格斯曾经指出：科学家只有接受一种通晓历史进程的辩证思维方式指导自己的工作才有出路。我们在《自然哲学》宇宙论中试图这样做了，但未必是成功的。不过所遵循的道路，我们自信是正确的。这一问题能够得到较为认真而圆满的解决，有待严肃的科学家与真正的哲学家长期携手合作。

现代宇宙学的哲学尝试，虽说并不成功，但却是一个良好的开始，因而前景是十分光明的。现在前进道路上的障碍，对于科学家而言，主要是心理习惯上的，即他们长期囿于知性思维的框架之中，不敢越雷池一步，而且对辩证法怀抱莫名其妙的偏见与厌恶；对于哲学家而言，主要在知识结构上，即他们大多数人缺乏或较少完整的自然科学知识和技术手段，有时还自诩高明，以为实证知识缺乏思想性而加以鄙弃。现在客观形势的发展，已迫使他们放弃成见。他们必须取长补短、协调共事，才能使科学繁荣、哲学前进。

第十五章　当代科学技术综合理论的哲学品格

科学向哲学回归的第二条途径，就是各门学科的综合化、整体化。20 世纪科学技术综合理论的出现，便是循第二条途径，从科学走向哲学的。这个综合理论包括：控制论、信息论、系统论、耗散结构论、超循环论和协同学。综合整体化的结果不仅改变和强化了科学技术自身的结构和功能，而且还使科学与哲学的关系发生了深刻的变化。

第一节　当代科学技术整体化的发展趋势

当代科学技术的整体化指的是科学技术内部各个学科、各个方面相互渗透、相互长入和相互补充，以至于从总体上看，通过种种形式的彼此联系，科学技术形成了一个具有内在统一性的有机整体。这种整体化的发展趋势一般性地表现在以下三个方面：自然科学在高度分化基础上的高度综合，自然科学与社会科学的汇流，以及科学与技术的一体化。

一、自然科学的综合发展

在科学认识史的进程中，自然科学的发展经历了古代的原始综合、近代的分化和当代新的综合三大阶段。应该强调指出的是，当代自然科学新的综合在本质上不同于古代的原始综合，它乃是建立在近代分化基础上的一种综合，是经历了"分化"这个不可或缺的否定性环节后的辩证复归。

文艺复兴后，自然科学的分化加速，它们从那以臆想的联系为基础的自然哲学分化出来，形成了以观察、实验为主的现代意义的实证科学。古老的天文、数学等学科获得了突破性的进展，物理学、化学、生物学逐步定型，得到了独立发展。特别是物理学自身又得到了进一步分化，形成一系列的子学科：力学、热学、电磁学和光学等。20 世纪后，随着人们对自然界认识的不断深入，不仅研究的内容愈来愈精细，而且研究的范围也愈来愈专门。高度的分化，必然向其反面转化，而要求复归于综合。

在物理学领域中，直到 19 世纪末还是力学独领风骚，20 世纪 50 年代前后，无线电电子学、半导体微电子学、真空物理、激光物理、红外物理、光电子物理、金属物理、晶体物理、低温物理、原子核物理、加速器物理和空间物理等数十个新学科脱颖而出。在化学领域中，也分化出无机化学、有机化学、高分子化学、分析化学、催化化学、电化学、放射化学和半导体化学等子学科。在生物学领域中，从理论与实践两方面展开，加速提高与分化，大有侵凌于物理之上，居于领先之势。例如，病毒学、微生物学、遗传学、细胞学、胚胎学、生理学、生态学等新学科，获得了很大的发展，特别是令人瞩目的借助于物理化学的渗透而崛起的仿生学、分子生物学，将人们带入了一个崭新的科学园地。

学科分支的多样化与专门化乃是科学进步的一个重要标志。这是由于客观世界极其辽阔而纷繁杂沓，如不截取一个个片段，分而治之，就难以达到精确的认识。但是，学科越分越细、对象越来越专，客观世界的整体性被肢解为各不相关的碎片，专家们株守一隅，顾此失彼，本欲求精，反而失真。因此，复归于宇宙自然之整体的把握，成了当代科学技术研究的主要目标。

于是，过去局部研究的实证科学的成果，成了向综合化整体研究过渡的中介环节。它们的独立性被扬弃，而变成整体之中一个彼此相依的转化流动的环节，整体在诸环节推动转化下，形成一个辩证推移进展的过程。

这种相依转化的环节，首先体现为交叉学科与边沿学科的出现，如物理化学、量子化学、生物化学等等。这种学科的相互渗透发展为多学科的综合配套，就构成当代科学技术综合理论。

在当代科学技术综合理论的形成与发展中，物理学起了特别显著的作用。物理学家 E. 薛定谔却潜心于生命现象的研究，1944 年在爱尔兰作了一个"生命是什么？"的专题讲演。他创造性地用统计物理学中的"序"和"熵"的概念研究生命现象，提出了他的"活细胞的物理学观"。正是在生物物理学和生物化学等多学科的相互渗透中，科学家对基因本质和信息在基因中的存储方式等问题的探索，获得了极大的成功，进而能够开始在大分子水平上阐释遗传、代谢和免疫等生命功能与生物大分子结构之间的关系。这样便从交叉学科的再交叉中产生出分子生物学。分子生物学的问世具有重大意义，它意味着当代生物学在物理学和化学最新研究成果的影响下，通过学科间的关联而实现新的分化与综合，从而使生物学由描述宏观生命现象转入揭示微观生命机制、由定性研究转入定量研究的阶段。随着分子生物学的迅速发展，生物学的研究已深入到分子、亚分子的水平。生物学家开始研究生物分子间的相互作用力和作用方式、电荷分布、能量传递、信息储存以及配位键和氢键等的形成与断裂过程，这便需要使用量子力学的概念与方法。于是，不仅量子生物学应运而生，而且量子生物化学、量子遗传学等量子生物学的分支学科也崭露头角。由此可见，正是借助于物理学、化学和生物学的相互渗透和交叉发展，对于生命现象的研究才能够逐步走向深入。没有多学科的相互渗透、相互长入和相互补充，就不仅没有分子生物学的成就，而且整个自然科学也不会获得它今天所展示出的蓬勃生机。更值得注意的是：薛定谔还涉及印度宗教哲学，提出了发人深省的哲学生死观。

物理学（含化学）对生物学的渗透，显示了科学的杂交优势。不但在生物学方面，几乎在科学的各个领域，都可以看到物理学的催化与育新作用。诸如天体物理学、地球物理学、量子遗传学等等，无不包含物理学的影响。可以说，在当代科学技术综合发展中，物理学扮演了"胶子"的角色。

二、自然科学与社会科学的汇流

自然现象与社会现象之间并没有一条不可逾越的鸿沟。特别生命现象是人类世界、精神世界的客观物质基础。不了解生命，人类精神世界是难以透彻认识的，而不把握人类及其精神状态，就不能彻底搞清自然界发展的实质与趋向。无怪乎薛定谔在物理化学的基础上解剖生命现象之余，很自然地深入到人类精神领域，完全像一个哲学家一样议论生死问题了。因此，自然科学与社会人文科学汇流乃是一种客观必然趋势。这种汇流表现在许多方面，如科学语言的一致性、科学规律的一致性、科学论题的一致性，等等。但迄今为止，进展较为显著、影响较为广泛而深远的则是在科学方法的一致性方面。

数学作为自然科学的主要支柱之一，自20世纪以来，它也开始深入到社会科学领域。在经济学和社会学等学科中，数学方法首先得到广泛的应用，产生了计量经济学和社会统计学等一批"数学化"的社会科学新学科。据统计，在 1900 年至 1965 年间，全世界社会科学共有 62 项重大进展，其中定量研究约占 1/3，尤其在 1930 年后，这一比例高达 5/6。[①]

如果说数学方法在自然科学与社会科学中的普遍应用，说明了两大科学在对客观事物量的属性研究方面的一致性，那么，系统方法在自然科学与社会科学中的同时崛起，则标志着两大科学在对客观事物质的属性研究方面的一致性。显然，后一种一致性具有更为深刻的意义。因为数学方法在社会人文科学方面的应用是有很大局限性的，特别是哲学，这门人类的智慧与思想的学问，它是不可能量化的，如一定要加以量化、图式化，就将产生一个"哲学死胎"。黑格尔曾经讲过，数目字是最无思想性的东西，焉能表达思想？

产生于自然科学领域中的系统思想一直受到人们的关注，仿佛系统思想仅仅与自然科学有缘，其实不然。20 世纪以来，系统思潮同样也冲击着整个社会科学领域，在人类学（指文化人类学或社会人类学）、社会学、政治学，以及经济学、心理学和管理学等诸多学科中掀起了史无前例的思想波澜。在这一发展中处于领先地位的要数功能主义人类学流派。

人类学是生物学尤其是生物进化论的逻辑发展。在另一方面，19 世纪酝酿已久的社会有机论及相应的功能解释观念在 20 世纪也首先受到了人类学家的注意。B. K. 马林诺夫斯基和 A. R. 拉德克利夫–布朗以前人关于生物有机体和社会有机体的思想成果为借鉴，从对未开化社会的文化进行人类学研究的角度建立了功能主义理论。这两位分别进行独立研究的同时代人在人类学方法论方面具有重合的

---

① 参见 D. 贝尔：《当代西方社会科学》，社会科学文献出版社 1988 年版，第 1—2 页。

思想焦点。这就是首先把一切社会或文化看作有机的统一体 —— 系统，进而揭示各个构成要素在现实的社会或文化系统中的相互关联，以及它们在这个系统中所发挥的特定功能。

马林诺夫斯基直截了当地宣称，在功能主义人类学这一新学派看来，文化是一个组织严密的系统，而人类学则必须通过观察"人类学事实"以及每一事实在文化系统中的功能去分析文化。因此，人们应该了解的是：某一"人类学事实"在完整的文化系统中处于什么位置，在这个系统内的各个组成部分怎样彼此相关，而该系统又以何种方式与其外部的物质环境产生联系。马林诺夫斯基就是由对某个文化元素的功能分析来寻找该文化元素与其他文化元素的内在关联性，从而认识它们之间的整体统一性，以阐明文化的本质。

在拉德克利夫-布朗那里，功能主义人类学中的系统思想得到了更有分量的论述。拉德克利夫-布朗声言，他那个时代乃是"一个批判原始文化研究的时代"。他认为，人类学对习俗等文化现象的解释既不应像民族学那样穷究历史，也不应像心理学那样在人们的思想动机中大做文章，而应将目光投向文化活动的客观结果，以该现象与一更大的整体的联系中探幽索隐。因为"任何文化元素的意义都是通过发现它与其他元素及整个文化的关系而得到的"[①]。拉德克利夫-布朗特别对所谓"文化原子"的观点提出了尖锐的批评。按照"文化原子"的观点，任何文化都仅仅是由一些相互之间没有联系的孤立的元素所组成，它们呈现为一系列历史偶发事件的堆积状态，彼此之间断然不存在什么功能上的关联。他指出，这种观点主要产生于当时的博物馆式的文化研究，其僵化的机械性显而易见，不足为训。而正是文化具有内在关联的整体性这一系统思想构成了

---

① 拉德克利夫-布朗：《社会人类学方法》，山东人民出版社 1988 年版，第 59 页。

他所参与开创的"新人类学"的一个最重要的特征。所以，他反复强调，"新人类学把任何存续的文化都看成是一个整合的统一体或系统，在这个统一体或系统中，每个元素都有与整体相联系的确定功能"①。以图腾制度为例，人们不应将它当作一个孤立的事物来看待，因为图腾制度实际上是更广泛的信仰和习俗体系中的一部分或一个方面，这个更广泛的信仰和习俗问题也就是普遍存在人与动物或植物之间仪式关系的本质和功能问题，而这个比图腾制度更广泛的问题本身也只是总的仪式和神话的本质和功能问题的一小部分。沿着这种分层次相类属的分析与综合的进程，人们就可以看出图腾制度不过是文化的普遍因素造成的一个特殊形式。其实，在以系统思想为基础的功能解释或功能分析中，不仅无须苛求"第一原因"，复杂过程中的任何一个环节都可以作为研究的起点，而且即使当从事某种活动的人类的动机发生变化时，这种活动模式的结果也不一定发生改变。这样便显示出它的独到之处。

拉德克利夫-布朗的功能主义人类学理论中还包含了结构分析的思想成分。什么是结构？在他看来，结构这个概念指的是在一个统一体（系统）中各部分的配置或相互之间的组合关系。而社会结构则是由相互联系的个人之间的配置或组合关系，如社会阶层的分化。在社会整体中，个人之间的配置关系要受到制度即社会上已确立的行为规范的制约。另一方面，社会结构的连续性是一个非静止的动态过程，其中作为社会整体内容的个人可以不断变化，而作为其形式的个人之间通过制度相关的联系方式则能够保持相对稳定。由于拉德克利夫-布朗开始将结构分析与功能分析结合到一起，功能主义人类学中的系统思想便获得了比较全面的内容。

---

① 拉德克利夫-布朗：《社会人类学方法》，山东人民出版社 1988 年版，第 60 页。

　　功能主义人类学不仅针对文化现象明确提出了"系统"的概念，而且还着重从功能相关的角度强调了认识文化系统中部分与整体以及部分之间的密切联系对于揭示文化现象的本质的重要意义。同时，它对系统与环境的联系以及系统的结构分析的意义也有初步的论述。因此，系统思想作为功能主义的灵魂而成为文化人类学理论研究和实际考察的向导。它一方面促使处于草创时期的文化人类学走向成熟，另一方面又为社会科学中其他学科的发展提供了一种方法论上的新思维。

　　系统思潮在当代社会科学中的兴起标志着社会科学方法论发展的历史性突破。以往的社会科学研究从方法论上看基本上呈现为两种情况，一种是原子式或还原论的机械分析，另一种则是虽有综合意向但却囿于笼统含混的整体直观。以功能主义人类学为先驱的系统思潮的出现，显示出社会科学家正在创立一种崭新水平上的分析与综合辩证统一的系统方法论，其特点具体地体现为系统、结构和功能的三位一体。它扬弃了僵化的机械分析，同时又论证了整体直观，从而使分析与综合融汇于以结构功能分析为中心的社会系统理论之中。由于在社会科学领域中众多的学科受到了系统思潮的洗礼，可以认为，一种以系统方法论为内核的社会科学研究的"准范式"已经开始形成。这突出地反映了当代社会科学综合发展的大趋势。其实系统方法的哲学实质是辩证法，因此，也可以说，辩证法在自然科学与社会科学中的运用，通过系统方法，找到了一个现实的可以操作的途径。

　　值得注意的是，当代社会科学中的系统思潮受到了来自自然科学方面的激励和启示。这一思潮的深处凝结了社会科学家对社会科学作为科学而得以确立的资格的强烈关切，也显露出人们由此而激发的一种颇具远见卓识的努力和尝试。正如拉德克利夫–布朗所说的，"我们从自然王国的科学发现中得到的效果经验，在人类生活中也已经得到了，有可能将这门科学付诸下列研究中：发现支配人类社会行为和社会制度——法律、道德、宗教、艺术、语言等——发展的基本规律；这种发现将对人类的未来有极大的和广泛的成效"[1]。20世纪以来，似乎有这样一种越来越强烈的思想倾向，即社会科学理论应该在一个新的标准下重新建构并接受审查，这个新的标准就是自然科学的标准。然而，这里必须强调的是，在社会科学研究中任何对于自然科学的机械模仿都是不明智的、难以奏效的，其原因十分简单：自然与社会毕竟有原则的区别。

L. V. 贝塔朗菲宣称："社会科学是社会系统的科学。因此必须运用一般系统科学的方法。"[2]这意味着运用一般系统方法时，应特别注意"社会系统"的特点。功能主义人类学等学科中系统思潮的形成和发展，使得社会科学领域中各个学科之间在方法论上产生了有机关联，导致了一个以不同程度的结构功能分析为特征的系统方法论的连续体，也就是前面所称的"准范式"。虽然在自然科学与社会科学中，系统方法的运用各具特色，但对一般系统科学的确立起了基石作用。

系统方法普适于自然科学与社会科学的意义，远不止于二者在方法论上的一致。它表明自然科学没有辩证法就难以顺利前进，同时也指出社会科学不能满足于空疏的说教与主观的臆断，而必须在系统方法的帮助下，提高自己的科学水平。再就一般系统方法本身而言，实际上显示了科学家对辩证法的理解与运用。贝塔朗菲自己就承认他所建立的一般系统论是深受辩证法影响的。

① 拉德克利夫–布朗:《社会人类学方法》，山东人民出版社1988年版，第23页。
② 贝塔朗菲:《一般系统论（基础·发展·应用）》，社会科学文献出版社1987年版，第163页。

三、科学技术的一体化

科学偏重于"认知",而技术则倾向于"操作"。在当代,一方面是科学的技术化,另一方面则是技术的科学化,从而形成科学技术一体化。科学技术的一体化从根本上实现了认识自然与改造自然的统一。古希腊罗马时代,科学与技术的发展逐渐分道扬镳。科学从属于哲学,更多地从事概念理论体系的构造,而技术属于工匠传统,侧重实用的操作性的工艺流程的把握。中世纪教会学院继承了科学传统,而技术为世俗的目的服务。其实科学与技术合则兼美,分则两伤。迄于当代,科学与技术综合的趋势日益加强,技术的需要推动了科学的前进;科学的成果提高了技术的档次,从而掀起了技术的更新与革命。

近代以来,世界上共发生了三次技术革命。可以说,技术革命的历程就是一部科学与技术的关系史。

18世纪60年代至19世纪40年代,蒸汽动力首先在英国得到了广泛的应用,大规模的机器作业开天辟地代替了繁重的手工劳动,由此人类社会开始转入机械化生产的轨道。在这场被称为第一次技术革命的历史时期,采矿业有了蒸汽抽水机,纺织业和金属加工业有了蒸汽动力机,冶金业有了蒸汽鼓风机,交通运输业也有了蒸汽船和蒸汽机车。蒸汽动力技术的产生、逐渐完善和普及推广,引发了整个技术发展的链式反应,致使近代工业迅速崛起。然而,在这一次技术革命中唱主角的并不是科学家,而是工匠和技师;起主导作用的也不是科学理论,而是人们的经验和技艺。J.瓦特于18世纪80年代发明新型蒸汽机被视为第一次技术革命中最重要的事件,但作为从事仪器制作和修理的工匠,瓦特在研制新型蒸汽机过程中虽曾得益于个别的物理学概念,但新型蒸汽机的诞生却主要归功于其本人的非凡才智和技艺。事实上,热力学理论的建立不过是19世纪中叶的事情，而那时，第一次技术革命在英国已进入尾声。这就表明，在第一次技术革命中，近代科学的研究因滞后于技术而未能为技术创新提供理论指导，这使得技术的发展只能基本上依赖于个人的经验和技艺。

以上科学与技术相分离的情况在跨世纪的第二次技术革命中有了初步改变。19 世纪 70 年代至 20 世纪 20 年代，西方工业国家发生了以电力代替蒸汽动力为标志的第二次技术革命。电力是由一次能源转换的二次能源，电力技术克服了蒸汽动力技术所固有的缺陷。电力技术以及相伴而生的电信技术的出现，不仅为人类合理地利用各种能源开辟了新的道路，而且为当代信息技术的发展奠定了必要的基础。与第一次技术革命形成鲜明对照的是，第二次技术革命的技术前提乃是物理学家 M. 法拉第和 J. C. 麦克斯韦等人创立的新的科学理论，工匠和技师的经验和技艺的作用已退居到次要的地位。正是电磁理论的突破为电力技术的兴起创造了潜在和现实的可能性，这便塑造了科学技术化的雏形。

20 世纪 40 年代后期以来，以信息技术为主导的第三次技术革命浪潮滚滚，一泻千里。由微电子技术与计算机技术、光纤通信技术和软件工程等综合发展而形成的信息技术不仅在更高的程度上用机器代替了人的体力劳动，而且已开始用机器代替和拓展人的脑力劳动，由此开创出一个不同于传统产业的信息产业。正是在这一场新的技术革命中，科学与技术的关系发生了根本性变化：新技术中科学成分愈来愈高，而经验的或技艺的因素却愈来愈少。一方面是技术的发展完全以科学上的成就为先决条件，另一方面则是科学成就的获取又高度地依赖于各种复杂的技术手段。在应用技术领域中是这样，在基础理论研究中也是如此。没有原子物理学，就没有 X 光机、核电站和激光器……同样地，没有射电望远镜，就没有射电天

文学；没有高能加速器，就没有粒子物理学；没有电子显微镜和 X
光衍射技术，就没有分子生物学……

20 世纪 70 年代后，迅速发展的高科技现象更为深刻而又生动地展
现了当代科学技术的一体化。究竟什么是高科技？所谓高科技不外乎
有这样两种含义：其一指的是专业技术人员比例高、研究与开发投资比
例高的企业及其产品，也就是高科技企业和高科技产品；其二指的是
以当代最新科学成果为基础的新技术。前一种认识侧重于经济学领域，
它旨在对企业及其产品的水平做出一定的技术评价。而后一种认识则
偏向于科学领域，它是直接从技术与科学的关系方面来概括高科技现象
的。但是，无论对"高科技"做出怎样的解释，有一点是共同的，这
就是当代科学技术的一体化同时构成了高科技现象的原因和结果。

值得注意的是，具有巨大计算能力的巨型计算机的出现和个人
计算机的普及，以及人工智能系统、决策支持系统和专家系统的开
发，为社会科学的技术化创造了前所未有的有利条件。于是，在自
然科学高度技术化的同时，社会科学也出现了逐渐技术化的趋向。
这又进一步丰富了科学技术一体化的内涵。

由此可见，第三次技术革命，即当代新技术革命，原则上完成
了科学技术一体化的进程。科学与技术之间的分界线已永远地消失，
不复存在，而科学技术的一体化又为人的行为目的性和主观能动性
注入了新的更加实在的意义。

当代科学技术整体化的发展趋势并不意味着科学技术将演变为
清一色的一整块，相反地，这一趋势所呈现出的画面乃是五彩缤纷
的多样性的统一。综合，决不排斥继续分化产生出新的学科，新学
科的纷呈正是"整体化"的生动的体现。以系统思想为中心的从控
制论、信息论、系统论到耗散结构论、超循环论、协同学的发展，
恰好为此提供了令人信服的证明。

第二节　以系统论为中心的从控制论到协同学的发展

20 世纪 40 年代以来，在科学技术领域中出现了一组以系统思想为中心的综合性学科，即控制论、信息论和系统论、耗散结构论、超循环论和协同学。它们以"系统"为共同的研究对象，从不同的角度深入地揭示了自然、人类和社会等各个领域中系统联系与系统发展的规律，以空前的广度和深度展现出当代科学技术整体化的发展趋势。因此，这一组综合性学科被称为"当代科学技术综合理论"。当代科学技术综合理论的形成与发展，开创了科学认识史的新纪元。

一、控制论和信息论

1948 年，美国数学家 N. 维纳发表了一部具有历史意义的著作——《控制论（或关于在动物和机器中控制和通讯的科学）》，由此控制论（cybernetics）作为一门新兴综合学科宣告诞生。

在维纳看来，控制论的问世是科学自身发展的必然结果，尤其是在物理学中作为后起之秀的统计力学为控制论的建立奠定了一块重要的理论基石。控制论以控制系统为主要研究对象，而控制系统则是一种动力学系统，其特点在于它能够根据周围环境的随机变化来调节其自身的状态，也就是"随机应变"。因此，传统的牛顿力学远不能解决控制论所涉及的具有统计性质的控制问题，在这里只能运用某种统计方法。正如维纳所言，"灵敏自动机的理论是一个统计的理论"[①]。尽管物理学家 J. W. 吉布斯等人创立的统计力学对维纳建立控制论理论产生了重要的启迪作用，但吉布斯统计力学所处理

----

① N. 维纳:《控制论》，科学出版社 1963 年版，第 43 页。

的仅仅是孤立系统趋于热平衡、增加无组织程度的自发过程，它显然不能直接用于控制系统，因为控制系统是一个与周围环境有紧密联系的开放系统，通过控制，系统可以降低其无组织程度。为了给控制系统建立一种统计理论，维纳提出了时间序列的统计力学观点。正是由于将物理学中的统计方法加以改造和发挥，并将其引入对控制和通讯过程的探索，才使得维纳在预测和通讯理论方面取得重要研究成果。

从纵向看，控制论是以统计力学为代表的物理学的延伸和应用。而从横向看，控制论又是众多学科相互渗透、交叉综合的产物。在控制论的创立过程中，维纳等人已经认识到："在科学发展上可以得到最大收获的领域是各种已经建立起来的部门之间的被忽视的无人区……正是这些科学的边缘区域，给有修养的研究者提供了最丰富的机会。"[1] 然而，在维纳看来，对科学地图上的这些处女地进行开发，必须有各方面科学家的广泛参与及合作，这些科学家既应该是本学科领域的专门家，又必须对相邻的学科领域拥有正确和丰富的知识。事实上，控制论本身就是这方面的一个范例。自 20 世纪 30 年代后期到 40 年代后期的 10 多年中，作为数学家的维纳与医学家、工程师、生理学家、物理学家、数理逻辑学家、计算机学家、心理学家、人类学家和社会学家进行了广泛的交流与合作，控制论正是统计理论、自动控制技术、神经生理学、计算机技术和无线电电子学等多门科学与技术高度综合的结果。

与任何一门传统自然科学不同的是，对于各种动态物质系统，控制论并不追究其具体的物质构造和能量变化的过程，而是着重从信息角度考察各种系统（包括自动控制系统和动物机体）的功能，

---

[1]　N. 维纳:《控制论》，科学出版社 1963 年版，第 3 页。

探索它们在行为方式上的联系和一般规律。因此，控制论的基本问题就是如何在不同的系统中实现相同的或相似的控制过程。从根本上讲，所谓控制，指的是一个有组织的系统，根据其内部和环境的某些变化进行必要的调节，以不断克服系统的任何不确定性，使系统能够保持某种特定的状态。系统的这种目的性运动是通过信息过程而完成的，所以控制论意义上的"控制"乃是指信息控制。信息控制的具体机制在于反馈。在对神经生理学的案例研究中，维纳提出："为了能对外界产生有效的动作，重要的不仅是我们必须具有良好的效应器，而且必须把效应器的动作情况恰当地回报给中枢神经系统，而这些报告的内容必须适当地和其他来自感官的信息组合起来，以便对效应器产生一个适当的调节输出。有些机械系统的情形与此十分相似。"[①] 在这里，维纳阐述的过程就是反馈。一般而言，反馈就是将目标值（给定信息）通过施控装置作用于受控装置后产生的实际效应（输出信息）再返送回来，并对信息的再输出施加影响的一个动态调节过程。其本质不过是一种特殊形式的因果联系。反馈有两种效果：正反馈倾向于加剧系统正在进行的偏离目标的运动，使系统趋于不稳定状态；负反馈倾向于反抗系统正在偏离目标的运动，使系统趋于稳定状态。对于动物机体和某些机械系统的信息控制过程来说，需要的往往是使系统趋向稳定、实现动态平衡的负反馈。正是由于负反馈，不同的控制系统可以实现相同的信息控制过程。

维纳后来在 20 世纪 60 年代初回顾控制论创立过程时指出："统计信息和控制理论的概念，对当时传统的思想来说，不但是新奇的，也许甚至是对传统思想本身的一种冲击……反馈的重要性在工程设

---

① N. 维纳：《控制论》，科学出版社 1963 年版，第 98 页。

计和生物学中都已经牢固地奠定了，信息的应用、量测和传输信息的技术成为训练工程师、生理学家、心理学家和社会学家不可少的一部分。"① 控制论的重大成就在于，通过信息控制过程，揭示出动物（包括人）与机器在功能、行为上的相似性和统一性，也就是将动物的目的性行为以及作为其生理基础的大脑、神经活动与机械、电子运动联系起来，使本来被分离的两个方面对照类比，从而发现了以机械电子运动模拟大脑神经活动以及在此基础上产生的人类思维活动。这是一项伟大的开拓，它一方面使我们进一步了解大脑神经活动的机制，另一方面又能利用机械电子运动客观地快速而准确地显示这种秘藏于人脑中的高级思维运动形态。

控制论表明，信息作为系统内部及不同系统间的重要联系所在，它是任何控制系统实施控制的依据。因此，信息与控制是密切相关的。然而，对信息问题本身的研究仍有待展开，"信息论"便是这方面的成果。

1948年和1949年，美国数学家 C. E. 申农相继发表了两篇论文——《通信的数学理论》和《在噪声中的通信》，由此确立了信息论（information theory）作为一门新兴综合学科的地位。

在申农看来，为了解决信息的编码问题，提高通信系统的效率和可靠性，需要对信息进行数学处理，把信源（信息发送端）发出的信息视为一个抽象的量。他还运用统计方法，从量的方面来描述具有随机性的信息的传输和提取过程，并清晰地表达出信息量的概念。通过提出通信系统模型、度量信息量的数学公式和编码定理等，申农从理论上初步解决了如何从信宿（信息接收端）提取由信源发出的消息，以及如何编码、译码以使信源的信息被充分表达、信道

---

① N. 维纳：《控制论》，科学出版社1963年版，第13页。

的容量被充分利用等一系列通信技术问题。与申农同时代的维纳和统计学家 R. A. 费希尔也各自独立地对信息论的形成做出了各具特色的贡献。维纳探索信息问题的角度在于控制与通信，他关注的是在自动控制过程中信号被噪声干扰时的信号处理问题。正是在此项研究中，他建立了著名的"维纳滤波理论"。费希尔则从古典统计理论的角度研究了信息的量度问题，也取得了一定的成果。

在日常语言中，人们往往把信息等同于消息、情报、知识等。随着科学技术与社会的发展，信息的产生和增长越来越快，信息的作用和效益也越来越大，以至于人们常说现在是"信息时代"。但是，从严格的科学意义上讲，到底什么是"信息"？信息论作为应用统计方法研究通信系统中信息传递和信息处理问题的科学，它规定信息是减少可能事件出现的不确定性的量度，信息量等于消除的不确定性的数量。如果接受信息后，一点不确定性都消除不了，那么信息量就最小（等于零）；若接受信息后，所有的不确定性都消除了，则信息量为最大。在这里，信息具有突出的统计性质。维纳指出："在通信工程的场合，统计因素的意义是直接明了的。信息的传递除非作为二中择一的事件的传递，否则是不可能的……为了概括通信工程的这个局面，我们必须发展一个关于信息量的统计理论，在这个理论中，单位信息量就是对具有相等概念的二中择一的事物作单一选择时所传递出去的信息。"[①] 其实，这一思想几乎是在同一时间由维纳、申农和费希尔等人分别提出的。具体而言，如果有 n 个可能事件，每个事件出现的概率分别为 P_1, P_2, $\cdots$, P_n，那么在没有干扰的情况下，接收的每个消息的平均信息量为：

$$I = -\sum P_i log_2 P_i \text{（比特／每个消息）}$$

---

① N. 维纳：《控制论》，科学出版社 1963 年版，第 10 页。

据此就可以对信息进行精确的计量。从上述信息量的数学表达式中可以看出，信息与"熵"这个物理量有着密切的关系。对于一个系统来说，信息描述的是它的有序程度，而熵则表示其无序程度。一个系统的有序程度越高，它所含的信息量就越大，熵则越小；反之，一个系统的无序程度越高，它所含的信息量就越小，熵则越大。实际上，信息等于负熵。这样信息与熵形成了一组具有对偶性的概念，一个概念（如信息）可以在对另一个概念（如熵）的阐释中得到说明。

由于实现了对信息的定量化研究，信息论才有资格成为一门独立的技术科学。然而，更为重要的是，对信息实现纯粹的数量描述的结果，是使不同的物质运动形态、不同的系统种类获得了信息这一抽象的共同属性。例如，生物系统和技术系统这两个在许多方面截然不同的系统均可被视为某种信息系统，其中发生着相同或相似的信息过程。由此信息作为物质世界中普遍联系的一种新发现的独特形态具体地展现在人们的面前。值得注意的是，信息虽然必须以物质、能量为载体，但又不能将其归结为物质、能量。正是物质、能量和信息这三个不同的方面"各司其职"，从而共同构成了丰富的科学世界图景。其中，正是由于信息概念的提出，大大深化了人们对世界的科学认识。因此，就方法论而言，对于任何实际的系统过程，可以撇开其物质和能量方面的具体形态，将其抽象为某种信息过程，并进行深入的定性和定量研究。

早期的信息论仅限于统计信息和通信领域，在当代科学技术综合理论的发展进程中，信息的概念已从单纯的统计信息拓展到语义信息、价值信息和模糊信息，信息传递和信息处理的理论也已超出通信领域，进入其他许多相关学科，进而形成了以信息论为基础，涉及控制论、电子学、计算机科学、自动化技术和人工智能，以及数学、物理学和生物学等领域的新的大跨度的信息科学。

无论是控制论还是信息论，它们都是从研究对象的整体性出发，用信息控制或信息联系的观点来考察整体化的系统。这就有力地促进了关于一般系统的科学理论，即系统论的形成与发展。

二、系统论

1945年，美籍奥地利生物学家贝塔朗菲发表了"关于一般系统论"的论文，从而第一次提出了"一般系统论"（general system theory）。不过，一般系统论的思想在学术界形成较大的影响则是60年代以后的事情。这时控制论和信息论已相当普及，系统工程学等相关学科也不断涌现，因而在一定程度上推动了一般系统论思想的传播。1968年，《一般系统论（基础·发展·应用）》一书面世，它系统地阐述了一般系统论的思想与方法，进而确立了系统论的理论框架。

与控制论和信息论不同，一般系统论的直接思想来源是生物学中的机体论。其实，这也是很自然的。因为，一方面，系统的特性在生命有机体中表现得最为全面，最为彻底，因而也最易被感知和把握；另一方面，贝塔朗菲本人就是理论生物学家，他对生命有机体的特性具有深刻的洞察力和独到的见解。早在20世纪30年代，贝塔朗菲就通过对生物学中机械论的批判，明确提出了机体论观点。根据机械论，生物问题可以用分析方法简化、归结为物理和化学问题，纯粹以机械的物理和化学原因来解释一切生命现象的生理和心理结果。但贝塔朗菲却认为，只有将生命（生物）视为一个有机的整体，才有可能正确地说明生命现象和生命过程。这样便形成了机体论的基本观点。贝塔朗菲的这种机体论研究，不仅在重要的生物学问题中取得了许多新的认识，而且孕育了后来的一般系统论思想。

贝塔朗菲指出："一些完全独立而又彼此相同的一般原理出现在各

个领域。这一令人惊奇的并行性标志着现代科学发展的特征。"[①] 正是为了阐明这一非同寻常的共性，贝塔朗菲创立了一般系统论。他指出："它是一个逻辑—数学领域，它的任务是表述和推导适用于'系统'的一般原理。存在着系统的一般原理，不论其组成要素以及其相互关系或'力'的种类如何。在所有领域中所涉及的是关于系统的科学时，就出现不同领域的规律性在形式上的一致和逻辑上的'同一'。"[②] 因此，贝塔朗菲试图在一般系统论中确立适用所有系统的一般原则，使其成为一门渗透性强、跨度大、综合程度高的一般科学方法论。于是，他对有关系统的一些基本概念，诸如系统、组织、整体、等级、动态和目的等，做出了建设性的论述。贝塔朗菲提出："系统可以定义为相互关联的元素的集。相互关联指元素集 P 在关系集 R 中，因此 R 中的一个元素 P 的行为不同于它在别的关系 R′ 中的行为。"[③] 为了从数学上给出"系统"的定义，贝塔朗菲选择了联立微分方程组的形式。如果假设元素 P_i（$i = 1, 2, \cdots, n$）的某个测度为 Q_i，那么对于有限数目的元素和最简单的情况，这些测度有如下的形式：

$$\frac{\mathrm{d}Q_1}{\mathrm{d}t} = f_1\,(Q_1, Q_2, \cdots, Q_n)$$

$$\frac{\mathrm{d}Q_2}{\mathrm{d}t} = f_2\,(Q_1, Q_2, \cdots, Q_n)$$

$$\vdots$$

$$\frac{\mathrm{d}Q_n}{\mathrm{d}t} = f_n\,(Q_1, Q_2, \cdots, Q_n)$$

由此可见，任一测度 Q_i 的变化都是所有从 Q_1 到 Q_n 的测度的函数；在另一方面，某个测度 Q_i 的变化则会引起所有其他测度及整个

---

① 贝塔朗菲：《关于一般系统论》，载《自然科学哲学问题丛刊》，1984 年第 4 期。
② 贝塔朗菲：《关于一般系统论》，载《自然科学哲学问题丛刊》，1984 年第 4 期。
③ 贝塔朗菲：《一般系统论（基础·发展·应用）》，社会科学文献出版社 1987 年版，第 46 页。

系统的变化。从上述微分方程组出发，可进一步讨论一般系统的某些性质。显然，以上的描述和解释方式具有高度的抽象性，它印证了贝塔朗菲的一个重要判断："有了一般系统论我们就到达一个境界：不再谈论物理和化学的实体，而是讨论具有完全一般性质的整体。"[①] 看来，贝塔朗菲所设计的"一般系统论"名称中的"一般"之意就在这里。

根据贝塔朗菲关于系统的定义，在某一时刻 t，对一个系统的描述可以分为三个方面：第一，系统的元素，即组成部分（也可称为要素、基元或子系统）；第二，系统的环境；第三，系统的整体结构，它实际上是关系的集合，尤其是元素之间以及元素与环境之间联系和作用的集合。一般地讲，系统的过程就是其元素在一定环境的影响下而形成某种整体有序结构。从不同的角度看，还可以把系统划分为不同的类别。例如，根据系统的产生方式，有自然物自己组织起来的自然系统，像原子、细胞、动物等，也有人工设计并利用自然物建造出来的技术系统（人工系统），像汽车、电视机、电子计算机等。根据系统与环境的关系，有与环境发生物质、能量和信息交换的开放系统，也有与环境不发生任何物质、能量和信息交换的封闭系统（在物理学中称其为孤立系统）。根据系统本身所处的状态，又可以将系统分为平衡态系统和非平衡态系统。那些不仅宏观状态不随时间变化，而且内部也没有任何宏观过程的系统，叫作平衡态系统，否则称为非平衡态系统。对系统类别的区分乃是系统研究的一项基础工作，它反映了系统认识的异中求同、同中有异的辩证过程。

---

① 贝塔朗菲：《一般系统论（基础·发展·应用）》，社会科学文献出版社1987年版，第125页。

然而，一般系统论基本上限于对各种系统做初步的定性说明，它没有能对系统过程进行深入的定量分析。在控制论、信息论和一般系统论的基础上，科学家，甚至还有哲学家，对系统问题从定性和定量两个方面做出了进一步的探讨，由此而取得的成果形成了所谓"系统论"。从广义上讲，"系统论方法包括普通系统论（狭义的）、控制论、自动化理论、控制理论、信息论、集合论、图论、网络理论、关系数学、博弈论与决策论、电子计算机化、模拟等"[①]。总之，一切与系统有关的理论均可被囊括在系统论中，但其中最重要的组成部分无疑是控制论、信息论和一般系统论。

从本质上看，系统的一个最显著的特征在于它具有某种整体有序的结构。但这种结构到底是怎样形成的？对于这个重大问题的解答，一直到 60 年代末通过对开放的非平衡态系统自组织过程的研究才开始取得真正的突破。

三、耗散结构论、超循环论和协同学

20 世纪 60 年代末、70 年代初，比利时的 I. 普利高津和德国的 M. 艾根先后提出了耗散结构论（theory of dissipative structures）和超循环论（hypercycle theory），两位物理化学家分别以物理领域和生命领域中的演化现象为出发点，从不同的侧面研究了整体有序结构的形成问题。

G. 尼科里斯和普利高津指出："自本世纪开始以来，我们对四类现象，即可逆和不可逆的、决定性和随机性的相对重要性的估价已发生了变化……那许许多多塑造着自然之形的基本过程本来是不

[①] 贝塔朗菲：《普通系统论的历史和现状》，载《科学学译文集》，科学出版社 1980 年版，第 315 页。

可逆的和随机的，而那些描述基本相互作用的决定性和可逆性的定律不可能告诉人们自然界的全部真相。这就导致了对物质重新进行考察：不再是用那种以机械的世界观描绘出的被动呆钝的观点，而是用一种与自发的活性相关联的新的见解。这种变化是如此的深刻，我们相信，我们已能真正地进行一种人与自然的新的对话了。"①耗散结构论正是这一"新的对话"的产物。普利高津 1969 年发表的《结构、耗散和生命》一文中首先提出关于耗散结构的理论，此后又对这一理论加以进一步发展，他本人也因此在 1977 年获诺贝尔化学奖。

　　普利高津的研究工作起始于平衡态和近平衡态热力学。在对近平衡态线性区不可逆过程的探讨中，他提出了重要的最小熵产生原理。根据这个原理，热力学系统不仅在平衡态时的自发趋势是走向无序，而且在近平衡态线性区时，即使有负熵流流入，也不会形成新的有序结构，而只可能逐步趋于平衡态或非平衡定态。但是，在远离平衡态的非线性区中，不可逆过程出现了完全不同的情况，即产生了从简单到复杂、从无序到有序的进化。普利高津基于局域平衡假设，运用李雅普诺夫稳定性理论、爱因斯坦涨落理论、分支数学理论和随机理论，研究并概括了性质迥异的不同系统在不可逆进化过程中表现出的共同特点，从而创立了耗散结构论。这一研究成果表明，一个开放系统，在从平衡态、近平衡态到远离平衡态的演化过程中，当其进入远离平衡态的非线性区时，一旦描述系统的某个参量达到一定的临界值（阀值），系统就可能由于涨落而发生突变——非平衡相变。这时，系统摆脱了原先的无序状态，"并把从环境输入的一部分能量转变成为一种新型的有序状态——耗散结

---

① 尼科里斯、普利高津：《探索复杂性》，四川教育出版社 1986 年版，第 5 页。

构：以对称破缺、多重选择和长程关联为特征的一种动态。"[①] 在这一过程中，出现了系统自组织现象，所以普利高津又将耗散结构论称为非平衡系统的自组织理论。例如，有一水平液层，当开始对其下表面加热而使其上下两面产生一定的温度差时，热量以热传导的方式自下而上地传递，但液体从宏观上看是静止的、无序的。不过，当这个温度差增大到某一临界值时，突然出现了六角形的宏观对流花纹，于是液体自发地进入了整体运动的有序状态，并通过继续耗散热量来维持这种宏观结构。这便是耗散结构的一个范例 —— "贝纳德现象"。

耗散结构论本属于非线性非平衡热力学领域，但随着相关研究的不断拓展，其应用范围已超出物理、化学系统，而逐渐步入生物、社会系统。人们原来认为，物理学中热力学第二定律描绘的是孤立系统走向均匀、平衡、无序的"退化"趋势，而生物学中进化论指出的却是开放系统从简单到复杂、从低级到高级、从无序到有序的进化方向，因此这两种演化是彼此对立的。但按照耗散结构论，对于一个开放系统，它的熵（S）的变化（dS）是由两种因素造成的，其一为系统自身由于不可逆过程（如热传导、化学反应等）引起的熵产生（diS），它永远不会是负的；其二为系统与环境交换物质和能量所引起的熵流（deS），它可正可负，于是有：

$$dS = diS + deS$$

孤立系统只是开放系统的一个特例，其 $deS = 0$，此时 $dS = diS \geqslant 0$，这就是热力学第二定律所表述的孤立系统熵增加的"退化"趋势。但在另一方面，对于开放系统，如果 $deS < 0$，其绝对值又大于 diS，则 $dS < 0$。这就意味着，只要从环境流入的负熵流够大，

[①]　尼科里斯、普利高津：《探索复杂性》，四川教育出版社 1986 年版，第 10 页。

就可以抵消系统自身的熵产生，使系统的总熵（净熵）减少，从而由无序走向有序，形成并维持一个低熵的非平衡态的整体有序结构。这一过程实质上并不局限于生物系统。这样看来，热力学与进化论之间实际上并没有什么矛盾，它们完全可以在耗散结构论中统一起来。在这里具有同等重要意义的是，通过耗散结构的研究，物理学发现了其自身固有的复杂的演化现象，并对其做出了物理学说明。"的确，自60年代以来，我们目睹着数学和物理学中掀起的革命，它们正迫使我们接受一种描述大自然的新观点。……像一层液体或化学品的混合物这样的普通系统，在一定条件下可产生出呈现在具有时间节奏的空间构型中的宏观范围的自组织现象。简而言之，复杂性不再仅仅属于生物学了。它正在进入物理学领域，似乎已经植根于自然法则之中了。"[①]如果说，过去人与自然对话的语言是包括经典力学和量子力学在内的"存在的物理学"，那么，当今人与自然之间展开"新的对话"的依据则在于以耗散结构论等系统自组织理论为内容的"演化的物理学"。所有这些恰好进一步显现出当代科学技术整体化的丰富内涵。

与耗散结构论相比，超循环论的成就也毫不逊色。艾根早期主要从事快速化学反应动力学方面的研究，并获得了1967年的诺贝尔化学奖。在此项研究中，艾根注意到生物体内发生的快速生物化学反应，并将它与生物分子的演化联系起来，这便构成了他的超循环论的摇篮。1971年，艾根发表了《物质的自组织和生物大分子的进化》一文，正式提出了超循环论；1979年，他又与理论化学家P.舒斯特出版了《超循环：一个自然的自组织原理》一书，对超循环论做出了系统的阐述。

---

① 尼科里斯、普利高津：《探索复杂性》，四川教育出版社1986年版，第3—4页。

　　艾根认为，生命的起源与发展可以划分为三个阶段，即化学进化阶段、分子自组织进化阶段以及达尔文生物进化阶段。其中，从无生命到生命的中间环节——分子的自组织进化正是超循环论的研究对象。实际上，生物体内的生物化学反应都是某种"循环"过程。在这里既有较为低级的循环结构——反应循环，如酶促反应，又有较为高级的循环结构——催化循环（自复制单元），如 DNA 的复制。在自复制单元的基础上，艾根引入了超循环（全称为催化超循环）的概念。在这种超循环中，经过循环联系，把自催化或自复制单元连接起来，其中每个自复制单元既能指导自己的复制，又对下一个中间物的产生提供催化帮助。艾根和舒斯特指出："在达尔文物种进化的前面，还有一个类似的分子进化的渐进过程，由此导致了唯一的一种运用普适密码的细胞机构……对大分子复制机制的详细分析表明，对于能够积累、保存和处理遗传信息的大分子组织来说，催化超循环是一种起码的要求。"[1] 这样，超循环论便对分子自组织进化清楚地做出了开创性的说明。

　　有关生命的起源与发展通常表现为某种特定的"因果"关系，因此，它构成了超循环论不可回避的一个重要问题。蛋白质和核酸作为产生生命的基础有机物（生物大分子），它们之间的关系如何？也就是"先有蛋白质还是先有核酸？"或者说"先有功能还是先有信息？"在艾根看来，在生物信息起源上的这种"先"，并非指时间顺序，而是指因果关系。在这里，蛋白质的功能由其结构所确定，而这种结构又是被核酸编码的。同时，核酸的复制和翻译则必须经蛋白质的催化，再通过蛋白质来表达。这意味着，"功能"若产生高度有序的结构，需要由"信息"来编码，而"信息"又只有通过

---

① 艾根、舒斯特：《超循环论》，上海译文出版社 1990 年版，第 11 页。

它编码的"功能"才获得其全部意义。实际上，蛋白质与核酸，或"功能"与"信息"的关系是一个互为因果的封闭的环，其中无所谓起点与末端。在超循环论中，这种因果"环"的结构是分层次相类属的。从反应循环到催化循环，再到催化超循环的依次嵌套和递进，就构成了一个从低级到高级的因果循环组织。"在一定外部条件下，通过这种因果多重相互作用，可以建立起宏观功能组织，其中包括自复制、选择并且向高级水平进化。"[①]

艾根建立超循环论有一个重要的指导思想，这就是将物理学原理推广应用到生物学中去，用以解释复杂的生命现象。他断言："对于认为已知物理学规律不足以说明标志生物体现象的任何主张，我们都能够运用物理模型去反驳它们。超循环就是一个例子。"[②]艾根所言的"物理学"主要是指关于不可逆过程的非线性非平衡热力学。但应强调，正是因为当代物理学的发展导致"演化的物理学"，艾根才有可能运用"物理学"来探讨生物大分子的自组织进化问题。显然，超循环论的建立，进一步突出了物理学在当代科学技术综合理论中的地位和作用。

就狭义的科学分类而言，超循环论属于分子生物物理学领域。但作为分子生物学、非平衡热力学、信息论和博弈论等多门学科的综合，超循环论的思想与方法仍然具有广泛的科学意义。艾根本人就认为，在神经组织和社会组织中，也存在超循环的组织形式。尤其是艾根关于多重因果循环的见解，不仅具有重要的自然科学价值，而且也具有重要的社会科学价值。

在超循环中，生物大分子的自组织反应都是某种非平衡、非线

---

① 艾根、舒斯特：《超循环论》，上海译文出版社 1990 年版，第 210 页。
② 艾根、舒斯特：《超循环论》，上海译文出版社 1990 年版，第 427—428 页。

性的随机不可逆过程。因此，超循环论与耗散结构论之间有许多相通之处。但对自组织现象，耗散结构强调的是系统对来自外部环境的能量的耗散，而超循环论则注重于系统内部的因果多种循环。显然，如果注意到这两方面的特点，并加以吸收、发展，则有可能对系统自组织行为作出更全面、更深刻和更具有普遍意义的解释。

继普利高津的耗散结构论和艾根的超循环论之后，德国物理学家 H. 哈肯在一个新的高度上创立了协同学（synergetics）。1971 年，哈肯与 R. 格拉哈姆发表了《协同学：一门协作的学说》一文，阐述了协同学的基本思想；1977 年，哈肯的《协同学导论》一书问世，该书系统地讨论了协同学研究的微观方法；1988 年，哈肯的《信息与自组织》一书同时用中、英文两种文字出版，从而进一步确立了协同学研究的宏观方法。在哈肯看来，"科学划分为越来越多的学科，寻求统一的原理就变得越发重要。复杂系统的无处不在，使我们面临挑战，我们必须寻求解决复杂系统的统一原理"①。为此，协同学一方面研究大量子系统形成宏观有序结构时的联合作用；另一方面则吸收了许多不同学科在协同学中进行合作，以寻求支配自组织系统的"统一原理"。于是，协同学的研究对象更加广泛，而且其研究方法也更具整体性和普适性。因此，可以说，协同学作为系统自组织理论的最新进展，它是对耗散结构论和超循环论的整合与突破，进而实现了系统论在更高层次上的复归和发展。

协同学从一开始就将整个自然界乃至社会中的结构形成问题作为其研究的对象。正如哈肯所言，"当我们想到某个系统的许多子系统之间的合作是由一些与子系统性质无关的相同的原理加以支配时，我们就会意识到，在所谓协同学这一横断性学科研究领域的框架中，

① 哈肯：《信息与自组织》，四川教育出版社 1988 年版，第 15—16 页。

寻求与研究这些类似性已是时机"[1]。因此，协同学撇开组成任何系统的大量子系统的具体性质，着重考察不同系统从旧结构突变到新结构的共同机理，结果发现系统的这种进化可以概括为一个由系统内部的协同作用而产生的自组织过程。

根据协同学，系统进化方程的一般形式可以表示为：

$$\frac{d\vec{q}}{dt} = \vec{N}(\vec{q}, \alpha) + \vec{F}(t)$$

其中，$\vec{N}$ 为具有确定性的非线性驱动力，$\vec{F}$ 为随机性的涨落力。在 $\vec{N}$ 中，状态矢量 $\vec{q} = \vec{q_1}, \vec{q_2}, \cdots \vec{q_n}$，它又依赖于空间和时间；$\alpha$ 为控制参量（外参量），它代表环境对系统的影响。

对于系统进化问题，协同学方法的关键步骤就是从伺服原理出发，建立并求解系统进化方程，即序参量方程。伺服原理的基本思想是所谓"慢变量支配快变量"。具体地说，系统在临界点的变量 $\vec{q}$，按其阻尼大小可分为快变量和慢变量。绝大多数变量阻尼大、衰减快，它们对系统进化不起主导作用；与此同时，一个或少数几个变量出现了临界点无阻尼现象，它或它们支配、驱使着其他快变量的运动，系统进化的最终状态将由这种慢变量决定。因此，可以用慢变量来表示所有的快变量，这些留下的慢变量就称为序参量。伺服原理表明，尽管一个宏观系统的变量数目往往是很大的，甚至是无穷的，但在新结构出现的临界点上，起关键作用的只有少数几个描绘系统有序状态的参量，即序参量。这一结果包含着十分重要的意义。首先，它告诉人们，复杂的物质世界在本质上却是简单的，因为复杂结构本身由少数几个序参量就可以确定了；其次，它使人们有可能以数学上最经济、最便捷的方式来处理一个高难的复杂问题。根据伺服原理，可以将系统进化方程变换为序参量方程。对序

---

[1]　哈肯：《关于协同学》，载《自然科学哲学问题丛刊》，1983 年第 1 期。

参量赋予不同的意义，这个序参量方程就可以描述各种系统自组织过程。例如，若序参量表示电场，则可以刻画激光中的有序生成现象。当然，还要从数学上求解序参量方程，以便得到具体的结果，并与实验事实（或自然现象）相对照。

序参量作为协同学的核心概念，它凝聚了各种有序结构形成的共同特点。这就是对于一个由大量子系统构成的系统，当反映环境影响的控制参量达到一定的临界值时，子系统间的关联和协同作用导致了序参量的产生，而所产生的序参量或序参量之间的竞争与合作反过来又支配着子系统的运动，使系统最终形成某种整体有序结构。在这种因果循环关系中被放大的序参量描述了系统的宏观有序结构，其变化精确地反映了系统形成自组织结构的进化过程。从本质上看，序参量概念不仅突出了由大量子系统构成的自组织系统的整体性，而且还从演化规律方面丰富了人们关于物质世界统一性的认识。

从另一方面来看，由伺服原理出发，建立并求解序参量方程的步骤，体现了协同学的一种从微观描述到宏观观察的微观方法。这种微观方法与统计物理学方法相类似，它强烈地依赖于人们对系统中微观过程的了解程度。然而，对于一些十分复杂的系统，其微观过程也极为复杂，常常不易弄清，这时运用微观方法就难以奏效。于是，在吸取信息论研究成果的基础上，哈肯又创立了协同学的宏观方法。这种与热力学方法相类似的宏观方法是唯象的，它从实验资料出发，用宏观观察量来处理系统，然后再推测产生宏观结构的微观过程。因此，协同学的宏观方法为解释微观过程不很清楚的系统进化问题，提供了一种新的可能性。

协同学的宏观方法认为，在系统中，信息具有媒介作用。一方面，系统的各部分对其存在做出贡献；另一方面，又从它那里得知如何以合作的方式来行动。因此，只有通过信息的传递交换，才有可能发生自组织过程。对于复杂系统来说，它存在着一个信息层次链。在最低层次，各个部分都能够发射触发系统其他部分的信息。这样的信息能在特定的基元时间发生转移，或者由一般的携带者传递。在所有这些情况下，虽然最初的信息交换可能是偶然的，但各个信号之间展开了竞争与合作，最终则达到了一种新的合作状态。这种新的有序状态在本质上不同于原先那种无序或无关联的状态，因为这时系统的各个部分达到了特定的一致，即发生了自组织，并且出现了信息的高度压缩。于是，在宏观层次上信息出现了，系统呈现出某种新的功能。这意味着，系统的自组织就是一个宏观层次上信息自创生的过程。这种新型的信息涉及序参量，它的源泉恰恰在于系统中的关联与协同作用。"这使人感到，应该把涉及序参量并且反映着体系集体性质的那部分信息称为'协同学信息'。同时，序参量也得到了'信息子'这样一种新的意义。"①协同学的宏观方法正是用来唯像地研究这种"协同学信息"的。有鉴于此，我们甚至可以将这一宏观理论称为信息协同学。

总之，从控制论、信息论到系统论，以及从耗散结构论、超循环论到协同学的发展，充分体现了当代科学技术综合理论的辩证联系。控制论和信息论分别从信息控制和信息传递的角度共同揭示了物质世界中的信息联系方式，它们的结合初步形成了以一般系统论为理论框架的系统论。其后，对非生命现象和生命现象中系统自组织问题的研究，导致了以"演化的物理学"为基础的耗散结构论和超循环论，而高起点的协同学则集之大成而又独树一帜地达到了一种新的理论综合，它将系统论的研究，进而将当代科学技术整体化

---

① 哈肯：《信息与自组织》，四川教育出版社 1988 年版，第 260 页。

的发展趋势，推进到一个崭新的前沿。

当代科学技术综合理论，从宏观与微观相结合的前提出发，对无机现象与有机现象进行了深入的知性分析，然后在普遍原理概括的基础上，初步进行了辩证联系和统一整合的思考，因而对宇宙自然的系统结构认识既精确又贯通。当代科学技术综合理论充分体现了哲学与科学高度融合的趋势。

第三节　综合理论的哲学品格在于其整体化趋势

以系统论为核心的当代科学技术综合理论的特征在于以相互联系、层次递进的系统群来认识宇宙自然以及人类社会。这就是说，把宇宙人生视为一个有机组合的整体。而整体化趋势正是哲学品格的表现。

根据当代科学技术综合理论，尤其是系统自组织理论，系统观点可以在最广泛的意义上区分为系统存在的整体性、系统演化的层次性和系统过程的目的性三个方面。

一、系统存在的整体性

整体是系统的存在方式，系统也只有首先作为一个统一的整体，才能获得其自身的确定性，而为认知所把握。所以，系统存在的整体性构成了系统观点的逻辑起点。

对于整体性是系统最基本的性质这一判断，科学家和哲学家都没有异议。贝塔朗菲明确地将其一般系统论规定为关于"整体"的一般科学；系统哲学的代表人物 E. 拉兹洛把"整体"列为其系统的几种"组织性的不变性"之首。然而，问题却在于：究竟什么是系统的整体性？

首先，作为一个整体的系统具有不同于其各组成部分的特性，其特性也不是各组成部分特性的简单相加。这就是说，组成整体的诸部分，它的独立性受到了系统整体的制约，而变成整体的相互依存的内在的有机环节，从而产生属于整体的新质。这种质的新颖性，即宏观信息，就是系统存在的整体性的直观体现。实际上，系统存在的整体性也只有如此才有客观意义。在物理系统方面，氢原子是由一个质子和一个电子构成的系统。但氢原子作为一个整体的特性并不能仅仅通过质子和电子的特性来说明。事实上，氢原子的光谱表明，氢原子具有完全不同于质子或电子的质的新颖性，它就是氢原子存在的整体性。在生命系统方面，生物体由细胞构成，细胞由分子构成，而分子又由碳、氮、钙、铁等元素构成。但无论如何，生物体的特性不能归结为细胞的特性，更不同于分子、原子的特性。生物体所独有的特性不是别的，它正是生物体存在的整体性。

各种系统具有不同方面的新颖性，如某种新结构或某种新功能等，但就它们都具有新颖性而言，一切系统又别无二致。若孤立地观察宇宙自然中各种系统的不同新颖性，则系统为"多"；若将具有不同新颖性的各种系统视为同型的整体，则系统为"一"。于是，系统存在的整体性表明它是以新颖性为标志的"一"与"多"的质量统一体。

然而，将系统当作一种具有整体新颖性的质量统一体来看待，基本上还属于感性直观方面。若仅限于此，就容易使整体性被笼罩在某种神秘性之中，似乎这种整体性不是来自于"造物主"的创造，就是隐匿在遥远的彼岸世界。但这种神秘性的空疏性表明它是虚幻的、不现实的。真正的现实的系统整体性只有从其组成部分及其相互关系中才能得到科学的说明。因此，新颖性——整体外在的统一性必须向对称破缺性——整体内在的多样性过渡。

其实，系统存在的整体性并不意味着其内部的单纯性、均一性。只有系统内部对称破缺、高度分化和质的规定的多样化，系统存在的整体性才能得以产生。空间的对称破缺表现为系统的各组成部分在三维空间中分布的非均匀性。尼科里斯和普利高津在阐述耗散结构论时指出："首先，对称破缺是体系的不同部分之间或体系与环境之间的本质差别的表现。在这一方面，它保证了（在诸如星系原生物质凝聚、第一个生命细胞产生等事件过程中必须发挥作用的）复杂行为的一个首要先决条件。第二，一旦这种差别得以保证，原来在无差别介质中不可能进行的下一步进程就可以畅通了。正如我们……强调过的，生物介质中空间不均匀性的出现，可以使大量无差别细胞得以识别其环境并分化为专门细胞。这转而使遗传物质得以发挥其潜力，因此，就这方面而言，对称破缺看来还是信息的先决条件。"[①]实质上，空间的对称破缺满足了系统功能发展的客观需要。从这个意义可以说，空间结构是由系统运作的功能来赋型的。

在另一方面，时间的对称破缺则显示为系统定向运动变化的周期性、节奏性。在牛顿力学、相对论力学和量子力学理论中，时间坐标与空间坐标一样，实质上只不过是一个描述运动的几何参量；其基本方程对于时间 t 来讲都是可逆的、对称的。这就意味着"过去"与"未来"并无质的区别。热力学第二定律仅仅描述了孤立系统中不可逆过程的方向性，而系统自组织理论则更加一般、更加深入地揭示出开放系统不可逆过程的方向性。在自组织理论中，任何系统都有一个随时间而创生、发展和消亡的过程，这个过程是绝对不可逆转的。对于系统来说，时间 t 总是单向的、对称破缺的，它是一个决定系统演化的具有历史意义的变量。在这一研究中，人们

① 尼科里斯、普利高津:《探索复杂性》，四川教育出版社 1986 年版，第 79 页。

进一步发现，系统的空间对称破缺作为一个进化过程，它依赖于时间的对称破缺。有了不可逆性，即时间的对称破缺，才有空间对称破缺的产生、维持和发展。"在一切耗散体系中都存在着一个特定的时间方向"[①]。因此，时间的对称破缺性在系统演化中发挥着基本的建设性的作用。在贝格索夫—札鲍廷斯基反应中．当化学反应物被保持均匀时，系统出现了与正常心脏搏动相类似的整体性红蓝相间的颜色振荡。这种振荡通过系统内部产生的动力特性来度量时间，形成了所谓"化学钟"。而当允许化学反应物不均匀时，则系统便产生了形态各异并随时间不可逆改变的"化学波"。这两种现象构成了时间与空间对称破缺的范例。

于是，对称破缺不仅表现为三维空间上的非均匀分布，而且展示为一维时间上的不可逆进化。它既是空间性的，又是时间性的。这种空间对称破缺与时间对称破缺在系统中建立了内在的联系。因此，系统存在的整体性进一步表明，它是具有对称破缺性的时空统一体。而这时，对系统存在的整体性的认识便进入到抽象的知性分析方面。

系统内部的对称破缺使其组成部分彼此有了区分，而系统对称破缺的各组成部分间的相互联系则引起了其特性的变化，结果形成了扬弃各组成部分特性后的整体性。应该强调的是，系统对其组成部分特性的扬弃，不应被视为各组成部分自身个体性的湮灭，而应被理解为在新的整体性联系中各组成部分自身个体性的协调一致，也就是和谐化。只有对称破缺、高度分化和质的规定的多样化的组成部分的互相依存和内在联系，才形成了系统整体新颖性之源。如果说，系统内部的相互联系使其各组成部分协调一致而构成统一的

---

① 尼科里斯、普利高津:《探索复杂性》，四川教育出版社 1986 年版，第 219 页。

整体，那么，正是各组成部分充分发展的对称破缺、高度分化和质的规定的多样化，才使得其间的相互联系更加丰富、更加紧密和更加具有新颖性。因此，物理学家出身的哲学家 M. 邦格明确提出，系统的整体"新颖性更可能是在异质事物结合形成系统的过程中实现的"[①]。而协同学则借助于序参量的概念深刻地揭示出系统对称破缺的各组成部分通过协同作用达到整体和谐的科学机制。

概括地讲，系统内既存在其各组成部分无规则的竞争性的独立运动，又存在它们有规则的合作性的关联运动。若独立运动居于主导地位，则系统表现为整体无序状态；若关联运动居于主导地位，则系统显示出整体有序状态，即整体新颖性。因此，独立运动和关联运动便成为系统中各组成部分行为的两种基本倾向。在一定的条件下，这两种对立和矛盾的倾向通过相互斗争，达到对立的扬弃、矛盾的转化，因而出现以序参量为标志的系统行为的协同性。由于系统中协同作用的形式和程度不同，组织水平和关系构型相异，导致系统产生不同的结构和功能。于是，系统存在的整体性最终表明，它是以协同性为契机的对立统一体。这样，对系统存在的整体性的认识便显现出一种理性的辩证综合。

既然系统存在的整体性中蕴含着矛盾的对立统一，系统中就有了致变的否定因素。当系统作为一个整体的确定性被突破时，系统就从一个整体演化为另一个新的整体。

二、系统演化的层次性

系统演化本质上也就是连续的无限发展，而连续性的中断便形成了无限发展中若干有限的环节，它们呈现为一种依次嵌套、相互

---

① M. 邦格：《系统世界》，1979 年英文版，第 248 页。

异质的层次系列。因此，层次作为系统的演化方式，它正是对整体的突破和发展。在这里，系统性质便从系统存在的整体性自然地推移过渡到系统演化的层次性。

系统演化的层次性首先表现为层次的逐级递进性。对于某一系统，它的每一组成部分又可以被看作一个较为低级的系统——亚系统或子系统，而该系统本身又与其他系统一起作为组成部分，构成一个更为高级的系统——超系统。于是，从亚系统、系统到超系统的相互联系和推移转化就显现出系统演化以层次方式逐级递进的特征。

系统以层次方式演化具有特殊的意义，它使得系统从简单到复杂、从无序到有序、从低级有序到高级有序的进化走上了一条最为便捷和有效的途径。"在各种可能的复杂形态中，层级结构的形态有进化所需的时间。"① 科学研究证明，低层次系统的结合能大于高层次系统的结合能。随着层次系列由高到低的变化，各层次系统内部结合的紧密程度依次增大。如分子比由其组成的物体牢固，原子比分子牢固，原子核比原子牢固，"基本粒子"又比原子核牢固，等等。在这种情况下，当系统以层次系列方式演化时，即使遇到任何挫折也不会使整个系统毁于一旦。某一层次系统进化的失败，仅仅是将演化的起点向后倒退了一个层次。在这个较低的层次上，稳定的系统继续演化，以坚持探索成功的道路。这说明，在某一系统的演化过程中，如果存在着中间的稳定形态，那么，从简单系统到复杂系统的进程，要比没有这种中间形态时迅速得多，因而可能在各种可能的竞争性进化中处于有利的地位。在这里又出现了某种因果循环关系：系统中层次的形成是演化的产物，而它反过来又加速了系统

---

① H.A.西蒙：《人工科学》，商务印书馆 1987 年版，第 180 页。

演化的进程。因此，"复杂性经常采取层级结构的形式，层级系统有一些与系统具体内容无关的共同性质"①。有了系统的这种层次的逐级递进性，才有了系统持续进化的可能性和现实性，也才有了系统世界的可理解性。难怪贝塔朗菲和拉兹洛都认为，这种层次性不能不是系统的主要性质之一。

系统演化以层次方式逐级递进的结果，必然导致不同层次系统间特定的相互关系。在这种相互关系中，各个层次系统都是作为一个整体而发挥作用的。而根据层次的逐级递进性，它种相互关系本身只能采取自下而上和自上而下双向关联（coarchy）的形式。

在自下而上的方向，低层次系统作为子系统扮演着高层次系统组成部分的角色，因而低层次系统间的相互联系和相互作用产生了高层次系统，并且在一定程度上制约着高层次系统的结构和功能。其次，在自上而下的方向，高层次系统包含着低层次系统，突现出低层次系统中所没有的整体新颖性，并对低层次系统产生某种支配作用。由于这种双向关联性，演化中的各个层次系统的结构与功能得以相互协调一致，从而使它们成为和谐统一的有机整体。从这里还可以看出，人们常常用"等级秩序"（hierarchy）来描绘系统演化的层次性，其实并不确切，并不全面。因为"等级秩序"强调的是高层次系统对低层次系统居高临下的单向统治关系，它不仅难以表达出低层次系统对高层次系统从下到上的基础性制约关系（lowerarchy），借用政治学的术语，可称其为"民主"，而且更无法推断出层次系统逐级递进的动态演化特征。

系统层次的双向关联性表明，每一层次系统实质上都是系统演化过程中的一个承前启后的中介环节。这个中介环节扬弃了较低层

---

① H. A. 西蒙：《人工科学》，商务印书馆 1987 年版，第 168 页。

次系统，而又奠定了较高层次系统的基础。因而系统的复杂性就随着层次的上升而逐级增加，产生了层次的过程复合性。贝塔朗菲用不同的语言表述了同样的观点："现代概念认为现实是有组织的实体的巨大的递阶秩序，在许多层次的迭加中从物理、化学系统引向生物、社会学系统。"[1] 在这里贝塔朗菲的所谓"迭加"，确切地讲，就是"复合"。尽管物理系统可以分为夸克、"基本粒子"、原子和分子等，而生命系统又可以分为生物大分子、细胞、组织、器官、系统、生物个体、种群、生物群落和生物圈等，其实它们统统都不过是通过若干相互区别而又彼此联系的系统过程的复合而演变出来的。

系统层次的过程复合性源于逐级递进性和双向关联性两个方面，但又高于它们，所以它乃是对系统演化层次性的综合概括。它充分显示出，系统演化是一个个前后相继、高低类属的有起有讫的有限过程。在这个有限过程中，处于某一层次上的系统整体由于其自身的内在否定性，不断被突破而向另一更高层次上的新的系统整体转化，从而导致有限过程的无限自我超越。这恰好反映出系统存在与演化的某种自身完备性。而这种自身完备性在辩证法意义上的完全展开，便使系统观点从系统演化的层次性最终推移过渡到系统过程的目的性。

三、系统过程的目的性

无论是系统存在的整体性，还是系统演化的层次性，都仅仅是对系统过程不同方面自组织特征的认知结果。而系统过程的目的性则更为全面深入地揭示出系统存在与演化的辩证本性，它作为系统自组织特征的科学概括与哲学辨析，乃是系统观点的最高表现。

---

[1]　贝塔朗菲：《一般系统论〔基础·发展·应用〕》，社会科学文献出版社 1987 年版，第 72 页。

根据系统演化的层次序列，系统过程目的性的第一个阶段就是自然目的性。

自然目的性首先表现出其客观必然性的意义，即系统过程的自因性。在这种自因性中，不仅具有原因产生结果的因果性，而且还包含交替的结果产生原因的因果性。于是，因果相互作用扬弃了机械性或直线式因果关系中原因与结果的绝对差别，形成了一个自成起结、自身圆满的因果联系环，从而达到了原因与结果的完全同一。这时，因果相互作用作为一个独立自为的整体，它本身就是原因，或者更为确切地说，它无须向外追索其产生与发展的根据，其本身就是根据，因而成为"自因"。所以，自因表现为因果关系的充分的发展，"这种自己与自己本身的纯粹交替，因此就是露出来的或设定起来的必然性"[①]。自因说的提出有极为重大的哲学意义，它克服了知性思维所导致的恶的无限性，而且斫断了牛顿的"上帝的指头"，从自然人生的自身寻求原因。这一论点有力地保证了唯物主义的哲学原则。如果说这一点首先是由斯宾诺莎、黑格尔用思辨的方式提出的，现在则做出了科学的论证。例如，普利高津的"布鲁塞尔器"、艾根的超循环和哈肯的序参量概念等对自因说提供了生动而翔实的科学论证。

在科学上得到充分展开的自因性超越了外在的僵化的必然性，它表明系统过程摆脱了依它性，系统能够自己决定自己，本身有所作为。于是，系统过程深刻地展示出其内在的必然性，反映出一种发展中的能动性和主体性。这种自我决定、本身自足的能动性和主体性也是一种"自由"。这样系统过程的目的性便初见端倪。

然而，自因性仅仅说明了系统具有自我决定这种客观必然性。

---

① 黑格尔:《小逻辑》，商务印书馆 1980 年版，第 322 页。

这种客观必然性是否还与系统的某种自身需要相联系呢？如果有肯定的回答，系统过程才能真正获得目的性的意义。其实，这种客观必然性的内在性已透露出它与系统的某种"主观"需要发生联系，这正是其内在性的底蕴之所在。因此，系统过程的客观必然性还须向其自身必要性推进转化。

在系统演化的无限过程中，存在着若干有限的环节，这些有限的环节不是别的，而是演化过程中凭依于自因而具有一定对称破缺性的有始有终的有序稳定结构。虽然对称破缺提供了物质演化、信息创生的先决条件，但"只有当对称破缺能导致渐近稳定解时，它们才是有意义的"①。这里的渐近稳定，无非是指扰动对系统影响的暂时性和系统抑制扰动能力的持续性。从实质上看，有序稳定性意味着系统在某个界限内对于其自我决定性的自我保持性．这说明系统具有以抗拒外部环境作用的方式，有效地适应外部环境的主动力量。它乃是一种维护系统自身能动性的自主性。总之，自因导致稳定与适应，而稳定与适应又巩固和发展了自因。这样系统过程的目的性便得到进一步的确定。

从表面上看，系统自身的有序稳定性与系统对外部环境的有效适应性似乎只是并行无关的两个方面，其实不然。系统只有达到自身的有序稳定，才可能导致它对外部环境的有效适应。而系统对外部环境的有效适应，又促进了其自身有序稳定的形成与发展。因此，有序稳定性与有效适应性这两个方面彼此包摄，相互贯通，它们统一于系统过程之中。如果说有序稳定性反映了系统过程目的性的内在方面，而有效适应性表现出系统过程目的性的外在方面，那么，系统过程的目的性便全面地展示为内在目的性与外在目的性的辩证

---

① 尼科里斯、普利高津：《探索复杂性》，四川教育出版社 1986 年版，第 79 页。

统一。这实际上标志着系统过程的一种综合价值取向。由此可见，系统整体的有序稳定性和有效适应性的协调、统一、维护的"系统整体的自主性"乃是自然目的性的客观根据及内在实质之所在。

不过，这种作为系统的客观过程定向关联结果的目的与人们所熟知的那种自觉的和预定的目的有质的区别。既然有序稳定性和有效适应性作为系统和自身需要还没有从其行为中分化出来变成独立的对象，它们就并不是以行为有意识的预定好的目的方式出现的。这意味着自然目的性"只自在地是自由的，但它的自由并不是自为的"①。自然目的性的一个最根本的特点就在于非自觉意识性和非预定计划性。

自因性、有序稳定性和有效适应性作为系统过程客观必然性和自身必要性的两个方面，它们之间的联系与过渡已具有目的性的意义了，但到目前为止，这种意义还只是潜在的，因为它尚未涉及系统实现目的的具体的现实过程。因此，系统目的的潜在性须向现实性发展，系统过程须从自身展开并向其自身回复。这种系统目的的实现具体地表现为一个决定论与非决定论相统一的选择性过程。它颇像拉兹洛所描绘的，"自然的系统"在进化过程中，实行一种非预定的计划，"这计划指示总的方向，剩下就让机遇来起作用，从实现这个计划的不同途径中作出选择。存在一种没有奴隶性的目的性和并非无政府状态的自由"②。

系统实现目的的选择性过程首先取决于系统内部的非线性相互作用。与线性相互作用的机械性截然不同，非线性相互作用会产生"相干"和"分支"两个效应。在相干效应中，子系统间相互制约，

① 黑格尔：《精神现象学》上卷，商务印书馆 1979 年版，第 228 页。
② 拉兹洛：《用系统论的观点看世界》，中国社会科学出版社 1985 年版，第 47 页。

形成信息自反馈机制，从而导致某种自因性；在分支效应中，系统不仅具有失稳而发生突变的可能性，而且还将面临进入新的有序稳定和有效适应状态的多个分支，这就为系统提供了在不同的结果之间进行选择的机会。因此，系统内部的非线性相互作用就成为系统自发进行行为选择的内在根据。其次，系统的开放性，即系统与其环境之间存在的某种物质、能量或信息的交换，则构成了系统自发进行行为选择的必要的边界条件。环境作为一个更高层次系统的组成部分，它与开放系统的相互作用往往形成具有挑战性的选择压力。当这个选择压力（在协同学中为控制参量）增大到一定限度时，开放系统则以自组织的方式选择新的整体有序的稳定结构，以便最为有效地抵抗环境的外在压力，进而达到与环境的高度适应。

普利高津指出："系统在两个分支点之间遵守诸如化学动力学定律之类的决定论规律；但在分支点的邻域内，测涨落起着根本的作用，并且决定系统将要遵循的'分支'。"[1] 系统实现目的的关键步骤正在于它对其自身内部涨落的选择。实际上，系统中存在的各种各样的涨落对应着各种各样可能的宏观状态，但在具体的内部和外部条件下，它们的稳定性与适应性又彼此相异。于是，这些可能的宏观状态构成了一个可能性空间（相空间），其中充满着激烈的竞争。对于系统的某个既定状态而言，涨落乃是一种偶然的内在否定的因素，它既为系统提供了进行"变革"的重要信息，又为系统排列出开展选择的具体对象。当系统按照决定论规律必然地运动到某一分支点附近时，系统内部的非线性相互作用（非线性驱动力）与外部的选择压力的结合开发了涨落（涨落力）所具有的潜力。通过大量随机的局部涨落，系统可以连续地探索其可能性空间，尝试各种可

---

[1]　普利高津：《从存在到演化》，上海科学技术出版社 1986 年版，第 97 页。

能性，寻找某一最适合于其自身需要的目标。最后，只有相应于"吸引力"（系统目的的科学原型）所代表的稳定程度最高的那个宏观状态的涨落，才能被系统选择。这时，系统发生随机突变，它通过自同构放大而回复到与外部环境相适应的有序稳定的宏观现实性。于是，"在某种程度上，我们被引入了一种甚至在非生命世界中发挥作用的广义达尔文主义，即由涨落构成的集体模式的产生、它们的竞争以及最终对于'最适合的'集体模式或其组合的选择，导致了宏观的结构"①。这一从无序到有序的选择完全体现了目的性的"纯粹的否定性"，它乃是一个定向运动的、自身建设的和连贯发展的能动性过程。

从自因性、有序稳定性和有效适应性到选择性，系统过程的目的性的第一个阶段——自然目的性的理论内涵得到了辩证的展开。

随着宇宙自然永恒的创造性进化，自然目的性也在不断地提高自己的水平。在这个过程中，"自在的"自由必然地走向"自为的"自由。于是，宇宙自然中出现了人类及其精神世界，形成了社会系统。而人作为宇宙自然中最高级的生命系统，其目的性的个体表现，即个人目的性，便构成了系统过程的目的性的第二个阶段。

个人目的性扬弃了自然目的性，它将自然目的性的非自觉意识性、非预定计划性提升为体现人的本质特征的自觉能动性、行为意志性。在这一重大的飞跃过程中，自然目的性奠定了个人目的性的客观基础，而个人目的性则成为自然目的性在主观方面的必然的延伸和突破。这种个人目的性也就是贝塔朗菲所阐明的"真正的目的追求性"，它"是指当前行为由预期目的规定。它受制于这样的事实：未来的目的已经存在于思想中，并决定着当前的行动。真正的

① 哈肯：《高等协同学》，1983年英文版，第18页。

目的追求性表示人类行为的特征，并与其发展的语言符号论及概念的存在紧密联系在一起。"[①]

随着社会系统新的创造性进化，个人目的性的水平也在得到不断的提高。如果说生物的人关心的只是个体的生存和种系的维持，那么，现实的人则扬弃了人的自然生物性，进而达到了人的社会实践性。在社会历史前进这个大自然过程中的一种自然过程中，人的个体的自由被社会凝聚为一个和谐的整体。正因为如此，个人目的性又进一步发展成为社会目的性。作为系统过程的目的性的最后阶段，社会目的性无疑是对自然目的性和个人目的性的辩证综合。

什么是社会目的性？社会目的性的真谛在于科学理性基础上的革命的社会实践。直面自然的灾难和社会的曲折，憧憬着未来的物质文明和精神自由，人只有按照自然规律和社会规律能动地进行社会实践，才能把握住自己的历史命运，达到自己所自觉预定的目的。而这个"实现了的目的因此即是主观性和客观性的确立了的统一"[②]。正是在革命的社会实践中，人必将彻底砸碎一切束缚其自身的枷锁，使自己固有的潜能在现实中充分地发挥出来。通过这种自组织的社会目的性过程，生物的人、现实的人将最终成长为完全的人。这便意味着人的彻底解放和人的自我实现。

虽然从自然目的性发展到个人目的性和社会目的性的细节内容尚有待于自然科学与社会科学的进一步论证，但这一"全程的"自组织进化思想本身却具有深刻的科学与哲学意义。在当代科学技术综合理论的启迪下，它终于使关于系统过程的目的性观点破除了陈陈相因的机械性和片面性，并以崭新的面貌预示着科学与哲学的

---

① 贝塔朗菲：《关于一般系统论》，载《自然科学哲学问题丛刊》，1984 年第 4 期。
② 黑格尔：《小逻辑》，商务印书馆 1980 年版，第 395 页。

明天。

至此，系统存在的整体性（新颖性—对称破缺性—协同性），系统演化的层次性（逐级递进性—双向关联性—过程复合性），系统过程的目的性（自然目的性—个人目的性—社会目的性），三者构成了系统整体观的主要方面。正是这三个方面（或三个环节）之间的相互联系和推移过渡，完美地实现了系统观的整体化、辩证化，从而达到科学论证与哲学贯通的高度的统一。以系统论为核心的当代科学技术综合理论是唯物辩证法的现实的科学。

当代科学技术综合理论的形成与发展，是科学与哲学相融合而取得的辉煌成就。这一综合理论的哲学品格就在于科学的整体化趋势，以及由此产生的科学的哲学化、哲学的科学化趋势。这种科学与哲学的新关系不仅表明了哲学理论的辩证综合能力在无形中而且必然地对实证科学的渗透和指导，而且还显示了实证科学的客观精确材料对哲学理论的支撑和充实，从而使以对世界作整体研究为己任的哲学摆脱了原先没有或缺乏确切的科学根据而只能流于单纯思辨和主观臆造的困境，获得了建立在坚实的科学基础上的新的生命力。

因此，当代科学技术整体化的发展，乃是科学与哲学同步前进、相互贯通、融为一体的辩证过程。

第十六章　对当代实证科学的片面哲学概括

19世纪中叶以后，西方哲学的发展出现了摒弃传统理性主义和思辨哲学的倾向，并演化出科学主义和非理性主义两种不同的哲学思潮。科学主义思潮拒斥"形而上学"，提倡用实证自然科学的原则来改造哲学，从而对实证科学的发展作了种种片面的哲学概括，这种概括将知性分析提升为哲学的基本准则，将现实科学的内容与结构作为哲学系统的框架，将哲学基本范畴蜕化为科学语言分析，并且崇拜经验实证，热衷功利实用。其结果是形成一种反科学的"科学主义思潮"，既败坏了哲学的声誉，又戕害了科学的发展。

第一节　狭隘经验主义与实证主义

现代西方科学主义思潮从理论渊源追索，与近代哲学家贝克莱、休谟、康德的经验主义传统有密切联系。科学主义思潮最初表现为实证主义。实证主义强调知识的经验性，主张知识以经验为界限，只有被经验到的知识才是确实可靠、"实证的"知识，而超经验的知识既不可能也无必要。因此，实证主义的实质是一种狭隘的经验主义。

一、孔德、穆勒、斯宾塞的实证主义

实证主义的创始人是法国哲学家孔德（1798—1857）。在哲学史上，孔德最早把自己的哲学称为实证主义，把哲学的任务归结为要使哲学成为一种实证的科学。他在《实证哲学教程》中，建立了一个实证主义的理论体系。

"实证"一词原意有"肯定"、"明确"、"确切"的内涵。16世纪以来的自然科学建立在观察和实验的基础之上，要求知识的"确定性"和"实证性"，因此人们就称实验的自然科学为"实证科学"。孔德称自己的哲学为"实证哲学"，即为了表明其哲学是以近代实验科学为根据的一种"科学哲学"。孔德的实证主义，带有经典物理学时代的特征。

孔德提出，一切科学知识来自观察和实验的经验事实，经验是知识的唯一来源和基础。孔德在《实证哲学教程》中说："从培根以来一切优秀的思想家都一再地指出，除了以观察到的事实为依据的知识以外，没有任何真实的知识。"[1]这种观点本来是近代唯物主义经验论所强调的原则，但孔德却对它进行了曲解性的发挥。既然经验是科学知识的唯一来源，那么科学所讨论的问题只能局限在主观经验范围内，否则，认识就没有可能，知识就失去根据，理论就没有意义。"事实上非常清楚，我们的能力根本无法加以把握的那些问题，如万物的内在本性，一切现象的起源和目的之类，恰恰是人类智力在这个原始阶段迫切要求解决的首要问题。"[2]"人类精神如果不钻进一些无法解决的问题，而仅限于在一个完全实证的范围内进行研究，是仍然可以在其中为自己最深入的活动找到取之不尽的养料

---

[1]　洪谦主编：《西方现代资产阶级哲学论著选辑》，商务印书馆1964年版，第27、28页。
[2]　洪谦主编：《西方现代资产阶级哲学论著选辑》，商务印书馆1964年版，第27、28页。

的。"① 因此，这种把知识严格局限在主观经验范围内，不讨论经验之外是否有事物存在的本体论问题的原则，就是孔德的实证主义原则。

孔德认为，他的实证主义原则来源于自培根以来的实验科学精神。"实证哲学的基本性质，就是把一切现象看成服从一些不变的自然规律；精确地发现这些规律，并把它们的数目压缩到最低限度，乃是我们一切努力的目标，因为我们认为，探索那些所谓始因或目的因，对于我们来说，乃是绝对办不到的，也是毫无意义的。"② 这就是说，实证哲学不否认科学规律的存在，但在孔德看来，这些"自然规律"属于经验现象中的东西，只是感觉之间的某种"不变的先后关系和相似关系"，"是把各种特殊现象与某些一般的事实联系起来"③，对现象的研究必须抛弃那些探索原因的企图。孔德强调规律的"实证性"，实质上是否认了规律的客观性。

孔德为了"恰当地"说明实证哲学的实质和特性，自以为这是建立在人类精神发展的进程之上的。孔德认为自己发现了一条人类智力发展的根本规律，即我们的每一种主要观点，每一个知识部门，都先后经过三个不同的理论阶段：神学阶段、形而上学阶段、科学阶段。这三个阶段的性质是不同的：神学是虚构的阶段，形而上学是抽象的阶段，科学是实证的阶段。人类的精神受本性的支配，在每一项探讨中，都相继使用了三种性质不同的哲学方法：首先是神学方法，其次是形而上学方法，最后是实证方法。

孔德认为，在神学阶段，人类精神探索的目标主要是万物的内在本性，是一切引人注意的现象的根本原因、最后原因，是绝对的知识。这种要求显然超出了经验的范围，是虚构的；在形而上学阶

---

① 洪谦主编：《西方现代资产阶级哲学论著选辑》，商务印书馆1964年版，第32、30、26页。
② 洪谦主编：《西方现代资产阶级哲学论著选辑》，商务印书馆1964年版，第32、30、26页。
③ 洪谦主编：《西方现代资产阶级哲学论著选辑》，商务印书馆1964年版，第32、30、26页。

段，人们把那些超自然的主体换成了一种抽象的力量，试图把握蕴藏在世界万物之中的真正的实体，这也超出了经验的范围，是根本办不到的，因而只是神学阶段的改头换面；在实证阶段，人类精神承认不可能得到绝对的概念，不再探索宇宙的起源和目的，不再追求各种现象的内在原因，而只是把推理和观察结合起来，从而发现现象的实际规律。其实不扬弃现象，深入事物的内在本质及其联系过渡诸特征，又怎能发现规律？

孔德进而断言，不仅人类精神的发展要经过这三个阶段，个人智力的发展和各门学科的发展也是如此。就个人的智力发展而言，在童年时期是神学家，爱好神话和虚构；在青年时期是形而上学家，热衷于抽象、理想、绝对；在壮年时期是物理学家，关心实际，注重经验。孔德强调他发现的三个阶段是智力发展的普遍规律，目的在于证实他的实证哲学是人类思想发展的顶点。孔德宣称的所谓三阶段，实际上指的是三种不同的意识形态，即宗教、哲学和科学，这里并没有什么精神、智力发展的规律性。

孔德的实证主义在英国的代表人物是穆勒（1806—1873）和斯宾塞（1820—1903）。

穆勒、斯宾塞和孔德有共同的实证主义思想倾向，但又各有不同的特点。在英国，唯心主义经验论有着相当深刻的社会影响，这就为实证主义的滋生提供了适宜的土壤。穆勒实证主义思想体系的特点是以经验主义的心理学和逻辑学为基础。他针对哲学基本问题提出两个问题：一是人们如何得到对外在世界的确信；二是作为认识主体的"自我"是怎样的。

穆勒认为，对外在世界的确信不能建立在先验论的基础之上，而只能依赖于感觉的恒久可能性。我们的有些感觉倏忽即逝，虽然也能引起记忆和联想，但它是短暂的、偶然的，不是感觉的恒久可能性，因而也就不是真实的。感觉的恒久可能性建立在记忆、想象等心理联想的规律之上，即产生于经验，是观念联想的结果。穆勒把外部世界的存在建立在感觉的基础上，认为现象界是感觉的恒久可能性，本体界则是引起感觉经验的原因；感觉经验是我们能够知道的，而引起感觉经验的原因是无法知道的。至于第二个问题，作为认识主体的"自我"是怎样的，穆勒认为接受感觉的心灵也和本体界一样是不可知的，我们无法知道心灵这个主体的本性。因此，穆勒的实证主义的经验论割裂了现象界与本体界、感觉与思维的联系，导致了不可知论。

在逻辑学方面，穆勒以归纳逻辑而著名。近代自然科学的发展进入了以观察和实验为主的新阶段，培根的《新工具》倡导归纳法，反对经院派僵化的演绎逻辑，为科学研究提供了新的逻辑工具。穆勒在培根"三表法"的基础上，试图按照三段论来建立科学归纳法的规则，形成了实验研究的方法。这种归纳逻辑是从经验事实中寻找因果关系的方法，但他又始终没有给因果联系做出科学的解释，认为因果联系只是现象之间的前后相随，因而他的逻辑实质上描述的是感觉经验的联系，构造的是联想心理学的系统。

斯宾塞实证主义的特点是"不可知的实在论"和庸俗进化论。在斯宾塞生活的时代，牛顿力学的三大定律和能量守恒转化定律在自然科学领域占统治地位。斯宾塞利用自然科学的成果，提出所谓"力的恒久性"的观点，即把"力的恒久性"看作是一切现象的基础，是对经验进行科学组织的基础，但他又认为这种"恒久性"的"力"与我们已知的"力"是既相联系又相区别的"绝对力"，是与可知物既相联系又相区别的"不可知物"。斯宾塞不仅用这种"力的一元论"来回避世界的本原是物质还是精神的哲学本体论问题，而且用不可知的实在论来调和科学和宗教的关系。他认为，思想分为可知和不可知两部分。可知的部分是思想的相对的和有条件的部分，可见的和可理解的部分，即感官接受的对象，这是科学研究的领域；不可知的部分是思想的绝对的和无条件的部分，这种"不可知的实在"的性质不可能在科学领域中得到，而是宗教信仰的对象。如果说人的精神总是存在着超越知识的可能性的话，那么就会永远存在着宗教的地盘，因为宗教与科学的区别就在于它超越了经验领域的东西。

达尔文 1859 年发表他的划时代著作《物种起源》，科学的进化论思想得到广泛传播。斯宾塞的庸俗进化论是以实证主义对这一科学思潮的曲解。他从现象背后具有一种不可知的"力的恒久性"出发，认为世界的一切运动变化是由这个神秘的、不可知的力决定的，并进而把普遍进化的原因归结为纯粹的、外部的机械力，用机械运动来说明从无机界到有机界，直至人的认识发展的一切变化过程。由于他所说的"进化"是一个没有质变、没有飞跃的单纯量变过程，最终得出了永恒的普遍均衡的结论。当然，斯宾塞强调事物的相对平衡的进化，对于加深事物的发展过程有一定的合理因素，但问题在于他把平衡绝对化了，从而导致一种循环论，这就否定了历史发展的总的进步趋势。

总之，实证主义是现代西方科学主义思潮的开端。尽管实证主义还在一定的程度上保留着古典哲学的某些痕迹，如孔德还试图建立一个包罗万象的"科学哲学"的体系，但他们强调的经验原则、归纳原则、进化原则，基本上适应了 19 世纪自然科学的发展状况；他们拒斥哲学本体论的研究，主张不可知论的观点，试图超越于唯物主义和唯心主义之上，不仅为后来的科学主义派别所继承，而且对整个现代西方哲学都产生了很大影响。

二、马赫的"要素一元论"和阿芬那留斯的"经验批判论"

沿着狭隘经验主义的思路继续走下去的是马赫和阿芬那留斯，他们分别创立的"要素一元论"和"经验批判论"即马赫主义，是第二代实证主义。

马赫（1838—1916），是奥地利物理学家，在自然科学方面的研究领域广泛，对声学、电学、流体力学、光学、热力学以及生理学等均有理论贡献。马赫研究哲学的目的是为了改造自然科学，其哲学的特征是要素一元论。他在 1872 年出版的《功的守恒定律的历史和根源》中认为科学的任务只能是研究表象之间的联系（心理学）、感觉之间的联系（物理学）、感觉和表象之间的联系（心理物理学）。这就是说，科学研究的对象不是客观物质世界，而只是研究人的感觉、表象。他在 1883 年出版的《力学》中说："感觉不是'物'的符号，而'物'倒是具有相对稳定性的感觉复合的思想符号。世界的真正要素不是物（物体），而是颜色、声音、压力、空间、时间（即我们通常称为感觉的那些东西）。"[1]马赫在这里已使用了"要素"概念，并直接把要素等同于感觉。他在 1886 年出版的《感觉的分析》中又进一步提出，我们能够从外部世界知道的一切东西都必须由感觉表现出来，感觉是一切可能的物理经验和心理经验的共同要素。为了论证要素的中立性，马赫把要素分为三类：一是物理要素，如颜色、声音等，它们组成物体；二是生理要素，如视网膜、神经系统等，它们构成人的身体；三是心理要素，如印象、记忆、意志等，它们构成人的自我。"要素"虽有物理的和心理的区别，但要素之间是相互作用、相互影响、相互联系的。马赫自认为由此克服了唯物主义和唯心主义把物质和精神对立起来的"心物二元论"，而形

---

[1]　转引自《列宁选集》第 2 卷，人民出版社 1960 年版，第 34—35 页。

成了"一种统一的、一元论的宇宙结构"。

马赫的实证主义思想还表现在"排除一切形而上学的问题，不论这些问题被认为只是此刻不能解决的或是根本永远无意义的"[①]。在马赫看来，只有与我们的感觉发生关系的东西才是实在的，而所有承认在感觉之外的某种实在的哲学都是形而上学的，应当加以抛弃。马赫反"形而上学"的思想武器则是思维经济原则。

思维经济原则是马赫实证主义认识论的基础。马赫习惯于把研究者的智力活动叫作"经济的"，这一观点受达尔文和斯宾塞进化论的思想影响，把包括科学在内的整个心理生活看作生物现象，即人的思维和知识经过生存竞争、适者生存、自然淘汰而导致思维经济原则。首先，思维形式具有经济的性质。语言、文字本身是一种"经济的"发明；科学的名词术语表现了其在认识中的适应能力；数学、化学符号、音乐符号都是语言符号的一部分。由于马赫把科学研究当作是纯粹的经验的描述，因而贬低逻辑思维在科学研究中的作用，认为逻辑具有不完全的经济性质，只是一种消极的思维规则，经济要求则比逻辑要求进了一步。其次，科学理论具有经济功能。一切科学都是通过事实在思维中的摹写来代替经验和节约经验，普遍的自然规律是对经验事实所做的经济描述，数学函数表达的定律是最大限度的经济描述。因此，科学家在科学研究中坚持经济思维原则，才能获得尽可能多的和有价值的知识。最后，简单性和经济性是评价科学理论的原则。我们对经验事实的描述越简单、越经济，其理论价值就越大。对马赫来说，那些离开感觉经验的东西，如现象背后的不可知的物自体，科学中一切类似物自体、物质实体、因果概念的东西，都可以作为不经济的东西、起消极作用的"偶像化"

[①]　马赫：《感觉的分析》，商务印书馆1975年版，第135页。

的概念加以取消。因此，马赫的思维经济原则最终成为他反对"形而上学"的一个原则。当然，我们应当看到马赫的科学哲学思想对19世纪末和20世纪初新物理学的产生，也起过某些有益的思想启蒙作用。

阿芬那留斯（1843—1886）是德国哲学家，马赫主义的主要代表人物之一。他的《纯粹经验批判》提出要对以往哲学的经验概念进行批判，阿芬那留斯哲学由此而被称为经验批判论。阿芬那留斯的经验批判论既不同意唯物主义反映论把经验看作是客观对象的主观映象，也不同意唯心主义先验论把经验看作认识主体先天具有的思维形式。所谓批判经验，就是要"清洗"掉夹杂在经验概念中的一切与经验无关的内容，使经验成为"纯粹经验"。"在清洗过的'完全的经验'内部没有'物理的东西'，即没有形而上学的绝对概念下的'物质'，因为这个概念下的'物质'只不过是一种抽象。"[①]可见，阿芬那留斯是要求从经验中"清洗"掉作为经验的客观基础的外部世界及其因果性、必然性等客观联系。这是阿芬那留斯经验批判论的实质。

从思想渊源上说，马赫主义与贝克莱的主观唯心主义和休谟的不可知论一脉相承，不过，他们在经验概念的掩饰下，做出凌驾于唯物主义和唯心主义的对立之上的姿态，自认为是一种中立的、第三条路线的哲学，是"最新自然科学的哲学"、"现代自然科学哲学"。马赫主义与标榜重视经验和科学、"反对形而上学"的实证主义有直接继承的关系，也有不同的表现形式。首先，孔德等老实证主义者虽然把科学认识限制在现象范围之内，但他们并未完全否定

---

① 阿芬那留斯：《纯粹经验批判》，转引自《列宁选集》第2卷，人民出版社1960年版，第144页。

现象之后的世界本质、实在的存在，尽管这是不可认识的；马赫主义认为这是一种"形而上学"的残余，因而根本否定现象、经验之外还有本质、实在存在。其次，孔德和斯宾塞等人认为哲学的功能是将各门具体科学联系起来，试图建立一个无所不包的综合性的哲学体系；马赫主义放弃了这种建立世界图景体系的企图，把哲学归结为科学的认识论。

马赫主义在 19 世纪 70 年代之后形成，与当时自然科学特别是物理学中开始发生的革命有关。物理学中正在酝酿着的革命，动摇了以往自然科学关于世界、物质等概念的旧的内涵，老实证主义已不适应科学的最新发展，必须改变自己的形态。马赫主义的产生正是适应了这种需要，一方面承袭了实证主义的基本哲学观点，另一方面又企图对自然科学的新变化做出解释。马赫主义是实证主义与物理学唯心主义融合的产物。

三、逻辑实证主义的产生和发展

逻辑实证主义产生于 20 世纪 20 年代的奥地利维也纳学派，是实证主义的第三代。罗素和维特根斯坦共同倡导的逻辑原子主义，对逻辑实证主义的产生有过重要影响，因逻辑原子主义开创的逻辑分析方法是逻辑实证主义的理论前提，而罗素和维特根斯坦则被认为是逻辑实证主义的精神领袖。

罗素（1872—1970）是英国哲学家、科学家和社会活动家。他一生写了许多著作，内容涉及哲学、数学、逻辑学、物理学、文学、史学、伦理学、教育学、社会学、政治学等，被西方学者称为 20 世纪"百科全书式的作家"。

罗素哲学的核心内容是逻辑原子主义。这种思想认为"逻辑是哲学的本质"，哲学的本质就是逻辑分析。只要是真正的哲学问题，都可以归结为逻辑问题。一切科学知识和命题都可以最终分析为逻辑上原子的、不可再分析的东西。所谓逻辑分析，就是把已有的命题在数理逻辑的处理下弄得更清楚、更明确，以便更准确地显示出这些命题的精确意义。在罗素看来，传统哲学所讨论的问题大多是不能用经验来检验的形而上学问题，应当用逻辑分析这把"奥卡姆剃刀"剃去，而我们凭借感知和科学所建立的知识又大多是含混不清的。因此，我们需要用一种新的手段澄清哲学和科学知识中的混乱，这种新的手段就是已经把数学划归为一个形式化的公理系统的数理逻辑。

罗素的逻辑原子主义思想是在写《数学原理》一书时形成的。他在研究数论时得到启发，既然复杂的数的概念可以用简单的数的概念来构成，数的概念又可以用逻辑的概念来构成，这就表明了可以把全部数学还原为逻辑，即从很少的几条初始公理和推演规则出发，推导出整个数学系统。罗素用这种思路来处理哲学问题，便从经验出发，把人们的直接经验当作构造人类知识大厦的基本材料，把这种经验称为"原子事实"，把表述这种"事实"的命题称为"原子命题"。罗素设想，逻辑分析应当有一个极限，这个极限就是基本的"原子事实"和"原子命题"，用这些数目尽可能少的"原子事实"和"原子命题"就可以构成其他的一切复合的事实和命题。因此，罗素的逻辑原子主义实质上是以狭隘的经验主义为前提，采用数理逻辑这样一种严格的知性思维模式作为论证手段的哲学体系。

从逻辑分析方法的提出到逻辑原子主义的建立，罗素认为哲学不应当是一种形而上学的理性思辨，哲学的任务在于对科学和常识中已发现了的知识进行分析研究，即发现其中不确定和有疑问的东西，并把不确定的变为确定的，把有疑问的变为没有疑问的。通过哲学分析，我们至少在原则上能够发现，世界是怎样可以通过最少的、不可再约化的成分来描述的。在罗素那里，逻辑分析已不仅仅是一种研究方法的问题，而且是哲学研究的根本目的。这是一种以逻辑为武器的反形而上学的哲学观。

罗素的学生维特根斯坦（1889—1951）在1930年之前，与罗素共同创建和倡导逻辑原子主义哲学。《逻辑哲学论》是维特根斯坦前期哲学思想的代表作。

维特根斯坦与罗素一样，认为有意义的命题只有一种，即那些描述每个人感觉经验中最简单的、相互独立的原子事实的原子命题，维特根斯坦称之为"基本命题"。一个基本命题就是一幅原子事实的图画。原子事实与基本命题的关系，如同一座城市和这座城市的地图的关系一样。维特根斯坦对"原子事实"的解释与罗素有所不同。罗素说的原子事实是指事物所具有的感觉性质和关系，最终仍是一些感觉材料；维特根斯坦则把原子事实看作是对象的结合，即更加注重事物之间的逻辑结构。命题之所以能描述事实，就在于命题与事实之间有一定的相似关系。

维特根斯坦认为，整个世界是原子事实的总和。因而，描述原子事实的基本命题的总和，构成自然科学的总和。自然科学的原理往往是全称命题，但这种全称命题只是一些基本命题的"逻辑积"。如果把自然规律作为自然现象的一种解释则是"错觉"，因为在他看来，因果联系的必然性是不存在的，只有逻辑的必然性；归纳法没有逻辑的基础，只有心理学的基础。以逻辑分析为其方法的哲学，其主要任务在于取消"形而上学"，即防止人们提出任何形而上学的命题或问题。因此，维特根斯坦《逻辑哲学论》的结论是，如果我们真正想彻底避免形而上学的态度的话，对凡是不能说的，就应当保持沉默。这对逻辑实证主义有极深刻的影响。

逻辑实证主义通常是指以维也纳学派为代表的哲学思想。从思想来源上说，逻辑实证主义除了受罗素和维特根斯坦的逻辑原子论的影响外，另一个思想来源是马赫主义。维也纳学派的发祥地是维也纳大学，该校"归纳科学哲学讲座"的第一任主持者就是马赫教授本人，维也纳大学长期以来是马赫主义的重要基地，维也纳小组的早期成员都是马赫主义的支持者。

维也纳学派的发起者和领导者是石里克（1882—1936）。石里克是著名的德国科学家和哲学家，曾在德国著名物理学家普朗克指导下从事物理研究，获得博士学位，并以最早解释爱因斯坦相对论的哲学意义而颇负盛名。1922年被邀请到维也纳大学任教，主持归纳科学哲学讲座。由于石里克的哲学和自然科学的素养以及他在学术界的声望，很自然地使他成为维也纳小组的中心人物，维也纳小组也逐步发展成一个正式的哲学学派。参加这个学派活动的大多是年轻的数学家、物理学家和受过科学训练的哲学家。维特根斯坦的《逻辑哲学论》一书出版后，立刻引起了维也纳学派成员们的极大兴趣。在石里克的倡导下，学派的全体成员都逐字逐句地认真阅读并讨论过这部著作。1926年，德国哲学家卡尔纳普来到维也纳，成为这个学派的另一位核心人物。1928年，这个学派的成员成立了"马赫学会"，宗旨是"传播并发扬科学的世界观"，"创立现代经验主义的精神工具"。1929年，学会为欢迎去美国讲学归来的石里克，在布拉格举行集会，会上发表了卡尔纳普等人起草的题为《科学的世界观：维也纳学派》的宣言，这实际上宣告了维也纳学派的正式成立。20世纪30—40年代是逻辑实证主义的鼎盛时期。1930年，维也纳学派创办了《认识》杂志，加强了同欧美各国与他们观点相近的科学家和哲学家的联系，得到了彭加勒等不少著名科学家的支持。1938年，由于遭到纳粹法西斯的迫害，维也纳小组被迫解散。

逻辑实证主义的思想先驱是罗素和维特根斯坦，创始人是石里克，其他重要的代表人物有维也纳学派的卡尔纳普、纽拉特，德国柏林"经验哲学协会"的赖欣巴赫，英国伦敦的艾耶尔等人。石里克的《普通认识论》（1918）、《哲学的转变》（1930）、《实证论与实在论》（1932）、《意义和证实》（1936）；卡尔纳普的《世界的逻辑结构》（1928）、《语言的逻辑语法》（1934）；赖欣巴赫的《科学哲学的兴起》（1950）、《量子力学的哲学基础》（1949）；艾耶尔的《语言、逻辑与真理》（1936）等，是逻辑实证主义的代表作。赖欣巴赫、艾耶尔等哲学家持有与维也纳学派十分接近的哲学观点。就总的思想倾向而言，以维也纳学派为代表的逻辑实证主义，是以经验主义为特征，其目标是要把经验主义同自然科学的新成果结合起来，"捍卫科学，拒斥形而上学"是他们共同的口号。

逻辑实证主义的早期思想以石里克的哲学思想为代表。石里克研究哲学的兴趣来自对物理学的深刻理解，在他的哲学思想中渗透着当代物理学的科学精神。他对"明确性"的个人爱好和在物理学方面的素养使得他极富于运用科学的思维方式。石里克在1918年出版的《普通认识论》中提出："认识论在探索关于实在性的准则时，起初就不必去寻求关于实在的绝对正确的知识。代替绝对确实的知识的，是科学借以描述实在的命题系统，我们倒必须给予批判的考察，把这些系统里一切被证明为假的命题去掉，那么剩下来的系统就恰恰如实地描绘了实在世界"[①]。这就意味着石里克试图要解决科学和形而上学之间的分界线问题。

解决科学与形而上学之间的分界线，首先与石里克在认识论上把知识和直观式的体验区分开来是有关系的。在他看来，知识是可以用语言表达、可以交流的，是一种符号系统；而体验或直观无法

---

① 杜任之主编：《现代西方著名哲学家述评》，生活·读书·新知三联书店1980年版，第178页。

用语言表达，不能在不同主体之间交流。在体验和直观中，只有主体和对象两项关系；而认识是主体、对象、对象是什么这三项关系。知识的本质就是在不同的对象中发现相同的东西，在新的东西中发现旧的东西，并且能用一个熟知的概念来指称它。这样，科学知识的最高目标就是用最少的概念来一义地指称世界上的所有事实。石里克由此而认为，把知识与体验或直观混同起来是导致哲学上最严重的错误的原因之一。以往哲学上最严重的错误在于形而上学系统的论题是以违反逻辑规则的方式去使用科学语言符号。石里克认为，形而上学之所以在语言表述中无视科学语言的逻辑规则，是因为形而上学力图获得关于现象内容的知识，而科学认识的对象只能是关系，即把现象的次序再现出来，但依靠次序关系是不能掌握现象内容的，只有通过直观的情感的体验才能了解实在的内容。因此，形而上学的论题便必然是没有意义的命题。

在石里克看来，有意义的句子才是命题。这种有意义的命题只有两类：一类是分析命题，包括逻辑和纯数学的命题，它们是先验的，只是一种形式的结构，其有效性不能依赖于经验，只依赖于概念的定义；另一类是综合命题，即有关经验事实的命题，其意义在于它对一定事实有所陈述，各门具体科学和日常语言中陈述事实的命题都是综合命题。石里克基于这样的认识，坚决反对康德关于先验综合判断的观点，坚持认为在先验分析和后验综合这两种命题以外，没有第三种有意义的命题。康德在《纯粹理性批判》中曾提出，先验的悟性知识和经验的感性知识可以在"纯直观"中统一起来，形成所谓先验综合判断。康德并试图用他那个时代的科学成果来证明数学和物理学的原理中存在着先验的综合判断，如欧几里德几何学公理系统和牛顿力学的基本原理。因此，先验综合判断是数学和自然科学的基础。石里克则认为，"直观"本身首先就不能形成知识，因而也不可能把悟性知识和经验知识统一起来。另一方面，随着非欧几何学的发展，证明欧几里德几何学作为空间科学并没有绝对有效性；爱因斯坦相对论的发展又证明牛顿力学的预设和基本原理并不是先验综合判断。这就彻底否定了康德提出的先验综合命题的存在。

石里克反对"形而上学"的观点，正是建立在他关于分析命题和综合命题两分法的基础之上。在石里克看来，"形而上学"的命题之所以没有任何认识意义，就在于它既不是逻辑意义上的同语反复式的分析命题，也不是在经验意义上可以证实的综合命题。这就意味着，直观的形而上学是不可能的，因为直观是一种生活的体验，而不是知识和真理；归纳的形而上学也是不可能的，因为归纳所得到的普遍命题只是同一经验领域中的普遍性，而不可能从根本上提供一种新领域的知识。但以往哲学中形而上学所追求的是不同于经验科学的超验知识，这不可能靠归纳得到。演绎的形而上学也不可能，因为演绎知识的结论是从前提之中推导出来的，但形而上学的超验知识本身既然不可能从归纳中得到，也就不可能作为一种演绎的前提。这就是说，无论是通过感性的方式还是通过理性的思辨，都不可能"直观"归纳出或演绎推导出经验之外的所谓超验的"形而上学"知识。

石里克说"形而上学"命题无意义，是指它没有认识上的意义；但它还是可以引起人们的信仰，促进人们内心的追求，满足人们感情上的渴望，即"形而上学"有感情上的意义。从这一意义上说，"形而上学"可以称为"概念的诗歌"。"形而上学在整个文化中的作用如同诗歌一样，它确实能够丰富我们的生活，而不是丰富我们的知识。它们只能作为艺术品来评价，而不能作为真理来评价。"① "形

---

① 转引自《西方著名哲学家评传》续编下卷，山东人民出版社 1987 年版，第 449 页。

而上学"就其本质而言，仅是一种体验人生的基本感情，这对于我们精神生活的启发和人生意义的体会，具有特殊的作用。

基于这样的认识，石里克认为哲学不应当是"形而上学"。在对哲学的性质和任务的理解上，石里克又把哲学与科学严格地区分开来。在他看来，科学的任务是追求真理，哲学的任务在于发现意义，"哲学就是那种确定或发现命题意义的活动。哲学使命题得到澄清，科学使命题得到证实。科学研究的是命题的真理性，哲学研究的是命题的真正意义"①。总之，科学是对"真理的追逐"，哲学是对"意义的追逐"。科学的内容、灵魂和精神，当然离不开它的命题的真正意义。因此，哲学的授义活动实质上是一切科学知识的开端和归宿。石里克指出，有人说哲学给科学大厦提供基础和屋顶，这种说法是形象而正确的；但如果以为这个基础是由哲学命题即认识论的命题构成的，而且还给这座大厦加上了哲学命题即形而上学命题的圆顶，则是错误的。我们现在认识到哲学不是一种"知识的体系"，而是一种"活动的体系"，这一点标志着当代哲学的"伟大转变"。

石里克一方面强调哲学与各门具体科学的区别，另一方面又强调哲学这种寻求意义的活动必须在每门科学中不断进行，科学在没有澄清命题意义之前，不可能获得真理。如果在具有坚实基础的科学当中，突然在某一点上出现了重新考虑基本概念的真正意义的必要，因而带来了一种对于意义的更深刻的澄清，人们就立刻感到这一成就是卓越的哲学成就。例如，爱因斯坦从分析时间与空间陈述的意义出发的活动，实际上正是一项哲学的活动。因此，石里克指出："科学上那些决定性的、划时代的进步，总归是这一类的进步：

---

① 洪谦主编：《逻辑经验主义》（合订本），商务印书馆 1989 年版，第 9 页。

它们意味着对于基本命题意义的一种澄清，因此只有富有哲学活动才能的人才能办到；这就是说：伟大的科学家也总是哲学家。"①

维也纳学派到 20 世纪 30 年代中期以后，随着石里克的去世，以卡尔纳普为主要代表人物。卡尔纳普被西方哲学家誉为"20 世纪最伟大的逻辑学家和科学哲学家之一"，与罗素、维特根斯坦齐名。卡尔纳普集中反映了逻辑实证主义的后期思想，是逻辑实证主义思想的集大成者。

卡尔纳普（1891—1970）是德国哲学家和逻辑学家，早年就读于耶拿大学和弗赖堡大学，攻读数学、物理学和哲学，弗雷格和罗素的哲学思想对他产生过直接的影响。1924 年，卡尔纳普与石里克结识，不久被推荐到维也纳大学任教。他的《世界的逻辑结构》一书的基本哲学观点在维也纳学派中得到广泛的赞赏；他自己也认为对哲学研究来说，维也纳时期是他一生中最令人鼓舞、兴奋和富有成果的时期。

拒斥形而上学是逻辑实证主义共同的思想倾向和哲学活动的纲领，卡尔纳普则强调通过语言的逻辑分析清除形而上学产生的根源。卡尔纳普认为，现代数理逻辑的发展，已经使我们有可能对形而上学的有效性和合理性问题提出新的、更明确的回答，即形而上学领域里的全部断言陈述都是无意义的。所谓"无意义"，石里克原是指形而上学的命题没有认识论上的意义，不能丰富我们的知识；卡尔纳普则是通过对语言的词汇和句法的考察，说明如果一串词汇在某一特定的语言内并不构成一个陈述，或者貌似一个陈述，那就是无意义的"假陈述"。具体地说，"假陈述"有两类：从词汇的意义上考察，是那些包含无意义的词汇的假陈述；从句法的意义上考察，

① 洪谦主编：《逻辑经验主义》（合订本），商务印书馆 1989 年版，第 10 页。

虽然包含有意义的词，但由于那些词是以一种自然语言的方式凑在一起，因而不产生任何意义。

从词汇的意义上说，卡尔纳普认为有意义的词必须是能够出现在"观察句子"或"记录句子"里的词。当然，科学上的命题往往是复杂而抽象的，但如果它是有意义的，就应当可以逐级地还原，从复杂到简单，从抽象到具体，最后还原到"观察句子"或"记录句子"，即可以直接记录或描述感觉经验的句子。因此，绝大多数的科学用语，是可以用归结为另外一些词的方法来确定其意义的。"只有确定了一串词与记录句子之间的可推关系，这串词才有意义，不管这记录句子的特点是什么。同样，只有那些可以有某个词在其中出现的句子能够归结为记录句子，那个词才是有意义的。"[①] 在卡尔纳普看来，既然决定一个词的意义的是它的"应用标准"，那么这个标准的规定就使一个人不能随心所欲地决定这个词"意谓着"什么。形而上学的词，如"本原"、"神"、"理念"、"绝对"、"无限"等等，不能给予一个确定的应用标准，这些词总是模棱两可、模糊不清的，而且也无法归结为"观察句子"或"记录句子"中的词，即无法用经验观察来证实，因而这类词的所谓形而上学陈述没有任何意义。这就意味着卡尔纳普在拒斥形而上学的态度上比石里克显得更为强烈而彻底。石里克只是否定了形而上学命题的认识论意义，而肯定了其"体验人生的基本感情"的价值和意义；卡尔纳普也考察了作为表达人生态度的形而上学，他认为历史上的形而上学是用来表达一个人对人生的总态度的，但又指出艺术是表达人生基本态度的恰当手段，形而上学是不恰当的手段。

从句法的意义上说，卡尔纳普认为自然语言的句法允许构成无

---

① 洪谦主编：《逻辑经验主义》(合订本)，商务印书馆 1989 年版，第 16—17 页。

意义的词列而不违反语法规则，但这种句子并不符合逻辑句法，由此构成的陈述同样是无意义的。这说明自然语言的语法句法并不能完成消除一切无意义语词组合的任务。因此，用逻辑句法取代自然语言句法，就可以避免形而上学的产生。卡尔纳普也认为，有意义的陈述只有两类：一类是同义反复式的分析判断，它们本身并不是事实的陈述，即根本不涉及实在，逻辑和数学的公式属于这一类；另一类是经验陈述，属于经验科学的范围。人们试图构成的任何陈述，如不属于这两类，便自动变成无意义的。由于形而上学给自己提出的任务是发现和表述一类与经验科学不相干的知识，因此，形而上学既不想断言分析命题，也不想落入经验科学领域，它就不得不使用一些无应用标准规定的即无意义的词，或者把一些有意义的词用这样一种方式组合起来，使它们既不产生分析的陈述，也不产生经验的陈述。在这两种情况下，有意义的形而上学陈述是不可能有的。

逻辑实证主义在英国的主要代表人物是艾耶尔。他 1910 年生于伦敦，早年就读于牛津大学基督教堂学院，1932 年 11 月到维也纳，参加过维也纳学派的活动，在维也纳学派的哲学家中，受卡尔纳普的思想影响最深。1933 年艾耶尔回牛津大学任教，1936 年出版了他的第一部成名之作《语言、真理与逻辑》，系统而通俗地阐述了维也纳学派的基本哲学思想，并补充和修正了逻辑实证主义的一些观点。

在对待"形而上学"的问题上，艾耶尔拒斥形而上学的态度较为缓和，这表明逻辑实证主义已从激烈反对形而上学的立场开始向较为宽容的态度转变。艾耶尔认为，传统哲学的问题大致可分为逻辑的、形而上学的和经验的三大部分，它们之间并没有严密的逻辑联系，我们应当对不同部分的取舍采取客观的态度。形而上学是一种对实在的本性的探索，这种实在位于各个专门学科所研究的现象之下，或者超越于这些现象之上。形而上学的一个基本命题是：哲学能够给我们提供关于超越科学和常识之外的"实在"的知识。在艾耶尔看来，康德早已证明这种超验的形而上学是不可能的，因为当知性超出经验的界限企图认识自在之物时，知性就陷入二律背反之中而一筹莫展。艾耶尔认为康德对形而上学的这种批驳是有缺陷的，如果我们可能知道的只是感觉经验界限之内的东西，那么我们如何能有理由来断定这个界限之外的确存在着"实在"，并且除非我们自己曾经成功地越过界限，不然又如何能知道人类知性不可逾越的界限是什么。艾耶尔说，与康德不同，"我们对形而上学家不是指责他企图把知性用在它不能有效地进入的领域，而是指责他提出了一些句子，这些句子不符合惟一能使其有字面意义的那些条件"①。这就是说，康德指责形而上学家忽视了知性能力所涉及的界限，艾耶尔则指责形而上学家忽视了有意义使用语言的条件。

意义标准和证实原则是逻辑实证主义的理论基石，也是他们拒斥形而上学的重要手段。"证实原则"是要把命题的意义归结为经验的证实，以经验作为知识的基础和确实可靠的标准。但这一理论碰到许多无法克服的困难，并受到许多人的反驳。艾耶尔为修正和补充这一理论，把可证实性分为"强"意义的可证实性和"弱"意义的可证实性，这是对逻辑实证主义证实原则的重要发展。强意义的可证实性是指一个命题的真实性可以在经验中得到确实的证实；如果经验可能使一个命题成为或然的，这个命题就被认为是在弱意义上可证实的。由于维也纳学派最初认为的那种完全的、严格的证实是不可能做到的，因此，可证实性的强弱意义的区分是根据命题的证实的或然性程度做出的。

从这一点出发，艾耶尔认为石里克等人把确实的可证实性，即

---

① 艾耶尔：《语言、真理与逻辑》，上海译文出版社1981年版，第33页。

强意义的可证实性作为判断命题是否有意义的标准，是过高的要求，因为经验的个别观察难以证实普遍的科学命题，把普遍命题所包含的全部个别命题逐一加以证实是不可能的，而应当把弱意义的可证实性作为意义标准。艾耶尔根据弱意义的可证实性标准，对什么是有意义的经验命题做了较为宽泛的规定："让我们把记录一个现实的或可能的观察的命题称为经验命题。那么，我们可以说，一个真正的事实命题的特征不是它应当等值于一个经验命题，或者等值于任何有限数目的经验命题，而只是一些经验命题可能从这个事实命题与某些其他前提之合取中被演绎出来，而不会单独从那些其他的前提中演绎出来。"① 当1946年《语言、真理与逻辑》一书再版时，艾耶尔写了一篇导言，发现这一标准过分自由和简单化，有可能承认任何直陈陈述都是有意义的，因此，他提出直接证实和间接证实这两个概念。在艾耶尔看来，如果一个陈述本身是观察陈述，或者这一陈述与一个或几个观察陈述之合取，至少导致一个观察陈述，而这个观察陈述不可能从这些其他的前提中单独推演出来，那么这一陈述是直接可证实的。如果一个陈述满足下列两个条件，就是间接可证实的：第一，这个陈述与某些其他前提之合取，就导致一个或几个直接可证实的陈述，这些陈述不可能从这些其他前提单独推演出来；第二，这些其他前提不包括任何这样的陈述，它既不是分析的，又不是直接可证实的，又不是能作为间接可证实的而被独立证实。这就是说，有些陈述无法用经验直接证实，必须承认经验的间接证实。间接证实就是在直接经验的基础上，通过逻辑演绎的方法来证实。根据直接证实和间接证实的这种区分，艾耶尔在"导言"中把可证实性原则重新表述为："可证实性原则要求一个字面上有意

---

① 艾耶尔：《语言、真理与逻辑》，上海译文出版社1981年版，第38页。

义的陈述，如果它不是分析的陈述，则必须是在前述的意义上，或者是直接可证实的，或者是间接可证实的。"①总之，艾耶尔也认为分析命题和综合命题是两种有意义的命题；分析命题不陈述事实，是逻辑和数学方面的命题；分析命题的意义是逻辑的意义，分析命题有逻辑的必然性；分析命题的必然性能够用逻辑分析的方法加以证明；而综合命题只陈述事实，是各门具体科学和日常生活中的命题；综合命题的意义是经验的意义；综合命题没有必然性，只有或然性。因此，确定综合命题是否有意义，从原则上讲应当能够被经验所证实，但按照强证实的要求，经验不能证实全称命题，而全称命题毕竟是科学活动中常用的命题，如果否定全称命题的经验意义，显然不符合科学理论的事实和经验常识；艾耶尔提出弱意义上的可证实性，即不要求一个命题能被经验完全证实，只要求能被经验部分地证实，也就是说，一个命题具有经验意义，仅当它不是分析的，而它又能够，或至少在原则上能够被我们用观察证据证实具有或然的真理性；从满足弱意义上的可证实性的要求出发，又可推导出直接证实和间接证实，艾耶尔在间接证实所具有的条件中，提出"某些其他前提"可以包括分析陈述，这就为那些本身不指任何可观察的东西的词项所表述的科学理论留出了地位。

总而言之，逻辑实证主义的产生和发展，是对 20 世纪初的自然科学革命在哲学理论形态上的一种反应。这场科学革命最重要的成果表现在两个方面：一是以相对论和量子力学为标志的现代物理学的诞生；二是由于对数学基础理论的研究而产生的数理逻辑这一新的逻辑工具。现代物理学以高速和微观世界为研究对象，而人的感官并不能直接感受这种研究对象的特征。因此，现代物理学具有高

---

① 艾耶尔：《语言、真理与逻辑》，上海译文出版社 1981 年版，第 11 页。

度的抽象性，其数学化与形式化的程度非常高。而数理逻辑是用符号和数学的方法处理和研究逻辑问题，它比传统的逻辑更加形式化，因而也更为严密和精确。数理逻辑为知识体系的严密性树立了样板，也为知识的逻辑分析提供了新的方法。正是由于这两个方面的原因，使得感觉经验世界与科学知识的客观有效性及其和数学逻辑的关系等这类认识论、方法论问题变得突出起来。逻辑实证主义试图对这些问题做出回答，提出哲学只能是对科学概念和语句的逻辑分析，即哲学不是形而上学，而是科学的逻辑。逻辑实证主义是当代西方分析哲学诸多分支的真正源头，从这一意义上说，逻辑实证主义是发展最成熟、影响最深远的一个哲学流派。

　　这一哲学流派，富于"哲学技巧"，但缺乏"哲学思想"。它将人类的思维与视野牢牢地禁锢在形式化的知性分析与数学推导之中，从而漠视人类的复杂而丰富的精神世界以及客观而多彩的物质世界。没有深入的客观实践与潜心的哲学沉思，那些知性分析的技巧与数学推导的游戏又算得了什么呢？从实证主义到逻辑实证主义的发展，一步一步地脱离生活、脱离科学，他们宣扬科学、强调意义，实际上远离了现实的科学实践，也背弃了人类思想、语言之所以具有意义的生活之源。因此，他们也背离了他们所标榜的经验与实证的唯物倾向，走上了极端形式化的符号游戏的道路，从而埋葬了真正的哲学，截断了实证科学发展的活的源头。当然，我们也不能对他们的工作彻底否定，特别是以罗素为代表的逻辑实证主义，在数理逻辑方面的杰出贡献，不但深化了逻辑学科，而且为数学学科奠定了逻辑的基础。这一实际业绩对科学研究是有帮助的。

四、实用主义与逻辑实用主义

　　沿着狭隘经验主义的方向演变下去的还有实用主义思潮。实用主义也渊源于贝克莱、休谟的主观唯心主义经验论，受马赫主义的直接影响，同属实证主义的第三代。实用主义是利用生物学中的进化论作基础，对数学和自然科学的发展不太关心，偏重于研究社会、政治、伦理、教育等问题，即从进化论的观点来解释人心、人的认识、人的自我、人的道德，以生存斗争的观点来看待人类行为，具有强烈的"实用性"。逻辑实证主义与实用主义最终合流成为逻辑实用主义不是偶然的，而是它们各自思想发展的逻辑必然。如果说逻辑实证主义是狭隘经验主义在现代自然科学背景下的一种认识论与方法论，那么，实用主义与功利主义则是彻底经验主义和实证主义思潮在社会历史观中的一种反映。

实用主义是在美国土壤上生长的一个哲学流派，1871—1874年在哈佛大学活动的"形而上学俱乐部"是实用主义思想的摇篮。俱乐部的主持人是后来被认为是实用主义创始人的皮尔士，参加者有后来成为实用主义最大代表之一的詹姆士等人。到19世纪末、20世纪初，经过詹姆士和美国实用主义另一个最大代表杜威等人的活动，实用主义发展成为美国影响最大的哲学流派。实用主义作为"美国精神"的哲学基础，强调个人的经验和个人的行动效果，是哲学化的个人主义；他们讲求实际，提倡猎取、重视应变，体现了美国这个民族不爱抽象的哲学思辨而重行动实效的精神。

皮尔士（1839—1914）从小就对各门自然科学有着广泛的兴趣，又有哲学抽象思维的天赋。青少年时期在科学和哲学之间轮番交替着学习，是在物理学、化学、数学、数理逻辑、科学史等方面均有较高造诣的学者，又是对实用主义作过开创性工作的哲学家。皮尔士的实用主义哲学思想最初是1872年在"形而上学俱乐部"所做的一个学术报告中提出来的，这一报告后来整理成《信念的确定》和《怎样使我们的观念清晰》两文发表。1900年以后，皮尔士还写过一些阐述实用主义的文章，但始终没有形成一个完整的哲学体系，也没有像后来詹姆士那样充满市侩庸俗习气。

皮尔士是一个实证主义类型的经验主义者。他的实用主义要求哲学建立在经验科学的基础之上，依据经验来研究、判断和澄清命题。从这方面来说，实用主义是一种真正的实证主义。不过，皮尔士认为他的实用主义与一般的实证主义有三点不同之处：一是它保留了一种纯化了的哲学；二是它完全接受我们的本能信念的主要部分；三是它竭力坚持经院派实在论。[①] 所谓"纯化了的哲学"是指抛弃了传统形而上学中的抽象思维概念，完全从经验出发对世界进行研究的哲学，即建立在观察和经验基础之上的"科学的形而上学"。皮尔士认为他关于实在的学说就是这样的形而上学。

什么是"实在"？皮尔士的回答并不一致，但其基本思想倾向于经验就是实在，实在就是经验，实在就是有效。这就是说，确定事物的实在取决于人的经验，事物的意义取决于它所引起的实际效果，取决于人对它们的感受和评价。把客观实在归结为经验，把经验的内容归结为效果，把效果归结为人的感性知觉，这是皮尔士的实在观的基本思路。

从经验主义的实在观出发，皮尔士提出用效果来确定观念的意义。一个观念或信念的意义，就在于它所引起的行动效果。皮尔士的实用主义强调行动的意义，而为了有效地行动，必须首先确定信念。关于信念和行动的关系，在皮尔士看来，信念是"在我们的本性中建立起一种行动的规则，或者说得简单一点，建立起一种习惯"[②]。这就意味着，确定信念只是寻找生物式地适应外界环境的行动

---

① 参见全增嘏主编：《西方哲学史》下册，上海人民出版社 1985 年版，第 547 页。

② 转引自怀特：《分析的时代》，商务印书馆 1981 年版，第 142 页。

方式，建立起行动的习惯。那么，人们采用什么方法，才能确定信念？皮尔士认为历史上出现过的固执的方法、权威的方法、先验的方法都是不科学的，他提出切实可行的方法是"科学的方法"，即哲学在方法上应当仿效成功的科学，提倡一种"科学实验室的态度"，排除个人的主观偏爱，根据"外在的永恒性"来确定信念。人们确定信念，付诸行动，从而获得效果，这就是皮尔士所创立的实用主义的基本思想。皮尔士的思想虽然卑之无甚高论，但总算还有一点学者风度，多少有一点哲学思考。

詹姆士（1842—1910）是和皮尔士同时代的另一位美国著名的实用主义哲学家和心理学家。1890 年，他花 9 年时间写成的《心理学原理》两大卷出版后，曾引起轰动，被公认为是心理学领域中一部有创新意义的著作。在这之后，詹姆士的理论兴趣从心理学转向哲学，致力于研究上帝的存在和性质、灵魂的不朽、自由意志和决定论、人生的价值等问题。詹姆士在实用主义的演变过程中起过重要作用，经过他的发挥，实用主义才真正形成比较系统的理论体系。

詹姆士的实用主义建立在他所谓的"彻底经验主义"的哲学基础之上。他在《彻底经验主义论文集》一书中，把自己所信奉的世界观命名为彻底经验主义。詹姆士的彻底经验主义，是要把一切抽象概念如实在、关系等以及一切超经验的事物法则都解释成感官经验的延续，即把贝克莱、休谟的经验论贯彻到底，把康德凡是认为逻辑的、先验的东西，都看作心理的经验。

詹姆士在《实用主义》一书中，指出实用主义"首先是一种方法"[1]。因为问题在于，我们要采取什么方法，才可以把经验组织得能产生对自己有利的效果。在詹姆士看来，实用主义的方法是一种确

---

① 詹姆士：《实用主义》，商务印书馆 1979 年版，第 36 页。

定方向的态度，这个态度不是注重现实事物本身的客观特性，而是注重它对人的生活的影响，注重它所引起的行动效果。因此，从这种实用主义的方法出发，詹姆士必然主张有用即真理的实用主义真理观。人类之所以把追求真理当作首要任务，其原因就在于它对于人类生活具有非常明显的好处。这种把效用、功用当作真理的唯一标志和准绳的思想，体现了强烈的功利主义倾向。

杜威（1859—1952）是美国最有影响的实用主义哲学家，他被认为是美国精神的代言人，在他的生活方式和哲学中体现了美国人的理想。对杜威思想的形成和发展有巨大影响的，主要来自三方面：一是孔德哲学；二是达尔文的《物种起源》；三是詹姆士的《心理学原理》。

经验自然主义是杜威哲学的基础和核心。杜威对经验概念的解释是："'经验'是一个詹姆士所谓具有两套意义的字眼。好像它的同类语生活和历史一样，它不仅包括人们作些什么和遭遇些什么，他们追求些什么，爱些什么，相信和坚持些什么，而且也包括人们是怎样活动和怎样受到反响的，他们怎样操作和遭遇，他们怎样渴望和享受，以及他们观看、信仰和想像的方式——简言之，能经验的过程。"[1] 杜威的上述经验概念包括两个方面：一是经验的事物；二是能经验的过程。经验的事物是指经验的主体所面对的对象；经验的过程是指主体对对象所发生的作用。经验的这"两套意义"不可分割，形成一个整体。杜威一再强调经验是主体与对象、有机体与环境的一种相互作用，自认为这种经验观是一种"哲学的改造"。

杜威把人归结为一个生物有机体，把人的实践活动归结为生物有机体对环境的刺激反应活动。在杜威哲学中，实践概念和经验概

---

[1]　杜威：《经验与自然》，商务印书馆 1960 年版，第 10 页。

念是一致的，杜威的经验哲学就是实践哲学、行动哲学。由于杜威的经验概念包含"两套意义"，即不仅包含人们动作的、遭遇的、追求的、爱的、相信的和坚持的东西，而且包含怎样活动、反响、操作、遭遇、渴望、享受、观看、信仰、想象等，因此，这种经验不仅是认识的范畴，而且是情感、意志甚至是潜意识的本能活动的范畴。与此相对应，杜威的实践概念也不只是一种与认识相统一的活动，也包括了情感、意志及其他潜意识的本能活动。总之，实践是有机体适应环境的行动、行为，是有机体的生活。"刺激—反应"是杜威实践观的基本公式。

当然，杜威并没有把人的实践仅仅看作是对环境的本能适应，而且看作合目的性的适应，因为人具有创造性的智慧，可以通过试验和探索来能动改变环境，使之符合自己的需要。为了给自己的哲学涂上一层"科学"的色彩，杜威把实用主义又称为工具主义，即把概念、思想、理论看作人们为达到预期目的而设计的工具。如果它们对达到目的有功效，能使人获得成功，便是真理。这种把思维的功能归结为控制环境的工具主义认识论，是从把自然统一于经验的世界观推导出来的。既然杜威的经验自然主义把"自然"看作可以任意供人使用的东西，那么，思维的功能就可以任意塑造自然、控制环境了。

在历史观上，杜威主张人性决定一切的多元论。他从生物学的角度出发，把人的本能、欲望、需要说成是不变的人性，把人性看作是探究社会问题的基础。在人性中，本能的需要产生利己心，趋向于个体方面的分化；而情感的需要产生利他心，又趋向于结合的方面。如果说人性是指人的本能、情感等与生俱有、永恒不变的主观精神现象，文化则是指政治、法律、道德、科学、艺术、宗教、哲学等社会精神现象。人性和文化相互影响，共同作用，决定着社会历史的发展。杜威表面上是打着人性与文化相互作用的多元论历史观的旗号，但由于他把文化看作是人性的结果，最终还是强调人性尤其是个性的发展才是确实可靠的和决定一切的。

实用主义和逻辑实证主义同属实证主义的第三代，二者又具有错综复杂的关系。从20年代中期开始，逻辑实证主义思潮风靡欧洲大陆。但随着希特勒1933年在德国上台，1938年吞并奥地利，1939年侵占捷克和波兰，迫使维也纳学派的主要成员卡尔纳普、赖欣巴赫等人相继迁居美国。逻辑实证主义的中心转移到美国后，逐渐趋向和实用主义合流。这种合流，首先是30—40年代，逻辑实证主义传入美国后，一些持实用主义立场的哲学家，以不同的方式汲取了逻辑实证主义的部分观点，产生了刘易斯的"概念论的实用主义"、布里奇曼的"操作主义"、莫里斯的"科学的经验主义"等流派，这是实用主义逻辑实证化的方向；然后是50—60年代，逻辑实证主义在美国哲学界确立主导地位后，一些持逻辑实证主义立场的哲学家，又反过来以不同的方式汲取了实用主义的部分观点，产生了以奎因为代表的"逻辑实用主义"或"实用主义的分析哲学"，这是逻辑实证主义实用主义化的方面。

奎因是当代著名的逻辑学家和哲学家。他一生专攻数学和逻辑，致力于把逻辑和科学结合起来。1951年发表的论文《经验主义的两个教条》影响深远，被认为是分析哲学史上划时代的重要文章。这篇论文以实用主义的某些观点，对逻辑实证主义的两大理论支柱，即分析命题与综合命题的区分和经验实证原则，提出了严重的挑战，从而在英、美分析哲学家中引起了一场持续十多年的论战，并由此而导致了逻辑实证主义的逐渐衰落。

首先，奎因认为分析命题与综合命题之间不存在绝对的区分。一个命题包含语言成分和事实成分，如果设想事实成分缩小到等于零，单凭语言成分就可知真假，这是逻辑实证主义所理解的分析命题。奎因反对这种设想，因为对分析命题追问到底，就会发现分析命题归根到底也是综合的，与经验事实有关的。

其次，奎因把逻辑实证主义经验实证原则称为"激进的还原论"，因为这一原则坚持每一个有意义的陈述都能还原为关于直接经验的陈述。奎因从两方面反驳这种还原论的思想：一是认为检验知识的意义单位应当是整个科学体系，而不是逻辑实证主义所主张的单个陈述，这是奎因提出的整体论观点；二是认为检验知识的标准应是它的实用性，而不应是逻辑实证主义所主张的经验证实，这是奎因提出的把科学体系作为"工具"的实用主义观点。

既然奎因不同意"经验主义的两个教条"，也就必然不同意逻辑实证主义拒斥形而上学的强硬态度。奎因认为，抛弃第一个教条的后果是打破思辨的形而上学和自然科学之间想象的界限；抛弃第二个教条的后果则是转向实用主义。在本体论的问题上，奎因认为形而上学不是没有意义，而是有意义的，因为形而上学无论是在应付环境上，还是在认识上都是有用的。奎因在为形而上学辩解的基础上，还提出了"本体论的承诺"的观点。其思想是说，当一个人谈论一种事物时，也就有义务接受某种本体论的论断，做出一种本体论的承诺，这种承诺是一种"约定"。奎因把本体论上的约定论与实用主义的工具论结合起来，认为本体论与任何科学理论一样，应当以是否方便、有用作为取舍的标准。本体论是任何概念系统的基础，借助这一基础人们才能解释任何经验现象。本体论问题归根结底是语言问题，接受一种本体论相似于接受一种科学理论。因此，奎因的"本体论承诺"实际上是以语言系统、方便而有用的理论取代了真正的哲学本体论，而把"对我有用"的原则，作为至上的根本哲学原则。

奎因逻辑实用主义哲学的出现，标志着逻辑实证主义作为一个哲学思潮的衰落和结束。人们的兴趣转向社会人生，把"对我有用"作为自己行动的最高准则了。

实用主义思潮的泛溢，是资产阶级利己主义支配一切的倾向的表现。资产阶级从其列祖列宗蔑视神权、突出个性、强调奋斗、锐意进取的革命的先进的精神状态中跌落下来，变成了庸俗自私、贪婪利己的市侩人物。实用主义正是这群市侩们的心态的"理论表现"。实用主义与我们的"求实"的辩证唯物观是不相容的。

第二节　语言哲学与解释学

自 20 世纪 30 年代以来，西方哲学中的科学主义思潮明显地分为语言哲学和科学哲学两大领域。逻辑实证主义是最早同时涉及这两大领域的哲学流派。语言哲学和科学哲学的诸多流派都程度不同地与逻辑实证主义有着这样或那样的联系。

一、语言哲学的兴起

"语言哲学"一词有广义和狭义之分。从广义上说，语言哲学是哲学的一个研究领域，是从哲学角度研究语言的一般性质和特征，研究语言表达和交流的方式；从狭义上说，语言哲学是指当代西方哲学家对语言现象研究的各种理论。

语言哲学与分析哲学既有联系又有区别。分析哲学是从总体上说的一种哲学思潮，美国哲学家怀特编著的《分析的时代》，把 20 世纪称为分析的时代，即为了表明 20 世纪的哲学家们把"分析"作为当务之急，这与哲学史上某些其他时期的哲学家热衷于建立庞大的、综合的体系恰好相反。怀特在这里正是从广义上理解分析哲学，而不是特指分析学派的哲学家。从狭义上说，分析哲学是对语言作逻辑分析的哲学。逻辑原子主义的分析，是从语言推论到世界；逻辑实证主义的分析，限于词语与词语之间的关系；逻辑实用主义的分析，强调语词的使用功能，改变了分析哲学的方向。但这些哲学流派都是从语言分析开始的。可见，语言哲学与分析哲学的外延有较大重合，内涵的侧重点则有差异。

对语言现象的关注，特别是对语词和命题意义的探讨，早在古希腊哲学家那里就开始了。高尔吉亚思考过语言表达的问题，苏格拉底致力于对"善"等语词找到恰当定义，柏拉图和亚里士多德探讨过名词问题。中世纪唯名论和唯实论之争，主要也是围绕着"一般"名词的意义进行的。近代哲学家对于作为认识工具的语言也做了大量研究。然而，古代和近代哲学家都是把语言放到他们的本体论或认识论的哲学框架中加以研究的，并不能说重视语言的作用就已形成了一种语言哲学。到 19 世纪末和 20 世纪初，由于数理逻辑和实验科学的发展，哲学家们认识到运用现代逻辑学的手段，对语言的结构、形式和意义进行逻辑分析，应当成为哲学发展的一项主要任务。

现代语言哲学认为，研究哲学就等于研究语言，因为哲学问题的产生，正是由于哲学家误用语言所致，而对语言的正确分析，就能解决一系列的哲学问题。这种在哲学史上引起的"语言的转向"，标志着哲学进入了一个新时代。西方哲学的发展经历了从古代以形而上学的本体论为主题向近代认识论的转向，以及从认识论探讨知识的获得、思想的产生向现代语言哲学的转向，即把思想的"可传达性"，即语言问题置于最优先的地位。从本体论转向认识论，其根据是离开认识来谈存在是不可靠的；从认识论转向语言哲学，其根据是必须借助于语言的意义才能理解存在和认识，不能先于意义而接受存在或认识。近代认识论和现代语言哲学的两次转向，都是思考问题的出发点有了变化。语言哲学家们认为，明确哲学的任务是对语言的分析和批判，才算真正发动了哲学中的"哥白尼式的革命"。这种自诩当然是夸大了。但也应看到，语言哲学在现代兴起并不是偶然的。

二、理想语言哲学与自然语言哲学

从语言的角度看，分析哲学的发展是沿着两个方向进行的。

一个方向是强调对理想语言的研究。这一派哲学家认为，许多传统的哲学难题的产生是因为哲学家误用所致，而误用语言的根源在于日常语言的含混性和歧义性，避免这种误用的方法是在对日常语言进行逻辑分析的基础上，建立一种能够严密地无歧义地表达思想的理想语言。应用这种理想语言，不仅能够清晰、准确地表述人们认识和思维的成果，而且能够揭露许多传统哲学问题的无意义性和虚假性，使人们不再受这类问题的困惑。

另一个方向是强调对日常语言的研究。这一派哲学家认为，日常语言在逻辑上是严密的，哲学家们之所以误用语言，造出许多虚假的哲学问题，是因为他们违反了日常语言的使用规则。避免误用语言的有效途径，不是建造形式化的理想语言，而是弄清各类语词和句子在日常语言行为中的功能，人们的思想就会得到澄清，虚假的哲学问题就会自行消除。

理想语言学派以逻辑实证主义为代表。人们通常把德国逻辑学家和数学家弗雷格（1848—1925）看作是理想语言哲学的先驱。弗雷格是现代数理逻辑的创始人之一，早年主要从事数学基础和逻辑学研究，1884 年出版《算术的基础》一书后，开始了哲学研究。他首先提出，对语言的形式和本质的研究是哲学研究的基础，并把数理逻辑的研究成果运用于语言哲学，看到了自然语言的不完善性，提出建立一种"逻辑上完善的语言"，即用来取代日常语言的理想语言或人工语言，这是一个形式化的逻辑系统。弗雷格对意义和指称的区分是其后期思想的一个重要发展，他指出负载意义的最小语言单位是句子而不是单个语词，指称对象并不必然只有一个名称来表示。这些思想为语言哲学的发展打开了道路。

罗素深受弗雷格的影响，是弗雷格思想的重新发现者和传播者。罗素承认自己在有关逻辑分析的一切问题上，主要受益于弗雷格。罗素的摹状词理论是他对语言分析哲学的发展所做出的最杰出的贡献。对专有名词和摹状词的区分，是摹状词理论的基础和关键。罗素认为，名词的意义是说这个名词与它所指的对象是同一的，这些名词往往是命题的主语。但可以做主语的，除了专有名词外，还有所谓"摹状词"。摹状词是通过描述各种属性而指称某物的短语，它们描述的对象并不必然存在。摹状词有"量化的词"，如"所有的人"、"任何东西"等；有"确定的摹状词"，如"圆的正方形"、"金山"、"最大的素数"等。有些确定的摹状词可能不存在，但那些不真实的摹状词也能做一个有意义命题的主语，如"金山不存在"。因此，摹状词理论的中心点是说明了一个词可以有助于一个句子的意义，而在单独使用时却完全不具有意义。摹状词仅仅是为了语言上的方便而引入命题的，摹状词的意义取决于它所存在的一定语境。罗素用数理逻辑的方法对摹状词及其所出现的命题进行了细致的分析，目的在于使摹状词及其命题符号化，用逻辑构造取代一切抽象实体概念，从而消除由摹状词所描述的非真实对象。罗素认为，摹状词理论的哲学意义，在于澄清传统哲学在"存在"问题上的混乱，并试图在哲学研究上用一种逻辑的理想语言取代日常语言，以求得语言意义的确定性，这对逻辑实证主义有很大影响。

维特根斯坦以《逻辑哲学论》为代表的前期思想和以《哲学研究》为代表的后期思想，对语言哲学的两个不同派别——理想语言学派和日常语言学派，都起了决定性的影响。维特根斯坦在前期思想中就提出，全部哲学就是"语言批判"，哲学是一种语言分析活动。维特根斯坦早期语言哲学的思路是：透过语言看世界，通过对语言的分析达到对世界的分析，并把这一思路建立在语言和世界之间必然存在着一种关系的假设之上。按照他的观点，现实由事态组成，语言由语句组成，描述事态的语句属于基本语句；语句的逻辑结构与事态的逻辑结构是一致的。在某一命题对现实进行描述的情况下，语言的逻辑形式必然受到现实的逻辑形式的支配。语言只能描绘一切事实上或逻辑上可能的事物。语言的界限和世界的界限是一致的，语言的逻辑界限既是那些可以言说的事物的界限，也是那些可以思考的事物的界限。

维也纳学派从维特根斯坦的《逻辑哲学论》中吸取了许多语言哲学方面的观点。石里克认为，一切知识都是通过语言来表述的，因此，语言表达式的意义问题就成为哲学的一个主要问题。古希腊的哲学家苏格拉底为一切时代的真正的哲学方法树立了榜样。苏格拉底的哲学不是科学，而是对意义的澄清，即依靠分析我们语言表达式的意义和命题的真正含义来澄清思想。卡尔纳普则认为，哲学只是从语言逻辑的角度研究科学，哲学是科学的逻辑，即是对科学的概念、命题、证明、理论的逻辑分析。他的著名论文《通过对语言的逻辑分析克服形而上学》，在把语言学运用于哲学方面是极其引人注目的。他说，"天然语言不可能删除形而上学语言，其原因在于这种语言欠缺某些约定规则；因此，只有采取了'逻辑观点'，我们才能评判和区别句法上的正确与不正确。语言哲学的任务就在于估量逻辑句法与语法句法之间的裂隙。在一种满足逻辑句法要求的语言中，就不会形成伪陈述句。在这里最一般的前提条件是，任何哲学问题的准确陈述，都可归结为语言的逻辑分析"[1]。

因此，以逻辑实证主义为代表的理想语言学派把日常语言的不精确看作是造成哲学混乱的根源，主张放弃日常语言，建立一套合乎逻辑的、精确可靠的理想语言，这样我们就可以避免形而上学错误的产生。

日常语言学派的产生，是对逻辑实证主义关于自然语言观点的一种对抗。日常语言学派形成于20世纪30—40年代的英国剑桥大学，发展成熟于牛津大学。日常语言学派的思想主要来源于摩尔和后期维特根斯坦的语言观。

摩尔（1873—1958）是英国著名哲学家、当代分析哲学的创始人之一。他认为，以往哲学中的形而上学是由于违背常识而引起的，人们不按照常识所约定的语言含义去使用语言而造成了误解和混乱。为解决语言混乱造成的哲学问题，摩尔提出哲学应当从研究日常语言的用法入手，弄清问题的确切意义和根据，不使它与常识的信念相对立。摩尔重视对日常语言的分析，这就开启了日常语言哲学的先河。

维特根斯坦前后期两种哲学分别导致了语言哲学两大分支的产生。他前期哲学的基本前提是：语言是有意义的，句子、命题是意义的基本单位，并试图揭示语言的本质及其界限。他后期哲学不再事先假设语句具有意义，而是主张不要先考察意义是什么，应当注重语言的使用，语言只有在使用中才能获得意义的。"意义在于使用"，这一思想导致了日常语言哲学一派的哲学观点。具体地说，维特根斯坦前后期语言哲学观的差异表现在以下几个方面。

---

[1] 保罗·利科主编：《哲学主要趋向》，商务印书馆1988年版，第356页。

就哲学的使命而言，有一个从规范语言到描述语言的转变。维特根斯坦前期认为，日常语言可以成为世界上一切事物的图画，但不能作为世界的本质的图画。因此，我们的日常语言是有缺陷的，它常诱使我们去说诸如世界的本质这样的根本不可说的东西，传统的哲学混乱正是由此而引起的。哲学的使命就是规范我们的日常语言，并创造一种理想的语言。维特根斯坦后期受摩尔语言哲学观的影响，改变了自己对日常语言的观点，认为日常语言是完全正当的。日常语言虽然具有多义性、不确定性，但在每一个具体的场合，它又有其确定的意义。因此，这种多义性和不确定性是我们正常地使用语言的条件。传统的哲学问题出现混乱，是由于我们误解了日常语言，消除哲学混乱的方法是纠正我们对日常语言的看法，并不需要创造一种新的理想语言。维特根斯坦指出，哲学不需要干涉语言的实际用法，力戒一切解释与规范，而只用描述来代替之。

就语言的功能而言，有一个从图画世界到从事游戏的转变。我们日常语言中有许多是涉及对象的，每一个词都有一种与词相对应的意义，这就是它所代表的对象。我们由此可能产生一种误解，以为语言的唯一功能是图画世界。维特根斯坦后期提出"语言游戏"的概念，认为语言是一种现实的活动，是一种类似博弈或游戏的活动。人们所进行的各种语言活动，如命令、提问、描述、请求等等，都是在玩不同的语言游戏。游戏必须遵守游戏规则，要正确使用语言，必须懂得日常语言中的使用规则。要了解语言的实际意义，必须把它置于特定的语言游戏中加以考察。维特根斯坦后期注重语言使用的约定性一面，把语言看作是人在世界上从事活动的工具。

就概念的意义而言，有一个从共同本质到家族相似的转变。日常语言有多种用法，但在它的多种用法之间有许多类似性，并可能进而把这种类似性理解为共同本质。维特根斯坦后期认为，在语言的多种用法中有一种共同本质，是我们对日常语言的误解，因为当我们以这种态度去对待日常语言时，就无法把握它在不同情况下的不同意义。实际上，在语言的多种用法中，只有一系列重叠交叉的关系，并没有共同的逻辑本质。维特根斯坦把语言的重叠交叉的类似性称为"家族相似"，如同家族的某些成员之间在身材、相貌、性格、气质等方面交错出现的相似性一样，这些相似性只是家族成员之间的类似性，并不是家族全体成员的共同性。

总之，维特根斯坦从前期到后期始终把语言作为哲学研究的唯一对象，坚持通过语言分析解决哲学问题。但在分析的方法和角度上有所不同：前期把哲学看作解释活动，着眼于静态的、单纯从语言的形式方面、采用逻辑分析的方法研究语言；后期把哲学看作描述活动，着眼于动态的、从语言的实际运用方面、采用常识的方法研究语言，注意到了语言的复杂性和意义的多样性。维特根斯坦前后期不同的语言哲学观，可以看作是逻辑实证主义和日常语言学派分歧的雏形和缩影。

20世纪上半叶，剑桥大学是英国哲学研究的中心。30年代中期出现了剑桥日常语言学派，基本上接受了后期维特根斯坦的观点。1947年维特根斯坦退休，英国哲学研究的中心从剑桥转到牛津，逐渐形成了牛津日常语言学派。牛津日常语言学派的主要代表有赖尔、奥斯汀、斯特劳森等人，他们都从后期维特根斯坦那里受到启发，并把他的观点加以推广和发展。

首先，牛津日常语言学派不仅把哲学看作是对语言用法的研究，而且还深入研究了日常语言哲学中与认识有关的具体问题，通过对语言使用的分析，澄清哲学上的混乱。例如，赖尔在其代表作《心的概念》中，详细分析了传统哲学中的身心问题，认为笛卡尔的二元论犯了"范畴错误"。斯特劳森的语言哲学研究也是从解决具体问题入手，他在其代表作《论指称》中，对罗素的墓状词理论做了激烈的抨击，认为罗素确定的意义与真假的联系，实际上是混淆了日常语言的使用与日常语言本身的区别。斯特劳森强调，句子只有在实际使用时才能获得它的真假，而判断句子有无意义则取决于句子的使用规则，因而意义和真假是不同的。

其次，牛津日常语言学派把研究语言的目的不仅看作医治语言的疾病，澄清哲学的混乱，而且还要为哲学建设有所贡献。例如，斯特劳森对形而上学不是全盘否定，而是把它区分为"描述的形而上学"和"修正的形而上学"。所谓"描述的形而上学"，是以我们实际使用的概念系统结构描述关于世界的真实结构，这是应该研究的；所谓"修正的形而上学"，是要构造一个更好的世界结构，而让实际的结构去适应它，这是应该抛弃的。奥斯汀提出的言语行为理论对整个言语哲学的发展也产生了很大影响。

由逻辑实证主义者开创的语言学的哲学研究，对当代哲学的发展影响是极其深远的。但它无论是对哲学或科学而言，都是舍本逐末的。对于哲学而言，它旨在纠正哲学的"表述上的混乱与错误"，而且，这些未必是真正的错误。例如，黑格尔表述时空的那些语言，看来往往是自相矛盾的，其实意义深远，妙趣横生。对于科学而言，它将科学的成果归结到恰当的科学语言体系的建立，而不着重对科学对象的客观解剖。当然语言的逻辑数学形式的精确性与简洁性，比较适宜于表达科学概念与规律，这也算是一种积极贡献。总之，语言哲学无助于哲学与科学的发展，相反带来了极端形式化的弊病。但对自然语言的精确化、科学语言的程式化，却产生了积极的影响。

三、哲学解释学：语言哲学的一种发展

哲学解释学是当代西方正在流行的一种哲学理论。它产生于德、

法两国，20 世纪六七十年代以来在欧美各国得到广泛传播。从广义上说，解释学可以定义为关于解释"本文"（text）意义的理论。这里的"本文"，可以宽泛地理解为一切以书面文字和口头语言表达的人类语义交往的形式。解释学的核心是"理解"问题。人们必须借助于语言才能进行思维，语言是思维的外壳。因此，一切理解的成果也只能表现为语言，并以语言的形式保留下来。语言是理解的前提。从这一意义上说，哲学解释学不仅与语言哲学有着紧密的联系，而且是在语言哲学基础上的一种发展。现代解释学衍生于现象学和存在主义，在其发展中又融汇了语言分析哲学、实用主义、结构主义等哲学流派。它以语言问题为媒介，具有融合人本主义和科学主义两大思潮的特点，反映了两大思潮相互交融和聚合的新趋势。

解释学的起源可以追溯到古希腊时代。从古希腊人对《荷马史诗》的诠释开始，欧洲的古典学者就有解释古代文献的传统。由于一切宗教经典和文学典籍都可能产生歧义和难解之处，考证和解释就成为一种普遍要求。圣经解释学和古典文献学是解释学的前身。到 19 世纪，近代自然科学的发展及其方法启发了人文学者开始寻找和制定一种适合人文学科的普遍方法；在实证主义哲学流行的时代，人们也认识到人文学科与自然学科有重大差别，但怎样才能使人文学科获得可与自然科学相媲美的客观有效性？面对这一重大课题，德国的哲学家施莱尔马哈和狄尔泰先后对解释学进行认识论和方法论的反思，使解释学上升为哲学问题。

到 20 世纪，解释学经历了一次历史性的转变：从方法问题转向存在问题，从认识论转向本体论。实现解释学这一历史性转变的主要代表人物是海德格尔和伽达默尔。从海德格尔开始，解释学不再只是一种从属性的精神科学方法论，而是逐渐成为一种相对独立的、存在本体论意义上的哲学解释学，即解释哲学。

在海德格尔的哲学生涯中，早期和晚期研究解释学的侧重点有所不同。早期著作《存在与时间》试图建立理解的本体论基础；晚期著作《通向语言之路》、《诗·语言·思想》、《思维的虔诚》等，重视语言哲学，强调理解对语言的依赖性。存在主义的本体论，是海德格尔早期解释学思想的基本出发点。在海德格尔看来，存在的意义就是人的"理解"，正是人的理解活动，使人成为意义的存在。因此，"理解"不是认识的方式，而是人存在的方式。解释学研究人的"理解"，它实际上是一种研究存在的本体论。把解释学与语言哲学直接结合起来，是海德格尔晚期解释学思想的特点。在海德格看米，语言不只是表达思想的工具，语言本身就是人的存在形式，人的全部理解都是以语言形式实现的。因此，他说"语言是存在的家园"。

海德格尔已为解释学转向本体论提供了一般的理论原则。他的学生伽达默尔接受和发展了海德格尔的思想，系统地建立了作为存在本体论的哲学解释学。

伽达默尔是德国哲学家、当代解释学最著名的代表人物之一。伽达默尔的解释学首先是关于理解的本体论。当存在被理解时，在形式上它就被表达为语言，用伽达默尔的话来说，能被理解的存在就是语言。在伽达默尔那里，哲学解释学提出了理解的本体论的普遍要求，通过强调理解普遍性，确立了解释学作为一门以理解问题为核心的哲学的独立地位。解释哲学探讨存在的普遍真理，研究人的"理解"这种存在模式。因此，解释哲学并不只是关于精神科学的方法论，也不只是一种避免误解的艺术，而是一种本体论，即要证实理解是存在的基本特性。

伽达默尔对解释学的重要贡献是他的"语言学的转折"，使语言问题成为哲学解释学的中心问题。语言是理解的普遍媒介，理解是一种语言现象，而不是孤立的个人的心理过程。理解和语言有着一种根本的内在关系。伽达默尔认为，西方哲学思想事实上还没有把语言的本质作为哲学思考的中心，这是很不应该的。我们只能在语言中进行思维，语言是我们进入世界的前提。不仅理解的对象是语言的，而且理解的本身同语言也有根本的联系。解释潜在地包含在理解过程中，解释是理解的实现，理解和解释是不可分割的。但一切形式的解释都是语言的解释，语言是解释结构的内在因素。理解和解释无非是用我们自己的语言来表达对象的意义。

伽达默尔的解释学还强调理解的历史性。语言总是某一时代的语言，一切理解者都是特定时代的理解者。因此，每一时代的人都受以往传统的制约而进行理解，这种理解的成果又重新构成传统而流传下去。基于这样的认识，伽达默尔认为理解的历史性包含三个基本方面，即在理解之前已存在的社会历史因素、理解对象的构成、由社会实践决定的价值观。理解的历史性产生着"成见"和传统。"成见"作为一种既定的历史意识，虽然是先在的判断，但不一定就是错误的判断，它可能包含着一个肯定的价值和否定的价值的观念。从这一意义上说，"成见"是一种理解的眼界。伽达默尔认为，传统也不是像人们所想的那样只是保存旧的东西，即使是最彻底、最坚固的传统，也不是靠一度存在过的东西的惯性来维持的。传统确实是保存，但却是有选择的保存，本质上是一种在历史变化中主动的保存。我们始终生活在传统中，传统始终是我们的一部分。传统把理解者和理解对象不可分割地联系在一起，传统实际上就是理解者内在地置身于其中的历史。理解的过程和解释的结果是解释者个人的"成见"和文本中保存的传统之间所达到的眼界的融合。

伽达默尔的解释学在60年代问世后，曾引起激烈争论。法兰克福学派的哈贝马斯在同伽默达尔的论争中建立了批判解释学，认为哲学解释学不是实用技能，而是一种批判的理论，其中心是探讨社会与交往的合理性问题。法国哲学家利科在综合当代各派解释学的基础上提出现象学的解释学，认为海德格尔和伽达默尔的本体论解释学忽视了解释学的方法论和认识论方面，因而要综合方法论解释学和本体论解释学，并试图调和本体论解释学和批判解释学的争论。

在哲学解释学的发展过程中，尽管派别纷呈，观点各异，但它们一般都具有重视理解的历史性和语言性、重视解释的创造性和开放性等特性。解释学正在西方文化中产生弥渗性的影响，广泛渗透到各人文学科乃至科学哲学的研究中去。

解释学本来是类似于中国的训诂考据学，这对研究古文献是十分必要的。但海德格尔首倡的哲学解释学已远远超过了本来的含义，而是突出了语言在哲学中的地位，如果说这种实证主义者还是在语言的意义与结构这类问题上兜圈子，那么，到解释学者手里，语言就成了哲学的中心，并上升到本体论的位置，而下荫及认识论、方法论。语言在表达思想、规范文字方面起着十分重要的作用。但它能作为存在吗？人作为一种自然存在物有别于其他自然存在物的主要特征之一是能思维，也就是说，能理解，并能用语言表达他的理解。但这种功能也不是天生的，而是物质演化的结果。因此，用理解来规定存在，显然是不对的。不过在广泛的解释学所涉及的范围，对社会历史问题的理解，有些观点还是颇有深意的。解释学本身虽然有严重的缺憾，但它的出现，意味着科学主义思潮已经走到穷途末路了，它不可避免地要正视本体论、历史观，以及社会人文问题，当然他们那种生硬的分析手法，面对这类十分复杂的问题是不能奏效的。

第三节　科学哲学与科学唯物主义

当代西方科学哲学是科学主义思潮中的重要分支。科学哲学是指以科学知识为对象，专门研究科学知识的基础、结构、发展、评价等问题的哲学学科。从逻辑实证主义经过批判理性主义到历史主义，是科学哲学在 20 世纪发展的主要历程。

一、从逻辑实证主义到波普的批判理性主义

批判理性主义的创始人和主要代表波普（1902—1994），是奥地利出身的英国著名哲学家。批判理性主义与逻辑实证主义既是盟友又是对手，它们同时产生于奥地利，相互影响，具有共同的特征，都属于科学哲学中的逻辑主义；又具有明显的区别而相互对立，批判理性主义是针对逻辑实证主义的科学哲学观而提出的。维也纳学派的卡尔纳普曾回忆说："在那些不属于维也纳学派的哲学家当中，我感到与卡尔·波普的接触最有意思。我先是读了他的《研究的逻辑》一书手稿，后来与他进行了讨论。""波普的基本哲学观点与维也纳小组很相近。但是，他倾向于过分地强调我们之间的分歧。波普在其著作中批评'实证主义者'，而这似乎主要指维也纳小组。""当波普还是一个青年学者时，就提出了许多有趣的观点，这些观点我们小组都讨论过。我们不同意他的某些看法。但是他的另些观点却积极地影响了我的思考和小组内另一些人的思想。"[①]卡尔纳普的这一论述，说明了波普在 30 年代与维也纳学派成员过从甚密、相互影响的情况。

科学哲学是逻辑实证主义在语言哲学之外所涉及的又一主要领域。在科学哲学中，逻辑实证主义关心的主要问题是：科学与非科学的分界，科学知识的基础和结构，科学理论的证明与评价等。逻辑实证主义与批判理性主义在科学哲学上的分歧和对立主要表现是：

---

① 卡尔纳普：《卡尔纳普思想自述》，上海译文出版社 1985 年版，第 48—49 页。

关于科学与非科学的划界标准，前者说是可证实性原则，后者说是可证伪性原则；关于科学知识的基础，前者说是直接经验给予的用原子命题表述的基本事实，后者说根本不存在这样的基础；关于科学研究的对象，前者说是科学知识的结构，后者说是科学知识的增长；关于科学研究的出发点，前者说是事实和观察，后者说是问题；关于科学发现的逻辑，前者推崇归纳法，后者主张试错法，即证伪主义的方法论；关于对形而上学的态度，前者认为形而上学无认识论意义，后者说科学是由形而上学历史地引导出来的。

波普从 30 年代起就极力反对逻辑实证主义的观点。波普认为，逻辑实证主义在划界问题上把有意义的等同于科学的，混淆了划界问题和意义问题。科学当然是有意义的，但非科学的不一定无意义。形而上学不是科学，但其意义是对科学理论的产生有启发作用。科学与非科学的划界不是绝对的，而是相对的、可变动的。有些形而上学的理论，在一定的条件下可以转化为科学。

逻辑实证主义以经验实证原则作为意义标准和划界判据，是以归纳主义的方法论为基础的。所谓经验实证，就是归纳逻辑的应用。波普是一个激烈的反归纳主义者，他不仅反对归纳法能保证我们获得必然性知识的传统经验观点，也反对归纳法能保证我们获得或然性知识的逻辑实证主义观点。在波普看来，从单称陈述的经验事实中不可能归纳出普遍有效的全称陈述，即科学的定律与原理，因为有限不能证明无限，过去不能证明未来。从数学的观点看，无论过去的经验重复次数有多大，它总是一个有限数；而全称陈述和未来是个无限数，一个有限数与无限数之比，其所得概率只能是零。

波普在反归纳法的基础上，主张抛弃逻辑实证主义的经验证实原则，提出以可证伪性作为划界标准。他认为科学理论不能用经验证实，只能用经验证伪。按照他的证伪原则，凡是在逻辑上能证明其为假的理论，就是科学的理论；反之，就是非科学的理论。也就是说，经验事实虽不能证实理论，却可能否证理论。从逻辑上说，无论证实或证伪，处理的都是单称的经验陈述与全称的理论命题之间逻辑关系问题。在这里，支持可证伪性的逻辑根据是全称陈述与单称陈述之间逻辑关系的不对称性。证实原则之所以不可能，因为归纳法不能保证前提的真必定会传递到结论上去；证伪原则之所以可能，因为这是一种演绎推理，是一种否定后件的推理，结论的假必定会传递到前提上去。波普常用的例子是，无论看到多少只白天鹅也不能证实"凡天鹅皆白"的结论，但只要看到一只黑天鹅，就可证伪它。

波普科学哲学的中心问题是为科学知识的增长建立一套方法论规则，以使科学知识的发展过程得到"理性重建"，波普称之为"科学发现的逻辑"。科学发现的逻辑或科学方法论的任务在于揭示经验科学所特有的方法，在波普看来这就是假说—演绎法，或叫试错法、理性批判法。归纳法是从观察到理论，而演绎法则是从理论、假说到观察。波普反对归纳主义关于科学始于观察的观点，因为并没有纯粹的观察，观察总是在一定的理论指导下进行的。"理论先于观察"是他提出的一个著名的命题。按照假说—演绎法，科学家的任务是构造假说或理论系统，然后从中推演出某些预见或判断，并用观察和实验来检验它们。一切方法论规则都应当保证经验科学的可证伪性，这也可形象地称为"试错法"，即大胆猜测、严格反驳。猜测是从问题开始的，"理论开始于问题"，科学理论仅仅是尝试性的假说。波普是接受康德关于"理性为自然立法"的思想，认为科学理论不是来自对自然界的经验归纳，而是理性的猜测给予自然界的。由于科学理论仅仅是猜测，理性是可错的，因此必须对理性持批判态度。正是在这一意义上，波普的科学哲学被称为"批判理性主义"。

既然科学理论都是大胆的猜测，最终要被经验证伪，那么科学还有进步可言吗？科学进步和发展的模式是什么？为了回答这些问题，波普提出了"可证伪度"作为衡量理论进步的标准。可证伪度是指理论可证伪性的程度，理论的可证伪度越高，其价值就越大。判别理论的可证伪度，可从两方面来考虑：一是理论表述的经验对象越普遍，它的可证伪度就越高；二是理论表述的经验内容越精确，它的可证伪度就越高。科学的任务是探索真理，波普把科学理论所具有的逼近真理的性质称为"逼真性"，把逼真性的程度称为"逼真度"。理论越进步，它的逼真度就越高。科学发展的过程，就是理论的逼真度不断提高的过程。基于这样的认识，波普把科学进步和发展的模式概括为四个环节：科学开始于问题；针对问题提出各种猜测、假说，即理论；各种理论之间展开竞争，接受观察和实验的检验，筛选出逼真度较高的理论；新理论被科学技术的进一步证伪，又产生新的问题。以上四个环节，循环往复，永无止境。显然，波普的知识增长模式是一个动态的不断革命的模式，这就打破了逻辑实证主义静态的知识累积模式，从而启发了后来的科学哲学中的历史主义学派的种种学说。

二、科学哲学的历史主义学派

20 世纪中叶以来，西方科学哲学经历了从批判理性主义向历史主义的转变。科学哲学的历史主义学派兴起于 20 世纪 60 年代初，其主要代表人物有库恩、拉卡托斯、费耶阿本德、夏皮尔等人。这一学派的共同特点是重视科学发展动态模式的探讨，把科学哲学与科学史的研究结合起来。

历史主义学派与波普的批判理性主义存在着异同之处。就共同

点而言，两派"都关心获得科学知识的动态过程，更甚于关心科学
成品的逻辑结构"[①]。他们都反对逻辑实证主义关于科学通过积累而进
步的观点，强调新理论代替旧理论的不断革命的过程；反对逻辑实
证主义把观察与理论截然分开的观点，强调科学观察难免受到理论
的"污染"而不可能是中性的。就不同点而言，历史主义学派强调
对科学知识发展的解释应当是"历史的再现"，而不应是"理性的重
建"；理论既不可能被经验证实，也不可能被经验证伪，当理论与观
察相抵触时，应当抛弃的不一定是理论；科学知识是一个整体，实
验检验理论的结果往往不是抛弃理论，而只是修改和调整理论。总
之，历史主义学派认为逻辑主义模式不适应当代自然科学的发展。

库恩（1922—1996）是当代美国最著名的科学哲学家和科学史
家，历史主义学派的创始人。1943年毕业于哈佛大学物理系，1949
年以理论物理学的论文获博士学位，1962年出版的《科学革命的结
构》一书，在西方科学哲学史上开创了历史主义的新阶段。在库恩
的科学哲学中，"范式"是一个核心概念。

"范式"这一概念含有"共同显示"之意。库恩运用这一概念
来说明科学理论发展的某种规律性，即某些重大的科学成就形成科
学发展中的某种模式，因而形成一定观点和方法的框架。也就是说，
范式是由一项具体的科学成就所产生的在一段时间内规定科学发展
方向的指南。具体地说，范式分三大部分：一是哲学性范式，指基
本原则、科学信念、世界观等；二是社会性范式，指各种社会因素
对科学的影响，包括历史、经济、文化、民族传统和社会心理等，
特别是"科学共同体"的社会和心理特征；三是结构性范式，指根
据科学史上重大科学成就而确立的定律、规则、方法等。"范式"概

---

① 库恩:《必要的张力》，福建人民出版社1981年版，第265页。

念与"科学共同体"概念紧密相连。科学共同体是在共有范式下组成的科学家集团，范式是特定的科学共同体所支持的信念。范式作为信念和世界观，是科学共同体从事科学创造活动的精神武器；作为一种范例，是科学共同体解决难题的实用工具。

　　库恩在范式和科学共同体这两个概念的基础上，勾画了一个科学发展的模式，即"常规科学和科学革命交替的模式"。具体地说，库恩关于科学如何进步的图景可概括为：从前科学到常规科学到反常与危机到科学革命再到新的常规科学……这里的前科学，是指尚未具有范式的原始科学；常规科学是在正常条件下的成熟科学，其特点是科学共同体拥有统一的范式，并按照这种统一的范式去从事研究活动；反常是当范式遇到困难时所出现的无法解决的问题，危机是反常在特殊条件下日益增多时动摇了人们对范式的信心；科学革命是旧的范式最终被新的范式所取代。当新的范式得到公认后，科学又重新进入新的常规科学时期。如此循环往复，科学就得到不断进步。显然，库恩的科学发展模式是对逻辑实证主义逐渐积累的模式与波普的不断革命模式的综合。

　　拉卡托斯（1922—1974）是匈牙利出身的英国哲学家，历史主义学派的又一重要代表人物。拉卡托斯的科学哲学是在综合波普和库恩两人思想的基础上形成的。波普主张科学发展过程可以理性地重建，但忽视了科学史的实际；库恩注重科学史的再现，强调科学发展中的社会心理因素，但忽视了理性的因素。拉卡托斯试图把"理性的重建"与"历史的再现"结合起来，提出了"科学研究纲领方法论"。这种方法论是从波普的素朴的证伪主义演变而来的精致的证伪主义。拉卡托斯一方面吸取了库恩的常规科学的概念，认为理论具有较强的"韧性"和"保护带"，能不断解决疑难以应付反常，这就摆脱了素朴证伪主义关于理论是"脆弱"的、经不起反例证伪的观点；另一方面，又纠正了库恩忽视理性的弱点，认为科学革命绝不是库恩所理解的那种具有宗教色彩的范式的变换，而是理性的进步。

拉卡托斯认为，科学发展的最基本单元既不是波普所说的一些各自孤立地被证伪的命题，也不是库恩所说的范式，而是科学研究纲领。研究纲领是一种开放式的、具有严密的内在结构的完整的理论系统。他说自己的精致证伪主义区别于素朴证伪主义的一个重要特征，是用理论系列的概念取代了理论的概念。科学研究纲领，就是一个既可以从反面、又可以从正面指导未来科学研究，从而使理论系列具有某种整体性与连续性的结构。它包括作为内部结构的"硬核"和作为外部结构的"保护带"两个部分以及正、反启发法两条规则。"硬核"是指构成研究纲领未来发展基础的基本假设和基本原理；"保护带"是围绕硬核所形成的众多辅助性假设；反面启发法是禁止把反驳的矛头指向硬核的方法论规则；正面启发法是关于如何改变和发展研究纲领、如何修改和完善保护带的指导方针。拉卡托斯认为，有了这个科学研究纲领方法论，就有了承认或抛弃一个纲领的合理标准。科学发展的模式就是循着科学研究纲领的进化阶段、科学研究纲领的退化阶段、新的进化的研究纲领证伪和取代旧的退化的研究纲领阶段而前进的。

费耶阿本德（1924—1994）出生于维也纳，1951年在维也纳大学获哲学博士学位后，去英国打算向维特根斯坦学习。由于维特根斯坦的去世，他转而向波普学习，曾受到波普的影响。费耶阿本德的理论来源于波普，同时又是对它的否定。他的代表作《反对方法》是在西方科学哲学界引起广泛注意和争论的一本书。费耶阿本德的科学哲学观颇有特色，主张科学本质上是一种无政府主义的事业，即指科学不是按照固定模式发展的，不是受理性法庭所规定的。科学与非科学之间并没有严格的界限，当然也就没有划界判据；科学无所谓方法论，即没有一种固定不变的、具有绝对约束力的、用以指导科学事业前进的方法论，没有一种为科学建立唯一正确的方法论的尝试不是失败的，因而主张多元方法论，即方法论好比一个工具箱，其中没有普遍适用的工具，一切都视情况而定，"什么都行"；科学的发展无所谓规律，神话、巫术、偏见、玄想等都对科学的发展有利，而科学中的权威反而常常阻碍科学的发展。因此，在西方科学哲学界，费耶阿本德是以批判者的形象出现的。

夏皮尔（1928—　）是美国著名的科学哲学家，新历史主义学派的创始人。新历史主义学派形成于 60 年代末和 70 年代初。它的兴起与 1969 年在美国伊利诺斯州厄巴那科学哲学讨论会有关。"科学理论的结构"是这次讨论会的中心议题。在讨论会上，以库恩和费耶阿本德为代表的历史主义学派受到各方面的批判，而以夏皮尔为代表的新历史主义学派应运而生。夏皮尔肯定科学知识发展的合理性是科学哲学的中心问题，并把这一问题进一步规定为：合理性标准如何经历了合理的变化。逻辑实证主义者认为科学的合理性标准是恒定不变、普遍有效的，具有绝对主义倾向；库恩的历史主义认为合理性标准随历史时期或科学传统的不同而变化，不同的标准是不可比较的，具有相对主义倾向。夏皮尔认为，要阐明科学标准的合理变化，关键是要弄清"研究领域"或"信息域"这一概念。所谓信息域就是一系列有内在联系并能产生重大问题的信息。在科学研究中，一系列信息逐渐结合成一个信息域，应当具有四个特征：构成信息域的各个信息之间具有某种联系；这样结合的信息域蕴含着某种令人深思的问题；这个问题是很重要的；当前的科学技术水平已有可能解决这个问题。夏皮尔把能满足这些条件的信息体称为"信息域"，并由此出发提出了科学知识进行推理的程序：形成信息域，明确中心问题，选定研究路线，用回溯推理法以果求因，寻找类比，用经验事实检验等。

总之，新历史主义学派不仅反对逻辑实证主义，而且也反对库恩等人的相对主义，并试图在对两者的批判中实现对两派观点的综合。逻辑实证主义只注重科学知识的逻辑结构，脱离了科学实践的丰富内容；波普和拉卡托斯注重科学知识的发展，试图提出超历史的规范作为知识发展的唯一合理的标准，这不符合科学史的事实；库恩和费耶阿本德没有把科学哲学与科学心理学严格区分开来，他们同证伪主义一样有轻视逻辑分析的倾向。新历史主义学派对逻辑主义和历史主义都有所兼顾，既肯定科学知识发展的合理性，又不忽视联系科学的实践与历史对理论的性质进行分析，借以揭示科学知识的结构。

三、邦格的"科学的唯物主义"

逻辑实证主义、批判理性主义、历史主义是 20 世纪西方科学哲学中的三大流派。从表面上看，三种流派相互对立，证伪主义和历史主义都是从批判逻辑实证主义开始的，而历史主义则是对证伪主义的否定。但是，逻辑实证主义作为一种哲学运动，其根本精神是科学主义的精神。这种科学主义的精神，尽管在当代受到形形色色西方哲学思潮的挑战，但仍是西方科学哲学的主流。

西方科学哲学三大派不能仅从互相对立的角度来理解，还有相互补充的一面。学派的更替实际上反映的是他们所研究的中心问题的转换。逻辑实证主义所研究的中心问题是通过对知识基础的逻辑分析而确立知识的真理性；证伪主义把达到这一目的的手段扩充为研究知识的增长，从而对仅仅研究知识结构的"知识论"做了补充；历史主义则进一步把科学看作是知识、方法和人的活动三者的综合。

批判理性主义和历史主义揭示了逻辑实证主义的不足，但证伪主义和历史主义之不足是仅仅专注于新问题而忽略了老问题。不同的流派各执一端，都表现出各自的片面性和局限性。这就反映出西方科学主义思潮所固有的方法论上的缺陷，即过分注重于分析的方法，忽视了从整体上把握事物的综合方法。

西方科学主义思潮所具有的局限性，说明了科学哲学需要辩证法。正是在这样的时代背景下，邦格的"科学的唯物主义"应运而生了。邦格（1919—　）生于阿根廷，是加拿大的哲学家和科学家。如果用一句话来概括邦格哲学的特点，那就是他致力于一种"精确的唯物主义哲学"。

邦格的哲学思想涉及面很广，本体论是他整个思想体系的基础。"科学的"这一用语在邦格的本体论中有特定的含义，即精确的、系统的、与现代科学相协调的等等。在这些特征中，居于首要和核心地位的是"精确性"。邦格为了使他的哲学精确化，不仅广泛地应用了数学、数理逻辑以及控制论、系统论方法，而且还结合现代物理学、生物学、神经生理学、心理学等学科的最新成果，对哲学的一些基本原理做了逻辑的分析，追求哲学表述的逻辑化、公理化、形式化、系统化、数学化和模型化。

追求哲学的精确性作为一种思想倾向，可以追溯到 17 世纪的哲学家斯宾诺莎和莱布尼茨。在逻辑实证主义者罗素、怀特海和分析哲学家的观点和方法中都包含有追求"精确化"的动机，他们的分析方法和数学方法对邦格有一定的影响。从重视语义分析和表述的形式化、逻辑化这方面说，邦格的哲学体系可以说体现了自 19 世纪以来西方哲学中"精确化"思潮的发展。

邦格吸取了波普的某些见解，在极力强调精确性的同时，也承认精确性的可变性，认为精确性并不能保证确定性，而是使我们便于发现知识的错误并改正它，使我们有可能对科学和哲学进行合理的检查。

在从语言角度来讲的形式化问题上，邦格认为无论如何都有必要使用精确的、丰富的逻辑和数学语言去替换普通语言，因为后一种语言的模糊和贫乏已不可救药。他在构造科学的唯物主义体系时，以数理逻辑的方法为准则，设置了一系列的公设、定义、定理，并尽可能以形式化的语言来表述。因此，邦格承认他在形式化问题上与逻辑实证主义的观点是基本一致的。但是，邦格另一方面也认为形式化语言和分析技术还是可以改进的，形式化意义上的精确性不是绝对不变的，并不像逻辑实证主义所设想的那样有绝对标准。

邦格认为精确性不仅表现在形式化、公理化上，逻辑和数学对于精确化虽然是必要的，但数学化和形式化必须应用于实践，观察和实验对于检验科学理论仍具有最终的、决定性的意义。

总之，邦格承袭当今西方科学哲学中的传统，试图涉本猎体论领域，而与辩证唯物主义抗衡。宣称"科学是局部的本体论，本体论是总体的科学"[①]。"新本体论之所以称为科学的唯物主义，就是因为它从科学中得到启发，并且不断受到科学进展的检验和修正"[②]。实际上，邦格搬取逻辑数学这类单纯知性思维方法，议论、分析、构造他的"科学唯物主义体系"，还自诩超越了辩证唯物主义，为当代唯物论的最新成果。这显然是开历史倒车的活动。这种所谓"唯物论"不但不是科学的，而且如机械唯物主义一样是僵死的，与机械论相比而言，它更加形式化。他并不讳言他的反辩证唯物论的意图，说什么"如果唯物主义要沿着精确性以及与科学协调的路线发

---

① 转引自《现代外国哲学》第 5 辑，人民出版社 1984 年版，第 245、284 页。
② 转引自《现代外国哲学》第 5 辑，人民出版社 1984 年版，第 245、284 页。

展，必须清理辩证法"①。这就一语道破了西方科学主义思潮的终极目的，并表明他们憎恨辩证法的态度。一个抗拒辩证法的"哲学体系"，能是"科学的"、"唯物的"吗？

打着科学幌子的"科学主义思潮"，尽管风靡当代西方哲学界，他们在细节上、不同门类的实证科学的环节上，也曾做出了有益的贡献，但是，只要真正跨入哲学领域，就暴露了他们反科学、反辩证法的实质。对于自然科学的认真的哲学概括，早已由马克思、恩格斯提出了纲领性的原则性的意见，只有循此前进，才能总结出真正的自然哲学，以及在此基础上形成的科学哲学与技术哲学。

① 转引自《现代外国哲学》第 5 辑，人民出版社 1984 年版，第 253 页。

第十七章　非理性主义对实证科学的冲击

实证主义尽管有其强调实证的唯物倾向和溶解科学与哲学关系的愿望。但是，实证主义，排斥历史上的唯物主义和唯心主义所有哲学派别；夸大感觉、经验的作用，以现象为认识的唯一出发点，甚至把科学也限制在现象范围之内，妄图把哲学溶解于科学之中。这些都表明了实证主义的狭隘性和受近代力学影响的机械性。它的后继者从波普学说到邦格体系，虽然有其内部的派别分歧，及重点各异的情况，但总倾向是一致的。科学主义思潮的极端发展，将一切纳入知性分析的僵死框架之中，使人类精神中的社会人文因素，或曰非理性因素受到压抑，精神舒展的生机被窒息了。于是，作为对抗科学主义思潮的非理性主义思潮也勃然兴起。

当代非理性主义体现的人本主义倾向，对人的主体地位和作用的重视，对非理性因素的生动描绘，尽管不少是夸张的、言过其实的，较之实证主义对现象的机械、无味的论述，更为丰富多彩和吸引人。此外，非理性主义研究在认识领域的影响，较之实证主义局限于感觉、现象的表层认识，在认识论上也处于较高层次。

总之，由于实证主义自身的局限性，尤其是实证主义在历史上的哲学成果，采取"虚无主义"的态度；对现实的哲学又主张由科学包容，实质是取消哲学的办法，这就决定了实证主义在世界观和方法论上缺乏坚实的理论基础和明晰的理论导向，使其处于内容贫乏、行动彷徨的境地。在这种情况下，面对现代非理性主义思潮的挑战和冲击，实证主义必然无力招架而节节败退，从而使实证科学的所谓哲学理论基础动摇，有时不得不乞灵于非理性主义思潮，以消解其哲学的困惑。

第一节　非理性主义的历史轨迹

西方理性主义传统包括它的当代末流——科学主义，始终是一条支配西方哲学与科学发展的主线。但是人文主义思想、意志、情感为主体的哲学观点，19 世纪以来，也蔚为大观。它们立论未必稳妥，结论未必恰当，但却深入到人类精神中，对理性以外诸因素的探讨，而且对被僵死的知性思维所束缚的干枯的心灵也是一种有益的滋润。因此，20 世纪以来，它在世界范围内产生了广泛的影响，甚至左右了政治格局。因此，我们不能等闲视之。

一、如何正确评价非理性主义

科学认识发展的历史表明，人类认识的表现形态，可概括为非理性和理性两大形态。人们在认识客观世界，包括认识人的自身的过程中，作为认识主体的人，总是将非理性因素同理性因素紧密交织地发挥作用的。所以不能把认识过程片面地归结为非理性或理性的单一思维过程。恩格斯曾指出："世界体系的每一个思想映象，总是在客观上被历史状况所限制，在主观上被得出该思想映象的人的肉体状况和精神状况所限制。"[1] 主体对外部世界，总是通过非理性的

---

[1] 《马克思恩格斯选集》第 3 卷，人民出版社 1972 年版，第 76 页。

情感等体验和理性逻辑的抽象、剖析才能获得认知的。因此，对非理性主义的正确评价，一要承认其在认识史上的地位、作用；二要联系社会、历史、政治、经济等多种关系和文化传统的背景作具体的分析。

当然，我们并不否认，一些非理性主义哲学流派中的某些观点，由于社会历史的局限、科学认识水平的制约，尤其是阶级对抗的社会中阶级的局限，对非理性因素作了扭曲的解释，有的甚至达到"荒唐"的程度。例如，奥地利的精神分析家弗洛伊德，一方面在非理性因素研究中提出潜意识的概念，打破了传统心理学的框架；但是，另一方面，他把潜意识的本源无意识、本能冲动夸大为人的心理活动的核心和根本动力。这就陷入了非理性的精神决定论的唯心主义的境地。又如，19世纪德国的哲学家尼采，一方面他对主体意志的能动作用做了有益的探索；另一方面，他所主张的"超人哲学"和"权力意志"，后来为希特勒法西斯利用来鼓吹"弱肉强食"的强权政治。

因此，对非理性主义的全盘否定不对，但是不加分析批判的全盘肯定也不行。具有现实意义的是通过实事求是的评价，肯定其积极因素；否定其消极因素，有利于人类认识理论和实践的进一步丰富和发展。

二、历史的反思：认识轨迹的探寻

目前国内对非理性主义的评述、研究，较多的囿于对非理性主义某一学派、个别观点和非理性单个要素（如直觉、信仰等等）的研究，缺少整体的探索。只有综观整个人类认识发展的历史，通过历史的反思探寻非理性主义运动、发展的轨迹，才能确立非理性主义的价值取向，并找到认识拓展和深化的契机。

原始社会，非理性思维形式占主导地位。原始社会由于生产力水平低下，人类认识水平处于幼年。这时，主导社会交往的还是以血缘、朴素情感为特征的非理性成分。尽管原始社会中也出现了一些理性思维的萌芽，如原始部落组织的形成；婚姻从群婚、母权制向夫权制的过渡，出现了象形文字、记数符号等等，这些都是理性思维的萌芽。

古希腊理性主义。人类社会进入奴隶社会，生产力水平和人的认识能力较原始社会有所提高，尤其是脑力劳动和体力劳动分工的实现，为人类智力的提高和理论研究的开展创造了良好的社会条件。因此，人类社会出现了古代历史上第一个崇尚理性主义的思潮。具有典型意义的是古希腊出现众多并卓有成就的理性主义哲学家。例如柏拉图在其名著《理想国》中认为：统率人的精神世界的是人的灵魂，而人的灵魂及其精神活动分成理性与非理性两个部分，理性是灵魂的主宰，是灵魂中不朽的部分；意志、情欲等非理性的东西应服从理性。亚里士多德继承了柏拉图的理性主义，他在认识逻辑思维的领域加以拓展。

古代神学和中世纪的非理性主义。奴隶社会末期和封建社会，由于封建专制主义的神权（其实是帝王、君权）统治，也由于古代希腊理性主义自身的缺陷，这种理性主义缺少科学依据，并受到宗教神学和神话迷信的影响。例如亚里士多德认为"在感觉事物以外有一个永恒不变而独立的实体"即神的存在。这些因素导致古代神学的非理性主义盛行，并成为社会思潮的主流。古代神学非理性主义思潮的代表人物是犹太—希腊哲学的斐洛和新柏拉图主义的普罗提诺。他们认为，上帝至善至美，是万物的本体，是高于一切理性思维的力量。他们要求人们借助上帝的启示，从领悟上帝的存在，最后达到人神合一的人生最高境界。这就提高了意志、信仰的地位，理性受到压抑与贬损。

历史发展到了中世纪，随着宗教神学逐步在政治上、思想上居于统治地位，古希腊罗马后期的非理性神秘主义演变成为非理性主义的宗教信仰和蒙昧主义，由"人神合一"蜕变为神对人的绝对统治。这时，信仰流于迷信，做出一些逆乎天理、悖于人性的荒唐事情，还自以为是对上帝的一种赤诚的献身。

文艺复兴以后人性的觉醒、理性的复苏、神权的旁落、科学的发达，迎来了人类历史发展的伟大转折。这时，不但理性主义、实证科学迅猛发展。非理性主义、人文主义思潮也取得了巨大的收获，并产生深远影响。

当代西方非理性主义。这股思潮最早要追溯到叔本华对黑格尔绝对理性主义的挑战，他认为人的本质不是理性，而是意志。19世纪以来，尼采把叔本华的唯意志论演化为权力意志论。继后又出现了鼓吹直觉主义的柏格森的"生命哲学"。20世纪以来，西方非理性主义思潮的主要矛头对准了马克思主义。他们有的直接攻击马克思主义，有的则打着马克思主义的旗号，篡改马克思主义的科学内容。例如，存在主义、法兰克福学派的一些学者，他们夸大、曲解马克思论著中的某些非理性因素的论述，提出所谓"人道主义的马克思主义"为古代非理性思潮人本主义倾向辩护。此外，在当代西方非理性主义思潮中，还有为现代宗教信仰辩护的新黑格尔主义和新托马斯主义等等。这些非理性主义的共同特征是：夸大某些非理性因素的作用，对科学和理性的否定，对抽象思辨和逻辑的排斥，有些人竟直言不讳地称自己为反理性主义学派。

三、非理性主义的功能与作用

从上述分析看来，理性、非理性交叉发展，理性虽居主导地位，但非理性乃其不可缺少的对立面。理性主义和非理性主义两个思潮之间，既相互对立，又相互交融，往往出现"你中有我，我中有你"的状况。例如非理性主义的佛学中，包含了极其严密的逻辑学——因明学。因此，总的说来认识发展的理性和非理性两大因素是双轨发展的。其次，这也表明了人类认识发展的整个历史过程中，理性和非理性两大因素的发展，也是遵循了唯物辩证法的客观规律，即"否定—肯定—否定之否定"的辩证圆圈运动。

理性认识的科学抽象和逻辑性的特点，使其反映了事物较稳定的本质和规律性。毫无疑问，理性认识较非理性认识是较高的层次。但是，认识层次的高低并不等于作用、功能的大小。非理性因素在具体认识过程中其功能往往超过理性认识，例如潜意识、灵感等非理性因素，是创造性活动中实现认识新飞跃的"爆破点"。当然，非理性的诸种因素，其功能、作用也有所区别，例如：非理性的直觉、潜意识、灵感等因素，往往以偶然性形式促使认识实现飞跃的作用；非理性的情感、意志、信仰等因素，往往是使认识见诸行动的动力。因此，黑格尔曾强调：没有热情，任何事业也不能取得成功。当然，直观、潜意识、灵感之类的认识上的突破作用，实际上是理性思维长期对准一个认识上的难点，经过苦学、沉思、实践一系列探索过程之后，有朝一日，偶然因素触发了思维的焦点，一下子豁然贯通，仿佛灵感从天而降。这种突然获得的成果，其实也可以做出逻辑的说明，即一系列前提的省略，简单地端出结论性意见。这个结论好像是直观所把握的，潜在的瞬间转化为现实的。因此，严格讲，这类非理性方式乃是理性思维特殊场合的表现。至于意志、情感，与理性合而为人类三个基本的精神因素，它们原本是密切相关的。科学主义思潮之所以陷入片面性之中，是无视意志、感情的作用。从黑格尔到马克思，之所以大大超越了科学主义思潮，就在于将静态的认知引向动态的行动，即凭借有情而合理的意志，使主观见之于客观，从客观认识世界达到主观能动改造世界的目的。

当然，非理性因素除在认识领域起着辅助作用外，还在哲学、科学以外的领域起着主导的核心的作用。诗歌、文艺领域、情感的宣泄、感受的抒发、愿望的伸张……这些纯然是主体性的东西，绝非科学客观性的东西，却是艺术真实性的表达。科学的尺子不能作为衡量艺术的标准。而这种艺术珍品，是人类文明所不可缺少的，而它却是非理性因素提供的。还有人类社会的政法、伦理和经济活动等，其灵魂是意志。意志构成社会生活的本质，理性分析于此只能起辅助作用。这一广大的精神领域，绝不是理性单独涵盖得了的。

第二节　非理性主义主要流派

一、神秘的直觉主义

直觉、灵感一直是非理性因素研究中最热门的内容，热门的原因，不仅因为直觉、灵感是非理性诸因素中具有代表性、基础性的内容，而且直觉、灵感的成因、表现和功能最具有神秘性。由于"神秘"，往往也就最能吸引人，激起人们研究它的兴趣。直觉、灵感的神秘性，不仅由于一些哲学家、文学家和心理学家神秘化的渲染；而且现实生活中，由于人们的认识能力的局限，对于具有顿悟特征的直觉预感和灵感，不能理解，从而增加了人们的神秘感。

二千多年前，古希腊的哲学家柏拉图等，对直觉、灵感的探索已颇感兴趣。19世纪末20世纪初，法国哲学家柏格森（Henri Bergson，1859—1941）。将直觉、灵感等非理性因素绝对化、神秘化，并构成了自己的理论体系，即直觉主义和生命哲学。他的名声之大和影响之深远，说明他是该学派的代表人物。

柏格森将直觉的作用无限夸大,在他看来,世界的本质不是客观存在的规律,而是一种"生命冲动",是一种非理性的、神秘的直觉决定了世界的本质。世界上整个生命的进化,在于创造的意识。这一意识的内容,主要是直觉、灵感,它们的作用使意识超越物质并不断由低级向高级发展。物种的进化固然与环境的适应相关,但起决定作用的是内在的生命的冲动,而这种生命的冲动又是来自生命本能的直觉、灵感的作用。因此,直觉主义者勾画出一幅由直觉作用的川流不息、"绵延不断"的生命冲动之河。并由此出发,力图证明理性和科学对于人类认识价值不大,唯有作为本能的直觉,才能达到生命之流的真谛。此外,直觉主义反科学的实质还表现在它完全抛弃了科学和逻辑使用的分析方法,认为实证科学固有的分析方法无法把握真正的实在。直觉主义的"实在"并不是客观世界本身,而是不可捉摸、神秘莫测,靠直觉内心体验的生命之流、生命冲动。

总之,柏格森所讲的直觉与对外界认识中的直观、灵感,与科学认识中以突发性、短暂性、非逻辑性为特点的直觉、灵感是根本不同的。直觉主义主张内心生活和神秘的生命之流的主观体验;科学认识论则主张主体对外部世界的认识;直觉主义关于认识的目的是体察心理的绵延,科学认识论的目的在于正确反映外界事物的真面目,达到认识和改造世界的目的;直觉主义绝对排斥理性,科学认识论则要求在理智的认识基础上肯定直觉、灵感的作用,并对理性认识的丰富发展起着促进作用。

但是,我们分析批判直觉主义反科学的实质,还要从科学、认识发展的总趋势,看到直觉主义在一定程度上体现了19世纪末20世纪初物理学革命在认识方法上产生的非逻辑的直觉作用增强的特点,并指出了实证科学在方法论上孤立分析等形而上学的弱点。这说明直觉主义提出的某些问题在科学认识史上有一定的意义。同时，我们还要看到柏格森的直觉主义，是当代非理性主义思潮带有人本主义倾向的典型之一。认识它的特点，有助我们探讨现代人本主义和现代派文艺思想的本质。

柏格森的直觉主义哲学思想，在20世纪初曾风行一时，英国哲学家怀特海的过程哲学、萨特的自由选择理论都受到他的重大影响，尤其是他的反决定论的自由意志理论，对哲学、文学研究有着直接的影响。从20年代开始他的影响逐渐衰退，主要原因是西方思想理论界新出现了存在主义、现象学、逻辑实证主义和语言哲学等流派。

柏格森以后，德国的叔本华、尼采，在更深层次上系统地发挥了直觉主义的观点，特别是尼采，采用切合直觉的诗的语言来宣泄他的心声，其渗透人们心灵的深刻，迄今不衰。

叔本华（1788—1860），德国哲学家，当时德国理性主义居于统治地位，而叔本华却别开生面，向绝对理性主义挑战，成为近代德国非理性主义哲学的奠基人。他认为，直观同理性根本对立，理性导致了认识上的怀疑和谬误，人类最高级的认识不是理性认识，而是非理性的直观，只有在直观的认识中，人们才能达到主客体的合一，才能掌握"理念"、"观照"等认识的永恒的形式。叔本华认为，理念不同于概念是由推理、抽象而来的，它"始终是直观的"；理念也不像概念那样可为任何具有理性的人所理解和掌握，而只能被那超越一切欲求、一切个性、超越功利的具有纯粹认识能力的天才人物所把握。

综观历史上关于直觉的多种多样的理论，我们一方面经过分析、批判，舍弃其中的唯心主义、神秘主义成分，克服其对非理性的绝对肯定、夸大和对理性的绝对否定的极端的片面认识；另一方面要吸取历史的精华，通过科学的分析对直觉、灵感的本质、特征和作用求得正确的认知，从而进一步理解直觉认识不仅通过感性直观，也不仅靠逻辑推理获得。因此，直觉得到的知识，既不是感觉经验的简单相加，也不是已有知识的简单延续，而是超出感觉经验和原有知识的新成果。直觉的认识以事物的一般和本质为对象，既不同于具体的感性直观，又不同于理性认识，是以形象和概念共同反映事物本质的一种奇异的思维功能。它具有直接性和创造性。直觉和灵感的出现往往具有偶然性、突发性。当代许多自然科学、文学艺术创造活动的实例充分显示了直觉和灵感的重要作用。爱因斯坦在总结自己的科学创造活动经验时说，没有一种归纳法能够导致物理学的基本概念，它的基础可以说是不能用归纳法从经验中提取出来的，而是思维的自由创造；要通向这些普遍的基本定律，并没有逻辑的道路，只有通过那种以对经验的共鸣的理解为依据的直觉，才能得到这些定律。德·布罗意也曾说过，直觉是在与烦琐的三段论法没有任何共同之处的某种豁然顿悟中突然给我们点破。巴金总结其文学创作经验时曾说过，文学的最高境界是无技巧。这里的"无技巧"，是通过艺术直觉的创造活动，突破旧创作技巧的创作活动。托尔斯泰对鞑靼花产生直觉印象的第二天，就在日记里追忆了他当时的心情，并产生了创作的冲动。因此，直觉在科学发明、文艺创作等方面，有其特别的作用。但仍应反复强调的是：无论是一个科学家或一个文学家，如果没有严格的科学训练与大量有关资料的掌握，没有长期的文学修养与生活的积累，单纯直觉是不能给他们帮什么忙的。

二、存在主义情感学说的评述

历史上哲学家们都从不同角度对非理性因素——情感做了探讨。如培根、休谟、康德等哲学家，对情感问题还进行了专门研究。

马克思主义也很重视情感在实践中的地位和作用。但是，对情感的论述，更为全面、系统的要算存在主义。在存在主义哲学中，情感具有本体的意义、认识的功能和生活的价值等显要的地位和作用。

存在主义形成于 20 世纪 20 年代的德国，创始人为德国哲学家海德格尔和雅斯贝尔斯。第二次世界大战期间，存在主义成为法国哲学中影响最大的流派之一，它在法国的主要代表是萨特。存在主义的特点是把孤立的个人的非理性意识活动当作最真实的存在，并作为其全部哲学的出发点，又以非理性意识的情感因素将本体论、认识论、价值论结为一体。海德格尔把人的存在置于万事之本体的地位，因此，人们称他的学说为"人本主义"。海德格尔认为作为本体的"人"，既不是社会的人，也不是生物的人，而是以情感为纽带，以诗情画意的浪漫主义幻想，把思维与存在联系起来的"人"。因此，从本质上看来，海德格尔的"人"本体只能是精神的人，也就人的某种精神，陷入了精神本体的主观唯心论的境地。萨特也认为，情感意识首先是世界的意识，它是理解世界的某种方式。他在《存在与虚无》一书的绪论部分论述过意识的结构问题。他认为意识只是"我思"而不是实体；只是"虚无"而不是某物；只是对物的"意向"而不是物自身。因此，意识一方面是指向物的反思意识，另一方面又是指向我自身的反思意识。萨特关于意识结构的分析是对胡塞尔关于"意向性"观点的继承与改造。胡塞尔曾用"意向性"这一概念说明意识总有一种指向对象的倾向。这种意向性又可分为"认识型"和"激情型"两类。也就是说人们的指向对象既有理性的判断、推论，又有情感的感受、体验。萨特认为"认识型"的意向性从属于"激情型"的意向性。情感等非理性因素成为整个人类认识的前提条件和基础。由此可见，存在主义对非理性因素夸大、拔高，对理性因素冷落、贬低，从而认为人的存在先于人的本质；人的本质是后天根据情感等因素的意向性"自由选择"的结果。

总之，存在主义以夸大非理性情感因素为特点的本体理论和伦理观属于主观唯心主义的范围；它主张极端的个人自由观，认为个人自由不受他人和社会的约束，是个人主义和自由主义，必然给社会带来消极影响。但是，它提出要重视和研究人的本质、人的尊严、人的自由等问题，促使人们思考现代资本主义社会的不合理现象，具有一定的积极意义。

我们批判存在主义对非理性情感因素的歪曲，并不否认情感在人们认识和改造世界过程中的重大作用。情感不仅在认识过程中具有激励、选择和控制的作用，而且也是改造人自身的巨大动力。它是人类生存价值的目标之一；是构成人的活动的动机之一；是衡量人的全面发展的标准之一；也是人类组织和协调社会有机体，促进社会和谐和稳定发展的纽带。

三、尼采唯意志主义的评述

尼采（1844—1900），19 世纪德国哲学家，唯意志论的主要代表。尼采继承改造了叔本华的生存意志论，改变了叔本华理论中的消极悲观倾向，使之成为积极行动的反叛哲学，创立了"权力意志说"和"超人哲学"。尼采思想的形成同普鲁士在 1871 年普法战争大获全胜、德意志民族统一宣告成功、德国由自由资本主义转向帝国主义的时代背景密切相关。

在哲学本体论问题上，尼采虚无主义地摒弃主体、客体、精神、物质等概念，认为"真实的世界无法证明它是存在的"。世界本质的唯一可能的假设是权力意志。尼采认为，世界上只有意志冲动、本能作用的偶然因素的堆砌，没有任何必然性可言。尼采像实证主义那样否认任何实体的存在，以此标榜自己对唯物主义和唯心主义的超越。其实，尼采是把自我的意志膨胀到极点的主观唯心主义。这种以主观意志支配一切行为的唯意志论，在实践上必然把人们引到蔑视客观规律、不顾任何客观条件为所欲为的荒唐而又疯狂的境地。

在认识论问题上，尼采同样虚无主义地否认自觉的认识，否认理性和真理的存在，他认为认识、理性、真理等"一切全都是无用的虚构"；对人类真正有用的只是人的智慧中作为权力意志的本能；这种本能的充分发挥，不是靠人们对外部世界真面目及其规律的认知，而是靠"自己寻找自己"即"自我"；人们怎样寻找"自我"呢？其办法是靠神秘的灵感和直觉。尼采把近代西方哲学，尤其是康德以来的德国古典哲学对认识能力的研究，说成"胡说八道"。其实，尼采在认识问题上，以功利价值判断为标准，以非理性的直觉功能的无限夸大为手段，只是主观唯心主义和不可知论的又一种变态表现。

在伦理观上，尼采宣扬"权力意志"，而其权力意志又是以生命的本能、肉体欲望等心理的、生理的因素为基础的。这样，尼采以把人蜕化为纯粹的生物性为出发点，对以往的道德、伦理进行了彻底的否定。他认为，人的一切行为和欲望都是由追求权力意志的本能支配的，无限地追求权力是生命的普遍法则，也是道德的价值标准和最高目的。尼采断言人类的全部历史都是天才的超人创造的。因此，对于个人的人生目的，就是实现权力意志，扩张自我，成为以权力意志驾驭一切的超人。对于群体的人即种族，他宣扬极端的种族主义，认为强者成为世界主人，弱者沦为奴隶是天经地义的事。他的目标，就是建立新的"地球主人"即所谓超人统治。他的这些思想理论，后来为法西斯所利用，实在是他的悲哀。由于其思想感情处于极端矛盾复杂的状态，因此，有一些进步的思想家，也欣赏其对传统的叛逆精神，利用他的一些思想来批判宗教迷信的、封建和资本主义的消极因素。因此，对尼采也要采取分析的态度，有人说他是法西斯哲学家，是有欠公允的。

尼采等"唯意志论"者，把人的主观意志和客观实际对立起来，并把意志的作用夸大到荒谬的程度。这当然是片面的。但意志的作用却不容忽视。意志是人类特有的精神现象，它是人类意识能动作用的表现。这一能动性驱使人们选择一定的目的，并为达到目的来支配、调节自己的行动。这一精神现象，直接反映了人们的心理状态和心理过程。意志同理想、信仰等非理性因素相结合，则具有自觉性、稳定性和驱动性等特点。它在诸种非理性因素中，层次较高，更为接近理性。同时，用唯物主义的观点来看意志同客观世界的关系，客观世界是第一性的，意志是第二性的，意志的内容来自外部世界。恩格斯曾经指出，外部世界对人的影响，反映在人的头脑中，成为感觉、思想、动机、意志。也就是说，绝不是"唯意志论"鼓吹的意志推动着和统治世界，把自己的观点强加给外部世界。相反，却是外部世界在人们头脑中留下较深刻的印象，并在理性思维的基础上，逐渐形成意志、理想、信仰，从而获得能动地改造客观世界的精神动力。由此可见，意志的自由绝不是随心所欲，总是要受到客观规律的制约；意志行动的成败，还要取决于认识水平、自然环境和社会条件的种种限制。此外，从伦理学的角度看，考察意志行动也关系到它的动机、效果、道德责任、道德规范和道德修养等因素。例如意志强弱表现在行为上的勇敢与胆怯、坚定与动摇等等。意志的积极能动作用，不仅是人们改造物质世界所必需的心理状态，而且也是人们改造自己的精神世界必不可少的精神支柱。

第三节　意志、情感与理性的辩证关系

知情意的辩证关系，也就是理性与非理性的对立统一关系，长

期以来，理性与非理性陷入绝对对立的关系之中，从而掩盖了两者共存、互补、互促和相互渗透的统一的关系。理性主义和非理性主义除了相互区别这一客观存在的对立关系而外，更多的是哲学家们人为地把自己的理论神圣化、绝对化，给对立面的观点以贬低、排斥和扭曲、丑化。例如，有的理性主义者，对非理性主义的批判，往往也是绝对化、片面性的。他们视非理性主义为"肤浅、庸俗"和"雕虫小技"。相反，有的非理性主义者，无限夸大非理性因素的作用，绝对排斥理性因素，有的公开标榜自己为"反理性主义"的勇士，攻击理性主义理论是空泛、无用的东西。以上种种无"统一"余地的对立，一方总想压倒并取代另一方。其实，这些对立面的争斗，只能得到两败俱伤的结局，而无助于理论的进展与真理的阐明。

意志、情感与理性的对立统一关系，即非理性与理性因素的辩证关系在理论研究中长期未能很好解决，非理性因素在认识过程中的地位、作用一直未能得到充分的确认和估价。一些学者不大重视非理性因素在认识过程中应有的作用，究其根源，除了科学认识的局限和社会历史条件的影响而外，不可忽视的还有传统的认识论框架的理论导向。在一种简化的正统的"认识论"中，将认识过程划分为感性认识与理性认识两大阶段，感性认识有感觉、印象、知觉等；理性认识有概念、判断、推理等逻辑形式。这种"认识论"的划分，排除了潜意识、直觉、灵感、情感、意志、信仰等非理性的因素，甚至脱离了历史上已有定论的"感性、知性、理性"认识能力三分的论点。这种所谓认识论是极为残缺不全的。非理性因素在感性向知性过渡、知性向理性升华过程之中，起着传媒与催化作用。它们又在认识向行动转化中，起着策动作用。可见没有它们，认识过程将是僵死的框架，而不是活生生的有机合成的辩证运动。

关于非理性精神因素问题是一个缺乏深入研究的问题。由于它表面上似乎与实证科学思潮相对立，长期受到不应有的贬抑。对于这类问题往往因其不科学而不屑一顾。但是，当实证科学走到了它的辉煌顶点的时候，却发觉自身的基础并不牢靠，手段非常笨拙，意境并不高越，见解源于武断，于是不得不俯视它所漠视的其实更为广阔复杂的领域，那里充溢着的非理性现象，使它眼花缭乱，手足无措，这时它才感到自己多么渺小可怜。实证科学不能包打天下，独霸认识领域。它必须充分肯定非理性因素的价值，与其携手前进，才能使我们的认识臻于完善。

我们在这里只能概括地提出这个问题，指出它们如何辩证统一的途径，却不能详细展开讨论。因为我们的重心是：如何抓住科学技术整体化趋势，辨析科学主义思潮与非理性主义思潮对"整体化趋势"的影响与障碍，从而正确地对当代科学技术整体化趋势做出恰当的哲学概括。

第十八章　工程技术与现代哲学唯物论

牛顿以后，实证科学进入以爱因斯坦为代表的新时代。这个时代对自然与社会的研究，从宏观向更高层次进军，即进入大尺度的宇观领域；又从宏观向更深层次进军，即进入基本粒子的微观领域。至大无外、至小无内，这便是科学技术追求的目标。

科学技术的研究、发明，不断进取、不断逼近这个目标，成果是辉煌的。面对这一客观的现实成果，以知性思维为核心的以主观上是否有用为目的的所谓哲学概括，只能起片面歪曲科学成果的作用，无助于科学技术的进一步发展。

另一方面由于科学技术的巨大创造力，在人们心目中产生一种唯我独尊的倾向。殊不知自然界与精神界，特别是精神界的很多问题，实证科学是无能为力的。于是，知性以外的非理性因素，直接冲击实证科学。实证科学既苦于知性的局限性，又无法解释非理性主义提出的怪诞问题。居然出现与达尔文齐名的华莱士这些大科学家，迷信神灵照相、扶乩之类巫术。只有辩证法的崛起，科学技术才得到合理的哲学阐明。

科学技术的整体化趋势：哲学的表达是在革命实践基础上完成的辩证综合；科学的表达是以系统论为代表的现代科学技术综合理论；现实的表现是工程技术。

工程技术从来是多学科的整体结构，它是在哲学原则指导下，科学思想与工艺技术的统一、哲学思辨与社会行动的统一。无疑地，它成为现代哲学唯物论的客观的科学前提；这个唯物论又成了工程技术摆脱单纯操作的无思想性的哲学归宿。

第一节 工程技术概念的普适化

工程、工程技术，科学家没有严格划分，因此一般讲可以视为同义的。工程技术其实古已有之，现代工程技术则含义更为深刻、范围更为广阔罢了。

一、工程技术历史发展的回顾

人兽的划分、人类社会的出现，都认为从制造工具开始。那初步的简易加工的石斧、骨针之类，是人类有意识有目的的劳动成果，是智慧与实践的结晶。

人类以及人类社会的生存与发展，首要的是生产劳动。生产劳动塑造了人，奠定了人类社会的基础。而生产劳动集中、凝聚到一点：就是工具的制造。工具的制造过程就是"技术"，技术的系统化，就是最初的"工程"的表现。因此，我们可以认为原始人设计制造粗陋简易的石器、骨器，便是工程技术的萌芽。

（一）远古人类的工程技术成就

大约在公元前 6000 年前后，人类为了生存的迫切需要，就已经掌握了相当的技术、工具和技能。一般讲，旧石器时代，人类主要以狩猎为生，因此工具多属狩猎器具；新石器时代逐步定居务农，并且开始形成小规模的集镇，这时工程技术就获得了较大的发展。

远古人的工程技术，严格讲来，只是一种工匠手艺。虽说总的讲科学思想的形成晚于生产劳动与手工技艺。但是最简陋的工具制造仍然不是盲目的自发的，而是根据人的目的与需要而思考设计出来的，这就是说，取材加工制作以前必须有明确的意图。因此，设计定型、切合实用，是制造工具的第一步。这一步是通过生产实践而形成的一种技术构思。

第二步便是制造工具的工艺过程，一般讲，根据技术构思，绘制蓝图或有图在心，然后对石、骨、金属等质材进行斫削、磨砺、锤凿、洗铸等加工。这些简单的技术行为，形成现代对物件加工的物理性处理技术的基础。这些技能逐步发展和丰富，为日后物理学的建立开辟了道路。

还有驯火与用火，从另一个侧面发展了技术。火用于烹饪，成了化学的滥觞。然后，烧窑制陶、冶炼金属、发酵、鞣染等技艺出现。围绕着化学的一系列原始工艺，大大丰富了人类的物质生活，而且也深入地开发了人类的智力。

原始人在如此丰富的工艺技术的基础上，初步形成原始艺术、语言符号、图腾巫术、原始科学。这一切从整体上推动人类社会前进，并培育出一代一代能工巧匠，以及具有科学与哲学思维的智者。

（二）人类定居后的工程技术

人类从逐水草而居的游牧生活，转向定居从事农业、驯养动物，这是人类社会的极大飞跃。世界四大文明古国 —— 中国、印度、埃及、巴比伦的巨大成就，大都处于这一时期。这一时期，史书上通常称为新石器时代和青铜器时代。

狩猎游牧生活是没有保障的，基本上受制于自然条件及人类自身的能力。人类能根据主观需要，控制自然、保障供给，不致因水草枯竭、狩猎无功而濒临饿毙。这是人类的巨大进步。提供这一进步的关键技术，就是"农业技术"。农业技术是人类的衣食父母，与用火、能源并称为人类的三个重大发明。

若干植物、动物是人类的衣食之源，远古人依靠采集与捕捉以获取这些动植物。但能否采集、捕捉到手是没有保证的。人类在采集与捕捉过程中，逐渐掌握植物种子萌发生长的过程，以及动物饲养驯化过程。于是谷物栽培与家畜圈养就代替了采集与狩猎。由此形成了一套种植与饲养技术，它们成了农业技术的核心，并相应地发展了一套套附属技术。

这种劳动生产的重大变化，使人们定居下来，基本上拥有了集体的恒产。由于定居而形成固定的村落、集镇与城市。集镇与城市成为了农业社会的散漫的村落彼此联系、互通有无的纽带与核心。如果说，游牧部落只是人类社会的雏形，农业社会就可视为真正人类社会的开始。

支撑着农业社会生存与发展的农业技术，有什么特征呢？

第一，在人与自然的关系问题上，由被动开始转向主动。远古人生活必需品都是天然的植物的浆果谷粒，它们自己生长；动物野生，它们自己觅食维持生存；这些无任何人力参与其中。人只就天然成品，进行采集、捕捉而已。因此，人类面对自然，处于完全被动的局面。进入农业社会，人类初步掌握动植物的生长发育规律以及如何种植与饲养的一整套技术。一般讲，如无特大自然灾害，可以预期获得一定数量的谷物与肉类、菜蔬。因此，人类面对自然，已有一定的主动权了，当然还谈不上完全控制自然，还得靠天吃饭，只是被动之中力争主动而已。

第二，农业社会由动荡状态向稳定状态转化。稳定状态是生产发达、技术进步、经济繁荣、政治协调的保证。因此，农业社会的稳定是人类社会的一大进步。古代文明的昌盛实基于此。一般讲，从奴隶社会到封建社会，那种基本稳定的局面，孕育了古代人类的文明。远古世界四大文化发源地，往后形成东西两大支：西方的古希腊罗马继承与发展了埃及巴比伦文明，也旁及印度与中国文明，形成了西欧文化传统，往后在世界范围内产生深远影响。东方则以中国为主吸收了印度文化的精华，远远走在西方前面，特别是农业技术及与之相关的工艺技术，是无与伦比的。但是，稳定也有其消极面，它势将流于停滞不前、故步自封。

第三，社会结构的集中与分散问题，表明行业分工逐步形成。村落是农业劳动的驻点，依据田畴山川的自然分布，以家庭、家族为单位形成村落，世世代代生于兹殁于兹，日出而作日入而息。他们以农林桑麻等为主，兼及与农相关的生产与生活技术，基本自给，无须远求。但随着农业技术的进步，逐渐有了技术专项，各攻其长，有余以易其短，定期集市，以通有无。于是，集镇、城市形成，成为大大小小的管理、调配、交易中心。

第四，农业技术虽说涉及人类生产与生活各个方面，但总的讲，仍然是比较简单的。概括说来有三个特征：（1）自然依附性。农业生产基于自然环境的特点与变化。例如，作物的生产与气候、土壤、种性密切相关，麦稻栽培是各不相同的，时令节气绝不可能错乱。牲畜饲养也各有其规律，猪羊便各异其趣。所以，人类虽说有了一定的主动性，但决不能随心所欲，而必须摸透客观自然的脾气，才能获得较好的收成。因此，所谓农业技术，就是明天时、谙地理、知物性、善调节、精操作而已。说来似很简单，其实已蕴含了初步系统工程的雏形。上述五端，安排得当，也是要动脑子的。所以，从事农业并不简单，天文、气象、地质、动植物的特性，都应通晓。他们不能停留在简单的采集与捕捉上。植物与动物整部生活史成了人类关注观察研究的对象，以了解其发育与成长，更进一步，采取技术措施，使其发育与成长如何符合人类的需要。（2）技能经验性。

虽说农业技术几乎全面涉及各专门学科，但那个时候，农民基本上是凭经验办事的，甚至到现在，老农仍以经验为主。这种技能的经验性，很难客观规范化、很难推广传授，因此，农业技术的发展改进是十分缓慢的。农业技术现代化，只有到资本主义社会以后，高科技的发展，才有可能。只有到这个时候，广大农民才能从土地的束缚中解放出来。（3）手工操作性。举凡播种、锄地、收获、打谷、贮藏、研磨、烘焙、酿制等，几乎都是手工操作，使用简陋工具。劳动是繁重的，效益是低下的，损耗是惊人的。所以，农业技术必须机械化、电气化、化学化才有出路。但在古代是谈不上的。我们之所以落后，就是 80% 的农业人口处于落后的农业技术中。

在农业技术全面发展过程中，金属的发现及应用特别重要。农业的发展主要依靠水土，因此，河川湖泊平原地区是农业发达地区，城市多半在这些地方崛起。农业与城市多数工艺，虽然仍以石器技术为主，但金属的冶炼与使用成了当时技术进步的主要标志。当时的金属主要是铜和铜合金，即青铜。因此，将那个时代命名为"青铜时代"。青铜是当时技术的高峰，但并不意味普遍采用。青铜在当时是极为稀少的，要找矿、冶炼和制备。英语"金属"一词的希腊语根，原意为"搜寻"，意味金属是难得的稀有珍品。金属的冶炼是长期经验积累与精心实验的结果，它说明古代人已有相当高深的技术与观察分析实验的智慧。

还有战争，固然是人类的不幸，但它在一定程度上促进了工程技术的进步。城墙、碉堡、坑道、弩炮、云梯等等，造就了一批批杰出的军事工程师，他们既要通晓土木建筑、机械力学原理，又要有制造、管理、营运的技术。工程师综合智者与工匠的特点于一身，是工程技术的负荷者。

可以毫不夸张地说，新石器与青铜时代，人类初期文明的时代，已全面奠定了以后工程技术进一步发展的基础。

（三）上古人类的辉煌的一瞬

古希腊人通过航海经商大量吸收了东方文明古国的科学技术与哲学文化营养，他们特有的个性与天赋得到了充分的发挥，于是古希腊文化成了西方文化传统的发祥地。希腊人的爱智精神，在古罗马人的务实精神涵容下，从思辨空灵的意境落实到现实社会生活之中，以市政建设为核心，工程技术获得了切实而全面的发展。古希腊罗马文化，构成了古代工程技术发展的高峰。东方的中国，指南针、火药等杰出的技术成就，更高居于世界科学技术之巅。

上古东西哲学、文化、科学、技术，基本上同步进行，它们的主要标志是铁器的广泛使用。在铸铁炼钢方面，中国是首屈一指的。早在公元前 2 世纪，中国已能铸铁，而最好的几种钢中，首推中国的镔铁。

钢铁的使用，加剧了战争与盗匪的破坏行为，但更重要的是为农林业提供了崭新的手段，斧钺犁铧，大大增强了农业技术的能力，伐木、开荒、排涝、造船……使工程技术全面开花，农工医贸等实用学科空前发展，成了上古工程技术发展的辉煌的一瞬。

在沟通东西文化，大规模航海经商，开拓科学技术事业上，首先做出贡献的是腓尼基人和希伯来人。腓尼基人和希伯来人都是善于经商的民族。腓尼基人通过经商、海运，拓展殖民地，传布巴比伦文明。他们发明的字母，后来为希腊人吸收，演变为现在通行的希腊字母。他们所作出的各种成绩，以后差不多都成为古希腊罗马的养料。犹太人处于不少强大民族的夹缝之中，他们通过宗教争取自由、民主和独立。旧约圣经的成就，远远越出了宗教范围，成了宣扬正义、法律，反对暴政的书，犹太人用上帝的名义伸张人民的权利。因此，上古的原始宗教是属于普通平民的。"正义"观念的深入人心，为工程技术、哲学文化的发展，开辟了道路。以后古希腊罗马人的民主精神，便是以正义作为核心。而民主与科学正是他们留给人类的宝贵遗产。

关于古希腊人的才智与成就，特别是在自然哲学、辩证法、逻辑学、天文学、几何学等方面的杰出贡献与深远影响，我们已作了简要的叙述。这里想侧重讲讲工程技术问题。

我们往往将从苏格拉底到亚里士多德，看作是希腊哲学与科学的全盛时期。如若就工程技术而言，希腊化时期更为重要。那时人们的志趣不全在思辨的智慧了，严整的科学技术首次组成为一整体性结构。

哲学思辨的停滞，并没有阻碍实践科学技术的发展。这一时期科学技术的巨人：欧几里德（Euclid）、喜帕卡斯（Hipparchus）、托勒密（Ptolemy）等人成就是非凡的，可惜由于亚里士多德等人的盛名，致使他们在希腊历史中逊色了。

这一时期科学技术的成就主要在于系统化。欧几里德将过去有关几何的零星知识结合成为一个严整的演绎体系，这才使几何具有了完整的科学形式。喜帕卡斯、托勒密的轮内套轮、均轮本轮的关于天体运行的描绘，不管有什么争论，甚至以后为哥白尼学说所推翻，但他们使天文观测系统化，并且也能自圆其说地解释部分天象，应该讲是一个成就。喜帕卡斯还制作了大量仪器与星表，是天文技术上的杰出成就，沿用达 2000 年之久。

系统化问题，是哲学与科学之中一个特别重要的问题。因为一门成熟的学科一定有其"科学体系"，它表明摆脱了偶然性、常识性、经验性，而具有了必然性、科学性与真理性。古希腊的哲学（含科学）知识，到希腊化时期，某些学科，例如几何学，才有完整的体系，才有别于一般知识而成为科学。知识科学化过程是知识的深化过程；而专门的哲学，在科学按学科独立自成体系后，即在知识总体中，科学分门别类凝成独立个体的同时，蒸馏而成为一个抽象的普遍的原则体系，成为科学体系建立的理论依据与指导方针。因此，在希腊化时期，知识系统化、科学完整化、哲学专门化，是人类认识的巨大进步，决不能小视。

另一方面，这一时期，人类对知识的追求，不是单纯的"爱智"，而特别关注它对社会人生有什么用处。西西里岛上叙拉古的国王亥厄洛（Hiero）经常对阿基米德（Archimedes）说："要你实际表演，不要空洞的理论"，"为什么你的研究只停留在学问的游戏上，而不能解决实际的重大问题，你所研究的学问到底对实际生活有什么利益？"其实阿基米德并不空谈理论，而是更加重视实践。如果说，几何学在亚里士多德时代业已奠定了逻辑与理论的基础，欧几里德的功绩在于将其构成完整的体系，那么，阿基米德就开辟了希腊工程技术的新篇章，"他们的工作比任何别的希腊人的工作都更具有把数学和实验研究结合起来的真正现代精神"[①]。

由于希腊的知性思维的传统，阿基米德的主要兴趣是纯几何学问题的研究。他自认为他生平的最大成就是：发现圆柱体容积和它的内接球体的容积的比例。这显然没有什么切近的实用价值，无怪乎亥厄洛王不满。他的数学研究还是对后世有重大深远影响的，那就是所谓"穷竭法"，即用逐步近似而求极限的方法。当时希腊人通常采用"径一周三"的比例来求圆周长，是极不准确的。阿基米德利用圆的内接与外切多边形边数增加，即外切渐减、内接渐增，从内外两向逼近圆面积，从而求得圆周长与直径比值"π"的近似值，即：

---

① 丹皮尔：《科学史》，商务印书馆1975年版，第84页。

$$3\frac{10}{71} < \pi < 3\frac{1}{7}\text{（平均值大约是 3.14185）}$$

$$3.1409 < \pi < 3.1429\text{（平均值大约是 3.1419）}$$

他是利用具有 96 边的多边形求得上述数据的。上述比 π 略大略小的两个数据，取其平均值，π = 3.141185。这个方法的重要性，并不在于求得比较精确的圆周率，而在于奠定了现代微积分计算的基础。而微积分是解决科学与工程技术问题最重要的数学工具。

阿基米德对知性思维与数学的爱好，绝不是空洞理论与学术游戏，没有这种严格的训练与绝顶的天才，阿基米德不可能在工程技术方面取得划时代的成就的。他对人类更重要的贡献，基本上属于工程技术范围。工程技术在阿基米德手里，已不是工匠手艺了，而是一门理论与实践相结合、数学分析与科学实验相结合的综合技术了。他堪称希腊第一个杰出的工程师、静力学和液体静力学的奠基人。

数学分析的兴趣，没有使阿基米德流于玄想，他热心参加生产实践，参加尼罗河水坝工程，发明了"螺旋扬水机"。这种机械，赢得了"阿基米德螺旋"之名。他利用杠杆原理，制造起重机、投石机。他不但精于设计制造，还善于理论概括，将杠杆原理概括为五条，从而证明了"重量比等于距离反比的杠杆定律"。这个定律是一切机械设计的基础。他更重要的发现是相对密度的观念，由此提出历史上闻名的所谓"阿基米德原理"：一个物体浮于液体中的时候，其重量等于所排开的液体的重量；一物沉于液体中时，其所失的重量也与所排开的液体重量相等。

阿基米德的成就，主要在于使工程技术具有了现代精神，这种精神一直支配着西欧乃至世界的科学技术的发展。简要说来，上古工程技术的发展是："工匠手艺—思辨的自然哲学—理论与实践统一的工程技术"。阿基米德是这一最高综合的杰出代表。

（四）古罗马人的扎实有效的行动

古罗马人不像古希腊人那样才华出众、智慧过人，似乎他们没有什么值得称道的哲学与科学的业绩，"罗马是一个像斯巴达那样的亦军亦农的社会，在希腊许多城邦中是最没有知识的"[①]。他们缺乏思辨头脑，少有知性数学分析的才能，但却颇为自负，居然看不起希腊文明。例如死硬派老伽图（Cato）便厌恶希腊科学文明，说什么希腊哲学是败坏人心的，希腊医学是毒害罗马人的，于是他汇集一些神秘丹方和草药方，证明他的医道的高明。即令如此，罗马人还是靠吸收希腊文明发展自己。不过，他们侧重在公用事业、市政建设方面，因此，工程技术处于突出地位。

市政公用建设，在罗马获得空前发展，如道路、桥梁、港口、浴池、剧场等，这些设施推动了土木建筑工程技术的发展，为了建桥，以及修造圆顶剧场、大殿之类建筑物，罗马初步发展了斗拱技术，及相应的建筑材料。罗马建筑气象恢宏，造型轻巧，特别是君士坦丁堡（Constantinople）时代形成的巧妙轻便的悬拱支撑式的穹隆建筑，真是蔚为壮观。还有值得称道的是农业技术，味吉尔（Virqil）的《田家颂》（Georgics），实际上没有上升到科学技术范畴，不过是农奴田间操作的记述与农奴主剥削榨取的经验汇集。当然在果蔬园艺、植物病害方面，也有若干可用的实践知识。

罗马人还在古希腊希波克拉底（Hippocrates of Coe）医学的影响下，较成功地开展了医学的研究。这一时期，集医学大成的是盖伦，他出生于小亚细亚的帕加曼（Perqamun），后在罗马行医。他将希腊解剖和医学知识系统化，并将各种学派统一起来。通过解剖、生理、病理、医疗等方面的系统考察，在活的动物身上研究了心脏

---

① 梅森：《自然科学史》，上海译文出版社1980年版，第49页。

与脊髓的作用。在理论观点上，他摆脱了机械原子论观点的束缚，认为人体各部分贯注着各种元气（animal spirits），他还是血液循环说的先驱，论述了心脏、血管之间血液回流的情况。当然，他关于气、血的说法，并不是观察、实验的结果，纯然是思辨的产物，神秘而含混，但影响却是十分深远的。

古希腊罗马，哲学与科学思想的历史性贡献，这是后代不厌其详地加以阐发的，但他们在工程技术方面的伟大成就，就没有引起足够的重视。这方面，中西方似乎也差不多，深具实践智慧的墨家，与阿基米德类似，他们不但精于知性思维，而且有极高的技术水平，在当时社会有极广泛的影响，以致孔丘们惊呼：方今天下滔滔，不归杨则归墨！他们蔑称墨家为匠人之所为，乃贱民之学。于是被禁绝。阿基米德的命运似乎好一点，终于以后支配了西欧科学技术发展的方向。

（五）中古封建神权阴影下的工程技术

中古西方封建神权统治时期，号称千年黑暗时期。一般讲，这是从古希腊罗马文化衰败开始到文艺复兴、长达 10 个世纪的历史过程。

西欧的衰败、蛮族的入侵，古希腊罗马文化由阿拉伯国家保存下来。而东方中国，处于汉魏隋唐封建鼎盛时期，工程技术方面的创造发明，都属于划时代的杰作。西方蛮荒落后，瞠乎其后。

西方国家大量吸收阿拉伯以及阿拉伯保存下来的希腊典籍，充实自己饥渴的灵魂。还有不少先进的工程技术，差不多先后从中国辗转传入，具有重大意义的马鞍、时钟、罗盘、贯轴舵、火药、纸张、印刷术，均非封建欧洲所创造，而绝大多数，归根到底是来自中国。有些欧洲人妄图抹杀历史，力图将这一切说成是自己的创造。李约瑟（Goseph Needham）及其助手们对中国古代科学技术的发展的客观翔实的研究，揭穿了这种捏造。贝尔纳盛赞李约瑟的研究，认为通过这项研究，"才开始认识中国的各项技术发展对全世界的巨大重要性。就我们所已知的而论，已足以说明西方基督教文明唯我独尊的观念是建立在对世界其他各处的狂妄无知上面的。文明传递总难于证明，但事实俱在，许多迟到 10 世纪或更晚才出现在西欧的发明品，早在公元最初几世纪里就在中国详细叙述出来了"[①]。当时欧洲固然无法与中国相比，就是印度与中东伊斯兰国家在技术上也是低层次的。中国封建社会早中期工程技术发展如此良好的势头，何以 15 世纪以后一蹶不振，欧洲反而后来居上呢？这不能不归咎于罢黜百家、独尊儒术、重农林抑工商、薄科技扬辞章、奉行城乡官僚与士绅的联合统治的恶果。

中国人构思设计，手巧心灵。譬如马鞅，现在看来卑之无甚高论，但将束紧气管的胸带代以套在马肩上的项圈套，一下便将引拽力提高了五倍。这个发明出自 7 世纪的中国，11 世纪初传到欧洲。而且立即产生了效果，以马代牛，扩大了耕地，改善了运输。还有碓与曲柄也是来自中国。这些先进工具为欧洲人培养了第一代机械与水利工程师。至于中国罗盘与贯轴舵的输入，发展了欧洲的航海事业，火药枪炮的发明，建立了欧洲人称霸世界的武装。而且对化学、物理、弹道、动力的研究起了很大的促进作用。而纸张与印刷术的发明，对记录传播科学技术知识的影响是极其巨大的。

总之，中古欧洲工程技术的进步得益于东方，特别是中国。但是，它自身的古希腊文化的根基，不但使技术得以精进，而且在数学分析与实验方法的指导下，形成了若干实用的科学技术体系，这些理论的总结，反过来又推动工程技术的前进。而我们中国在不少

---

① 贝尔纳：《历史上的科学》，科学出版社 1959 年版，第 190 页。

妄自尊大的封建暴君与昏庸愚昧的官僚统治下，火药用于放鞭炮，罗盘用于看风水，既得不到正当的应用，更谈不上理论上的深化、技术上的提高了。

在中古欧洲值得一提的属于它自己的工程技术，那就是建筑。哥特式建筑是当时流行广泛的哥特式艺术（Gothie art）的核心。欧洲建筑经过三个世纪的发展，从诺尔曼式的阴暗、厚重，演变为垂线式的明亮、轻巧。建筑，既作为一门综合的工程技术，又作为一门独特的艺术，是中古欧洲人的骄傲，它是当时技术的最高成就和极为绚丽的艺术构思。

虽说哥特式艺术源于罗马风格，但已扬弃了它的抽象蒙眬的倾向而日益人性化了。哥特式建筑的主要特征是：有尖角的拱门，肋形拱顶和飞拱；它们构成一个完整的体系，使建筑物的重量分布在有垂直轴的骨架上。它在这方面的设计是了不起的，大大超过了古希腊罗马人。在这方面的成就不是出于理论的指导，而是解决工程技术中的实际困难而做出的一系列特创性（ad hoc）的手法。在实践过程手脑并用而形成的巧思才是真正的睿智。抽象的理论总是灰色的，落后于实践的。哥特式的圆拱技术的理论直到我们这个时代才形成。哥特式建筑在欧洲各国经历了几个世纪的发展，首先着重解决结构与高度问题，然后便是愈来愈华丽的装饰。重视装饰目的在增加视觉效果。总之哥特式建筑，特别是教堂，它的最优秀的范例之一，如英国的威斯敏斯特教堂，是欧洲建筑技术与艺术的珍品。

中古在人类历史上绝不是一片黑暗、完全空白的。它的踏实的作为，给文艺复兴奠定了厚实的基础。阿基米德所开创的工程技术的传统，在中世纪不胫而走，变成了时代的特色。于是，这些构成文艺复兴的特征：学者与工匠的结合，视觉与手工操作的艺术的社会地位大大提高。绘画、雕刻、建筑、音乐，空前兴盛。著名画师阿尔贝第（Leon Battista Alberti）就特别强调向金属匠、营造匠、造船匠、鞋匠等匠人学习。阿基米德传统的全面继承与发展的巨人乃是达·芬奇。

列奥那多·达·芬奇，便是一位全能的工匠。他是那一个时代的缩影，也是今后科学技术艺术综合发展的楷模。他尊重自然、依靠科学、突出操作，开创现实主义新风。当然，达·芬奇的才能远不止于绘画，他是一个全能的杰出的工程师，善于巧妙地设计各种机械，从碾压机到可以移动的挖河机。他还对力学、流体力学、光学、透视、解剖、动植物、矿石等无所不窥。这些实践的工程技术知识，使学院派的书斋学者黯然失色。

哲学与科学从此从天国进入人间，在人类社会生产与生活中大显身手，社会的需求与目的，针对性的设计与构思，机械的与手工的操作，各门科学技术的综合运用，文学艺术的适当配置，形成科学、技术、艺术的系统工程。这一趋向就规定了当代工程技术的发展。

二、当代工程技术的社会整体性

伟大的文艺复兴，在欧洲产生了极为深刻的影响，人性的觉醒、个性的独立，宣布了封建神权统治的终结，新兴资产阶级，锐意进取，朝气蓬勃，科学技术获得了空前的发展。从牛顿到爱因斯坦，自然科学的核心——物理学，不但自身日新月异，而且渗透到其他学科，一扫这些学科的陈旧面孔，在杂交优势的策动下，取得了意想不到的成就。

在这样一个坚实、广泛、深入、新颖的科学综合交叉发展的总图案下，工程技术以其气势磅礴的雄姿，成了科学、技术、艺术、文化的总汇。

当代的工程技术，已不是什么石器的打磨、犁铧的操作、机械的制造、路桥的修建之类了。概括讲来有四大技术：空间技术、核子技术、生物技术、电脑技术。它们是在革命实践的哲学原则指导下，以扎实深刻的科学基础理论为依据，从人类社会发展的根本需要出发，发扬总体系统的优势，而形成一种高水平的综合技术。

这四类技术，从宏观到微观、从无机到有机、从物质到精神，涵盖了三个世界：自然世界、人类世界、精神世界。"社会整体化"是其本质特征。

（一）空间技术

空间科学技术，以 1957 年第一颗人造卫星上天为标志，已有三十多年[①]的历史了。它以宇宙空间作为它的观测实验的范围，进行广泛的物理、化学、生物、天文、气象等方面的综合研究。它对深入探索宇宙的奥秘、物质的结构、生命的起源，取得重大的进展。空间实验室，对空间环境、天体，地球的观测与探索，很多结果是地面实验室无法达到的。例如，材料性能的实验；辐射远紫外光的恒星源的发现，以及金星、火星、月球的探索等。

空间科学研究活动之所以成为可能，是上千的高新技术的综合效应的发挥。如卫星等飞行器发射的高难技术、遥感技术、卫星通讯技术、遥控操纵技术、自动化技术等。

空间技术不但是哲学与科学的那些重大课题研究的必要手段，而且对国计民生的政治、军事、经济问题的研究也是不可或缺的。大国争霸，使用间谍卫星。此外，如控制洪水、灌溉及农作物病害的预报、预测、对油田探勘等，都可通过卫星遥感、遥控，获得很大的社会效益与经济效益。至于通讯卫星的妙用，真正收到了"天涯若比邻"的效果。

---

① 此处"三十多年"以作者写作此书时计算，下文与此相同。——编者

（二）核子技术

空间技术基本上活动在宏观乃至宇观范围，而核子技术则在微观领域大显身手。现在我们已深入到原子、原子核深层结构的探索。原子核内的核子数可以从几个到几百个，目前在理论上估计一个比较稳定的原子核约有 300 个核子，但迄今我们得到的最重的原子核，核子数还只有 260 个。核子相互间结合十分紧密，这种结合力，叫做核力，即强相互作用力，它比电磁力大 137 倍，比万有引力大 40 个数量级。要使这样巨大的核力释放出来，就需要很大的能量去轰击，产生原子核裂变，从而释放能量。现在科学家的任务是研究比核子相互约束力高几十倍到几千倍的高能量的轰击"炮弹"。随着离子源技术与加速器的发展，现在已可以加速有二百多个核子的铀离子。现在核能的利用，已广泛推开了，特别是核电站，有效地解决了能源紧缺问题。但是作为核燃料的铀、钚等既短缺又昂贵。于是科学家注意到核裂变的另一面，核聚变问题。

对于等离子体的研究，发现一些质量很轻的化学元素，主要是氢的同位素"氘"（氢 ^{2}）、"氚"（氢 ^{3}）的原子核，在高温下可以聚合起来，同时放出大量能量。这个过程叫作热核反应，即核聚变。1 公斤氘和氚，相当于 1 万吨优质煤。而地球上的氘储量十分丰富。1 升水含氘 0.03 克，通过热核反应可放出的能量等于 300 升汽油。这种氘也就是重氢，一氧化二氘就是重水。每吨水中所含重水约 140 克，地球上的海水有 1.37×10^{18} 吨。如果把海水中氘的核能都释放出来，提供的能量几乎是无穷的。因为这种核能的提供大有希望，所以各国大力研究开发问题，经过二十几年的努力，取得了很大的进展，只要高温点火、约束稳定、保持干净等问题解决，就可以建成有实用价值的聚变反应堆，估计 21 世纪 20 年代可望成功。

核子技术，20 世纪 40 年代中期以规模毁灭性杀伤人类登场，形成了一种威慑人类的核恐惧，而垄断在超级大国手中，就变成了一种核讹诈。人类的理智与良心，反对这种核子技术的滥用。和平利用核能已成为时代一致的呼声。这一伟大的人类的创造，把技术提到了十分突出的地位。研究原子、原子核、基本粒子等似乎是过去关于物质结构探讨的延续，但是，这已不是小小实验室范围所能从事的了。它必须动员整个社会、国家，甚至跨国联合，投入成批的天才科技专家，数以亿万计的财力、物力，才能取得成功。它如同空间技术一样，是一项有机组合的涉及社会科技人文各个方面的系统工程，并且成了当代工程技术的本质特征。

（三）生物技术

大约是 1944 年，薛定谔（Schr odinger）在爱尔兰做了一个"生命是什么？"的演讲。这位有名的波动力学家，以其精湛的物理学知识为基础，发表了富有创见的关于生命的见解，从而开创了分子生物学的研究道路。生物技术正是以这种基础理论为根据而展开的，它已雄踞当今工程技术发展的前沿，前途未可限量。

分子生物学大大不同于普通生物学、动植物学，已由生物外部性状的描述，进而对生物进行内在的物理化学机制的解剖。分子生物学的核心内容是通过对生物体的主要物质基础，特别是蛋白质、酶、核酸等生物大分子的结构和运动规律的研究，来探讨生命现象的本质。近年来，这些研究取得了许多重大成果，如蛋白质和核酸的人工合成等。蛋白质和核酸是生命现象的内在要素。科学家查明：由 20 种氨基酸组成的蛋白质和由四种核苷酸组成的核酸，反映着这个千变万化的生命现象。这些生命的物质要素不断新陈代谢、自我更新。这种生命活动的化学反映，都是以酶作为催化剂而进行的。酶的催化效率比非生物体的催化剂高达 10 万亿倍，即上百万年才能完成的化学反应，通过酶催化一秒钟便可完成。酶也是一种特殊的蛋白质。应该讲，通过分子生物学，我们对生命的本质与活动有了比较科学的了解。

在分子生物学的推动下，化学仿生学获得了迅速的发展。它是在分子水平上模拟生物的功能，将生物的功能原理用于化学，借以改善现有的和创造崭新的化学、工艺过程。由于生物经过亿万年的进化，有自己一套完整的物理化学反应机制，其特点是高效、专一、条件温和。如果化学反应能接受这一套，便将出现意想不到的技术进步。目前科学家在模拟生物体内的化学反应过程、模拟生物体内的物质输送过程、模拟生物体内的能量转换和信息传递过程等方面进行探索，它的前景是十分诱人的。仿生技术可以制造出具有活体机能的东西，一方面说明，生命体对于我们已不再是神秘莫测的了，另一方面说明，工程技术已不再是机械力学的一统天下了，有机界的高层次的性能与活动，也可以工程技术化了。

遗传工程技术则是在生物科学领域内一次突进。古老的遗传学可以说旧貌换新颜了。过去都认定通过基因传递遗传信息。而基因概念并没有什么客观物质根据，其实是思辨的产物。直到当今才搞清楚，生物遗传物质是核酸，基因乃核酸分子上的功能单位。有两种核酸，一种叫脱氧核糖核酸（DNA），另一种叫核糖核酸（RNA）。它们都是由核苷酸连结起来的大分子，这四种核苷酸都由碱基、核糖、磷酸三部分组成。生物的各种遗传性状，就是以这四种核苷酸作为四种符号，以密码方式记录在核酸分子上的。密码的转录、翻译，表示为各式各样的遗传性状。这便是当代分子遗传学所要研究的主要内容，它是遗传工程技术的主要的理论依据。

所谓遗传工程，就是用人工的方法，把不同的生物的核酸分子提取出来，在体外进行切割，彼此搭配，重新"缝合"，再放到生物体中去，把不同生物的遗传特性组合在一起，创造出生物新类型，以满足人类日益增长的物质生活需要。这种技术是极其复杂的，有的还处于试验阶段，但可以肯定，它对于农业、畜牧业的品种改良或培养新种，有意想不到的作用。例如稻麦之类主粮，如果通过遗传工程技术，实现根瘤化成功，那么便可节省氮肥制造费用约200亿美元，采取固氮基因工程，费用不到1000万美元。当然这方面的工程技术措施还很不成熟，有待继续努力。其次，在医药工业方面也大有可为。如抗生素、胰岛素、疫苗、生长素释放抑制激素等的人工合成，是一条既快捷又便宜的道路。

生物技术较之空间技术、核子技术，似乎没有那样精微，那样令人震惊，其实它是更高层次的工程技术。它以活性物质为对象，超越了物理化学范围，对难于确切把握的生理机制进军，并推广应用到社会人生之中，使低层次的物理化学运动，越出其无机界限，模拟生命运动；又使生命运动不再是纯天然的了，而可受控于人，并创造出新的活性机能。这不能不说是人类划时代的伟大成就。

（四）电脑技术

如果说生物技术，基本上属于生物、生理范围，客观物质范围，那么，电脑技术则逐步推进到人类思维精神、意识形态领域，这一领域是客观物质基础上派生的非物质领域。

电脑技术发展的基础是半导体技术的突飞猛进。半导体制备工艺技术不断迅速提高，近30年，半导体器件不断小型化和集成化。晶体管的核心是一块能完成电信号放大功能的半导体材料，这就是"芯片"。在此基础上又发明了集成电路，集成电路由小规模向超大规模发展，现已进入第五代了。每个芯片上包含的元件从几个发展到几万个晶体管。半导体锗和硅的纯度要求高，而且要防尘。现在还发现一种新材料砷化镓，而锗逐渐淘汰了。因此，要保证半导体的质量，就必须发展超纯技术与超净技术。一般化学用的纯元素可达到 99.99%，而超纯硅要求达到 99.9999999999%，纯度高出 1 万万倍。超净工作室的防尘也十分严格，每立方英尺空气中，含 0.5 微米的尘埃不到 10 颗。因此，目前世界关注的主要问题是超微细工艺，把硅片上的集成电路线条宽度做到 0.5 微米以下，并向 0.1 微米进军。因为线条愈细，一块硅片上的晶体管数就愈多。用这样的材料做出的计算机不但性能卓越，而且体积愈来愈小。1951 年美国宾夕法尼亚大学做的第一台电子管大型计算机重 30 吨，占地 160m^2，现在用大规模集成电路做，只有打字机那么大。

现在的计算机，不但向小型化、高速化发展，更为重要的是思维化、智能化。科学家把这个叫作"知识信息处理系统"（knowledge information processing system，即 KIPS）。大约在二三十年前出现"数字电脑"，最后出现"智能机"。这种能思维的机器，现在通称为第五代电脑。这是一种智能型电脑，可以用自然语言与人交谈，可以听懂语言，也可以识别图像。它还可以学习、联想、推理、决策，模仿人的智能行为方式。

现在人们都已明确认识到，"信息产业"与"信息化"（informationization）的重要性。到 90 年代，信息处理系统将成为所有社会活动，包括经济、工业、科学、艺术、管理、教育、文化、国际交往等方面的重要手段，这时第五代电脑将广泛使用。第五代电脑的前四代是：（1）电真空管电脑；（2）晶体管电脑；（3）集成电路电脑；（4）超大规模集成电路电脑。如果前四种只能说明电脑处于量变阶段，第五代的出现便是质的飞跃。它从过去的数据处理（data proccessing）功能转为"知识的智能处理"（intelligent proccessing of knowledge）。过去的科学家，极端迷信数据，热衷于计算，其实世界上绝大多数事情，本质上都是非数学的。黑格尔早就指出过，数字是最无思想性的东西，它不能表达思想。人的大部分思考是靠推理，而不是靠计算。所以，第五代电脑的设计，是着重"符号推理"（symbolic inference）而不是计算。这种方法被挂上"专家系统"（expert system）这个名称，例如，电脑诊断与探矿之类。这里，硬件上是没有什么困难的，关键是"软件"，软件的创新将完全转变"电算"（computing）的概念。

工程师在英国等西欧国家的社会地位是不高的，这是出于重理论轻实践的偏见。日本则不同，工程师有很高的地位。因此，英国这些国家叫作"专家系统"的，日本人把它叫作"知识工程"（knowledge engineering）。这方面的专业人员就是"知识工程师"。他们学会了一种电脑的操作方法，一般称为"探试性程序设计"（heuriztic programming）。"探试"来自希腊文 eureha，意即经验法则或良好猜测规则（rule of good guessing）。它虽无数字表达的那种绝对精确性，但能提供基本有效的结果。他们特别注重的是专家的思路，而不是具体知识。知识工程师既是全才也是专才。他必须与专家思想沟通，然后可以无困难地模拟专家的思维方式，以便制定程序，把专家的心得转变为电脑可以运行的语言。

这样便将专家的特殊知识纳入电脑的存储器内。于是，在这一基础上，再解决如何使"知识库管理"（knowledge-base management）自动化的问题。现在知识库的管理系统和推理系统，被称为"软件包"（software package）。这其中可以包括很多专家系统，但其核心是 EMYCIN 这一软件组合，其中包含知识库的管理系统，以及解决这类问题的推论程序。

这些就是所谓人工智能的技术问题，它构成了"知识工程"的基础。这项工程技术，必须解决：（1）知识的表达（knowledge representation）；（2）知识的利用（knowledge utilization）；（3）知识的获取（knowledge acquisition）。智能机成功的关键在于知识获取的研究。

20 世纪 90 年代以来，智能机的发展，既深入又普及，它成了知识分子从事精神劳动的最好的工具。但是，这种所谓人工智能并不能取代人类智能，它能模拟并提高人类思维的效率，能代替单调的重复的低级思维活动，即令如此，也要人脑的巧妙的设计与指挥。至于创造性的思维活动，以及思维活动以外的其他精神活动，它暂时是无能为力的。

严格讲，电脑活动并不是人类的思维活动，不是脑与神经系统的活动，实际上是通过机械、电子运动模拟大脑神经活动，表现思维推理。因此，"人工智能"一词是不确切的，只能说：人工模拟人类智能。

电脑技术沟通了三个世界的活动。它强化了人类的智能活动，能够完成人类个人或几个世代难以完成的工作。它的愈来愈复杂的全面的快速而精确的功能，使空间技术、核子技术、生物技术获得了强有力的继续深入前进的手段。

四大技术是四个大的系统工程，它们又通过电脑技术，连成为一个从物质到精神的社会整体化的巨系统。

工程技术概念已不局限在传统的工业体系领域了，它已普及到整个知识系统的各个领域。它有点类似 17、18 世纪的"力"，但超越了力的抽象性而具有深刻的实践性。它深化了工匠手艺，摆脱了工艺的简单操作性，将科学与技术融为一体。它也打破了行业的分工，使各行各业交叉发展，相互渗透，获得了社会整体性的系统发展。

第二节　工程技术将理性、意志、情感融为一体

根据工程技术发展的历史回顾与现状介绍，可以看出它是一门

高度综合化系统化的技术。

技术是什么？我们这样认为：

技术，是生命的精灵，是生命的自适应、自调节的生理机能的"社会形态"。

技术，是劳动的结晶，是劳动的能动性、目的性的内在本质的"物化形态"。

技术，是文化的表现，是文化的社会性、智能性的精神特征的"客观形态"。[1]

由此看来，技术与纯科学不同，它重在改造世界以符合与满足自己的生存与发展的目的。中国上古的酋长们，如燧人氏、有巢氏、神农氏等，无非表示人类生存首先要发展的技术，即钻木取火、筑巢而居、寻药治病，这实乃以后"能源"、"建筑"、"医药"等工程技术的滥觞。

技术的产生有明确的社会目的性，因此，它不是抽象的思辨，而是怀抱热情与希望的意志行为。作为工程的技术使那些个别性的技艺更具有明确的变革现实的目的，而且以科学认识世界所得的原理为基础。因此，工程是把科学应用于最有效地改变自然资源以有益于人类的技术，是一种需要对知识适合于实际目的做出必要的判定的技术。这种技术的基础主要建立在物理学、化学、数学以及它们所延展到的材料科学、固体和流体力学、热力学、传导和速度变化的过程以及系统分析上。这还是一般的工程所涉及的科学与技术范围。上述当今四大技术的涉及面就更广了。

工程是要见诸行动的，要满足社会的需要而且又可能办到的。因此，在工程技术设计上，要提出多种方案，规定多种指标，反复

[1]　萧焜焘：《自然哲学》，江苏人民出版社1990年版，第403页。

比较、考察、计算，找出最满意的答案。工程技术人员不但应该通晓本专业知识，还应该熟悉社会政治经济状况、各阶层人士的心理需求、感情倾向、价值取向，以及社会伦理道德规范和审美趣味等。工程技术活动的最终目的是要造福人类。所以，萧焜焘先生这样说：工程技术科学与其说它是一门自然科学，不如说它更倾向于人文科学。"必须懂得人！"这是工程技术的唯一出发点。工程技术绝不是巨人的个别技巧活动，它是关怀人、征服自然、造福人类的认识与改造世界的革命实践活动。

这种革命实践活动的原动力是对人类社会充满了诚挚的热爱。激情的冲动，使他坚韧不拔、不达目的誓不罢休。但这种变革客观环境，使其能圆满地为人类的幸福服务，又必须以科学地认识世界为前提，因此，又要客观地冷静地分析问题，用以指导行动，避免盲目性。据此，可知工程技术将人类的三大精神因素融为一体，即理性、意志、感情合而为一。它是人类活动的最高成就，因此工程技术的历史与社会地位是不容贬低的。但是，从古迄今，西方人看重科学家，中国人尊重圣贤王者，都鄙薄工匠手艺及其现代表现——工程技术。狄德罗在他的有名的《百科全书》中评述"手艺"（craft）时说：我们的一切日用必需品都离不开各种手艺。任何人，如果愿意劳动大驾，偶然地去一处作坊看看，他将会发现，一切实用性都是人类智慧的最好证明。在古代，人们把发明手艺的人奉为神；而后来，使同样工作更加完美的人却被抛入泥污。亚里士多德曾经提出，规定美德的合理原则是"实践的智慧"（practical wisdom）。所谓实践的智慧乃生活的智慧，人们只有在生活的磨炼中才能具体掌握激情宣泄的分寸；才能具有最好的和最应当的心态与品格。工匠的操作也具有这样一种智慧，它超出知性理解范围，揉情于理，以物显心，鉴赏与济世共生，颖思与精雕互映。这就是从工匠技艺到工程技术的革命实践传统所特有的实践智慧，它早已越出简单操作水平，进入文化价值领域。

一、工程技术的构思与设计

工程是一项综合性的系统化的技术。所以有人规定："工程是把通过学习、经验以及实践所获得的数学与自然科学知识，加以选择地应用到开辟合理使用天然材料和自然力途径上来为人类谋福利的专业的总称。"它包括一组相互联系但又高度专门化的专业。正是通过工程技术这样一种现实的手段与力量，人类才能逐步征服自然，成为世界的主人。所以，"工程技术是实现人的意志目的的合乎规律的手段与行为。它旨在变革世界使服从于人的既定目的。因此，它不是纯客观的，而是使主观见之于客观的一种合理而有效的手段。它不但有科学的理论的意义，而且有行动的意义。工程技术的内在实质，是在激情的推动下，人类的理智与意志在认识与改造世界的目的之上的统一"①。

因此，当代工程技术与古代不同，它的重点不在操作，而在"构思"。工程一词与发动机（engine）和创造能力（ingenious）来源于相同的拉丁语根，而英国 engine 有发明之意。所以，工程技术与发明创造有关。发明创造意味精审物理、独立思考、有所发现、有所创造。看来一项工程技术，首先要研习相关理论知识，掌握基本科学原理，并有针对性地应用于实用的目的。这就是工程技术的构思过程。

"构思"只是指导工程技术进行的一种思路、一种能力。这种思

① 萧焜焘：《唯物主义与当代科学技术综合理论》，《社会科学战线》，1987 年第 3 期（此处略有增删）。

路与能力不是天生的，而是在学习、研究、实验、操作的长期培训与实践过程中，逐步形成与提高的。它是工程技术的一种潜能状态，当它跃进到现实状态时便是工程设计。

"工程技术设计"有明确切近的目标，有现实的特殊需要，有专用的技术因素。例如，修建承德的外八庙与设计北京的亚运村，就有非常不同的设计要求。一个设计师如果没有全面的精深的科学技术与人文艺术的素养，他是不可能承当工程设计重任的。工程设计不是工匠的简单技术与常规操作，它是高度综合性的：它要求对其成果进行预测，对其方案多方考虑做出最优决策；它还要考虑人物因素、政治目的、经济状况、社会伦理、审美情趣、民族风情，甚至个人嗜好。至于技术措施的改进与更新，材料的换代与升级，理论的创造与提升，更是工程技术设计必须随时关注的。

工程技术虽有相对稳定的法度，但无亘古不变的模式。任何实证科学，包括高度综合的工程技术，都有其基础理论或哲学原则。哲学涉及智慧及由此而形成的智力结构，它构成实证科学、技术活动、人类行为的普遍原则。它对工程技术的特色、质量、结构等的影响是深远的，但非直接的。具体的设计，要通过专门学科的特殊处理方法的中介，来实现设计者的哲学理想。因此，哲学支配的法度是相对稳定的，而体现它的模式却是多种多样的。

不要以为工程设计的哲学原则是绝对统一的，它也包含许多思想流派，每一个派别后面都有不同的哲学体系。建筑学这方面的特征就更加显著，杨廷宝设计的武夷山庄与贝聿铭设计的香山饭店，就有其不同的建筑风格与哲学原则。

工程设计的基础理论包括：（1）始终一贯的指导原则，即设计的哲学思路；（2）指导具体操作的设计理论；（3）设计方案的评价方法及检测优劣的标准。这些方法与标准，有的属于客观技术上的，有的属于社会伦理上的。例如，原子弹设计是兵器技术划时代的伟大创造，但它的毁灭人类世界的后果则为社会伦理所不容。

由此看来，工程技术的构思与设计，统一了哲学的思辨性、科学的现实性、技术的操作性、艺术的鉴赏性、社会的实用性。它所涵盖的理论与实践的内容，几乎是全面无遗的。因此，学术界流行的重自然科学、轻工程技术的倾向是片面的。恩格斯曾经讲过："如果像您（按：指瓦·博尔吉乌斯）所断言的，技术在很大程度上依赖于科学状况，那么科学却在更大的程度上依赖于技术的状况和需要。社会一旦有技术上的需要，则这种需要就会比十所大学更能把科学推向前进。"[1] 如果说，16 世纪以来就是如此，今天就更加如此了。工程技术不但推动科学前进，而且囊括科学于其内作为其一个组成部分了。

但是，工程技术绝不是现在流行的所谓"应用科学"，这是一个模糊"概念"。他们把那些操作性的、实施规程性的、具体活动中的共同守则以及那些行规市约之类的东西，都叫做"应用科学"，以致什么"市场学"、"营运学"、"国土学"、"礼仪学"、"美容学"等满天飞。某人一席谈话就可以一刹那之间创建几个"××学"，这简直是把科学当作儿戏。我们并不反对对上述一类具体操作规程的了解以及它们存在的价值，但不赞成把那些东西拔高为"科学"、"工程技术"。

二、工程技术的运行与管理

第一，工程技术和一般自然科学的实验不同，它不是试探性的、无切近目的的；也不是只要求得出规律性的成果，或有无推广价值

---

[1] 《马克思恩格斯全集》第 39 卷，人民出版社 1975 年版，第 198 页。

尚不能确定的样品。它依托工厂、工地，组织生产、施工，使设计蓝图见之于客观，得出符合设计要求、体现蓝图规划的产品。这个工程技术的运行操作过程，是工程技术的目的的实现过程，也是工程技术的构思与设计的合理性与实用性的检验过程。

运行操作的主体是工人，他们只要有一技之长，精于某一工种，便可在某岗位上，根据要求完成整体的某一部分工作。他们的操作似乎是单调的、重复的、少有创造性的，其实不然。作为个体操作，应该讲，与传统的工匠技术基本上属于同一层次，但处于工程技术的系统之中，作为一个过程的环节就不同了。如同手臂作机械力学的杠杆运动时，它已不同于一般的机械力学运动，而是生物有机体的一个组成部分，它综合地受高级的肌肉神经活动、大脑活动的支配，而且内在地协调一致。工程技术系统中诸工种也是一样，它们之间具有"整体相关性"。在相关之中，它们各自溢出了其个别性，内在地相互配合、协调一致，使工程技术的"整体性"不致流于空泛的一般性，而具有客观实体性。因此，工程技术的运行操作不是单纯的经验行为，由于其整体相关而蕴藏了思辨精神因素于其中。这是那些蔑视工程技术的人与经验地看待工程技术的人难以觉察的。

第二，工程技术的运行操作，不止于个别工匠的常规操作。它从工程的整体系统出发，要求工艺规范化，使其符合工程的总的目标要求。"工艺规范性"乃整体共性得以成为现实的主观得以见之于客观的保证。工艺规范乃运行操作的哲学原则，它乃是客观运行与具体操作的实践活动中总结出来的普遍原则。在工程技术运行操作过程中，工匠不能随心所欲。工程中居于环节地位的诸工种也不能各行其是，必须在哲学的普遍原则指导下，亦即在整体规范要求下，使自己的个性符合于共性，在整体效应中使工种个性大放光芒。

第三，工程技术的操作运行过程，以人为起点，以人为归宿，而以物为中介。"物"来自天然、无有造作；"人"固属于天生，但一旦生成，精神逐渐滋长，于是有了自觉性、能动性、主观性。他适应天然而又作用于天然，超越于天然，他能依凭于"天然物"，生产出服从其主观目的、满足其主观需要的"人造物"。人造物与天然物相对立，是天然物的扬弃，它是人的主观意志的客观形态。因此，工程技术的操作运行过程是一个"人—物—人"的辩证复归过程。这个过程，具体讲，即从人的主观目的出发，对天然物进行改造加工重建，从而产生了主观见之于客观的人造物。在这一个主观与客观相交的过程中，似乎双方是矛盾、对立的，其实是"天人协调"的。人本天生，内在统一；人干天然，却凭天理；人定胜天，实天自胜。这就是贯穿于工程技术操作运行过程之中的哲学精神——天人协调性。现在提出的环境污染问题、生态平衡问题，其哲学实质便是：人干天然、全凭己意；人似胜天，却遭天谴。于是"天人相干"，代替了"天人协调"，应该讲，这是工程技术操作运行的失败，也就是工程技术的构思与设计未尽合理，不如人意。

由此看来，工程技术的运行操作过程，虽说有各式各样的具体法规，机械工程不同于建筑工程、电子工程不同于计算机工程，但都必须遵从其哲学的普遍原则：整体相关性、工艺规范性、天人协调性。

工程技术的运行操作是一个"天人相关系统"，人居于主导地位。人的主导作用体现在运行操作的管理上。"管理"与其说它是一门科学，不如说它是一门艺术。管理者在工程技术的运行操作过程中，有如乐队指挥、戏剧导演。他对一项工程技术的构思与设计的解释与引申取决于他的理论与实践水平。贝多芬的作品只有一个，譬如第九交响乐。古今中外指挥演奏的乐团何止千千万万。李德伦、卡拉扬、小泽征尔，他们的指挥自有不同风格，也有不同层次。

工程技术也是一样，虽然首先取决于构思与设计，但在理想变成现实的过程中，管理者的落实措施以及他们协调统一、精于调度、善于择物的艺术才华，是工程技术的成败关键。我们往往乐于称道工程技术的构思与设计者，而管理施工者则名湮灭而不称，这太不公平了。没有他们的创造性的实践活动，构思与设计只能是空中楼阁而已。

三、工程技术人员的素质与培养

工程技术人员是工程技术的构思与设计者、管理与施工者。由于工程技术的高度全面的综合特征，它将理性、意志、感情融为一体，因此，工程技术人员不能单纯是只有一孔之见、一隅之得的专才，而应是稔知专业而又能跳出专业的通才。因此一个工程技术人员的理想素质，应该具备或掌握：（1）政治经济策略；（2）伦理道德素养；（3）宗教巫术内涵；（4）文学艺术才华；（5）历史民俗风情；（6）科学实验精神；（7）哲学思辨头脑。当然，并不要求工程技术人员在上述七个方面都十分精到，成为一个专家，但应在整体贯通上、相互沟通上全面把握。工程技术人员应是实践领域内的"哲学家"。具有这样一种气质的工程技术人员，他手头掌握的那一门专业技术，才不是僵死的而是生动的；才不是平面的而是立体的；才不是偏执的而是贯通的。他执一而融万端；立地而通霄汉；依人伦而接苍穹。他扬弃了哲学的思辨性，从而升华了工程的实践性；他理应是 20 世纪的真正的哲学家。

现再将上述七端略做理论申述于下。

（一）政治经济策略

拿破仑与黑格尔都曾正确指出过：政治乃环境不可抵抗、个体不得不顺从的势力。而政治实乃经济的集中表现。因此，政治经济状况是人类社会的首要的决定性的因素。工程技术人员如若对政治经济的历史进程及现状一无所知，那么，他的理论的探讨与实践的行动就失去了"导向"与"基础"。当然，我们不要求一个工程技术人员成为一个雄才大略、纵横捭阖的政治家，更不愿看到他堕落成为一个以权谋私、罗织宗派的卑鄙政客；我们也不支持他下海经商、挟一技之长自以为奇货可居、以捞钱为目的。如果"经商"以了解社会、积累科研资金为目的，当然不妨小试。但是，一个工程技术人员必须有为社会主义而献身的精神；他也不是一个不谙世故、不关心国计民生的书呆子，而必须让工程技术在发展生产、繁荣经济的现实活动中，发挥其应有的作用。因此，他必须接受"政治经济策略"的训练。这种训练包括两个方面，一方面是基本理论的学习，另一方面是政治经济活动的参与。此二者相互渗透而融会于心，他便具有了坚定不移的奋斗目标与脚踏实地的前进道路。

（二）伦理道德素养

现在社会上流行一种无师自通的论调：政治无道义可言、经济无道德可守。古往今来，政治权力的争夺与交接是异常残酷无情的，父子兄弟相互斫杀，妇友亲朋反目为仇，真是比比皆是，不胜枚举。

伦理道德具有社会客观性。人类社会如果没有根据其历史与现状而形成的"伦理规范"以及与其相应的"道德操守"，这个群体便势将崩溃瓦解。伦理道德是政治统治的补充手段，是经济发展的必要保证，怎么可以说，政治经济行为不要顾及伦理道德呢？旧社会的生意人都要标榜"货真价实"、"童叟无欺"等，这些就是伦理道德。工程技术人员也不例外，他如果没有敬业奉献的精神、一丝不苟的作风、勇于进取的品格，又怎能肩负开拓工程技术的重任呢？工程技术是必须讲经济效益的，但这并不等于唯利是图，它必须更加看重社会效益，满足社会、国家、人民的需要。许多军事国防工程必须大量投入，很少产出，不能苛求它创收盈利。荣毅仁创办中信公司，就不是从个人发财致富出发，而是为国家办实体。他提出的伦理道德要求是："遵守法纪、作风正派、实事求是、开拓创新、谦虚谨慎、团结互助、勤勉奋发、雷厉风行。"他还恪守少说多做、只做不说的诺言，从不吹嘘自己，并且提出：我们要有利可图，但不唯利是图。这是一个企业家信守的伦理道德原则，我觉得完全适用于工程技术人员。我们近年大讲经济效益，在许多场合实际上已蜕变为唯利是图、一切向钱看的"指导方针"。伦理道德被视为迂腐言行，后果是灾难性的，假冒伪劣产品充斥市场，投机者、掠夺者大发横财，国家与人民遭受严重损失。工程技术的开拓前进、造福人民的巨大的社会作用黯然失色了。有识之士已在高呼"莫娜狄"（morality）女神来澄清玉宇扫净妖氛了。

（三）宗教巫术内涵

工程技术要了解宗教巫术的内涵，也许是令人惊讶的。如若从人类历史发展的全程加以考虑，就不会觉得突然了。本书开始就提到科学认识的神话宗教前提，到行将结束之际，我们又回到了宗教巫术问题。这是令人深感兴趣的首尾呼应的回顾。

关于巫术、科学、宗教的关系，西方学者有不同的看法。最有影响的莫过于弗雷泽（J. G. Frazer）的观点了。他在其名著《金枝》（*The Golden Bough*）中写道：我们可以把迄今为止人类思想的发展比作用三种不同的纺线：黑线——巫术；红线——宗教；白线——科学；——交织起来的网。[①] 弗雷泽首先相信宇宙自然为一种客观的不以人的意志为转移的自然力量所支配，人面对宇宙自然、为求得自己的生存与发展而抗争，力图控制宇宙自然为我所用，于

---

① 弗雷泽：《金枝》下，中国民间文艺出版社 1987 年版，第 1008 页。

是便产生了巫术。巫术认识与改造世界，是从表面观察、直观联想出发，显然无法掌握宇宙自然发展的规律性，更难以确切理解人类社会现象，因此，认识往往是虚幻的，行动往往是荒诞的。人类在使用巫术失败之余，就祈求有一种超自然的神作为自己的后盾以征服宇宙自然、降福于人类，这样便产生了宗教。人类对神的虔诚的祈祷与丰盛的祭祀，往往是落空的，当他们觉悟到神的虚幻性时，巫术的肤浅而谬误的改造世界的实践，却帮助人类走出误区，从而产生了科学技术。弗雷泽的观点也许没有我们解释得这样明确，但从西方而言，是有一定的合理性的。

我们认为不能把弗雷泽的观点归结为巫术产生宗教，宗教产生科学技术的公式。弗雷泽也许是暧昧的，但如从其合理之处加以引申，便可与我们的看法基本上一致。我们认为：巫术是原始人群企图征服自然的最初尝试，它包含两个方面：主观能动性与客观实践性，当然是十分原始蒙昧的。这里面便蕴藏了科学技术的因素。但是原始人群的智能是无法揭开宇宙人生的奥秘、无力战胜客观自然的暴力的。于是在感情上希望有一种超自然的力量作为自己的靠山，于是幻想了神灵的存在，这样便产生了宗教。正如神话一样，同源而分流。巫术与神话一样，其积极合理因素产生了科学技术；其消极神秘因素产生了宗教。

工程技术人员之所以要有这方面的理解，实际上是加强科学技术发展的历史感，进一步认识错误是正确的先导，并深刻理解神秘信仰的东西与理智实验的东西之间的不能排斥的密切相关性，这样才有利于他正确把握工程技术的整体系统性。

（四）文学艺术才华

过去手工艺工匠的作品，不少有很高的艺术价值，这些人虽然名声不如某些学院出身的艺术家显赫，其实是极富于文学艺术才华的，而且这种实践的智慧中所迸发出来的"巧思"与"绝活"是人类灵性的至高表现。

巧思与绝活不是纯理智的，也不是纯意志的，而是融会于人的炽热的感情之中，才能臻于巧与绝的。工程技术人员如没有巧思与绝活，是不可能出色地完成构思、设计、操作、施工的。"巧思"使平直冷漠的理智增添了五色斑斓的激情色彩；"绝活"使枯燥单调的操作显示了勃勃生机。

一个理想的工程技术人员不能没有灵性。"灵性"是激情糅和理智与意志于其中升华而成的一种人类的超凡的秉性。正常的思维与常规的操作，只有通过具有灵性的人的手脑，才能成为巧思与绝活。而灵性的培养只能通过文学艺术的熏陶。现在提倡"德、智、体、美"四育并举，美育就是进行文学艺术的熏陶，培育高尚情操与审美趣味。

一次工程技术的整体组合与环节推移，个中巧妙，存于一心，难以言传。面对一项配置恰当、神韵流溢的工程，你只能衷心赞叹：美轮美奂、巧夺天工！这样的工程师，其实是一位艺术家。

（五）历史民俗风情

我们曾经提出过，历史是辩证思维的现实原型。历史，有时序性、流逝性、过程性。它既包容宇宙自然的演化，更体现了人世沧海桑田的变迁。人类不能脱离历史，否则，他势将成为一个无血无肉的影子。

人类的生存与发展，总是具体的，总在特定的空间与时间之中。在特定的时空中，形成多种多样的组合，产生彼此殊异的风俗习惯，即各民族、部族、种族的"个性"。通过这些殊异的"个性"，我们才能把握共通的人类的"共性"。因此，关于"民俗"的理解，不能停留在所谓"社会学"范围，单纯地猎奇述异，而应该视为人类个性的挖掘。楚人的龙舟节，德宏景颇族、傣族的泼水节，有其神秘迷离的传说、优美动人的故事、历史浮沉的哀叹、民族奋起的呼喊……但归根到底，它具体地凸现了部分人类的个性特征。最近震惊寰宇的《安塞腰鼓》充分显示了陕北汉子的雄健剽悍。腰鼓响处，七情迸发，六欲飞扬，喜怒哀乐，抨然鼓上。这股原始的虎啸狼号，叫出了人类的人定胜天的大无畏气概。"傩面造型"是那样的狰狞可怕、滑稽可笑，它却是汉代以来震动朝野、牵动万民的迎神驱疫的法器。它显示了人类战胜自然灾害的意志。

还有比民俗风情那样沁入人心深处，牵动万种情丝的东西吗？人呵，可爱的人呵！你不愧为万物之灵。

因此，历史民俗风情的陶冶，是文学艺术才华的现实根基。没有这种陶冶，所谓"文学艺术才华"是苍白的、抽象的、虚无的。

工程技术人员应积极采风、自觉陶冶、培育才华，庶几可以成为一代宗师。达·芬奇应是工程技术人员最好的楷模。

（六）科学实验精神

这种精神对工程技术人员是不言而喻的。知性思维的严格训练是必不可少的。因此，逻辑与数学的研习，愈精愈好。其次，观察实验的技能也是一项基本功。当然，对不同的学科也有不同的要求，例如，建筑学与电子学相比，数学的要求就低得多，但基本数学训练仍然是一致的。

科学实验精神，从其总体上本质上来看，主要是增强客观性、精确性、实践性。三性构成科学实验精神的动态的辩证结构。客观性意味着唯物的出发点；精确性意味着对客观对象严格的知性分析；实践性意味着抽象分析复归于具体的综合。这就是说，通过观察、经验捕捉客观对象的现象形态；以现象为先导，通过知性分析，透过现象析出其本质特征与规律性；然后复归于现实之中，进行整体的整合，达到共相与殊相的统一，从而全面而具体地把握客观对象。因此，科学实验精神，其实就是一个科学的辩证认识过程。

不能认为所有的工程技术人员都恰如其分地深刻地把握了这种精神，由于知性的偏执性，往往使他们陷入形而上学的窠臼，而使其成果受挫。所以，这方面全面而正确的教育，仍然是一个有待完善的课题。

（七）哲学思辨头脑

自黑格尔以来，哲学与科学的对立，知性分析方法与辩证法的对立，日趋尖锐。这是不正常的。其实，思维自身的发展，必然要趋于辩证综合方式；而科学技术发展到系统工程规模，借用恩格斯的话来讲是再也不能逃避辩证的综合了。所以，工程技术人员，在工程技术全面规划中，进行整体组合与环节推移时，即令不是自觉地也是自发地要辩证地思考与处理问题。

与其自发地摸索不如自觉地把握，因此，工程技术人员应以加强辩证思维的训练作为首要的任务。恩格斯早就断言，要加强思维的锻炼，除了学习以往的哲学没有其他道路。这就是说，要系统学习哲学史。我们认为最重要的是学习古希腊哲学特别是亚里士多德；德国古典哲学特别是黑格尔。在此基础上，归结到马克思的现代哲学唯物论。

上述七个方面是有机联系的，体现在一个工程技术人员身上时，则糅合无间、浑然一体，这就是工程技术人员理想素质的整体表现。我们说"理想"，是由于要全面深入地达到这个标准是有极大难度的。像达·芬奇那样的时代巨人，是千年难遇的。

因此，工程技术人员的培养问题，就成了一个突出问题。现在工程技术教育问题成堆，就不展开讨论了。总之，应根据上述目标进行彻底改革，才能有所进步。

我们在这里，是从三个方面对工程技术内在的精神品格予以揭示，它糅合了知情意三个精神因素，作为其本质特征。这一切，归结为人类科学地认识世界、革命地改造世界的实践活动。工程技术正是这种革命实践活动综合的系统的整体表现。因此，它就成了现代哲学唯物论的现实的科学基础，而现代哲学唯物论也就成为了工程技术的哲学灵魂。

第三节 工程技术的哲学灵魂 —— 现代哲学唯物论

19 世纪的西欧，自然科学获得巨大发展，生产技术得到很大的推动，特别是资产阶级革命的烽火席卷全欧，再加以辩证法的重新崛起，这一切为马克思哲学唯物论的诞生准备了充分的条件。随着客观形势的发展，马克思哲学胜利地向世界进军，在世界各国获得了它的信从者。

在无产阶级争取解放的年代里，马克思哲学唯物论主要结合政治与军事斗争而展开是极其自然的。因此，近百年以来，马克思哲学唯物论便具有浓厚的政治军事色彩，不但在这方面取得了丰硕的理论成果，而且也取得了辉煌的功业。由于政治军事权威的支持，它取得了理论独断的地位。

于是，教条主义阻碍了马克思哲学唯物论继续前进的道路。然而，马克思哲学其实尚蕴藏了无限的生命力，特别是当代科学技术的发展，证明它正是科学技术的理论形态。现代哲学唯物论正是马克思哲学唯物论在新形势下的继续。

一、现代哲学唯物论的发轫

100 多年以前，马克思、恩格斯拜倒在黑格尔的门下，汲取了黑格尔哲学特别是辩证法的精英，从而建立了超越以往诸哲学流派的新的哲学唯物论的体系。他们许多极为重要的哲学观点均来自对黑格尔的改造。他们不是简单地将黑格尔作为一条死狗加以抛弃，而是采取分析改造的态度。如前所述，黑格尔的观点，虽说有唯心的翳障，其实内容是非常现实的。如若全部抛弃，反而使自己陷入片面错误的境地。他们从不讳言黑格尔对他们的影响，而且公开宣称，他们是这位大思想家的门人。

马克思、恩格斯哲学的创造，并不是单纯的理论变革，而是密切结合自然斗争与社会革命进行的。虽说他们的重点在社会革命方面，但是从不放过自然斗争中取得的科学成果。他们都通晓数学、自然科学，并重视技术和社会生产力的发展。因此，这个体系建立伊始，便全面扎根在宇宙人生的总体把握之上，可以说，它是一个相当完备深刻的真理性体系。

这个哲学唯物论还有它的历史继承性，它是历史发展的必然结果。古希腊的自然哲学家自发的唯物倾向，越过宗教神权的禁锢的年代以后，在近世实证科学、特别是机械力学的蓬勃发展的基础上，产生了第一个以科学作为根据的唯物学派，那就是机械唯物论。随着生物学、人类学的兴起，出现了人本主义唯物论。马克思、恩格斯正是直接接受了人本主义唯物论的洗礼，从黑格尔的唯心立场转向唯物主义，并从唯物立场出发，改造了黑格尔的辩证法，创造了辩证唯物论。而且它还克服了费尔巴哈唯物论的半截性，将唯物原则贯彻到底，创造了历史唯物论。从辩证唯物论到历史唯物论是一个哲学整体。贯穿这个整体的一根红线就是"革命实践"。正如马克思着重指出的，他们提出的这个新的世界观的侧重点在改造世界！因此，这个哲学唯物论体系又可以称为"实践唯物论"。

二、教条主义的独断产生的理论曲折

本来实践唯物论应该随着科学技术的进步、革命的胜利号角，深入地全面展开，可惜的是，它正当青春鼎盛之际，却染上了教条主义的沉疴。

（一）教条主义的独断性

本来理论的发展，客观上讲，在于及时反映、概括客观现象；主观上讲，它允许百花齐放、百家争鸣。而教条主义者却仰承权威鼻息、拘泥经典书本、削足适履、主观武断，这样一来，便阉割了马克思哲学唯物论的生机。

（二）教条主义的反科学性

本来与马克思哲学唯物论植根于科学技术的基础之上，从而吸收营养，丰富与发展自己。教条主义者却自诩高明，不懂装懂，任意干涉、批判、声讨科学技术之中本来有价值的学说。遗传学、热力学、化学、控制论……无不受到批判。这样就自己拒绝了来自科学技术的不可缺少的营养，反而使自己濒临绝境。

（三）教条主义的打手帮闲作用

哲学是时代精神的精华，它为合乎时代潮流与人群需要的政治服务，这是理所当然的。但是教条主义者却将理论变成了党同伐异，排斥异己、坑害群众、颠倒黑白的"斗争工具"。帽子满天飞、棍子见人击，从而大大败坏了马克思哲学的声誉。还有他们无意钻研理论、研究问题，却一心为政治文献作所谓"理论的注释与引申"，往往捉襟见肘、顾此失彼，陷入进退两难的窘境。

由于马克思哲学唯物论在教条主义的樊笼中，不但得不到发展，而且由于教条主义的恶果，使人误认为"这"就是马克思哲学唯物论，因而嗤之以鼻！

物极必反！当教条主义声名狼藉，人人唾弃之时，有些人不是努力肃清教条主义流毒，重振马克思哲学的雄风，而是认为马克思学说过时了，并且掇拾西方资产阶级的"时髦"理论，拼拼凑凑，改头换面，妄图以此取代真正的马克思学说。

教条主义所导致的这种理论的曲折，并不能扼杀马克思哲学唯物论的旺盛的生命力，更不能抹杀客观世界辩证发展的必然性，因而，马克思哲学唯物论的继续生长前进是不可避免的。

三、现代哲学唯物论重振马克思学说的雄风

当教条主义对科学技术问题信口雌黄时，科学技术整体化的趋势已把科学家逼进了辩证法领域。正如黑格尔所讲的"辩证的逼迫"，它迫使科学家们不得不自发地在辩证法的黑箱里探索前进。复杂的宇宙自然、迷离的社会人生，到处都显示出辩证的蛛丝马迹，只要科学家们感触到了一点点，就觉得点金有术了。

科学技术的实践证明客观发展的辩证性，科学家们长期知性思维训练所产生的偏执感在逐渐松动，他们的科学实践使他们逐渐感受到辩证法的魅力与威力了。有趣的是，教条主义者们还在喋喋不休地咒骂他们是形而上学家呢！这些感受辩证法魅力的学者们，由于他们是从自己的切身感受中领悟了辩证法，因而在他们的著作与言论中体现的辩证精神便比较亲切而自然。

因此，我们应当从科学技术的历史发展中，特别是20世纪以来的综合化、整体化的趋势中，大量吸收唯物的辩证的活生生的科学养料来培植被教条主义多年摧残的这个马克思主义的真理系统。现代哲学唯物论正是马克思学说在科学技术的滋润下重新焕发青春的产物。

（一）作为现代哲学唯物论的客观基础的"工程技术"

我们已从历史发展与理论结构各个方面论证了"工程技术"的

高度综合性。它作为一个整体系统，其含义已越出知性概念范围而成为一个具有哲学意义的理性范畴了。它既具有认识的理论意义，又具有行动的实践意义。它最集中地典型地体现了科学技术综合化、整体化趋势。因而，"工程技术"就是现代哲学唯物论的"实证科学形态"；而"现代哲学唯物论"就是工程技术的"理论形态"。这一点并不是什么创新，只是马克思学说在新的科学技术环境中得到进一步更为清晰的确证而已。

其实恩格斯早就提出过"工业"的哲学功能，它使自在之物变成为我之物，这是对不可知论最好的驳斥。"工程技术"是工业的高度综合化系统化的产物，如前所述，它本身就逐渐演化具有了哲学的品格。它集认识世界与改造世界的大成，将科学与技术融为一体，并使主观见之于客观，达到主观与客观的统一。它立足自然，通过实践，面向人生，将宇宙人生凝为一体，从而体现了"天人合一、人定胜天"的哲学宇宙论的最高原则。因此，"工程技术"蕴含了现代哲学唯物论的最本质的特征。"工程技术"除了它的实证科学的性能与实用技术的能力外，从哲学的高度讲，它作为一个哲学的普适范畴，实因它的精神状态恰好是现代唯物论的内容。

立足于现代工程技术系统的马克思哲学唯物论，显然一扫教条主义的干瘪可憎的面容，赢得了清新扎实的青春气息。布吉（Bunge，国内通译为邦格，据加拿大哲学界人士说，应读为现译）之流，公开评价说什么"辩证唯物主义"已由他的科学的或逻辑的"唯物主义"取代了。其实他的那一套货色，不过是将罗素、维特根斯坦、维也纳学派的狭隘经验主义和实证主义的碎片拼凑起来的"体系"罢了。

（二）工程技术的科学性与人文性

当代西方科学主义思潮标榜人不介入其中的所谓"纯客观"的

态度，认为这才是严格的、精确的、合乎科学的。其实这种极端的观点是不实事求是的，因而也是不科学的。科学研究的对象、主体与手段，无不有人介入其中。对象的圈定服从人的科研目的，而不是漫无目的地随便乱抓一个；研究的主体当然是人，而且是受时代、环境、水平、气质局限的人，这些都直接影响科研成果。至于手段，从研究方法到研究仪器都为人及社会条件所规定。因此"纯客观"得起来吗？

从单门学科发展到高度综合的工程技术，是一个逐渐加强人的主导性的过程。自然科学有较多的对象性，技术科学突出了人的目的性，人文科学则以人类自身及其精神状态为研究对象。"工程技术"则兼容此三者而形成了一个宇宙人生的整体系统，它既具有严格的科学性，又贯穿了丰富的人文性。

（1）"工程技术"（哲学层次的）作为整体系统，构成它的各层次的子系统，相对于整体而言，都具有严格的实证科学性，如机械力学的、物理化学的、有机生命的……它们在其自身范围内，仍然服从自己特有的规律性。

（2）子系统在整体系统的有机组合中，横向相关与纵向递进，其联系与运动的规律性则为整体的目的要求与性质所决定。这种规律性并不是主观臆造的，而是诸子系统的规律性交错配置与整体目的要求协调的结果。而主观的目的行为深受客观质料及其本质与规律的制约，因而，总的讲，这种横向相关与纵向递进仍然是可以实证的，其可行性是可以进行科学评估与论证的。

（3）在工程技术中，由人与物两大因素组成。它们构成人的随意性与物的确定性的矛盾。人可以畅想上天揽月、下洋捉鳖，但想象变成现实，则有待深刻掌握物的规律性。规律的确定性是不能随人意而改变的，人只能理解它、掌握它、利用它，从而达到自己的

第一版后记

1984 年前后，我开始全面构思一个唯物论的新体系，说新也不"新"，因为它旨在恢复马克思唯物论的本来面目，重新确立它的理论的尊严，从而彻底扬弃那僵化了的漫画化了的教条体系。

同时，我确认马克思体系是我们时代的精华，是西欧 2000 多年科学、哲学、文化传统的必然产物，是人类 2000 多年的智慧沉思的结晶。因而有必要对它的合理性、现实性进行历史的论证。

我还深深感到西欧的哲学与科学的分合关系的重要性。只有哲学与科学有机结合的科学认识史的论述才能确证马克思体系的合理性与现实性。这是一项巨大的工作，有必要集志同道合之士长期研讨。于是，1984 年在江苏南通市成立了"江苏省哲学史与科学史研究会"。我们定期活动，相互启发，共同提高，每有收获。

1987 年冬，我们联合其他单位共同发起召开全国规模的纪念《精神现象学》出版 180 周年的学术讨论会。会议期间，由我邀请一部分同志座谈"科学认识史"的撰著问题，得到了他们一致的赞同。随后由我作为课题组的负责人向中国社会科学基金会申报，并获得专家组审议通过，列为国家重点课题。

当时我还因手术后在疗养院治疗，再加以《自然哲学》与《精神哲学》未能脱手，本书尚在研讨过程之中。1988 年在南京、1990

年在南通、1991 年在苏州，我们进行了富有成效的讨论。特别是
1991 年苏州会议期间，我提出了约两万字的导论，以及写作提纲讨
论稿。做了详尽的说明与充分的讨论后，大家一致同意照此办理，
并进行了写作分工。

此书本当 1992 年问世，但由于我多种疾病并发住院，拖了一年
多没有动手，直到 1993 年 3 月前后才加速进行，8 月份我完成了我
撰写的部分，其他稿件到 11 月以后才收齐，我全力审改、增补、重
写，又引起疾病加重，春节以前又住进医院，在医院边治疗边赶稿，
于今天全部完成，快何如之！

这是一部有所创新但未必成熟的著作。但课题组的成员都是认
真对待的。根据协议：我负责整体构思、写作提纲以及全书的指导
思想，各篇章的执笔者文责自负。不过，经我审改、增补或重写部
分，如有问题仍由我负责。审改的任务是繁重的、力不从心的。特
别是住院期间，很难补充什么新鲜的必要的资料，关于论点的展开，
也是做得不大够的。因此，深感遗憾。这些问题的弥补，只有俟诸
来日。

从 1984 年到 1994 年，历时十载，总算有成，亦堪告慰。并以
这本著作作为江苏省哲学史与科学史研究会成立 10 周年的献礼。

我们这个科研集体，老中青相结合，彼此相处，相互尊重，和
睦无间，以文会友，情谊日深。特别是我，作为课题组的负责人，
衷心感谢他们对我的信任与体谅。没有这份真挚的情意，这本书是
无法推出的。他们是：上海华东师范大学徐天芬教授，上海交通大
学钱学成教授，南京大学张竹明教授，东南大学王卓君副教授，中
国人民解放军南京陆军指挥学院王东生副教授，中国人民解放军南
京政治学院朱亮教授，江苏省社会科学院王灿副研究员、卞敏副研
究员、钟明助理研究员（排名不分先后）。

目的。人的随意的自由想象，可以出现两个后果，其一是幻想，即与物的确定性抵触，没有实现的可能性；其二是理想，即不与物的确定性抵触，有现实可能性，可以创造条件，促其实现。工程技术的目的要求的提出，要具有理想性与现实性的统一。这里则有更多的人的因素、社会因素、精神因素必须认真考虑。于此，充分显示了工程技术的人文性。但是，工程技术正式目标的提出，可行性仍是首要的，即是否为实证科学所允许的仍为目标制定的前提。

（4）工程技术与其说它是科学性的技术性的，毋宁说它是人文性的。因为科学技术从属于人类社会的需要，工程技术的构思、设计、管理必须有明确的目标，因此，"目的性"是工程技术的指导方针与推动力量。而目的性的规定主要取决于人的需求以及时代与社会提供的条件，因此，工程技术又具有社会性。这个社会性的形成是十分复杂多变的，不同的人，不同的环境，不同的时期，所构成的社会总体特征是不同的。必须认真分析人的心理素质、环境的经济政治因素以及决定它们的性质的生产状况，还有时代的特征与发展的趋势等，只有这样才能对工程技术的社会性真正有所了解。工程技术不是对客观事物静态的刻画与复制，而是根据人类的理想，通过技术手段，促其实现，因此，工程技术又具有变革性。在变革客观世界过程中，工程技术自身不断得到补充、改进、日趋完整。工程技术的目的性、社会性、变革性的研究，基本上属于人文科学、社会科学范围。可见没有这方面的研究，就不成其为"工程技术"。

（三）现代哲学唯物论的天人合一、人定胜天的本质

现代哲学唯物论在工程技术的基础上，再次肯定了实践唯物论的本质。马克思曾经指出过：过去唯物论的缺憾是无视主观能动性，而这一重要性质却被唯心主义者片面地加以夸张了。因此，马克思明确指出，唯物论并不排斥人，相反彻底的唯物论正以承认人的主

观能动性而与过去的唯物论相区别。主观能动性的客观表现就是变革自然社会的实践。这就是说，天人不是相分的，而是合一的。而且人在变革自然社会的实践中，总的趋向是逐步达到自己的目的的。"天人合一、人定胜天"，这就是实践唯物论的本质，也就是现代哲学唯物论的本质。当代科学主义思潮，包括自称为科学的"唯物主义"是无法超越的，也是理解不了的。

工程技术的精神实质正是天人合一、人定胜天。因为它是宇宙自然（天）与社会人生（人）的统一，是客观规律性与主观能动性的统一，是认识世界与改造世界的统一。而且它立足于变革，即立足于革命实践，也就是力求战胜自然以满足人类的生存与发展。因此，工程技术的哲学灵魂就是现代哲学唯物论。

这个唯物论的科学体系，就是我们提供的《自然哲学》与《精神哲学》。人类的认识发展的历史证明：这个体系既是马克思哲学唯物论的现代形态，又是科学认识的历史的必然归宿。

我们在这里，是从三个方面对工程技术内在的精神品格予以揭示，它糅合了知情意三个精神因素，作为其本质特征。这一切，归结为人类科学地认识世界、革命地改造世界的实践活动。工程技术正是这种革命实践活动综合的系统的整体表现。因此，它就成了现代哲学唯物论的现实的科学基础，而现代哲学唯物论也就成为了工程技术的哲学灵魂。

第三节　工程技术的哲学灵魂——现代哲学唯物论

19世纪的西欧，自然科学获得巨大发展，生产技术得到很大的推动，特别是资产阶级革命的烽火席卷全欧，再加以辩证法的重新崛起，这一切为马克思哲学唯物论的诞生准备了充分的条件。随着客观形势的发展，马克思哲学胜利地向世界进军，在世界各国获得了它的信从者。

在无产阶级争取解放的年代里，马克思哲学唯物论主要结合政治与军事斗争而展开是极其自然的。因此，近百年以来，马克思哲学唯物论便具有浓厚的政治军事色彩，不但在这方面取得了丰硕的理论成果，而且也取得了辉煌的功业。由于政治军事权威的支持，它取得了理论独断的地位。

于是，教条主义阻碍了马克思哲学唯物论继续前进的道路。然而，马克思哲学其实尚蕴藏了无限的生命力，特别是当代科学技术的发展，证明它正是科学技术的理论形态。现代哲学唯物论正是马克思哲学唯物论在新形势下的继续。

一、现代哲学唯物论的发轫

100多年以前，马克思、恩格斯拜倒在黑格尔的门下，汲取了黑格尔哲学特别是辩证法的精英，从而建立了超越以往诸哲学流派的新的哲学唯物论的体系。他们许多极为重要的哲学观点均来自对黑格尔的改造。他们不是简单地将黑格尔作为一条死狗加以抛弃，而是采取分析改造的态度。如前所述，黑格尔的观点，虽说有唯心的翳障，其实内容是非常现实的。如若全部抛弃，反而使自己陷入片面错误的境地。他们从不讳言黑格尔对他们的影响，而且公开宣称，他们是这位大思想家的门人。

马克思、恩格斯哲学的创造，并不是单纯的理论变革，而是密切结合自然斗争与社会革命进行的。虽说他们的重点在社会革命方面，但是从不放过自然斗争中取得的科学成果。他们都通晓数学、自然科学，并重视技术和社会生产力的发展。因此，这个体系建立伊始，便全面扎根在宇宙人生的总体把握之上，可以说，它是一个相当完备深刻的真理性体系。

这个哲学唯物论还有它的历史继承性，它是历史发展的必然结果。古希腊的自然哲学家自发的唯物倾向，越过宗教神权的禁锢的年代以后，在近世实证科学、特别是机械力学的蓬勃发展的基础上，产生了第一个以科学作为根据的唯物学派，那就是机械唯物论。随着生物学、人类学的兴起，出现了人本主义唯物论。马克思、恩格斯正是直接接受了人本主义唯物论的洗礼，从黑格尔的唯心立场转向唯物主义，并从唯物立场出发，改造了黑格尔的辩证法，创造了辩证唯物论。而且它还克服了费尔巴哈唯物论的半截性，将唯物原则贯彻到底，创造了历史唯物论。从辩证唯物论到历史唯物论是一个哲学整体。贯穿这个整体的一根红线就是"革命实践"。正如马克思着重指出的，他们提出的这个新的世界观的侧重点在改造世界！因此，这个哲学唯物论体系又可以称为"实践唯物论"。

高度综合性。它作为一个整体系统，其含义已越出知性概念范围而成为一个具有哲学意义的理性范畴了。它既具有认识的理论意义，又具有行动的实践意义。它最集中地典型地体现了科学技术综合化、整体化趋势。因而，"工程技术"就是现代哲学唯物论的"实证科学形态"；而"现代哲学唯物论"就是工程技术的"理论形态"。这一点并不是什么创新，只是马克思学说在新的科学技术环境中得到进一步更为清晰的确证而已。

其实恩格斯早就提出过"工业"的哲学功能，它使自在之物变成为我之物，这是对不可知论最好的驳斥。"工程技术"是工业的高度综合化系统化的产物，如前所述，它本身就逐渐演化具有了哲学的品格。它集认识世界与改造世界的大成，将科学与技术融为一体，并使主观见之于客观，达到主观与客观的统一。它立足自然，通过实践，面向人生，将宇宙人生凝为一体，从而体现了"天人合一、人定胜天"的哲学宇宙论的最高原则。因此，"工程技术"蕴含了现代哲学唯物论的最本质的特征。"工程技术"除了它的实证科学的性能与实用技术的能力外，从哲学的高度讲，它作为一个哲学的普适范畴，实因它的精神状态恰好是现代唯物论的内容。

立足于现代工程技术系统的马克思哲学唯物论，显然一扫教条主义的干瘪可憎的面容，赢得了清新扎实的青春气息。布吉（Bunge，国内通译为邦格，据加拿大哲学界人士说，应读为现译）之流，公开评价说什么"辩证唯物主义"已由他的科学的或逻辑的"唯物主义"取代了。其实他的那一套货色，不过是将罗素、维特根斯坦、维也纳学派的狭隘经验主义和实证主义的碎片拼凑起来的"体系"罢了。

（二）工程技术的科学性与人文性

当代西方科学主义思潮标榜人不介入其中的所谓"纯客观"的

态度，认为这才是严格的、精确的、合乎科学的。其实这种极端的观点是不实事求是的，因而也是不科学的。科学研究的对象、主体与手段，无不有人介入其中。对象的圈定服从人的科研目的，而不是漫无目的地随便乱抓一个；研究的主体当然是人，而且是受时代、环境、水平、气质局限的人，这些都直接影响科研成果。至于手段，从研究方法到研究仪器都为人及社会条件所规定。因此"纯客观"得起来吗？

从单门学科发展到高度综合的工程技术，是一个逐渐加强人的主导性的过程。自然科学有较多的对象性，技术科学突出了人的目的性，人文科学则以人类自身及其精神状态为研究对象。"工程技术"则兼容此三者而形成了一个宇宙人生的整体系统，它既具有严格的科学性，又贯穿了丰富的人文性。

（1）"工程技术"（哲学层次的）作为整体系统，构成它的各层次的子系统，相对于整体而言，都具有严格的实证科学性，如机械力学的、物理化学的、有机生命的……它们在其自身范围内，仍然服从自己特有的规律性。

（2）子系统在整体系统的有机组合中，横向相关与纵向递进，其联系与运动的规律性则为整体的目的要求与性质所决定。这种规律性并不是主观臆造的，而是诸子系统的规律性交错配置与整体目的要求协调的结果。而主观的目的行为深受客观质料及其本质与规律的制约，因而，总的讲，这种横向相关与纵向递进仍然是可以实证的，其可行性是可以进行科学评估与论证的。

（3）在工程技术中，由人与物两大因素组成。它们构成人的随意性与物的确定性的矛盾。人可以畅想上天揽月、下洋捉鳖，但想象变成现实，则有待深刻掌握物的规律性。规律的确定性是不能随人意而改变的，人只能理解它、掌握它、利用它，从而达到自己的

结束语

哲学与科学的历史发展是一个自然的客观过程，但是却有其内在的逻辑线索。这并非人类的思维强加给历史的，而是历史演进的自然节律。"辩证圆圈运动"三拍两顿的节奏性，也蕴含在人类科学认识的历史发展中。

我们从古希腊公元前 6 世纪左右，一直论述到当代 20 世纪，那样多的人和事，那样多的复杂情节：从午夜星空到宗教幽禁、从生命奥秘到模拟智能、从工匠技艺到工程技术、从神秘直观到哲学沉思……它们杂乱纷呈，仿佛无序可寻。其实这不过是表面的感受，它的 2000 多年的历史深受自身的逻辑规律的指导。诚如马克思所讲的，一旦掌握了它的内在必然性，就好像先验地处理一个结构了。

我们从"认识能力的辩证发展"出发，揭示了从智力、能力到神力的辩证圆圈运动，它恰好与古希腊、古罗马与中世纪的历史发展是同步的，彼此表里相关的。这一阶段，作为科学认识的核心的哲学与科学处于彼此不分的"原始综合"阶段。

"实证科学的兴起"意味着作为知识总体的哲学的分化：机械力学处于领先地位、物理学成为实证科学的核心，而生物学的突飞猛进，带来了辩证法重新崛起的契机。哲学的分化在于知性的离析作用，然而，"知性分化"只是一个中介环节，它的归宿是"合"。而且知性的僵直性必然向其反面转化，亦即转向辩证理性。 这一思维转折关头的震荡性，恰好与历史革命转折的大震荡相适应。 这一时期，宗教神权与封建特权的统治分崩离析，人性觉醒、人类尊严受到特别尊重。 时代孕育的科学精神以及在此精神指导下取得的丰硕科学成果，培养了资产阶级一代新人。 这些年代可以视为"科学的世纪"。 科学的高扬为哲学的复兴奠定了现实的基础，哲学的复兴推动了科学的综合。

"科学的世纪"以知性分化作为其思维特征，然而科学的进步带来的辩证法的光芒，唤起了争取全人类彻底解放的呼声。 这是又一次社会革命的大震荡，而科学与哲学的相应的大震荡趋向是哲学与科学的融合。

哲学与科学复归于"辩证综合"有其历史的现实性，因为当代科学技术发展的整体化趋势不以科学家的意志为转移，已自发地客观地在进行着；而哲学已不能再完全停留在思辨玄想的范围内兜圈子，它必须补充科学营养、深入革命实践，才能青春常驻、不断更新。 这就是哲学与科学在历史发展进程中的现实状况：合则双美、分则两伤。

在这个历史现实性中透露出了"逻辑的必然性"。 这就是"原始综合"通过"知性分化"的中介，必然过渡到"辩证综合"。 现在所面临的格局是科学整体化、哲学现实化、哲学科学一体化。"一体化"表现在科学技术领域就是哲学层次的"工程技术"论，表现在哲学领域就是"现代哲学唯物论"。

我们这本史论，千言万语无非是论证这个马克思哲学唯物论的现代形态的"势有必至、理有固然"的历史必然性而已。

二、教条主义的独断产生的理论曲折

本来实践唯物论应该随着科学技术的进步、革命的胜利号角，深入地全面展开，可惜的是，它正当青春鼎盛之际，却染上了教条主义的沉疴。

（一）教条主义的独断性

本来理论的发展，客观上讲，在于及时反映、概括客观现象；主观上讲，它允许百花齐放、百家争鸣。而教条主义者却仰承权威鼻息、拘泥经典书本、削足适履、主观武断，这样一来，便阉割了马克思哲学唯物论的生机。

（二）教条主义的反科学性

本来与马克思哲学唯物论植根于科学技术的基础之上，从而吸收营养，丰富与发展自己。教条主义者却自诩高明，不懂装懂，任意干涉、批判、声讨科学技术之中本来有价值的学说。遗传学、热力学、化学、控制论……无不受到批判。这样就自己拒绝了来自科学技术的不可缺少的营养，反而使自己濒临绝境。

（三）教条主义的打手帮闲作用

哲学是时代精神的精华，它为合乎时代潮流与人群需要的政治服务，这是理所当然的。但是教条主义者却将理论变成了党同伐异，排斥异己，坑害群众、颠倒黑白的"斗争工具"。帽子满天飞、棍子见人击，从而大大败坏了马克思哲学的声誉。还有他们无意钻研理论、研究问题，却一心为政治文献作所谓"理论的注释与引申"，往往捉襟见肘、顾此失彼，陷入进退两难的窘境。

由于马克思哲学唯物论在教条主义的樊笼中，不但得不到发展，而且由于教条主义的恶果，使人误认为"这"就是马克思哲学唯物论，因而嗤之以鼻！

物极必反！当教条主义声名狼藉，人人唾弃之时，有些人不是努力肃清教条主义流毒，重振马克思哲学的雄风，而是认为马克思学说过时了，并且掇拾西方资产阶级的"时髦"理论，拼拼凑凑，改头换面，妄图以此取代真正的马克思学说。

教条主义所导致的这种理论的曲折，并不能扼杀马克思哲学唯物论的旺盛的生命力，更不能抹杀客观世界辩证发展的必然性，因而，马克思哲学唯物论的继续生长前进是不可避免的。

三、现代哲学唯物论重振马克思学说的雄风

当教条主义对科学技术问题信口雌黄时，科学技术整体化的趋势已把科学家逼进了辩证法领域。正如黑格尔所讲的"辩证的逼迫"，它迫使科学家们不得不自发地在辩证法的黑箱里探索前进。复杂的宇宙自然、迷离的社会人生，到处都显示出辩证的蛛丝马迹，只要科学家们感触到了一点点，就觉得点金有术了。

科学技术的实践证明客观发展的辩证性，科学家们长期知性思维训练所产生的偏执感在逐渐松动，他们的科学实践使他们逐渐感受到辩证法的魅力与威力了。有趣的是，教条主义者们还在喋喋不休地咒骂他们是形而上学家呢！这些感受辩证法魅力的学者们，由于他们是从自己的切身感受中领悟了辩证法，因而在他们的著作与言论中体现的辩证精神便比较亲切而自然。

因此，我们应当从科学技术的历史发展中，特别是 20 世纪以来的综合化、整体化的趋势中，大量吸收唯物的辩证的活生生的科学养料来培植被教条主义多年摧残的这个马克思主义的真理系统。现代哲学唯物论正是马克思学说在科学技术的滋润下重新焕发青春的产物。

（一）作为现代哲学唯物论的客观基础的"工程技术"

我们已从历史发展与理论结构各个方面论证了"工程技术"的

更应该提出的是江苏人民出版社及其综合编辑室的负责人，余孟仁同志以及王楠、周文彬两位编辑室主任，他们并没有因交稿一再推迟而改变初衷，对我表示了充分的信赖与尊重，并多次表示愿贴资金促其出版。余孟仁、周文彬和蒋卫国三位还担任本书责任编辑，字斟句酌，认真校阅。此种弘扬学术的高尚情操，值得我们敬仰。

原南京工学院院长管致中教授，仔细阅读了第三编第十八章，提出了宝贵意见，深表感谢。

我垂垂老矣，急盼学术繁荣之日早日到来，并愿这一系列著作能起到捍卫和发展马克思主义哲学的作用。

萧焜焘

1994 年 3 月 15 日写于江苏省人民医院干四 35 号

课题组写作分工

1. 写作提纲，序言，导论，第一、二、三篇的导语，第一篇第一章，第二篇第九章，第三篇第十八章，结束语，后记，萧焜焘执笔。

2. 第一篇第二章，第三篇第十六章，卞敏执笔。

3. 第一篇第三、四章，张竹明执笔（其中第三章第二节中的辩证法的系统化部分萧焜焘执笔）。

4. 第一篇第五、六章，王卓君执笔。

5. 第二篇第七、十一章，王东生执笔。

6. 第二篇第八、十章，徐天芬执笔。

7. 第二篇第十二章，朱亮执笔（其中第三节中关于完备的辩证法纲要部分参考原稿若干引语由萧焜焘执笔）。

8. 第三篇第十三、十四章，钱学成执笔。

9. 第三篇第十五章，钟明执笔。

10. 第三篇第十七章，王灿执笔。